2016/2019/2021

Office 商務應用必學的16堂課

第四版

吳燦銘 著

書中各式商務範例與素材

本書如有破損或裝訂錯誤，請寄回本公司更換

作　　者：吳燦銘
編　　輯：Cathy

董 事 長：曾梓翔
總 編 輯：陳錦輝

出　　版：博碩文化股份有限公司
地　　址：221 新北市汐止區新台五路一段 112 號 10 樓 A 棟
　　　　　電話 (02) 2696-2869　傳真 (02) 2696-2867

發　　行：博碩文化股份有限公司
郵撥帳號：17484299
戶　　名：博碩文化股份有限公司
博碩網站：http://www.drmaster.com.tw
讀者服務信箱：dr26962869@gmail.com
訂購服務專線：(02) 2696-2869 分機 238、519
（週一至週五 09:30 ～ 12:00；13:30 ～ 17:00）

版　　次：2024 年 11 月四版一刷

建議零售價：新台幣 550 元
I S B N：978-626-414-024-9
律師顧問：鳴權法律事務所 陳曉鳴

國家圖書館出版品預行編目資料

Office 2016/2019/2021 商務應用必學的 16 堂課 / 吳燦銘作 . -- 四版 . -- 新北市：博碩文化股份有限公司, 2024.11
　面；　公分

ISBN 978-626-414-024-9 (平裝)

1.CST: OFFICE (電腦程式)

312.49O4　　113016590

Printed in Taiwan

博碩粉絲團

序

生活及職場中常需要文件處理工作，舉凡活動宣傳單、公司章程、求職履歷、合約建立、員工輪值表、成績計算、業績統計、考績評核、薪資系統、投資理財、職前教育、產品簡報、市場分析、策略聯盟合作計畫、營運報告…等，這些工作都可以透過 Office 軟體幫忙製作。

本書是一本以 Office 中 Word、Excel、PowerPoint 三套軟體為主的商務應用範例書，其主要特點以商務應用為出發點，結合範例導向與功能介紹，希望透過範例的實作，簡化學習的過程。

第一章先簡介 Windows 11 的新增功能與桌面操作快速上手，也簡介了幾個實用功能，並示範如何利用控制台管理 Windows 11 中的各種操作環境。

在 Word 單元中除了認識操作環境外，也簡述了 Word 的基礎操作，並透過功能的說明，示範了文字格式的設定與文件外觀美化，例如：文字藝術師與圖片美化。接著，也會以實例教導如何進行段落格式的設定、文件段落的對齊、項目符號與編號、中式文件的製作及多欄文件的建立。另外，透過履歷表的製作，完全展現了表格相關的重要功能。

Excel 單元則由輪值表的建立、在職訓練成績計算與排名、業務績效與獎金樞紐分析、季節與年度人員考績評核表、建立與列印人事薪資系統及投資理財私房專案規劃等實例，學習 Excel 檔案管理、基本操作、公式及函數應用、簡易資料庫建立與列印、統計圖表的製作與分析、樞紐分析圖表的製作等實用功能。

PowerPoint 單元的範例實作，協助讀者漸進學會 PowerPoint 的各項功能外，例如：簡報環境及基礎操作、簡報播放與列印、版面設定、圖片的插入與編輯、製作個人風格的簡報、在簡報中加入圖表、文字藝術師、文字方塊、圖案式項目符號、表格與多媒體音效與背景音樂。並以精彩實例，為各位示範如何在簡報中套用與變更佈景主題、分解美工圖案、自訂動畫與設定動畫開始方式、瀏覽動畫及投影片切換動畫。在策略聯盟合作計劃的案例，示範如何從大綱插入投影片，並在投影片中插入動作按鈕與為各種動作進行設定，最後如何將投影片儲存成圖片及示範 PowerPoint 播放檔的製作。

本書編著的目的是為了讓老師教學時輕鬆，學生學習時易懂，希望本書的內容安排可以符合各位 Office 教學的需求。筆者校稿力求內容無誤，然恐有疏漏之處，還望各位先進不吝指正！

吳燦銘

目錄 contents

Chapter 01 ▶ 全新亮點 Windows 11 作業系統

PART 1 Word文件編輯

Chapter 02 ▶ 廣告活動宣傳單製作

Chapter 03 ▶ 公司章程製作實務

Chapter 04 ▶ 求職履歷表製作

Chapter 05 ▶ 租賃合約書的傳校閱

PART 2 Excel表單試算

Chapter 06 ▶ 企業員工輪值表製作

Chapter 07 ▶ 在職訓練成績計算與排名

Chapter 08 ▶ 業務績效與獎金樞紐分析

Chapter 11 ▶ 投資理財私房專案規劃

PART 3 PowerPoint簡報設計

Chapter 12 新進員工職前教育說明會

Chapter 13 旅遊產品簡報

Chapter 14 ▶ 商品市場分析簡報

Chapter 15 ▶ 策略聯盟合作計劃

Chapter 16 ▶ 股東會營運報告

CHAPTER 01

全新亮點 Windows 11 作業系統

Windows 11 是微軟於 2021 年推出的 Windows NT 系列作業系統，距離上一代 Windows 10 問世已有 6 年。正式版本於 2021 年 10 月 5 日發行，並開放給符合條件的 Windows 10 裝置透過 Windows Update 免費升級。

1-1 Windows 11 的特色亮點

這次 Windows 11 為了加強個人資料的保護，在資訊安全的防範，作了相當大的努力。另外，Windows 11 全新的功能還包括了優化觸控的全新使用者介面、圓角視窗設計介面、多功能視窗、回歸小工具程式、重新設計的 Microsoft Store... 等，底下就來談談幾個 Windows 11 的特色功能。

1-1-1 全新使用者介面（UI）

Windows 11 的開始工具列預設的位置是置中顯示，這和以往我們使用的 Windows 作業系統的「開始」功能表位置左下角，剛開始可能在操作上有點不習慣，但是如果過去習慣 MacOS 的用戶，可能會覺得這樣的操作方式用起來還蠻適應的。

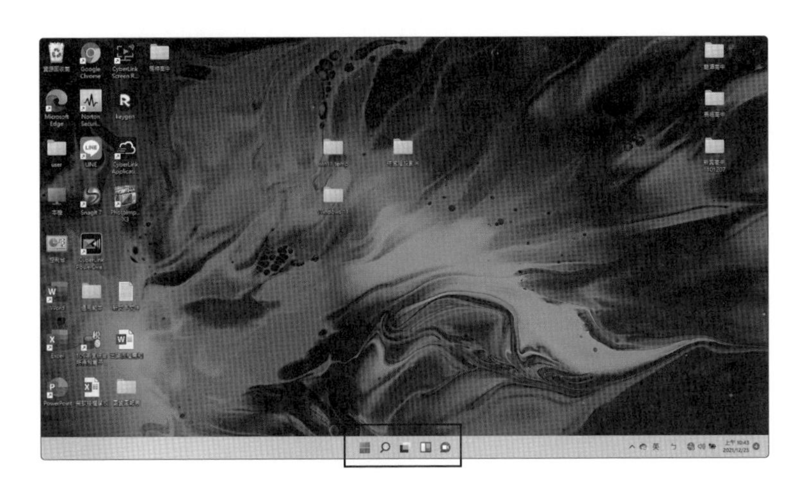

1-1-2 導入 Fluent Design 風格的圓角視窗介面

在 Windows 11 介面中大幅加入 Fluent Design 風格，將視窗改為圓角與半透明風格，整體觀看的舒適感較以往的視窗介面更具設計感。

1-1-3 加入名為 Snap Layout 的多功能視窗

微軟 Windows 11 多功能視窗預設四個選項供使用者挑選，使用者也可以依自己的需求自行調整，基本上，多功能視窗可以進行一對一、一對二、或者二對二等視窗分割，有了這項功能各位就可以一邊查看電子郵件，一邊觀看即時新聞，又同時進行 Office 文書處理作業，在操作上非常地簡便且直覺。

1-1-4 導入觸控的輸入介面

為了更貼近使用者的操作習慣，除了傳統滑鼠、鍵盤以外的操作模式，並加入了觸控操作介面，可允許用戶透過手寫筆、聲控方式來輸入文字或視窗操作等行為，同時這次改版的 Windows 11 也允許可隨著螢幕方向旋轉的互動式介面。使用平板電腦模式時，也可以輕易從工作列上，將觸控式鍵盤按鈕顯示出來，只要按一下工作列右側的「觸控式鍵盤」⌨ 鈕，就可顯示觸控式鍵盤。

1-1-5 Snap Group 將常使用的 App 設為同群組

用戶可以將目前所有開啟的視窗設定為單一「Snap Group」群組，這項功能就有助於使用者可以將經常使用的 App 設定為同一群組，再將不同工作或娛樂屬性的 App 設定為另外一個群組，如此一來，就可以在不同工作或娛樂需求間快速地切換。

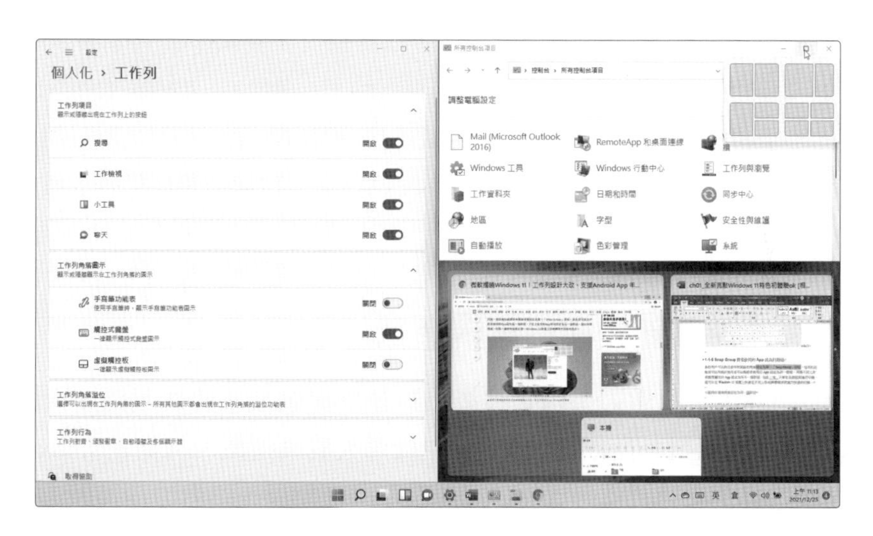

1-1-6 回歸全新小工具程式 (Widgets)

新的小工具，以所謂的 Microsoft Widgets 回歸，介面有點像是 MacOS 的 Widgets，同樣有天氣、股市、行程、即時新聞，還可以加入第三方開發的小工具，可能是這次改版的小工具顯示介面看起來比較大，所以整體操作感覺還不錯。

1-1-7 強制電腦模組升級到 TPM 2.0 的資安防護

微軟考慮到資料安全性，安裝 Windows 11 的電腦需支援 TPM（可信平台模組）晶片，微軟官網列出 Windows 11 最低系統要求，明確提到用戶設備需支援 TPM 2.0。到底什麼是 TPM 呢？簡單來說，TPM 就是一種晶片，可以單獨將這晶片加入到 CPU 處理器之中，也可以直接整合內建到 PC 主機板，電腦需支援 TPM 晶片的主要目的是保護加密密鑰、用戶憑證等敏感資料，使惡意軟體和攻擊者無法存取或篡改這些資料。

因此為了確保用戶的設備達到安裝 Windows 11 的要求，微軟要求用戶利用「電腦健康情況檢查軟體」(PC Health Check App)，以檢查設備是否支援並啟用 TPM 2.0。

1-1-8 導入遊戲新技術與雲端遊戲

在 Windows 11 中導入遊戲新技術可以幫助遊戲關卡的加載速度大幅提升及畫質更具質感。另外微軟宣布 Xbox 主機導入雲端遊戲，例如在 Xbox One、Series X/S 遊戲主機導入支援 Xbox Cloud Gaming 功能，這對雲端遊戲市場有不錯的成長。

1-1-9 重新設計的 Microsoft Store

在 Windows 11 重新設計的 Microsoft Store 除了改善速度外，也有了重新設計的介面，期許能從以往所收集到的使用者體驗的建議，來提高使用者有更強的意願來使用 Microsoft Store。

1-1-10 自動語音辨識

語音輸入是一種由 Azure 語音服務所提供之線上語音辨識功能，可以透過說話的方式來輸入文字，Windows 11 的語音輸入可以辨識中文及標點符號，對於輸入中文過慢的用戶，這項功能可以協助快速完成中文的輸入工作。如果要使用語音輸入有三個前置工作必須注意：

1. 連接網際網路
2. 可以正常運作的麥克風
3. 游標放在文字方塊中或要開始輸入的所在位置

接著只要在鍵盤上按「Windows 標誌鍵 +H」，開啟語音輸入後，系統就會自動開始聆聽，並將所講的話進行語音辨識，以加速中文輸入的速度，為了確保有較高的辨識率，建議講話要口齒清晰，速度不宜過快。如果要停止語音輸入，只要說出「停止聆聽」等語音輸入命令。

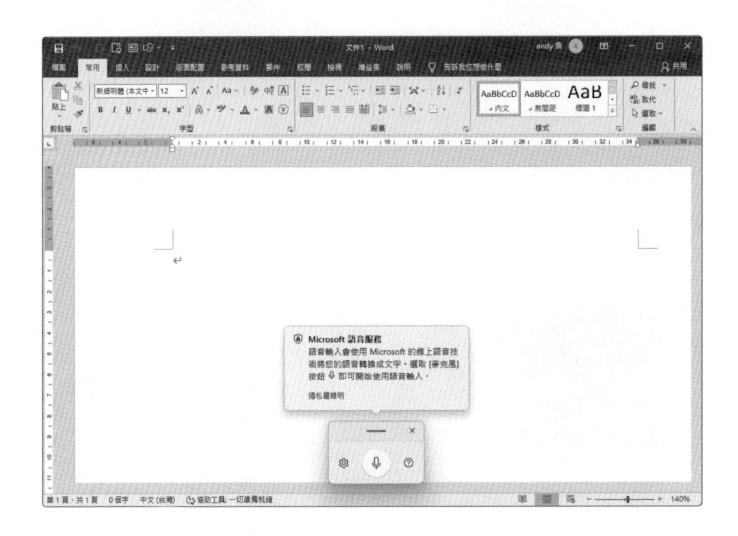

1-2 桌面操作快速上手

「桌面」已經跟過去的 Windows 10 有所不同，因此這裡先針對 Windows 11 的桌面操作技巧，做以下幾項的介紹。

1-2-1 開始選單的調整

前面提過新版的 Windows 11 的開始工具列預設的位置是「置中顯示」，預設的工具鈕如下圖所示：

Windows 11 工作列中預設了「搜尋」、「工作檢視」、「小工具」及「聊天」等 4 種圖示，不過我們也可以自行決定要在工作列中放入哪些圖示。如果希望桌面操作空間更大，還可以考慮將工作列行為設定為自動隱藏。作法如下：

Step1

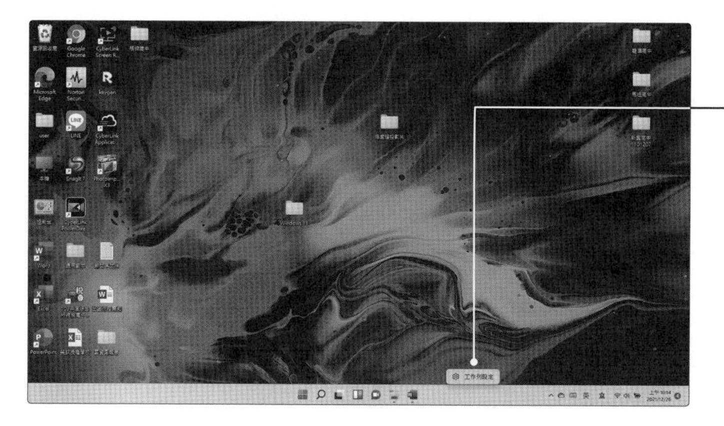

工作列空白處按右鍵，接著執行「工作列設定」指令

Step2

點選工作列行為

Step3

勾選自動隱藏工作列

Step4

各位可以看出下方的工作列就會自動隱藏

Windows 11 工作列中各按鈕功能由左至右說明如下：

■ 開始鈕

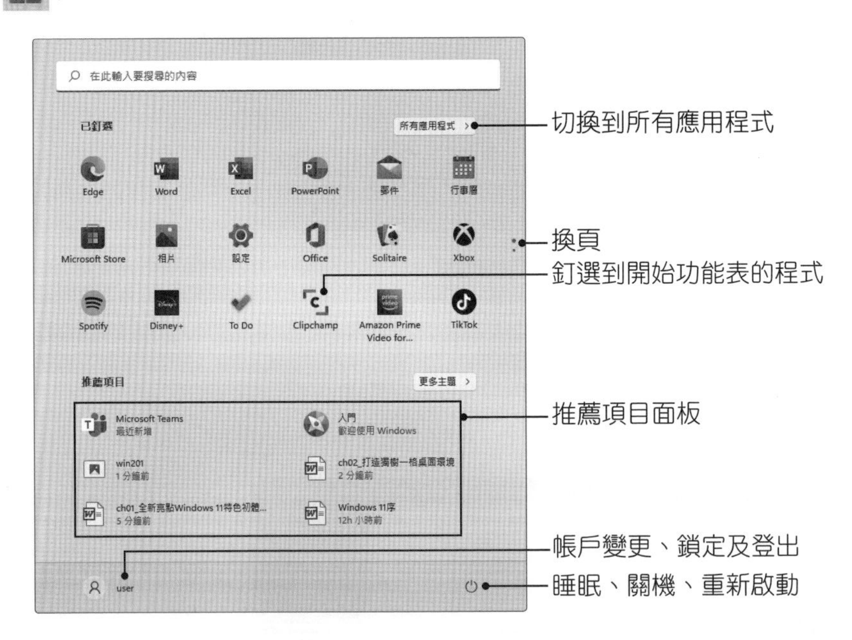

在「開始」選單的下半部分包含了「推薦項目」面板，這個面板會顯示最近安裝的應用程式或是常用的程式及最近使用文件的檔案列表，透過這個推薦項目面板，可讓使用者針對這些推薦項目快速開啟應用程式或文件。如果你不喜歡，也可以將這個「推薦項目」面板關閉。

Step1

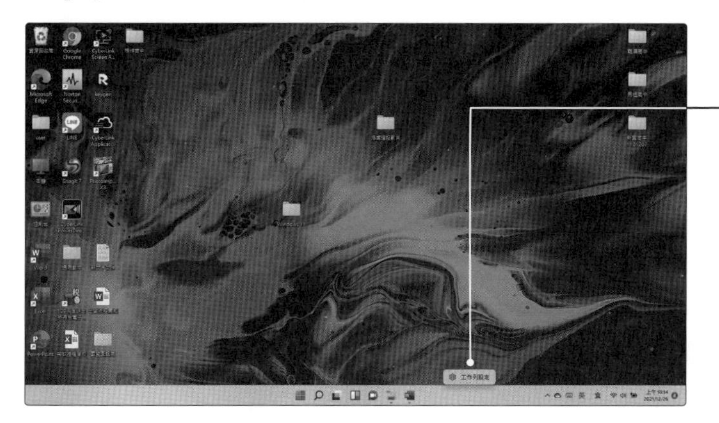

工作列空白處按右鍵，接著執行「工作列設定」指令

Step2

點選個人化 / 開始

Step3

在此可以決定開啟或關閉推薦項目

■ 搜尋鈕

協助使用者在搜尋框輸入關鍵字，就可以幫忙搜尋應用程式、文件、網頁、相片、音樂、資料夾、電子郵件等。另外當我們將滑鼠移動到搜尋圖示之上，會出現快顯功能表，可以查看「Windows 中的新增功能」、「個人化設定」及「入門」等線上文件說明。

Windows 中的新增功能畫面

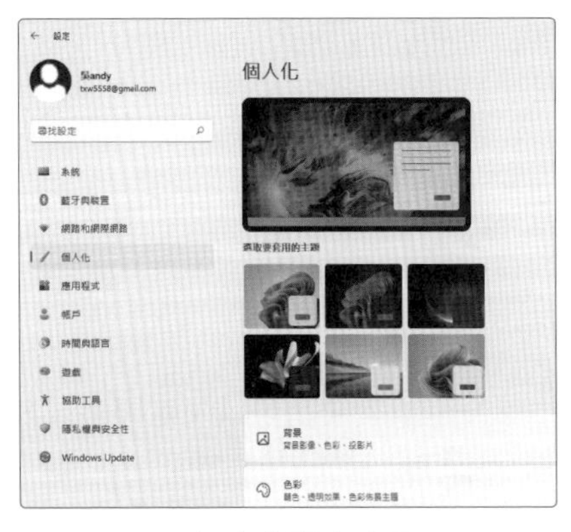

個人化設定畫面

入門畫面

■ 桌面鈕

這個圖示可以進行不同桌面管理，各位在工作過程中可以將相同性質工作放在同一桌面，如果有其他工作類型的需求，可以再新增桌面，另外對於所新增的桌面也可自訂名稱或設定不同的桌布背景，以作為不同桌面的識別區分之用。透過 Windows 11 的多桌面系統，使用者可以將不同的工作分置在不同的桌面，讓使用者能夠專心工作於單一桌面。這些相關的操作如下所示：

Step1

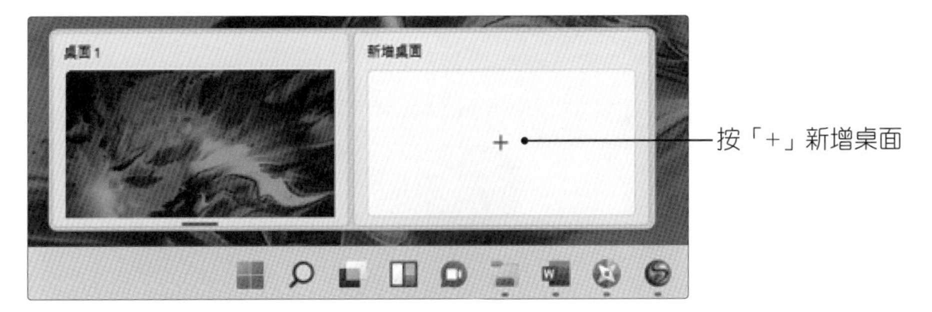

Step2

Step3

Step4

桌面背景已變更

Step5

功能表中的「重新命名」可以自訂桌面名稱

Step6

在此直接輸入要自訂的桌面名稱

Step7

如果要刪除桌面，只要執行功能表中的「刪除」指令

■ 小工具鈕

全新的小工具程式（Widgets）提供了即時新聞、天氣、股市 ... 等資訊，還可以允許在 Windows 11 的小工具程式加入第三方開發的小工具。

■ 聊天鈕

與親朋好友見面與聊天可以使用 Microsoft Teams 與您生活中的每個人保持聯繫。

如果各位不習慣開始工作列位於中央，也可以透過「工作列設定」將其移動到左下角，這樣的位置調整就更能符合以往的操作習慣。

Step1

在工作列空白處按滑鼠右鍵，會出現「工作列設定」

Step2

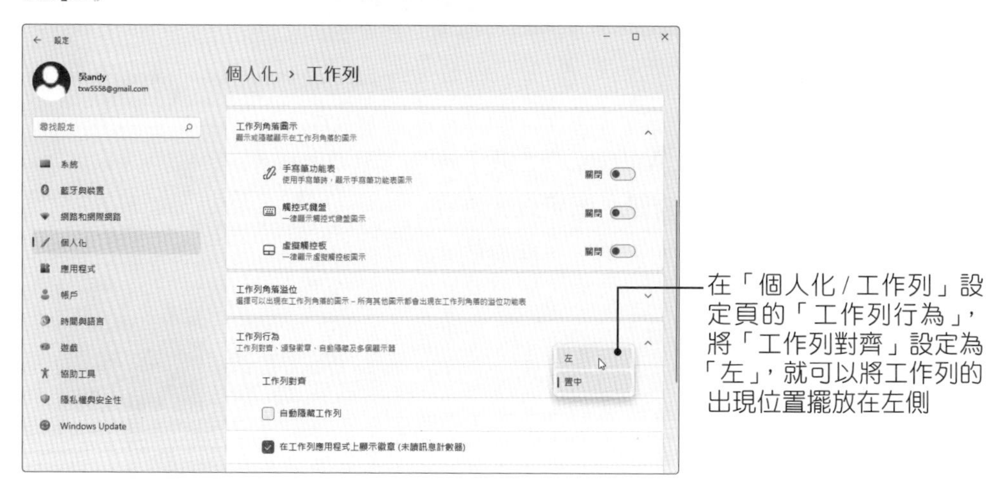

在「個人化 / 工作列」設定頁的「工作列行為」，將「工作列對齊」設定為「左」，就可以將工作列的出現位置擺放在左側

1-2-2 啟動應用程式

透過「開始」選單或右側圖磚的點選，使用者可以啟動想要使用的應用程式。這裡以啟動 Microsoft Word 程式做說明。

Step1

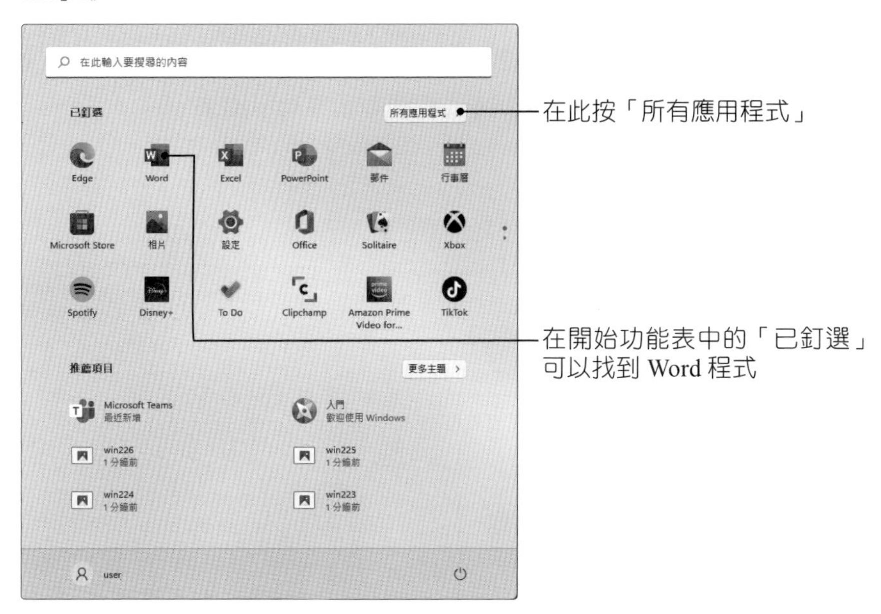
在此輸入要搜尋的內容
已釘選
所有應用程式
在此按「所有應用程式」
Edge
Word
Excel
PowerPoint
郵件
行事曆
Microsoft Store
相片
設定
Office
Solitaire
Xbox
Spotify
Disney+
To Do
Clipchamp
Amazon Prime Video for...
TikTok
在開始功能表中的「已釘選」可以找到 Word 程式
推薦項目
更多主題
Microsoft Teams
最近新增
入門
歡迎使用 Windows
win226
1 分鐘前
win225
1 分鐘前
win224
1 分鐘前
win223
1 分鐘前
user

Step2

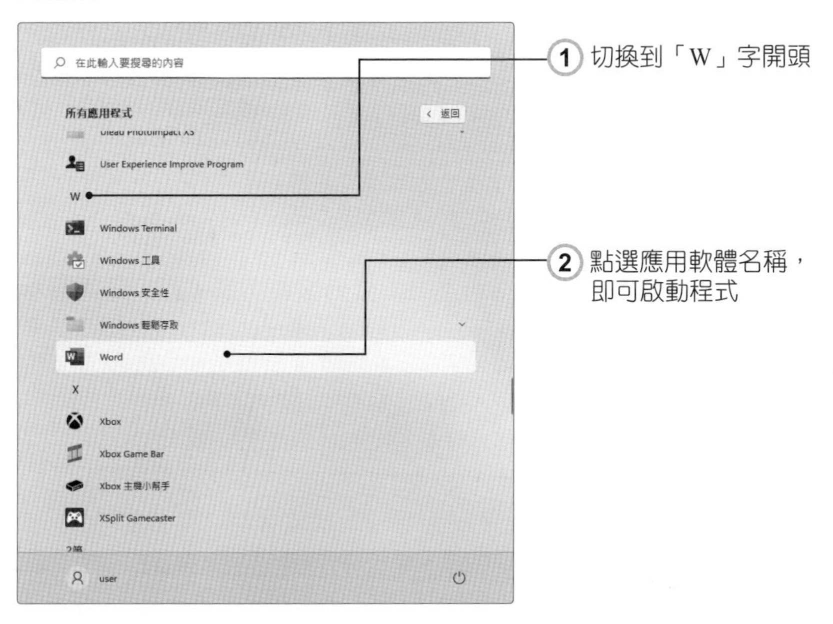
在此輸入要搜尋的內容
所有應用程式
返回
1 切換到「W」字開頭
User Experience Improve Program
W
Windows Terminal
Windows 工具
Windows 安全性
Windows 輕鬆存取
Word
2 點選應用軟體名稱，即可啟動程式
X
Xbox
Xbox Game Bar
Xbox 主機小幫手
XSplit Gamecaster
user

1-2-3 快速搜尋 Windows 應用程式與檔案

「搜尋 Windows」鈕主要用在搜尋應用程式、檔案與設定，使用者直接在白色的欄框中輸入要搜尋的內容，上方就會自動將搜尋結果顯示出來。

Step1

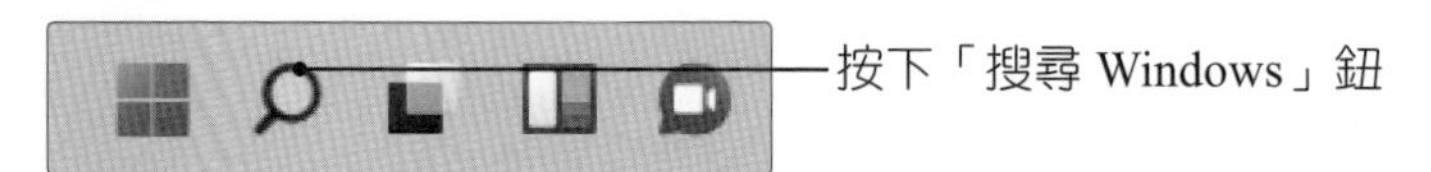

Step2

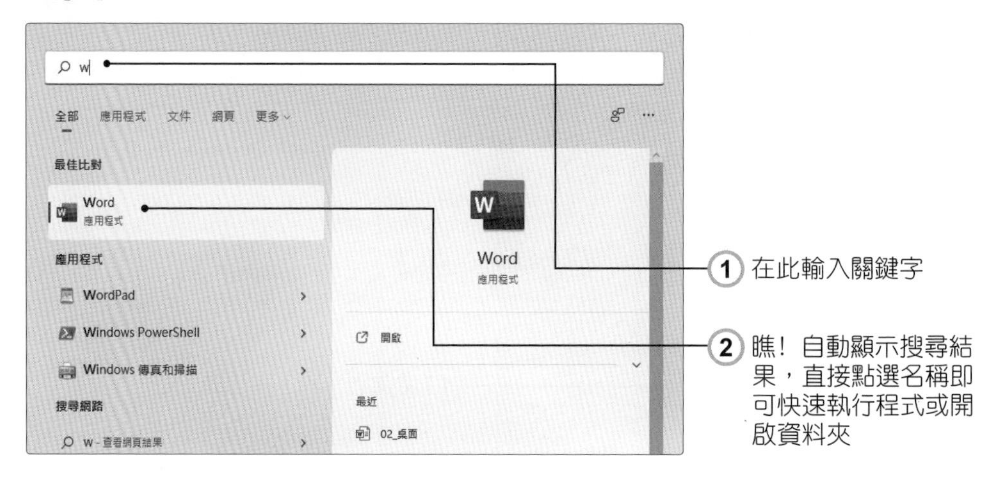

1-2-4 以工具列切換應用程式

對於已經開啟的應用程式，也可以透過下方工具列來做切換，直接點選圖示鈕，即可切換到該視窗畫面。

1-2-5 以快速鍵切換應用程式

Windows 11 也可以透過快速鍵來切換應用程式，按 Alt+Tab 快捷鍵，會在桌面正中央顯示目前正在執行的程式畫面，如下圖示。而壓住 Alt 鍵不放，再按下 Tab 鍵，即可依序選取到下一個應用程式。

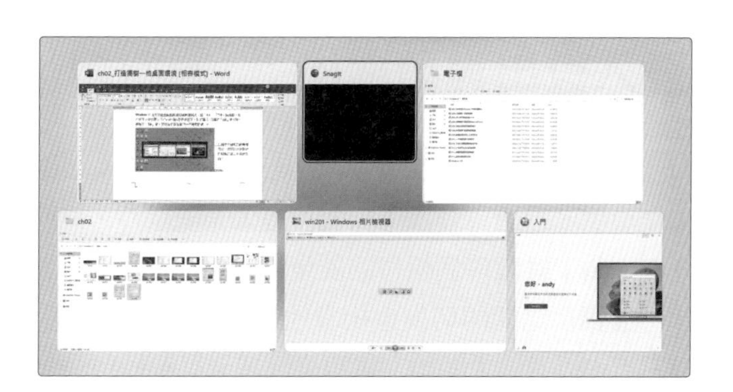

1-2-6 調整桌面圖示大小

在預設狀態下，桌面上的圖示是顯示一般人習慣的大小，如果你發現桌面上的圖示太小看不清楚，想要加大圖示的比例；或是桌面上太多東西，想要縮小圖示的尺寸，可於桌面上按右鍵，然後由「檢視」指令中選擇「大圖示」或「小圖示」的選項就可以了。

1-2-7 設定圖示排列方式

桌面上的圖示，也可以讓它依照特定的方式來排列。於桌面上按右鍵，在快顯功能表中選擇「排序方式」，即可選擇以「名稱」、「大小」、「項目類型」、「修改日期」等方式。

1-2-8 自動排列圖示

此項呈現勾選狀態時，新增或移動的圖示都會自動排列整齊

桌面上的圖示，有時因為資料夾的新增、搬移，而讓桌面變得很凌亂，想讓桌面看起來整齊美觀，可透過右鍵執行「檢視 / 自動排列圖示」指令，只要副選項中的「自動排列圖示」呈現勾選的狀態，那麼下次新增資料夾或檔案時，新增的內容就會自動排列整齊。

1-3 登入登出與開關機

Windows 11 是一個非常人性化的作業系統，它允許多人共用一部電腦，而且可自行設定工作環境。透過「登入」功能可進入某一帳戶，同時載入該用戶所自訂視窗操作介面，為了維護每個帳戶的安全性，使用者可進行密碼的設定，或是利用圖片解鎖，而帳戶之間的切換也相當地便利。有關帳戶設定、登入 / 登出與開關機等功能，都可以透過「開始」選單來處理。

1-3-1 變更帳戶設定

想要針對個人的帳戶進行設定或變更，可透過以下方式來進行。

Step1

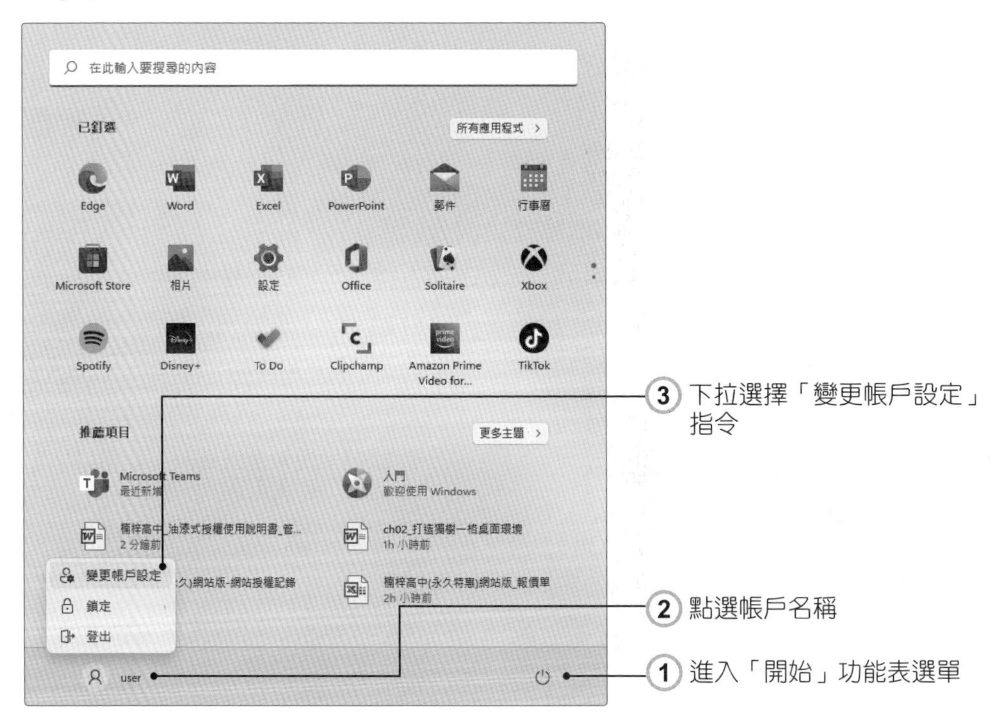

Step2

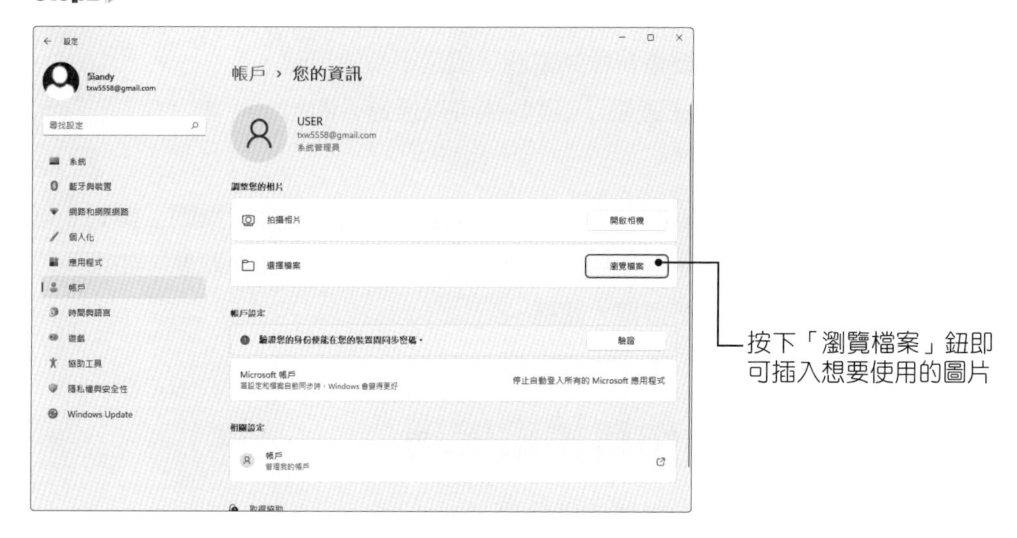

1-3-2 帳戶登出與切換

帳戶若要登出，或是想要切換到其他帳戶，請利用「開始」選單來切換。

1-3-3　開啟關閉 Windows

電腦跑得不順暢時想要重新啟動電腦，或是不須使用時，可以選擇將它「關機」或「睡眠」，這些都可以透過「開始」選單的 ⏻ 鈕來設定。

通常暫時離開電腦，晚點還會再使用到電腦時，可以選擇「睡眠」模式，電腦資料會儲存在記憶體中，等下次回來時電腦會回復原先的工作狀態。如果長時間不使用電腦，就可以直接選擇「關機」。

1-4　視窗操作與檔案管理

Windows 主要以視窗方式來顯示電腦中的所有內容，所以當各位在電腦上雙按任何一個資料夾或程式捷徑，就會自動以視窗顯示內容。如下圖所示，便是雙按「本機」圖示所顯示的視窗。

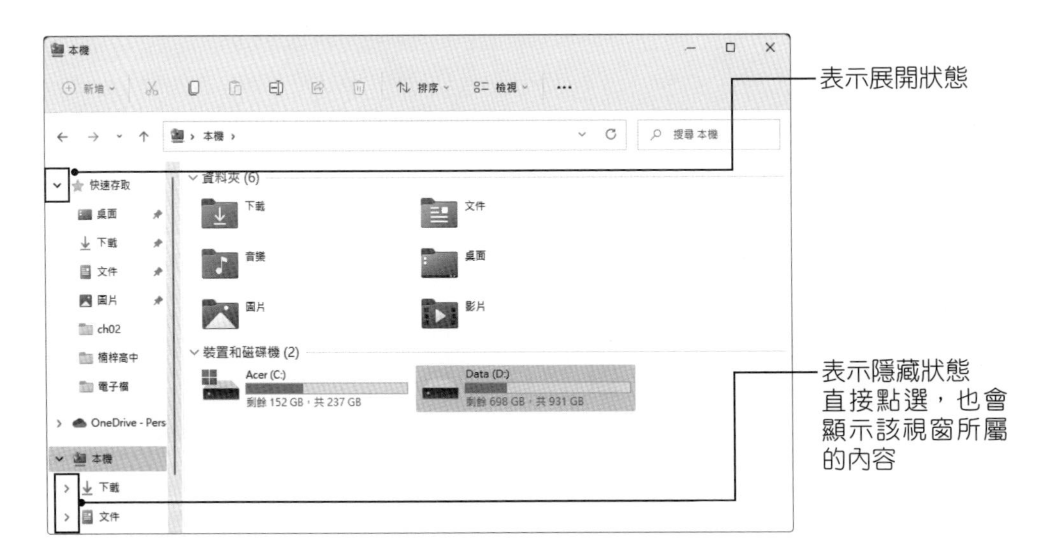

如果想要調整視窗裡的圖示大小、窗格顯示方式，可以由上方的「檢視」標籤做設定。另外如果要調整視窗裡的排序方式，可以由上方的「排序」標籤做設定。

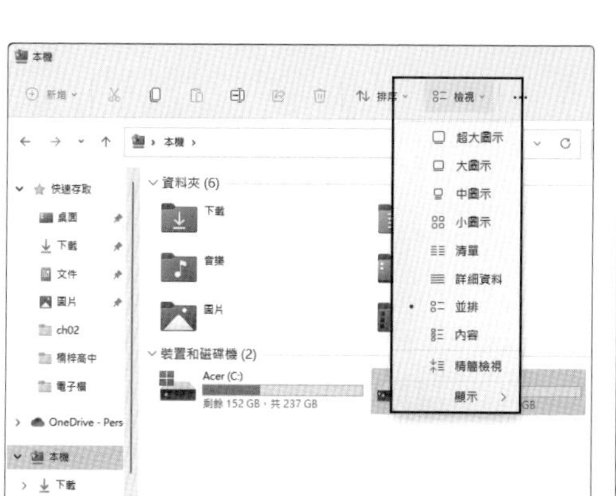

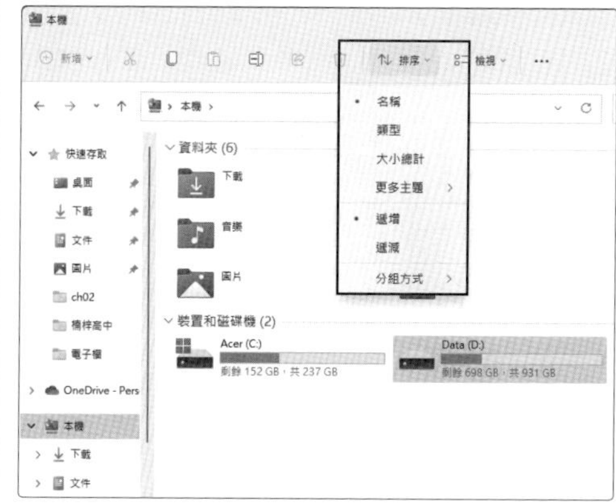

1-4-1 瀏覽窗格

在操作視窗時，各位還可根據需求而以不同的窗格做檢視。如左下圖所示，在「檢視」標籤中按下「預覽窗格」，可在視窗右側多了一個圖片預覽的窗格，而想查看圖片的更多資訊，則可按下「詳細資料窗格」，就能在右側的窗格中查看圖片尺寸、檔案大小、圖檔格式等資訊。

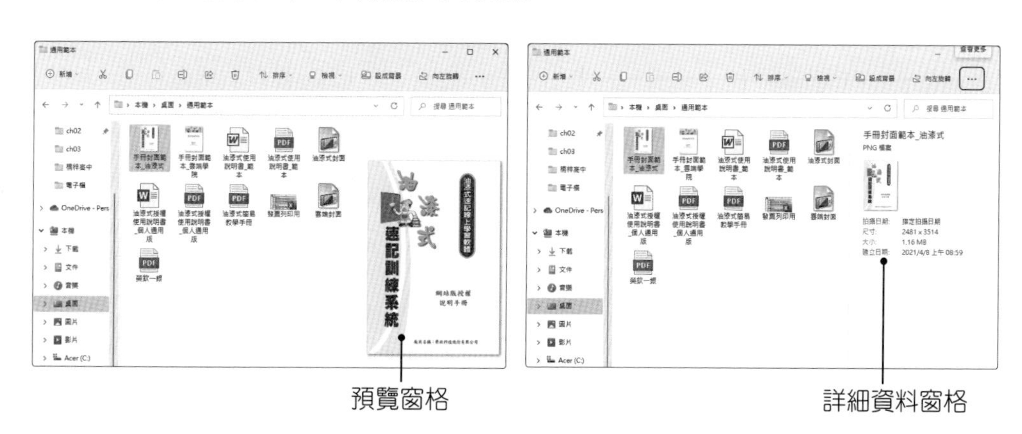

如果各位沒有看到如視窗左側的樹狀資料夾結構，那麼請按下「瀏覽窗格」鈕，並下拉勾選「瀏覽窗格」的選項，這樣可以方便各位做資料夾的切換。

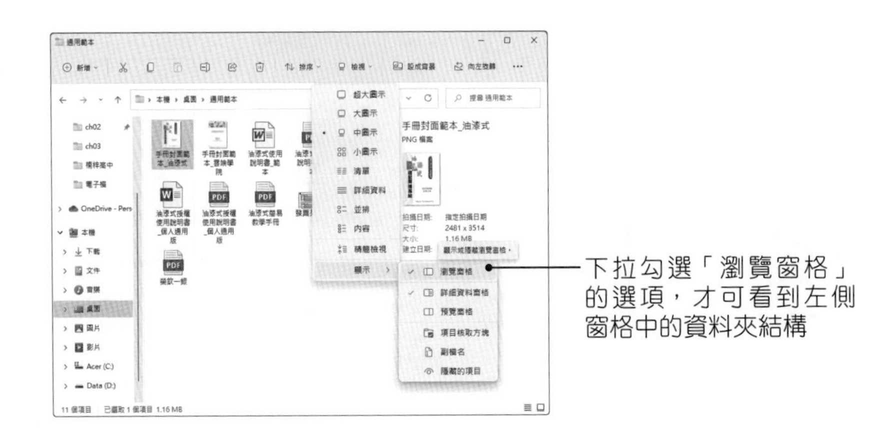

下拉勾選「瀏覽窗格」的選項，才可看到左側窗格中的資料夾結構

1-4-2 新增資料夾

想要在電腦桌面上新增資料夾，按右鍵執行「新增 / 資料夾」指令，即可看到如下的預設資料夾名稱。

如果是在視窗中要新建資料夾，可在「新增」功能表中按下「資料夾」鈕。

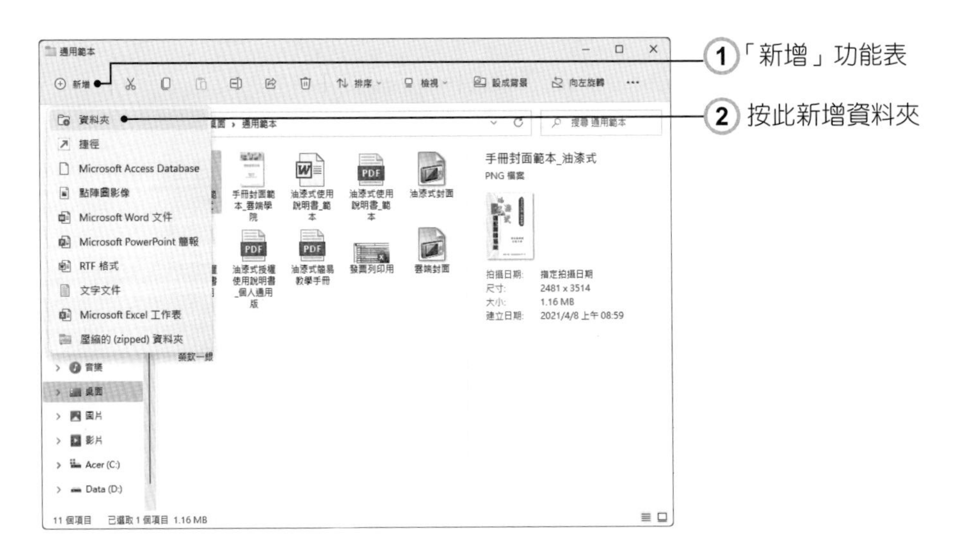

1-4-3 資料夾 / 檔案的重新命名

為方便資料內容的辨識，最好為資料夾取個適當的名稱。請在資料夾上按右鍵執行「重新命名」指令。

Step1

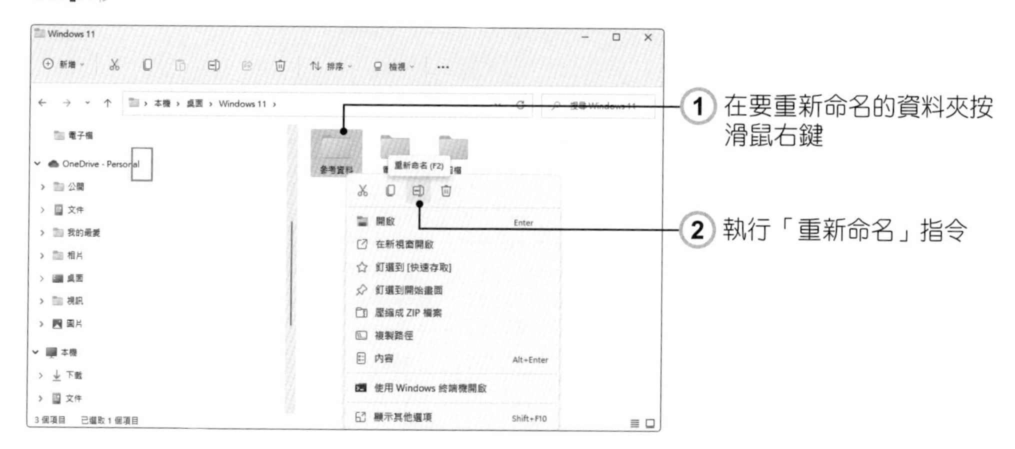

1 在要重新命名的資料夾按滑鼠右鍵
2 執行「重新命名」指令

Step2

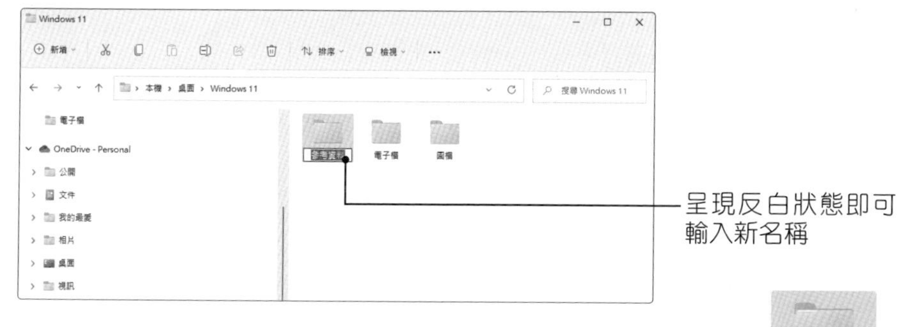

另外一資料夾重新命名，只要點選檔案後輕按一下檔案名稱，呈現反白狀態即可重新輸入名稱。

參考資料

檔名反白時，即可重新輸入名稱

1-4-4 檔案搬移 / 複製至資料夾

確認資料夾名稱後，利用拖曳的方式就可以將檔案搬移到資料夾中。

Step1

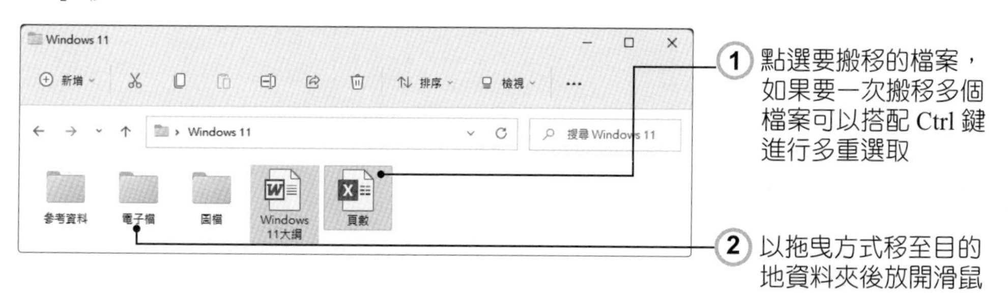

1 點選要搬移的檔案，如果要一次搬移多個檔案可以搭配 Ctrl 鍵進行多重選取
2 以拖曳方式移至目的地資料夾後放開滑鼠

Step2

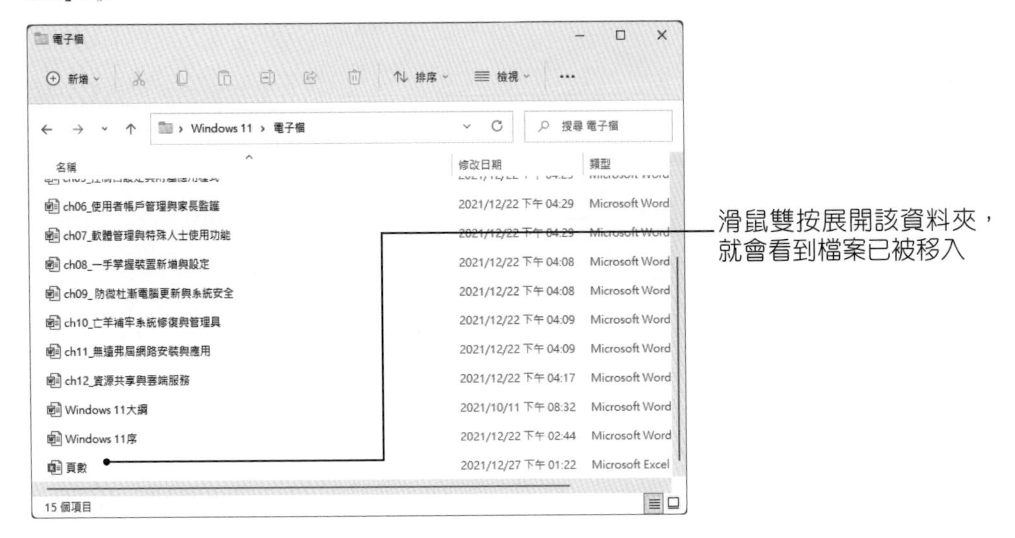

1-4-5 將常用資料夾釘選至快速存取區

對於經常會用到的資料夾，可以考慮將它釘選到「快速存取區」中，這樣可以簡化存取的步驟，方便檔案的存取。

Step1

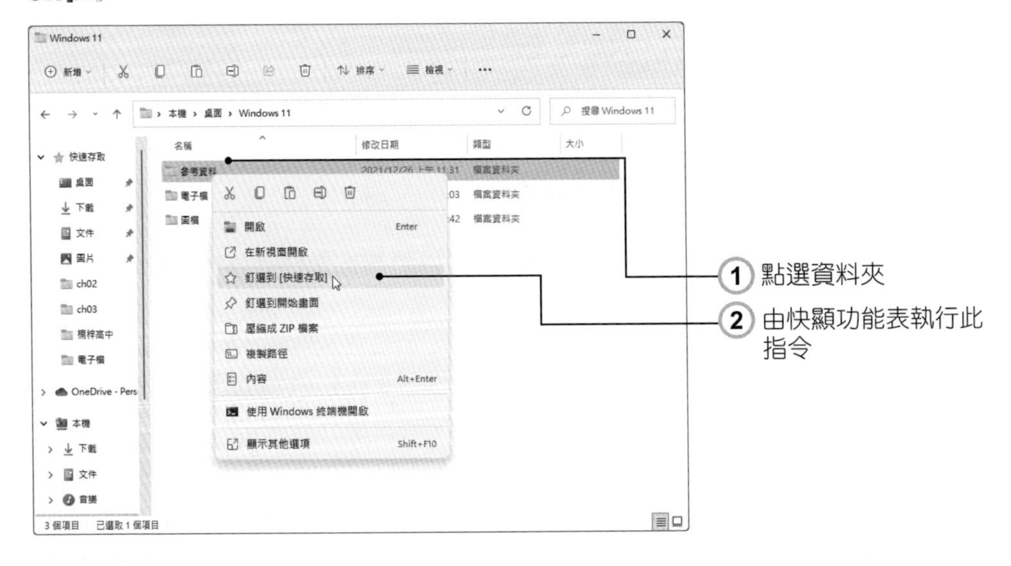

Step2

瞧！任何時候開啟視窗，
都可在「快速存取」之下
看到該資料夾

1-4-6 檔案 / 資料夾的刪除

視窗中的檔案或資料夾如果需要刪除，選取後按下「刪除」鈕，可選擇回收到資源回收桶或是永久刪除。

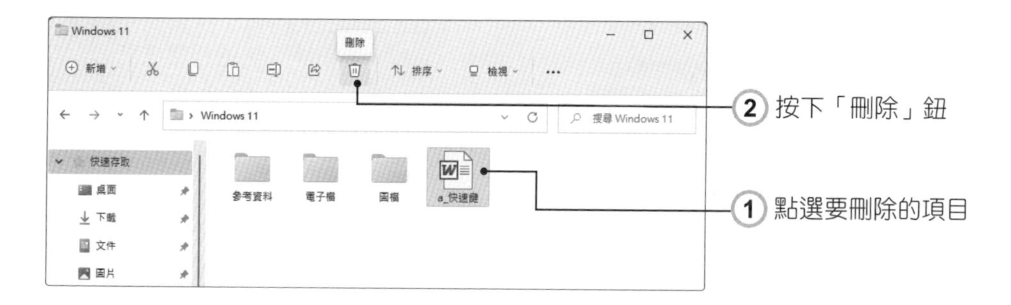

若是電腦桌面上的檔案或資料夾要做刪除，則請按右鍵執行「刪除」指令。

一般執行「刪除」指令會將刪除的檔案回收到「資源回收筒」，所以萬一刪除錯了檔案，只要開啟資源回收筒，還可將檔案救回來。一旦資源回收筒存放了太多的檔案，而您的磁碟空間又不夠，這時可以考慮清理一下資源回收筒。各位可直接在桌面上的「資源回收筒」按右鍵，並執行「清理資源回收筒」指令。

1-4-7 強大的搜尋功能

有時候要在電腦中找尋某一特定檔案，如果各位會利用檔案總管來做搜尋，就可以節省許多的時間和精力。

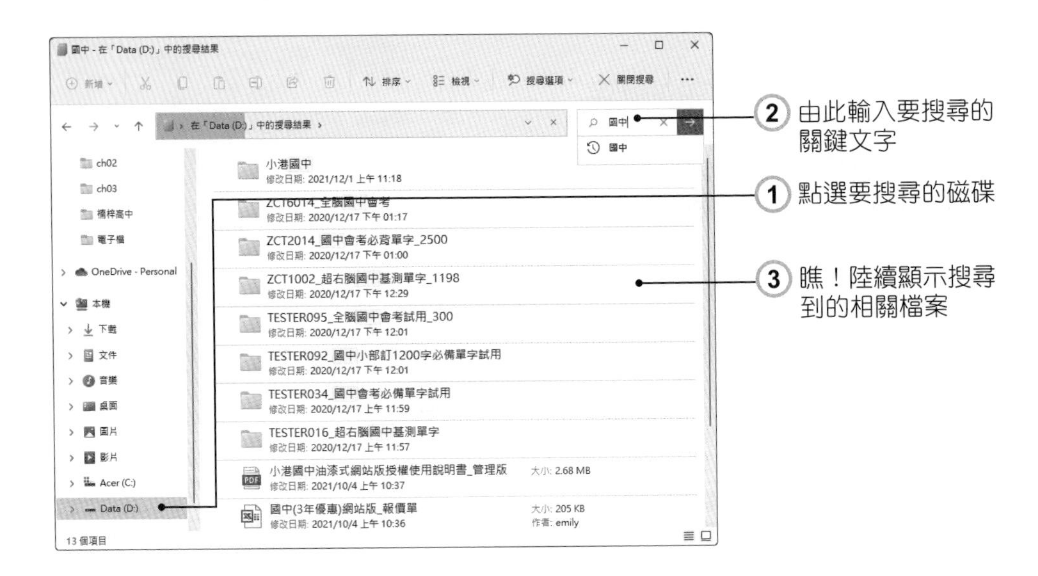

其實 Windows 11 的搜尋功能非常實用，不僅可以幫忙搜尋應用程式、檔案及圖檔，甚至連網頁，相片、資料夾或音樂都可以透過關鍵字搜尋的方式輕鬆找到。目前有兩個方式可以進行各種文件、應用程式或檔案的搜尋：一種是透過開始鈕啟動搜尋列，另一種則是直接按下工作列的搜尋鈕來啟動搜尋列。接著只要在搜尋列輸入關鍵字就可以幫忙搜尋應用程式、檔案及圖檔。

Step1

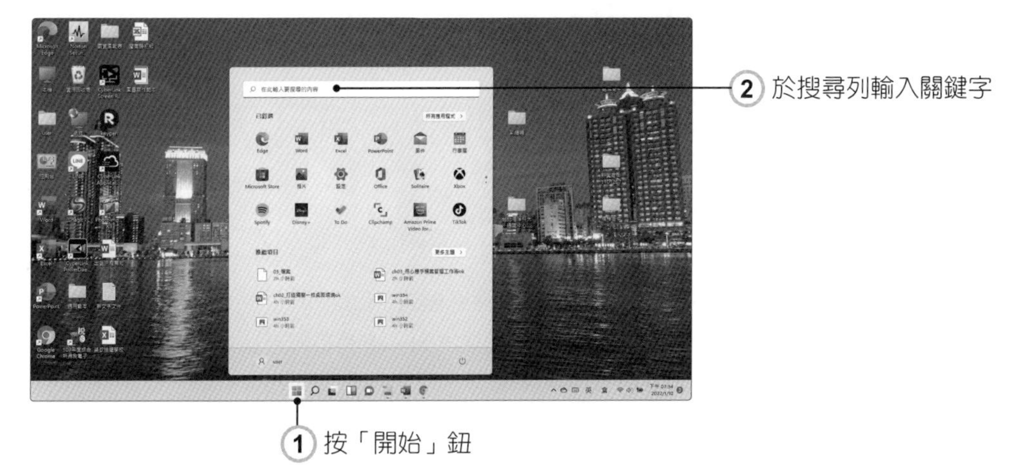
於搜尋列輸入關鍵字
按「開始」鈕

Step2

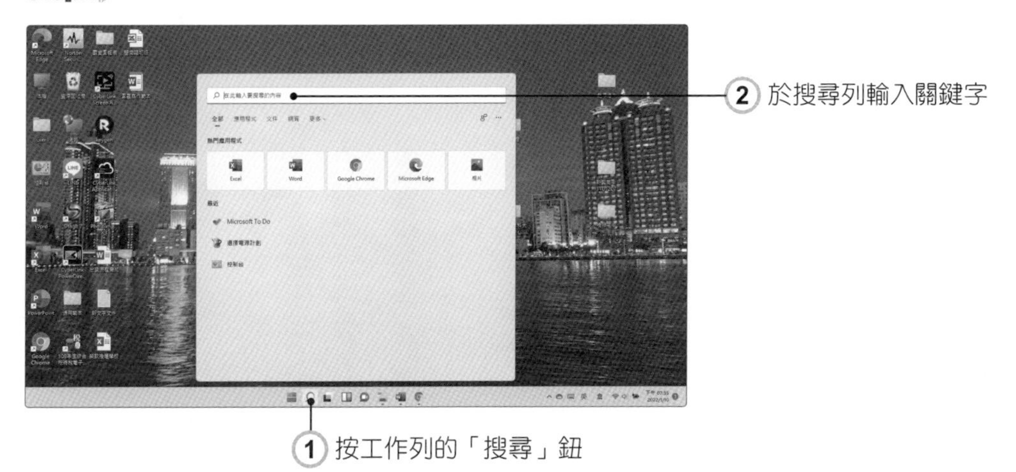
於搜尋列輸入關鍵字
按工作列的「搜尋」鈕

實力評量

問答題

1. 請簡單列出至少 5 項 Windows 11 的特色亮點。
2. Windows 11 工作列中預設有哪些圖示。
3. 請簡述 Windows 11 可以協助搜尋哪些項目。
4. 請問在 Windows 11 如何透過快速鍵來切換應用程式？
5. 桌面上的圖示，也可以讓它依照特定的方式來排列，請問有哪幾種排序方式？

PART

1 Word 文件編輯

CHAPTER

02 廣告活動宣傳單製作

學習重點

- 文書軟體的特色
- 工作環境介紹
- 文件的輸入技巧
- 文字換行與編修
- 文件選取功能
- 復原與取消復原
- 文字格式設定
- 頁面框線製作
- 智慧查閱
- 操作說明搜尋功能
- 插入文字藝術師
- 插入線上圖片
- 圖片格式設定
- 插入快取圖案

本章簡介

文書處理軟體是目前個人電腦上最常使用的一種軟體，每天有數以千萬計的人使用文書處理軟體，主要是可提供大量工具，來製作各種文字為主的文件，例如：撰寫編輯備忘錄、書信、報告，以及許多其他種類的文件。Word 軟體向來被定位於文書處理軟體，只要會使用鍵盤輸入文字，配合一些插圖、美工圖案、圖表的編排，就能讓文件變得美觀又實用。

「所見即所得」的精彩呈現結果

Word 功能並不止於文書處理而已，舉凡各式各樣的表格 / 進度的設計規畫、長篇文件的編輯、傳單 / 海報 / 卡片的設計製作、大量郵件印製、文件校閱、網頁 / 部落格的發佈…等，幾乎想得到的文件都可以利用 Word 來完成。尤其在版面的規劃與使用上都有重大的變革，直覺式的標籤與按鈕設計，讓使用者輕鬆知道如何使用所需的功能按鈕，在美工插圖或圖表的設計上，也擁有專業的美術設計水準。本章範例除了介紹 Word 的基本功能外，也將以宣傳海報製作為例，說明如何在海報中加入文字藝術師及精美圖片，同時也會示範如何在文件中加入自訂的頁框造型，讓宣傳海報能更加搶眼，達到海報宣告的效果。

2-1 Word 初體驗

通常我們將一份具有結構性的文章稱為「文件」(Document)，並且利用文字來傳遞訊息。文書處理軟體的設計理念在於能以比傳統手寫方式更簡便方式來製作和處理文件，基於這樣的原則，通常文書處理軟體具備了以下特色：

圖、文、及表格的混合編輯

文書處理軟體的強大功能之一就是混合編輯，各位可以改變文字的字型、顏色、大小、間距、位置等等，也能將圖形及表格混入文字之中，做出想要的效果，可讓文件內容更豐富多變。

豐富的文圖表格整合功能

編輯與排版的功能

文書處理軟體因為有列印輸出功能，且具備「所見即所得」的特點，也就是所製作的文件，在電腦螢幕上所呈現的畫面，就是文件列印出的結果畫面。在文件內容的編輯上，除了可以修正方便外，還提供包括英文字彙與文法檢查的自動校正功能，而排版功能更可以針對文字、段落和全文作處理，像是文字的大小或字型設定、段落對齊、間距和縮排調整等，它都可以做到。

「所見即所得」的精彩呈現結果

文件製作的輔助功能

文書處理軟體還提供亞洲文字配置的相關功能，例如：注音標示、圍繞文字、橫向文字、並列文字等，為了方便文件的製作與統計，提供了頁首頁尾編輯、頁碼插入、字數統計，甚至長文件常需要製作的目錄、索引、詞彙表、註腳文字及參考書目等。

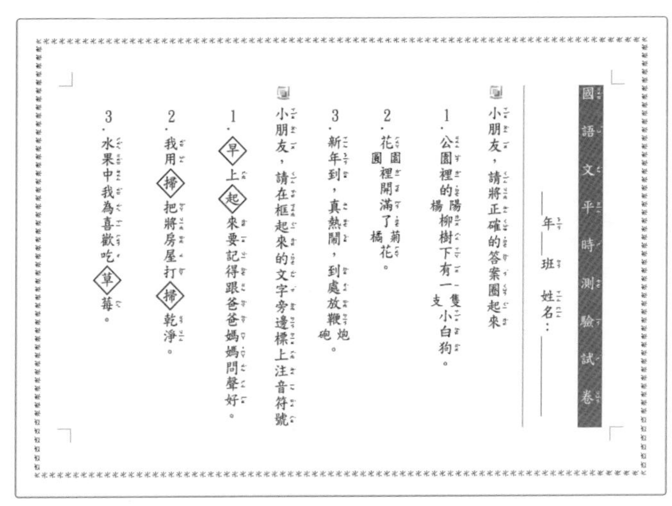

國語文平時測驗試卷

年　班　姓名：

小朋友，請將正確的答案圈起來

1. 公園裡的陽/楊柳樹下有一隻/支小白狗。
2. 花園/圓裡開滿了菊/橘花。
3. 新年到，真熱鬧，到處放鞭炮/砲。

小朋友，請在框起來的文字旁邊標上注音符號

1. 早上起來要記得跟爸爸媽媽問聲好。
2. 我用掃把將房屋打掃乾淨。
3. 水果中我為喜歡吃草莓。

亞洲文字配置功能

2-1-1 認識 Word 工作環境

啟動 Word 的方法非常簡單，請執行「開始／所有應用程式／ W ／ Word」指令，即可開啟 Word 視窗。Word 的工作環境，在此說明如下：

索引標籤

索引標籤主要是用來區分不同的核心工作，諸如常用、插入、版面配置…等。標籤之下又依功能來分別群組相關的功能按鈕，同時將常用的功能指令放置在最明顯的位置，讓使用者在編輯文件時，可以更快速找尋所需的功能按鈕。

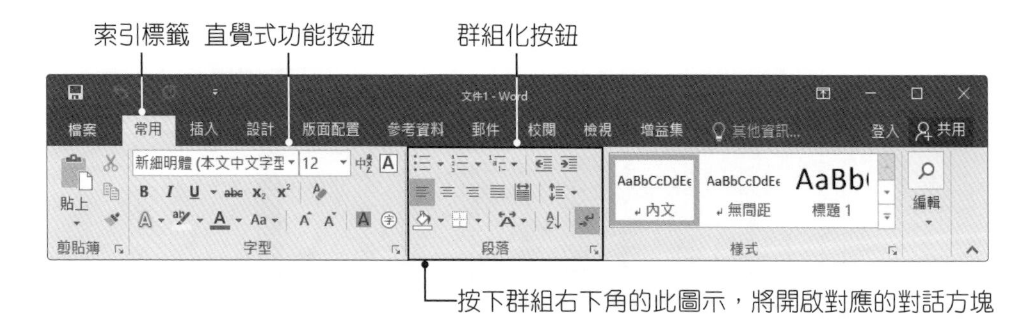

如圖所示，「常用」標籤下，與「字型」相關的功能按鈕就群組在一起，按下該群組右下角的 ◲ 鈕則會開啟「字型」的對話方塊，可作更細部的字型設定。

快速存取工具列

快速存取工具列將常用的工具按鈕直接放在視窗的左上端，由左而右依序為儲存、復原、取消復原等按鈕，方便使用者直接選用。按下 ▾ 鈕將顯示更多被隱藏起來的功能，下拉勾選則可將選定的工具鈕顯示於快速存取工具列中。

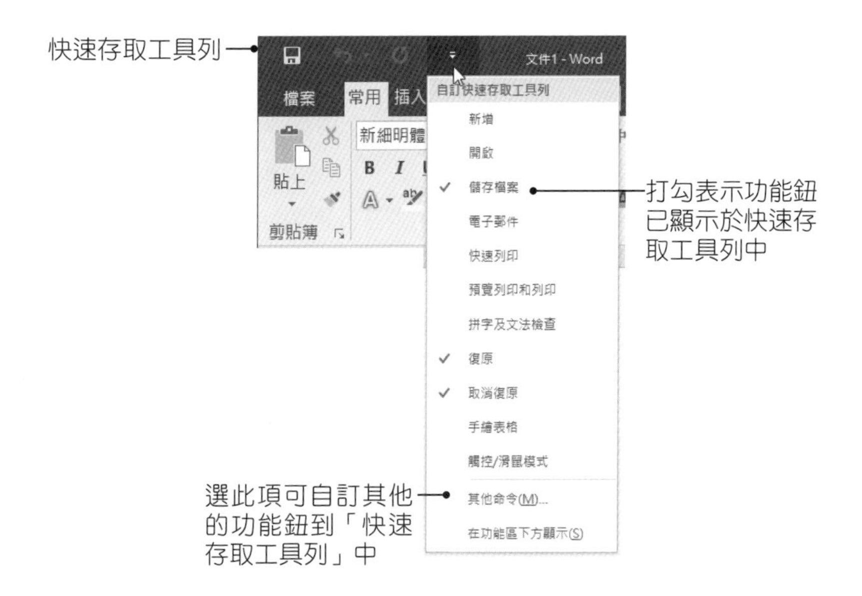

標題列

顯示了文件檔名與使用軟體名稱，在右邊有五個按鈕，分別代表「說明」、「功能區顯示選項」、「最小化」、「往下還原」及「關閉視窗」等功能。左邊則包含了「快速存取工具列」，裡面預設有儲存、復原、重複等最常用的工具鈕。

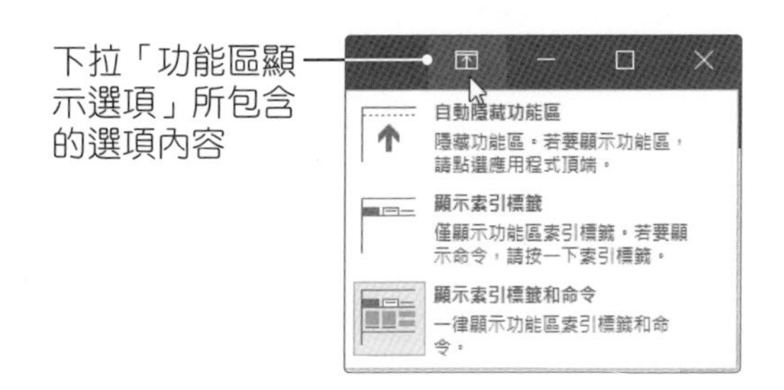

編輯工作區

編輯區內有一條閃爍的直線，為文字的插入點，可以在此輸入文字、插入圖片、表格等等。另外，Word 的即點即書功能，可在編輯區中的任何位置，加入游標插入點並直接開始編輯，省去按「Enter」鍵及空白鍵的不方便。

尺規

尺規有垂直與水平尺規兩種。「垂直尺規」用於調整頁面上下邊界及表格的行高，它只出現在「整頁模式」中，而「水平尺規」則可編輯左右邊界的寬度、設定定位點、調整表格中的欄寬及段落縮排等各種設定。藉由尺規的座標系統可以正確的規劃物件的大小、擺放的位置，加上段落標記可以有效率的調整文件段落的格式、位置等樣式的設定。

由「檢視」標籤勾選「尺規」，才會顯示垂直尺規和水平尺規

水平尺規

垂直尺規

狀態列

狀態列位於視窗的最下方，除了顯示編輯文件的各項資訊外，還可控制文件的檢視模式與顯示比例。

2-1-2 檔案新建與舊檔開啟

啟動 Word 後，按下「空白文件」鈕會開啟一份新的文件。在「文件編輯區」中除了插入點外（形成 I 狀），另一個就是段落標記和滑鼠指標。如果想再開啟一份新的空白文件，請直接按下「檔案」標籤並執行「新增」指令，在下圖中選定好範本後，即可以新增一份指定範本的檔案：

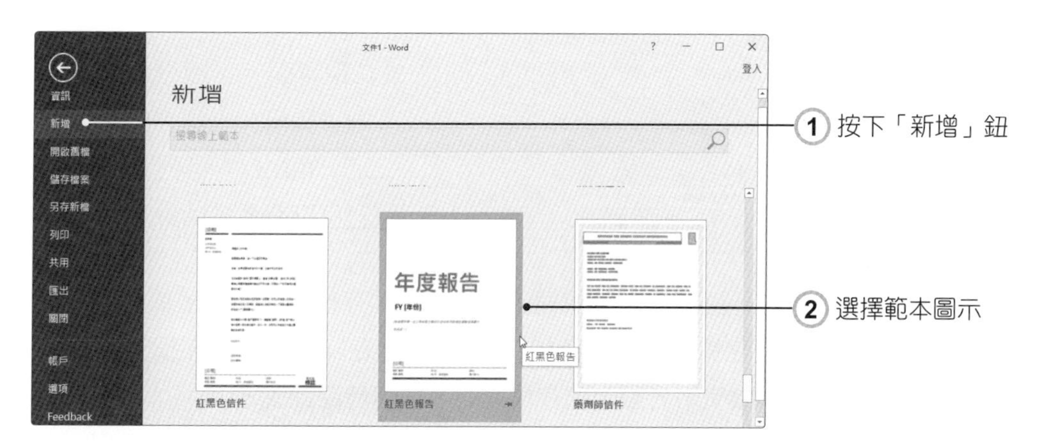

如果要開啟一個已存在的舊檔，請由「檔案」標籤中選擇「開啟舊檔」指令，各位可以選擇最近使用的文件清單，或是按下「瀏覽」鈕進入「開啟舊檔」視窗後，選擇欲開啟的檔案，再按「開啟」鈕，就可以將文件開啟。

Step1

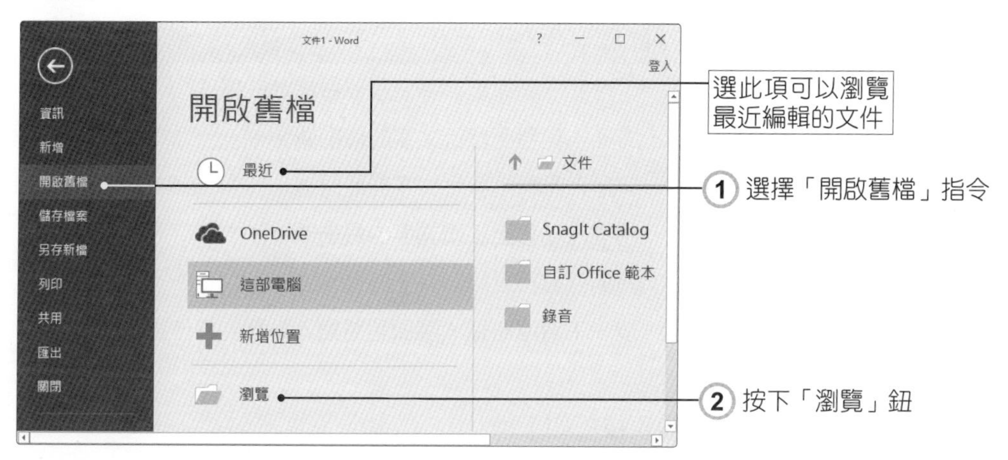

Step2

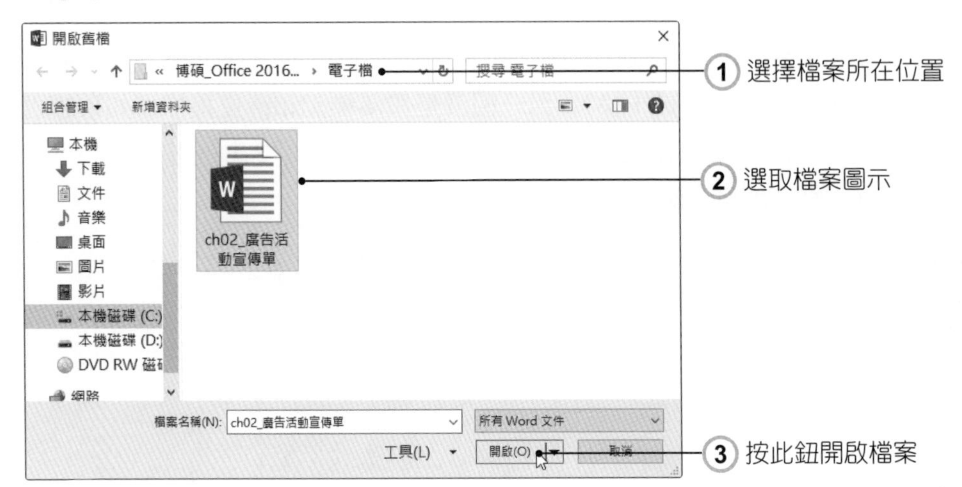

至於儲存檔案時，可選擇按下快速工具列的「儲存檔案」鈕，或者由「檔案」標籤中執行「儲存檔案（另存新檔）」指令來儲存文件。首次存檔時，Word會以另存新檔的方式讓使用者設定儲存檔案的名稱與儲存位置。

2-1-3 插入點移動與輸入文字

插入點的移動，除了可以使用滑鼠外，也可以使用方向鍵來移動。請看下表的說明：

方法	說明
上、下、左、右鍵	可以插入點往上、下、左或右移動一格。
Home 鍵	將插入點移至該行文字的最前端。
End 鍵	將插入點移至該行文字的最尾端。
Ctrl+Home 鍵	將插入點移至該段文字的最前端。
Ctrl+End 鍵	將插入點移至該段文字的最尾端。
以滑鼠點選	按一下滑鼠左鍵，隨即可將插入點移到該位置上。

至於其他相關的文件輸入技巧如下：

輸入標點符號

在 Word 中輸入標點符號，可以由「插入」標籤選擇「符號」，以滑鼠點選插入的方式進行輸入。

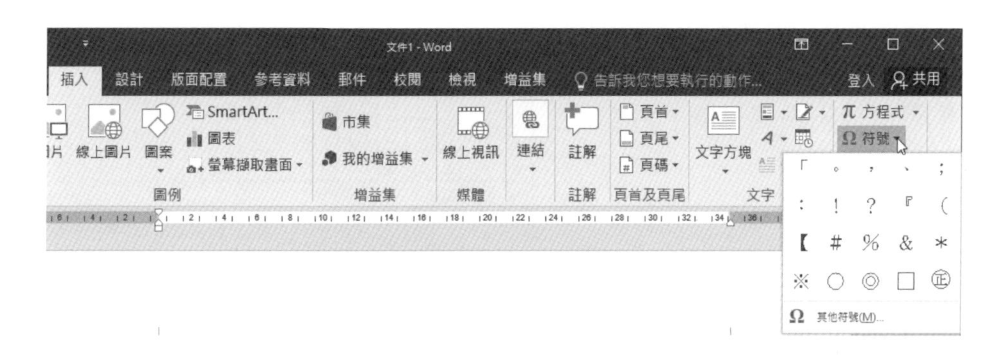

在微軟新注音輸入法，如果想輸入全形標點符號，可以使用下列的快速鍵。

全形標點符號	快速鍵
，	「Ctrl」+「,」
。	「Ctrl」+「.」
；	「Ctrl」+「;」
？	「Ctrl」+「Shift」+「/」
！	「Ctrl」+「Shift」+「數字 1」
：	「Ctrl」+「Shift」+「;」

插入日期與時間

由「插入」標籤按下「日期及時間」鈕，可在下圖視窗中選擇日期格式、月曆類型與顯示的語系，再按下「確定」鈕即可插入日期與時間。

插入特殊符號

在文件中如果要插入像 @、㊣、®... 等特殊符號，請由「插入」標籤按下「符號」鈕，並下拉選擇「其他符號」指令，開啟「符號」視窗後先點選符號，再按下「插入」鈕。

2-1-4 自動換行與強迫換行

文字換行的方式共有兩種：自動換行與強迫換行。當輸入的文字超過文件邊界時，Word 即會自動換行；而強迫換行可分為按下「Enter」鍵與按下「Shift」+「Enter」換行，兩者的差別在於前者會形成新段落，而後者則只是在同一段落中做文字的換行。

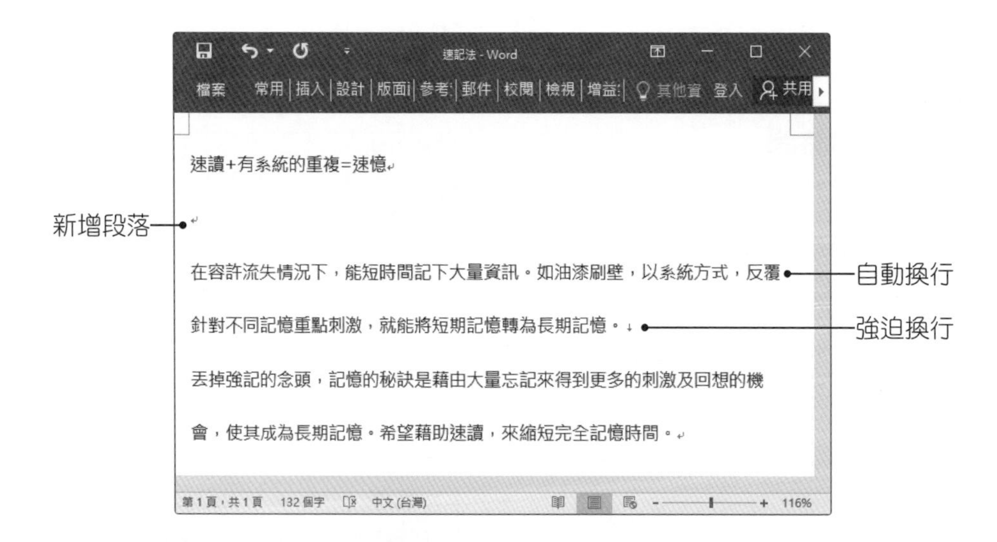

其中 ↵ 為「Enter」換行的段落符號，而 ↓ 則是「Shift」+「Enter」換行的段落符號。當各位發現輸入錯誤時，也不用緊張。在編輯文件的過程中，可以利用鍵盤的「Delete」鍵或「Backspace」鍵來刪除錯誤的文字。其中「Delete」是用來刪除插入點之後的文字，而「Backspace」則是用來刪除插入點之前的文字。

當有太多錯字時，一一修正的方式實在太耗費時間，可利用「常用」標籤按下「取代」鈕來修正所有錯誤內容。

尋找及取代
尋找(D) 取代(P) 到(G)
尋找目標(N): 七
選項: 全半形須相符
取代為(I): 漆
更多(M) >> 取代(R) 全部取代(A) 尋找下一筆(F) 取消

2-1-5 連續選取與不連續選取

在編輯文件過程中，選取是常用基本動作。基本上透過選取功能才能執行其他的動作，例如「複製」或者「格式化」等動作。例如部份連續選取功能如下：

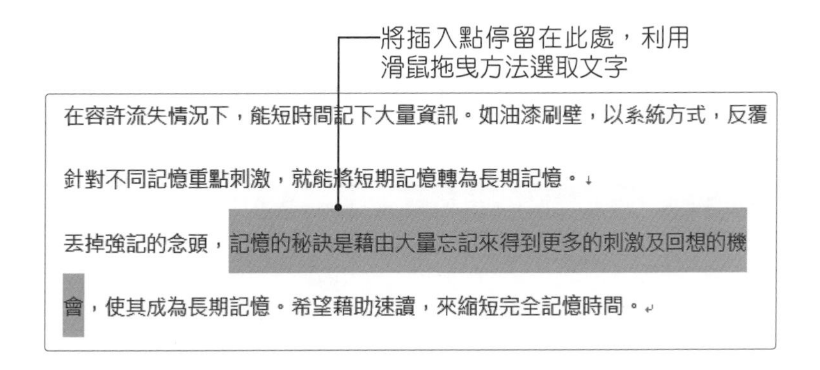
將插入點停留在此處，利用滑鼠拖曳方法選取文字
在容許流失情況下，能短時間記下大量資訊。如油漆刷壁，以系統方式，反覆針對不同記憶重點刺激，就能將短期記憶轉為長期記憶。↓
丟掉強記的念頭，記憶的秘訣是藉由大量忘記來得到更多的刺激及回想的機會，使其成為長期記憶。希望藉助速讀，來縮短完全記憶時間。↵

至於不連續選取部份的操作方式如下：

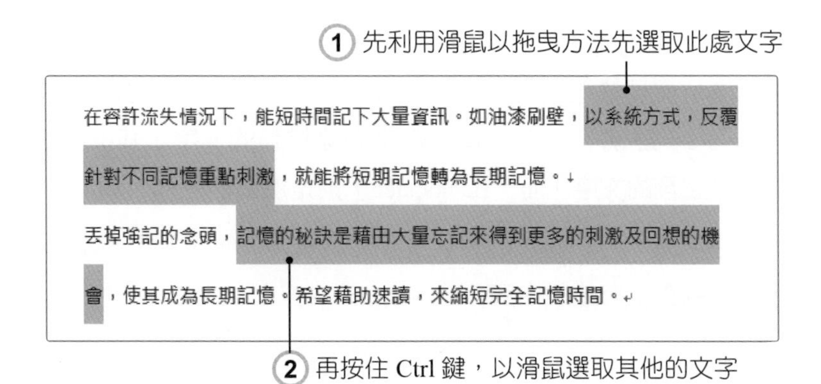

1 先利用滑鼠以拖曳方法先選取此處文字
在容許流失情況下，能短時間記下大量資訊。如油漆刷壁，以系統方式，反覆針對不同記憶重點刺激，就能將短期記憶轉為長期記憶。
丟掉強記的念頭，記憶的秘訣是藉由大量忘記來得到更多的刺激及回想的機會，使其成為長期記憶。希望藉助速讀，來縮短完全記憶時間。
2 再按住 Ctrl 鍵，以滑鼠選取其他的文字

2-1-6 搬移與複製

在製作內文時，為了節省打字的時間，可以利用「複製」與「貼上」功能來進行文字內容的複製，使加速編輯的效率！

Step1

1 選取範圍

Step2

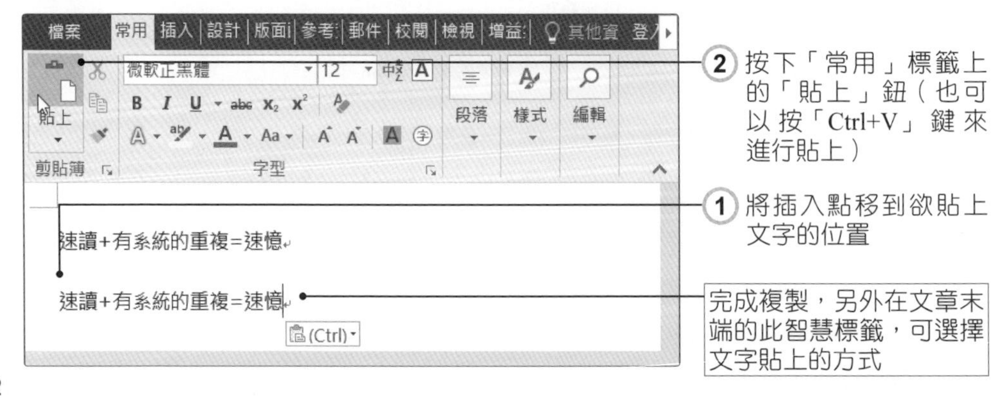

2 按下「常用」標籤上的「貼上」鈕（也可以按「Ctrl+V」鍵來進行貼上）
1 將插入點移到欲貼上文字的位置
速讀+有系統的重複=速憶
速讀+有系統的重複=速憶
完成複製，另外在文章末端的此智慧標籤，可選擇文字貼上的方式

如果遇到類似的情況，使用「剪下」及「貼上」就可以達到搬移的效果，其中「剪下」指令的快速鍵為「Ctrl+X」鍵。

2-1-7 復原與取消復原

如果不小心指令操作錯誤，可以按下「快速工具列」上的「復原」鈕或按「Ctrl+Z」鍵，就能回復操作前的狀態。

而復原功能的反面即為「取消復原」，同樣有三種方式，分別為按下「快速工具列」上的「取消復原」鈕或按「Ctrl+Y」鍵。在復原與取消復原工具鈕旁有一個下拉式箭頭，當按下此鈕時，會出現執行過的動作清單，可以一次復原（或取消復原）好幾個動作。

2-2 文字外觀設定與頁面框線

文字格式除了可直接在「常用」標籤進行設定外，也可以按下群組右下角的鈕，或是按滑鼠右鍵選擇「字型」指令，開啟「字型」視窗加以設定。常用功能區中提供了許多改變文字格式的功能，如圖所示：

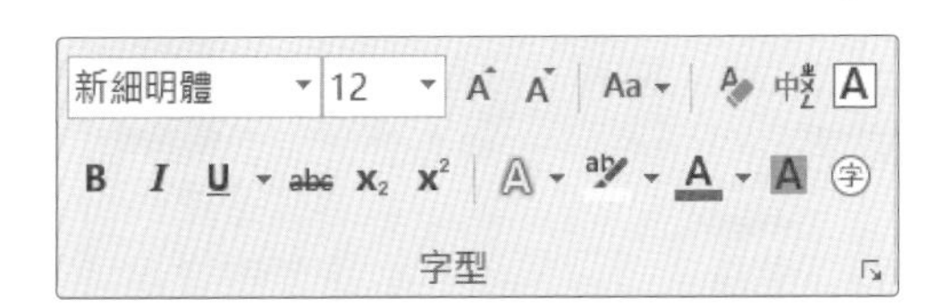

2-2-1 設定字型與色彩

「常用」標籤中的「字型」、「字型大小」與「字型色彩」是大家最常使用的文字設定，只要選取要編輯的文字範圍，由該欄位的鈕下拉即可做選擇。而直接按鈕將直接放大文字，按鈕會縮小文字。

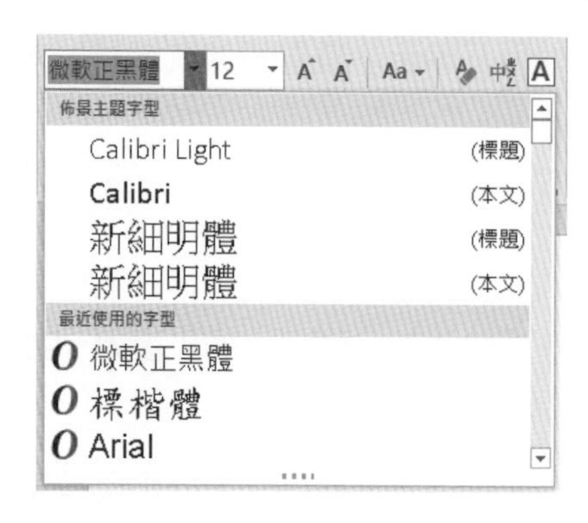

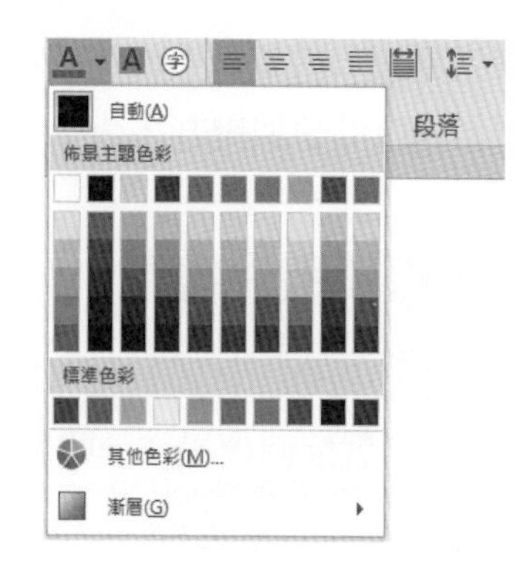

2-2-2 「字型」與「進階」索引標籤

「字型」對話視窗分成兩個標籤索引：「字型」與「進階」。其中「字型」標籤較為特殊為「強調標記」與「效果」兩種：

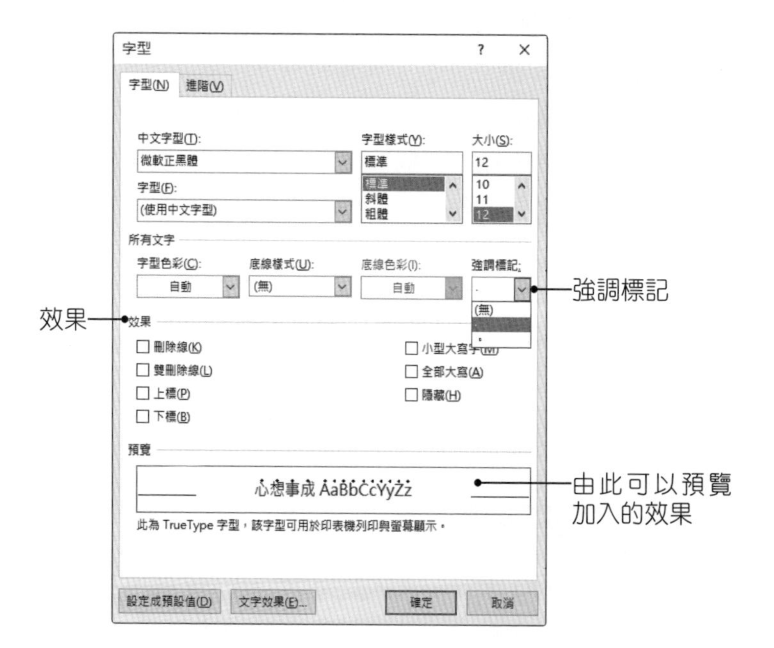

強調標記顧名思義就是為了強調某一段文字的重要性，或是需要斟酌修改的文句都可以使用「強調標記」。

教師節快樂　教師節快樂

除了類似的效果不能同時選取外（如刪除線與雙刪除線），各位可以同時選用幾種不同的文字效果，來妝點文字的外觀，而勾選後就可以直接在下方預覽其效果。

另外「進階」標籤可以設定字與字之間的垂直與水平的距離、文件內容是否貼齊格線！「字元間距」則與「縮放比例」不同，「縮放比例」是將文字做水平的縮放，文字間的距離並不會改變；而「間距」會平均調整所有選取文字間的距離，並不會改變文字本身的形狀。

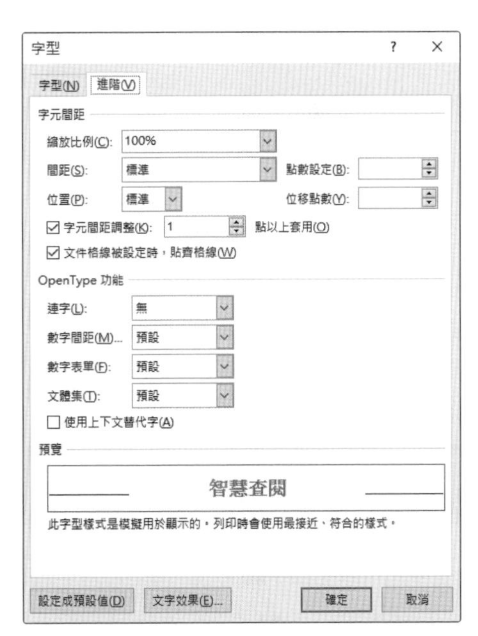

2-2-3 智慧查閱

在編輯文件時，常會有需要查詢的網頁或圖片，以往都需要另開網頁才能搜尋，現在若想快速搜尋到資訊或圖片，可使用「校閱／智慧查閱」指令，能直接將網路上查到的資料拖拉到文件中，不需要離開當下使用中的文件，省時又便利。

2-2-4 操作說明搜尋功能

Office 的功能標籤區琳琅滿目，對於新手要操作某個指令，總要想個老半天，Word 軟體新增了快速搜尋功能，在「告訴我您想要執行的動作」方塊中輸入想執行的指令，能夠更快速的找到要執行的功能。

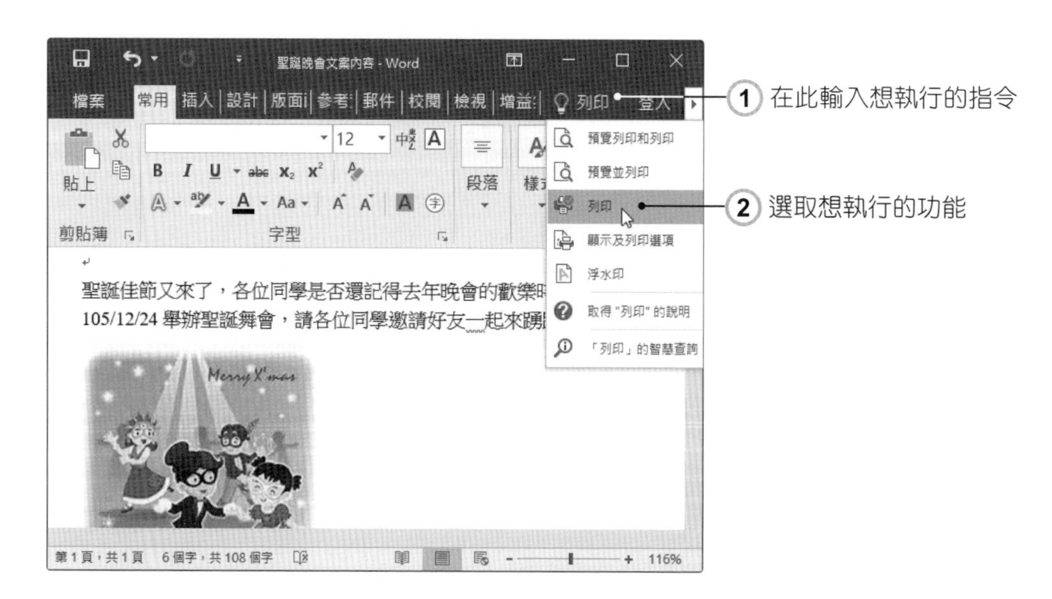

2-3 製作圖文並茂的文件

一份只有文字的文件會顯得相當單調，如果加上五顏六色的包裝，才會吸引閱讀者的目光。事實上，圖文並茂的文件是最能夠讓人賞心悅目的，為了文件內容美化，最常使用的方法就是加入一些美不勝收的圖形物件，例如加入文字藝術師與美美的圖片。

2-3-1 插入文字藝術師

文字藝術師是一種將輸入的文字，轉換為圖形物件的功能。它提供多種特殊風格的藝術文字供您選用。各位可由「插入」標籤按下「文字藝術師」鈕，啟動「文字藝術師圖庫」視窗，底下為文字藝術師的插入實例：

Step1

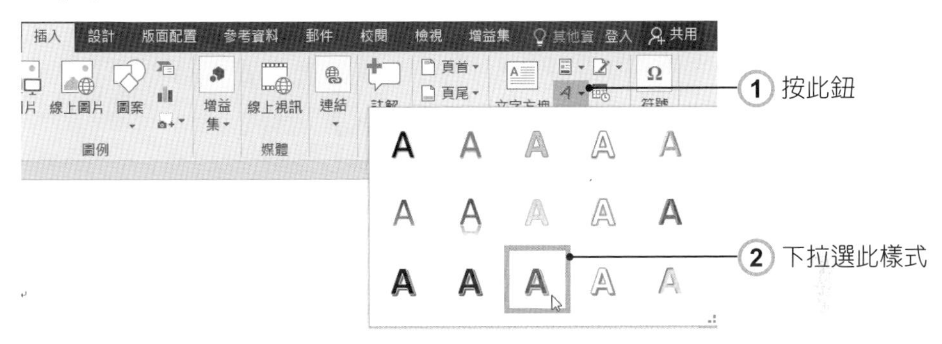

Step2

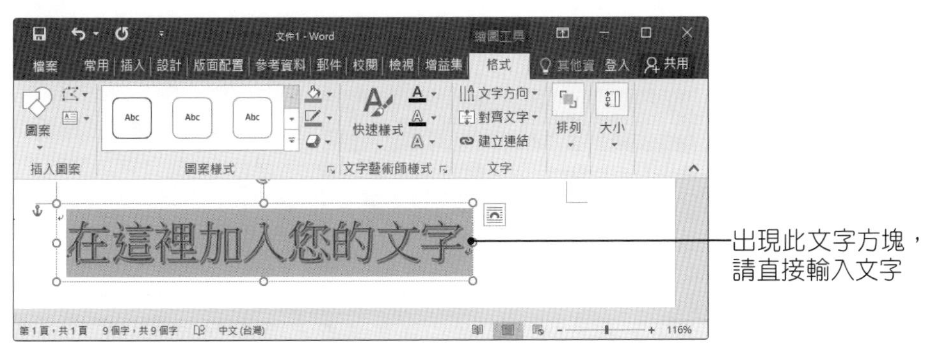

Step3

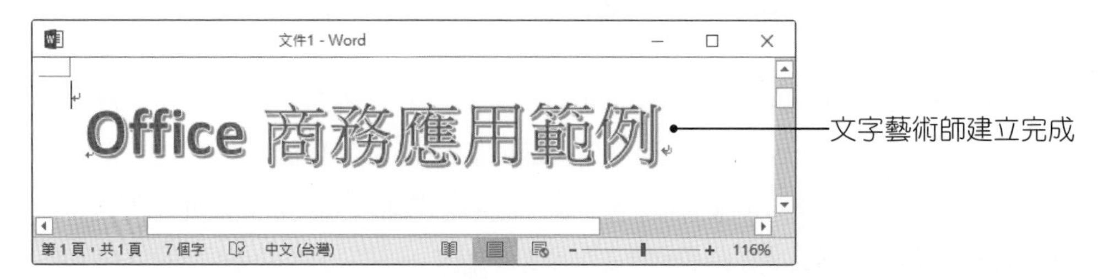

如果套用的樣式不如預期，或是想修正文字，此時，請別急著重新建立文字藝術師物件，只要透過「格式」標籤修改就沒問題了！

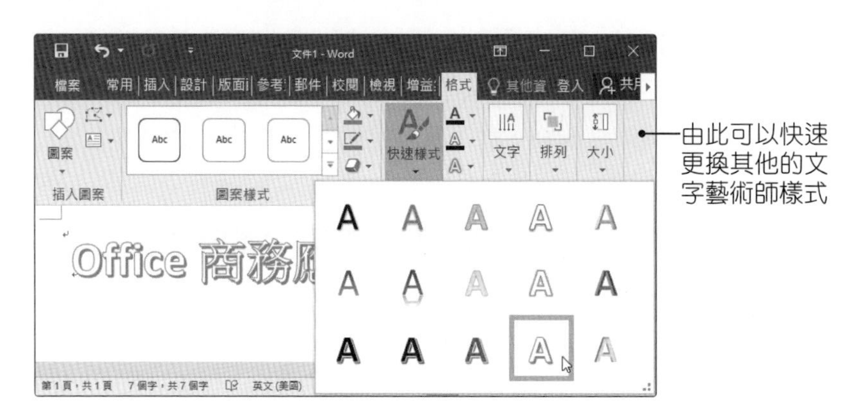

2-3-2 插入線上圖片

Bing 的圖案搜尋，其搜尋的結果為創用 CC 授權所授權的圖像，各位必須遵循相關授權標章規定，才可以使用這些圖像。

Step1

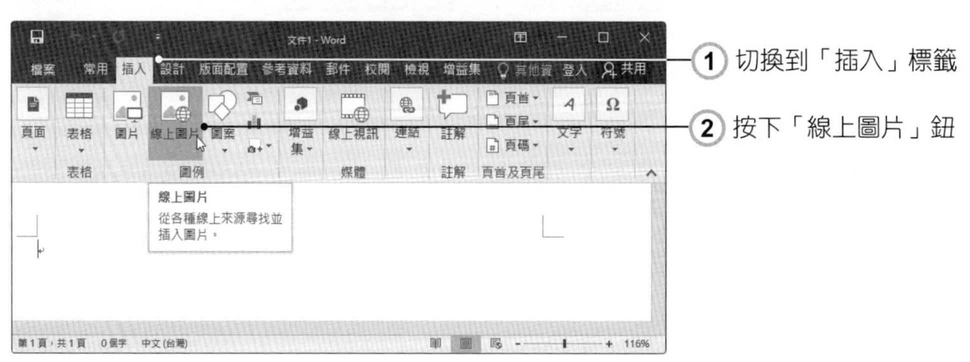

Step2

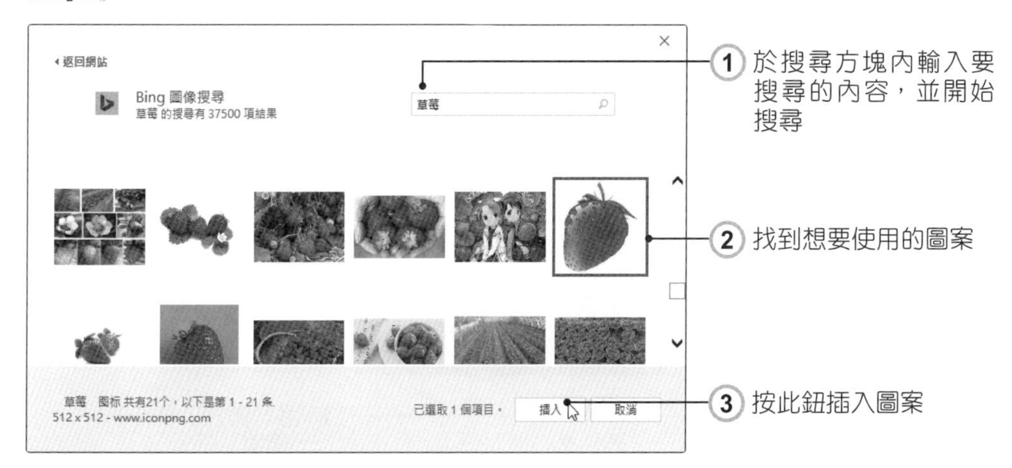

Step3

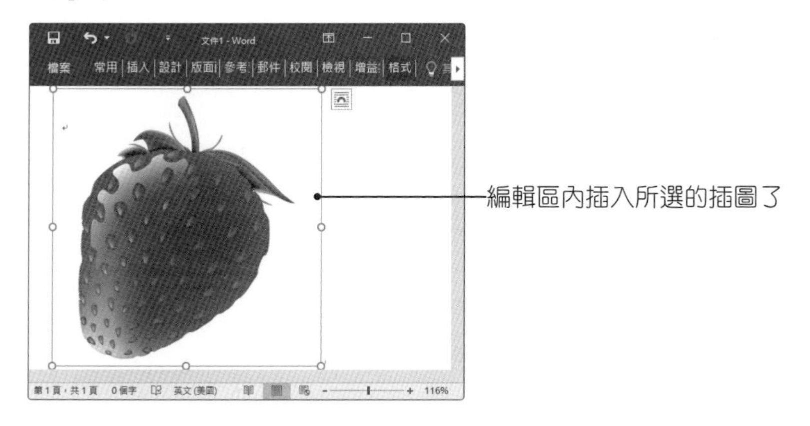

2-3-3 圖片的格式設定

當插入圖片後，功能表區會自動切換到「圖片工具 / 格式」標籤，並顯示相關設定工具鈕。

2-3-4 插入快取圖案

「快取圖案」是 Word 的繪圖工具之一，依據圖案用途及樣式共分成七八大類，包括：線條、矩形、基本圖案、箭號圖案、流程圖、圖說文字等，並且於最上方列出使用者最近所使用過的圖案，以方便快速使用。由「插入」標籤按下「圖案」鈕，即可下拉圖案清單。

Step1

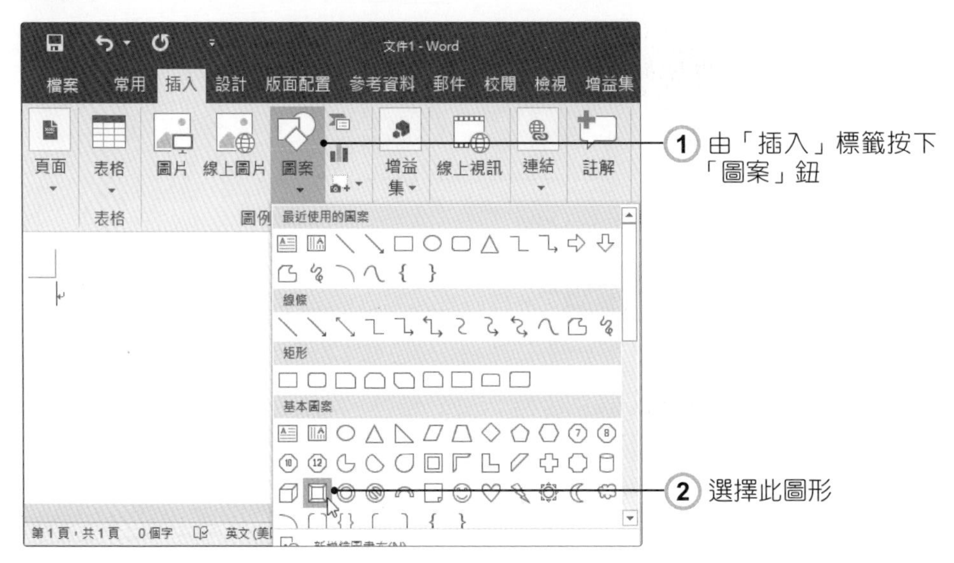

Step2

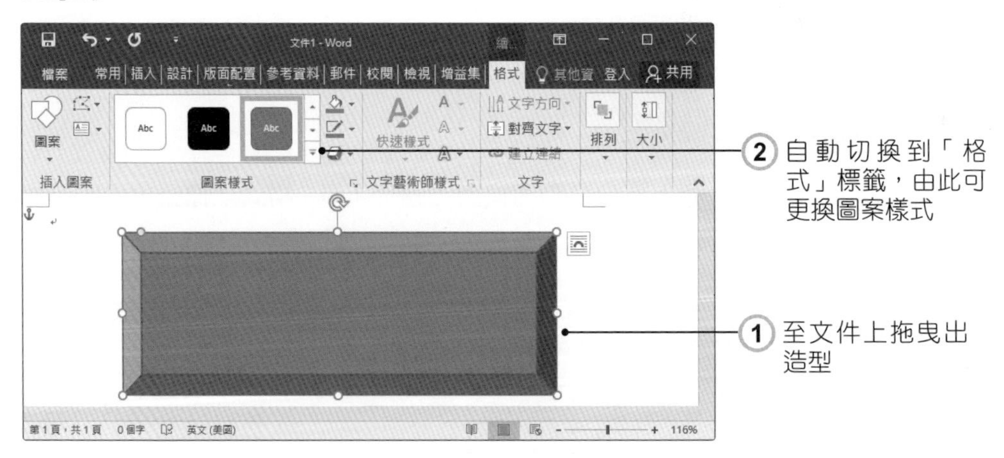

2-4 範例：廣告活動宣傳單製作

本章以宣傳海報製作為例，說明如何在海報中加入文字藝術師及精美的圖片，同時也會示範如何在文件中加入自訂的頁框造型，以期宣傳海報能更加搶眼，達到海報宣告的效果。

Step1

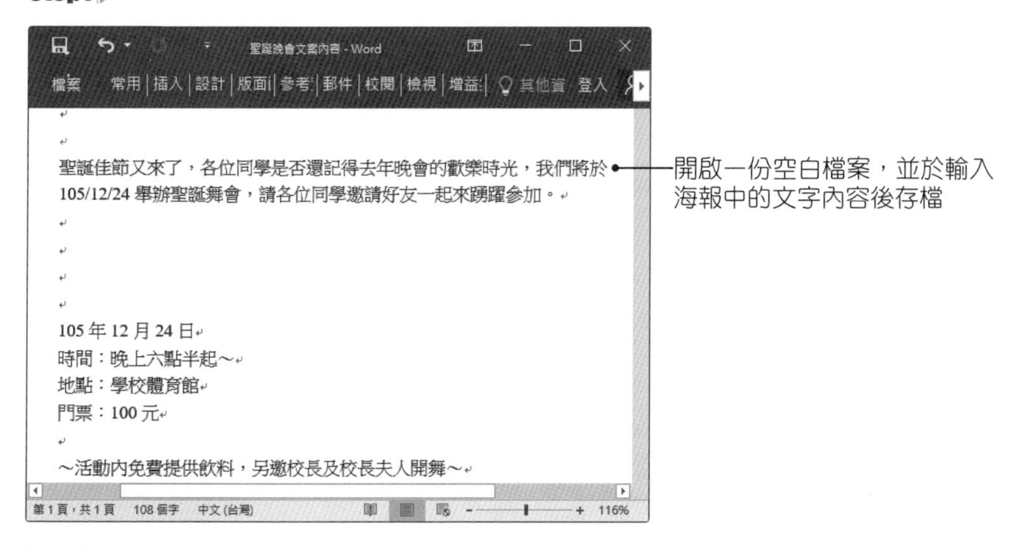

Step2

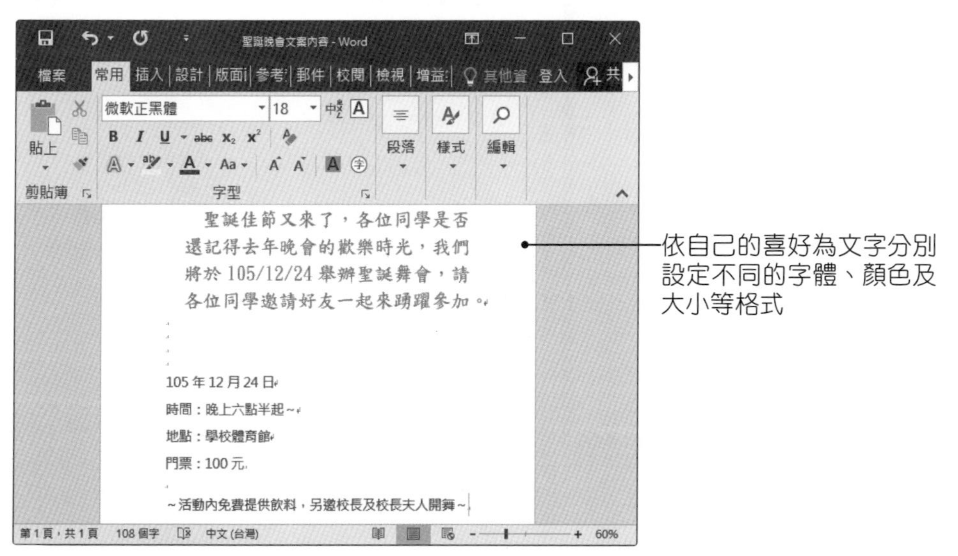

Step3

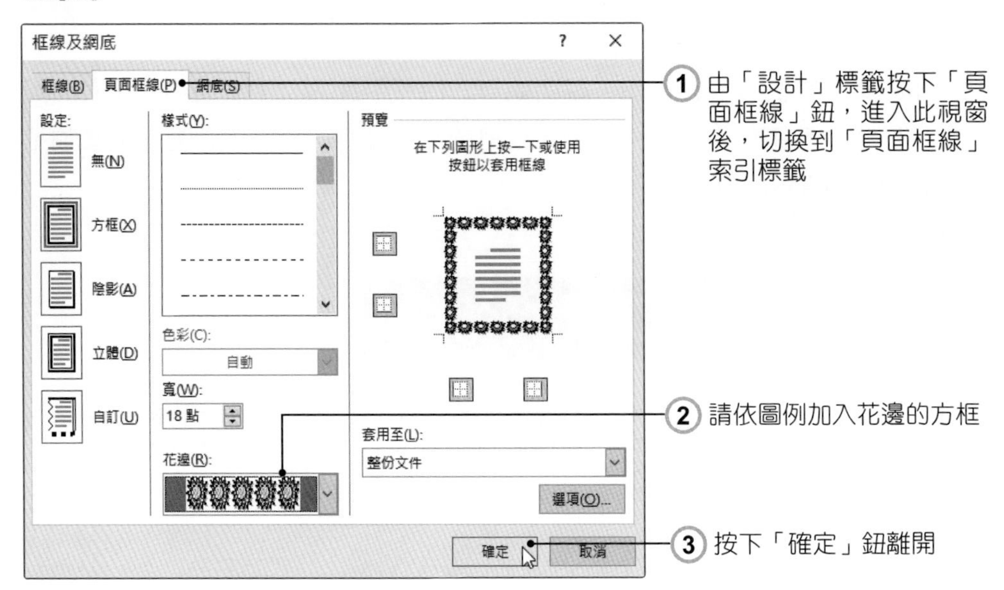
框線及網底
框線(B)
頁面框線(P)
網底(S)
設定:
無(N)
方框(X)
陰影(A)
立體(D)
自訂(U)
樣式(Y):
色彩(C):
自動
寬(W):
18 點
花邊(R):
預覽
在下列圖形上按一下或使用按鈕以套用框線
套用至(L):
整份文件
選項(O)...
確定
取消
1 由「設計」標籤按下「頁面框線」鈕，進入此視窗後，切換到「頁面框線」索引標籤
2 請依圖例加入花邊的方框
3 按下「確定」鈕離開

Step4

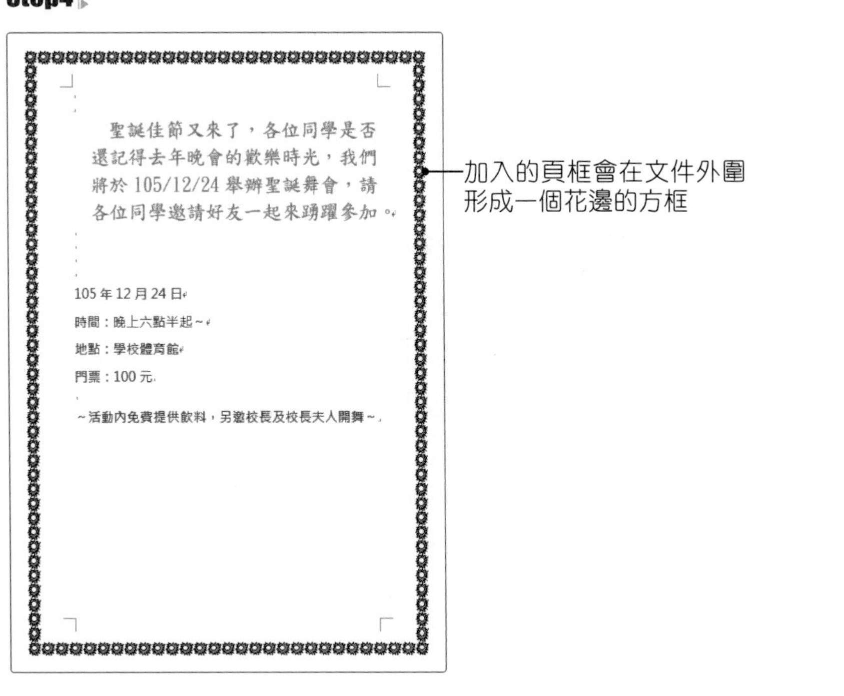
聖誕佳節又來了，各位同學是否還記得去年晚會的歡樂時光，我們將於 105/12/24 舉辦聖誕舞會，請各位同學邀請好友一起來蹦躍參加。
105 年 12 月 24 日
時間：晚上六點半起～
地點：學校體育館
門票：100 元
～活動內免費提供飲料，另邀校長及校長夫人開舞～
加入的頁框會在文件外圍形成一個花邊的方框

Step5

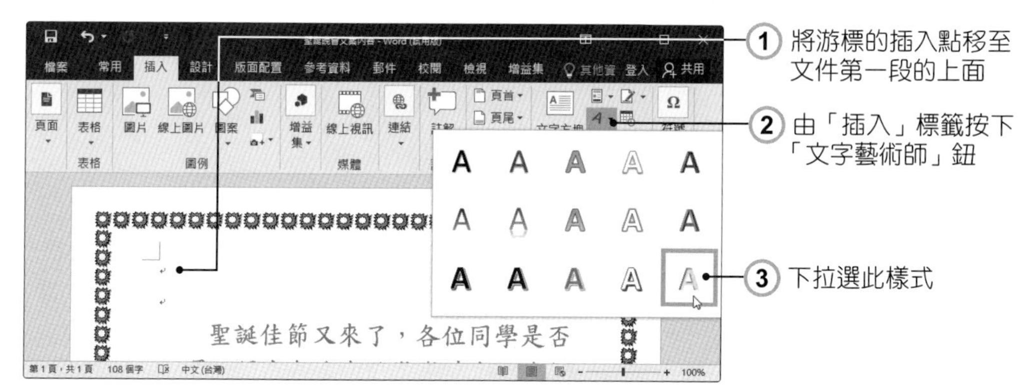

1 將游標的插入點移至文件第一段的上面
2 由「插入」標籤按下「文字藝術師」鈕
3 下拉選此樣式
聖誕佳節又來了，各位同學是否

Step6

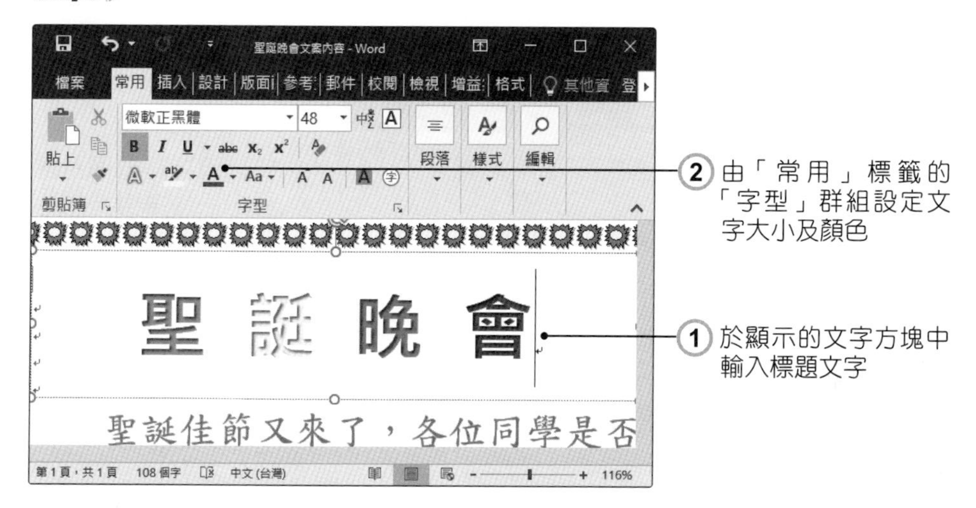

聖誕晚會文案內容 - Word
2 由「常用」標籤的「字型」群組設定文字大小及顏色
1 於顯示的文字方塊中輸入標題文字
聖 誕 晚 會
聖誕佳節又來了，各位同學是否

Step7

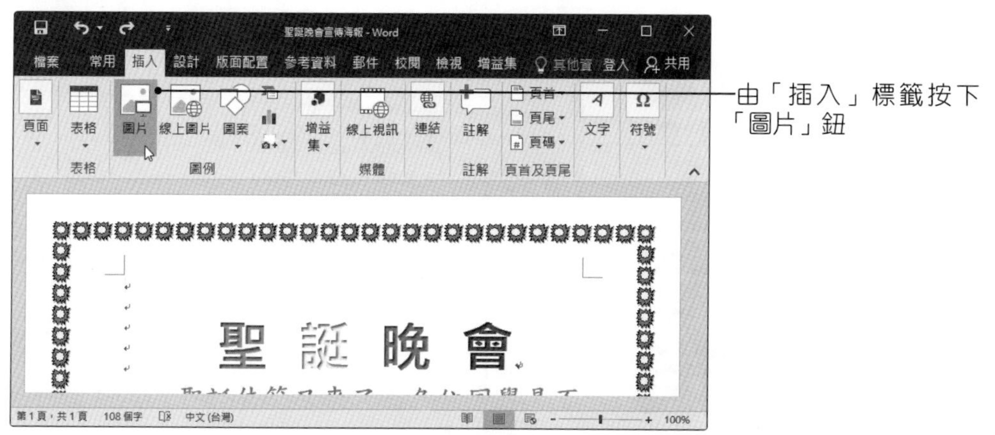

由「插入」標籤按下「圖片」鈕
聖 誕 晚 會

Step8

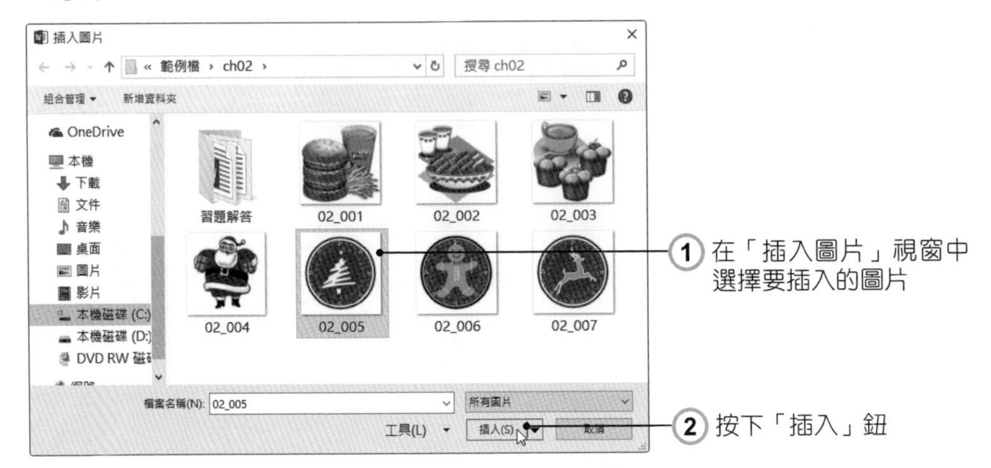

Step9

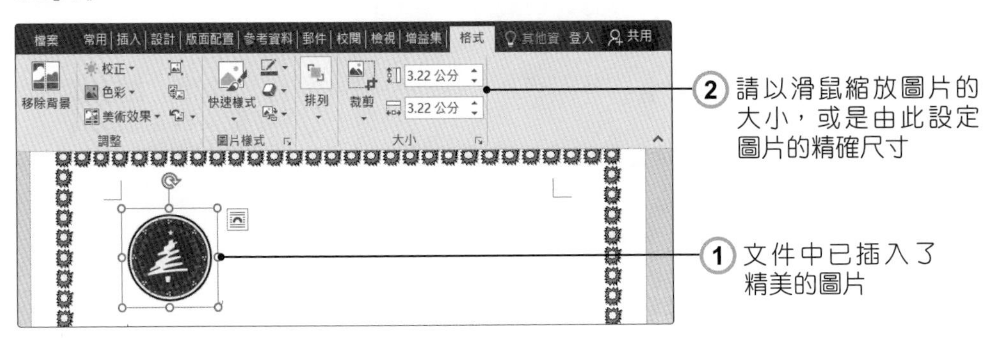

Step10

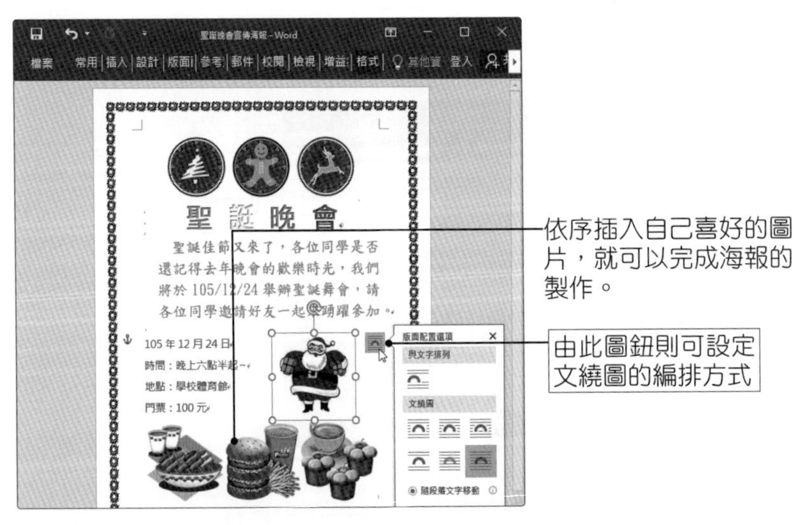

實力評量

是非題

(　) 1. 通常將一份具有結構性的文章稱為「文件」。

(　) 2. 首次編輯新檔案並按下 💾 鈕後，即可立即自動儲存。

(　) 3. 檔案位於視窗畫面的右上角，主要提供檔案的開啟、儲存、列印、準備、傳送、發佈或關閉等功能。

(　) 4. 使用「Del」是用來刪除插入點之後的文字，而「Backspace」則是用來刪除插入點之前的文字。

選擇題

(　) 1. 切換輸入法的組合鍵為何？
A.「Alt」+「Shift」鍵　B.「Ctrl」+「Alt」鍵
C.「Ctrl」+「Caps」鍵　D.「Ctrl」+「Shift」鍵

(　) 2. 將插入點移至該段文字的最尾端，要按哪一個鍵？
A.「Ctrl」+「Home」鍵　B.「Ctrl」+「End」鍵
C.「Home」鍵　D.「Alt」+「End」鍵

(　) 3. 強迫換行中按下什麼鍵會在同一段落中做文字的換行？
A.「Shift」+「Enter」鍵　B.「Ctrl」+「Enter」鍵
C.「Alt」+「Enter」鍵　D.「Enter」鍵

(　) 4. 取消復原上一個指令的組合鍵為何？
A.「Ctrl」+「Z」鍵　B.「Ctrl」+「C」鍵
C.「Ctrl」+「Y」鍵　D.「Ctrl」+「U」鍵

實作題

1. 請依下列步驟建立一份文件，並將檔案儲存為「孩子的世界.docx」。

   ① 由「版面配置」標籤按下「邊界」鈕，下拉「自訂邊界」，將上、下、右、左邊界值各設為「3cm」。

   ② 輸入內容如下：

   願我能在我孩子的世界裡，佔一角清淨地。我知道有星星害他說話，天空也在他面前垂下，用痴雲和彩虹來娛悅他。願我能在孩子心中的道路遊行，解脫了一切的束縛；在那兒，使用奉了無所謂的使命，奔走於不知來歷的諸王的國土裡；在那兒，理智以她的定律造風箏來放，真理也使事實從桎梏中得到自由！

   ③ 輸入的結果如下圖所示：

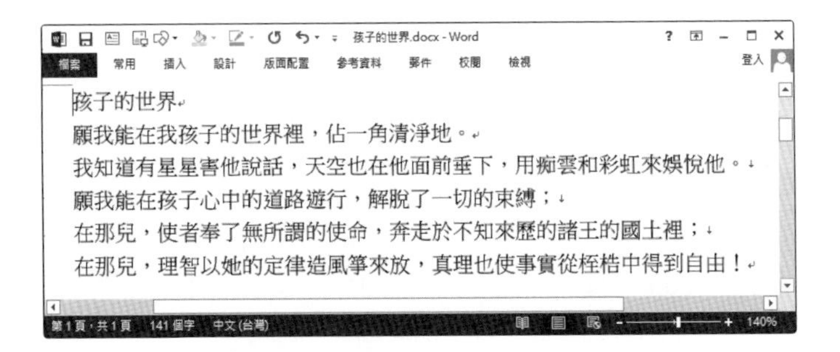

2. 延續上面的範例，完成如下圖所示的設定：

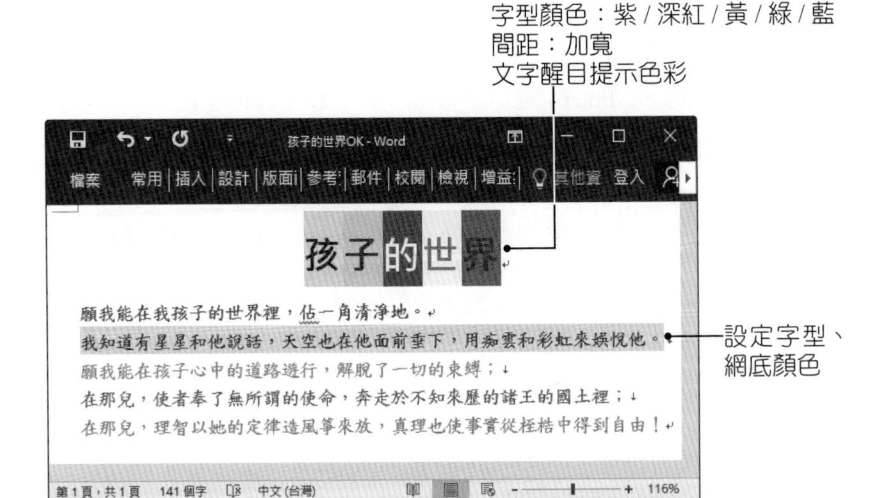

3. 請開啟「內文編輯.docx」範例檔，並依照底下的步驟進行練習。

 ① 將標題字型設定為「標楷體」、字體大小為「16pt」、樣式為「粗體」、對齊方式為「置中對齊」。

 ② 將內文字元間距調整為「加寬」、點數為「1.5」。

 ③ 將各標題字設為藍色字，並加入醒目的黃色提示色彩。

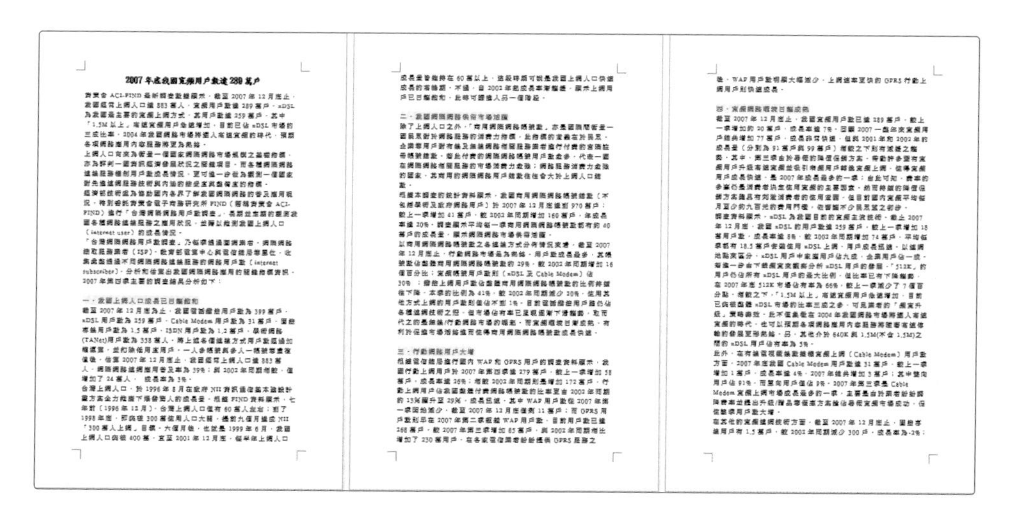

2007年底我國寬頻用戶數達289萬戶

CHAPTER

03 公司章程製作實務

學習重點

- 尺規縮排鈕與定位點
- 段落間距與縮排
- 段落對齊方式
- 項目符號與編號
- 多層次清單
- 直書與橫書
- 亞洲方式配置
- 多欄式文件
- 版面配置與分隔設定

本章簡介

文書處理工作是現代人在日常生活中必備的工作，舉凡寫信、交報告、設計海報、賀卡等等，隨著文明的增進而與日俱增。當然，對於一個電腦從業人員，也幾乎絕大多數的時間，都是進行文書作業的處理。隨著電腦文書軟體的發達，一個文書處理軟體必須提供撰寫、編修、格式設定、儲存和輸出的功能。

通常一般公司章程多為直書型式，但是 Word 對直書的文件格式設定限制頗多，因此建議先以橫書方式將文件所有格式設定完畢，再轉換成直書較為便利。

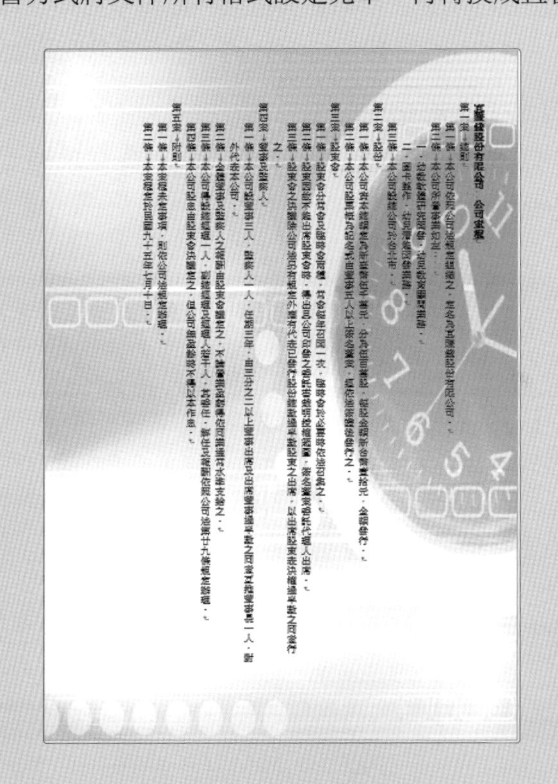

[illegible]股份有限公司　公司章程

第一章→總則

第一條→本公司依照公司法規定組織之，定名為[illegible]股份有限公司。

第二條→本公司所營事業如左：

一、幼教軟體研究開發，幼兒教育圖書出版。

二、圖卡製作，幼兒潛能開發出版。

第三條→本公司總公司設於台北市。

第二章→股份

第一條→本公司資本總額定為新臺幣伍仟萬元，分為伍百萬股，每股金額新台幣壹拾元，全額發行。

第二條→本公司股票概為記名式由董事五人以上簽名蓋章，經依法簽證後發行之。

第三章→股東會

第一條→股東會分常會及臨時會兩種，常會每年召開一次，臨時會於必要時依法召集之。

第二條→股東因故不能出席股東會時，得出具公司印發之委託書載明授權範圍，簽名蓋章委託代理人出席。

第三條→股東會之決議除公司法另有規定外應有代表已發行股份總數過半數股東之出席，以出席股東表決權過半數之同意行之。

第四章→董事及監察人

第一條→本公司設董事三人，監察人一人，任期三年，由三分之二以上董事出席及出席董事過半數之同意互推董事長一人，對外代表本公司。

第二條→全體董事及監察人之報酬由股東會議定之，不論營業盈虧得依同業通常水準支給之。

第三條→本公司得設總經理一人，副總經理及經理人若干人，其委任，解任及報酬依照公司法第廿九條規定辦理。

第四條→本公司設息由股東會決議定之，但公司無盈餘時不得以本作息。

第五章→附則

第一條→本章程未定事項，則依公司法規定辦理。

第二條→本章程訂於民國九十五年七月十日。

3-1 段落格式設定

當各位將很多的句子組合成一個段落，甚至是一篇文章時，文字格式的設定不再局限於選取的文字範圍，還必須考量到各個段落的對齊、縮排、行距、段落網底、框線、清單設定等問題。因此這一小節將針對段落格式的相關設定做說明。

3-1-1 尺規縮排鈕與定位點

善用尺規與定位點的功能，可幫助各位文件編輯得更加整齊劃一。另外，適當的段落格式設定，可以使文件段落層次分明，進而提昇閱讀效率。

在垂直尺規與水平尺規交叉的地方有一個 ∟ 的圖示鈕，這就是「定位點」。定位點的功用在指定文字輸入的起始位置。首先從尺規上的縮排鈕開始談起，請看下表的整理說明：

縮排鈕	說明
▽ 首行縮排鈕	拖曳此鈕，可將該段文字第一行的開始位置拖曳至指定的位置上。
⌂ 首行凸排鈕	拖曳此鈕，可將該段文字的左處整個向左或向右移動至指定的位置。
△ 右邊縮排鈕	拖曳此鈕，可將該段文字的右處整個向左或向右移動至指定的位置。

至於 Word 中的定位點的圖示及功能則整理如下：

名稱	功能說明
┘ 靠右定位點	所輸入的資料會由此定位點向左方展開。
∟ 靠左定位點	所輸入的資料會由此定位點向右方展開。
⊥ 置中定位點	所輸入的資料會由此定位點向左右兩方展開。
⊥ 對齊小數點的定位點	輸入的資料若帶有小數點的數值，會以小數點為中心，向兩方展開。

名稱	功能說明
分隔線定位點	在定位點所在位置插入垂直的分隔線。
首行縮排	插入定位點段落的第一行會向內縮排。
首行凸排	插入定位點段落的第一行會首行凸排。

使用定位點時，必須先按該圖示鈕來切換要選擇的定位點類型，然後在尺規上點一下，尺規上就會出現定位點符號。如果要取消多餘的定位點，只需將定位點拖曳出尺規範圍即可。當文件中設定好定位點後，按下「Tab」鍵就能移動至下一個定位點繼續輸入文字。

3-1-2 段落間距與縮排

段落間距主要用加大或縮減段落與段落間的距離。請先選取要設定段落間距的段落，接著由「常用」標籤按下「段落」群組的右下角鈕，使開啟「段落」對話框：

段落縮排用來增加或減少段落的縮排層級，讓段落的效果更分明。在「常用」標籤中按下 鈕是增加縮排，可使段落往右移，而 鈕則是減少縮排，使段落往左移。

在「常用」標籤中按下「行距與段落間距」 鈕，可以變更文字行距，或是段落前 / 段落後的間距。而下拉選擇「行距選項」則會開啟「段落」視窗，可針對縮排和行距做更精確的設定。

Step1

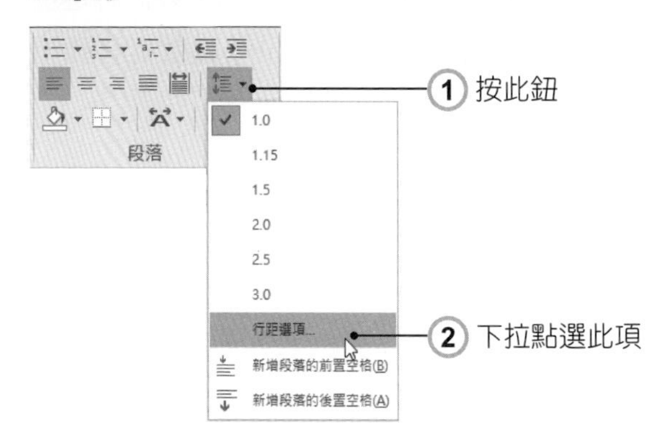

Step2

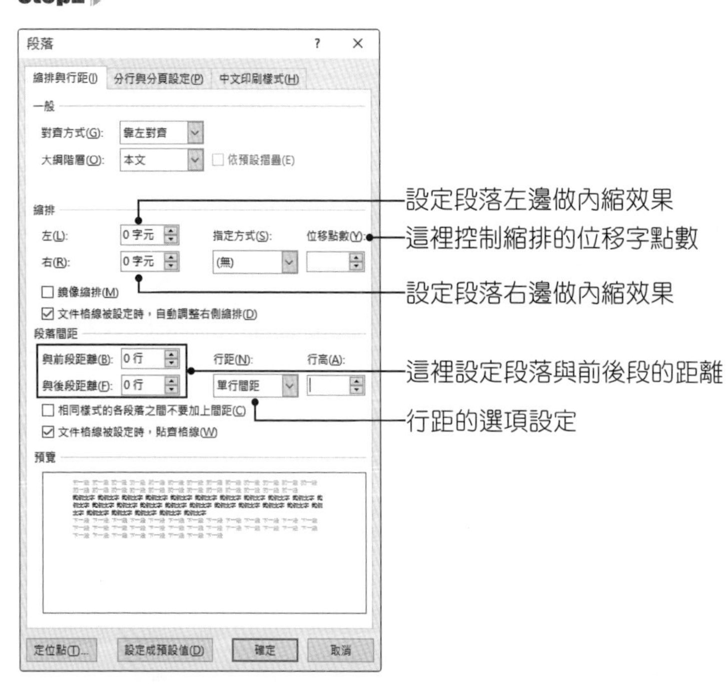

3-1-3 對齊方式

通常在編輯文件時都會以段落為主，在設定段落格式時，只要文字輸入點移到該段落上的任一位置上，就可以設定格式，不需要將整個段落選取。為了讓段落看起來很舒服流暢，段落的對齊方向是第一考慮的重點，各位可以根據版面的需求，在「常用」標籤的「段落」群組中選擇所需的對齊方式。

「常用」標籤中的對齊方式共有五項，「靠左對齊」、「置中」、「靠右對齊」、「左右對齊」，以及「分散對齊」。請看下表圖示說明：

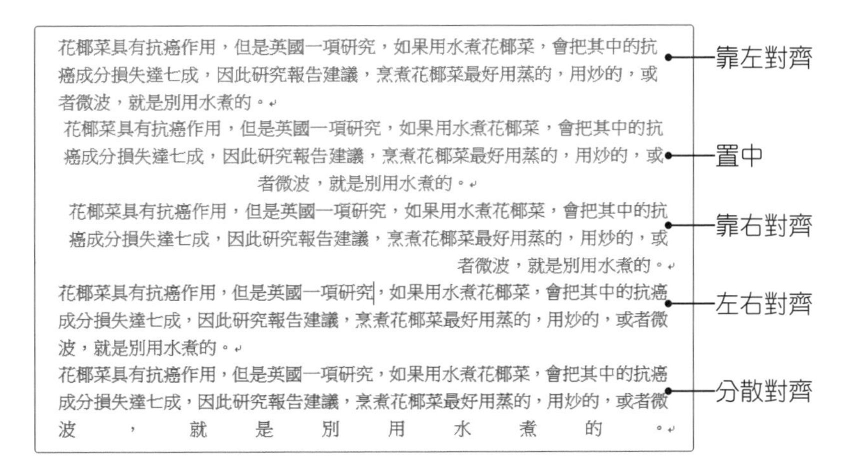

3-2 建立重點標題

「項目符號」與「編號」在文件編排中主要用來建立重點標題，讓文件更條理分明。由「常用」標籤按下「項目符號」鈕或「編號」鈕，就能夠立即套用預設的項目符號或編號。

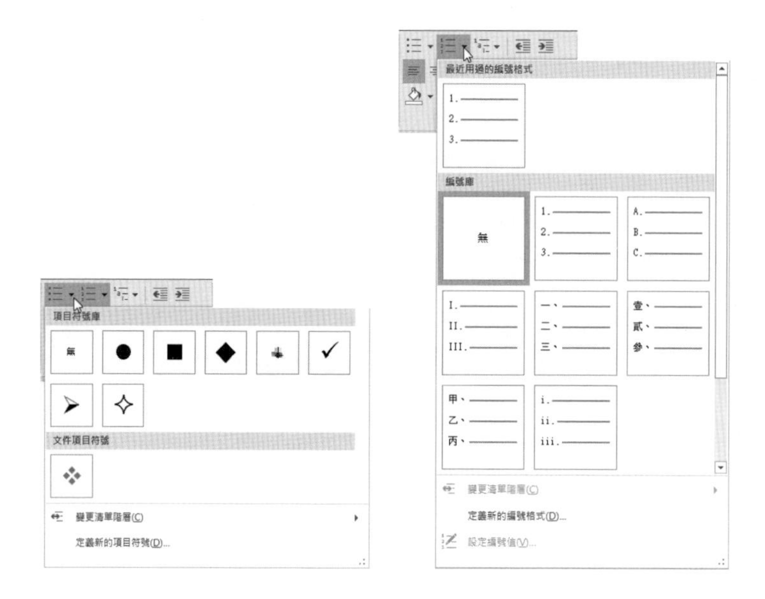

3-2-1 項目符號

當各位希望套上的是較為有樣式的符號或圖片的話，請選取文字範圍，由「常用」標籤按下「項目符號」鈕，再下拉「定義新的項目符號」指令，可開啟「定義新的項目符號」對話框。

Step1

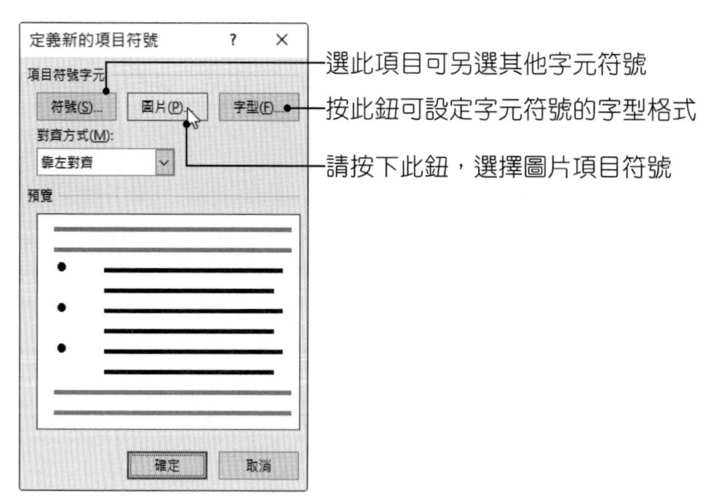

Step2

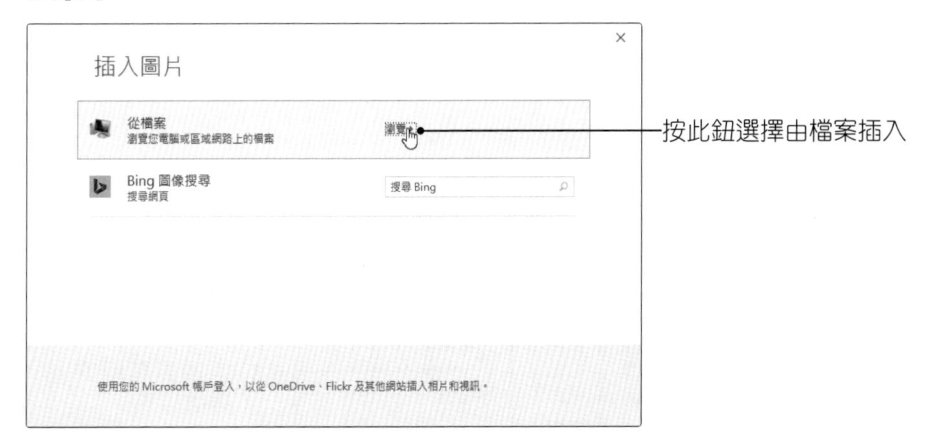

Step3

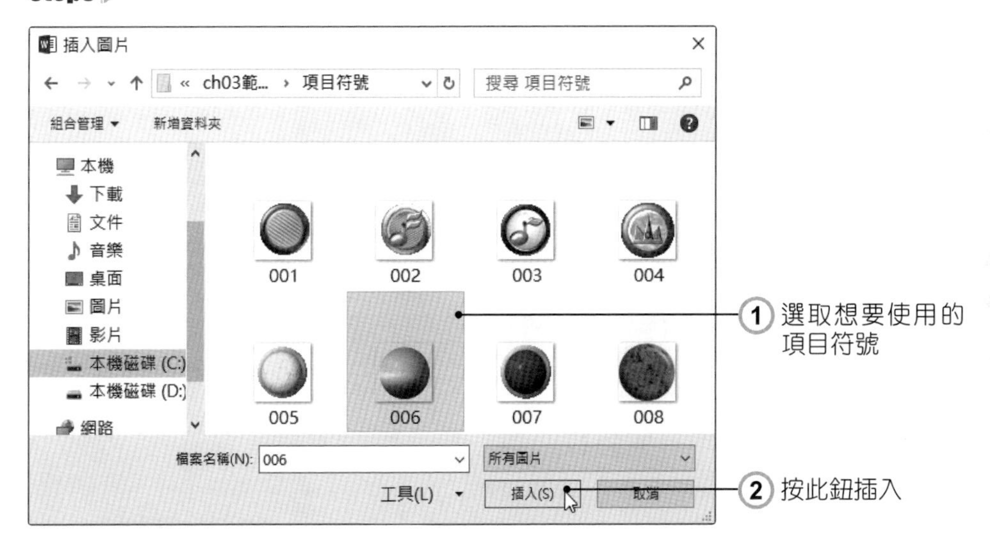

回到「定義新的項目符號」視窗中請再按下「確定」鈕，即可觀看套上項目符號後的效果。若要取消項目符號或編號的套用，可直接將其刪除或按下「常用」標籤中的「項目符號」☰ 鈕即可。

3-2-2 編號

為了讓文字有個別項目或先後順序的感覺，可為其加入編號。設定方法如下：

Step1

Step2

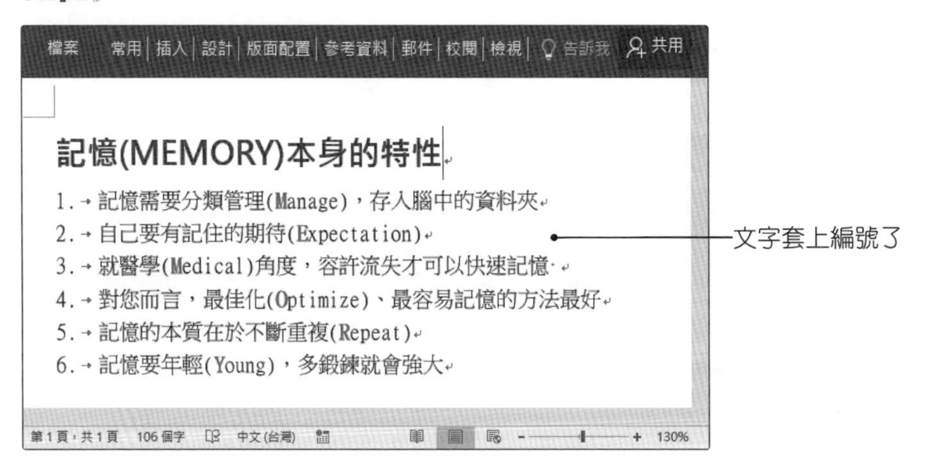

3-2-3 多層次清單

遇到長文件要編排時，常需要使用很多階層的編號，例如法律條文中第 3 條第 2 款第 1 項，這時候「多層次清單」就是最好的助手。在設定多層次清單時，通常會藉助「常用」標籤上的「增加縮排」和「減少縮排」鈕，請看下例的示範說明：

Step1

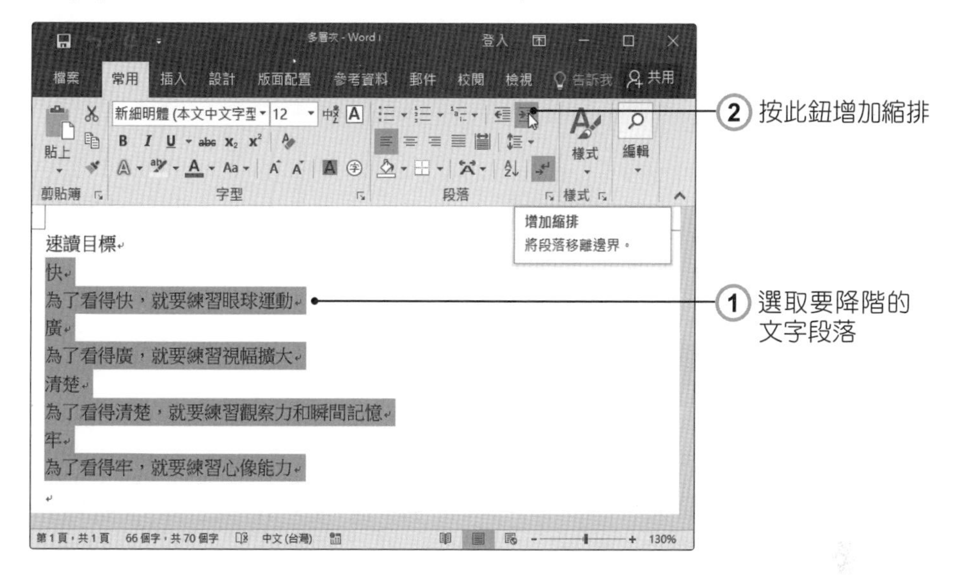

Step2

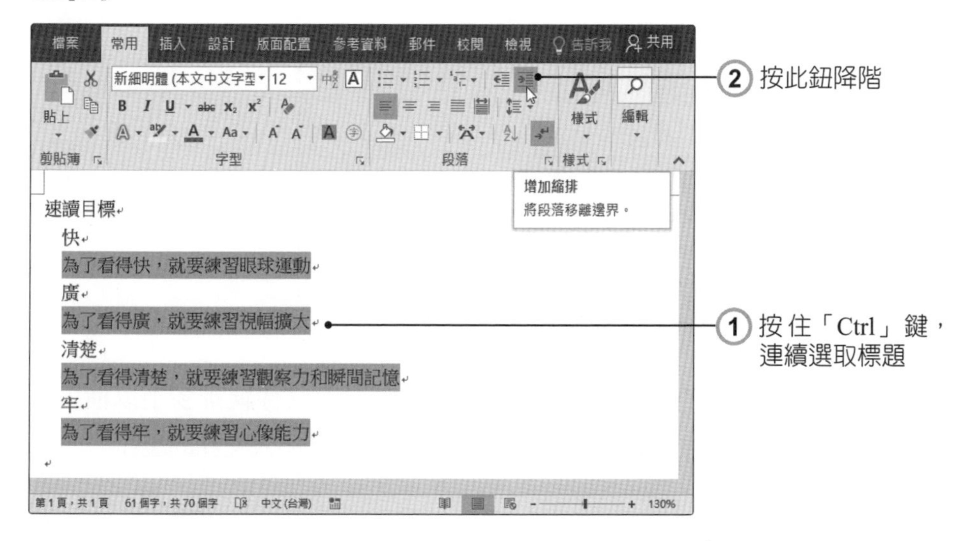

Step3

Step4

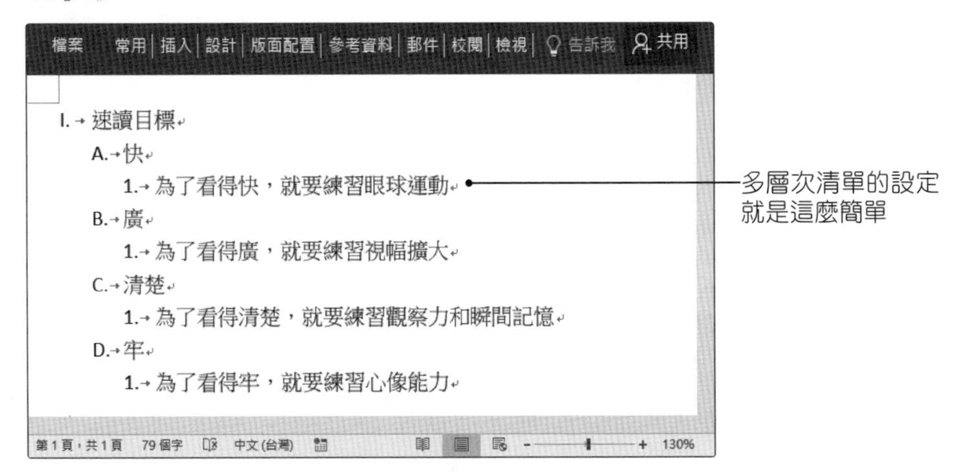

3-3 中式文件製作

有些公文文件會以直書的格式為主，但是 Word 的文件編排多半以橫書為主，因此底下介紹幾項中文化文件格式的功能，以便符合中式文件的製作。

3-3-1 變更文件的編排方式

編輯文件時，在預設的狀況下它會以橫式的方式呈現，但是在公家機關或是一些公司組織章程的文件裡，大多採用直式的文書編輯，如果想要更改文件的編排方式，可利用「版面配置」標籤中的「文字方向」鈕來做切換。

如果文件中必須有直書和橫書兩種方式並存，可在「文字方向」鈕中選擇「直書 / 橫書選項」指令進入下圖視窗時，再選擇套用至「插入點之後」，這樣就會自動在文件中加入分節符號，插入點之後的文件就會更換文件編排方向。

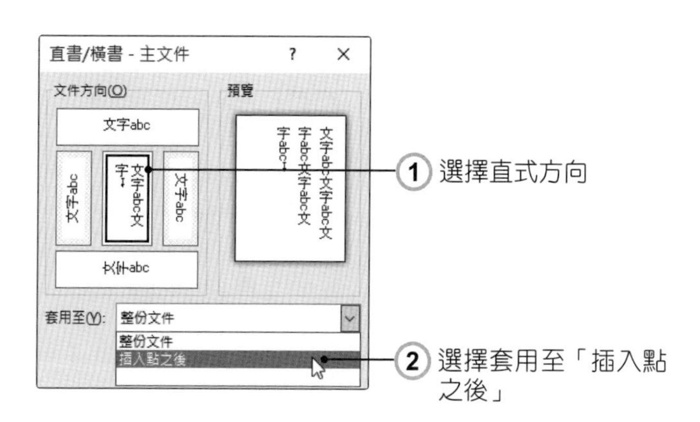

3-3-2 亞洲方式配置

在「常用」標籤的「段落」群組中，還有一項「亞洲方式配置」 的功能，此功能主要是自訂亞洲或混合文字的版面配置，諸如：橫向文字、組排文字、並列文字等效果，還包含最適文字大小、及字元比例的調整。另外在「常用」標籤下的「字型」群組，也可以找到注音標示及圍繞字元，下圖為上述兩項功能的外觀：

圍繞字元

圍繞字元功能可將單一文字外圍套上圓形、正方形、三角形或菱形的外框。若要移除圍繞字元功能，請至「圍繞字元」視窗內，選擇「無」樣式即可。

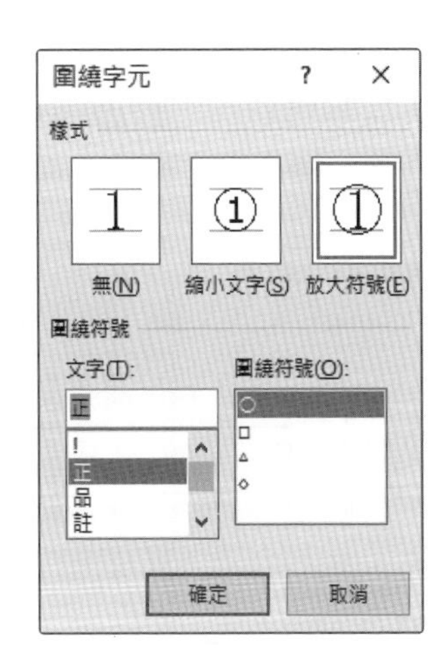

注音標示

注音標示功能不但能自動在中文字旁邊加上注音符號之外，而且還會分辨常用的破音字，並且不會受到直書或橫書的影響：

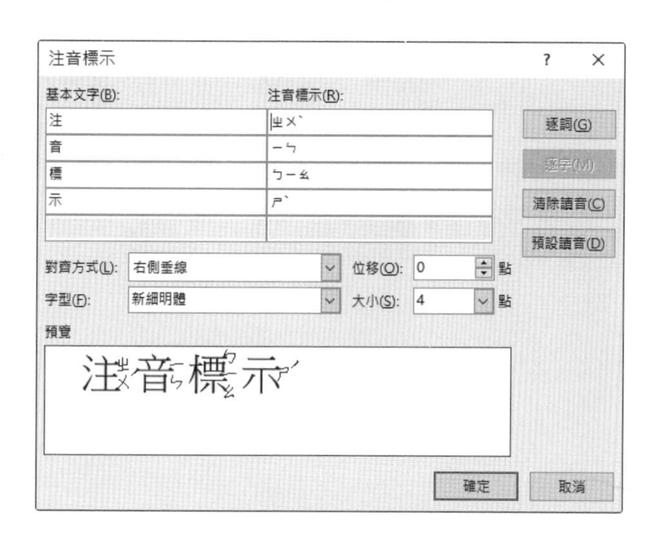

3-4 多欄式文件與分頁符號

在閱讀報章雜誌時，常以多欄的方式來為文章內容進行介紹，增加文件的可讀性。另外，為了使文章的段落更加鮮明，可以將那些橫跨兩頁的段落分隔到同一頁，這樣閱讀起來也比較有連貫性，關於這些功能也是文件製作時常被運用到的技巧。

3-4-1 編排多欄式文件

在 Word 中要編排多欄式文件，可由「版面配置」標籤按下「欄」鈕，並選取欄樣式，或者下拉選擇「其他欄」，使開啟「欄」視窗：

Step1

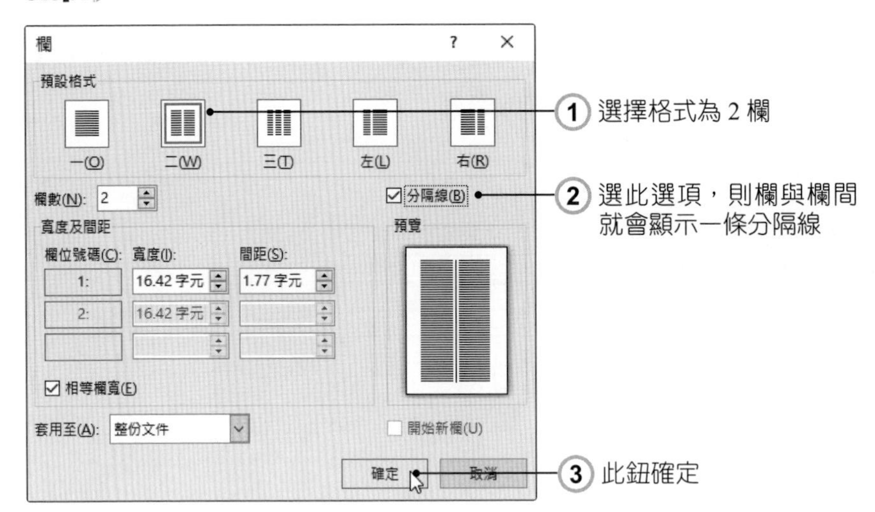
欄
預設格式
一(O)
二(W)
三(T)
左(L)
右(R)
欄數(N): 2
分隔線(B)
寬度及間距
欄位號碼(C):
寬度(I):
間距(S):
1:
16.42 字元
1.77 字元
2:
16.42 字元
相等欄寬(E)
預覽
套用至(A):
整份文件
開始新欄(U)
確定
取消
1 選擇格式為 2 欄
2 選此選項，則欄與欄間就會顯示一條分隔線
3 此鈕確定

Step2

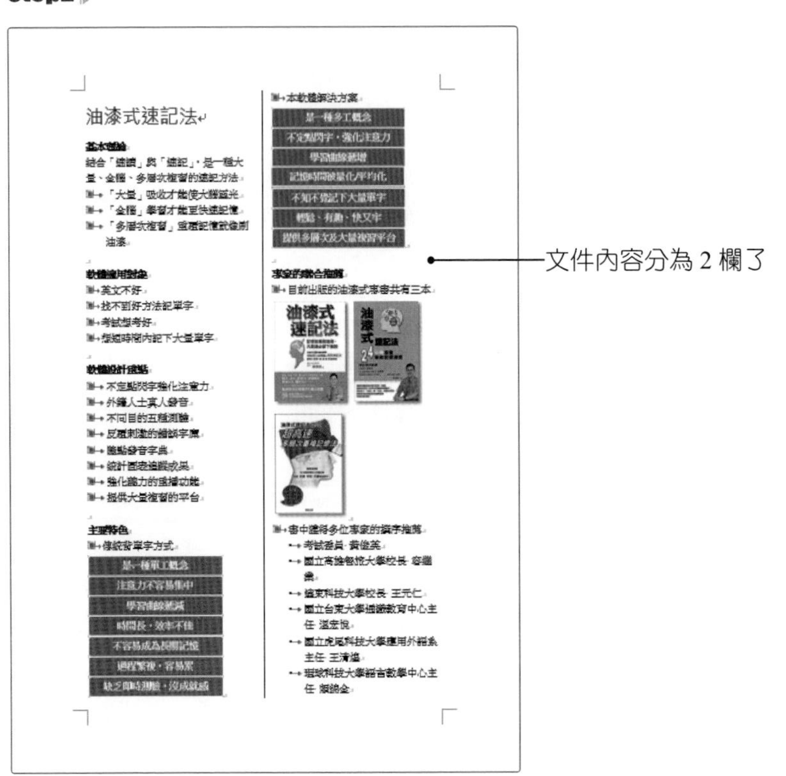
油漆式速記法
文件內容分為 2 欄了

3-4-2 分隔設定

請將插入點移到要插入分隔設定的位置，接著由「版面配置」標籤按下「分隔符號」指令，並於指令清單選擇適當的分隔設定，以提升閱讀上的順暢感。

Step1

2 按此鈕
3 下拉選擇「分頁符號」
1 將輸入點放在要分隔的段落上

Step2

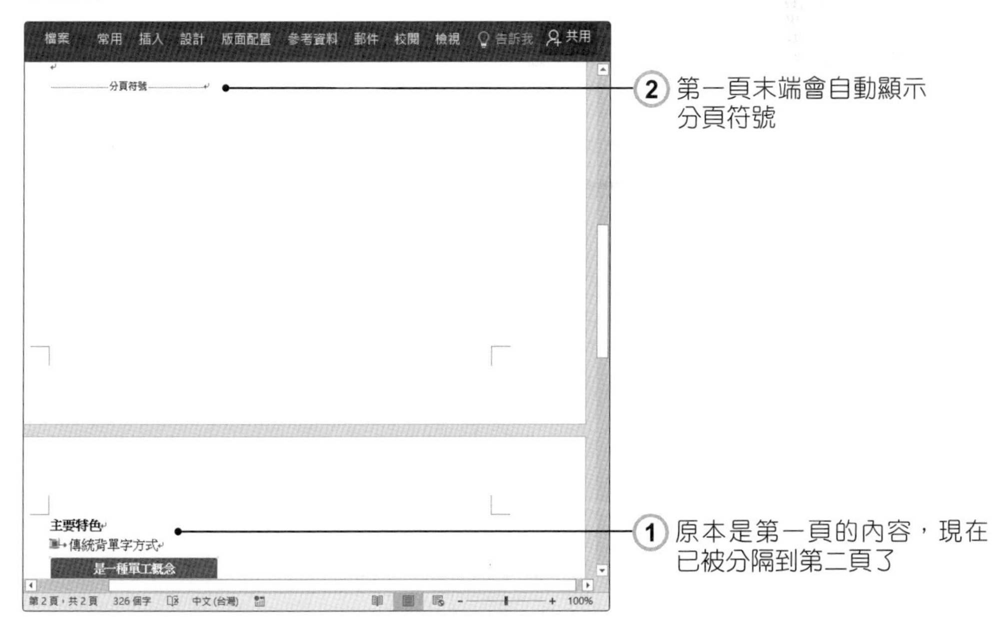

2 第一頁末端會自動顯示分頁符號
1 原本是第一頁的內容，現在已被分隔到第二頁了

3-5 範例：公司章程製作實務

請開啟範例檔「公司章程.docx」。首先設定標題文字並加上章節標號，並設定其文字格式；接著再設定條文式內容，並調整其段落格式，讓文件條理分明。

Step1

Step2

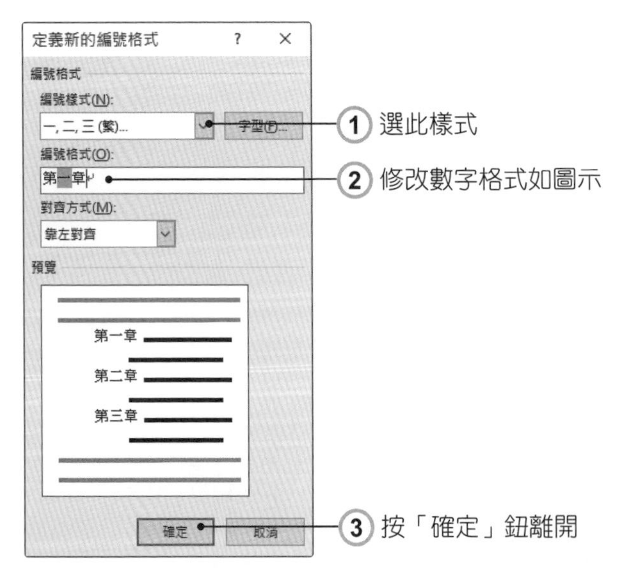

Step3

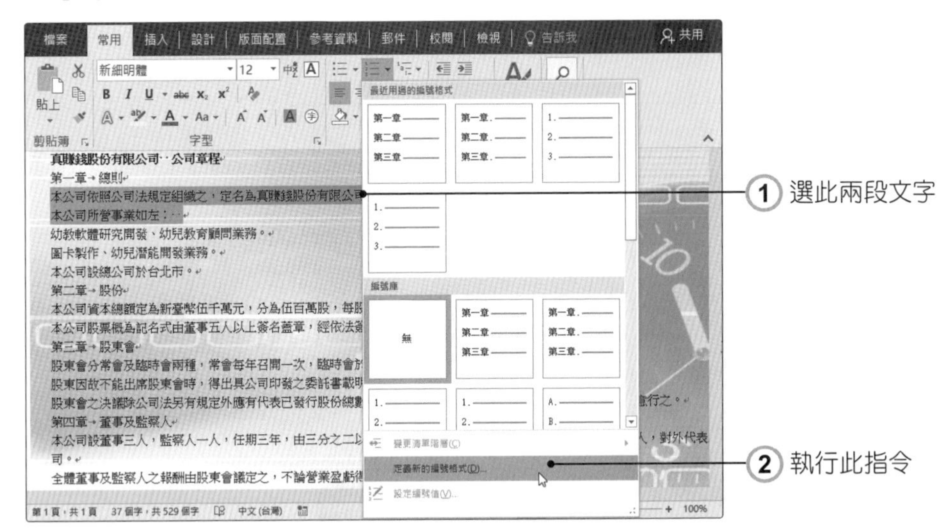

1 選此兩段文字
2 執行此指令

Step4

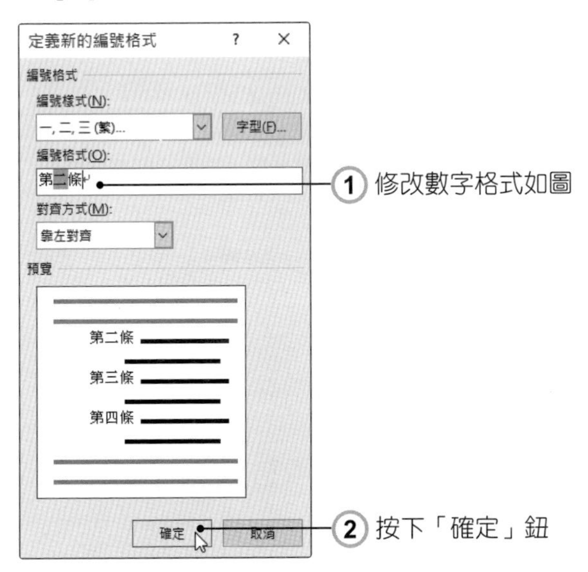

定義新的編號格式
編號格式
編號樣式(N):
一, 二, 三 (繁)...
字型(F)...
編號格式(O):
第二條
對齊方式(M):
靠左對齊
預覽
第二條
第三條
第四條
確定
取消
1 修改數字格式如圖
2 按下「確定」鈕

Step5

Step6

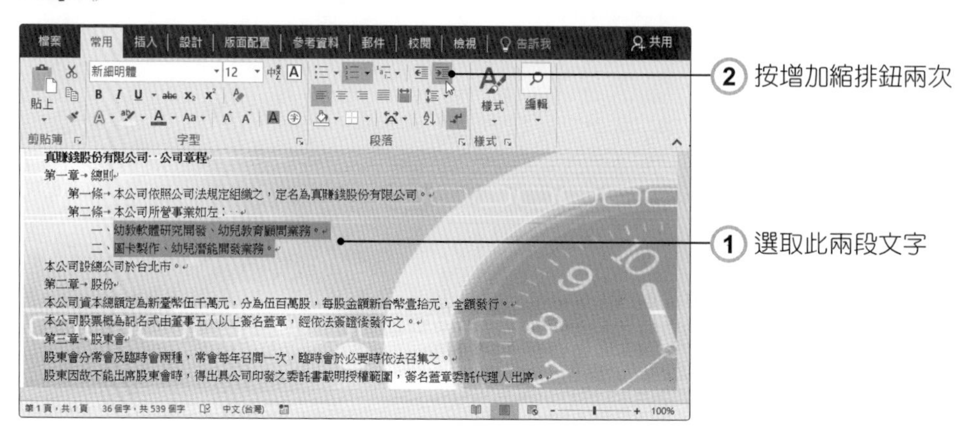

Step7

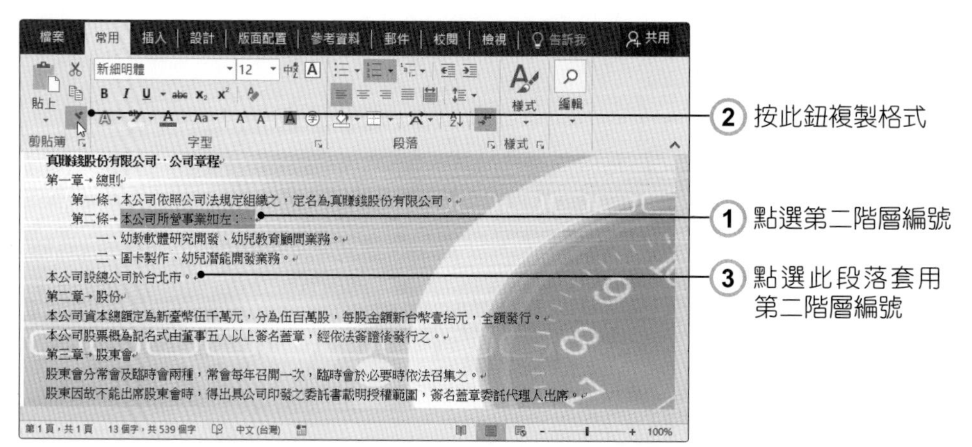

Step8

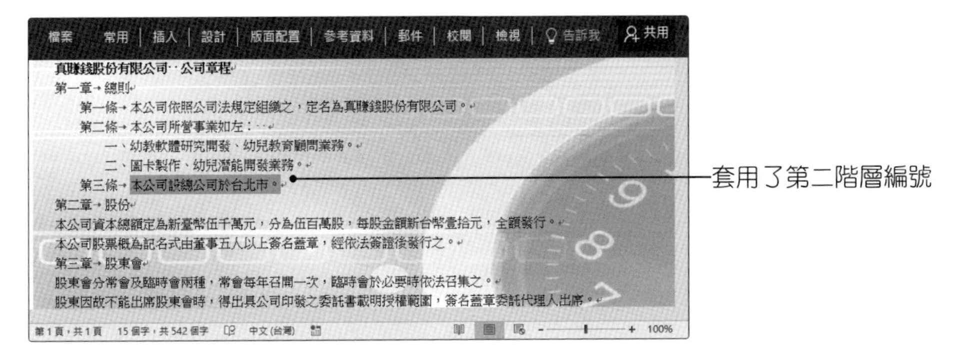

Step9

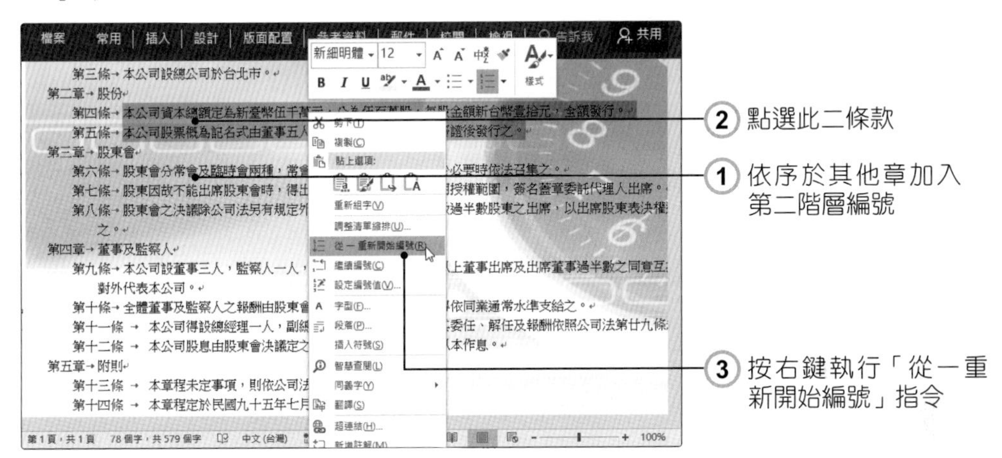

Step10

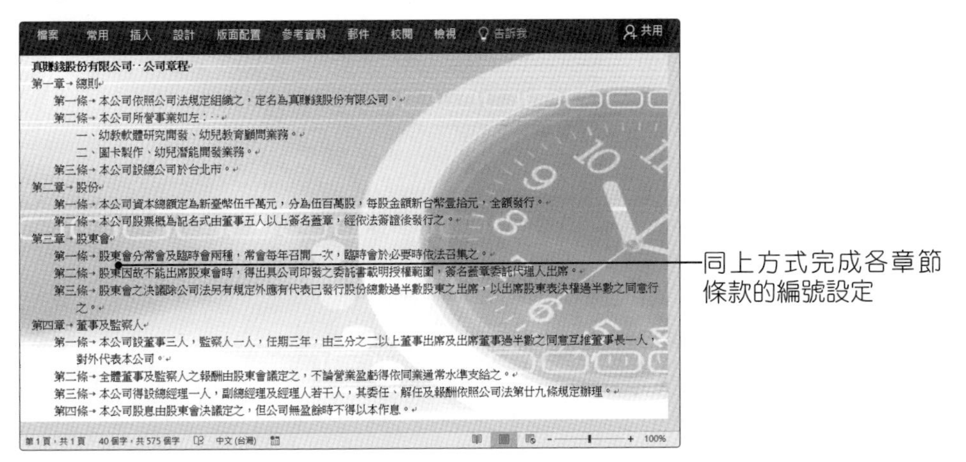

接著就利用「文字方向」功能，將公司章程變換文字的方向，成為標準格式：

Step1

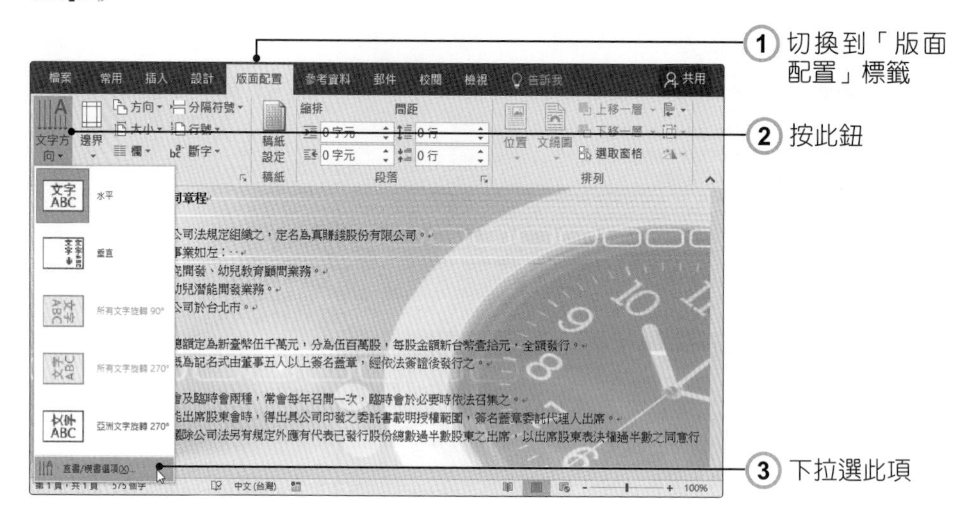

Step2

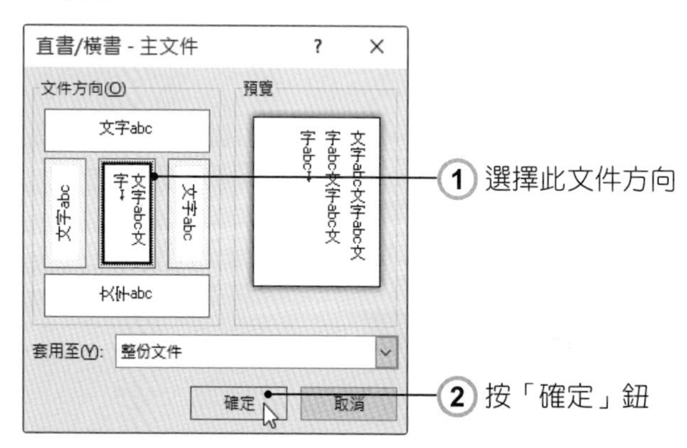

Step3

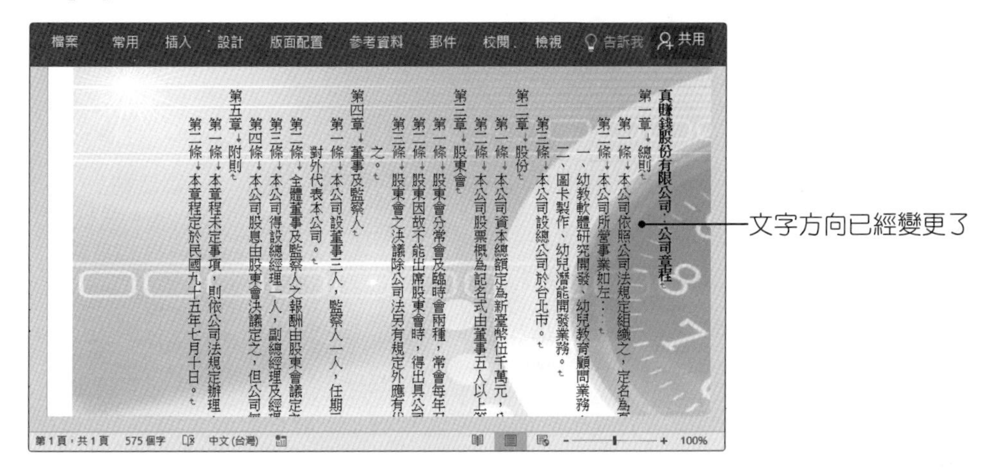

文字方向變更後，底圖仍會保留原先的橫式，各位可以在頁首頁尾處按滑鼠兩下，就可以修正圖片的比例。

實力評量

是非題

(　) 1. 在垂直尺規與水平尺規交叉的地方有一個 [L] 的圖示鈕，這就是「定位點」。

(　) 2. 當在文件中設定好定位點後，按下「Enter」鍵就能移動至下一個定位點繼續輸入文字。

(　) 3. 在「插入」標籤中按下 [增加縮排] 鈕是增加縮排，可使段落往右移，而 [減少縮排] 鈕則是減少縮排，使段落往左移。

(　) 4. 常用功能區中的對齊方式共有五項，「左右對齊」、「靠左對齊文字」、「文字置中」、「靠右對齊文字」以及「分散對齊」。

(　) 5. 圍繞字元功能可將單一文字外圍套上圓形、正方形、三角形或菱形的外框。

選擇題

(　) 1. 在文件中設定好定位點後，按下哪一個鍵就能移動至下一個定位點？
A. Enter 鍵　B. Alt 鍵　C. Caps 鍵　D. Tab 鍵

(　) 2. 常用功能區中的對齊方式，不包括下列哪一種？
A. 左右對齊　B. 跨行置中　C. 靠右對齊文字　D. 分散對齊

(　) 3. 亞洲方式配置，不包括下列哪一種？
A. 橫向文字　B. 並列文字　C. 縱向文字　D. 圍繞字元

▶ 實作題

1. 請開啟「公開徵求」習題檔，將標號修改成圖片項目符號。(圖檔：符號 1.gif)

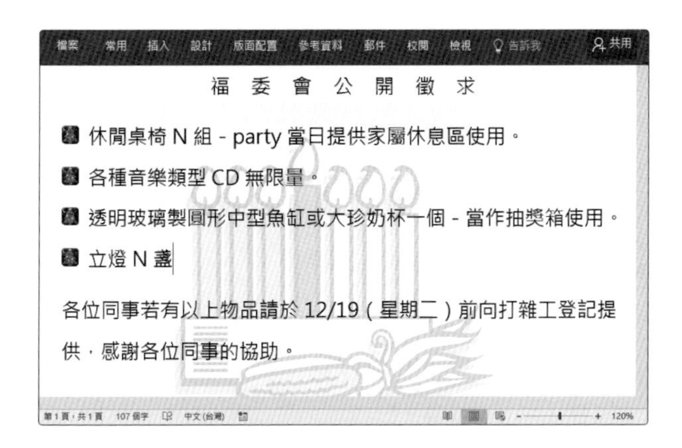

2. 開啟範例檔「直式將進酒.docx」，完成如下圖所示的設定：

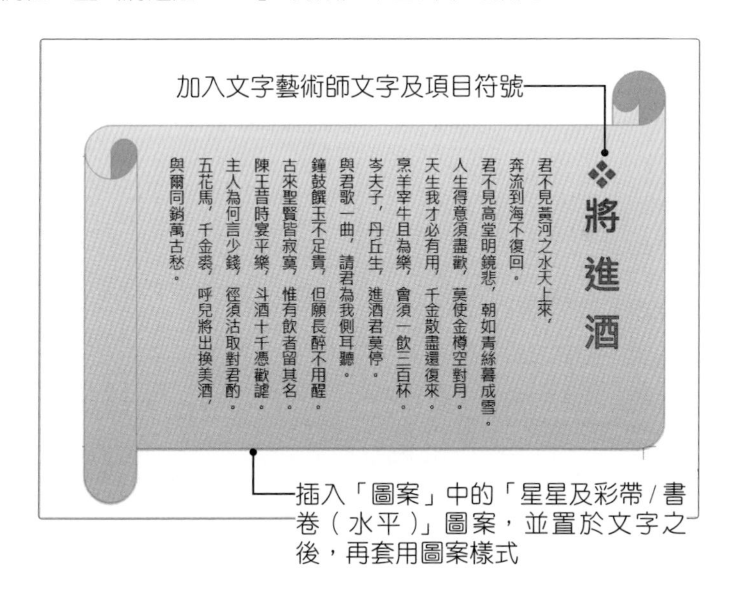

CHAPTER

04 求職履歷表製作

學習重點

» 表格建立
» 表格內文字的編輯
» 表格選取方式
» 表格內的文字對齊
» 插入或刪除儲存格
» 合併儲存格
» 分割儲存格
» 分割表格功能
» 表格自動格式設定
» 表格框線
» 表格網底
» 在表格中插入圖片
» 表格內公式計算
» 表格內資料排序
» 跨頁標題重複
» 文字與表格的轉換
» 套用表格樣式

本章簡介

表格在辦公文件的應用上相當廣闊，不僅可以自由組裝複雜的表格形式，也能讓文件看起來更整齊美觀。表格是由幾個縱向的欄（Column）與橫向的列（Row）所組成。最基本的單位稱為「儲存格」。在儲存格中可以輸入文字、圖片，甚至於另一張表格。如下圖就是一個 2（列）×3（欄）表格：

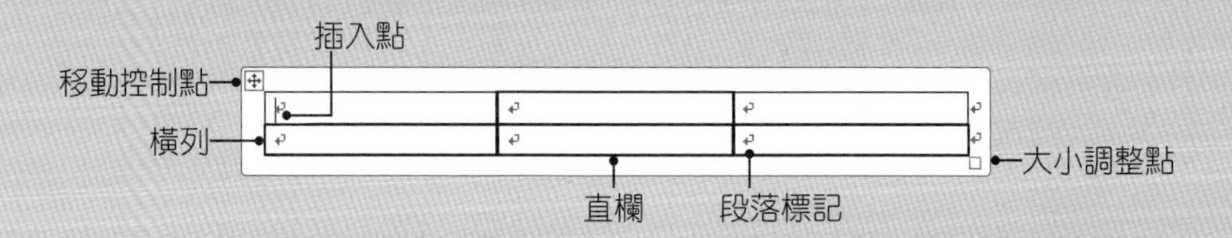

一份履歷表的設計是否精美，會成為應試主管的第一印象，因此好的履歷除了力求簡潔外，也要講求版面的美感，本章將示範如何利用表格繪製履歷。

範例成果

履歷表				
姓名	陳大強	姓別	男	
出生日期	61,6,1	婚姻狀況	已婚	
身高	178	體重	80kg	
血型	O	宗教	無	
聯絡電話	07-2222222	手機號碼	0911111111	
地址				

家庭狀況				
稱謂	姓名	年齡	教育	職業
父親	陳俊生	45	高中	商
母親	劉良玉	40	高中	家管
妻	鄭彩秀	23	大學	公

教育程度	
學校	科系
輔仁大學	資訊工程

電腦專長	
辦公室軟體	Word、Excel、PowerPoint
應用軟體	Photoshop、PhotoImpact、Flash、Dreamweaver
其它	Java、C、資料庫

工作經歷		
公司名稱	職稱	期間
大界補習班	助教	2012/01~2013/03

語文能力
英文 ☒精通 ☒普通 ☑略懂 ☒不懂 日文 ☒精通 ☒普通 ☑略懂 ☒不懂

自傳
出身於單純的家庭，小學時代成績倒數最後幾名，年紀越大越好，國中階段為全校前五名，因為對電腦有興趣，大學期間主修資訊工程。本人個性隨和，兼重理性與感性的特質，是一位重視信用、認真負責的好員工。

4-1 建立表格與文字編輯

製作表格時可由「插入」標籤按下「表格」鈕來插入表格，並且功能表區會自動切換到「表格工具 / 設計」來輔助設計與修改表格細節。

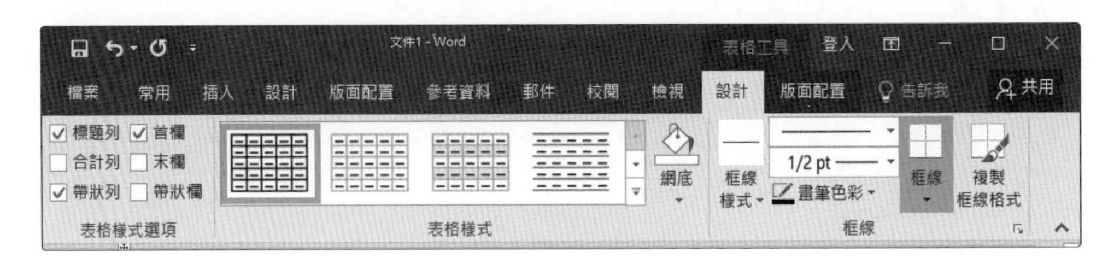

除此之外，切換到「表格工具 / 版面配置」指令，還有表格格式設定工具。

下表為上述兩功能表中常用工具鈕的功能說明：

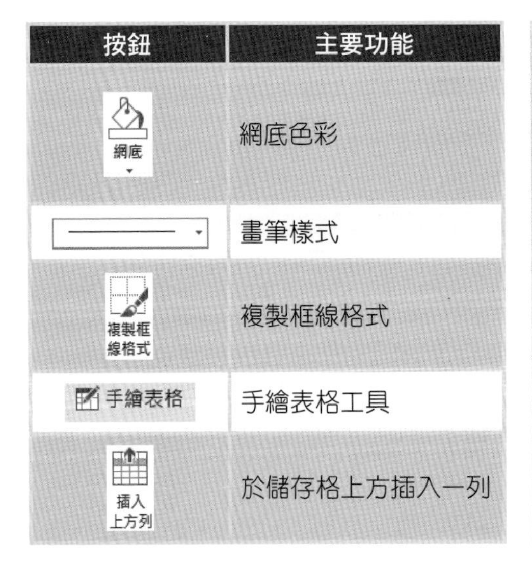

按鈕	主要功能
網底	網底色彩
（畫筆樣式下拉鈕）	畫筆樣式
複製框線格式	複製框線格式
手繪表格	手繪表格工具
插入上方列	於儲存格上方插入一列

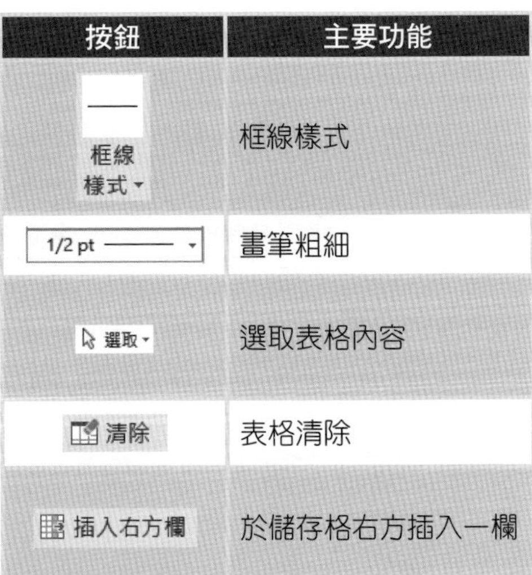

按鈕	主要功能
框線樣式	框線樣式
1/2 pt	畫筆粗細
選取	選取表格內容
清除	表格清除
插入右方欄	於儲存格右方插入一欄

按鈕	主要功能
合併儲存格	合併儲存格
分割表格	分割表格
	平均分配欄寬
排序	排序選取的儲存格

按鈕	主要功能
插入左方欄	分割儲存格
	平均分配列高
直書/橫書	變更儲存格文字方向
重複標題列	跨頁時重複表格標題列

4-1-1 表格建立

「插入」標籤中建立表格的方式有很多種，底下將介紹三種常見的方式：

- 按下「表格」鈕中的「插入表格」指令來建立。
- 按下「表格」鈕，並拖曳滑鼠選取欄與列數來建立。
- 按下「表格」鈕並下拉「手繪表格」指令，將滑鼠指標變成「筆形」來繪製。

「插入表格」指令

Step1

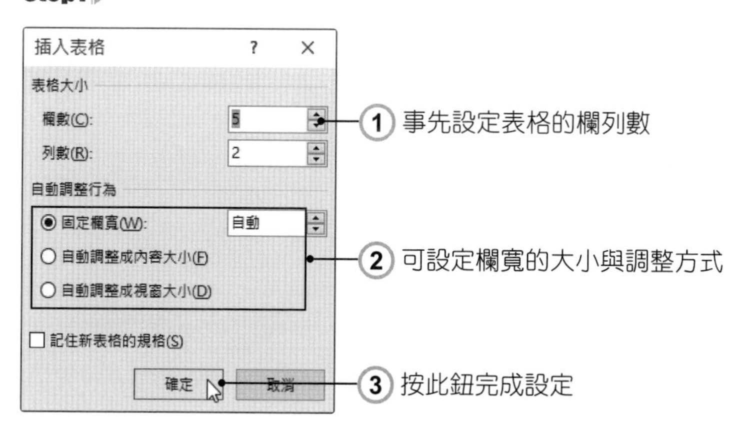

Step2

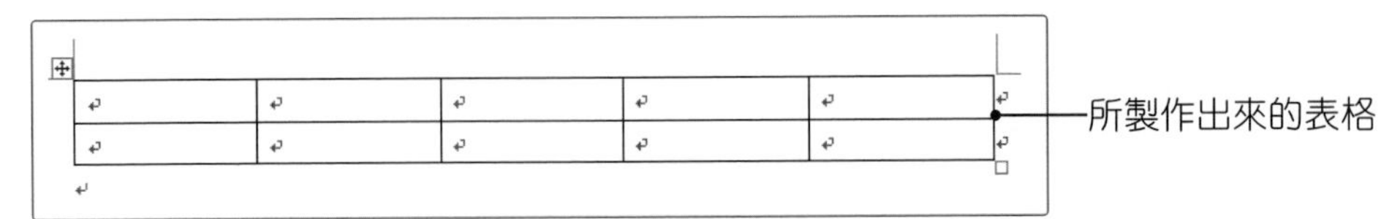

在「插入表格」視窗中的「自動調整成內容大小」會視表格填入的資料，自行調整表格的大小，當表格中沒資料，便只有小小的格子。「自動調整成視窗大小」則會將表格調整成和視窗同樣的大小。

按下「表格」鈕，拖曳滑鼠選取欄與列數

Step1

Step2

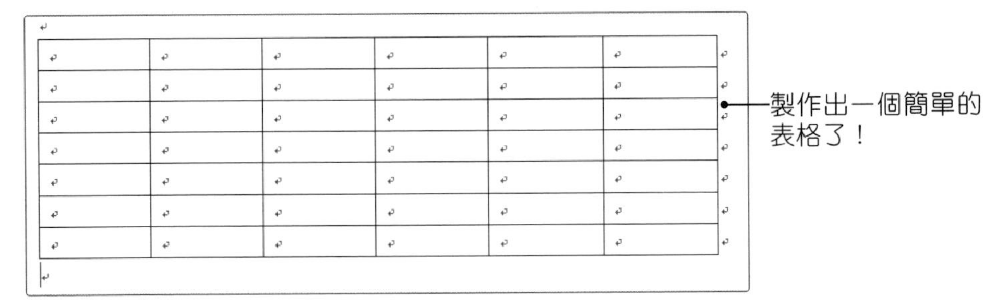

按下「表格」鈕，下拉「手繪表格」指令

Step1

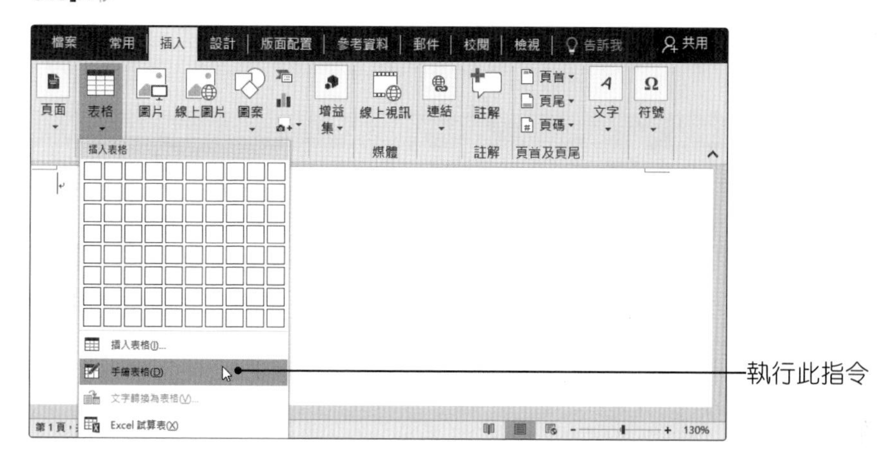

Step2

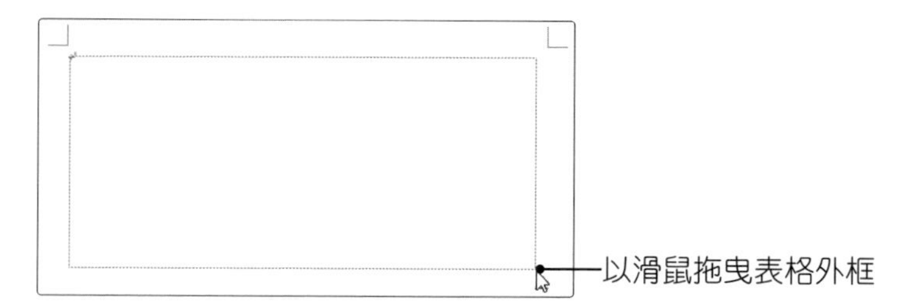

Step3

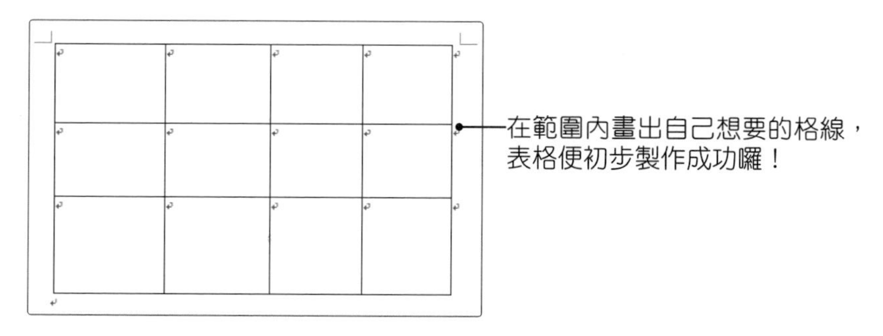

在範圍內畫出自己想要的格線，
表格便初步製作成功囉！

若想離開手繪表格的狀態，只要按一下「手繪表格」鈕 手繪表格 即可。

4-1-2 表格內文字的編輯

在表格內進行文字編輯，必須先將插入點移至表格內的儲存格，至於如何在表格間移動插入點，我們整理了下表：

按鍵操作	功能說明
Tab	移到右方或下一個儲存格，如果在表格中最後一個儲存格（即表格的最右下角儲存格）按下此鍵，則會在該表格新增一列儲存格。
Shift+Tab	可將插入點跳至上一個儲存格。
Enter	在儲存格中新增段落。
上下左右方向鍵	移動到上下左右的相鄰儲存格。
Ctrl+Tab	在儲存格中插入「定位字元」。
Alt+PageUp	移到插入點所在的該欄最上面的儲存格。
Alt+PageDown	移到插入點所在的該欄最下面的儲存格。
Alt+Home	移到插入點所在的該列最左邊的儲存格。
Alt+End	移到插入點所在的該列最右邊的儲存格。

另外，如果有些表格的內容需要以編號輸入或項目符號的安排，只要將插入點移至指定的儲存格或選取要加入編號（或項目符號）的儲存格，由「常用」標籤按下「項目符號」鈕或「編號」鈕，並選擇所需要的樣式即可。

4-2 表格調整技巧簡介

為了各種表格的需求，新插入的表格可能需要做一些調整，包括：欄寬與列高、儲存格的合併與分割、文字對齊、版面設定等，底下將為各位介紹。

4-2-1 表格選取方式

在替表格進行編輯前，必須先學會表格的選取方式，才能讓編輯工作更為順利。下表整理了表格的各種選取方式：

選取說明	操作說明	圖例
選取儲存格	將滑鼠移到要選取的儲存格左方，當滑鼠變為 ↗ 形狀時，按一下滑鼠左鍵即可選取儲存格。若要選取連續的儲存格，只要於選取儲存格後，再以滑鼠拖曳即可。若要選取不連續的儲存格，則要搭配「Ctrl」鍵一併使用即可。	
選取一整列	將滑鼠移到要選取的列左方，當滑鼠變為 ↗ 形狀時，按一下滑鼠左鍵即可選取一整列。	
選取一整欄	將滑鼠移到要選取的欄上方，當滑鼠變為 ⬇ 形狀時，按一下滑鼠左鍵即可選取一整欄。	
選取整個表格	直接按下表格左上方的 ⊞ 標記，即可選取整個表格。	

4-2-2 編修表格欄寬與列高

善用儲存格空間，才能創造出漂亮的表格文，因此在此小節內，我們要介紹調整儲存格寬度的方法。兩種方式類似，底下就以欄 調整做法為各位做示範：

Step1

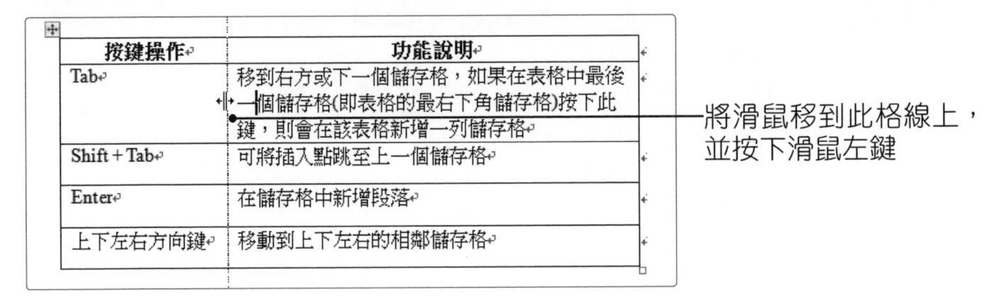

按鍵操作	功能說明
Tab	移到右方或下一個儲存格，如果在表格中最後一個儲存格(即表格的最右下角儲存格)按下此鍵，則會在該表格新增一列儲存格
Shift＋Tab	可將插入點跳至上一個儲存格
Enter	在儲存格中新增段落
上下左右方向鍵	移動到上下左右的相鄰儲存格

Step2

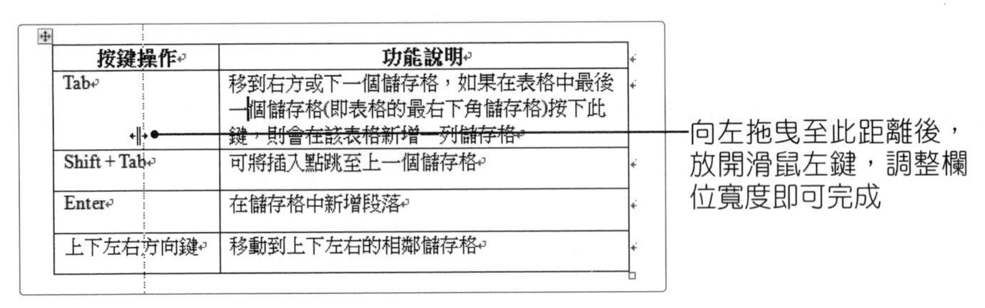

按鍵操作	功能說明
Tab	移到右方或下一個儲存格，如果在表格中最後一個儲存格(即表格的最右下角儲存格)按下此鍵，則會在該表格新增一列儲存格
Shift＋Tab	可將插入點跳至上一個儲存格
Enter	在儲存格中新增段落
上下左右方向鍵	移動到上下左右的相鄰儲存格

除了以拖曳格線的方式來調整欄位寬度外，也可以由「表格工具」的「版面配置／內容」指令，來設定更為精準的欄位寬度大小。

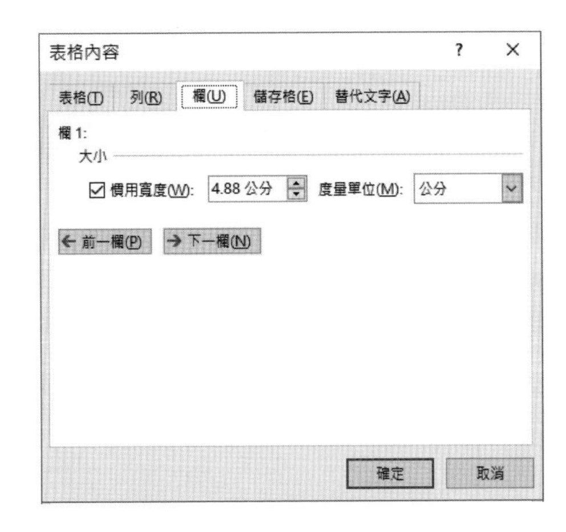

其中「表格」標籤主要是用來設定表格的總寬度及對齊的方式，此處還可以設定表格的文繞圖；「列」索引標籤主要是設定列高，要特別注意，這裡是依照選取範圍來做列高的設定。「欄」索引標籤用來設定欄 ；「儲存格」則是設定儲存格的寬度及垂直對齊方式。

在調整欄寬與列高時，若希望能將欄寬或列高快速平均調整至相等的大小，可按下「表格工具 / 版面配置」標籤的「平均分配列高」與「平均分配欄寬」鈕來達到此項需求。

4-2-3 表格內的文字對齊

各位細看表格時可能會發現，有些儲存格內的文字並沒有對準儲存格中間，此時就得使用「對齊方式」工具鈕了！

Step1

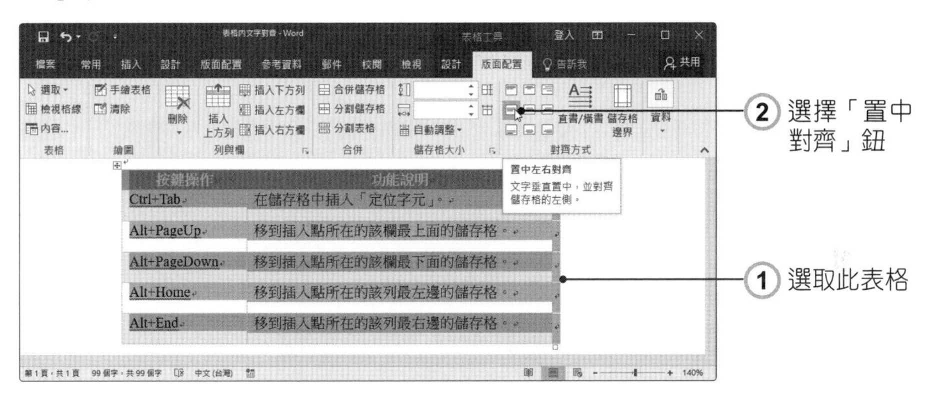

Step2

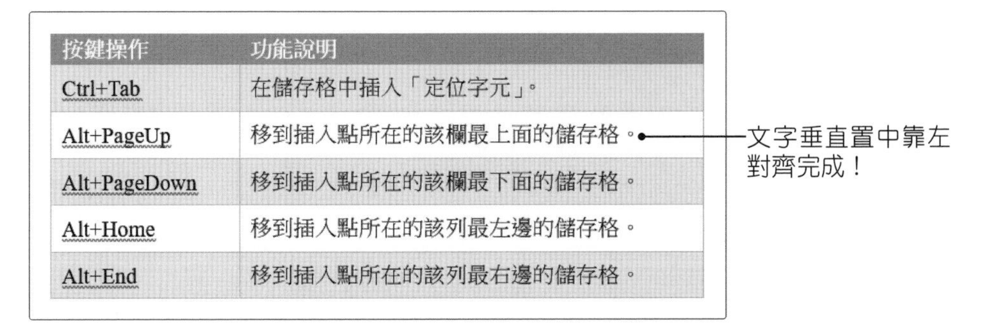

按鍵操作	功能說明
Ctrl+Tab	在儲存格中插入「定位字元」。
Alt+PageUp	移到插入點所在的該欄最上面的儲存格。
Alt+PageDown	移到插入點所在的該欄最下面的儲存格。
Alt+Home	移到插入點所在的該列最左邊的儲存格。
Alt+End	移到插入點所在的該列最右邊的儲存格。

文字垂直置中靠左對齊完成！

4-2-4 插入或刪除儲存格

表格的欄數或列數不敷使用時，也可隨時隨地的增減。分別介紹如下：

插入儲存格

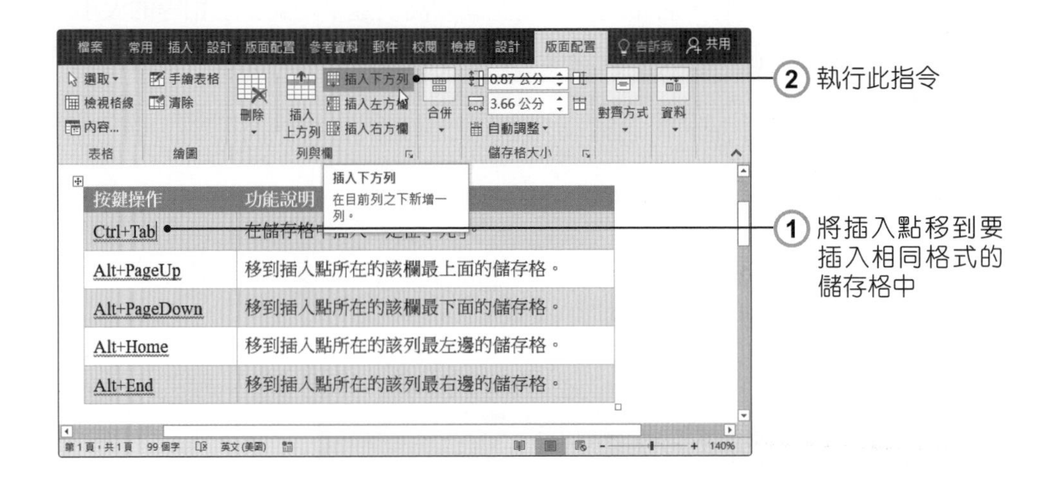

除上述方法外，還可以將插入點移到表格外的段落標記處，並按下 Enter 鍵，即可於該列下方插入一列儲存格。

刪除儲存格

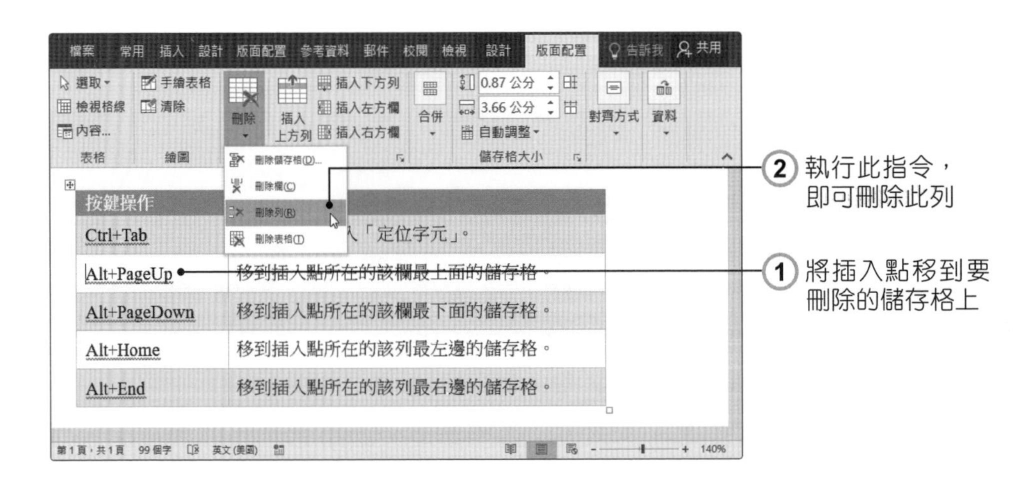

4-2-5 合併儲存格

當文字所在儲存格只需一欄（或一列），而實際卻超出需求，造成視覺上的混亂，此時就可使用合併儲存格的功能，將儲存格合併至需要的數量：

Step1

Step2

除了使用此方法合併儲存格外，也可以利用「表格工具 / 版面配置」標籤中的「清除」鈕，將不要的儲存格清除掉。

4-2-6 分割儲存格

除了使用手繪表格工具鈕分割儲存格，也可以使用分割儲存格功能分割儲存格，作法如下：

Step1

Step2

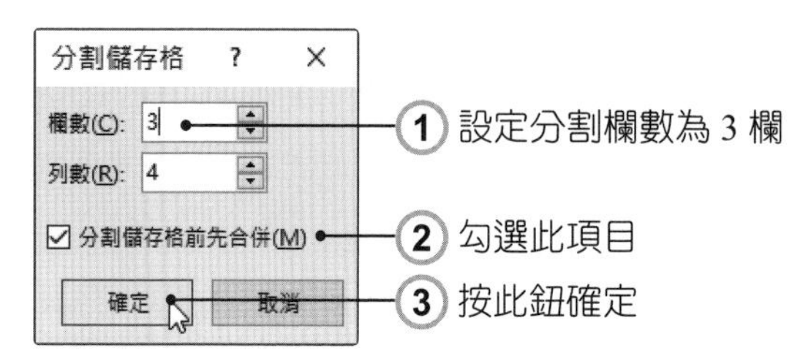

Step3

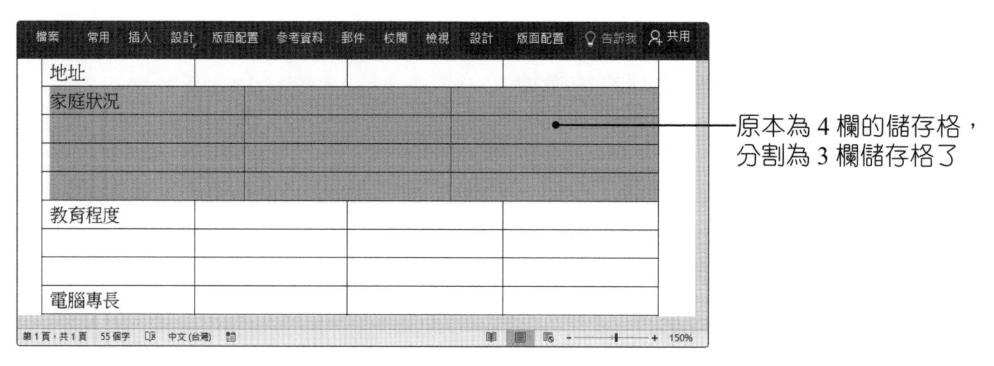

4-2-7 分割表格功能

當各位看到兩個表格中空著一行空格時，可能就會認為這是於該行空格上下各自繪製一個表格。有時為了讓表格看起來更為清楚明瞭，確實有將一整張表格分割成幾個小表格的需要。下面就來介紹如何分割表格：

Step1

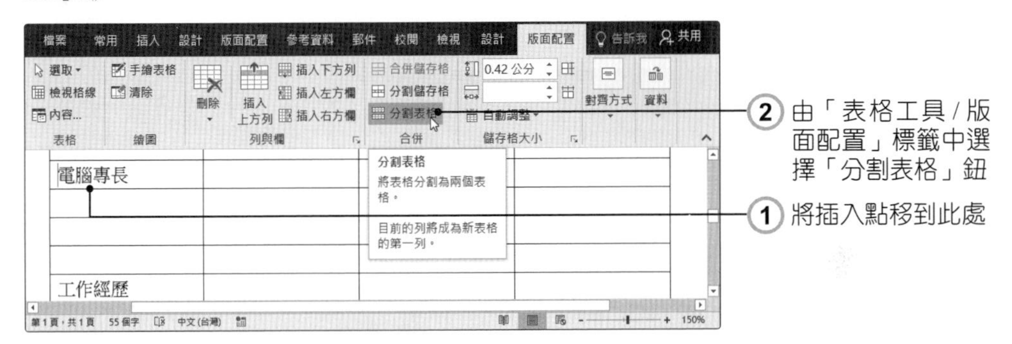

Step2

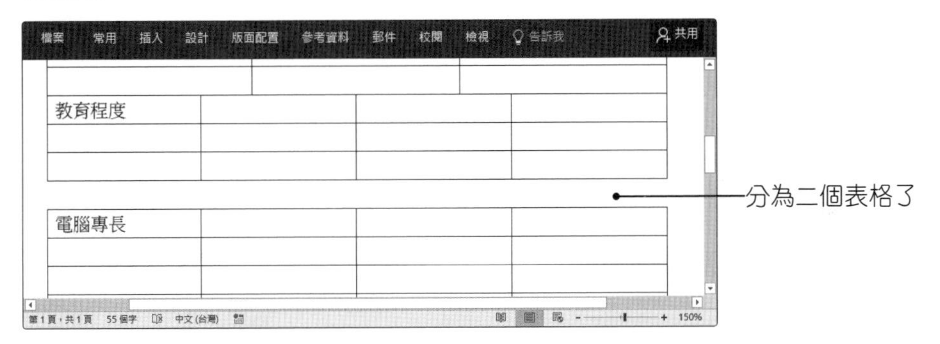

4-3 美化表格外觀

表格完成後，可以為表格加上框線與網底，如果不希望將時間花在設定表格色彩上，也可以使用「表格樣式」功能，同樣可讓表格套上專業又美觀的外衣！

4-3-1 表格自動格式設定

請切換到「表格工具／設計」標籤，於表格樣式群組指令中選擇欲套用的樣式。

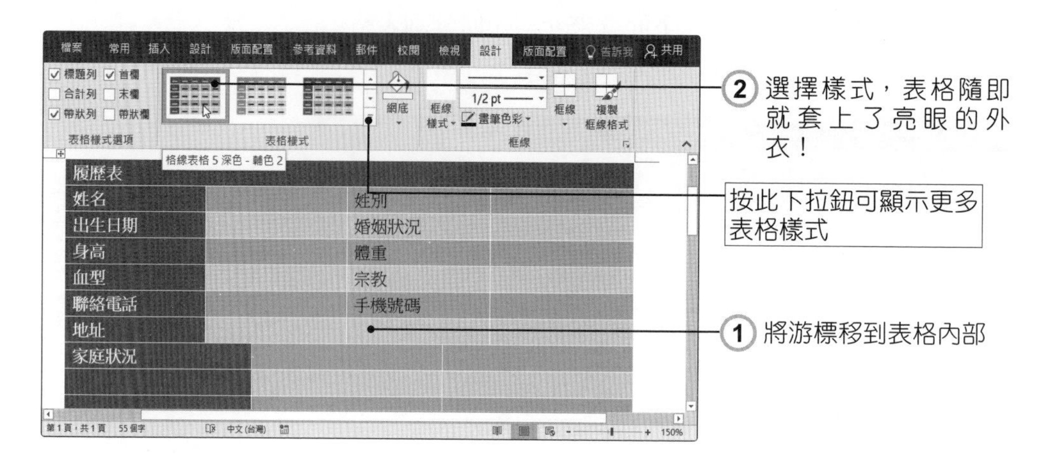

② 選擇樣式，表格隨即就套上了亮眼的外衣！
按此下拉鈕可顯示更多表格樣式
① 將游標移到表格內部
格線表格 5 深色 - 輔色 2
履歷表
姓名
姓別
出生日期
婚姻狀況
身高
體重
血型
宗教
聯絡電話
手機號碼
地址
家庭狀況

4-3-2 表格框線

請選取整個表格，並執行「表格工具 / 設計」標籤中的「框線／框線及網底」指令，開啟「框線及網底」對話框：

Step1

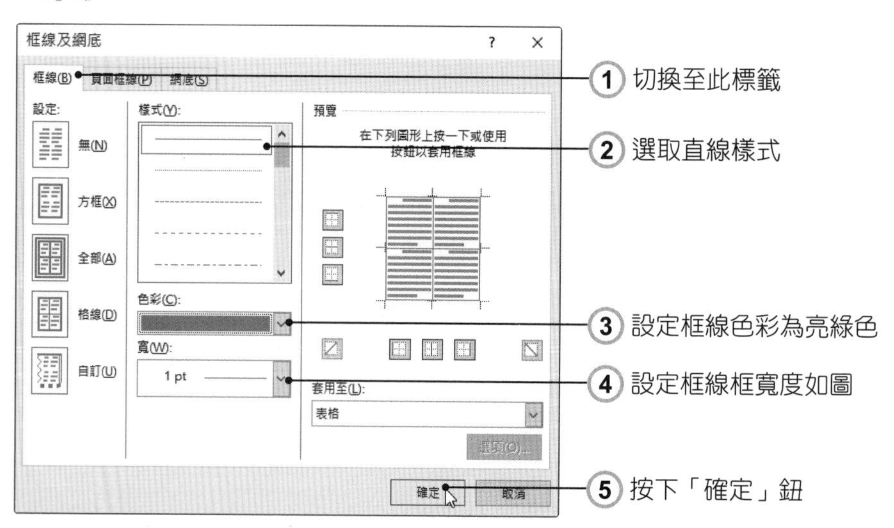

框線及網底
① 切換至此標籤
② 選取直線樣式
③ 設定框線色彩為亮綠色
④ 設定框線框寬度如圖
⑤ 按下「確定」鈕

Step2

螢幕顯示卡	可支援螢幕解析度
VGA 卡	720x400、640x480
SVGA 卡	1280×1024、1024×768、800×600
XGA 卡	1024×768、800×600

表格套上所選的框線了

4-3-3 表格網底

選取整個表格，並執行「表格工具 / 設計」標籤中的「框線 / 框線及網底」指令，開啟「框線及網底」對話框：

Step1

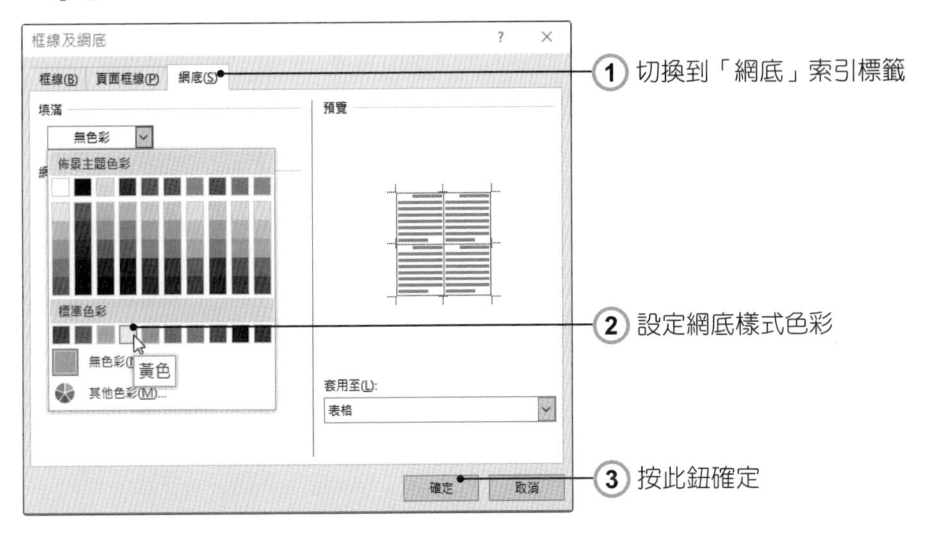

Step2

螢幕顯示卡	可支援螢幕解析度
VGA 卡	720x400、640x480
SVGA 卡	1280×1024、1024×768、800×600
XGA 卡	1024×768、800×600

表格的網底填色完畢

4-3-4 插入圖片

點選「插入」標籤，在「圖例」群組中可選擇圖片插入的管道：

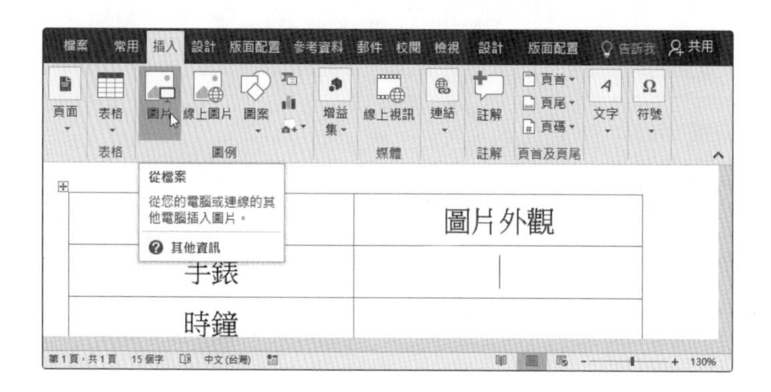

當表格插入了各種圖片後，其圖片大小的調整與移動，和在文件中插入圖片後的作法一致。例如下圖就是表格中加入圖片的外觀，是不是讓表格的表現又更為活潑與真實。

圖片名稱	圖片外觀
手錶	
時鐘	
電風扇	

4-4 進階表格功能

上面所談的表格功能，已可以協助各位建立一張圖文並茂的表格外觀，本小節則介紹幾個實用功能，讓表格製作功力又更上一層樓。

4-4-1 表格內公式計算

使用表格來編排文字，除了讓各項目資料區隔的更加清楚外，如果表格內的資料還需使用運算功能時，也可使用「公式」功能來計算表格內的資料：

Step1

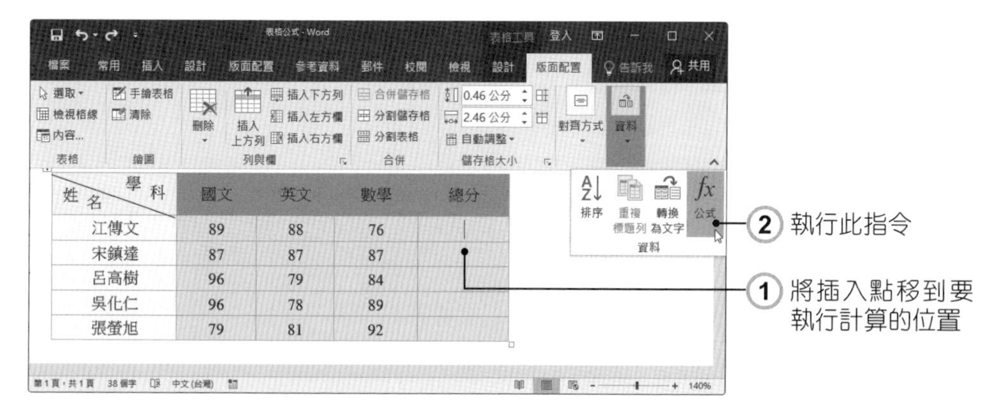

Step2

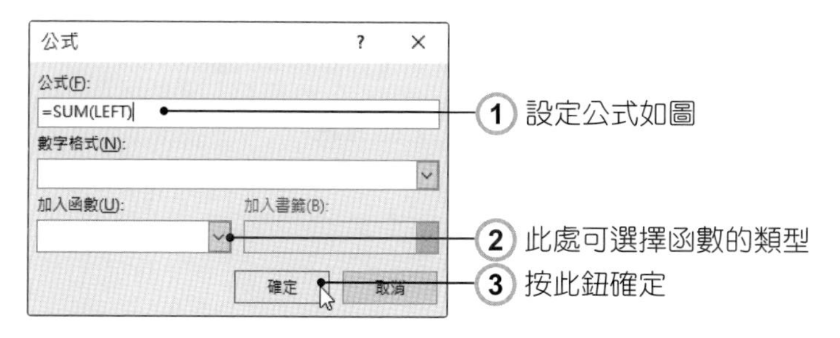

Step3

學科／姓名	國文	英文	數學	總分
江傳文	89	88	76	253
宋鎮達	87	87	87	
呂高樹	96	79	84	
吳化仁	96	78	89	
張螢旭	79	81	92	

計算出總分了

4-4-2 表格內資料排序

完成表格內容的製作後，若希望表格內的資料能依某項資料的大小遞增或遞減排序時，即可使用表格的排序功能：

Step1

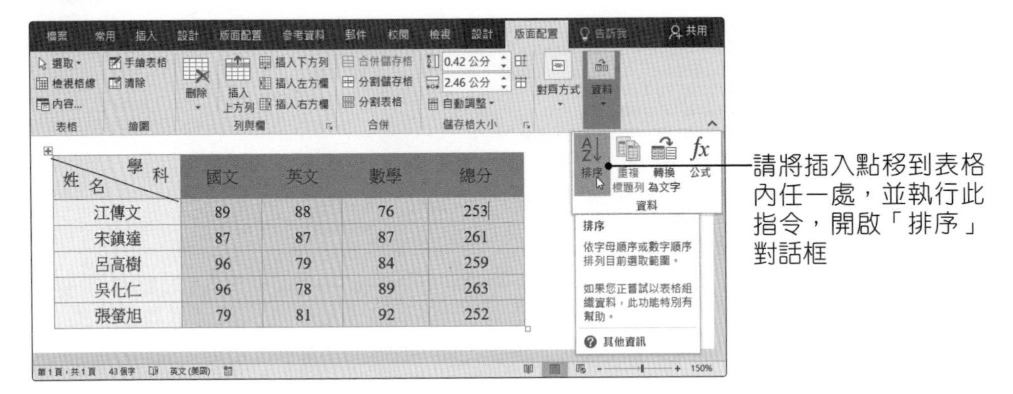

Step2

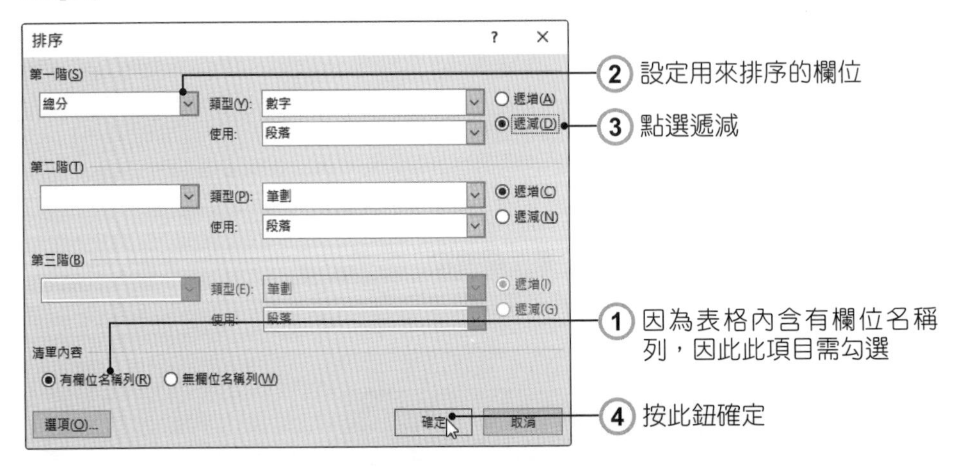

Step3

學科 姓名	國文	英文	數學	總分
吳化仁	96	78	89	263
宋鎮達	87	87	87	261
呂高樹	96	79	84	259
江傳文	89	88	76	253
張螢旭	79	81	92	252

總分由高到低排列了

4-4-3 跨頁標題重複

一般在製作表格時，通常只會在表格的第一頁製作表格的標題，但當表格文件超過一頁以上時，往往為了能了解各儲存格內的文字究竟是何種項目下的資料，Word 提供了「跨頁標題重覆」的功能，它能自動在表格超過一頁的頁面時，隨即在各頁的表格上方加入表格的標題！

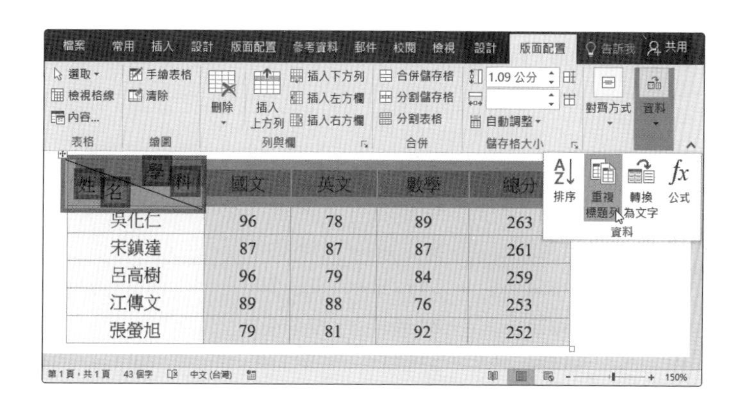

完成上述動作後，當各位捲動至其他頁面時，就可發現已於頁面上加入選定的標題列。

4-4-4 文字與表格的轉換

「文字與表格轉換」功能，可讓純文字排列成表格的外觀，或者讓含文字的表格轉換為只剩文字：

Step1

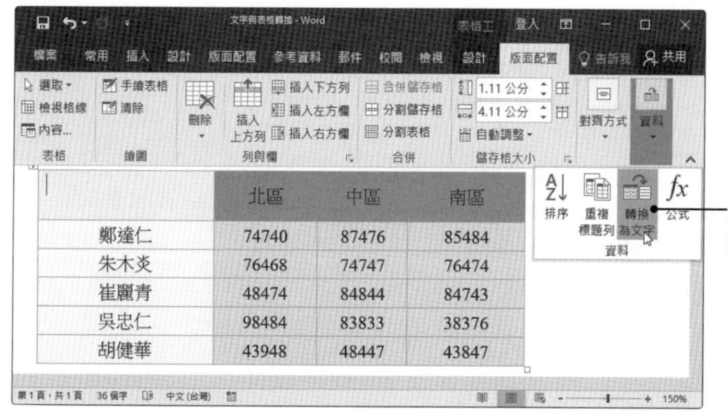

Step2

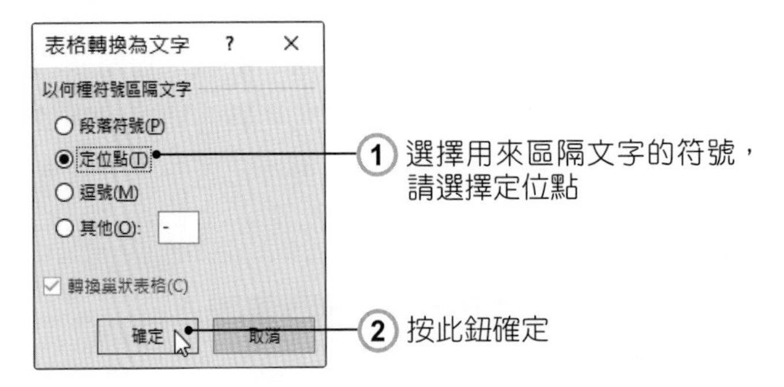

Step3

	北區	中區	南區
鄭達仁	74740	87476	85484
朱木炎	76468	74747	76474
崔麗青	48474	84844	84743
吳忠仁	98484	83833	38376
胡健華	43948	48447	43847

表格消失，且文字與文字間以定位點隔開了

同樣地，您也可將文字變換為表格，但文字與文字間，必須有用來區隔的符號。請選取文字後由「插入」標籤選擇「表格 / 文字轉表格」指令，進入下圖視窗：

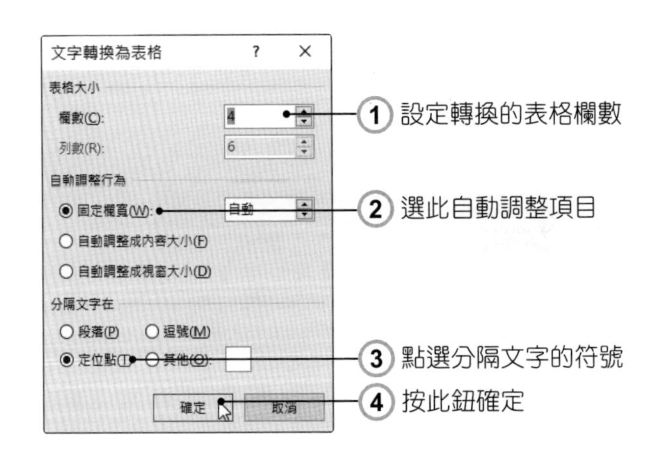

4-4-5 表格設計

表格在經過分割、合併、或是欄位的各項格式調整後，想要美化表格，則可透過「設計」標籤來處理，這小節我們就來看看「設計」標籤裡提供哪些服務。

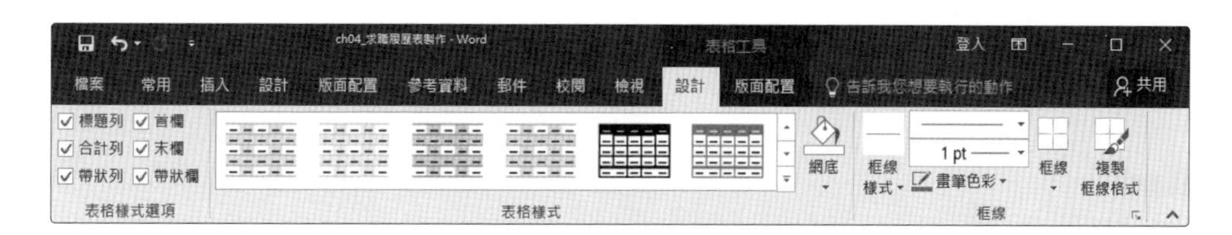

在套用表格樣式前，各位可以先考量表格中哪些部分想要加強，然後預先勾選「表格樣式選項」群組中的選項，這樣「表格樣式」中的縮圖樣式就會根據您所勾選的項目來呈現表格樣式。

選項名稱	作用	位置標示
標題列	以特殊格式設定顯示表格的第一列。	
合計列	在表格的最後一列顯示特殊的格式設定。	
帶狀列	在偶數列及奇數列使用不同的格式，使表格更加易於閱讀。	
首欄	在表格的第一欄顯示特殊的格式設定。	
末欄	在表格的最後一欄顯示特殊的格式設定。	
帶狀欄	在偶數欄及奇數欄使用不同的格式，使表格更加易於閱讀。	

由「設計」標籤的「表格樣式」下拉，馬上可以將表格套上美麗的樣式。

Step1

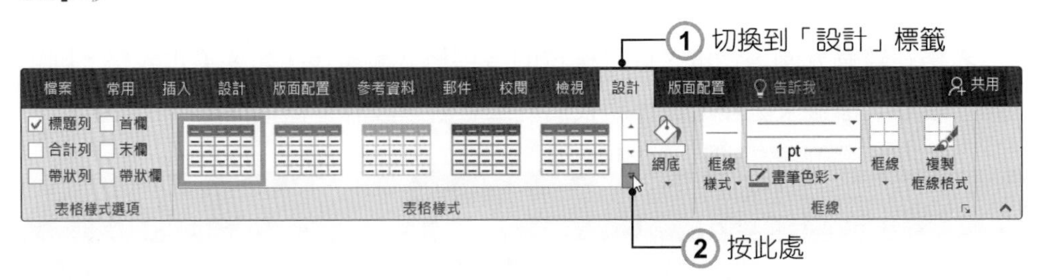

Step2

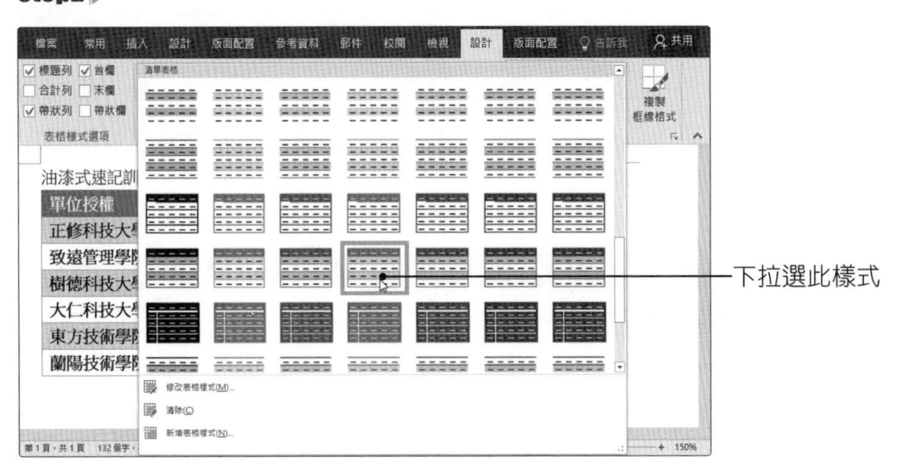

Step3

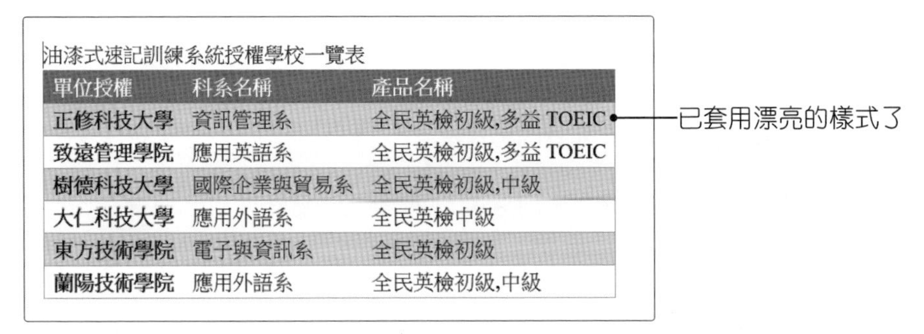

油漆式速記訓練系統授權學校一覽表

單位授權	科系名稱	產品名稱
正修科技大學	資訊管理系	全民英檢初級,多益 TOEIC
致遠管理學院	應用英語系	全民英檢初級,多益 TOEIC
樹德科技大學	國際企業與貿易系	全民英檢初級,中級
大仁科技大學	應用外語系	全民英檢中級
東方技術學院	電子與資訊系	全民英檢初級
蘭陽技術學院	應用外語系	全民英檢初級,中級

在套用表格樣式後，如果還想要修改框線樣式，或是部分的儲存格的網底效果，按下「設計」標籤中的「網底」鈕及「框線」鈕即可調整。

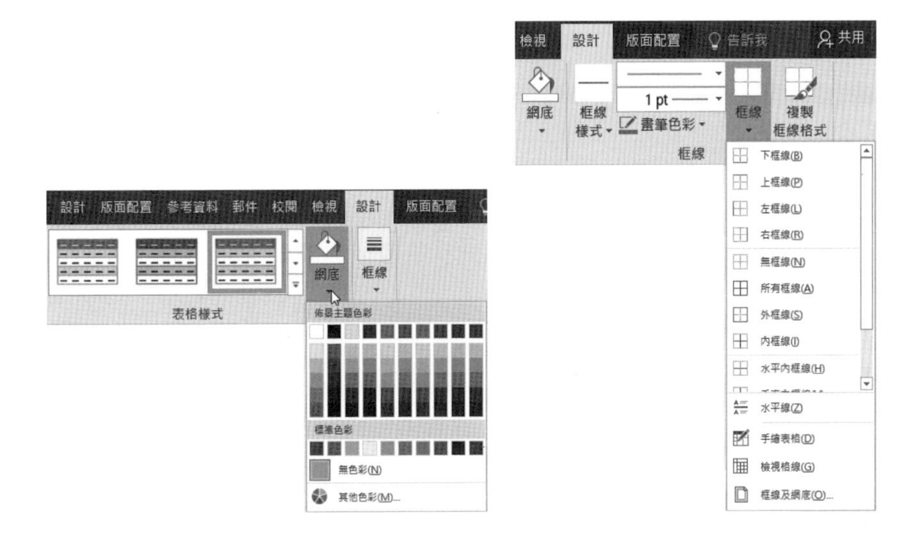

4-5 範例：求職履歷表製作

接下來我們將利用上述所談論的各項表格功能，示範如何快速設計一份求職履歷表，首先請由「插入」標籤選擇「表格 / 插入表格」指令，或手繪表格的方式，製作出履歷表的初步外觀。

Step1

履歷表			
姓名		姓別	
出生日期		婚姻狀況	
身高		體重	
血型		宗教	
聯絡電話		手機號碼	
地址			
家庭狀況			
教育程度			
電腦專長			
工作經歷			
語文能力			
自傳			

履歷表資訊欄位的需要，設計類似如圖的履歷表的基本表格

Step2

履歷表			
姓名		姓別	
出生日期		婚姻狀況	
身高		體重	
血型		宗教	
聯絡電話		手機號碼	
地址			
家庭狀況			
教育程度			
電腦專長			
工作經歷			
語文能力			
自傳			

將履歷表中的主項目的儲存格合併，並選取該儲存格，選擇「表格工具 / 設計」標籤中的「框線」鈕，為儲存格加入喜歡的網底

Step3

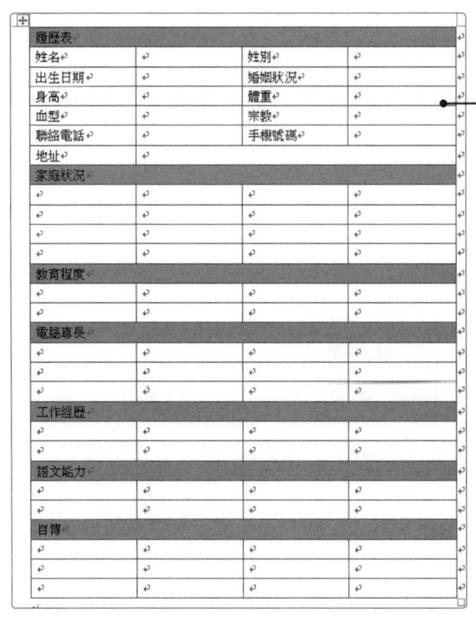

履歷表			
姓名		姓別	
出生日期		婚姻狀況	
身高		體重	
血型		宗教	
聯絡電話		手機號碼	
地址			
家庭狀況			
教育程度			
電腦專長			
工作經歷			
語文能力			
自傳			

分別為表格各儲存格變更框線顏色與樣式

Step4

上圖框線的設定值如圖示

Step5

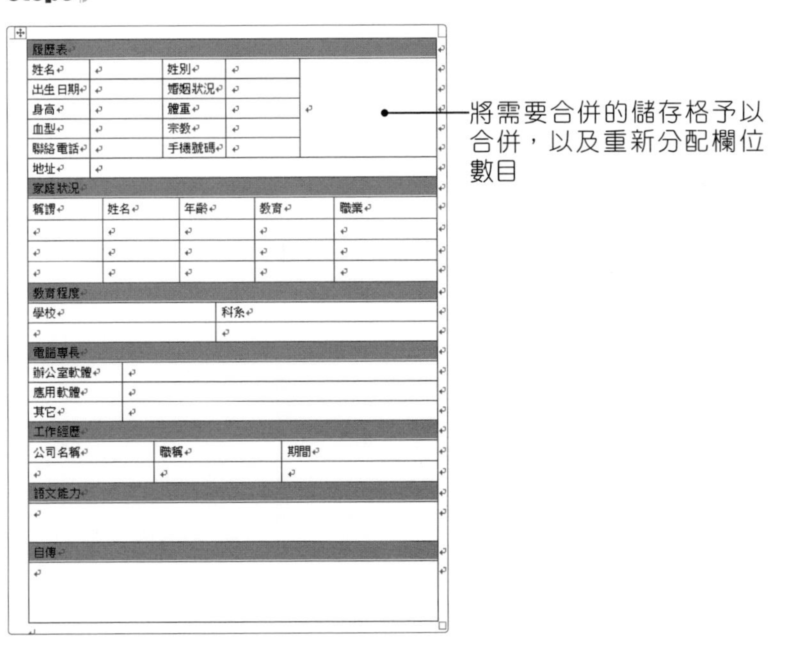

將需要合併的儲存格予以合併，以及重新分配欄位數目

Step6

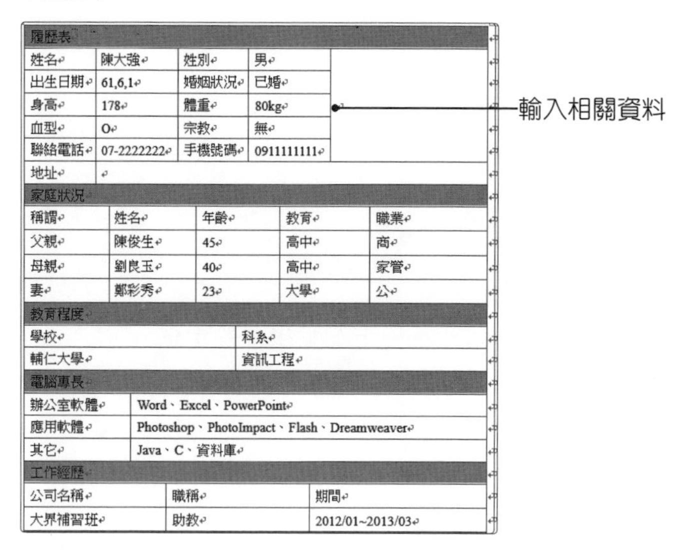

履歷表				
姓名	陳大強	姓別	男	
出生日期	61,6,1	婚姻狀況	已婚	
身高	178	體重	80kg	
血型	O	宗教	無	
聯絡電話	07-2222222	手機號碼	0911111111	
地址				
家庭狀況				
稱謂	姓名	年齡	教育	職業
父親	陳俊生	45	高中	商
母親	劉良玉	40	高中	家管
妻	鄭彩秀	23	大學	公
教育程度				
學校	科系			
輔仁大學	資訊工程			
電腦專長				
辦公室軟體	Word、Excel、PowerPoint			
應用軟體	Photoshop、PhotoImpact、Flash、Dreamweaver			
其它	Java、C、資料庫			
工作經歷				
公司名稱	職稱	期間		
大界補習班	助教	2012/01~2013/03		

輸入相關資料

Step7

履歷表				
姓名	陳大強	姓別	男	
出生日期	61,6,1	婚姻狀況	已婚	
身高	178	體重	80kg	
血型	O	宗教	無	
聯絡電話	07-2222222	手機號碼	0911111111	

由「插入」標籤按下「圖片」鈕，依相片管道的不同，插入自己的相片

Step8

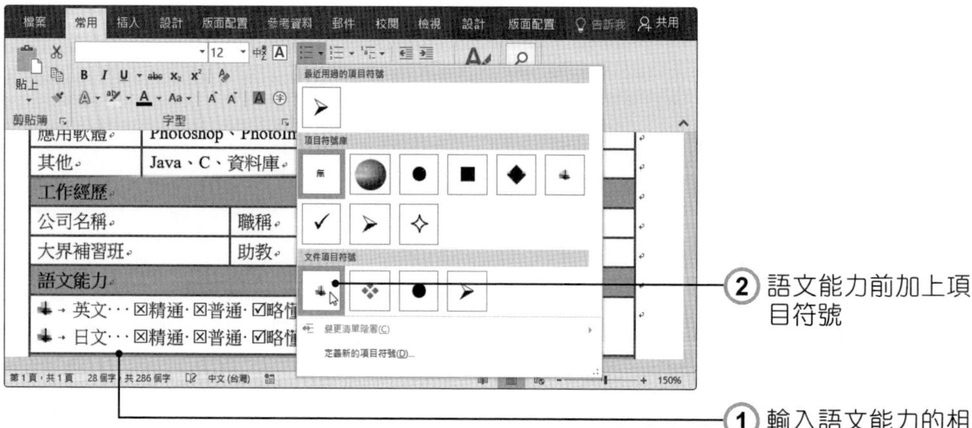

② 語文能力前加上項目符號

① 輸入語文能力的相關資訊，其中的核取方塊，並依圖示挑選所要的符號

Step9

語文能力

- 英文···☒精通 ☒普通 ☑略懂 ☒不懂
- 日文···☒精通 ☒普通 ☑略懂 ☒不懂

自傳

將插入點移到自傳的儲存格，執行「表格工具/版面配置」標籤按下「分割表格」鈕，將表格一分為二，並適當放大自傳的列高

Step10

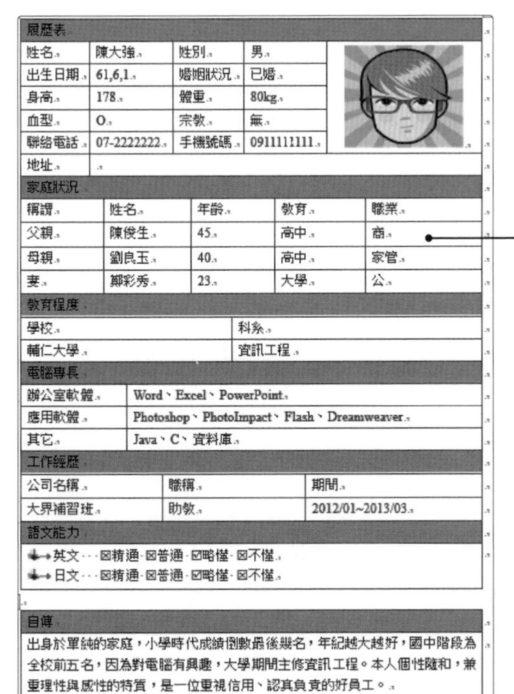

履歷表				
姓名	陳大強	姓別	男	
出生日期	61,6,1	婚姻狀況	已婚	
身高	178	體重	80kg	
血型	O	宗教	無	
聯絡電話	07-2222222	手機號碼	0911111111	
地址				

家庭狀況				
稱謂	姓名	年齡	教育	職業
父親	陳俊生	45	高中	商
母親	劉良玉	40	高中	家管
妻	鄭彩秀	23	大學	公

教育程度	
學校	科系
輔仁大學	資訊工程

電腦專長	
辦公室軟體	Word、Excel、PowerPoint
應用軟體	Photoshop、PhotoImpact、Flash、Dreamweaver
其它	Java、C、資料庫

工作經歷		
公司名稱	職稱	期間
大界補習班	助教	2012/01~2013/03

語文能力

- 英文···☒精通 ☒普通 ☑略懂 ☒不懂
- 日文···☒精通 ☒普通 ☑略懂 ☒不懂

自傳

出身於單純的家庭，小學時代成績倒數最後幾名，年紀越大越好，國中階段為全校前五名，因為對電腦有興趣，大學期間主修資訊工程。本人個性隨和，兼重理性與感性的特質，是一位重視信用、認真負責的好員工。

輸入完所有資訊後，請將字體修改成自己喜愛的顏色，並仔細檢查儲存格的對齊是否滿意或框線是否滿意，作最後一次微調，即可完成履歷表的製作

實力評量

是非題

(　) 1. 表格是由幾個縱向的欄（Column）與橫向的列（Row）所組成。

(　) 2. 執行「表格工具 / 版面配置」指令，有表格格式設定工具。

(　) 3. 在「插入」標籤中按下 鈕是增加縮排，可使段落往右移，而 鈕則是減少縮排，使段落往左移。

(　) 4. 常用功能區中的對齊方式共有五項，左右對齊、靠左對齊文字、文字置中、靠右對齊文字，以及分散對齊。

(　) 5. 圍繞字元功能可將單一文字外圍套上圓形、正方形、三角形或菱形的外框。

選擇題

(　) 1. 在文件中設定好定位點後，按下哪一個鍵就能移動至下一個定位點？

A. Enter 鍵　B. Alt 鍵　C. Caps 鍵　D. Tab 鍵

(　) 2. 表格建立方式，不包括下列哪一種？

A.「插入」標籤按下「表格 / 插入表格」指令

B.「插入」標籤按下「表格 / 手繪表格」指令

C.「插入」標籤按下「表格」鈕，拖曳滑鼠選取欄與列數來建立

D.「常用」標籤按下「表格」鈕

(　) 3. 在表格間移動插入點，移到插入點所在的該欄最上面的儲存格必須按下何鍵？

A. Alt + PageUp 鍵　B. Alt + PageDown 鍵

C. Ctrl + PageUp 鍵　D. Ctrl + PageDown 鍵

▶ 實作題

1. 請開啟空白文件，依據下圖所示，繪製出相同的表格。

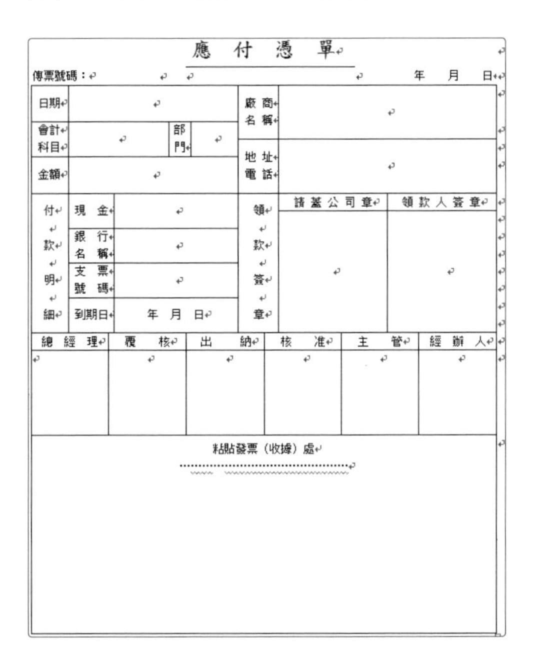

應 付 憑 單

傳票號碼： 年 月 日

日期				廠商名稱		
會計科目		部門				
金額				地址電話		
付款明細	現金			領款簽章	請蓋公司章	領款人簽章
	銀行名稱					
	支票號碼					
	到期日	年 月 日				

總經理	覆核	出納	核准	主管	經辦人

粘貼發票（收據）處

2. 請開啟「物品保管卡 1」習題檔，依照下列敘述，完成表格的製作及美化。

檔案 常用 插入 設計 版面配置 參考資料 郵件 校閱 檢視 告訴我您想要執行的動作 共用

物·品·保·管·卡

區域：

部門：

員工姓名：			分機：	
資產編號	物品名稱	規格	數量	備註

第1頁，共1頁 33 個字 中文(台灣) 150%

① 將表格平均分配列高。

物品保管卡

區域：

部門：

員工姓名：		分機：		
資產編號	物品名稱	規格	數量	備註

② 套用「表格樣式」中的樣式，使美化表格如下圖所示。

物品保管卡

區域：

部門：

員工姓名：		分機：		
資產編號	物品名稱	規格	數量	備註

筆記欄

CHAPTER

05 租賃合約書的傳校閱

學習重點

- » 追蹤修訂
- » 顯示檢閱窗格
- » 插入文件註解
- » 接受或拒絕變更
- » 關閉追蹤修訂
- » 檢查文件
- » 文件比較
- » 繁簡轉換

本章簡介

在前面的章節中，我們都是針對個人的辦公文件做介紹，但是有些文件牽涉到法律問題，或是公開對外的新聞訊息，都必須經過多位高層主管的認可才能確定。因此針對必須經過多人共同修正才能定案的文件，但又希望知道哪些人做了哪些訂正的項目，是否要接受新的變更，這時候「追蹤修訂」的功能就可以幫您一個大忙，因為它會記錄文件的所有修訂過程，包括文字的插入、刪除、搬移…等動作，方便您做接受或拒絕等考量。接下來就針對文件的追蹤修訂來做說明。

範例成果

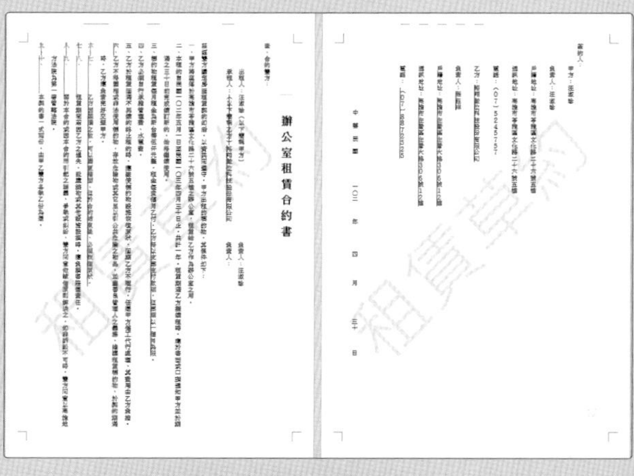

租賃合約書 _ 草約 ok.docx

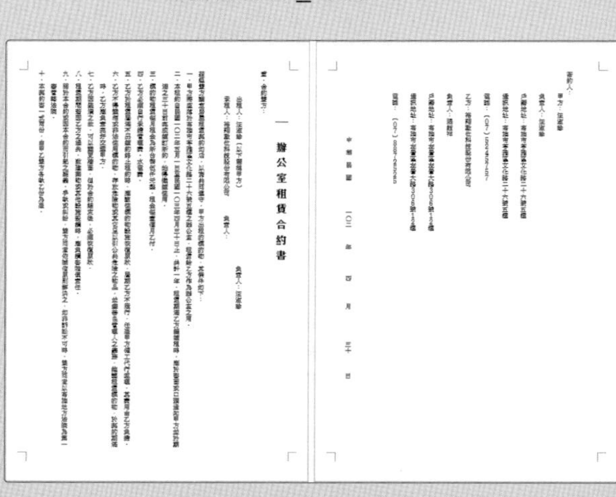

租賃合約書 _ 草約 ok.docx

5-1 文件的追蹤修訂

當各位將文件編輯完成後，想要傳給其他檢閱者檢閱時，請切換到「校閱」標籤，按下「追蹤修訂」鈕，然後下拉選擇「追蹤修訂」指令，這樣就會看到「追蹤修訂」鈕呈現選取的狀態。

Step1

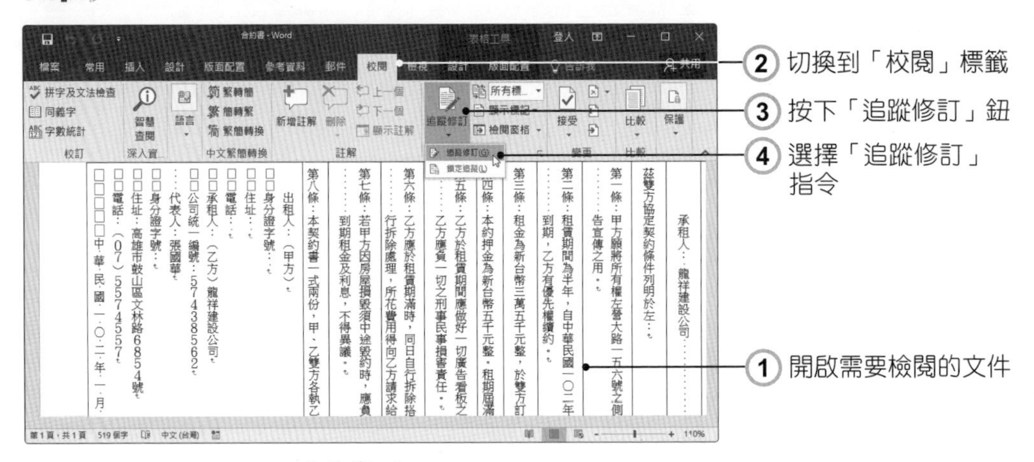

2 切換到「校閱」標籤
3 按下「追蹤修訂」鈕
4 選擇「追蹤修訂」指令
1 開啟需要檢閱的文件

合約書 .docx

Step2

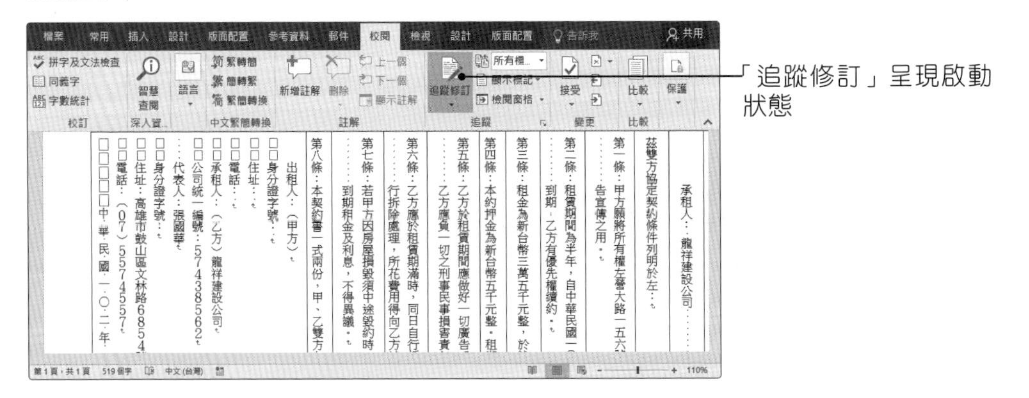

「追蹤修訂」呈現啟動狀態

接下來請執行存檔指令，將檔案儲存為「合約書 1.docx」，再將該檔案傳送給檢閱者，如此一來，檢閱者所做的任何修訂動作，都會被記錄下來。

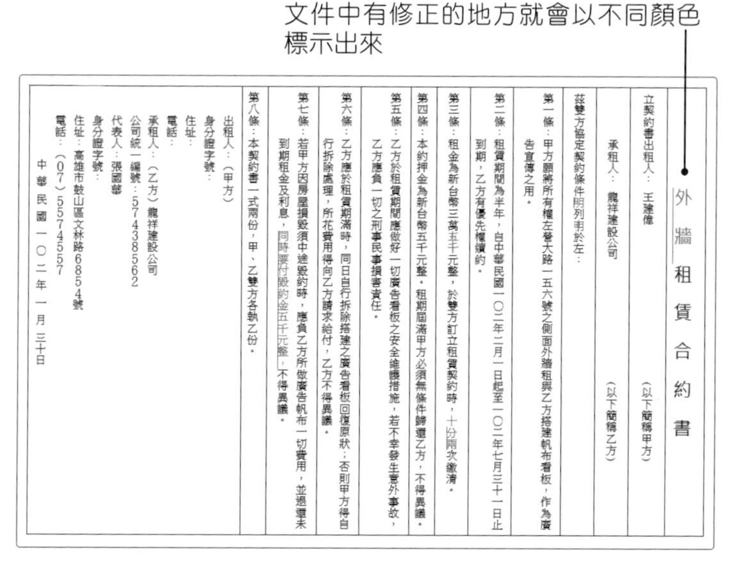

文件中有修正的地方就會以不同顏色標示出來

外牆租賃合約書

立契約書出租人：王建偉（以下簡稱甲方）

承租人：龍祥建設公司（以下簡稱乙方）

茲雙方協定契約條件明列於左：

第一條：甲方願將所有權左營大路一五六號之側面外牆租與乙方搭建帆布看板，作為廣告宣傳之用。

第二條：租賃期間為半年，自中華民國一○二年二月一日起至一○二年七月三十一日止到期，乙方有優先權續約。

第三條：租金為新台幣三萬五千元整，於雙方訂立租賃契約時，十份兩次繳清。

第四條：本約押金為新台幣五千元整。租期屆滿甲方必須無條件歸還乙方，不得異議。

第五條：乙方於租賃期間應做好一切廣告看板之安全維護措施，若不幸發生意外事故，乙方應負一切之刑事民事損害責任。

第六條：乙方應於租賃期滿時，同日自行拆除搭建之廣告看板回復原狀；否則甲方得自行拆除處理，所花費用得向乙方請求給付，乙方不得異議。

第七條：若甲方因房屋損毀須中途毀約時，應負乙方所做廣告帆布一切費用，並退還未到期租金及利息，同時要付毀約金五千元整，不得異議。

第八條：本契約書一式兩份，甲、乙雙方各執乙份。

出租人：（甲方）
身分證字號：
住址：
電話：
承租人：（乙方）龍祥建設公司
公司統一編號：57438562
代表人：張國華
身分證字號：
住址：高雄市鼓山區文林路6854號
電話：（07）5574557

中華民國一○二年一月三十日

合約書 _ 修訂.docx

5-1-1 查閱檢閱者

文件經過不同人修正時，它會以不同的顏色標示，如果想知道是哪位作檢閱，可以從「校閱」標籤中按下「顯示標記」鈕，再下拉「特定人員」，即可看到使用者的名稱。

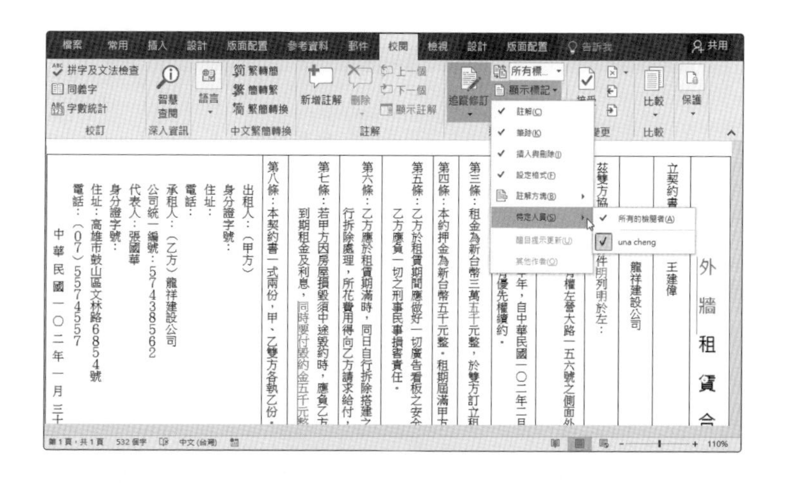

5-1-2 顯示供檢閱

在修訂的文件裡，Word 提供四種不同的顯示方式可檢閱文件，各位可在「檢閱」標籤下按下「顯示供檢閱」鈕來做選擇。

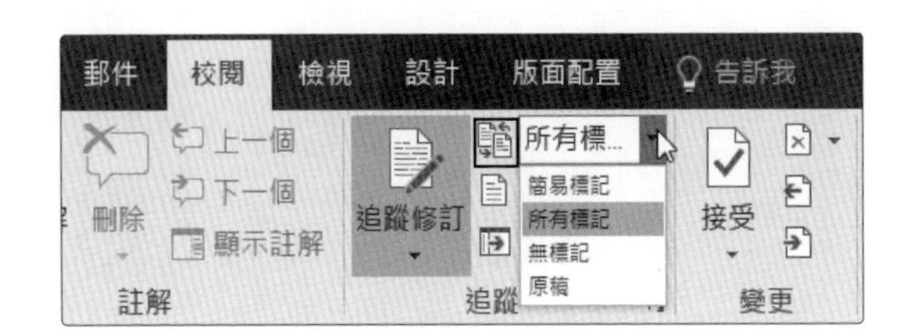

5-1-3 顯示檢閱窗格

在查閱修訂的細節時，還可以利用檢閱窗格來檢閱變更的地方和註解，在「校閱」標籤按下「檢閱窗格」鈕，可以選擇以垂直或水平的窗格來做檢閱：

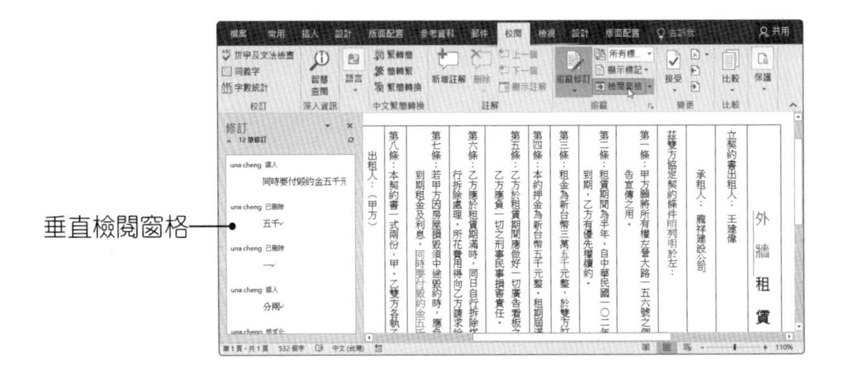

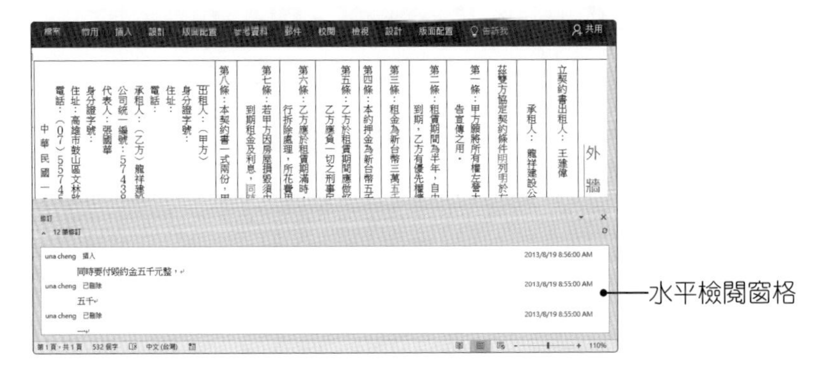

5-1-4 插入文件註解

有時候檢閱者對文件內容有意見，想要提醒作者注意，卻又不想更動到文案的內容，這時候可以考慮利用「新增註解」功能來為選取的範圍加入註解。

Step1

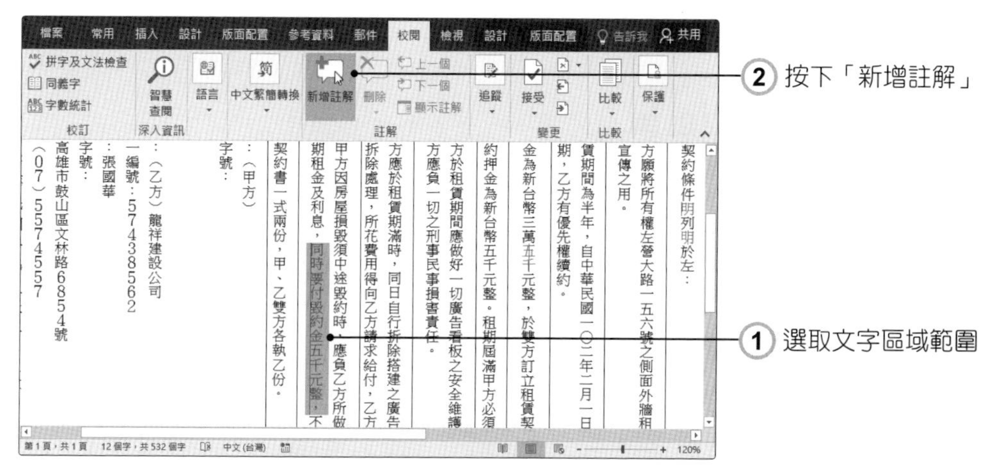

合約書_修訂.docx

Step2

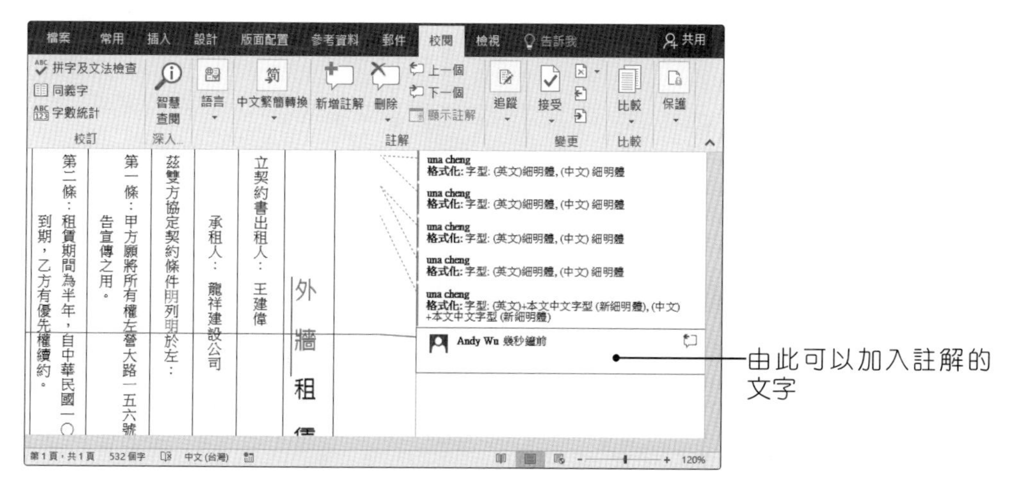

插入註解後，如果想要將它刪除，可從「校閱」標籤中按下「刪除」鈕，再選擇「刪除」或「刪除文件中的所有註解」就行了。

5-1-5 接受或拒絕變更

檢閱者都校閱過了，也作了標示之後，接下來就由各位決定是否要接受或拒絕變更。如下我們透過檢閱窗格來做變更的處理。

Step1

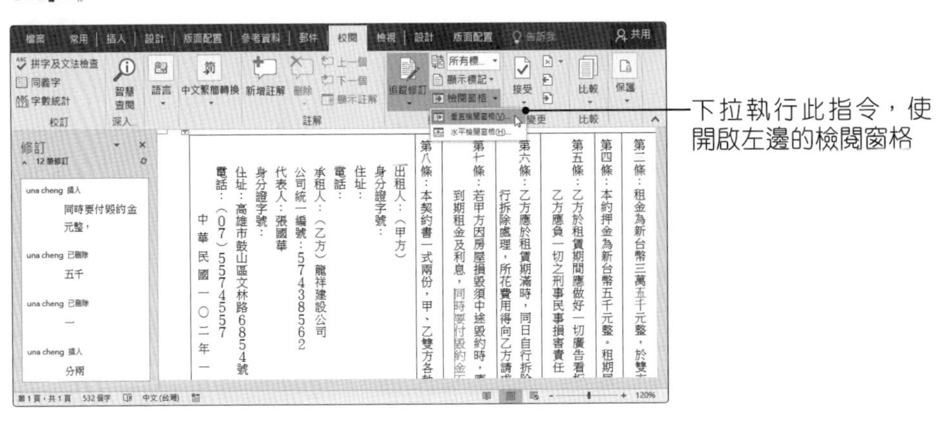

下拉執行此指令，使開啟左邊的檢閱窗格

合約書 _ 修訂.docx

Step2

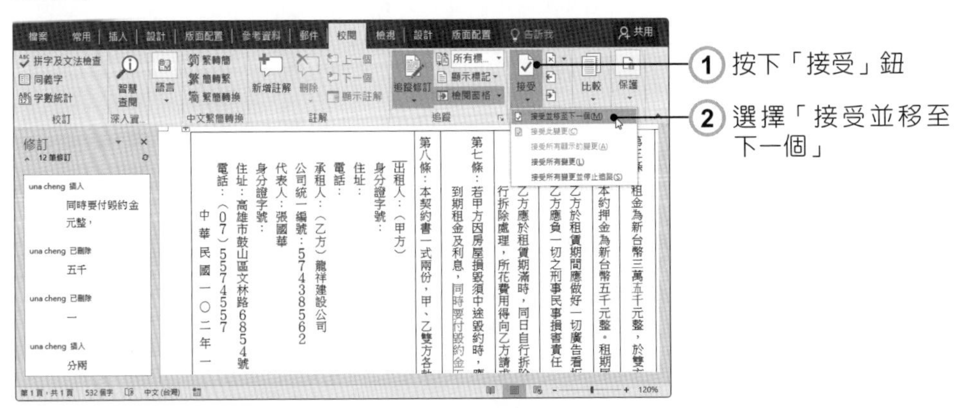

Step3

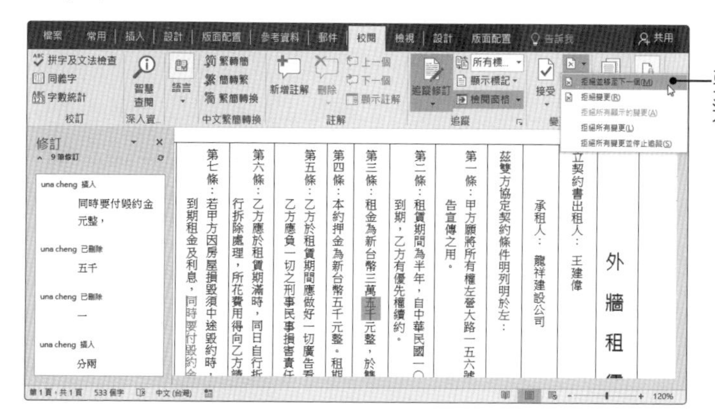

要拒絕變更請按此鈕，並選擇「拒絕並移至下一個」

Step4

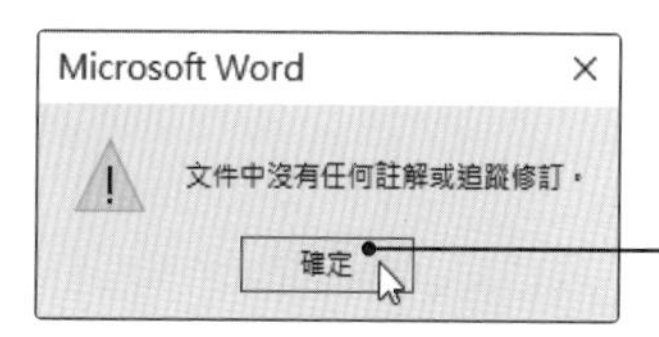

依序完成接受或拒絕變更後將出現此視窗，按下「確定」鈕離開

5-1-6 關閉追蹤修訂

前面提及過，啟動追蹤修訂功能時，「校閱」標籤下的「追蹤修訂」鈕是呈現藍色，如果要關閉「追蹤修訂」功能，只要再按一下讓該鈕恢復原來的色彩就行了。

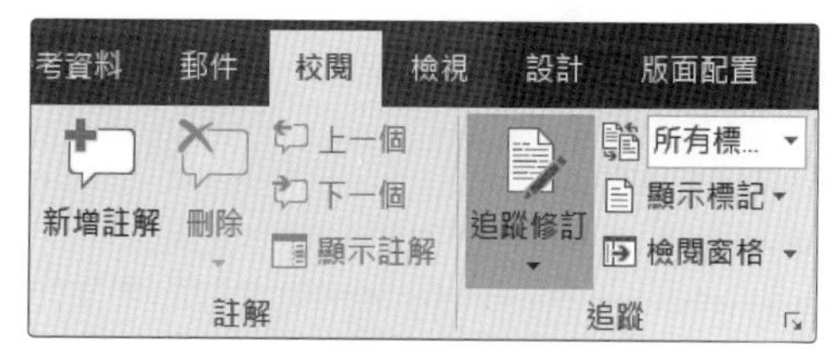

追蹤修訂功能啟動中

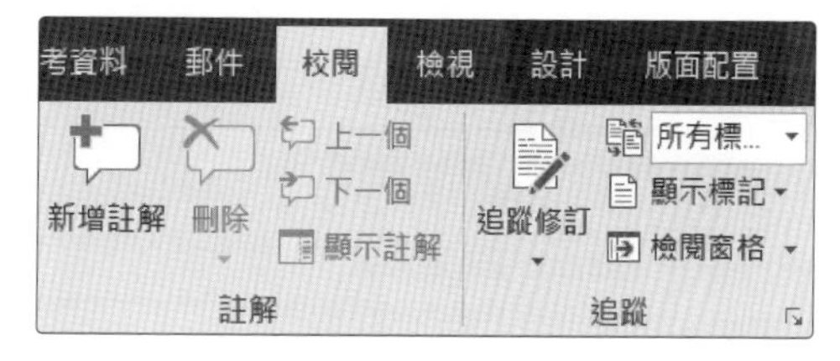

關閉追蹤修訂功能

特別注意的是，關閉追蹤修訂功能只是讓之後修改的文件不再留下任何的記錄，原先的修訂記錄並不會消失，除非各位已做了接受或拒絕變更的設定才會消失。

5-1-7 檢查文件

當「顯示供檢閱」設為「無標記」時，追蹤修訂的記錄會被隱藏起來，所以當您要發佈重要的文件時，最好先確認這些修訂的記錄是否已經處理完畢，否則收件者收到了一封包含註解和刪除線的文件，可能會覺得很奇怪。想要確定文件中是否還包含追蹤修訂的記錄，可以由「檔案」標籤中的「資訊」選擇「查看是否問題」指令，就可以透過以下的步驟來做檢查。

Step1

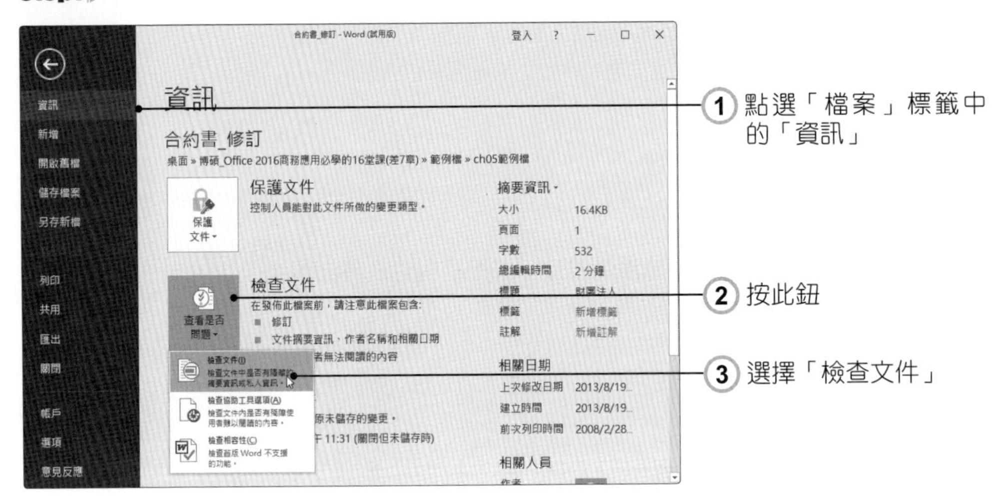

合約書 _ 修訂.docx

Step2

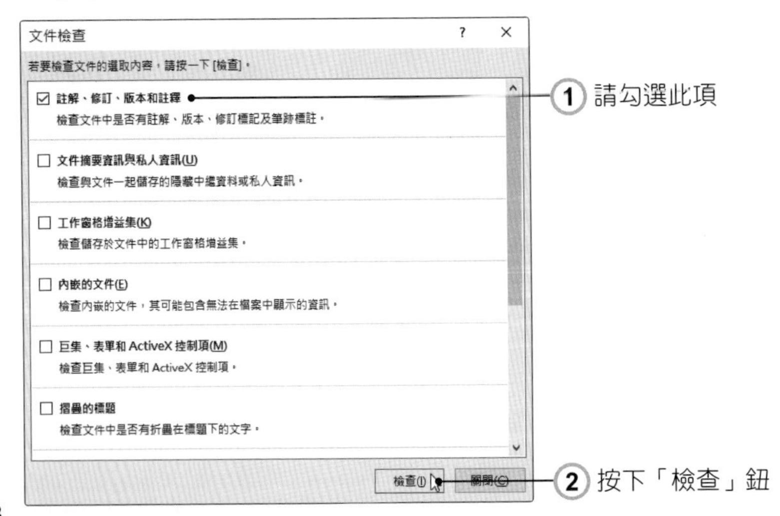

Step3

文件檢查
?
檢閱檢查結果。
!
註解、修訂、版本和註釋
找到下列項目:
* 修訂標記
全部移除
顯示該文件中有修訂標記，
按此鈕可全部移除
自訂 XML 資料(X)
找不到自訂 XML 資料。
頁首、頁尾及浮水印
找不到任何頁首、頁尾及浮水印。
隱藏的內容
找不到隱藏物件。
隱藏文字
找不到隱藏文字。
注意: 部分變更無法復原。
重新檢查(R)
關閉(C)

Step4

文件檢查
?
檢閱檢查結果。
註解、修訂、版本和註釋
已成功移除所有項目。
自訂 XML 資料(X)
找不到自訂 XML 資料。
頁首、頁尾及浮水印
找不到任何頁首、頁尾及浮水印。
隱藏的內容
找不到隱藏物件。
隱藏文字
找不到隱藏文字。
注意: 部分變更無法復原。
重新檢查(R)
關閉(C)
按此鈕關閉視窗

5-2 文件比較功能

假如未使用「追蹤修訂」功能來了解檢閱者做了哪些修正，而又希望清楚知道新舊文件之間的差異性，那就考慮使用「比較文件」的功能。本節就針對如何比較文件的兩個版本，或是合併多位作者的修訂成為單一版本兩種方式來跟各位做說明。

5-2-1 比較新舊版本

想要比較兩份文件，並顯示出兩份文件不同的地方，就可以考慮利用「校閱」標籤下的「比較 / 比較」功能。比較的方式如下：

Step1

Step2

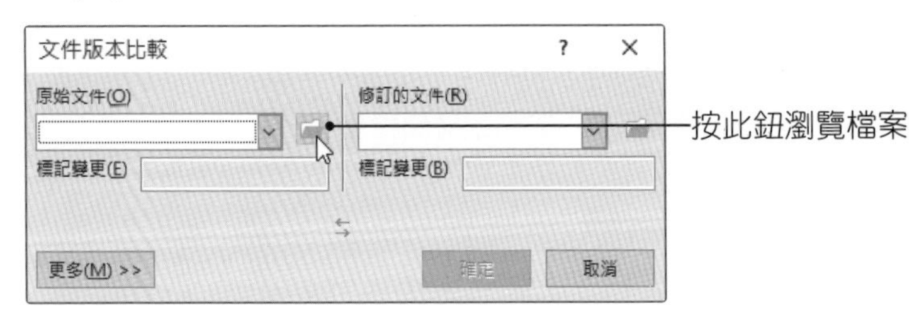

Step3

Step4

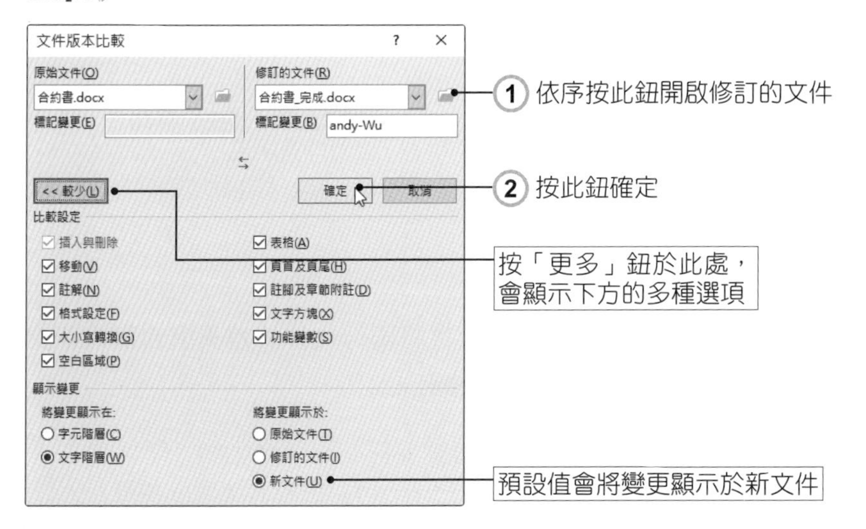

Step5

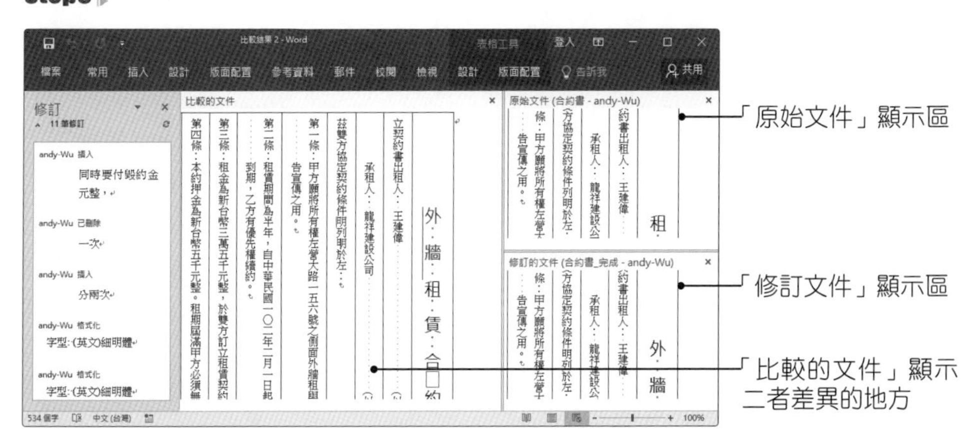

預設的狀態下，它會同時將「原始文件」和「修訂文件」一起和「比較的文件」並列在一起，如果希望來源文件只要顯示「原始文件」或「修訂文件」，可由以下方作切換。

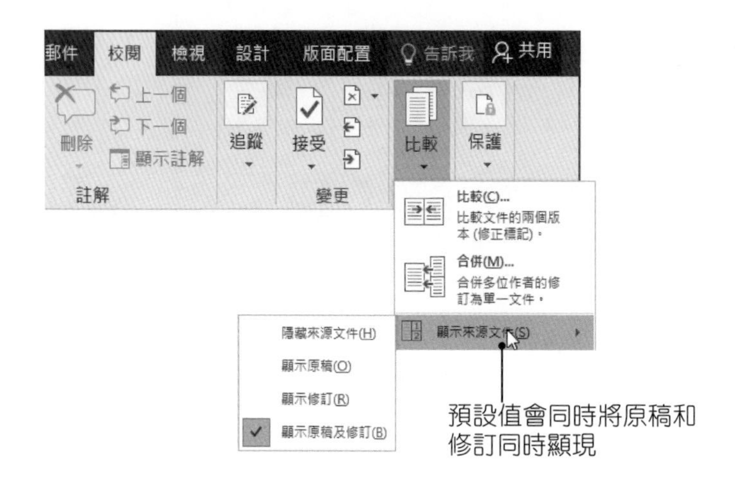

5-2-2 結合文件

「校閱」標籤下的「比較 / 合併」功能會將兩份文件的差異處合併成新文件，針對合併後的文件，可再另存檔案以利修訂。

Step1

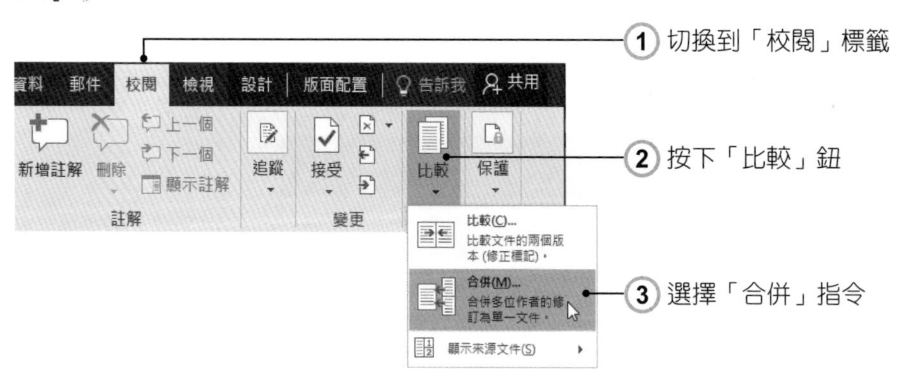

Step2

Step3

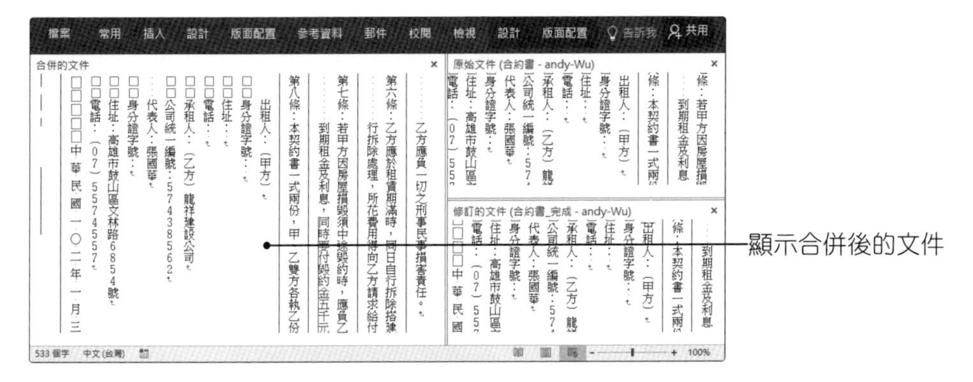

5-3 中文繁簡轉換

在「校閱」標籤中，還有「中文繁簡轉換」的功能，這項功能可以幫助各位快速將簡體字轉換成繁體字，或是將繁體字轉換成簡體字，讓中國大陸和台灣兩地的信件交流和溝通更無障礙，現在就來看一下這項功能。

5-3-1 繁體轉簡體字

由「校閱」標籤按下「繁轉簡」鈕，會直接將開啟的文件轉換成簡體文字。

Step1

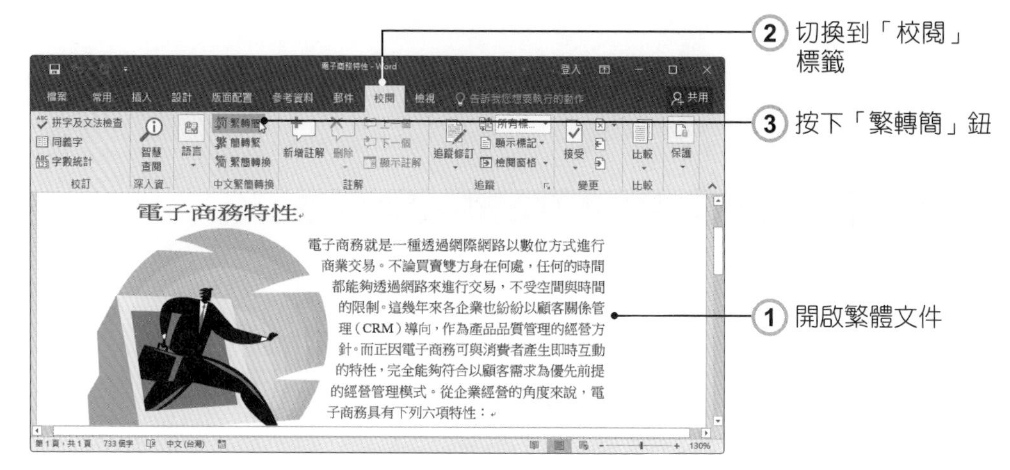

電子商務特性.docx

Step2

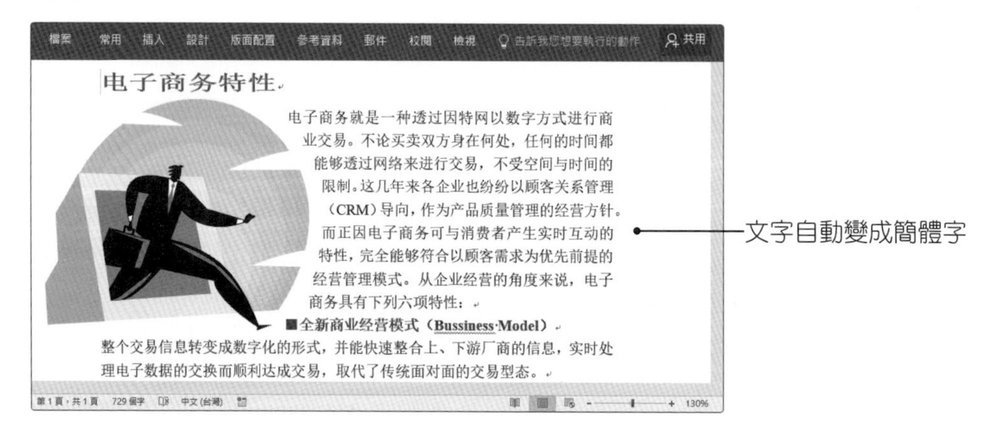

5-3-2 簡體轉繁體字

由「校閱」標籤按下「簡轉繁」鈕，會直接將開啟的文件轉換成繁體文字。

Step1

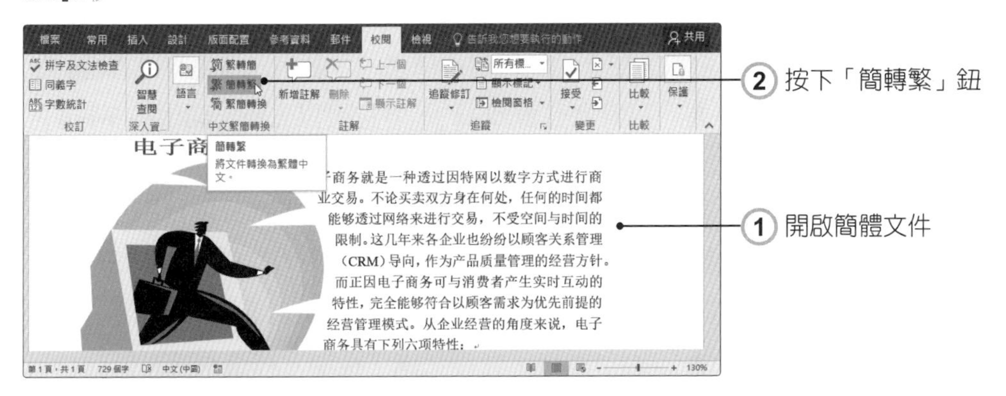

電子商務特性 _ 簡.docx

Step2

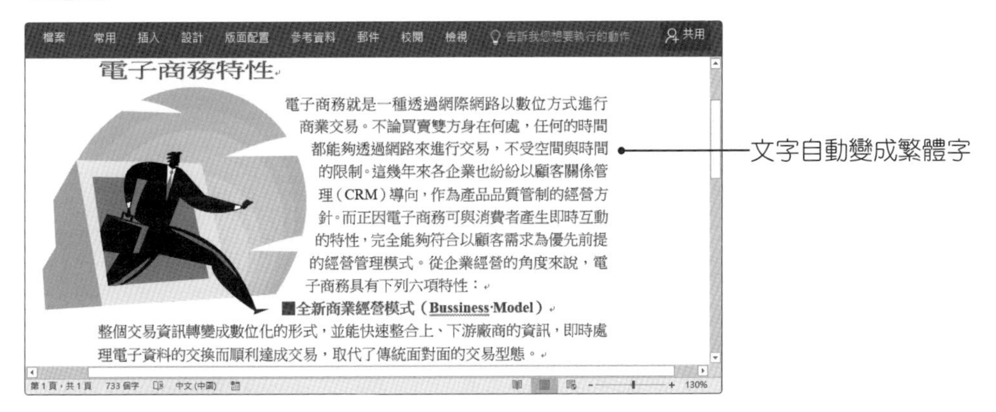

5-3-3 繁簡轉換

由「校閱」標籤按下「繁簡轉換」鈕會顯示下圖的對話方塊，讓使用者選擇轉換的方向。而按下視窗中的 自訂字典(D)... 鈕，還可以將一些詞彙新增到字典中，或將自訂的字典匯入或匯出，以便和他人分享或使用 Excel 來編輯管理。

5-4 範例：校閱租賃合約書

本節是以辦公室租賃合約書為範例，教導各位如何透過「校閱」功能，來確定出租雙方的意見，透過追蹤修訂功能，讓合約擬定者可以快速知道對方對合約的擬訂有何不同的意見，以方便合約的修訂或溝通。本範例已事先將租賃合約做了初步的草擬，並命名為「租賃合約書.docx」，各位可以先將它開啟於 Word 程式中，範例將從啟動追蹤修訂開始，再另存新檔寄發給準備出租辦公室的負責人，請他預先將相關公司資料一併打入，並對合約有意見的部分進行修正。待合約修正完畢並傳回後，根據對方的意見，再作接受或拒絕的變更，完成校閱後，再利用「檢查文件」功能將「租賃草約」的浮水印文字刪除。

首先將「租賃合約書.docx」開啟，然後透過「校閱」標籤來啟動追蹤修訂功能，再將它另存成「租賃合約書 _ 草約.docx」，以電子郵件的方式傳給對方校閱。

Step1

② 切換到「校閱」標籤
③ 按下「追蹤修訂」
④ 選擇「追蹤修訂」指令
① 開啟「租賃合約書.docx」文件檔

租賃合約書.docx

Step2

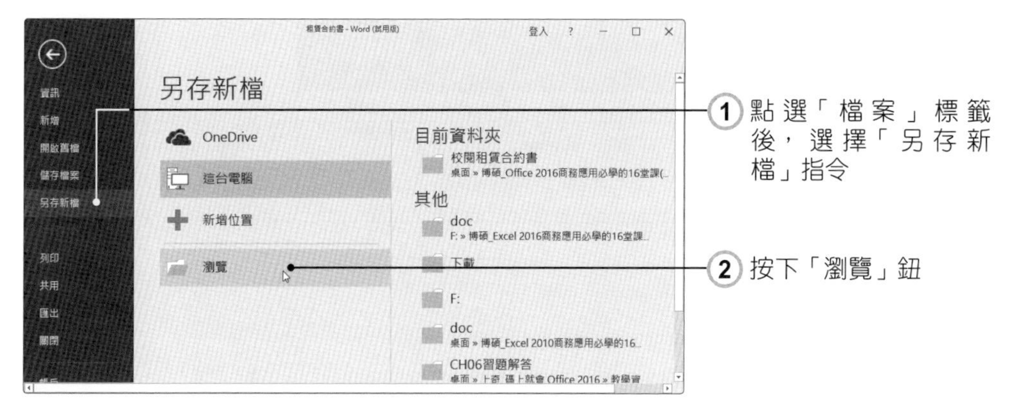

Step3

Step4

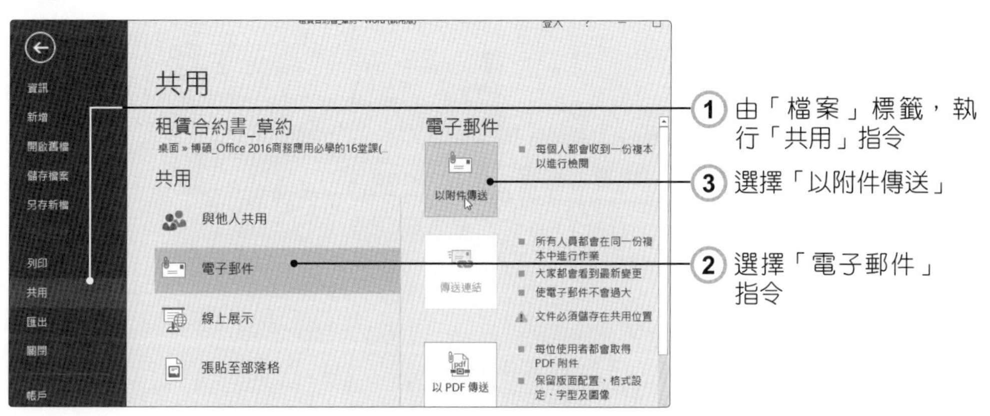

Step5

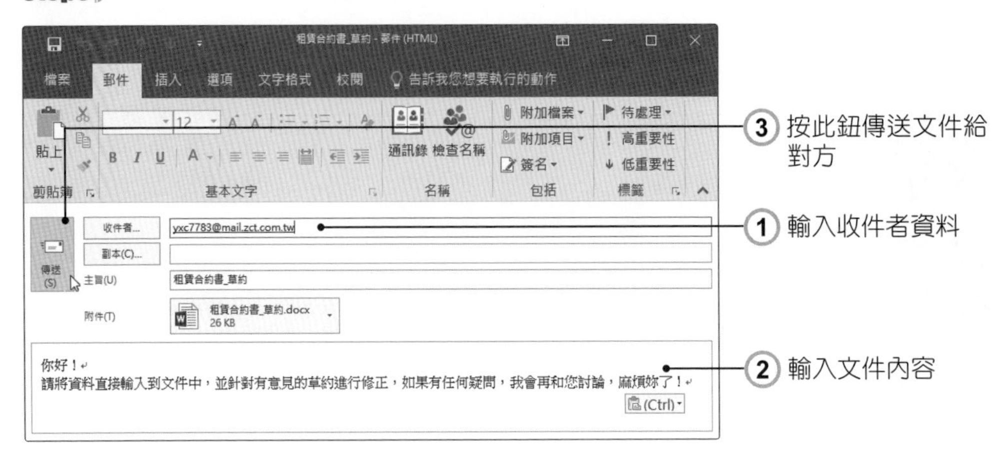

當對方收到合約書時，即可針對該合約的條文及公司的資料加以修改及輸入。如圖示：

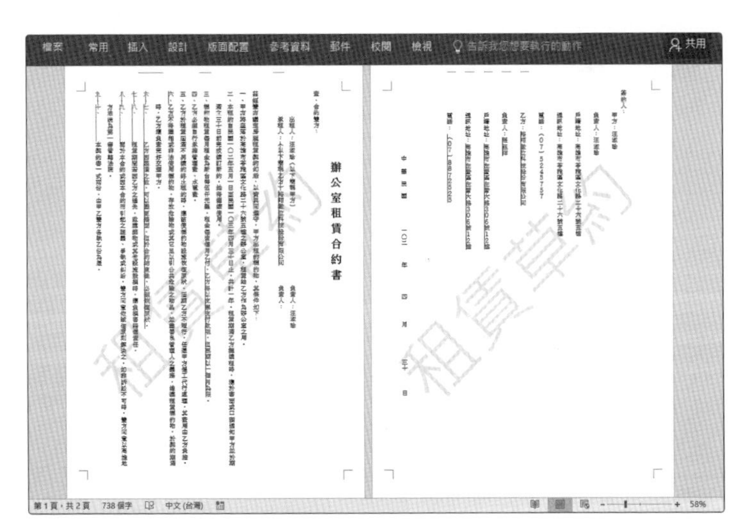

租賃合約書 _ 草約 ok.docx

針對新增的條文，如果對方有意見，也可以利用「新增註解」功能，將選取的條文加入補充的說明，這樣就不會影響到合約的條文了。

Step1

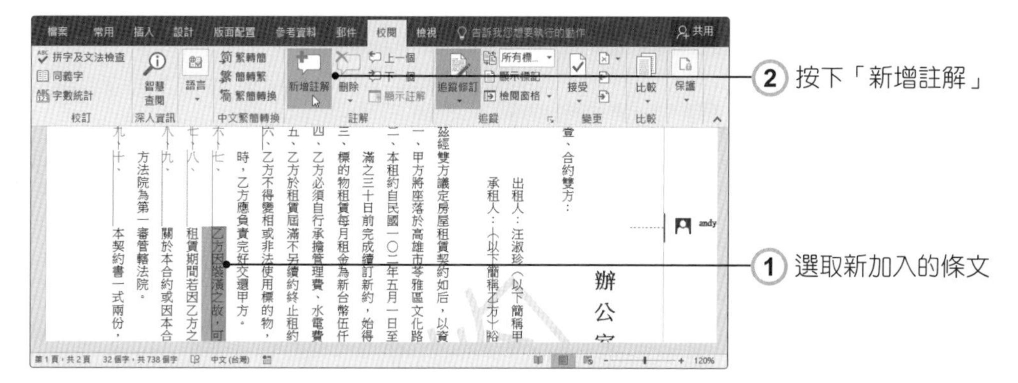

Step2

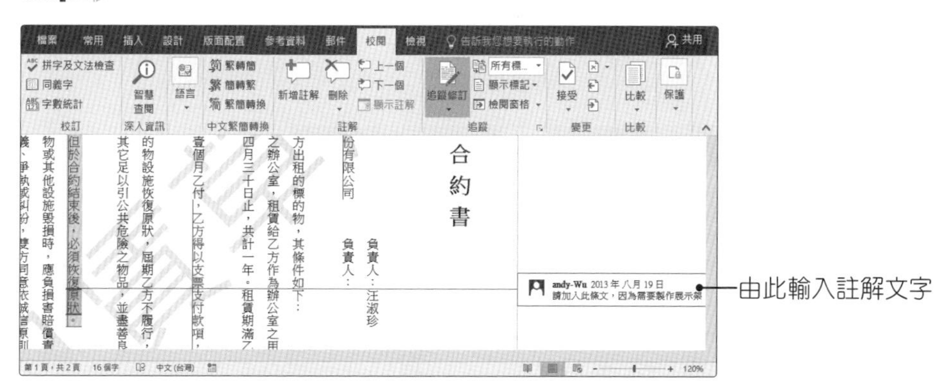

租賃合約書 _ 草約 ok.docx

當文件再度寄回來之後，草擬合約的您，就可以根據對方所加入的資訊來選擇接受或拒絕變更。

Step1

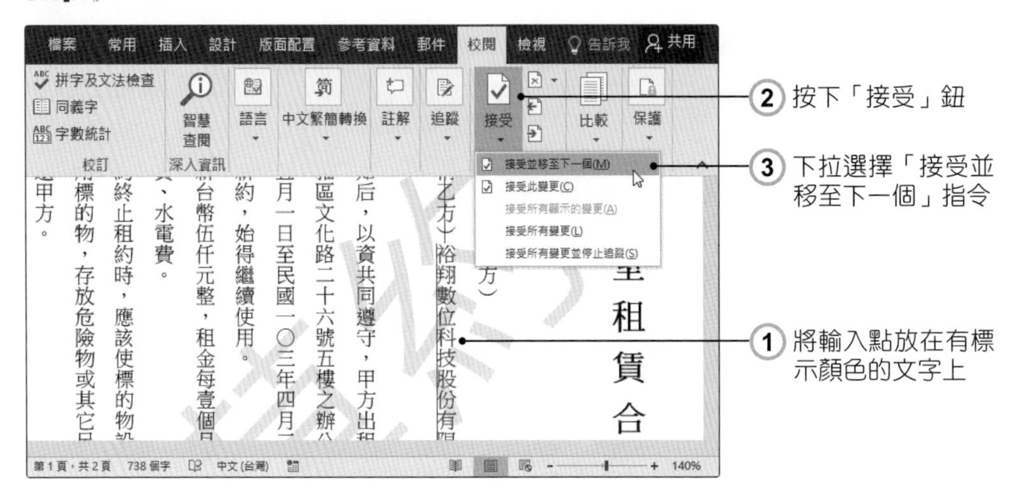

② 按下「接受」鈕

① 將輸入點放在有標示顏色的文字上

Step2

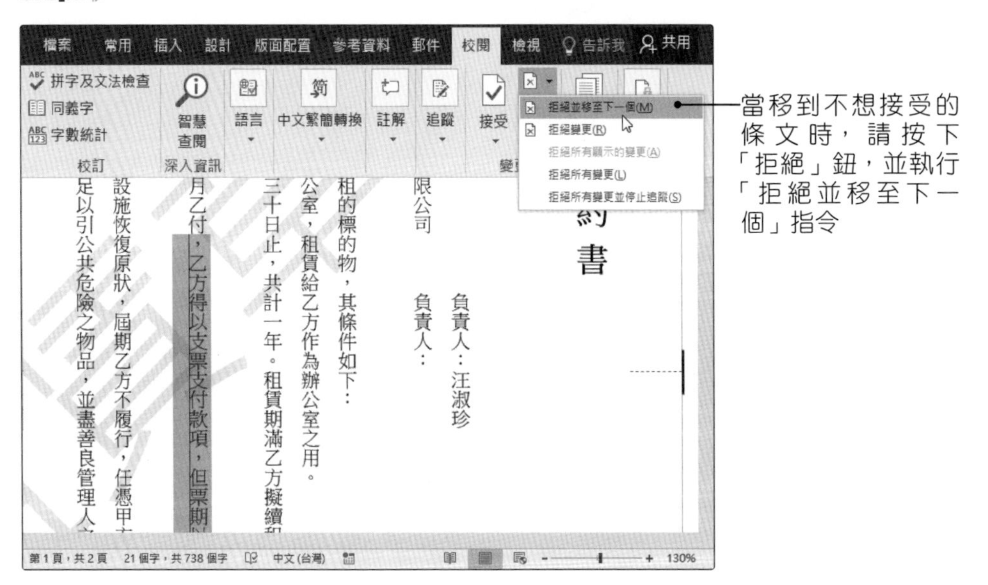

當移到不想接受的條文時，請按下「拒絕」鈕，並執行「拒絕並移至下一個」指令

Step3

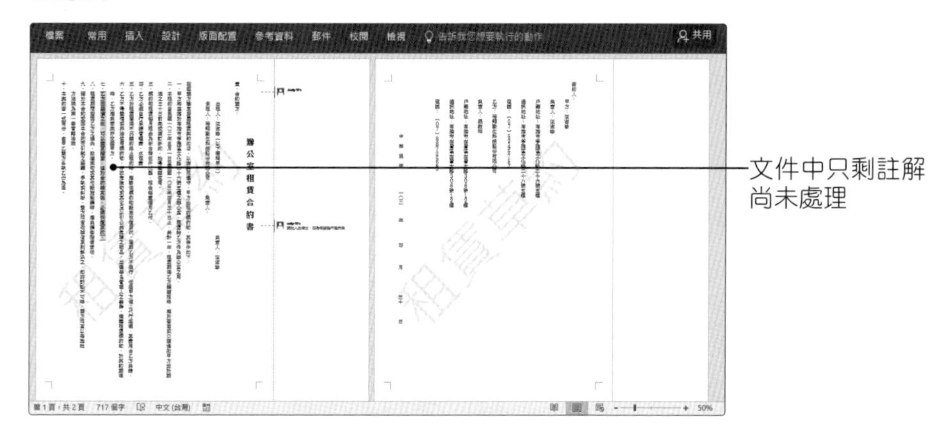

完成所有接受或拒絕變更後，除了註解仍會以不同顏色標示外，其餘的文字將顯示正常。而現在可以按下「校閱」標籤下的「追蹤修訂」鈕，使該鈕不再呈現藍色的選取狀態，這樣之後所加入的文字內容，就不會被標示出來。

完成接受或拒絕變更的文件，目前只剩下註解和頁首頁尾的浮水印資料尚未刪除，各位可以按右鍵於檢閱窗格的註解上，再執行「刪除註解」指令將註解刪除，而「租賃草約」的浮水印文字則是進入頁首頁尾的編輯狀態將它刪除。另外，各位也可以透過現在介紹的「檢查文件」功能，一次將文件中所有隱藏的私人資料或中繼資料一起去除。

Step1

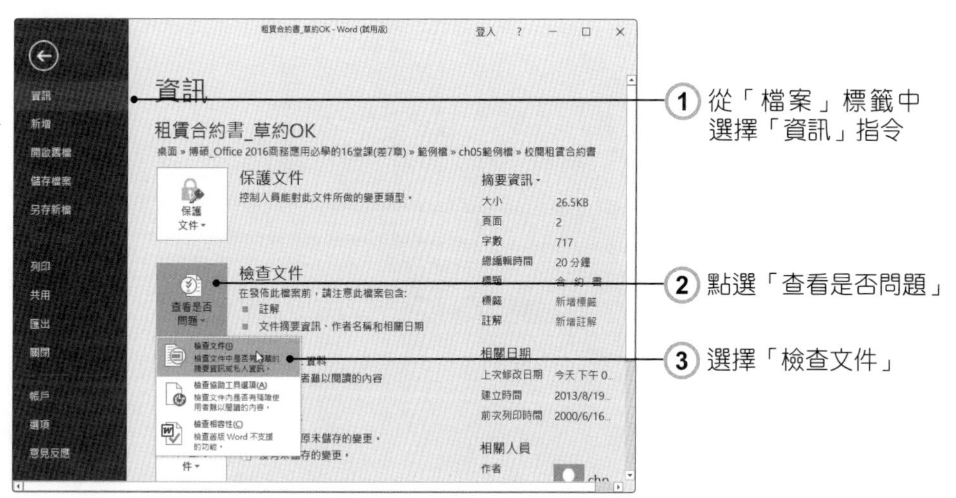

Step2

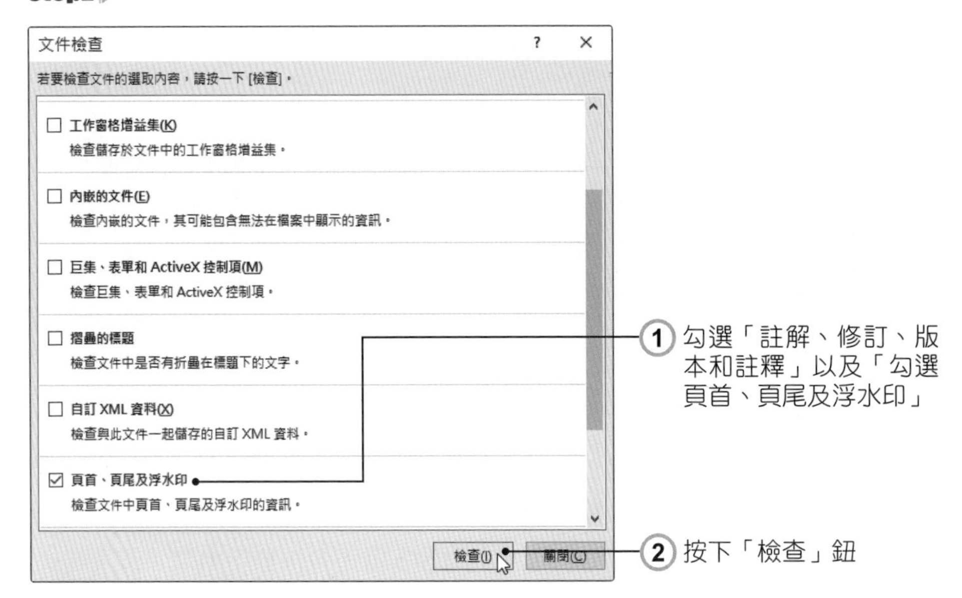
文件檢查
若要檢查文件的選取內容，請按一下 [檢查]。
工作窗格增益集(K)
檢查儲存於文件中的工作窗格增益集。
內嵌的文件(E)
檢查內嵌的文件，其可能包含無法在檔案中顯示的資訊。
巨集、表單和 ActiveX 控制項(M)
檢查巨集、表單和 ActiveX 控制項。
摺疊的標題
檢查文件中是否有折疊在標題下的文字。
自訂 XML 資料(X)
檢查與此文件一起儲存的自訂 XML 資料。
頁首、頁尾及浮水印
檢查文件中頁首、頁尾及浮水印的資訊。
檢查(I)
關閉(C)
1 勾選「註解、修訂、版本和註釋」以及「勾選頁首、頁尾及浮水印」
2 按下「檢查」鈕

Step3

文件檢查
檢閱檢查結果。
註解、修訂、版本和註釋
找到下列項目:
* 註解
全部移除
頁首、頁尾及浮水印
找到下列項目:
* 頁首
* 頁尾
頁首及頁尾可能包括圖案，如浮水印。
隱藏的內容
找不到隱藏物件。
隱藏文字
找不到隱藏文字。
注意: 部分變更無法復原。
重新檢查(R)
關閉(C)
1 依序按此鈕全部移除
2 按此鈕關閉視窗

Step4

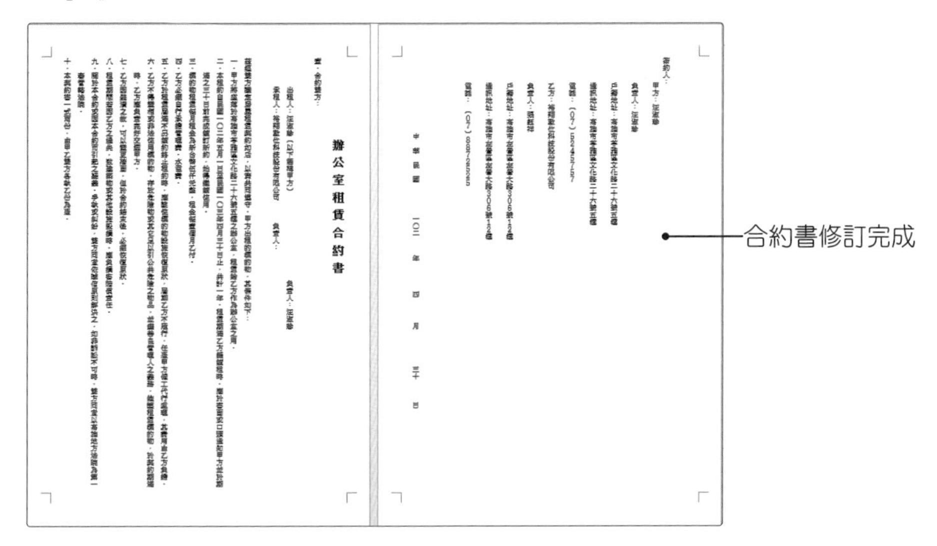

實力評量

是非題

( ) 1.「追蹤修訂」功能可以記錄文件的所有修訂過程，包括文字的插入、刪除、搬移…等動作。

( ) 2.「追蹤修訂」功能必須在文件傳送給檢閱者前作設定，這樣檢閱者所做的修訂動作，才會被記錄下來。

( ) 3. 校閱文件中若出現不同的顏色，就表示是不同的訂正者。

( ) 4. 要查閱修訂的細節，可以利用「檢閱窗格」的功能來檢閱變更的地方。

( ) 5. 文件經過校閱者校閱過後，必須透過編輯者才能決定接受變更或拒絕。

( ) 6. 關閉追蹤修訂功能，那麼之後修改的文件還會再留下任何的記錄。

( ) 7. 文件忘記啟用「追蹤修訂」功能，之後可以利用「文件比較」功能來比較新舊文件之間的差異性。

( ) 8.「校閱」標籤下的「比較 / 合併」功能可以將兩份文件的差異處合併成新文件。

選擇題

( ) 1. 啟動「追蹤修訂」的功能，必須從哪裡作設定?

A.「郵件」標籤　　B.「檢視」標籤
C.「校閱」標籤　　D.「參考資料」標籤

( ) 2. 想要確定文件中是否還包含追蹤修訂的記錄，可以由哪裡作確認?

A.「檢視」標籤　　B.「校閱」標籤
C.「參考資料」標籤　　D.「檔案」標籤

( ) 3. 中文繁簡轉換的功能是位在哪個標籤頁中?

A.「郵件」標籤　　B.「檢視」標籤
C.「校閱」標籤　　D.「參考資料」標籤

實作題

1. 如何實作繁體轉簡體？
2. 如何在文件中新增註解？
3. 「註解」是一種在文件中以類似文字方塊的方式來加入意見，請說明在文件中插入註解的步驟。

筆記欄

PART

2 Excel 表單試算

CHAPTER 06

企業員工輪值表製作

學習重點

» 如何輸入資料儲存格
» 調整欄寬與欄高
» 自動完成輸入
» 清單輸入
» 儲存格格式設定
» 檔案搜尋
» 檔案儲存與開啟

本章簡介

舉凡學校、公家機關或是一般企業，甚至家庭都需要不同形式的輪值表。而不管是哪一種輪值表，使用表格是最好的表現方式，雖然使用 Microsoft Word 也可以用來製作表格，但是單就輸入資料這方面，就不像 Excel 這麼方便。Excel 的清單選項、填滿控點、自動完成等功能，都是 Word 無法達到的。因此使用 Excel 來製作輪值表實在是最方便不過的事！本章中，將以「環境維護輪值表」為例，為使用者一一說明 Excel 中的基本功能。

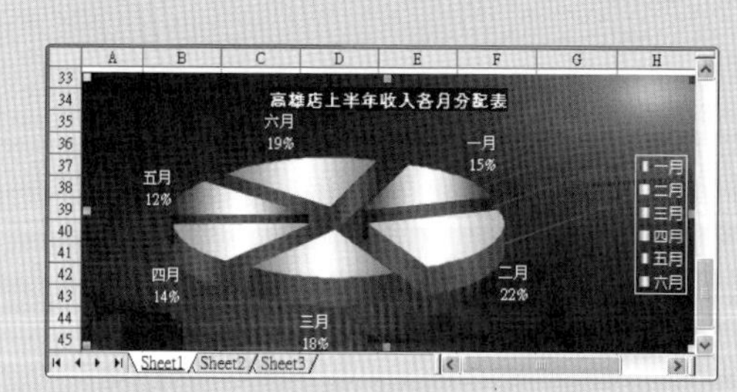

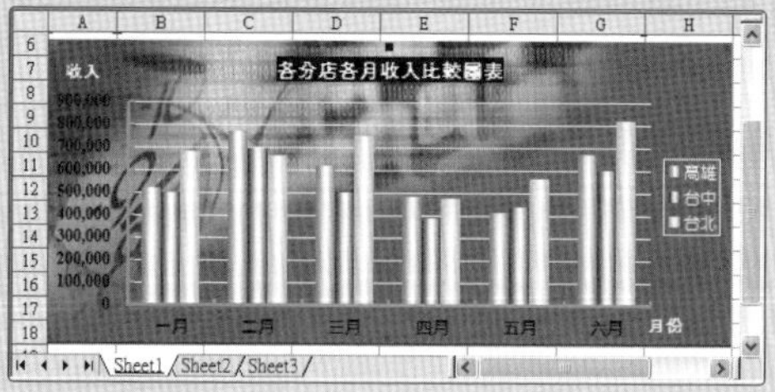

Excel 的精美圖表功能

在各位製作環境維護輪值表的過程中，將學會如何在工作表中輸入資料、利用填滿控點、自動完成功能及複製熱鍵的使用，讓使用者不費吹灰之力，輕鬆完成表格資料的輸入，並學習在工作表建立之後如何來美化儲存格、儲存檔案或開啟舊檔，以及列印輪值表等等，讓使用者在製作的過程中，自然而然的學習到 Excel 許多不同的技巧。

範例成果

	A	B	C	D	E
1	環境維護輪值表				
2	日期	垃圾	窗戶	地板	廁所
3	2016/8/29	王樹正	林子杰	王樹正	李宗勳
4	2016/8/30	康益群	李宗勳	康益群	李宗勳
5	2016/8/31	林子杰	王樹正	林子杰	李宗勳
6	2016/9/1	李宗勳	康益群	李宗勳	李宗勳
7	2016/9/2	王樹正	李宗勳	王樹正	李宗勳

工作表1

6-1 建立輪值表

環境維護輪值表的工作內容，不外乎是「日期」、「人員」、「工作區域」等項目，只要設定好資料欄位位置後，直接在空白活頁簿中輸入文字資料並利用自動填滿、清單等功能，即可快速建立起一個輪值表。

6-1-1 在儲存格中輸入資料

首先請在 Windows 10「開始」畫面執行「開始／所有應用程式／E／Excel」指令，可開啟 EXCEL 程式視窗，並開啟一個空白活頁簿檔案，直接將滑鼠移到要放置文字資料的儲存格上方，按一下滑鼠左鍵，即可選取此儲存格成為作用儲存格，並開始輸入資料。

Step1

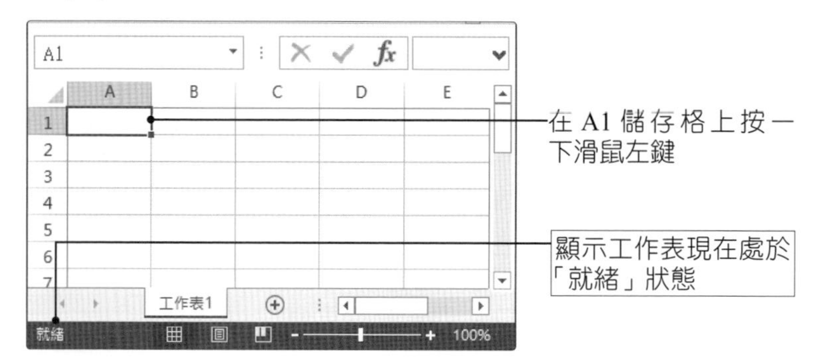
A1
A
B
C
D
E
工作表1
就緒
100%
在 A1 儲存格上按一下滑鼠左鍵
顯示工作表現在處於「就緒」狀態

Step2

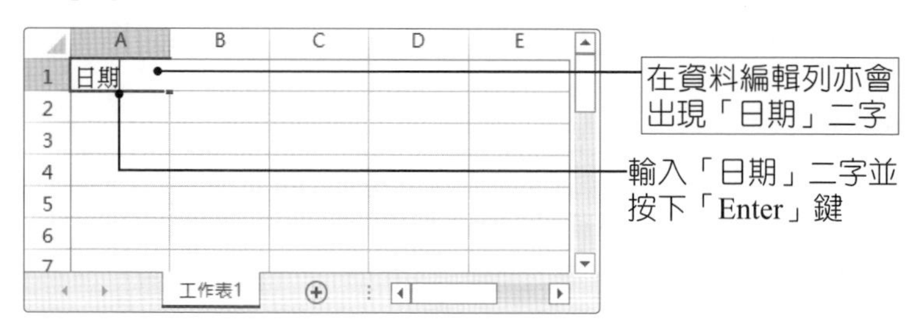
日期
工作表1
在資料編輯列亦會出現「日期」二字
輸入「日期」二字並按下「Enter」鍵

Step3

現在已經學會如何輸入文字於儲存格中了，接下來就來看看如何修改儲存格中的資料。

6-1-2 修改儲存格中的文字

使用者在輸入資料時，如果發現輸入錯誤，只要使用鍵盤上的方向鍵，移動插入點到錯誤的字元後按下「Backspace」鍵，或是在錯誤字元前按下「Delete」鍵，就可刪除原有的文字了；若要增加字元，只要直接將插入點移至適當位置，再輸入文字即可。如果使用者在輸入資料後，也就是儲存格處於「就緒」狀態時，只要點選錯誤字元的儲存格，並將插入點移至錯誤字元或需要增加字元處，即可進行刪除或增加字元的動作。請開啟範例檔「輪值表-01.xlsx」。

Step1

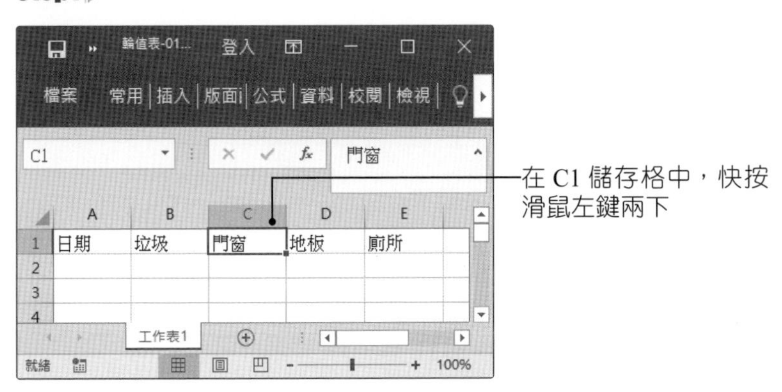

Step2

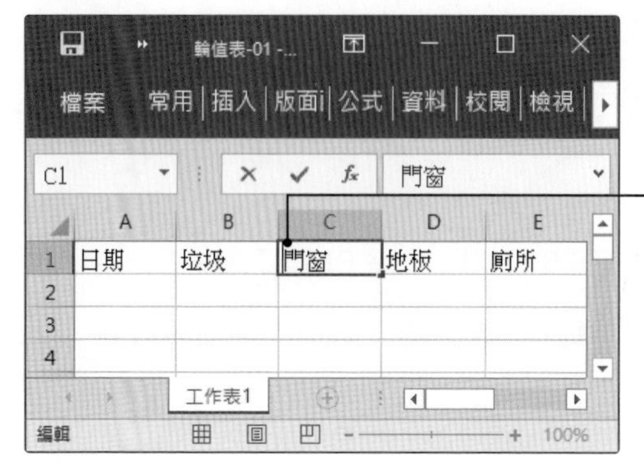

將插入點移至「門」字之前，並按下「Delete」鍵

Step3

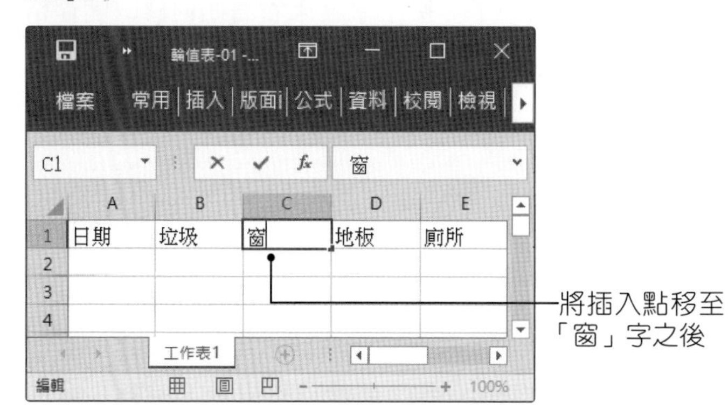

Step4

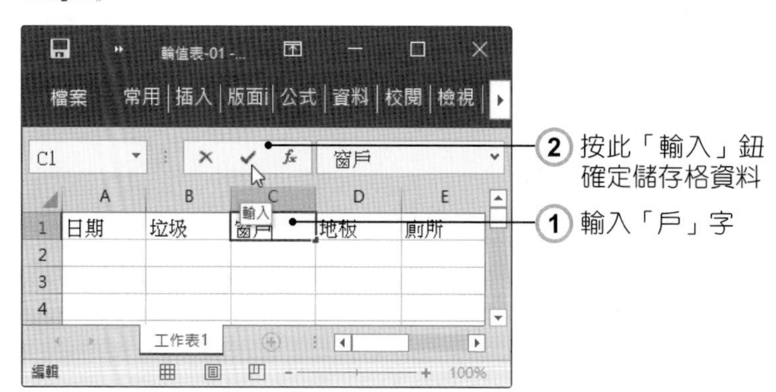

Step5

如果各位想將儲存格中的資料全部刪除，只要在儲存格上按一下滑鼠左鍵，並按下「Delete」鍵，就可將儲存格中的資料全部刪除。

6-1-3 應用填滿控點功能

現在已經將工作表中的標題欄位設定完成，接下來就是輸入每個欄位的資料，雖然使用者可以慢慢的將文字資料 Key-in 到工作表中，但是 Excel 提供了一個更好更快的「填滿控點」功能，能夠省去資料輸入時間。接下來，將延續上述範例來說明。

Step1

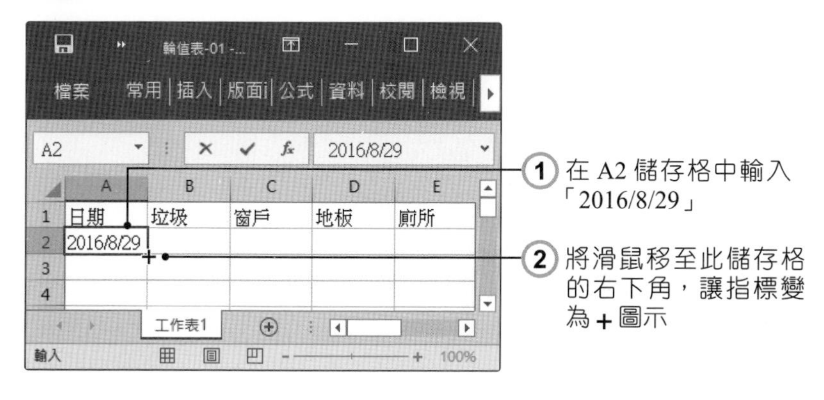

Step2

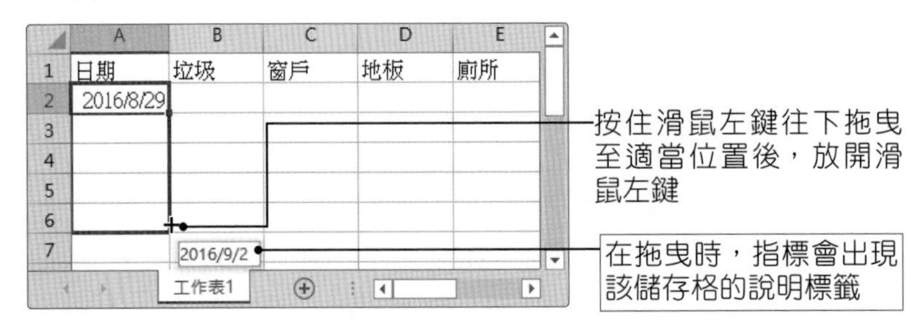

Step3

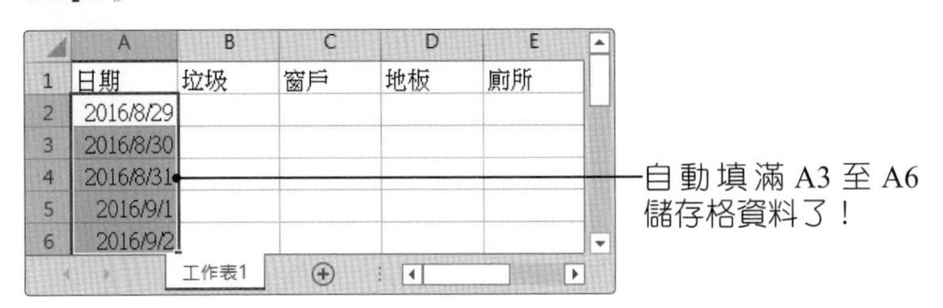

使用填滿控點後，會在選取範圍的右下角出現 自動填滿智慧標籤，可按下此鈕來變更格式。如下圖所示：

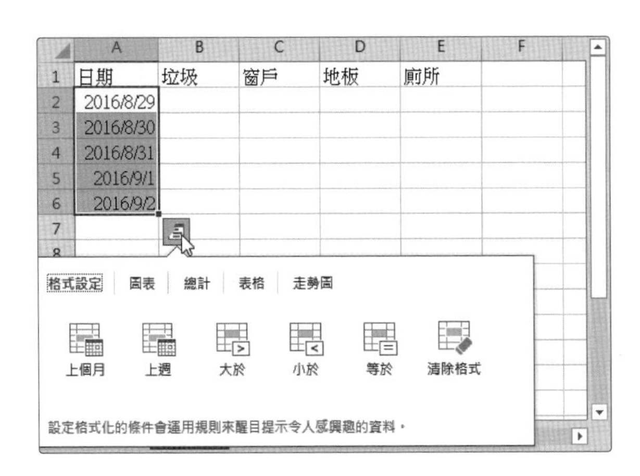

6-1-4 運用清單功能

輸入日期資料後，接著請開始輸入每個區域的環境維護人員名字。由於每一個員工會負責不同的工作或是日期，所以可以利用「清單」功能來直接選取人員名稱即可。接下來將延續上述範例來說明，首先請在此範例中依序在 B2、B3、B4 及 B5 中，輸入四個不同的環境維護人員名稱。

Step1

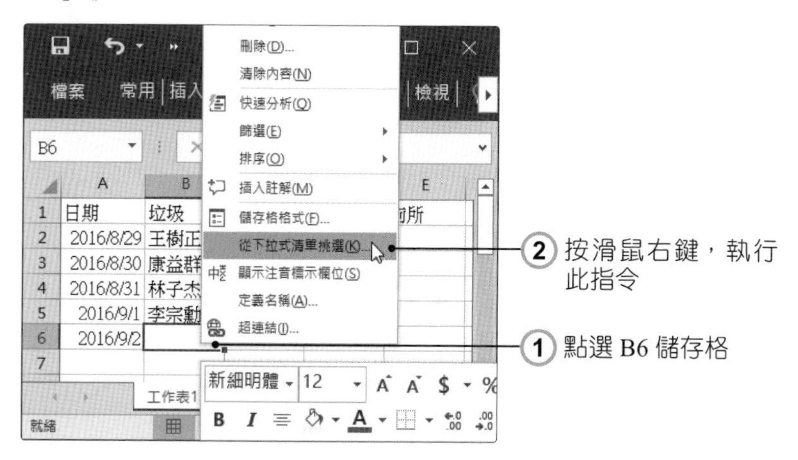

Step2

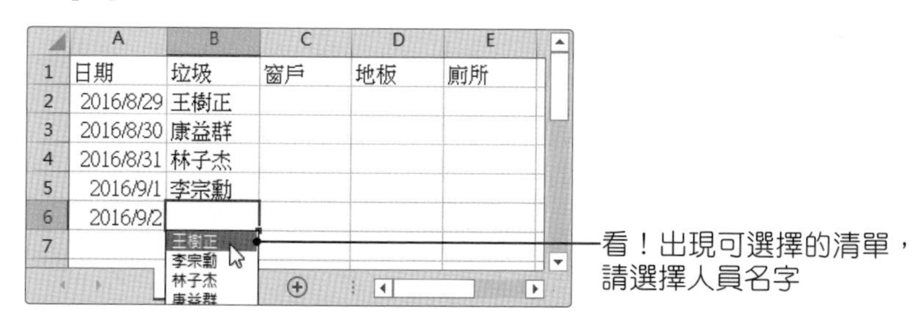

Step3

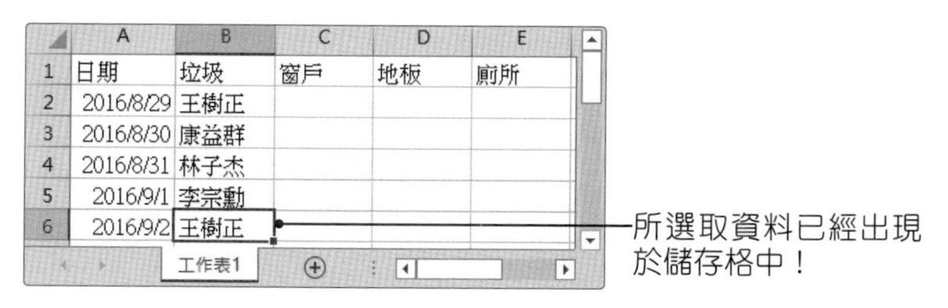

請注意！清單只會顯示同一個欄位曾經輸入的資料，供使用者選取，至於同一列曾輸入資料則不會顯示在清單中。

6-1-5 使用自動完成功能

除了使用清單來選取人員名字外，Excel 還提供了自動完成功能，讓使用者能夠簡化輸入動作。接下來，將延續上述範例來說明。

Step1

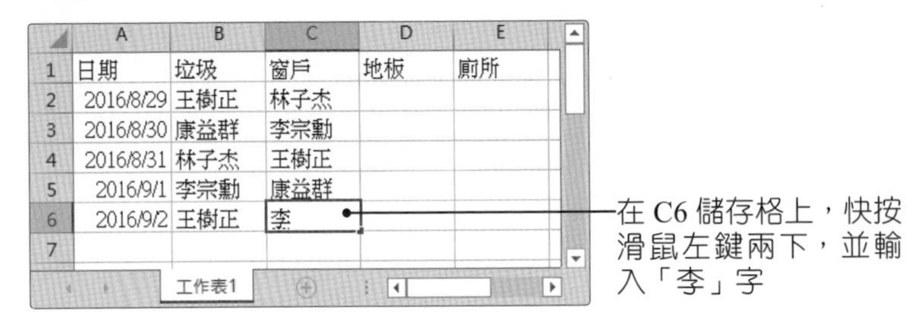

Step2

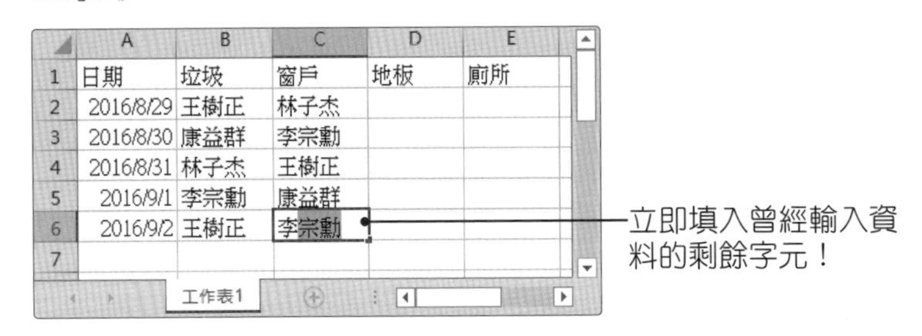

按下「Enter」鍵可將提示的文字資料存入儲存格中。若不是使用者想要的文字資料，只要繼續輸入即可。

6-1-6 複製儲存格

雖然自動完成功能會自動幫使用者輸入剩餘的字元，但是如果有名字類似的人，就比較麻煩了！這時使用者就可運用複製儲存格的功能，直接複製到另一個儲存格，而不需輸入任何字。接下來，將延續上述範例來說明。

Step1

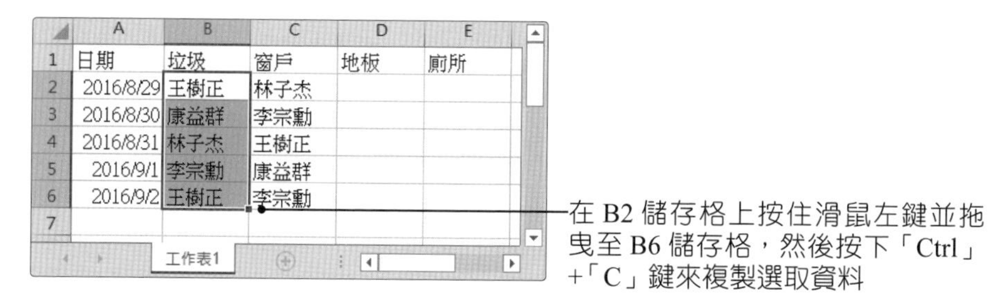

在 B2 儲存格上按住滑鼠左鍵並拖曳至 B6 儲存格，然後按下「Ctrl」+「C」鍵來複製選取資料

Step2

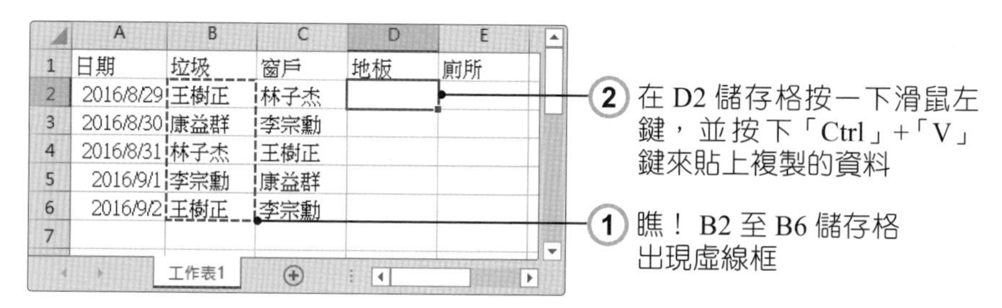

2 在 D2 儲存格按一下滑鼠左鍵，並按下「Ctrl」+「V」鍵來貼上複製的資料
1 瞧！ B2 至 B6 儲存格出現虛線框

除了使用快速鍵外，亦可在選取資料後，點選「常用」標籤中的「複製」鈕來複製選取資料，再點選放置的儲存格後按下「常用」標籤中的「貼上」鈕來將複製的資料貼入儲存格中。

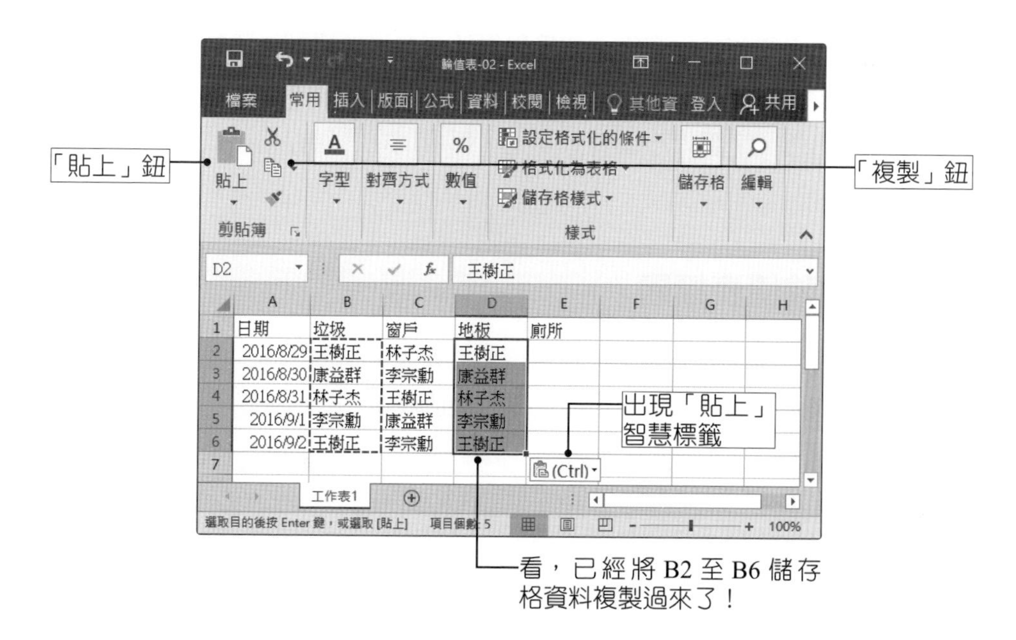

貼上儲存格資料後，可在貼上的儲存格右下方，看到「貼上標籤」(Ctrl) 選項，可按下此智慧標籤，選擇貼上資料的方式。如下圖所示：

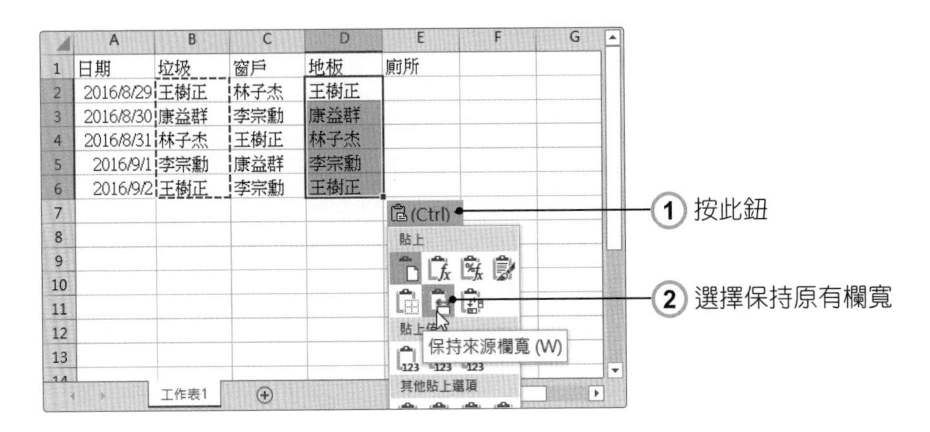

如果原來的儲存格欄寬比要貼上的儲存格欄寬大時，就可選擇「保持來源欄寬」，使貼上的欄寬加大，避免儲存格不能顯示完整資料。

6-2 輪值表格式化

輸入完工作表的資料內容後，如果覺得輪值表過於單調，不妨幫輪值表加上一些變化及色彩吧！ Excel 提供了儲存格格式化的功能，不論使用者想要對儲存格進行字型、顏色、字體大小或背景變化，都可以在「儲存格格式」對話視窗中進行設定。

6-2-1 加入輪值表標題

輪值表內容已經輸入完成了，接下來當然要幫輪值表加上一個標題，才不會使輪值表看起來過於單薄。請開啟範例檔「輪值表-02.xlsx」。

Step1

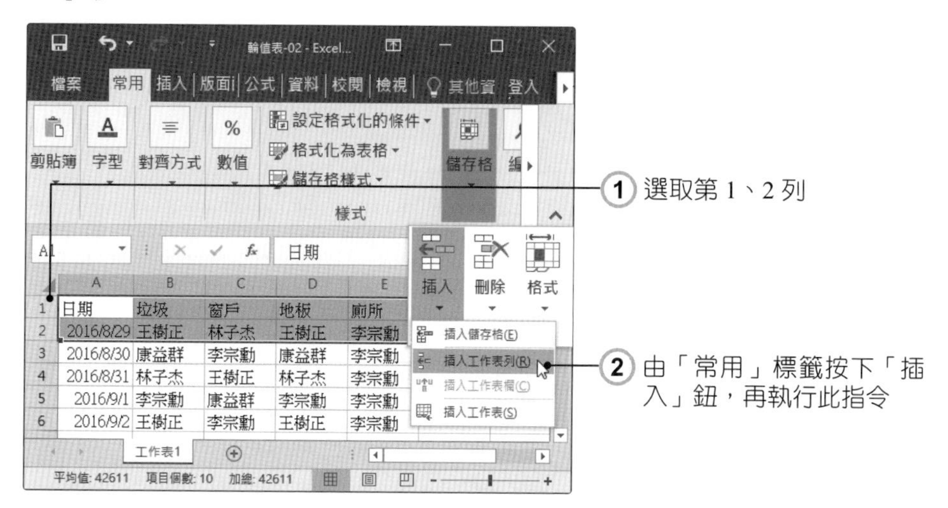

1 選取第 1、2 列
2 由「常用」標籤按下「插入」鈕，再執行此指令

Step2

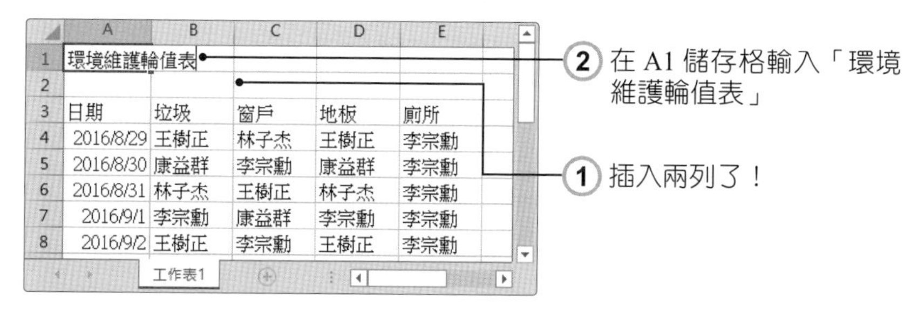

Step3

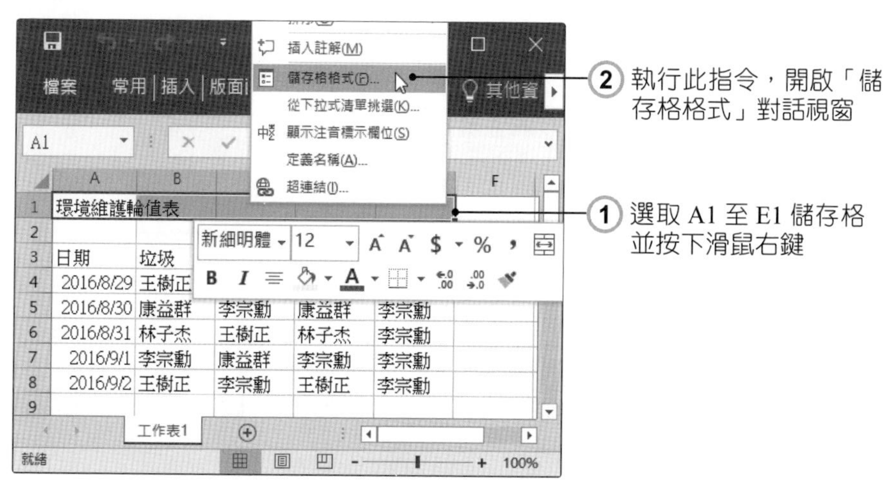

Step4

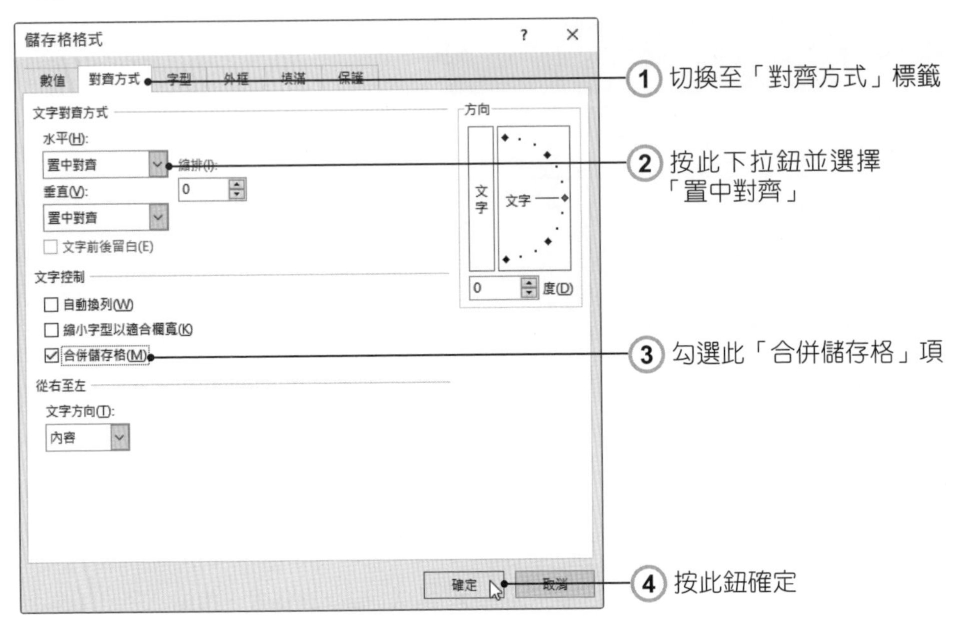

Step5

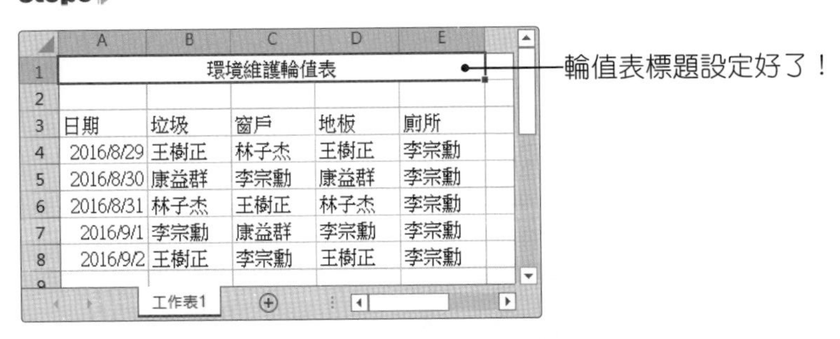

在使用「插入」指令時，若選取的並非一整欄或一整列，則會出現插入對話視窗，如右圖：

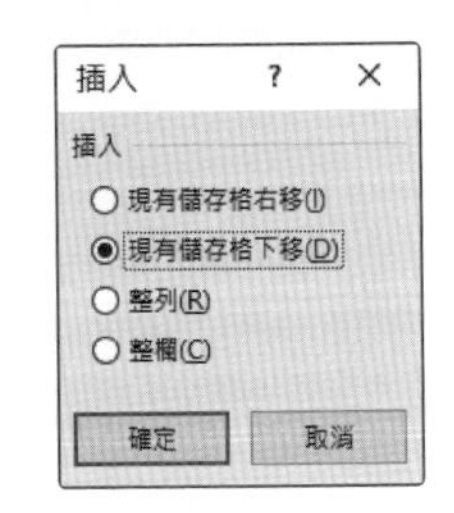

由此可讓使用者選擇將選取的儲存格直接往右移動、往下移、或是將選取儲存格整列的往下移動、整欄往右移動。

6-2-2 變化標題字型與背景顏色

雖然已經幫輪值表加上標題，但整個標題看起來還是不夠亮眼，讓我們再來變換一下輪值表標題的字型與背景顏色吧！將延續上述範例來做說明：

Step1

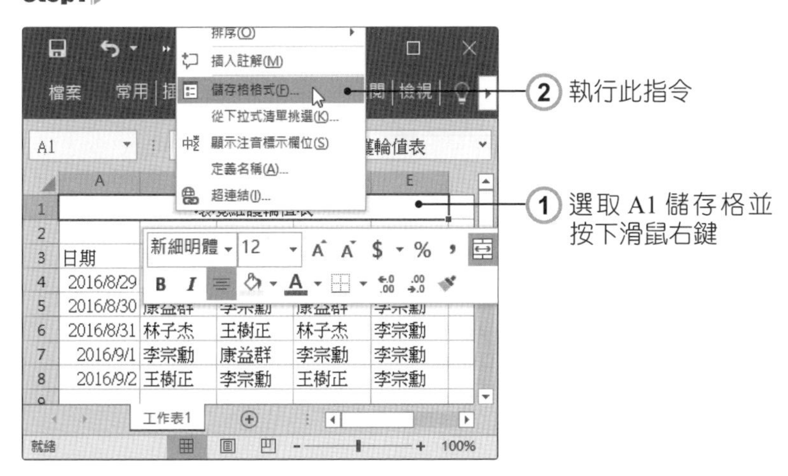

Step2

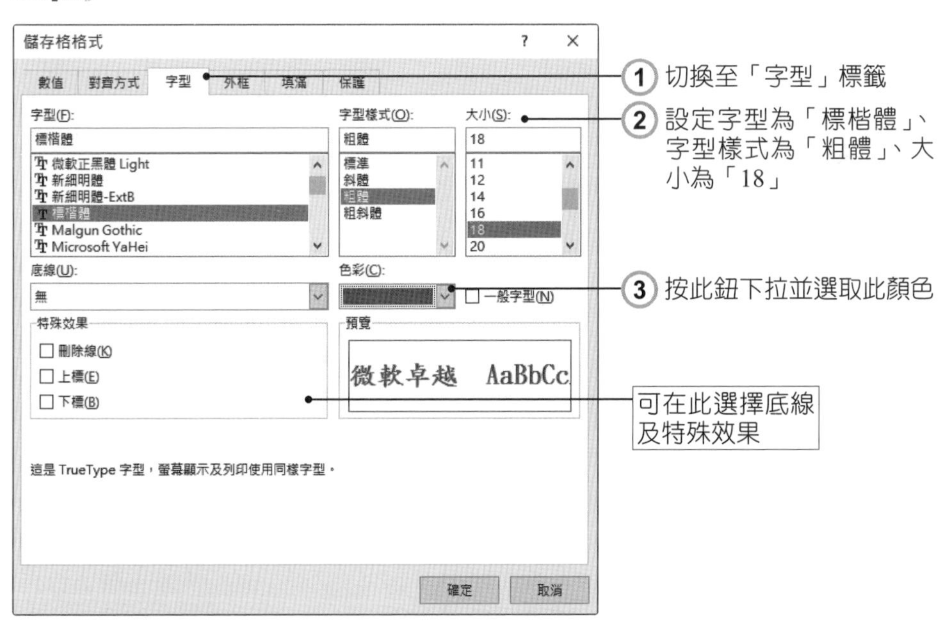

Step3

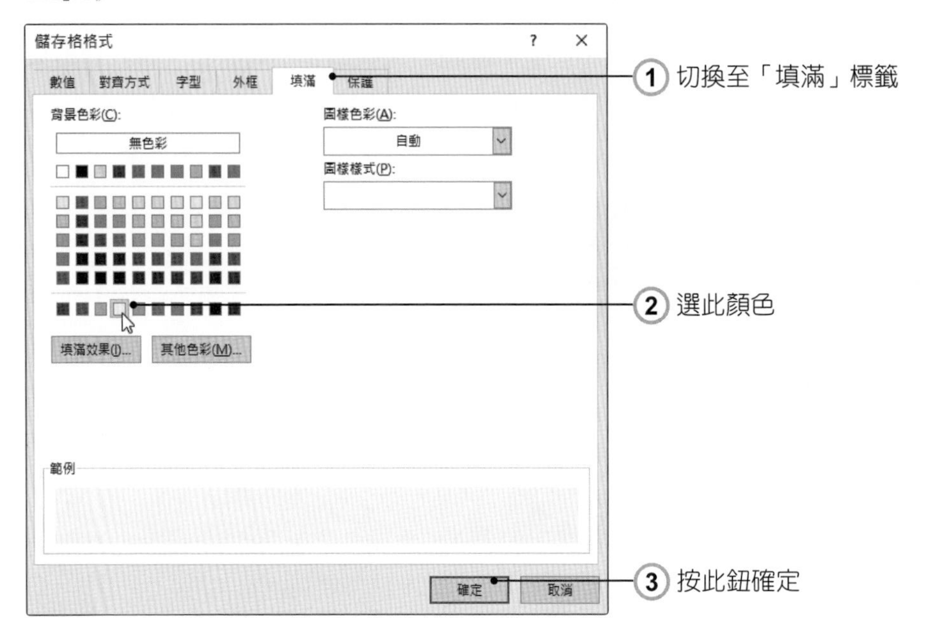

Step4

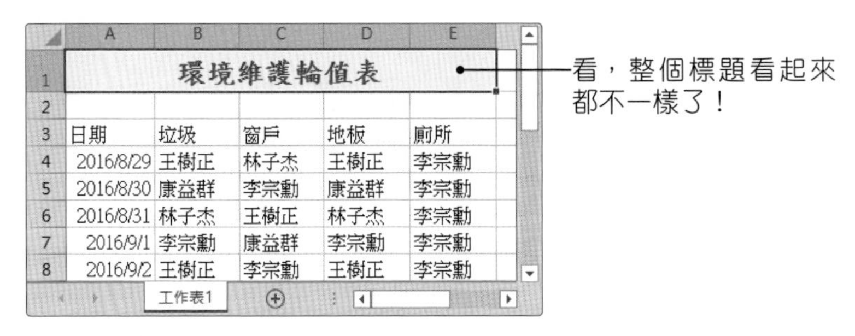

讀者可以試著將輪值表變換字型大小、顏色及對齊方式，讓輪值表看起來更加美觀。

6-3 調整輪值表欄寬與列高

如果想要將儲存格調整成適當的欄寬與列高，只要直接將滑鼠指標移至欄位名稱或列位名稱間，等到指標變為 ✛ 狀或 ✛ 後，即可拖曳欄寬或列高。請開啟範例檔「輪值表-03.xlsx」。

Step1

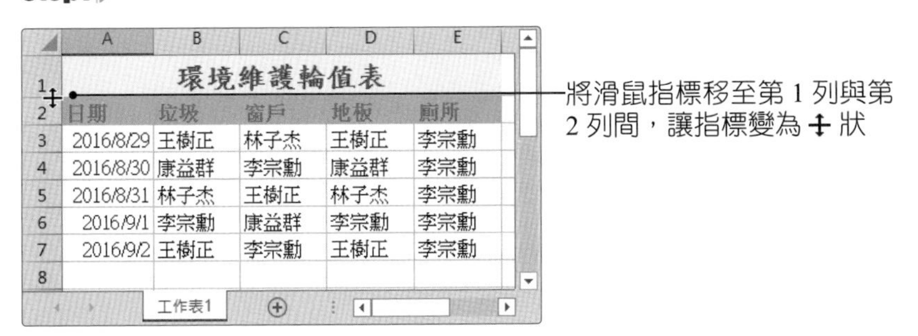

Step2

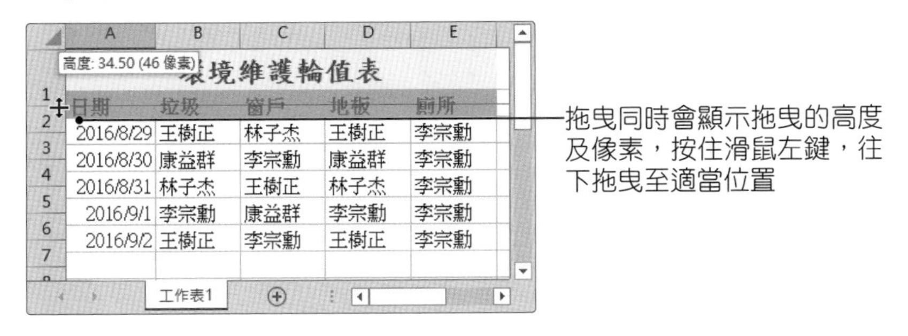

Step3

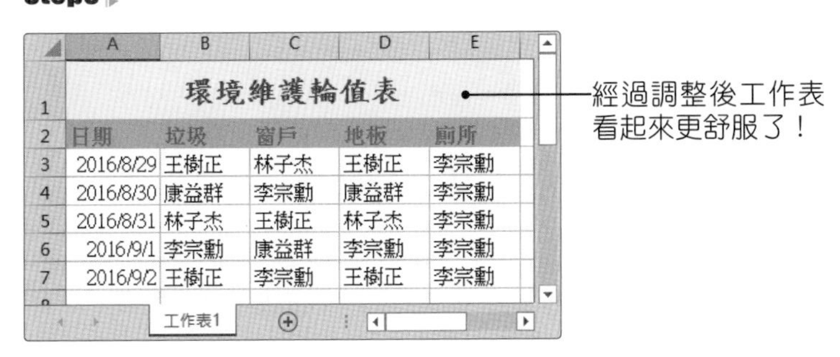

經過調整後工作表看起來更舒服了！

欄位的調整也是相同，等到滑鼠指標呈現 ✛ 狀，就可以滑鼠來拖曳欄位寬度了。

6-3-1 指定欄寬與列高

使用滑鼠來拖曳欄寬及列高雖然方便，但是如果要讓每一欄或列調整成一樣的寬度或高度，就有其困難度。這時就可使用指定方式來調整選取欄位或列位的寬度與高度。將延續上述範例來做說明。

Step1

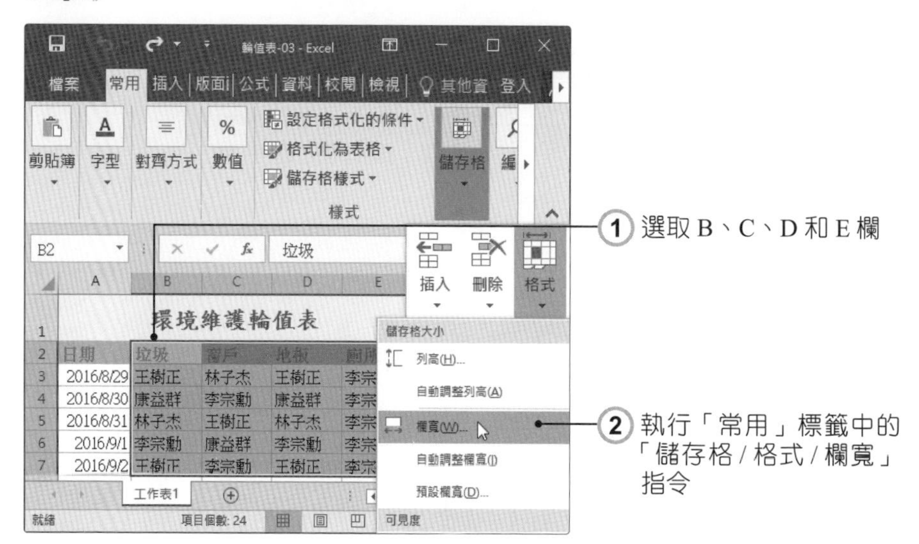

Step2

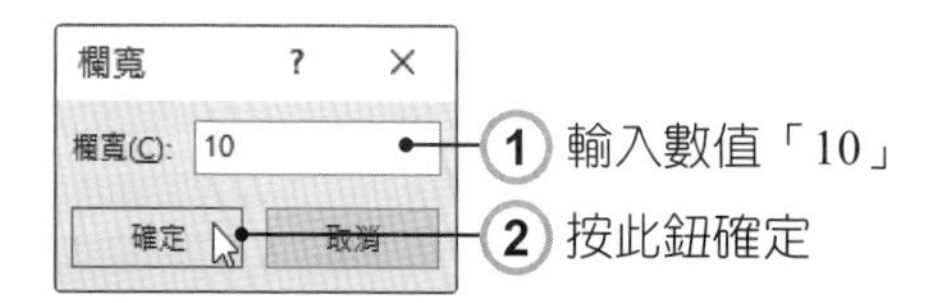

Step3

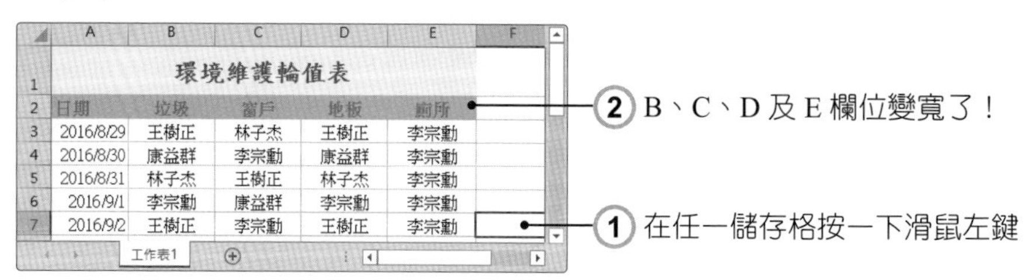

至於列位的高度也是一樣，只要先選取好列，再由「常用」標籤執行「格式／列高」指令，並在列高對話視窗輸入適當數值即可。

6-4 儲存檔案與開啟檔案

建立好環境維護輪值表後，當然要儲存起來，讓下次要製作相同的表格時，只要開啟此檔案並加以修改即可。

6-4-1 第一次儲存檔案

如果是已經儲存過的檔案，只要按下快速存取工具列上的「儲存檔案」鈕，或者是點選「檔案」標籤後，執行「儲存檔案」指令即可儲存。如果此檔案為第一次存檔，Excel 就會顯示如下的視窗，按下「瀏覽」鈕，會開啟「另存新檔」對話視窗，讓使用者選擇儲存檔案的位置，如下圖：

Step1

Step2

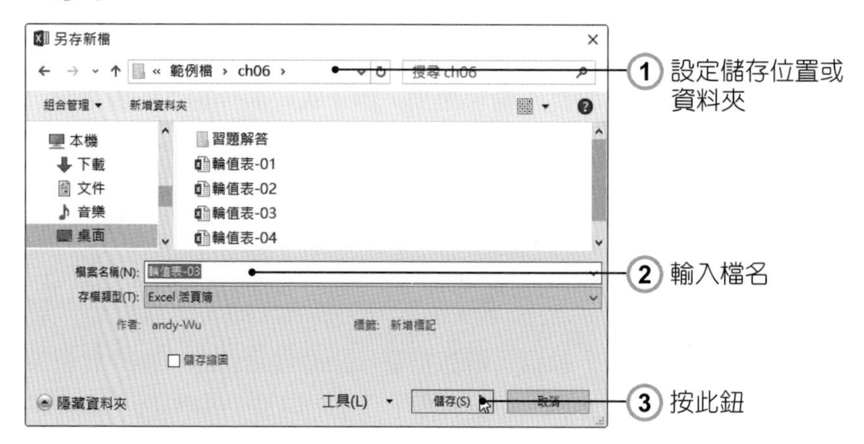

6-4-2 另存新檔

如果每個月份的環境維護輪值表都必須保留下來，只要將修改過的檔案儲存成另一個檔案即可。首先點選「檔案」標籤後，執行「另存新檔」指令，就會開啟「另存新檔」對話視窗，只要選好存放檔案的資料夾，輸入檔名並按下「儲存」鈕就可以了！

6-4-3 開啟舊檔

當需要製作下一月份的環境維護輪值表時，只要點選「檔案」標籤後，執行「開啟舊檔」指令，可快速選取最近使用過的活頁簿。

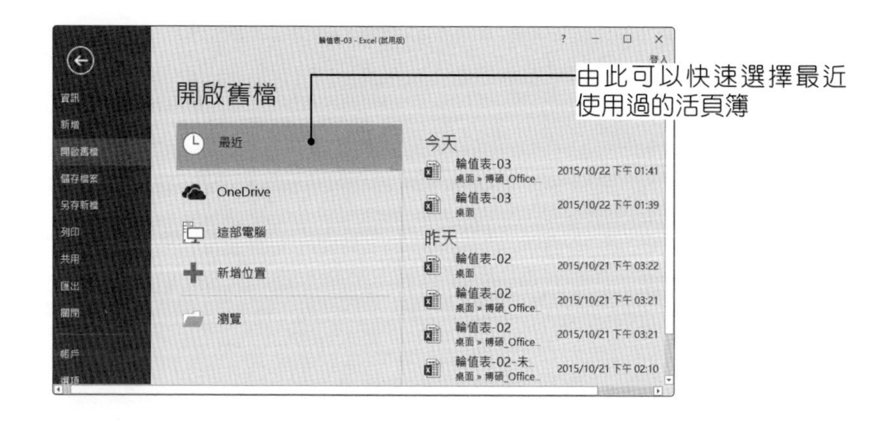

或是按下「這部電腦」鈕，再按下「瀏覽」鈕使開啟「開啟舊檔」對話視窗，然後依照存放位置來開啟資料夾及檔案。

Step1

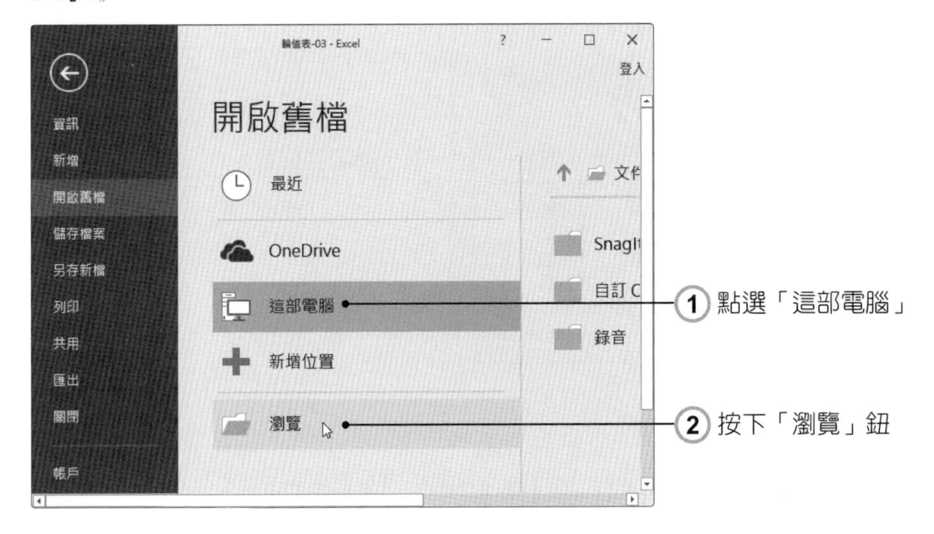

Step2

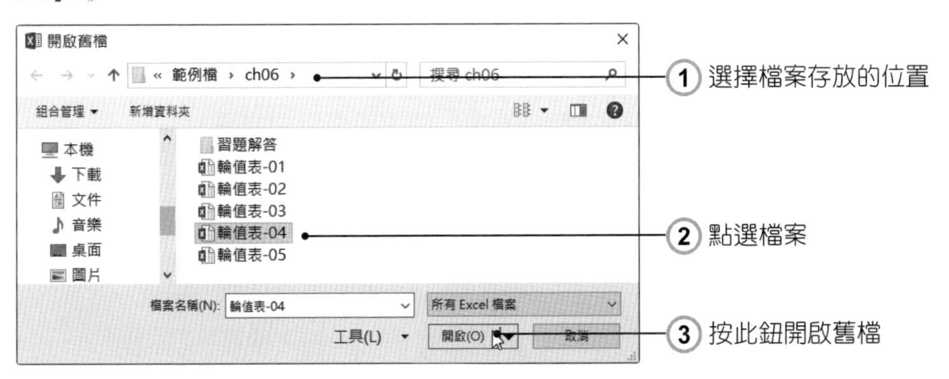

Step3

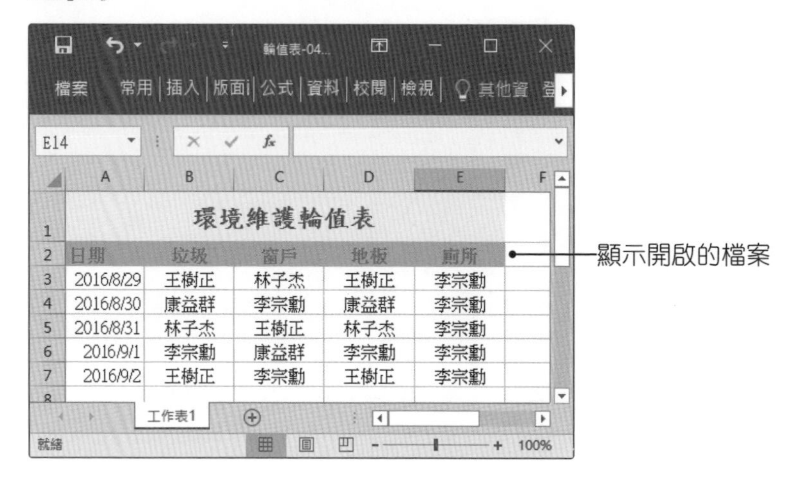

6-5 範例：列印環境維護輪值表

當各位建立好檔案之後，最主要的就是把檔案給列印出來，首先確定印表機是否開啟且與電腦連結。Excel 將列印的功能隱藏在「檔案」標籤中，並把列印功能的對話方塊直接顯示在列印功能頁面中，使用起來更加方便。

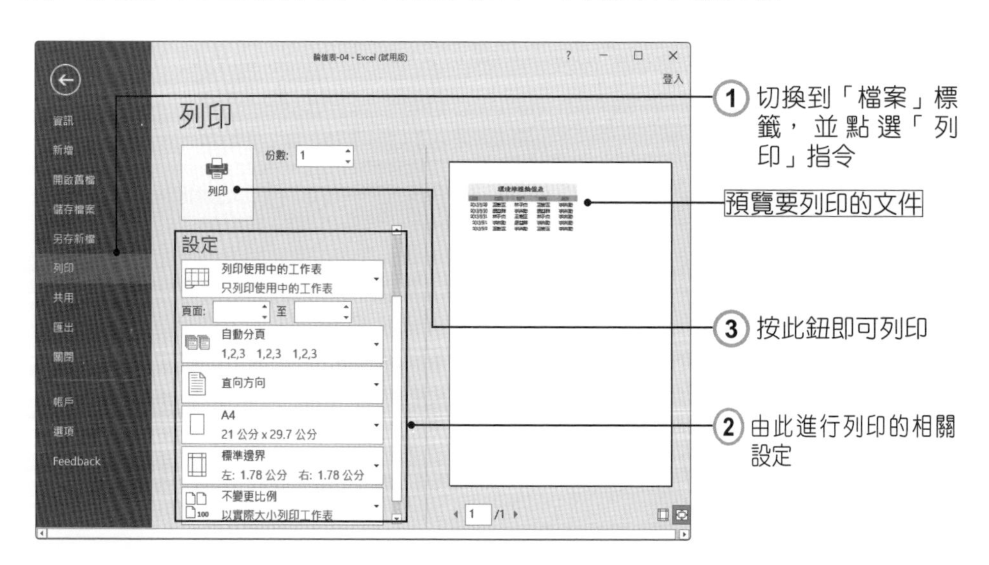

實力評量

是非題

(　) 1. 當填滿控點呈現 + 時，可拖曳複製儲存格。

(　) 2. 清單可顯示同一列曾輸入的資料。

(　) 3. 複製選取資料的快速鍵為 Ctrl+V。

(　) 4. 當滑鼠游標變為 ‡ 時，即可調整列高。

(　) 5. 在儲存格上按一下滑鼠左鍵，並按下「Delete」鍵，就可將儲存格中的資料全部刪除。

選擇題

(　) 1. 第一次於儲存格上輸入資料時，狀態列上會顯示下列何者？
A. 編輯　B. 就　C. 修改　D. 輸入

(　) 2. 於儲存格上輸入資料後按「Enter」鍵，其用意與何按鈕相同？
A. 　B. ✓　C. ×　D. +

(　) 3. Excel 會在作業背景裡不斷的檢查同一欄中內容並自動顯示相符的部分，此功能稱為：
A. 自動完成　B. 清單輸入　C. 資料驗證　D. 自動填滿

(　) 4. 清單輸入功能乃是蒐集何處的資料來顯示於清單中？
A. 同欄位中的上下儲存格　B. 同列中的左右儲存格
C. 不同欄位中的上下儲存格　D. 不同列中的左右儲存格

(　) 5. 拖曳作用儲存格何處可快速複製資料內容？
A. 整個儲存格　B. 外框線　C. 填滿控點　D. 儲存格內容

▶ 實作題

1. 請建立一個如下的家具展覽輪值表：

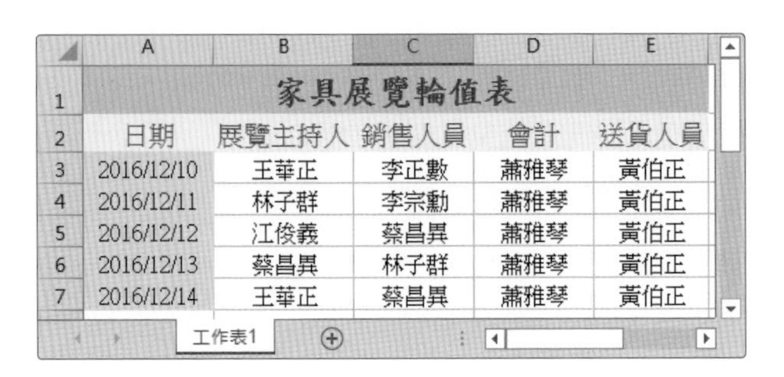

	A	B	C	D	E
1	家具展覽輪值表				
2	日期	展覽主持人	銷售人員	會計	送貨人員
3	2016/12/10	王華正	李正數	蕭雅琴	黃伯正
4	2016/12/11	林子群	李宗勳	蕭雅琴	黃伯正
5	2016/12/12	江俊義	蔡昌異	蕭雅琴	黃伯正
6	2016/12/13	蔡昌異	林子群	蕭雅琴	黃伯正
7	2016/12/14	王華正	蔡昌異	蕭雅琴	黃伯正

提示：

① 首先建立標題「家具展覽輪值表」，此標題需要將 A1 至 E1 儲存格合併，再將此標題「置中」於儲存格中。

② 建立五個欄位，分別為「日期」、「展覽主持人」、「銷售人員」、「會計」及「送貨人員」，並將這些欄位的文字置中。

③ 利用填滿控點方式將日期複製完畢。

④ 在 B7 儲存格中，使用「清單」功能，填入「王華正」名字。

⑤ 在 C7 儲存格中，使用「自動完成」功能，填入「蔡昌異」名字。

⑥ 在 D3 儲存格輸入「蕭雅琴」，在 E3 儲存格中輸入「黃伯正」，最後以複製儲存格的方式將 D 欄及 E 欄的儲存格填寫完畢。

⑦ 最後幫標題、文字及儲存格變換顏色。

2. 請開啟範例檔「輪值表-05.xlsx」，將其欄寬及列高調整至適當位置，並將所有儲存格格式變換成「置中對齊」模式，如下圖：

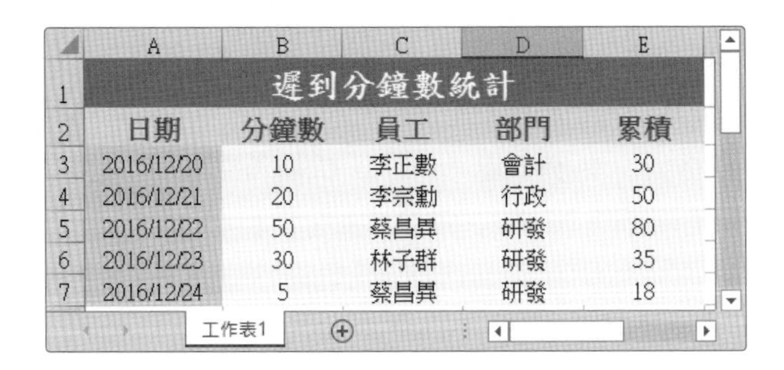

	A	B	C	D	E
1	遲到分鐘數統計				
2	日期	分鐘數	員工	部門	累積
3	2016/12/20	10	李正數	會計	30
4	2016/12/21	20	李宗勳	行政	50
5	2016/12/22	50	蔡昌異	研發	80
6	2016/12/23	30	林子群	研發	35
7	2016/12/24	5	蔡昌異	研發	18

筆記欄

CHAPTER

07 在職訓練成績計算與排名

學習重點

» 運用數列填滿輸入員工編號
» 自動加總
» 計算平均值
» 複製公式
» 使用 RANK.EQ() 函數與數列填滿來排名次
» 運用 VLOOKUP() 函數搜尋個人成績
» 以 COUNTIF() 函數計算合格與不合格人數

本章簡介

有些企業會定期舉行在職訓練，在訓練過程中通常會有測驗，藉此了解職員受訓的各種表現，因此不妨製作一個在職訓練成績計算表，來統計每個受訓員工的成績，藉以獎勵或懲罰職員。

製作在職訓練成績計算表過程中，將講解如何計算各項成績平均及總分計算，如何顯示出合格人數、名次排名，及查詢個人成績資料，讓管理者充分利用在職訓練成績計算表來做獎勵或處分的依據。

範例成果

	A	B	C	D	E	F	G	H	I	J
1	員工編號	員工姓名	電腦應用	英文對話	銷售策略	業務推廣	經營理念	總分	總平均	名次
2	910001	王楨珍	98	95	86	80	88	447	89.4	2
3	910002	郭佳琳	80	90	82	83	82	417	83.4	8
4	910003	葉千瑜	86	91	86	80	93	436	87.2	4
5	910004	郭佳華	89	93	89	87	96	454	90.8	1
6	910005	彭天慈	90	78	90	78	90	426	85.2	6
7	910006	曾雅琪	87	83	88	77	80	415	83	9
8	910007	王貞琇	80	70	90	93	96	429	85.8	5
9	910008	陳光輝	90	78	92	85	95	440	88	3
10	910009	林子杰	78	80	95	80	92	425	85	7
11	910010	李宗勳	60	58	83	40	70	311	62.2	12
12	910011	蔡昌洲	77	88	81	76	89	411	82.2	10
13	910012	何福謀	72	89	84	90	67	402	80.4	11

員工成績計算表　員工成績查詢

	A	B	C	D	E
1	請輸入員工編號：		910006		
3	查詢結果如下：				
4		員工姓名	曾雅琪	總分	415
5		電腦應用	87	平均	83
6		英文對話	83	名次	9
7		銷售策略	88		
8		業務推廣	77		
9		經營理念	80		
11	合格人數	12			
12	不合格人數	0			

員工成績查詢

7-1 以填滿方式輸入員工編號

規模大的公司中，可能會有同名同姓的人，所以需要以獨一無二的員工編號來協助判定員工。除了以拖曳填滿控點的方式來輸入員工編號外，還可以使用其他的方法快速完成。請開啟範例檔「在職訓練-01.xlsx」。

範例 運用填滿方式來填入員工編號

Step1

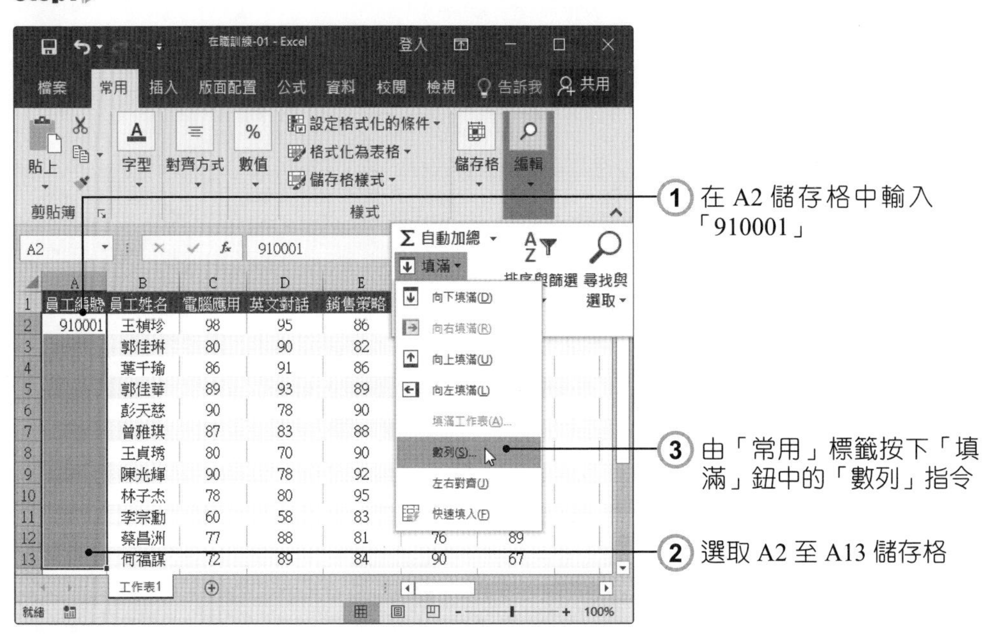

Step2

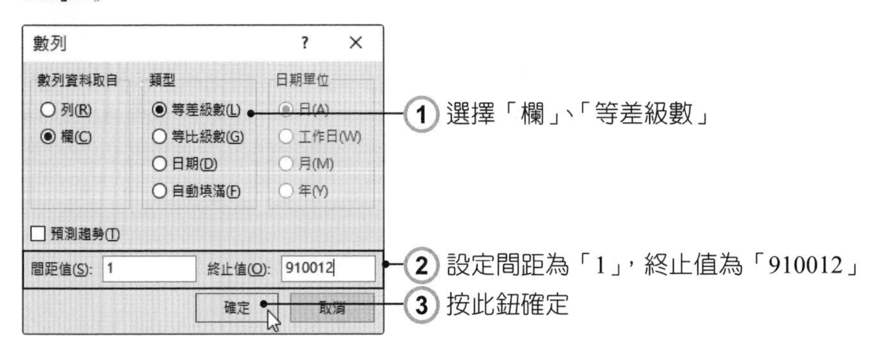

Step3

	A	B	C	D	E	F	G
1	員工編號	員工姓名	電腦應用	英文對話	銷售策略	業務推廣	經營理念
2	910001	王楨珍	98	95	86	80	88
3	910002	郭佳琳	80	90	82	83	82
4	910003	葉千瑜	86	91	86	80	93
5	910004	郭佳華	89	93	89	87	96
6	910005	彭天慈	90	78	90	78	90
7	910006	曾雅琪	87	83	88	77	80
8	910007	王貞琇	80	70	90	93	96
9	910008	陳光輝	90	78	92	85	95
10	910009	林子杰	78	80	95	80	92
11	910010	李宗勳	60	58	83	40	70
12	910011	蔡昌洲	77	88	81	76	89
13	910012	何福謀	72	89	84	90	67

工作表1

已經依照間距設定，自動填滿員工編號了！

在數列對話視窗中，還可設定資料選取自「列」或是「欄」、類型、日期單位、間距值與終止值等功能。如下圖：

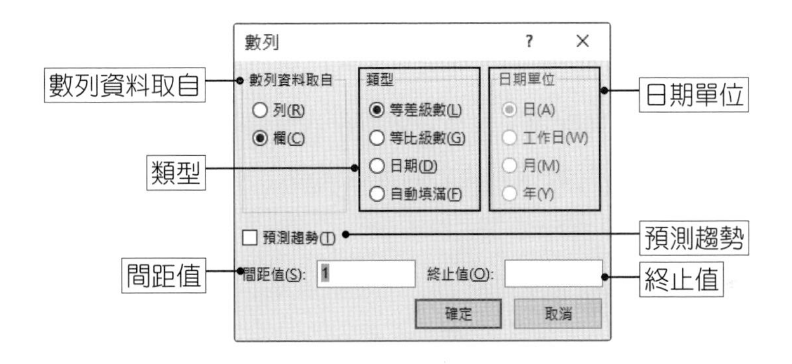

■ **數列資料取自**

可在此選擇資料是選取自「欄」或「列」，依照選取的欄或列來決定資料的來源。

■ **類型**

分別為「等差級數」、「等比級數」、「日期」及「自動填滿」四種類型。

名稱	說明
等差級數	以等差級數方式來增加數值或減少數值。
等比級數	以等比級數方式來增加數值或減少數值
日期	如果勾選此項，則需「日期單位」選項作進一步選擇。
自動填滿	由 Excel 自動填滿選取的儲存格。

■ 日期單位

在此有四種日期單位選項，分別為「日」、「工作日」、「月」及「年」。Excel 會依照選取的日期單位來增加或減少日期數值。例如在此選取「月」，Excel 就會依照比例增加或減少月份的數值。

■ 預測趨勢

如果勾選此項，Excel 會自動填入預測儲存格的數值。

■ 間距值

在此填入使用者想要的間距值，此間距值需為數值，可為正數或負數。如果填入正數，則會依照比例來增加儲存格數值；如果為負數，則會依照比例來減少儲存格數值。

■ 終止值

可設定終止值，不論選取範圍多大，填入的數值會到此終止值為止。

只要在此設定好數列方式，以後只要直接在填滿控點智慧標籤中選擇「以數列方式填滿」，就會依照此數列方式來進行填滿動作。

7-2 計算總成績

輸入員工編號後，緊接著就是計算員工各項科目總成績，用來了解誰是綜合成績最佳的員工。首先說明計算總和的 SUM() 函數，然後再以實例講解。

7-2-1　SUM() 函數說明

計算總成績前，首先來看看計算總和的 SUM 函數的語法。

❖ SUM() 函數

語法：SUM(Number1:Number2)

說明：函數中 Number1 及 Number2 代表來源資料的範圍。

例如：SUM(A1:A10) 即表示從 A1 ＋ A2 ＋ A3…至＋ A10 為止。

7-2-2　計算員工總成績

在了解 SUM() 函數後，接下來將延續上述範例來繼續說明如何計算員工總成績。

範例 以自動加總計算總成績

Step1

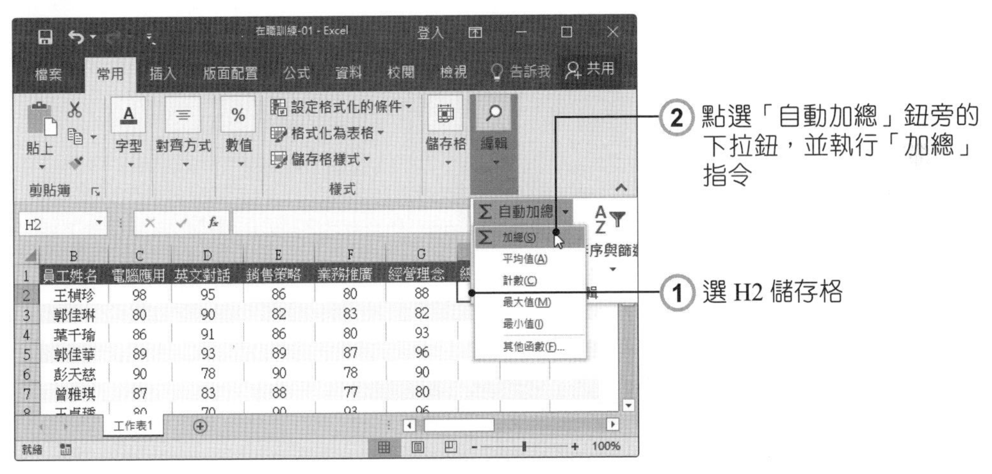

Step2

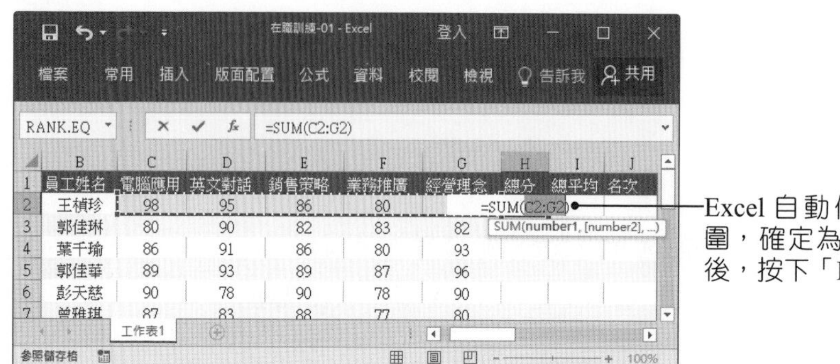

Excel 自動偵測出計算範圍，確定為正確計算範圍後，按下「Enter」鍵

Step3

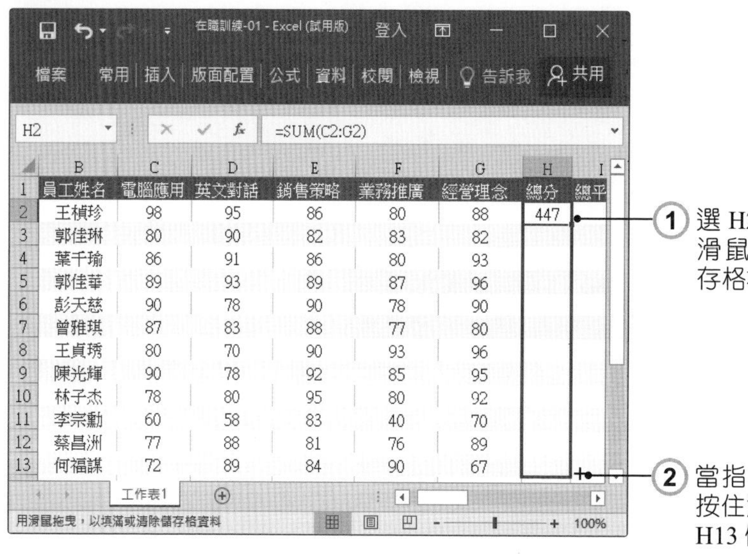

	B	C	D	E	F	G	H
1	員工姓名	電腦應用	英文對話	銷售策略	業務推廣	經營理念	總分
2	王楨珍	98	95	86	80	88	447
3	郭佳琳	80	90	82	83	82	
4	葉千瑜	86	91	86	80	93	
5	郭佳華	89	93	89	87	96	
6	彭天慈	90	78	90	78	90	
7	曾雅琪	87	83	88	77	80	
8	王貞琇	80	70	90	93	96	
9	陳光輝	90	78	92	85	95	
10	林子杰	78	80	95	80	92	
11	李宗勳	60	58	83	40	70	
12	蔡昌洲	77	88	81	76	89	
13	何福謀	72	89	84	90	67	

① 選 H2 儲存格，並將滑鼠指標移至 H2 儲存格右下角

② 當指標變為 + 圖示時，按住滑鼠左鍵往下拖曳至 H13 儲存格

Step4

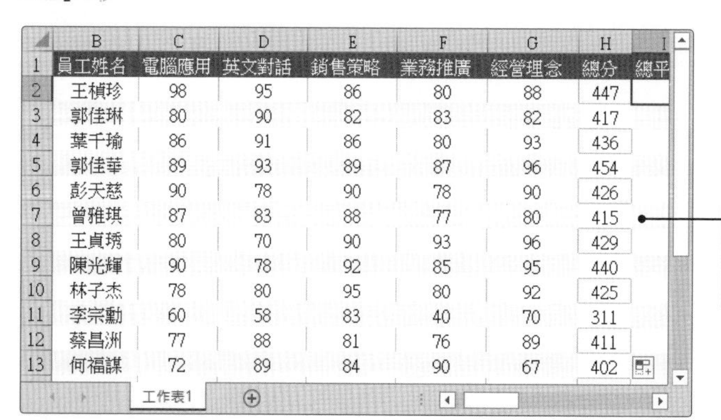

	B	C	D	E	F	G	H
1	員工姓名	電腦應用	英文對話	銷售策略	業務推廣	經營理念	總分
2	王楨珍	98	95	86	80	88	447
3	郭佳琳	80	90	82	83	82	417
4	葉千瑜	86	91	86	80	93	436
5	郭佳華	89	93	89	87	96	454
6	彭天慈	90	78	90	78	90	426
7	曾雅琪	87	83	88	77	80	415
8	王貞琇	80	70	90	93	96	429
9	陳光輝	90	78	92	85	95	440
10	林子杰	78	80	95	80	92	425
11	李宗勳	60	58	83	40	70	311
12	蔡昌洲	77	88	81	76	89	411
13	何福謀	72	89	84	90	67	402

在任一儲存格按一下滑鼠左鍵，每位員工的總分已經計算出來了！

7-3 員工成績平均分數

計算出員工的總成績之後，接下來就來看看如何計算成績的平均分數。在此小節中，將先說明計算平均成績的 AVERAGE() 函數，然後再以實例講解。

7-3-1 AVERAGE() 函數說明

在計算平均成績前，首先來看看計算平均分數的 AVERAGE() 函數。以下為 AVERAGE() 函數說明。

❖ AVERAGE() 函數

語法：AVERAGE(Number1:Number2)

說明：函數中 Number1 及 Number2 引數代表來源資料的範圍，Excel 會自動計算總共有幾個數值，在加總之後再除以計算出來的數值單位。

7-3-2 計算員工成績平均

使用 AVERAGE() 函數與使用 SUM() 函數的方法雷同，只要先選取好儲存格，再按下 Σ ▾ 自動加總鈕並執行「平均」指令即可。以下將延續上一節範例來說明。

範例 計算成績平均

Step1

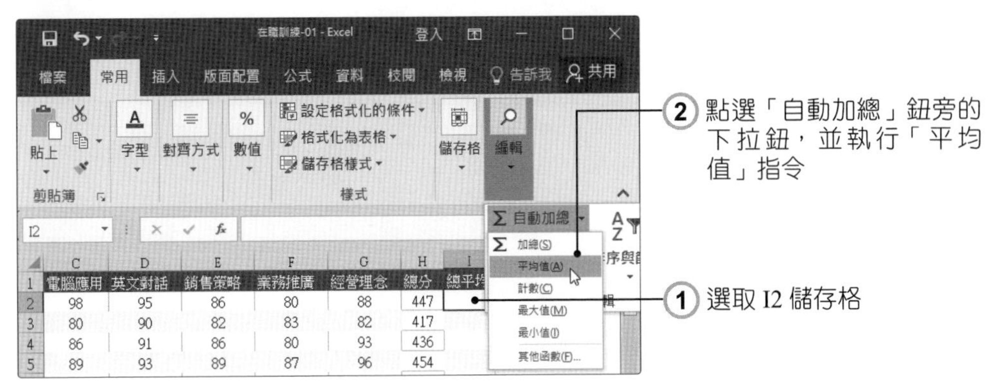

Step2

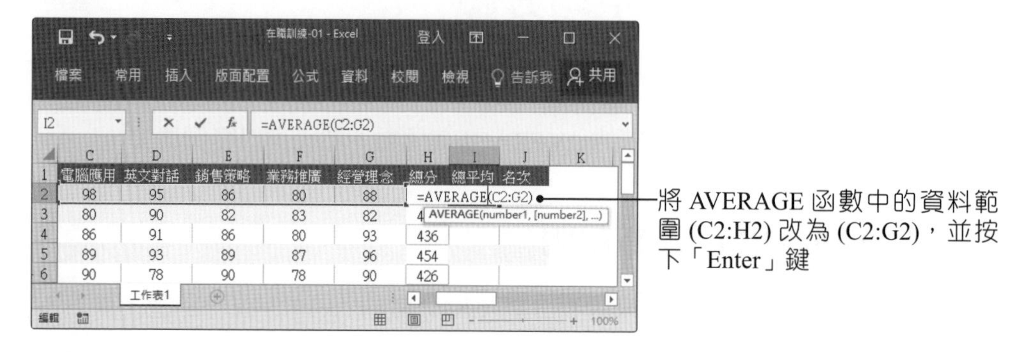

將 AVERAGE 函數中的資料範圍 (C2:H2) 改為 (C2:G2)，並按下「Enter」鍵

Step3

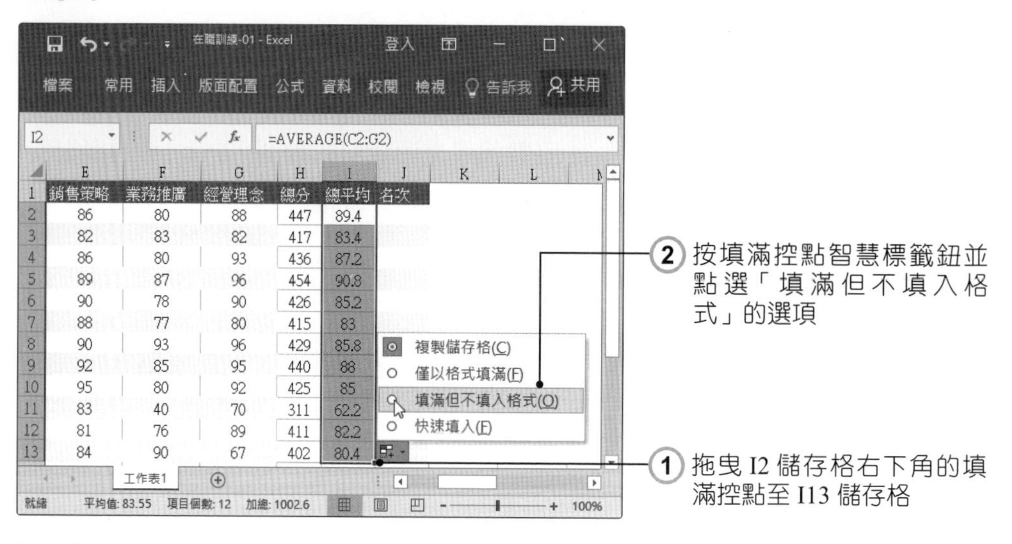

② 按填滿控點智慧標籤鈕並點選「填滿但不填入格式」的選項
① 拖曳 I2 儲存格右下角的填滿控點至 I13 儲存格

Step4

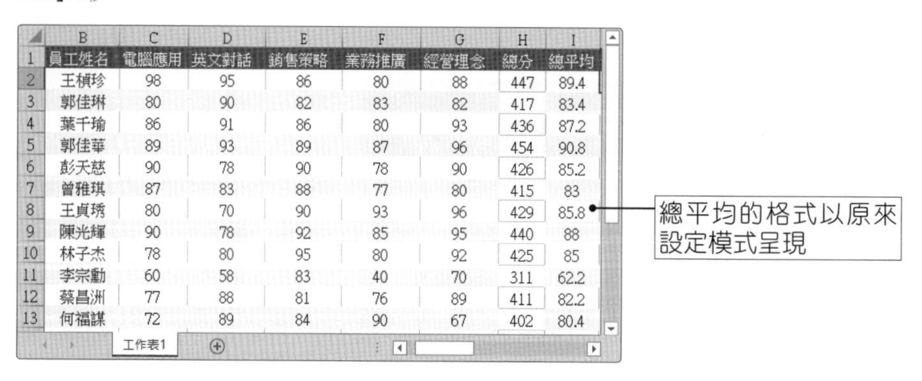

只要善用填滿控點智慧標籤，所拖曳的儲存格就可以不同的方式呈現。

7-4 排列員工名次

知道了總成績與平均分數之後，接下來將了解員工名次的排列順序。在排列員工成績的順序時，可以運用 RANK.EQ() 函數來進行成績名次的排序。

7-4-1 RANK.EQ() 函數的說明

在排名次前，首先來看看排列順序的 RANK.EQ() 函數。

❖ RANK.EQ()

語法：RANK.EQ(Number,Ref,Order)

說明：RANK.EQ() 函數功能主要是用來計算某一數值在清單中的順序等級。

以下表格為 RANK.EQ 函數中的引數說明：

引數名稱	說明
Number	判斷順序的數值。
Ref	判斷順序的參照位址，如果非數值則會被忽略。
Order	用來指定排序的方式。如果輸入數值「0」或忽略，則以遞減方式排序；如果輸入數值非「0」，則以遞增的方式來進行排序。

7-4-2 排列員工成績名次

知道 RANK.EQ() 函數的意義之後，緊接著就以實例來說明。

範例 排列員工成績名次

Step1

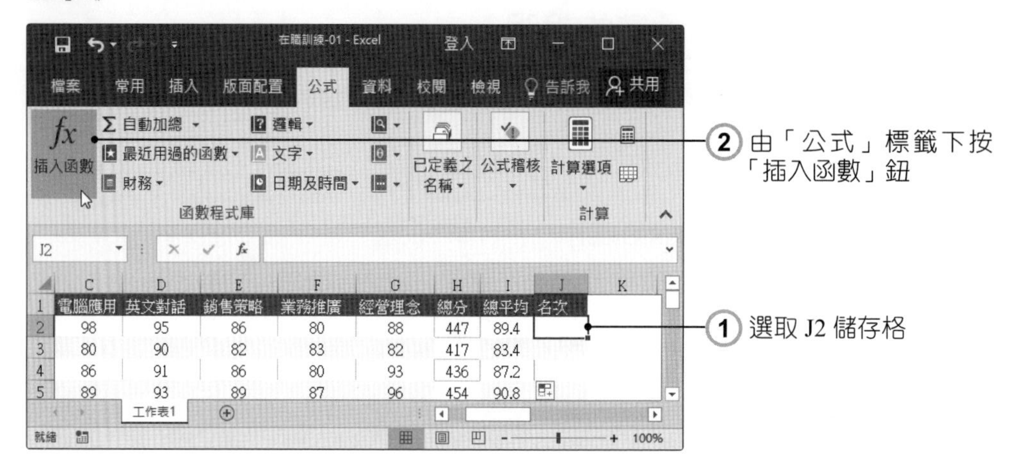

Step2

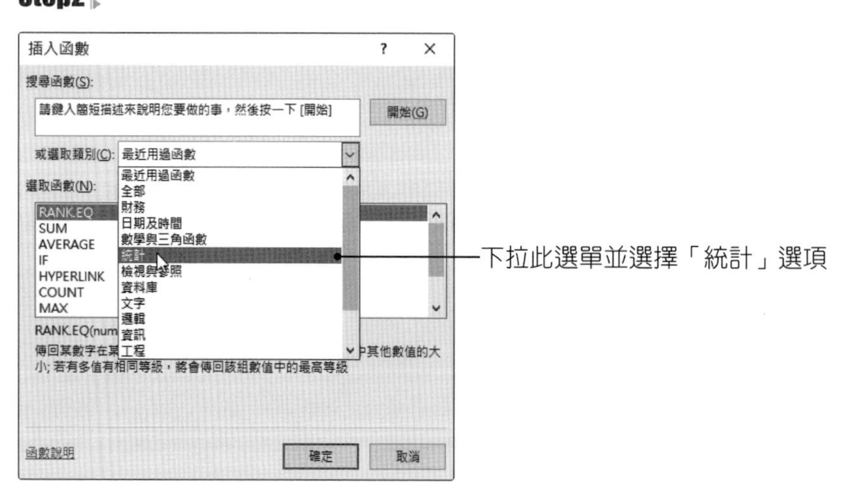

Step3

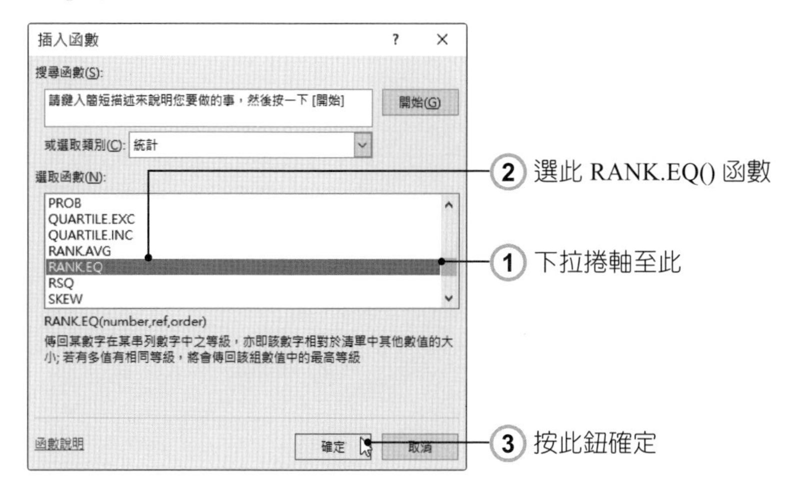

Step4

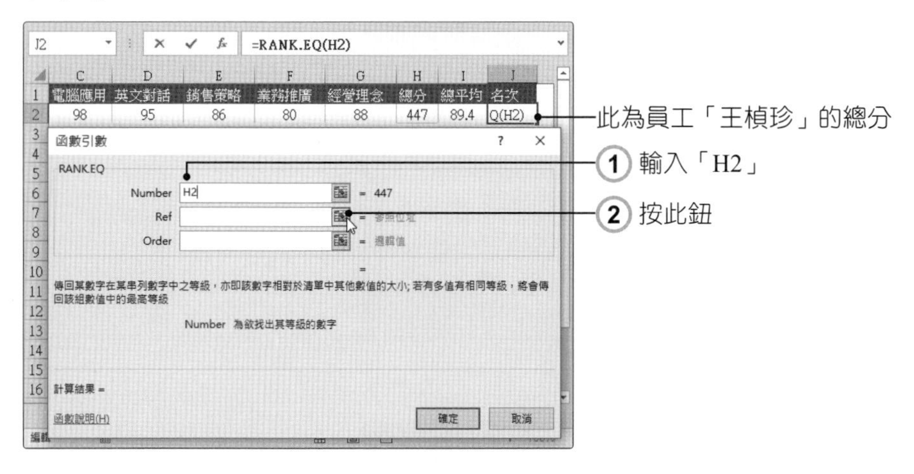

Step5

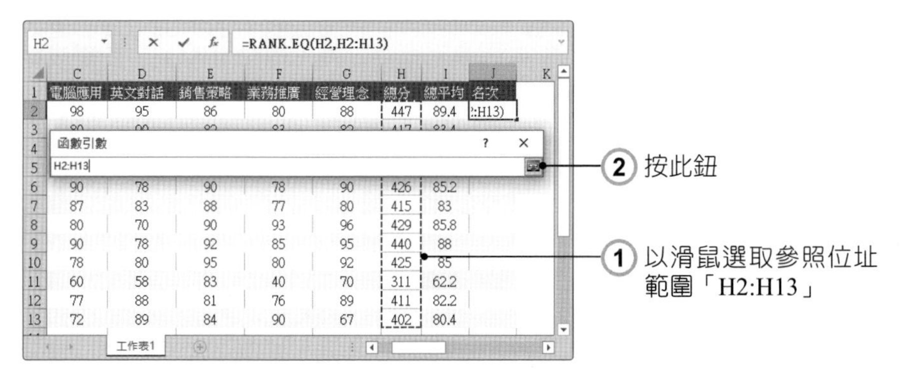

Step6

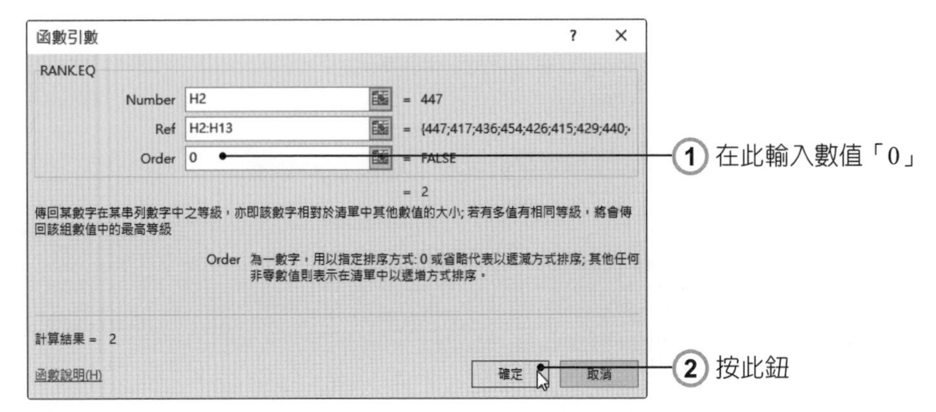

Step7

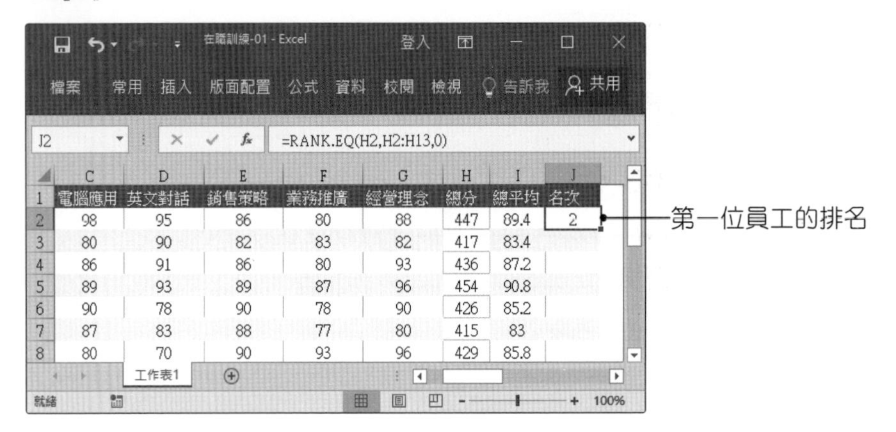

Step8

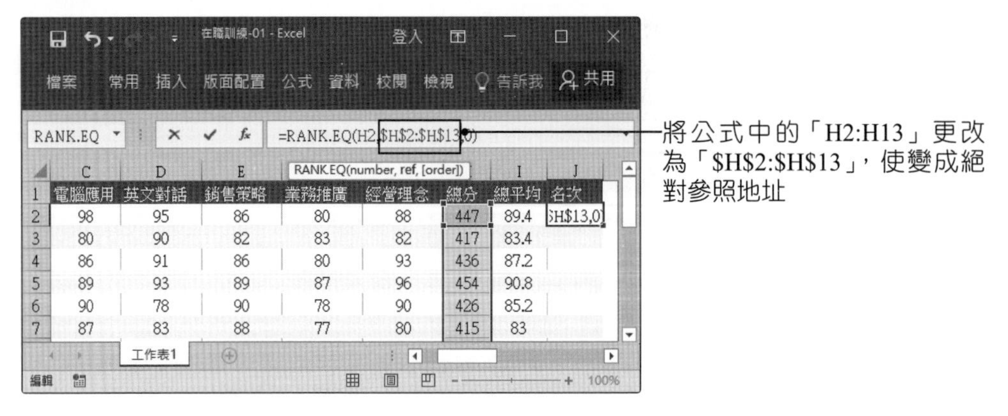

Step9

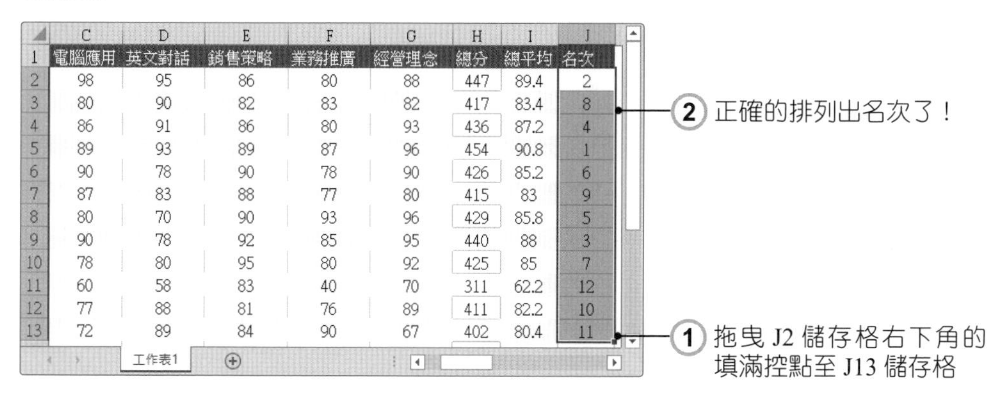

2 正確的排列出名次了！
1 拖曳 J2 儲存格右下角的填滿控點至 J13 儲存格

	C	D	E	F	G	H	I	J
1	電腦應用	英文對話	銷售策略	業務推廣	經營理念	總分	總平均	名次
2	98	95	86	80	88	447	89.4	2
3	80	90	82	83	82	417	83.4	8
4	86	91	86	80	93	436	87.2	4
5	89	93	89	87	96	454	90.8	1
6	90	78	90	78	90	426	85.2	6
7	87	83	88	77	80	415	83	9
8	80	70	90	93	96	429	85.8	5
9	90	78	92	85	95	440	88	3
10	78	80	95	80	92	425	85	7
11	60	58	83	40	70	311	62.2	12
12	77	88	81	76	89	411	82.2	10
13	72	89	84	90	67	402	80.4	11

工作表1

很簡單吧！不費吹灰之力就已經把在職訓練成績計算表的名次給排列出來了！

7-5　查詢員工成績

當建立好所有員工成績統計表後，為了方便查詢不同員工的成績，需要建立一個成績查詢表，讓使用者只要輸入員工編號後就可直接查詢到此員工的成績資料。

而在此查詢表中，需要運用到 VLOOKUP() 函數。因此在建立查詢表前，先來認識 VLOOKUP() 函數。

7-5-1　VLOOKUP() 函數說明

VLOOKUP() 函數是用來找出指定「資料範圍」的最左欄中符合「特定值」的資料，然後依據「索引值」傳回第幾個欄位的值。

❖ VLOOKUP() 函數

語法：VLOOKUP(Lookup_value,Table_array,Col_index_num,Range_lookup)

說明：以下表格為 VLOOKUP() 函數中的引數說明：

引數名稱	說明
Lookup_value	搜尋資料的條件依據。
Table_array	搜尋資料範圍。
Col_index_num	指定傳回範圍中符合條件的那一欄。
Range_lookup	此為邏輯值，如果設為 True 或省略，則會找出部分符合的值；如果設為 False，則會找出全符合的值。

看完 VLOOKUP() 函數的說明後，可能還是覺得一頭霧水。別擔心，以下將以舉例的方式，讓各位了解。

■ 函數舉例：以下為各式車款的價格

	A	B	C
1	001	賓士	200 萬
2	002	BMW	190 萬
3	003	馬自達	80 萬
4	004	裕隆	60 萬

如果設定的 VLOOKUP() 函數為：

VLOOKUP(004,A1:C4,2,0)

在最左欄尋找 "004"　代表搜尋範圍　傳回第 2 欄資料　表示需找到完全符合的條件

所以此 VLOOKUP() 函數會傳回「裕隆」二字。

7-5-2 建立員工成績查詢表

認識了 VLOOKUP() 函數，請開啟範例檔「在職訓練-02.xlsx」，將查詢表格製作完成。

範例 建立員工成績查詢表

Step1

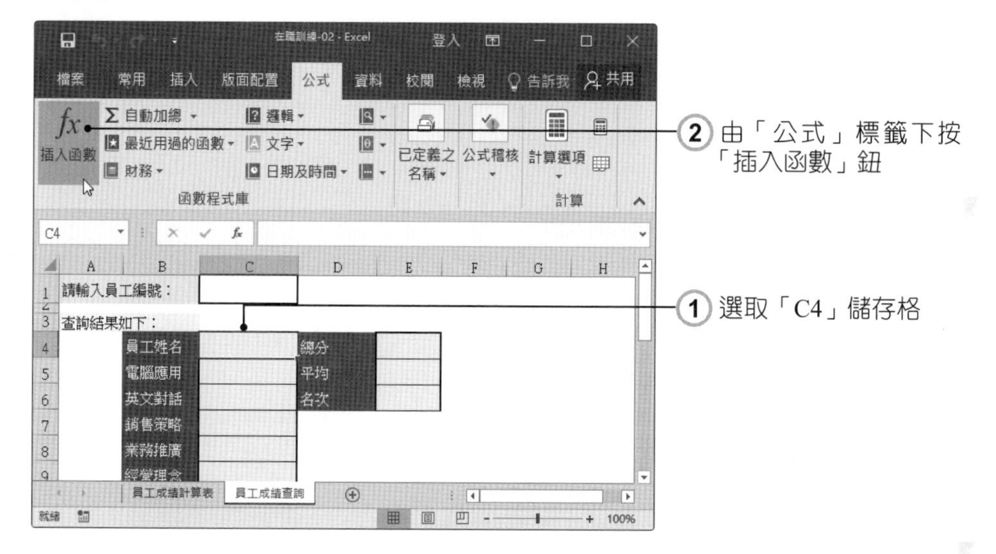

Step2

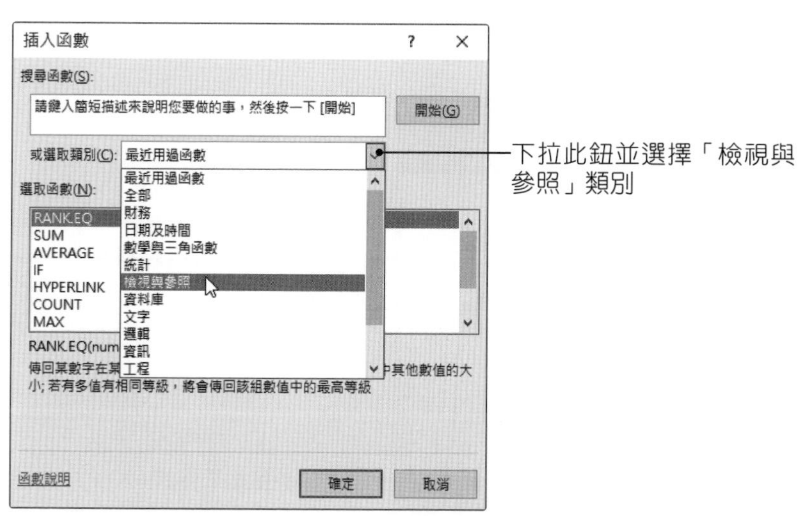

Step3

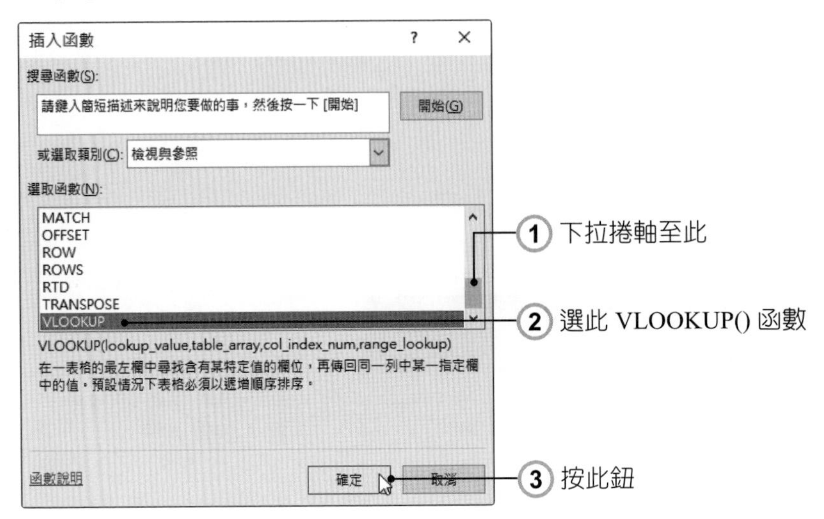

Step4

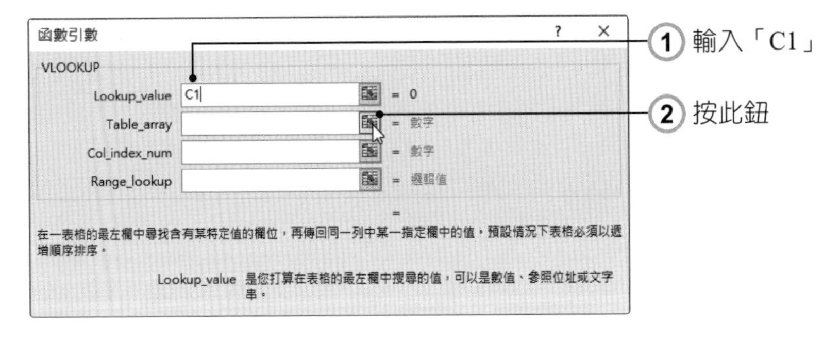

Step5

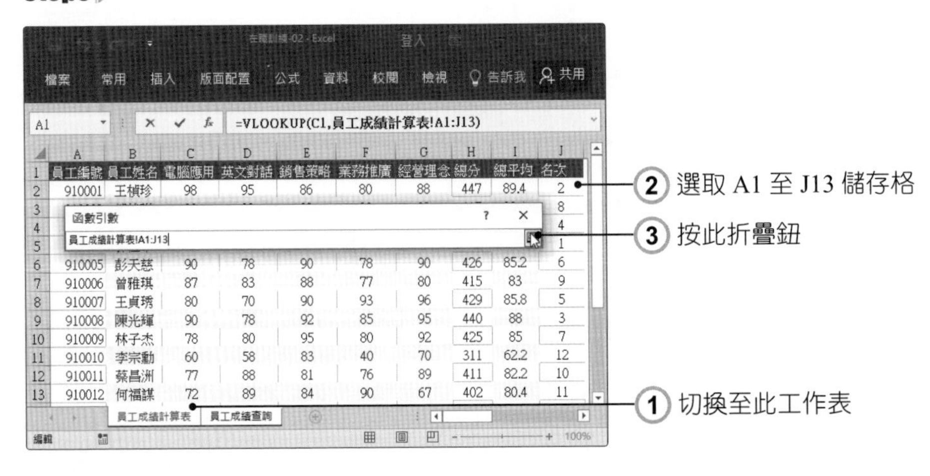

Step6

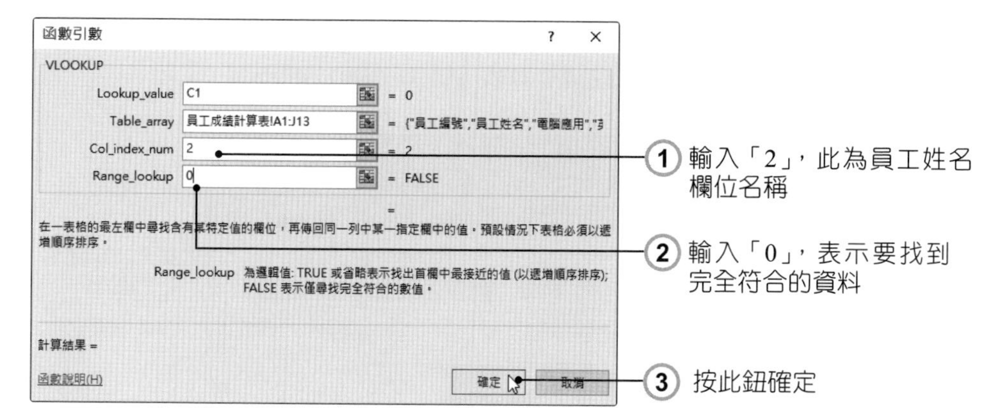

Step7

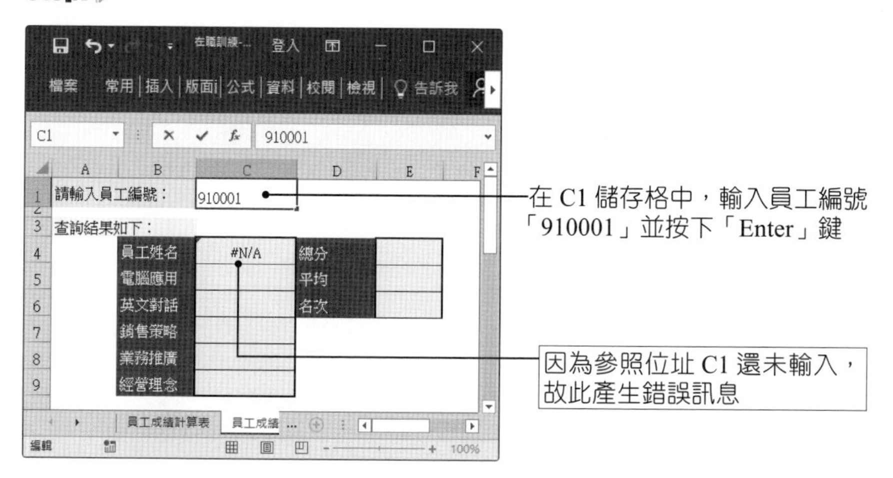

Step8

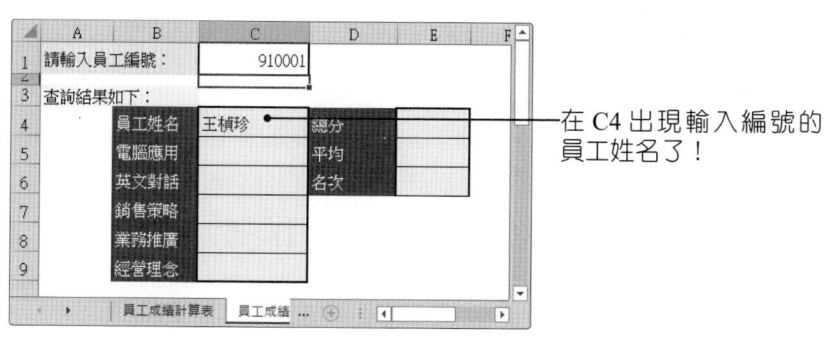

接下來只要對照項目名稱，依序將 VLOOKUP() 函數中的「Col_index_num」引數值依照參照欄位位置改為 3、4、5... 等即可。例如電腦應用在第 3 欄，就改為 VLOOKUP(C1, 員工成績計算表 !A1:J13,3,0) 即可。

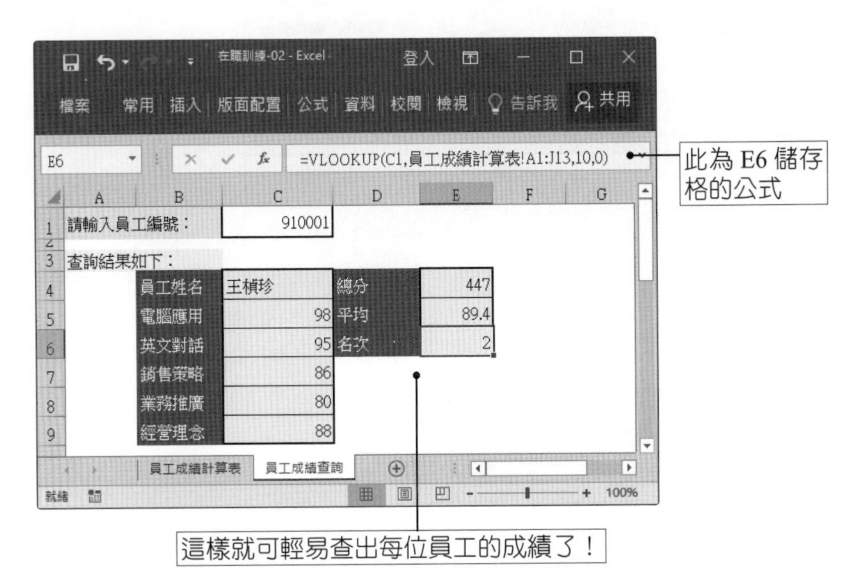

Tips 此範例完成結果，筆者儲存為範例檔「在職訓練-03.xlsx」，讀者可開啟並切換至「員工成績查詢」工作表參考核對。

7-6 計算合格與不合格人數

為了提供成績查詢更多的資料，接下來將在員工成績查詢工作表中加入合格與不合格的人數，讓查詢者了解與其他人的差距。在計算合格與不合格人數中，必須運用到 COUNTIF() 函數，所以首先將講解 COUNTIF() 函數的使用方法。

7-6-1 COUNTIF() 函數說明

COUNTIF() 函數功能主要用來計算指定範圍內符合指定條件的儲存格數值。

❖ COUNTIF() 函數

語法：COUNTIF(Range,Criteria)

說明：以下表格為函數中的引數說明：

引數名稱	說明
Range	計算指定條件儲存格的範圍。
Criteria	此為比較條件，可為數值、文字或是儲存格。如果直接點選儲存格則表示選取範圍中的資料必須與儲存格吻合；如果為數值或文字則必須加上雙引號來區別。

7-6-2 顯示成績合格與不合格人數

了解 COUNTIF() 函數之後，接下來就以實例來說明。請開啟範例檔「在職訓練-03.xlsx」。

範例 顯示合格與不合格人數

Step1

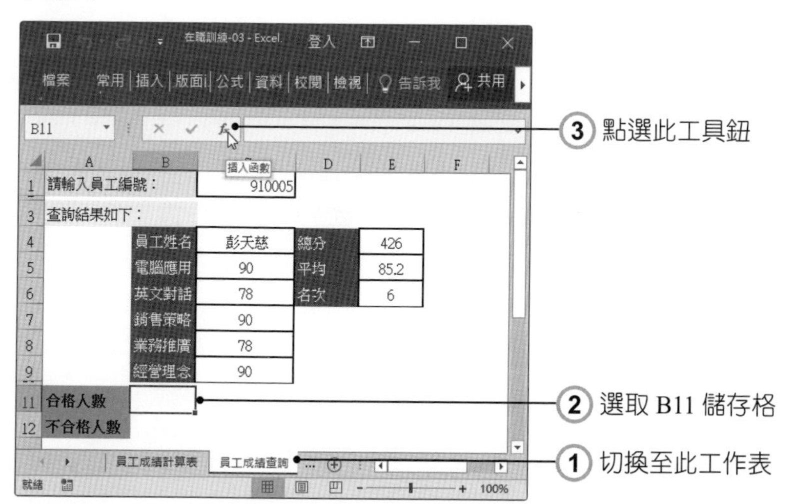

Step2

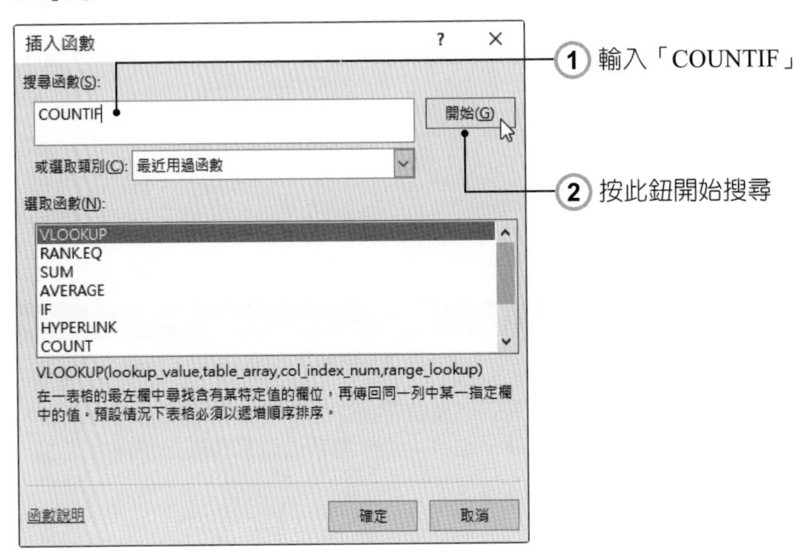
插入函數
搜尋函數(S):
COUNTIF
開始(G)
或選取類別(C): 最近用過函數
選取函數(N):
VLOOKUP
RANK.EQ
SUM
AVERAGE
IF
HYPERLINK
COUNT
VLOOKUP(lookup_value,table_array,col_index_num,range_lookup)
在一表格的最左欄中尋找含有某特定值的欄位，再傳回同一列中某一指定欄中的值。預設情況下表格必須以遞增順序排序。
函數說明
確定
取消
1 輸入「COUNTIF」
2 按此鈕開始搜尋

Step3

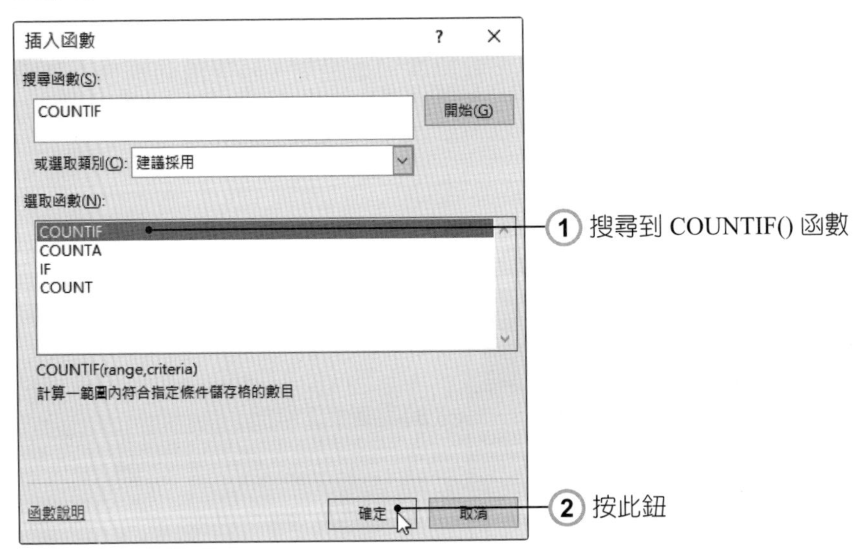
插入函數
搜尋函數(S):
COUNTIF
開始(G)
或選取類別(C): 建議採用
選取函數(N):
COUNTIF
COUNTA
IF
COUNT
COUNTIF(range,criteria)
計算一範圍內符合指定條件儲存格的數目
函數說明
確定
取消
1 搜尋到 COUNTIF() 函數
2 按此鈕

Step4

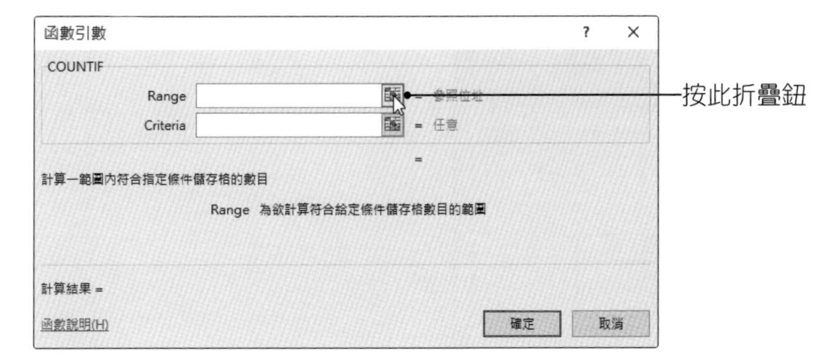

Step5

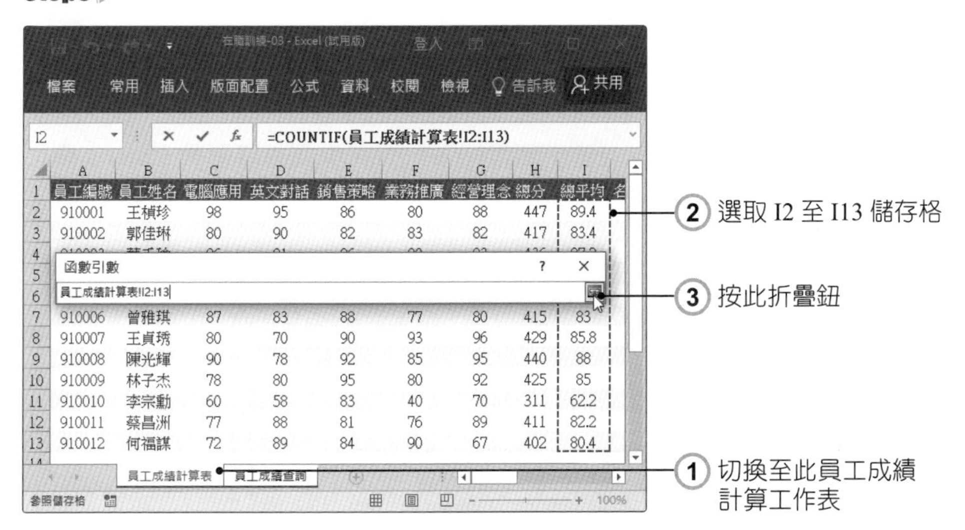

Step6

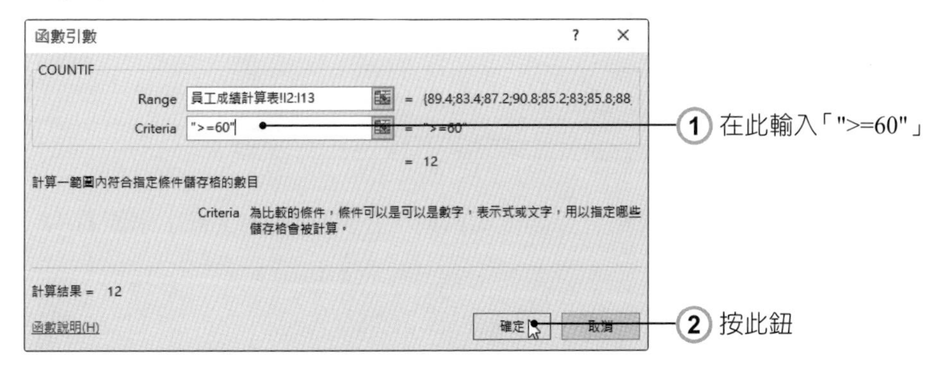

Step7

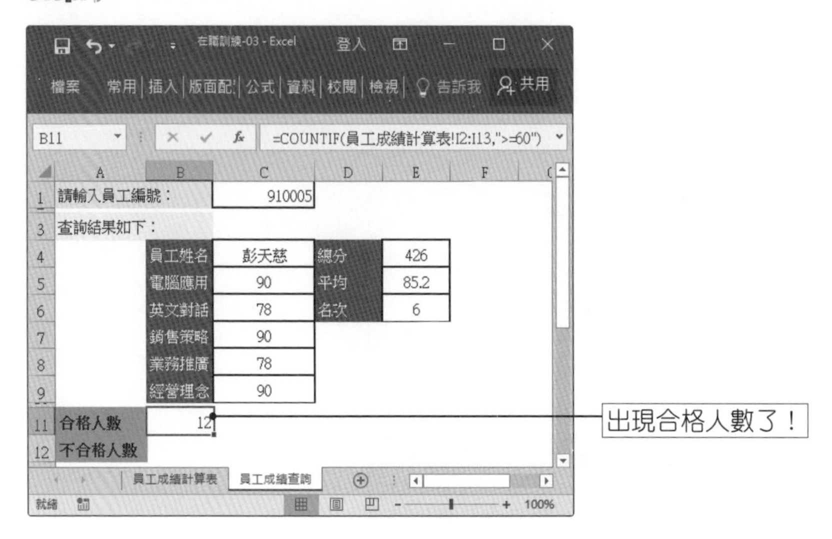

至於不合格人數的作法與上述步驟雷同，只要在步驟 6 將引數 Criteria 欄位中的值改為「「"<60"」」，即可。其成果如下圖：

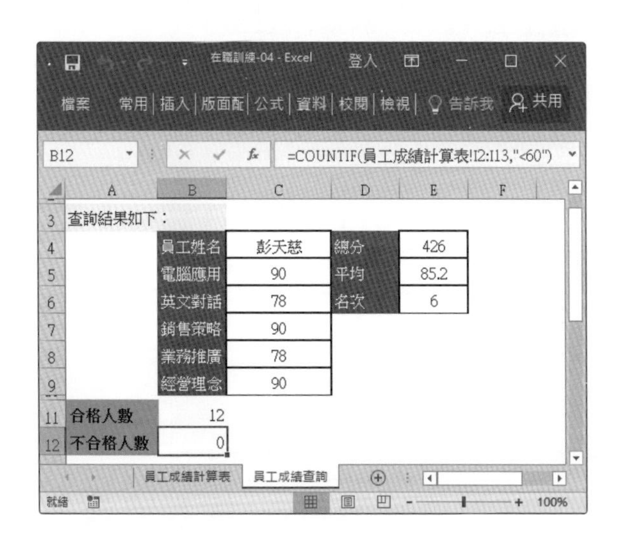

如果使用者想看設定結果可直接開啟範例檔「在職訓練-04.xlsx」來觀看。

實力評量

是非題

( ) 1. RANK.EQ() 為統計類別的函數。

( ) 2. HLOOKUP() 函數是用來找出指定「資料範圍」的最左欄中符合「特定值」的資料，然後依據「索引值」傳回第幾個欄位的值。

( ) 3. 由「插入」標籤選擇「填滿／數列」指令，可開啟數列對話框。

( ) 4. SUM() 函數可用來求出數值的差數。

( ) 5. COUNTIF() 函數功能主要是用來計算指定範圍內符合指定條件的儲存格數值。

選擇題

( ) 1. 儲存格中公式或是函數都是以何種符號開始？
A.# B.= C.& D.*

( ) 2. 下何者非 Excel 所提供的函數類別？
A. 股票 B. 統計 C. 資訊 C. 財務

( ) 3. 下列何者非數列對話框內的類型選項？
A. 等差級數 B. 等比級數 C. 數值 D. 日期

( ) 4. COUNTIF 為何種類別函數？
A. 統計 B. 財務 C. 數學與三角函數 D. 邏輯

( ) 5. RANK.EQ() 函數中的 order 引數如果為「1」則表示？
A. 由小到大 B. 由大到小 C. 隨意排序 D. 以上皆非

( ) 6. 函數格式中包含哪些部分？
A. 函數名稱 B. 括號 C. 引數 D. 以上皆是

( ) 7. VLOOKUP 函數中的「Col_index_num」引數為：
A. 搜尋資料的條件依據 B. 搜尋資料的範圍
C. 邏輯值 D. 指定傳回範圍中符合條件的那一欄

▶ 實作題

1. 請開啟範例檔「學生成績.xlsx」。並切換至「成績計算表」工作表，如下圖：

	A	B	C	D	E	F	G	H
1	學生姓名	座號	英文	數學	國文	總分	平均	名次
2	陳光輝	1	98	95	86			
3	林子杰		80	90	82			
4	李宗勳		86	91	86			
5	蔡昌洲		89	93	89			
6	何福謀		90	78	90			
7	王楨珍		87	83	88			
8	王貞琇		80	70	90			
9	郭佳琳		90	78	92			
10	葉千瑜		78	80	95			
11	郭佳華		60	58	83			
12	彭天慈		77	88	81			
13	曾雅琪		72	89	84			

成績計算表 成績查詢

完成檔案：學生成績 OK.xlsx

	A	B	C	D	E	F	G	H
1	學生姓名	座號	英文	數學	國文	總分	平均	名次
2	陳光輝	1	98	95	86	279	93	1
3	林子杰	4	80	90	82	252	84	8
4	李宗勳	7	86	91	86	263	88	3
5	蔡昌洲	10	89	93	89	271	90	2
6	何福謀	13	90	78	90	258	86	5
7	王楨珍	16	87	83	88	258	86	5
8	王貞琇	19	80	70	90	240	80	11
9	郭佳琳	22	90	78	92	260	87	4
10	葉千瑜	25	78	80	95	253	84	7
11	郭佳華	28	60	58	83	201	67	12
12	彭天慈	31	77	88	81	246	82	9
13	曾雅琪	34	72	89	84	245	82	10

成績計算表 成績查詢

① 請以數列方式將此成績計算表中的座號填滿，其間距值為「3」，終止值為「34」。

② 請使用「SUM() 函數」設定總分分數。

③ 請使用「AVERAGE() 函數」設定學生平均分數。

④ 使用「RANK.EQ() 函數」排列學生名次。

2. 承上題，切換至「成績查詢」工作表，如下圖：

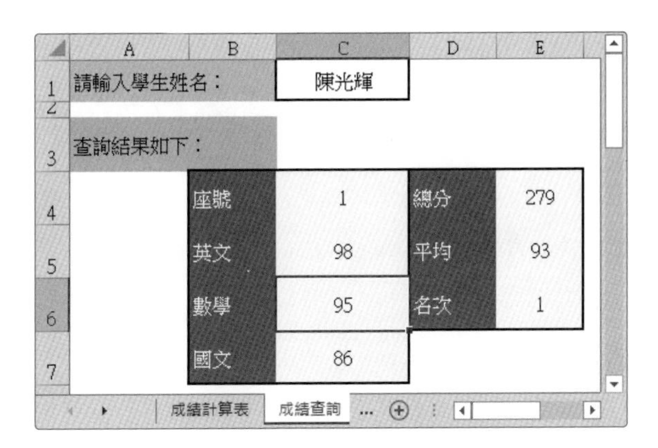

在此範例中，必須以輸入的學生姓名為查詢的目標，也就是說當使用者輸入學生的姓名之後，就會出現此學生的「座號」、「英文成績」、「數學成績」、「國文成績」、「總分」、「平均」及「名次」。

(提示：使用 VLOOKUP() 函數)

CHAPTER

08 業務績效與獎金樞紐分析

學習重點

- 資料篩選與排序
- 小計
- 樞紐分析表與樞紐分析圖的繪製
- HLOOKUP() 函數的運用
- 使用 IF 條件判斷式
- 變更百分比的顯示
- 註解

本章簡介

公司中最重要的就是業務推展，而這個重責大任通常都在業務員身上，因此業務員的業績績效及業績獎金對一個公司來說就顯得格外重要。有了完善的業績績效及業績獎金制度，才能使公司對不同的業績績效有所賞罰。

在本章中，除了製作表格來紀錄每個業務員的銷售業績、統計產品銷售資料及相關報表與圖表外，並訂定一套發放業績獎金的制度，讓業務人員達到一定業績時，可領取獎金用來獎勵業務人員。

範例成果

	A	B	C	D	E	F	G	H
1	月份	產品代	產品種類	銷售地區	業務人員編	單價	數	總金額
2	1	A0302	應用軟體	韓國	A0903	8000	4000	32000000
3	1	A0302	應用軟體	美西	A0905	12000	2000	24000000
4	1	A0302	應用軟體	英國	A0906	13000	600	7800000
5	1	A0302	應用軟體	法國	A0907	13000	2000	26000000
6	1	A0302	應用軟體	東南亞	A0908	5000	6000	30000000
7	1	A0302	應用軟體	義大利	A0909	8000	8000	64000000
8		**A0302 合計**				59000	22600	183800000
9	1	F0901	繪圖軟體	日本	A0901	10000	2000	20000000
10	1	F0901	繪圖軟體	美西	A0905	8000	1500	12000000
11	1	F0901	繪圖軟體	阿根廷	A0906	5000	500	2500000
12	1	F0901	繪圖軟體	美東	A0906	8000	2000	16000000
13	1	F0901	繪圖軟體	英國	A0906	9000	500	4500000
14	1	F0901	繪圖軟體	德國	A0907	9000	700	6300000
15	1	F0901	繪圖軟體	東南亞	A0908	4000	3000	12000000
16	1	F0901	繪圖軟體	義大利	A0909	5000	5000	25000000
17		**F0901 合計**				58000	15200	98300000
18	1	G0350	電腦遊戲	日本	A0901	5000	1000	5000000
19	1	G0350	電腦遊戲	韓國	A0902	3000	2000	6000000

銷售業績 產品銷售排行

銷售產品總數量及金額

	A	B	C	D	E	F	G
1	業務人員績效獎金表						
2	員工編號	姓名	業績銷售	獎金百分比	累積業績	累積獎金	總業績獎金
3	990001	王楨珍	251,000	25%	190,000	20,000	82,750
4	990002	郭旻宜	60,000	10%	23,000	-	6,000
5	990003	郭佳琳	120,000	15%	12,000	-	18,000
6	990004	曾雅琪	140,000	15%	60,000	20,000	41,000
7	990005	彭天慈	150,000	20%	190,000	20,000	50,000
8	990006	陸麗晴	320,000	25%	20,000	20,000	100,000
9	990007	王貞琇	40,000	5%	170,000	20,000	22,000
10	990008	陳光輝	180,000	20%	50,000	20,000	56,000
11	990009	林子杰	48,000	5%	120,000	-	2,400
12	990010	李宗勳	40,000	5%	180,000	20,000	22,000

獎金標準 累積銷售業績 績 ...

業績績效獎金

8-1 製作產品銷售排行榜

利用前面所學的資料編輯技巧，就可以簡單又快速的建立一份業績表。接下來必須知道哪一項產品銷售量最好，讓管理者清楚了解公司的整個產品及人員的業績狀況。

8-1-1 篩選資料

建立業績表格時最重要的一件事，就是這份表格必須讓人隨時可以掌握每一種資料。而 Excel 中就有一種篩選功能，可以讓工作表只顯示指定條件的資料，隱藏其餘非指定條件資料。以下範例將利用此功能篩選出這個月份，業務人員編號「A0906」所有的業務狀況。請開啟範例檔「業績表-01.xlsx」。

範例 使用自動篩選功能

Step1

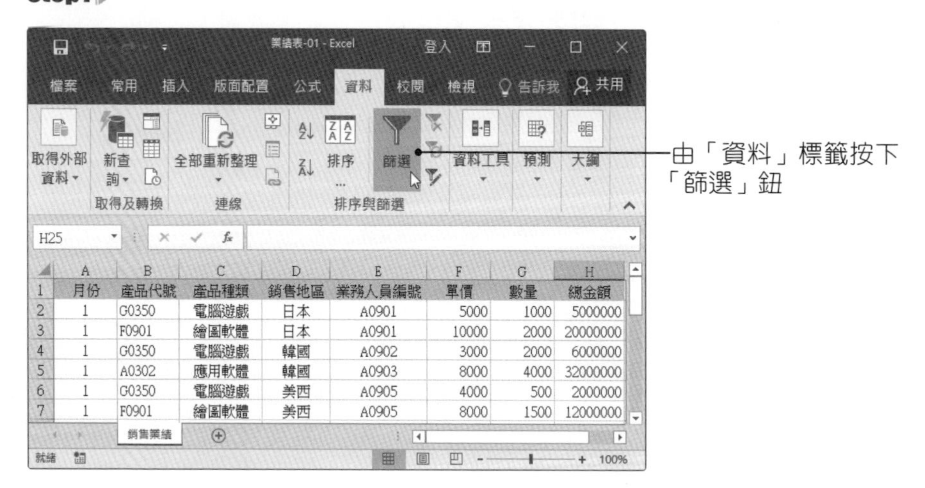

Step2

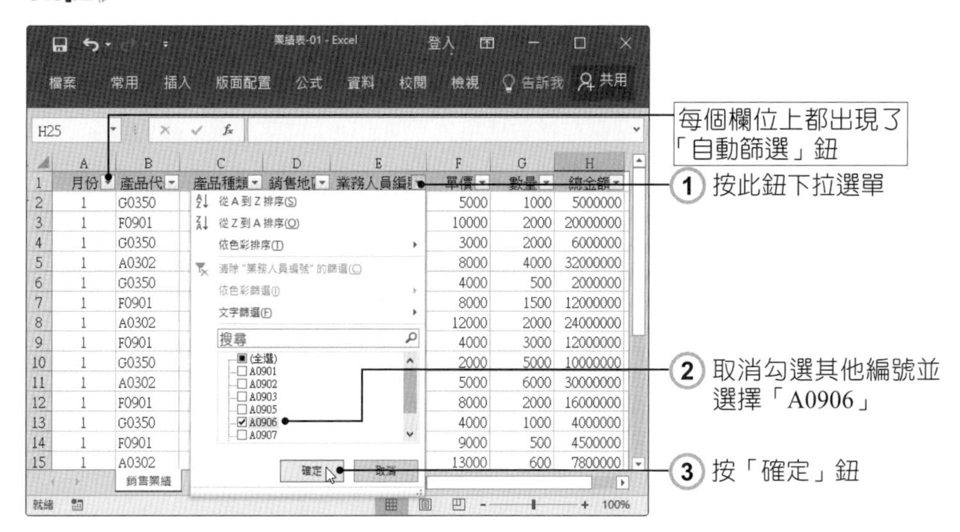

Step3

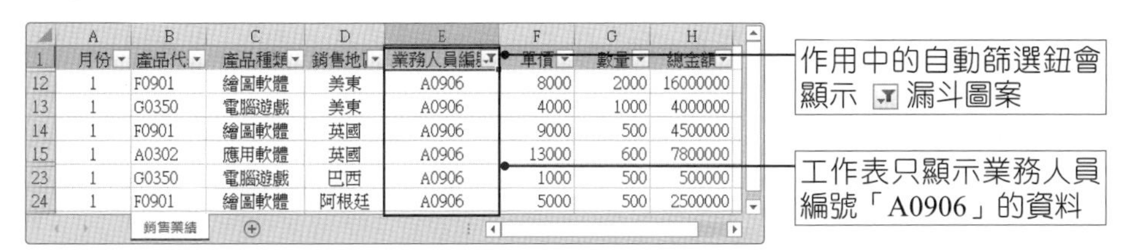

作用中的自動篩選鈕會顯示 漏斗圖案
工作表只顯示業務人員編號「A0906」的資料

Tips 如果想要顯示全部資料，只要按下篩選下拉鈕，並執行「清除 " 業務人員編號 " 的篩選」指令，或重新勾選「全部」資料即可。如果要恢復原來的工作表，只要再執行一次「篩選」指令，就可以消除篩選鈕。

	月份	產品代	單價	數量	總金額
12	1	F0901	8000	2000	16000000
13	1	G0350	4000	1000	4000000
14	1	F0901	9000	500	4500000
15	1	A0302	13000	600	7800000
23	1	G0350	1000	500	500000
24	1	F0901	5000	500	2500000

從 A 到 Z 排序(S)
從 Z 到 A 排序(O)
依色彩排序(T)
清除 "業務人員編號" 的篩選(C)
依色彩篩選(I)
文字篩選(F)

進階篩選選項

- 按下篩選下拉鈕後，會依照儲存格數值格式不同出現「文字篩選」或「數字篩選」指令，在此則可設定更為進階的篩選設定。例如執行「前 10 項」指令，將會產生「自動篩選前 10 項」對話視窗，如下圖：

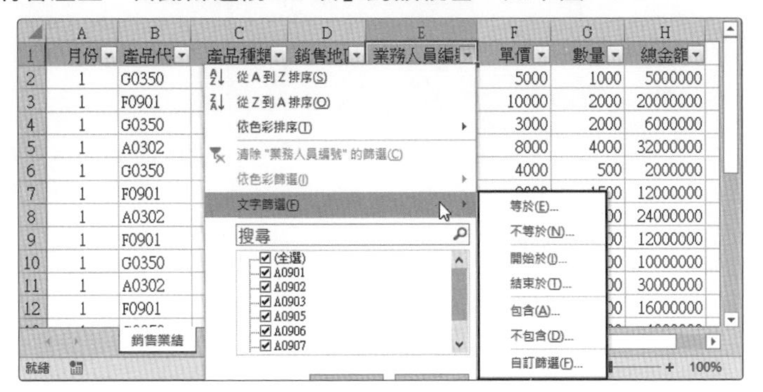

- 如執行「數字篩選 / 自訂篩選」或「文字篩選 / 自訂篩選」指令，則會出現自訂自動篩選對話視窗，讓使用者自行訂定條件。如下圖：

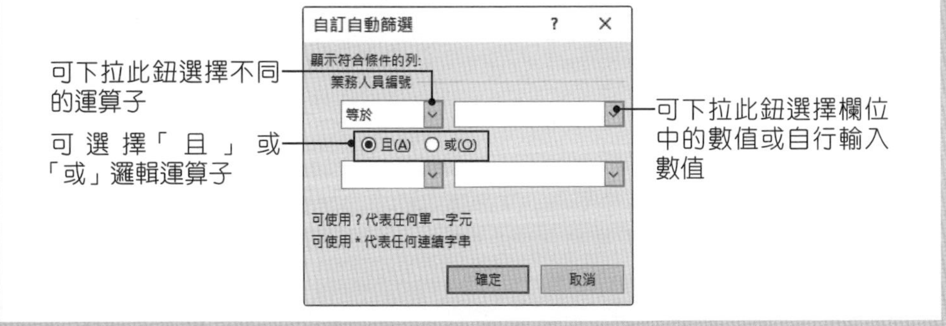

8-1-2 業績表資料排序

了解如何篩選各位業務員的資料後，再來對業績表進行排序的動作。在進行排序之前，必須先了解排序對話視窗中的排序概念。

工作表中都有設定欄位名稱，當開始進行排序後，如果遇到欄位中有相同數值時，該如何判定先後分出高下呢？ Excel 的排序對話視窗中，提供「排序層級」的方式來解決這樣的問題。

接下來，請開啟範例檔「業績表-02.xlsx」，來看看 Excel 如何排序複雜的業績資料。

範例 將資料 / 記錄排序

Step1

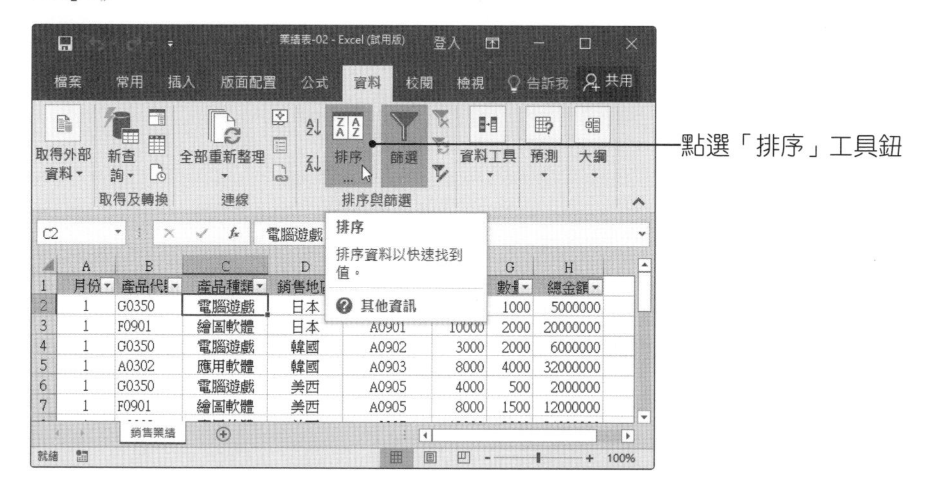

Step2

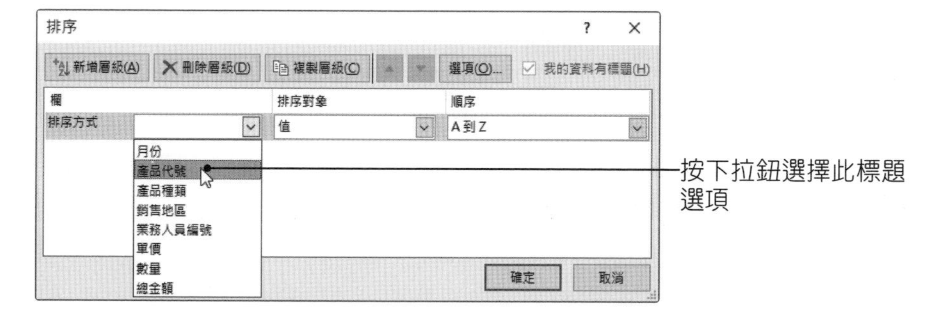

Step3

Step4

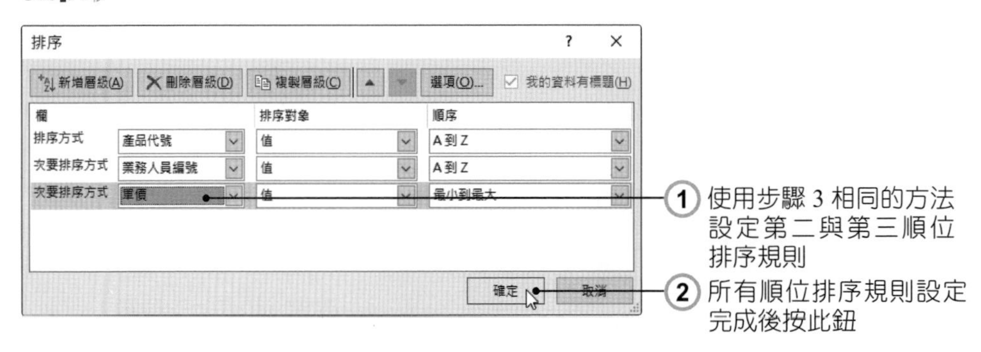

Step5

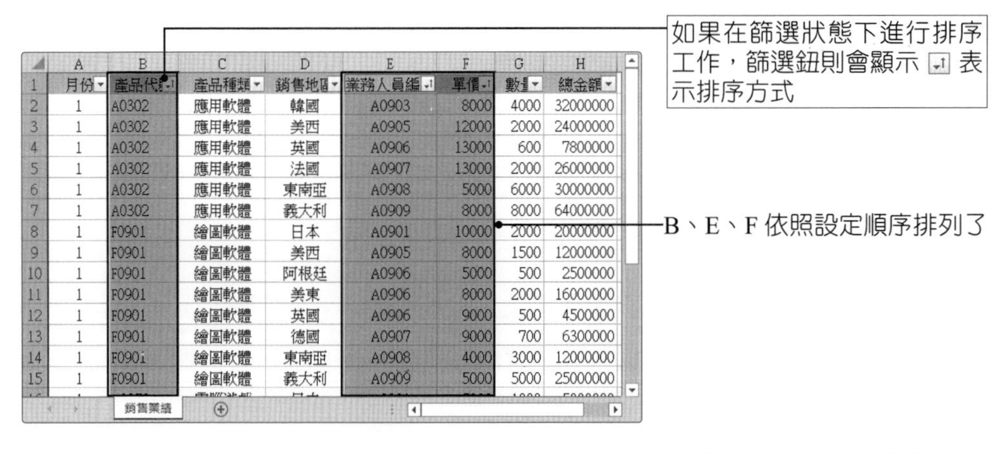

	月份	產品代號	產品種類	銷售地區	業務人員編號	單價	數量	總金額
2	1	A0302	應用軟體	韓國	A0903	8000	4000	32000000
3	1	A0302	應用軟體	美西	A0905	12000	2000	24000000
4	1	A0302	應用軟體	英國	A0906	13000	600	7800000
5	1	A0302	應用軟體	法國	A0907	13000	2000	26000000
6	1	A0302	應用軟體	東南亞	A0908	5000	6000	30000000
7	1	A0302	應用軟體	義大利	A0909	8000	8000	64000000
8	1	F0901	繪圖軟體	日本	A0901	10000	2000	20000000
9	1	F0901	繪圖軟體	美西	A0905	8000	1500	12000000
10	1	F0901	繪圖軟體	阿根廷	A0906	5000	500	2500000
11	1	F0901	繪圖軟體	美東	A0906	8000	2000	16000000
12	1	F0901	繪圖軟體	英國	A0906	9000	500	4500000
13	1	F0901	繪圖軟體	德國	A0907	9000	700	6300000
14	1	F0901	繪圖軟體	東南亞	A0908	4000	3000	12000000
15	1	F0901	繪圖軟體	義大利	A0909	5000	5000	25000000

銷售業績
如果在篩選狀態下進行排序工作，篩選鈕則會顯示 表示排序方式
B、E、F 依照設定順序排列了

步驟 4 中可以視實際需求來設定更多順位的排序規則，但如果設定的太多，也有可能會過於複雜或失去了要表達的涵義。

8-1-3 小計功能

設定排序之後，接下來運用「小計」功能，將每樣產品的業績總金額加起來，就可看出每樣產品銷售的總金額了！以下將延續上述範例來做說明。

範例 使用小計功能

Step1

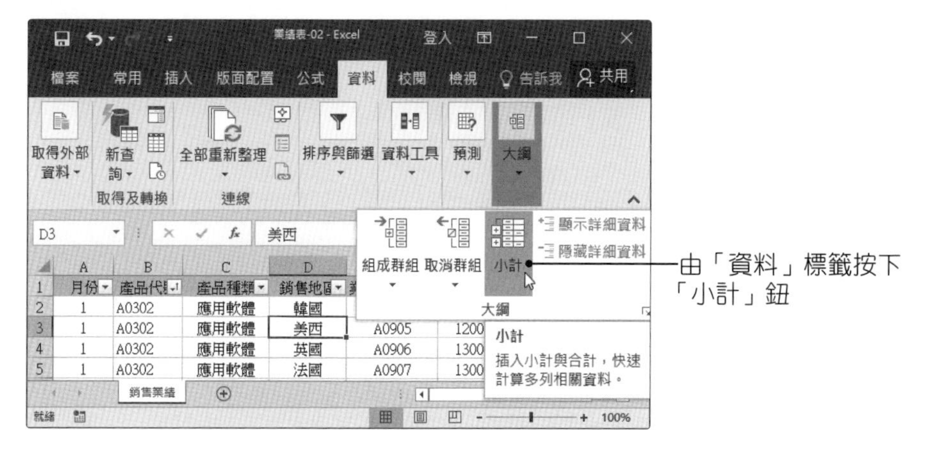

Step2

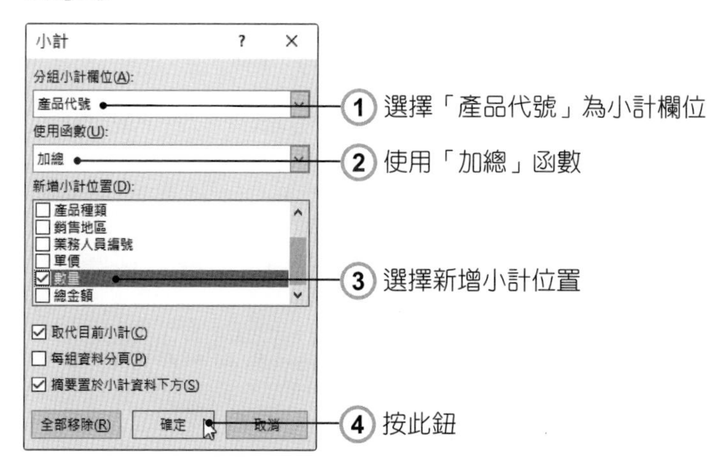

Step3

此為大綱符號，將資料分成三層

	A	B	C	D	E	F	G	H
1	月份	產品代	產品種類	銷售地區	業務人員編	單價	數量	總金額
2	1	A0302	應用軟體	韓國	A0903	8000	4000	32000000
3	1	A0302	應用軟體	美西	A0905	12000	2000	24000000
4	1	A0302	應用軟體	英國	A0906	13000	600	7800000
5	1	A0302	應用軟體	法國	A0907	13000	2000	26000000
6	1	A0302	應用軟體	東南亞	A0908	5000	6000	30000000
7	1	A0302	應用軟體	義大利	A0909	8000	8000	64000000
8		A0302 合計					22600	
9	1	F0901	繪圖軟體	日本	A0901	10000	2000	20000000
10	1	F0901	繪圖軟體	美西	A0905	8000	1500	12000000
11	1	F0901	繪圖軟體	阿根廷	A0906	5000	500	2500000
12	1	F0901	繪圖軟體	美東	A0906	8000	2000	16000000
13	1	F0901	繪圖軟體	英國	A0906	9000	500	4500000
14	1	F0901	繪圖軟體	德國	A0907	9000	700	6300000
15	1	F0901	繪圖軟體	東南亞	A0908	4000	3000	12000000

銷售業績

已經計算出每一個產品的銷售總數量及全部金額了！

學習園地

「小計」對話視窗

在小計對話視窗中，還有三個設定選項，分別為「取代目前小計」、「每組資料分頁」及「摘要置於小計資料下方」。

■ 取代目前小計

不論執行幾次小計，只要勾選此項，就會以此次小計結果覆蓋之前的小計結果。

■ 每組資料分頁

如果勾選此項，則會將每一組小計以分頁的方式列印出來。

■ 摘要置於小計資料下方

此項必須在勾選「取代目前小計」狀態下，才可勾選。如果勾選此項，則會將小計列及總計列置於每一組小計的下方，如果不勾選此項則會將小計列置於每一組的上方。

至於要取消小計列，只要再次執行「資料／小計」指令，按下小計對話視窗中的「全部移除」鈕即可移除。

8-1-4 運用大綱功能查看業績表小計結果

雖然已經以小計功能計算出每一種產品的銷售量，可是因為產品種類繁多，所以要查看所有的小計結果，就必須不停的移動捲軸來做比較。Excel 為了讓使用者一下就看出小計結果，所以在建立小計的同時，也已經把「大綱」給建立好了。如下圖所示：

	A	B	C	D	E	F	G	H
1	月份	產品代	產品種類	銷售地區	業務人員編	單價	數	總金額
8		A0302 合計					22600	
17		F0901 合計					15200	
18	1	G0350	電腦遊戲	日本	A0901	5000	1000	5000000
19	1	G0350	電腦遊戲	韓國	A0902	3000	2000	6000000
20	1	G0350	電腦遊戲	美西	A0905	4000	500	2000000
21	1	G0350	電腦遊戲	巴西	A0906	1000	500	500000
22	1	G0350	電腦遊戲	美東	A0906	4000	1000	4000000
23	1	G0350	電腦遊戲	德國	A0907	5000	12000	60000000
24	1	G0350	電腦遊戲	法國	A0907	5000	2000	10000000
25	1	G0350	電腦遊戲	東南亞	A0908	2000	5000	10000000
26	1	G0350	電腦遊戲	義大利	A0909	2000	3000	6000000
27		G0350 合計					27000	
28		總計					64800	
29								

- 大綱鈕 1 2 3：使用者會看到不同編號的符號，此符號乃依照小計的欄位來做不同層次區別。數字編號越小，顯示資料最精簡，數字越大資料顯示越多。
- 顯示鈕 +：按下此鈕，會將隱藏的資料顯示出來。
- 隱藏鈕 -：按下此鈕，會將顯示的資料隱藏起來。

了解大綱的使用方式之後，以下範例將查看各個產品的銷售金額。

範例 使用大綱功能

Step1

	A	B	C	D	E	F	G	H
1	月份	產品代	產品種類	銷售地區	業務人員編	單價	數	總金額
8		A0302 合計					22600	
17		F0901 合計					15200	
18	1	G0350	電腦遊戲	日本	A0901	5000	1000	5000000
19	1	G0350	電腦遊戲	韓國	A0902	3000	2000	6000000
20	1	G0350	電腦遊戲	美西	A0905	4000	500	2000000
21	1	G0350	電腦遊戲	巴西	A0906	1000	500	500000
22	1	G0350	電腦遊戲	美東	A0906	4000	1000	4000000
23	1	G0350	電腦遊戲	德國	A0907	5000	12000	60000000
24	1	G0350	電腦遊戲	法國	A0907	5000	2000	10000000
25	1	G0350	電腦遊戲	東南亞	A0908	2000	5000	10000000
26	1	G0350	電腦遊戲	義大利	A0909	2000	3000	6000000
27		G0350 合計					27000	
28		總計					64800	
29								

Step2

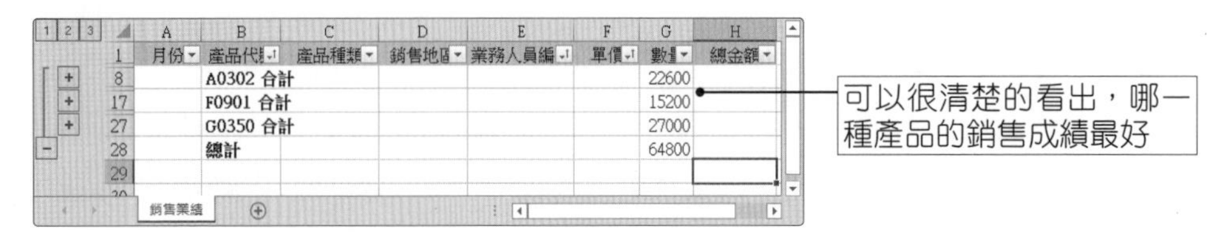

可以很清楚的看出，哪一種產品的銷售成績最好

8-1-5 製作銷售排行

使用大綱查看出各個產品的銷售量後，接著就來製作產品的銷售排行吧！讓公司藉此排行來決定下一個月的產品製造量，銷售好的產品下個月將增產，而銷售不好的產品則進行減產。請開啟範例檔「業績表-03.xlsx」。

範例 製作銷售產品總金額排行

Step1

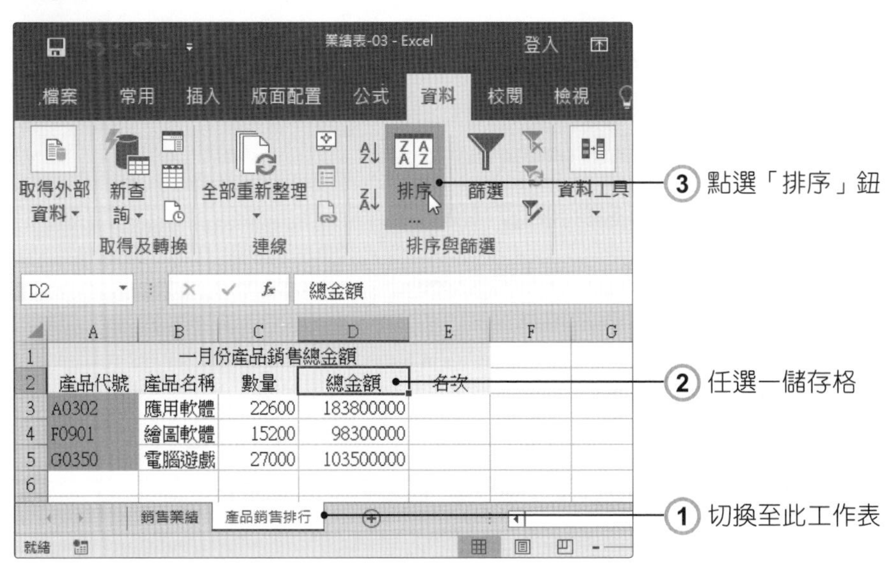

Step2

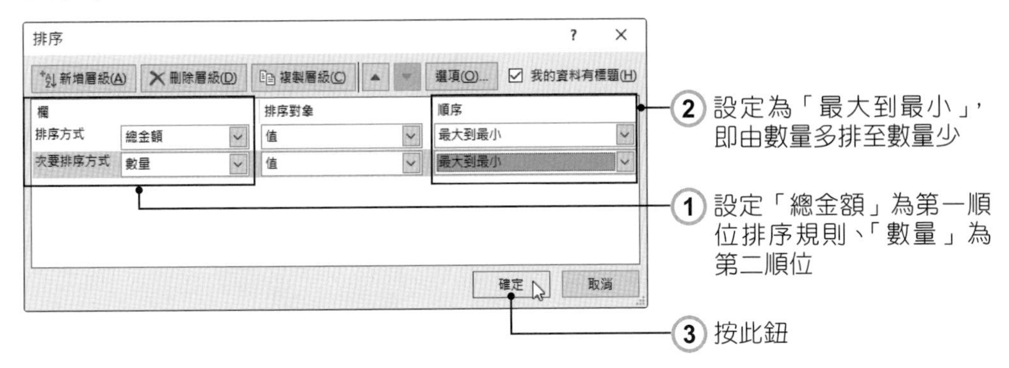

② 設定為「最大到最小」，即由數量多排至數量少

① 設定「總金額」為第一順位排序規則、「數量」為第二順位

③ 按此鈕

Step3

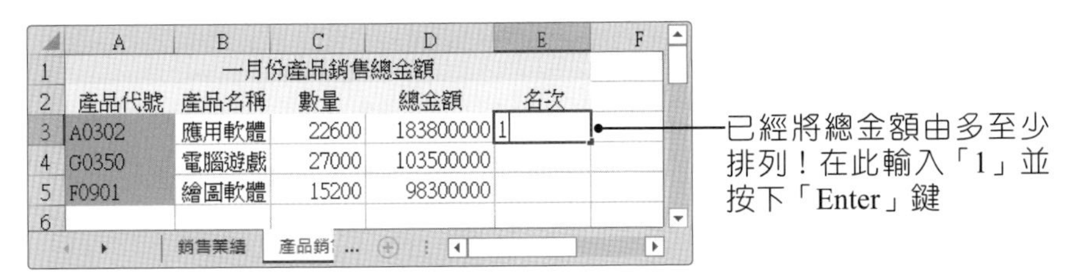

已經將總金額由多至少排列！在此輸入「1」並按下「Enter」鍵

Step4

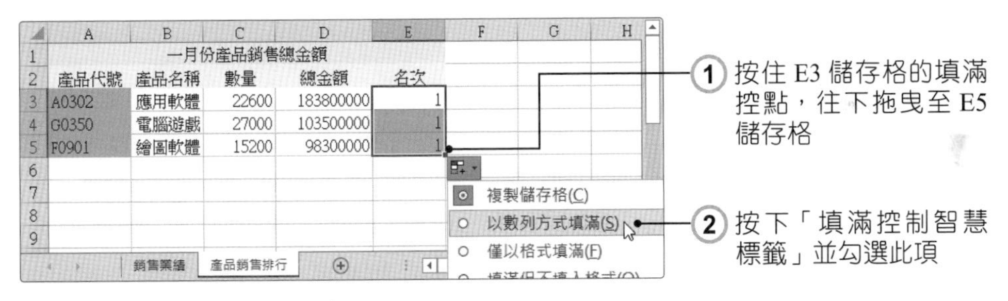

① 按住 E3 儲存格的填滿控點，往下拖曳至 E5 儲存格

② 按下「填滿控制智慧標籤」並勾選此項

Step5

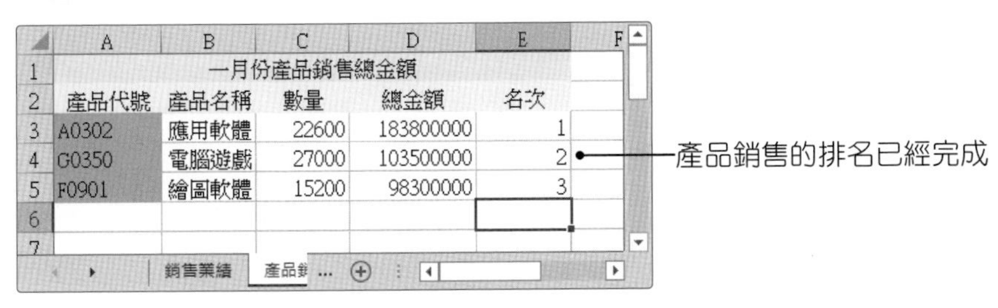

產品銷售的排名已經完成

8-2 建立樞紐分析表

產品銷售排行是用來了解不同產品的銷售狀況，進而決定產品產量是否需要增減，除此之外，也必須了解各個地區的銷售成績，依照各地銷售量的不同來擬定業務推廣計畫。所以在這一小節中，將製作各地銷售情形的樞紐分析表。

8-2-1 認識樞紐分析表

何謂「樞紐分析表」？簡單來說，樞紐分析表就是依照使用者的需求而製作的互動式資料表。當使用者想要改變檢視結果時，只需要透過改變樞紐分析表中的欄位，即可得到不同的檢視結果。但是使用者在建立樞紐分析表之前，必須知道資料分析所依據的來源，資料來源可為資料庫的資料表或目前的工作表資料。

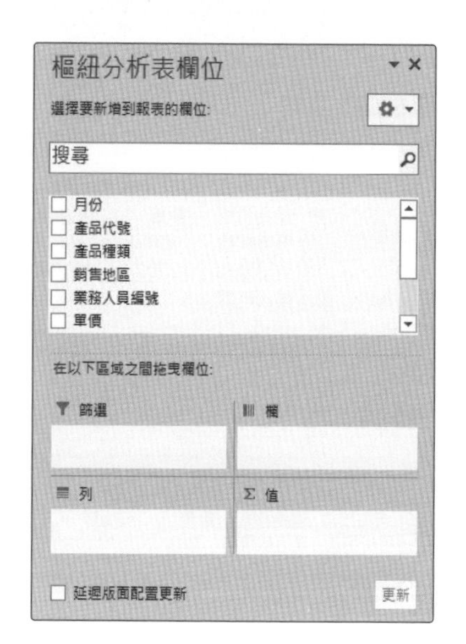

首先來了解樞紐分析表的組成元件為何？樞紐分析表是由四種元件組成，分別為欄、列、值及報表篩選。

- 欄與列：通常為使用者用來查詢資料的主要根據。
- 值：「值」乃由欄與列交叉產生的儲存格內容，即樞紐分析表中顯示資料的欄位。
- 篩選：「篩選」並非樞紐分析表必要的組成元件，假如設定此項，可自由設定想要查看的區域或範圍。

8-2-2 樞紐分析表建立

建立樞紐分析表的過程中，主要會出現三個步驟，接著將在建立的過程中，同時說明步驟中的各個設定。請開啟範例檔「業績表-04.xlsx」。

樞紐分析表的建立

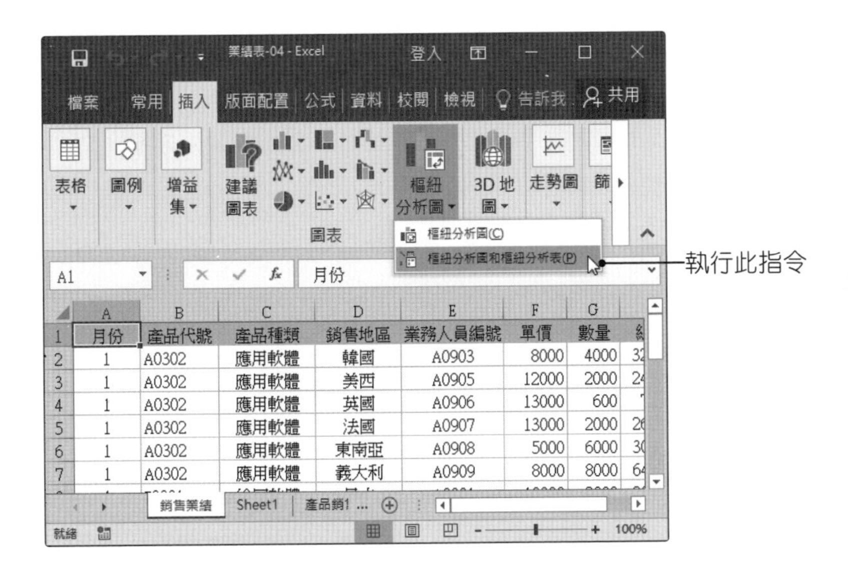

樞紐分析表設定視窗進行設定

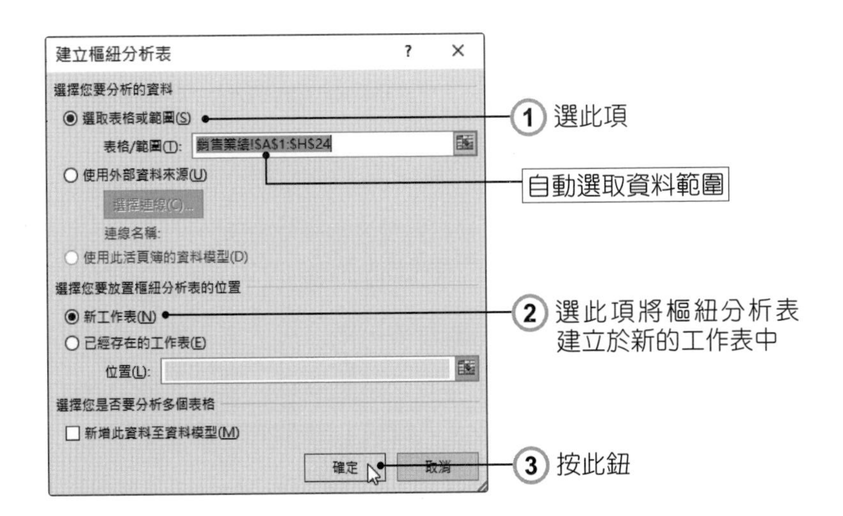

學習園地

樞紐分析表資料來源

可依照使用者的資料來源而做設定，資料來源可為以下兩種方式：

■ **選取表格或範圍**

設定目前活頁簿工作表中的資料清單範圍為資料來源。

■ **使用外部資料來源**

設定資料來源為 Excel 外部的檔案或資料庫，如 SQL Server、Access 等等的資料檔案。

版面配置

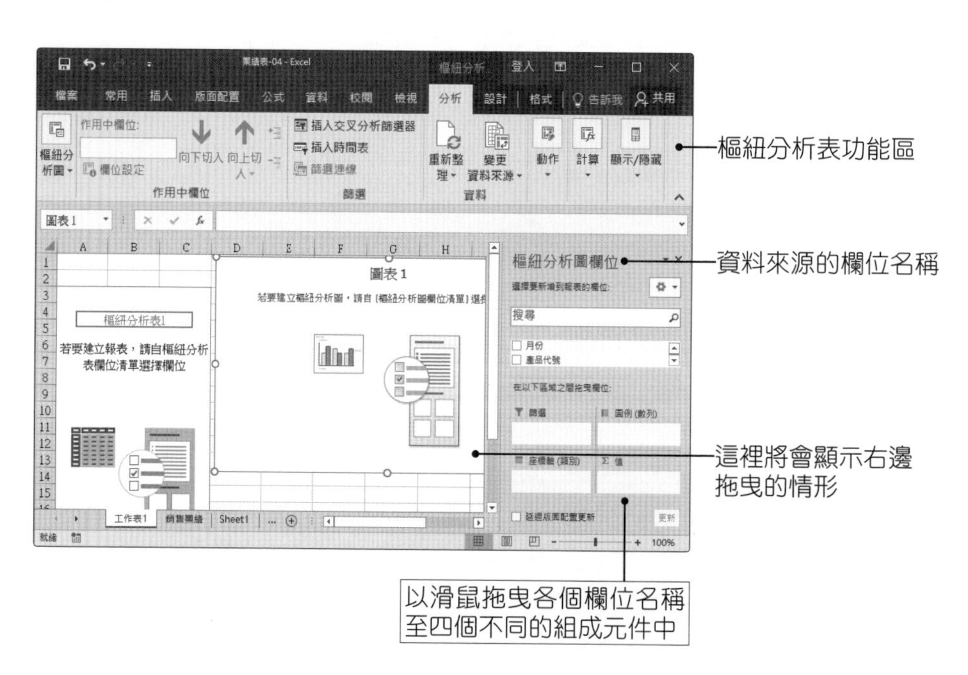

因為要製作各個地區的產品銷售統計表，所以接下來，將「產品代號」欄位名稱拖曳至「列」組成元件欄位中，並將「銷售地區」欄位名稱拖曳至「欄」組成元件欄位，最後再將「總金額」移至「資料」組成元件欄位即可。

Step1

業績表-04 - Excel
樞紐分析圖欄位
選擇要新增到報表的欄位:
樞紐分析表1
若要建立報表，請自樞紐分析表欄位清單選擇欄位
新增至報表篩選
新增至座標軸欄位 (類別)
新增至圖例欄位 (數列)
新增至值
新增為交叉分析篩選器
新增為時間表
選此項按滑鼠右鍵，執行此指令

Step2

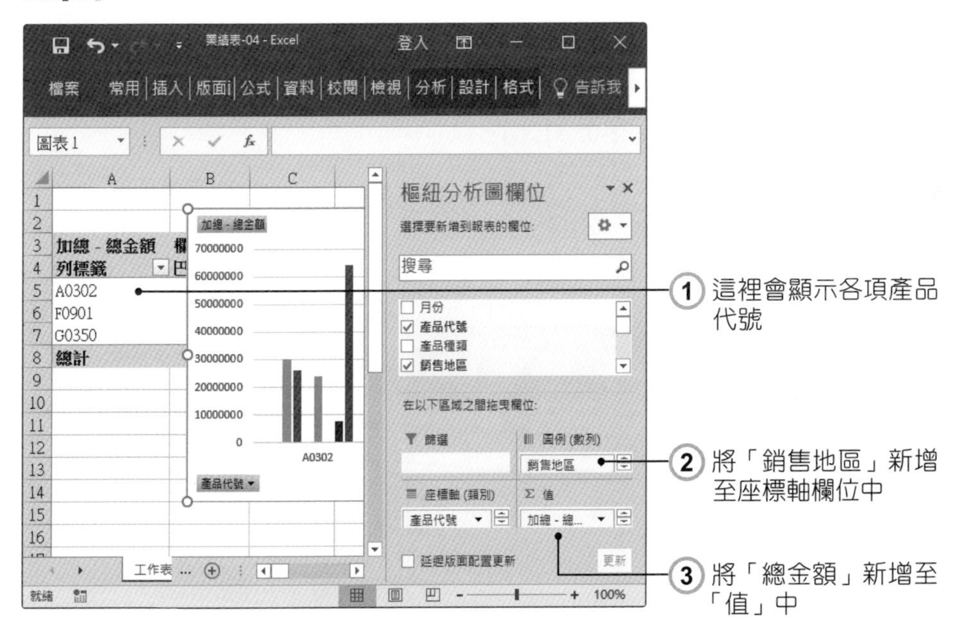
業績表-04 - Excel
樞紐分析圖欄位
加總 - 總金額
列標籤
A0302
F0901
G0350
總計
月份
產品代號
產品種類
銷售地區
在以下區域之間拖曳欄位:
篩選
圖例 (數列)
銷售地區
座標軸 (類別)
產品代號
值
加總 - 總...
1 這裡會顯示各項產品代號
2 將「銷售地區」新增至座標軸欄位中
3 將「總金額」新增至「值」中

Step3

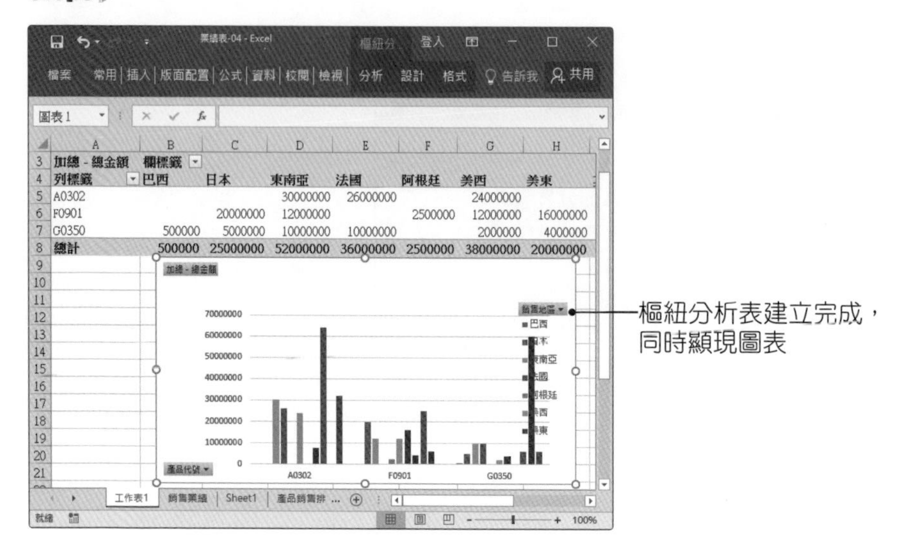
樞紐分析表建立完成，
同時顯現圖表

8-2-3 顯示各個地區的銷售平均值

樞紐分析表還可依照選取不同的欄為順序來變更顯示結果，如果主管要查看各個區域銷售的「最大值」狀況時，就可以利用欄位的更動，來轉變樞紐分析表的顯示。請開啟範例檔「業績表-05.xlsx」。

範例 變更欄位顯示方式

Step1

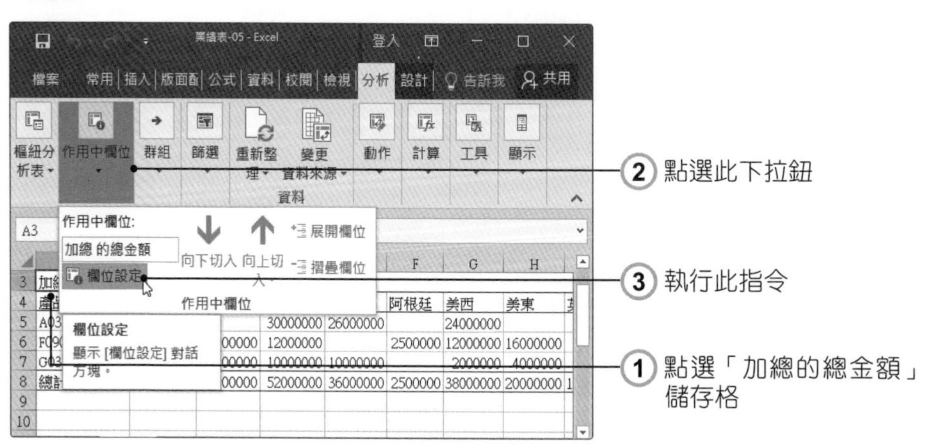
2 點選此下拉鈕
3 執行此指令
1 點選「加總的總金額」
儲存格

Step2

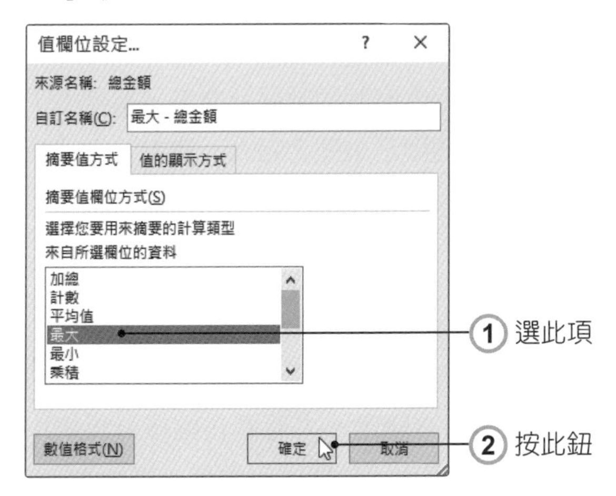

Step3

	A	B	C	D	E	F	G	H
3	最大 - 總金額	銷售地區						
4	產品代號	巴西	日本	東南亞	法國	阿根廷	美西	美東
5	A0302			30000000	26000000		24000000	
6	F0901		20000000	12000000		2500000	12000000	16000000
7	G0350	500000	5000000	10000000	10000000		2000000	4000000
8	總計	500000	20000000	30000000	26000000	2500000	24000000	16000000

總計列中的資料都轉換成「最大值」了！

只要多練習幾次，熟悉樞紐分析表欄位設定，不管主管要求什麼資料，一定很快就可以製作符合需求的報表。

如果想要新增樞紐分析表的欄位時，只要在樞紐分析表欄位清單中，選擇需要的欄位並拖曳至列標籤、欄標籤、報表篩選及值欄位區域即可新增欄位。至於要刪除樞紐分析表的欄位，只要將表上的欄位拖曳至樞紐分析表以外的地區即可刪除。

8-3 樞紐分析圖的製作

在製作樞紐分析表後，為了方便主管看了密密麻麻的數據及文字，還是不了解樞紐分析表的重點所在，不妨另外加上圖表的顯示來配合報表，使主管能清楚的了解各個地區銷售的比例。

8-3-1 編輯樞紐分析圖

樞紐分析圖主要是依照樞紐分析表中的資料而形成的，所以當使用者變換樞紐分析表的欄位資料時，樞紐分析圖也會隨之變動。來看看在樞紐分析表中加上一個「業務人員編號」後，樞紐分析圖的變化。請開啟範例檔「業績表-06.xlsx」。

範例 變更樞紐分析表欄位資料

Step1

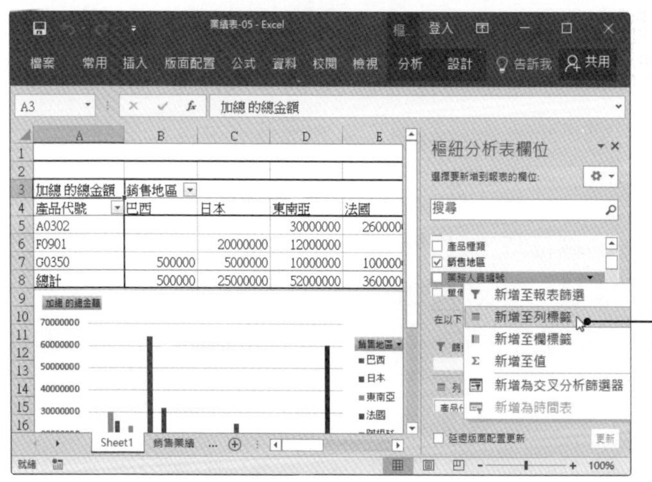

選取「業務人員編號」按滑鼠右鍵，執行此指令

Step2

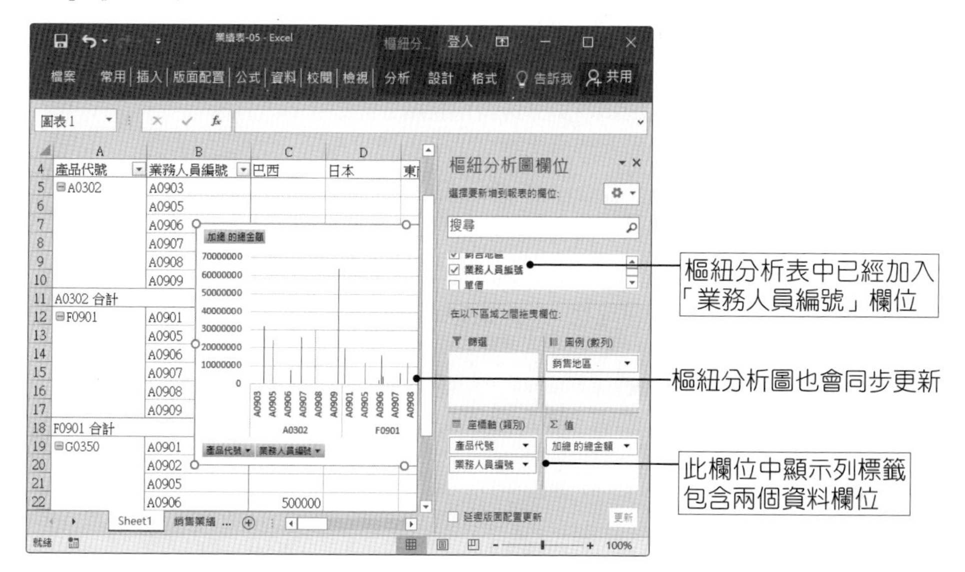

樞紐分析表中已經加入「業務人員編號」欄位
樞紐分析圖也會同步更新
此欄位中顯示列標籤包含兩個資料欄位
樞紐分析圖欄位
產品代號
業務人員編號
銷售地區
加總 的總金額

Step3

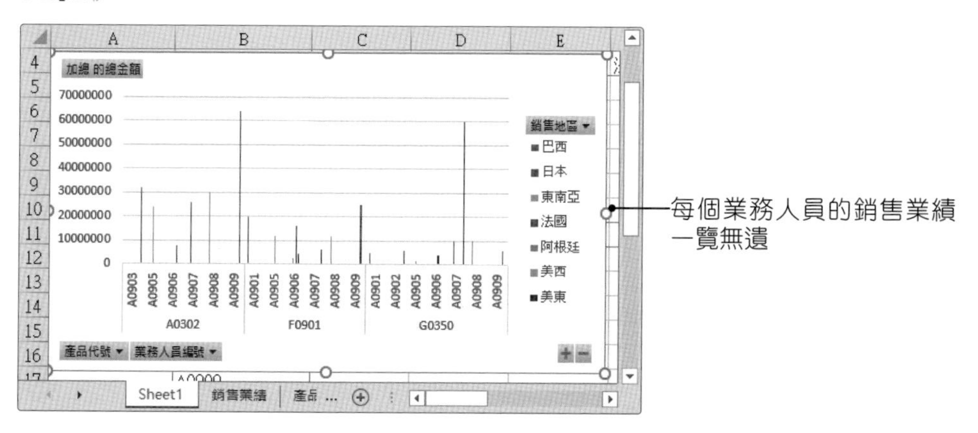

每個業務人員的銷售業績一覽無遺
加總 的總金額
銷售地區
巴西
日本
東南亞
法國
阿根廷
美西
美東
A0302
F0901
G0350
產品代號
業務人員編號

8-3-2 移動圖表位置

如果覺得樞紐分析圖與樞紐分析表放置於同一個工作表上顯得有些紛亂，那麼，你也可以將樞紐分析圖複製或移動到新增的工作表中。

範例 移動圖表位置

Step1

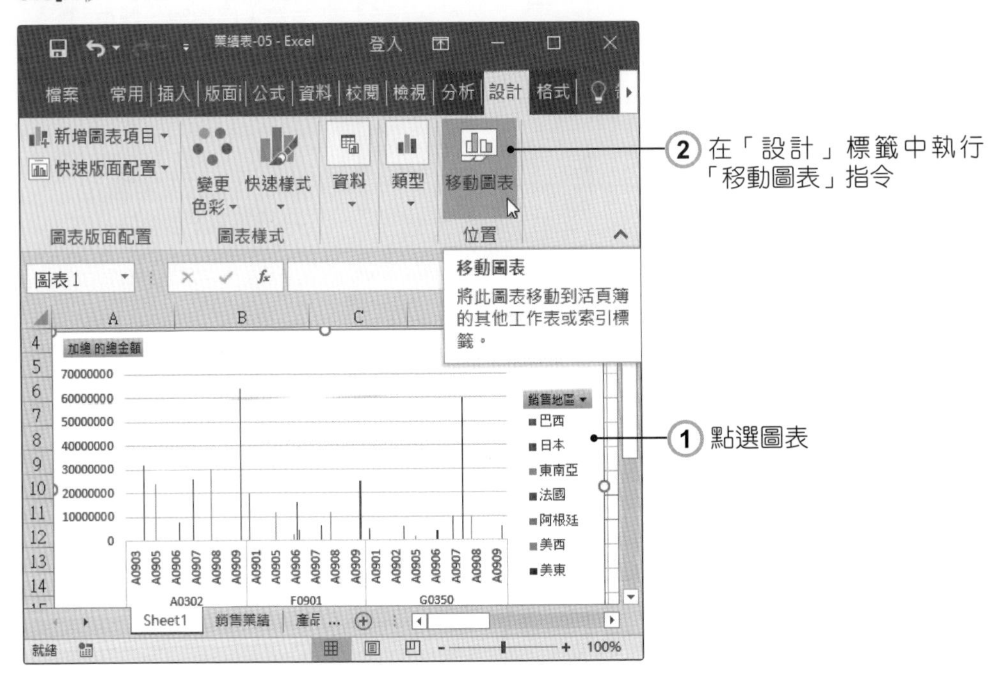

Step2

Step3

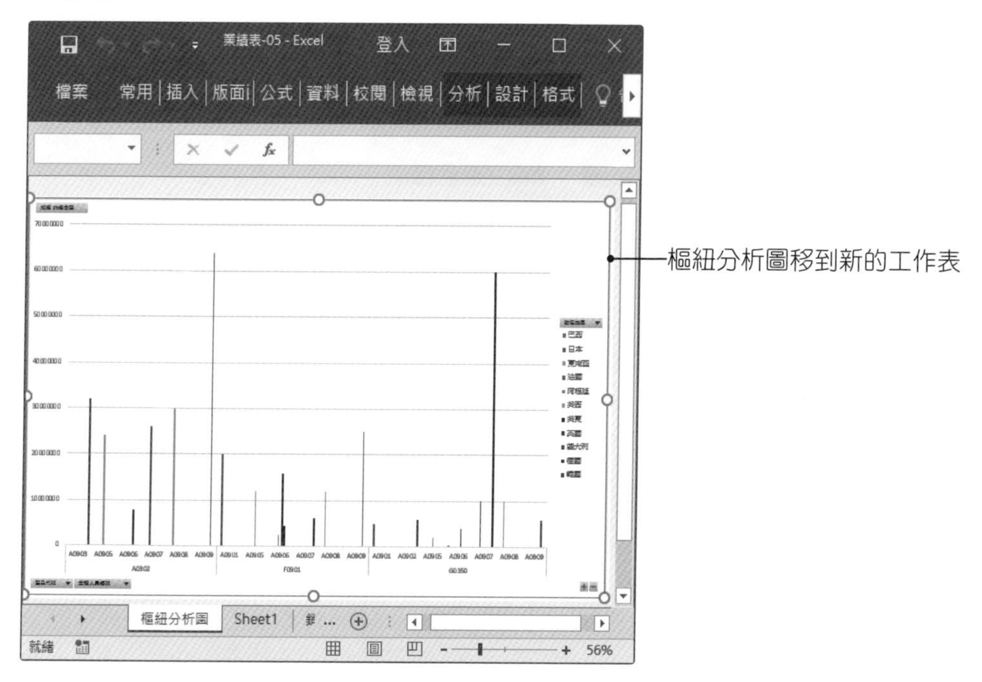

8-3-3 變換樞紐分析圖表類型

當預設的「群組直條圖」圖表類型無法充分表達資料時，使用者還可將樞紐分析圖變換成別種圖表樣式。以下範例將把樞紐分析圖的類型轉換成立體區域圖。請開啟範例檔「業績表-07.xlsx」。

範例 變換圖表類型

Step1

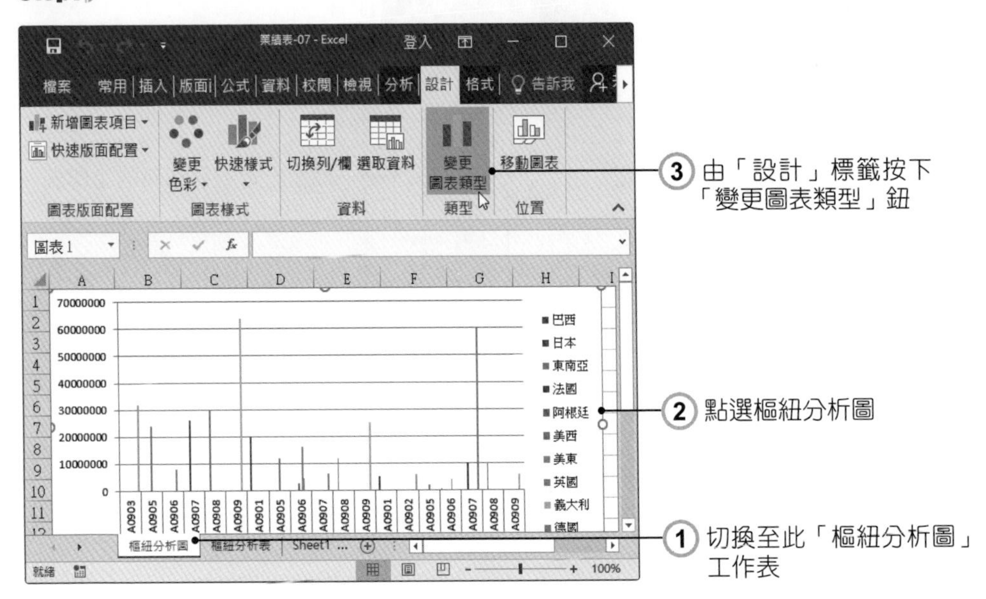

Step2

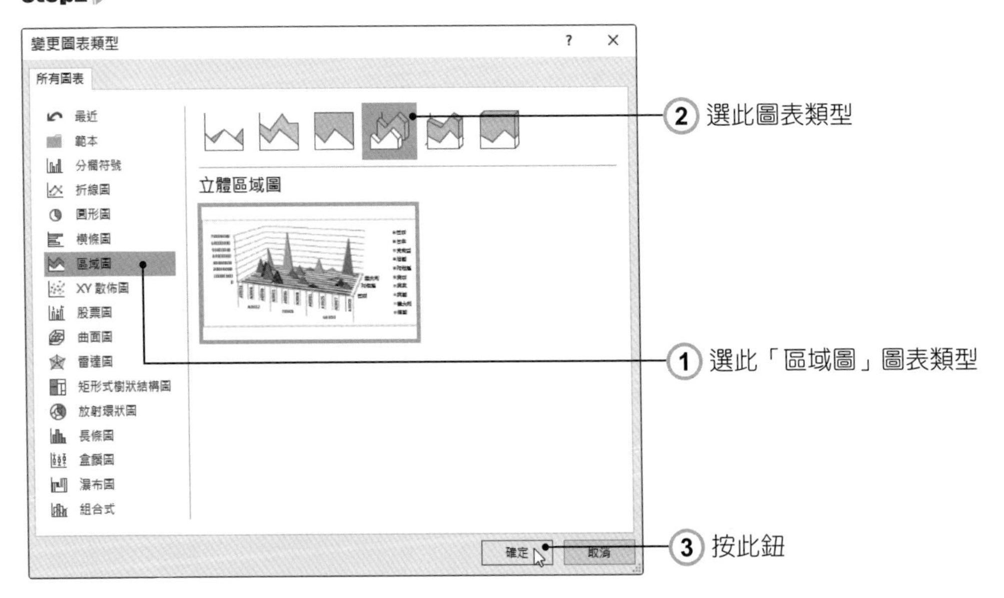

Step3

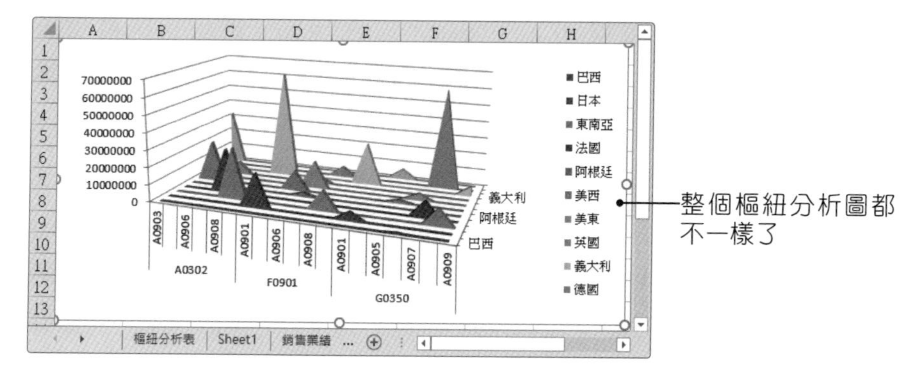

使用者可依照實際需求來加以變化，不論何種資料都可以選擇適當的圖表類型來進行說明。

8-4 計算業務人員的銷售獎金

公司的產品銷售成績要持續的增長，業務人員的推廣是很重要的因素，因此為了刺激業務人員能不斷地創造更高的銷售業績，公司必須訂下一個良好的業績獎金核算制度，藉以獎勵業務人員的士氣。

8-4-1 績效業績獎金的核發方式

建立業績獎金核算表之前，必須了解公司業績獎金的發放方式，每個公司有每個公司的作法，有些公司會依照業績比例來發放獎金，也有些公司只要業務人員每成交一筆就可抽取固定百分比的獎金。本小節將以依照業績比例的方式來發放業績基本獎金，並且累積業務人員的銷售總金額，當達到一定標準時，就會再加上累積獎金，發放的方法如下：

1. 每個月的基本業績獎金會依照以下的獎金標準表來發放不同百分比的獎金：

	A	B	C	D	E	F
1	基本銷售業績獎金標準					
2		49999以下	50000~99999	100000~149999	150000~199999	200000以上
3	銷售業績對照	0	50000	100000	150000	200000
4	獎金比例	5%	10%	15%	20%	25%

獎金標準 | 累積銷售業績 | 績效獎 ...

就是說當銷售業績為 49999 以下，可發放 5 % 的獎金、銷售業績介於 50000 ～ 99999 之間，則發放 10 % 的獎金，以此類推。當銷售業績超過 200000 以上時，皆發放 25% 的獎金。例如業務人員「王小珍」這個月的銷售業績為 135000，則此業務人員的基本績效獎金為：「135000*15%=20250」。

2. 除了基本績效獎金外，還有累積獎金。當業務人員累積銷售金額達到 20 萬時，公司即會發放 2 萬元的獎金。而為了不重複發放獎金，當發放過獎金後，就會扣除 20 萬的累積銷售金額，讓業務人員在下個月以扣除後的差額繼續累積，但是如果當月累積銷售金額超過 40 萬，還是只會發放一次，其餘金額累計到下一個月的累積銷售業績。例如：業務人員「王小珍」上個月累積銷售金額為「180000」，而這個月的業績銷售金額為「135000」，計算方式如下：

   180000+135000 ＝ 315000 ＝達到發放累積獎金資格

   315000-200000 ＝ 115000 ＝下個月繼續以此金額累積

   因此業務人員「王小珍」這個月的業績獎金如下：

   (135000*15%) ＋ (20000) ＝ 40250

   了解業績獎金的計算方式後，緊接著來看看如何製作業績獎金計算表。

8-4-2 HLOOKUP() 函數說明

基本績效獎金標準表已經建立完成，接著在另一個工作表中製作業績獎金計算表，而業績獎金計算表需要以 HLOOKUP() 函數來參照基本績效獎金標準表的獎金比例，因此先介紹 HLOOKUP() 函數用法讓使用者了解。

HLOOKUP() 函數中的「H」即代表「水平」的意思，所以 HLOOKUP() 函數是在一工作表中的第一列中尋找含有某「特定值」的欄位，傳回同一欄中某一指定儲存格的值。前面章節曾經說明過 VLOOKUP() 函數，此函數名稱中的「V」即代表「垂直」，因此會傳回在參照數值中位於指定範圍中的最左邊欄位中的資料。所以這兩個函數意義是不同的，請使用者不要混淆了！

❖ HLOOKUP() 函數

語法：HLOOKUP(Lookup_value,Table_array,Row_index_num,Range_lookup)

說明：以下表格為 HLOOKUP() 函數中的引數說明。

引數名稱	說明
Lookup_value	搜尋資料的條件依據。
Table_array	搜尋資料範圍。
Row_index_num	指定傳回範圍中符合條件的那一列。
Range_lookup	此為邏輯值。如果設為 True 或省略，則會找出部分符合的值；如果設為 False，會找出完全符合的值。

看完 HLOOKUP() 函數的說明後，可能還是覺得不了解。別擔心，以下將以舉例的方式讓各位明白。

■ 函數舉例：以下為各商店的電子用品價格：

	A	B	C	D
1		筆記型電腦	數位相機	行動電話
2	商店A	40,000	12,000	6,999
3	商店B	18,000	8,000	4,999
4	商店C	35,000	6,000	19,999
5	商店D	60,000	15,000	3,999

工作表1

如果在 B7 儲存格設定的 HLOOKUP() 函數為：

HLOOKUP(A7,A1:D5,3,0)
找出範圍中第一列與 A7 儲存格名稱相同的值
代表搜尋範圍
傳回第 3 列資料
找出完全符合的值

所以此 HLOOKUP() 函數會在 B7 儲存格傳回「4999」數值。

8-4-3 建立獎金百分比

首先使用 HLOOKUP() 函數來參照基本銷售業績獎金標準表，來查出每個業務人員此月可發放的獎金百分比。請開啟範例檔「業績表-08.xlsx」。

範例 使用 HLOOKUP() 函數

Step1

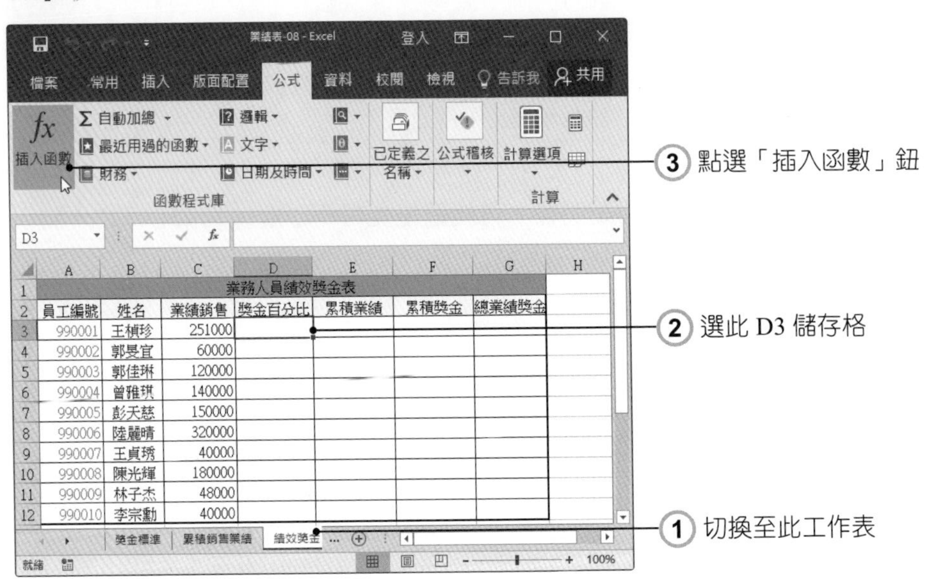

Step2

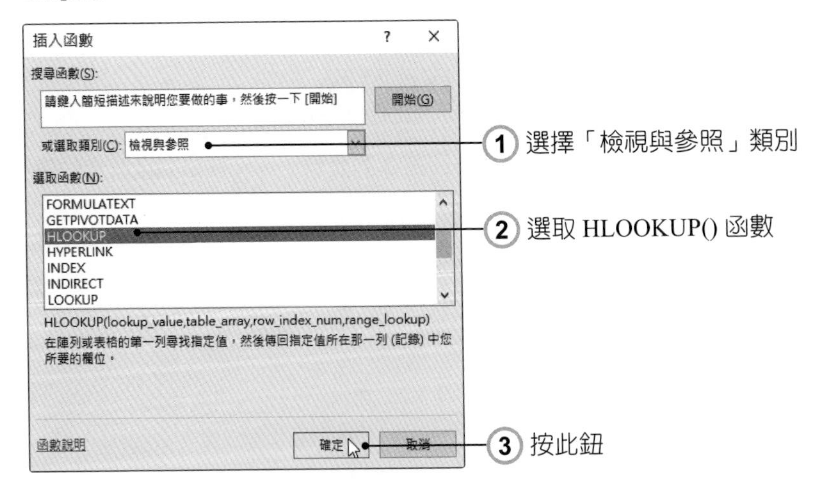

Step3

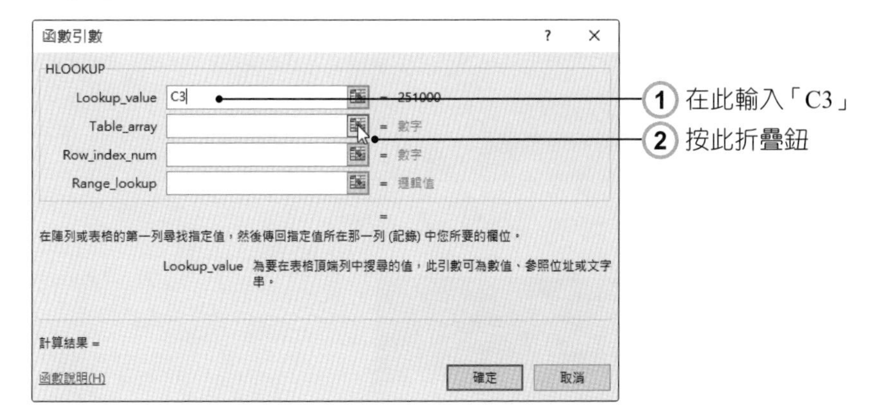

Step4

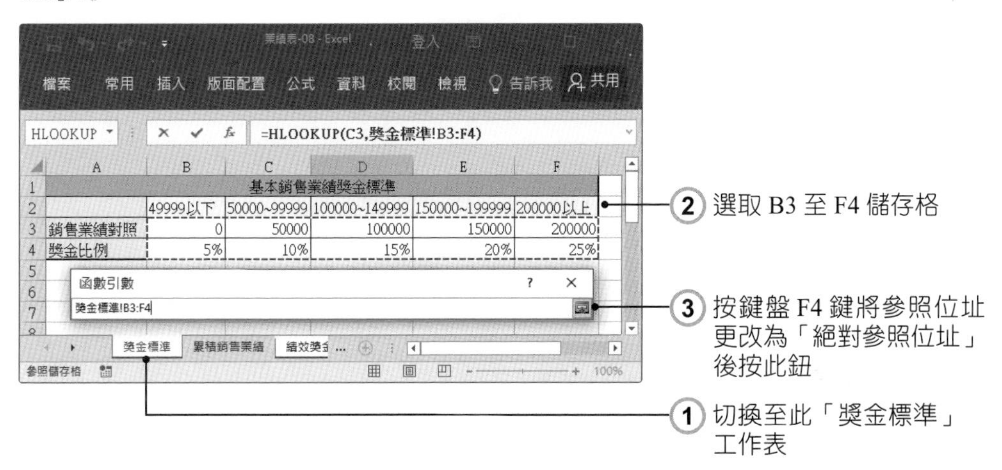

Step5

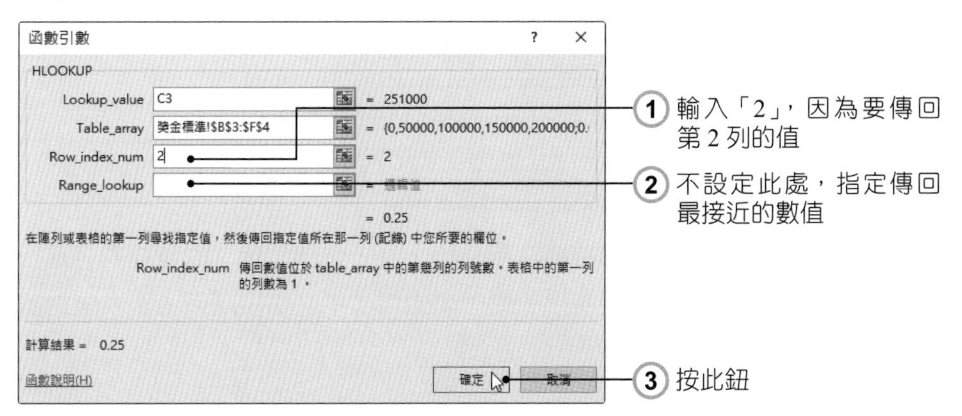

Tips 在此 HLOOKUP() 函數中並不設定「Range_lookup」的引數值，因此會傳回與「Lookup_value」部分符合的值。例如：在「Lookup_value」設定為「9999」，而在指定範圍中有「5000」及「10000」，傳回值為「5000」，因為「9999」與「5000」的位數條件相同，故傳回「5000」。

Step6

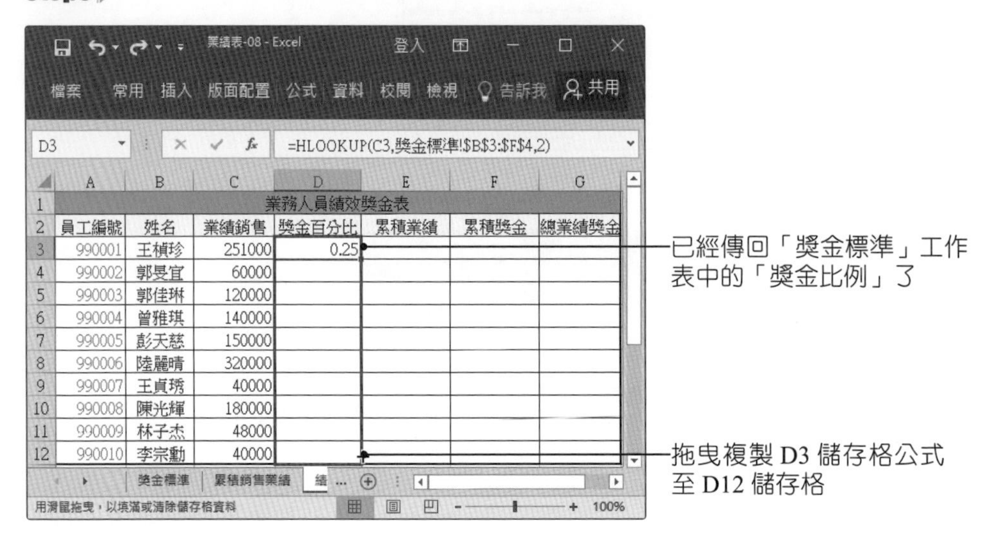

	A	B	C	D	E	F	G
1	業務人員績效獎金表						
2	員工編號	姓名	業績銷售	獎金百分比	累積業績	累積獎金	總業績獎金
3	990001	王楨珍	251000	0.25			
4	990002	郭旻宜	60000				
5	990003	郭佳琳	120000				
6	990004	曾雅琪	140000				
7	990005	彭天慈	150000				
8	990006	陸麗晴	320000				
9	990007	王貞琇	40000				
10	990008	陳光輝	180000				
11	990009	林子杰	48000				
12	990010	李宗勳	40000				

Step7

	A	B	C	D	E	F	G
1	業務人員績效獎金表						
2	員工編號	姓名	業績銷售	獎金百分比	累積業績	累積獎金	總業績獎金
3	990001	王楨珍	251000	0.25			
4	990002	郭旻宜	60000	0.1			
5	990003	郭佳琳	120000	0.15			
6	990004	曾雅琪	140000	0.15			
7	990005	彭天慈	150000	0.2			
8	990006	陸麗晴	320000	0.25			
9	990007	王貞琇	40000	0.05			
10	990008	陳光輝	180000	0.2			
11	990009	林子杰	48000	0.05			
12	990010	李宗勳	40000	0.05			

使用此種方法來傳回每個業績獎金百分比，當「業績銷售」的資料內容進行變更時，此業績獎金百分比也會隨之改變，讓使用者不必切換兩個工作表來對照獎金的比例。

8-4-4 變換百分比的顯示方式

上述範例中，使用 HLOOKUP() 函數參照傳回的獎金百分比，因為還未設定儲存格的格式，所以並不是以百分比方式顯示，因此可變換百分比的顯示方式。請開啟範例檔：「業績表-09.xlsx」。

範例 變換百分比的顯示方式

Step1

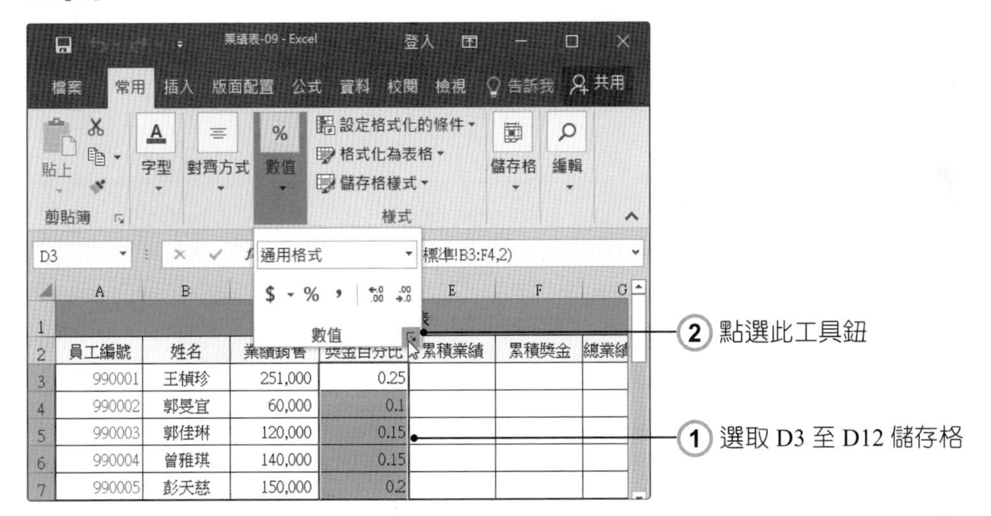

② 點選此工具鈕
① 選取 D3 至 D12 儲存格

Step2

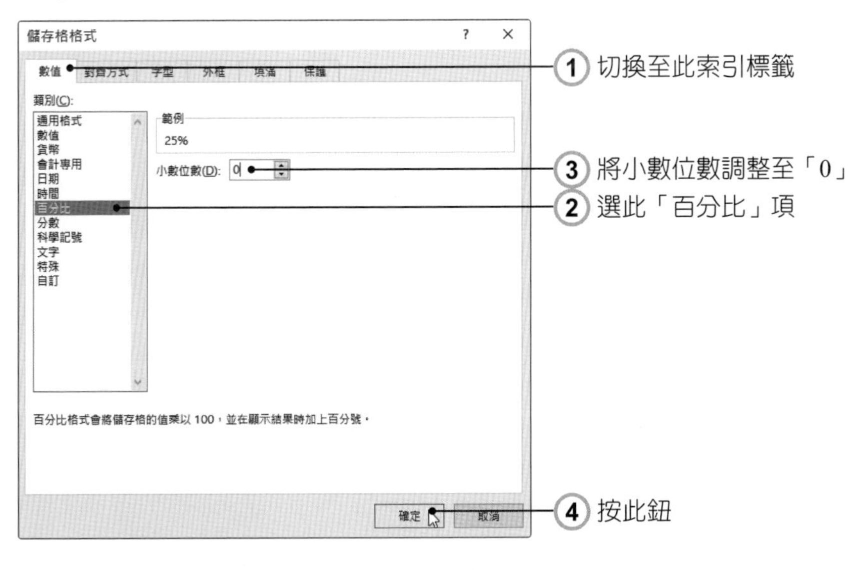

① 切換至此索引標籤
③ 將小數位數調整至「0」
② 選此「百分比」項
④ 按此鈕

Step3

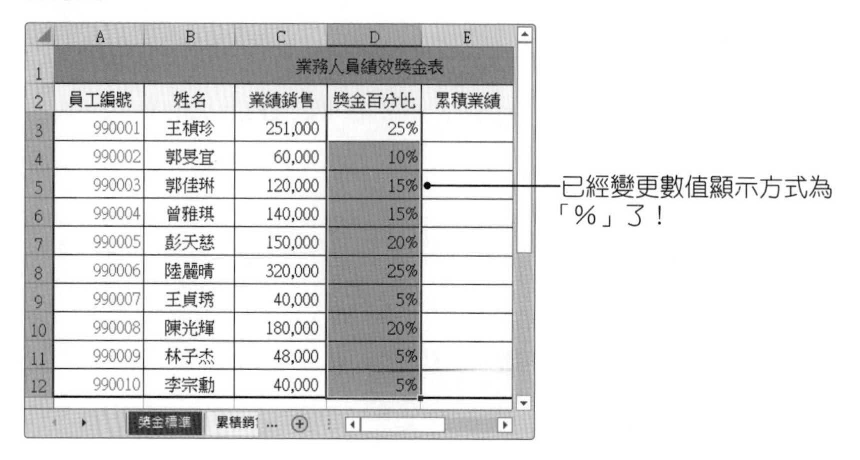

	A	B	C	D	E
1	業務人員績效獎金表				
2	員工編號	姓名	業績銷售	獎金百分比	累積業績
3	990001	王楨珍	251,000	25%	
4	990002	郭旻宜	60,000	10%	
5	990003	郭佳琳	120,000	15%	
6	990004	曾雅琪	140,000	15%	
7	990005	彭天慈	150,000	20%	
8	990006	陸麗晴	320,000	25%	
9	990007	王貞琇	40,000	5%	
10	990008	陳光輝	180,000	20%	
11	990009	林子杰	48,000	5%	
12	990010	李宗勳	40,000	5%	

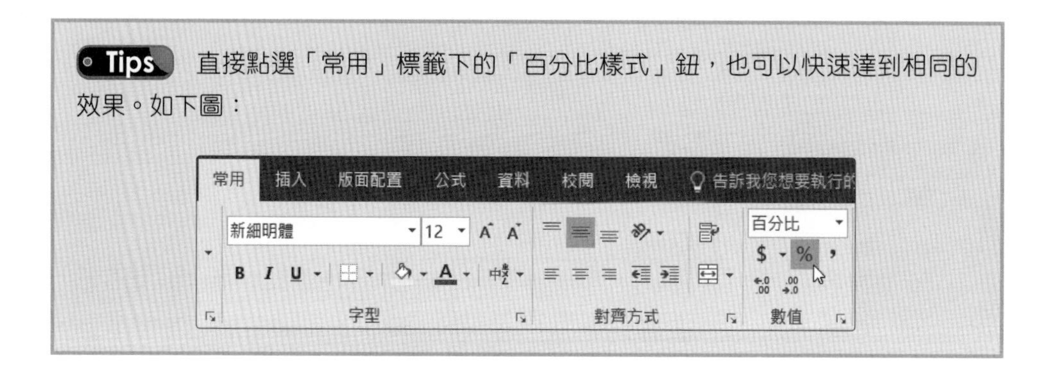

Tips 直接點選「常用」標籤下的「百分比樣式」鈕，也可以快速達到相同的效果。如下圖：

8-4-5 建立累積業績資料

每個月的累積業績會隨著是否領取過累積獎金及每月的業績銷售資料而變動，所以在每個月算出業績獎金後，就必須把累積業績資料先存放在「累積銷售業績」工作表中，好讓下一個月有所依據。因此需要以 VLOOKUP() 函數來參照之前的累積業績資料至績效獎金表中，才可算出是否可以拿到累積獎金。以下將延續上述範例來做說明。

範例 建立累積業績資料

Step1

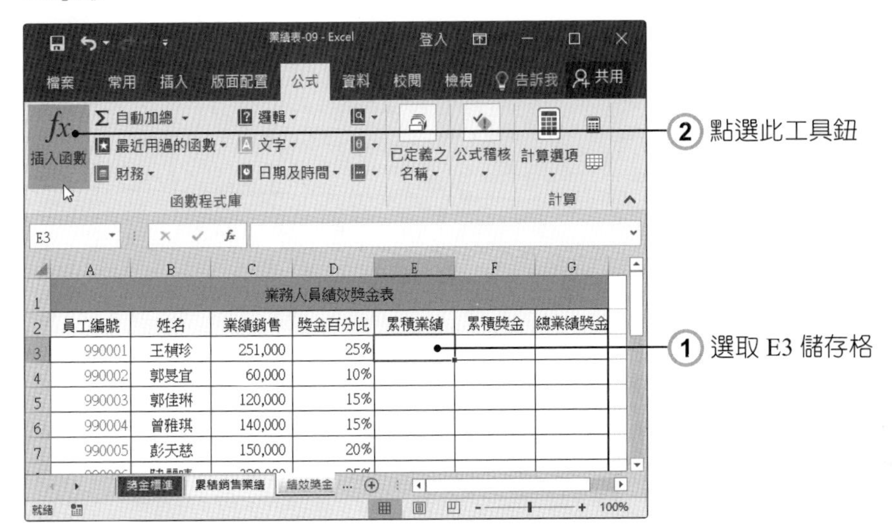

Step2

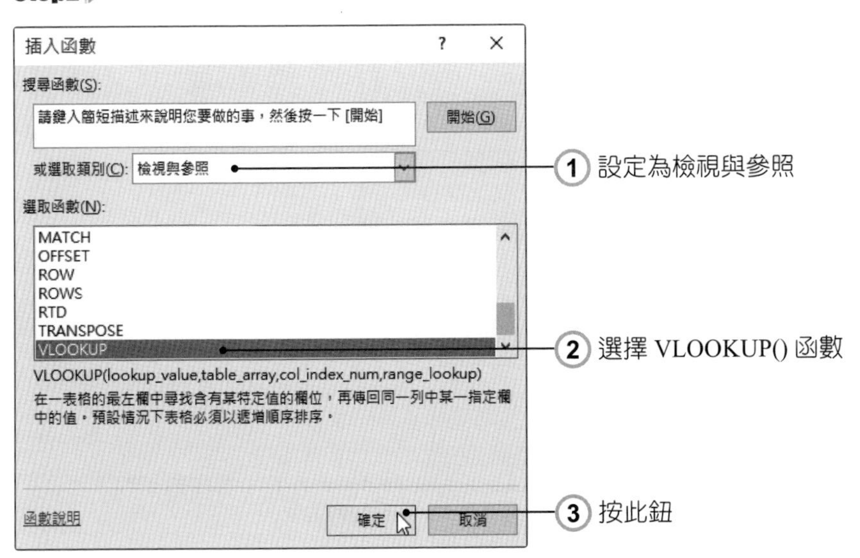

Step3

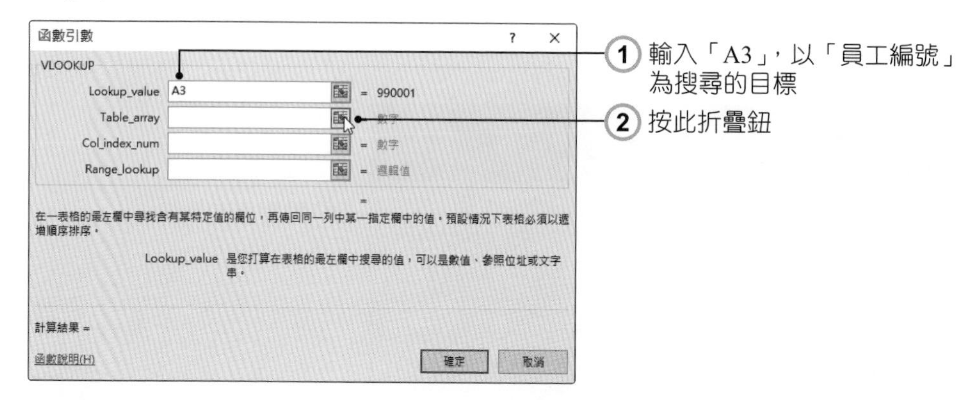

Step4

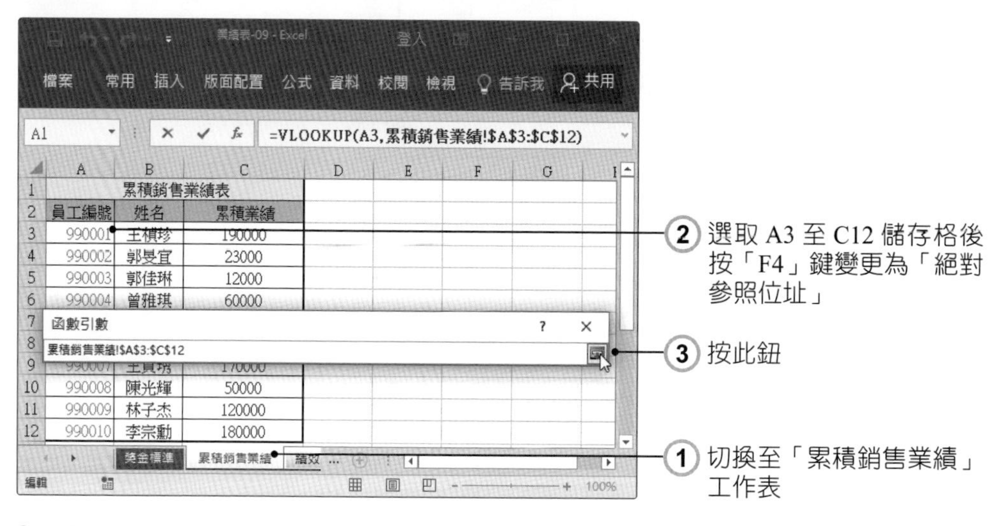

Step5

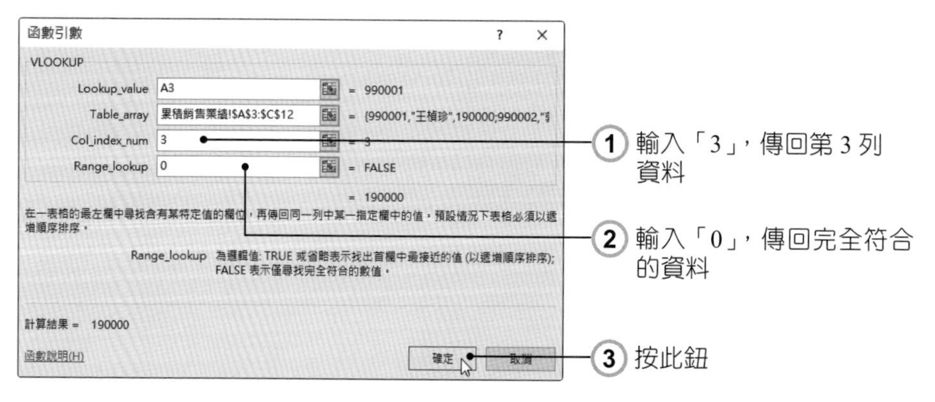

Step6

	A	B	C	D	E	F	G
1	業務人員績效獎金表						
2	員工編號	姓名	業績銷售	獎金百分比	累積業績	累積獎金	總業績獎金
3	990001	王楨珍	251,000	25%	190000		
4	990002	郭旻宜	60,000	10%			
5	990003	郭佳琳	120,000	15%			
6	990004	曾雅琪	140,000	15%			
7	990005	彭天慈	150,000	20%			
8	990006	陸麗晴	320,000	25%			
9	990007	王貞琇	40,000	5%			
10	990008	陳光輝	180,000	20%			
11	990009	林子杰	48,000	5%			
12	990010	李宗勳	40,000	5%			

累積銷售業績　績效獎金

傳回累積業績資料了！

接下來，只要複製 E3 儲存格公式內容至 E11 儲存格之中，即可得到如下圖的成果：

	A	B	C	D	E	F	G
1	業務人員績效獎金表						
2	員工編號	姓名	業績銷售	獎金百分比	累積業績	累積獎金	總業績獎金
3	990001	王楨珍	251,000	25%	190000		
4	990002	郭旻宜	60,000	10%	23000		
5	990003	郭佳琳	120,000	15%	12000		
6	990004	曾雅琪	140,000	15%	60000		
7	990005	彭天慈	150,000	20%	190000		
8	990006	陸麗晴	320,000	25%	20000		
9	990007	王貞琇	40,000	5%	170000		
10	990008	陳光輝	180,000	20%	50000		
11	990009	林子杰	48,000	5%	120000		
12	990010	李宗勳	40,000	5%	180000		

8-4-6 計算累積獎金

累積獎金的算法是依照之前的累積業績金額再加上這個月的業績銷售金額，如果超過 20 萬就發給累積獎金 2 萬元，扣掉 20 萬的累積業績金額後，就成為下次的累積業績金額，如果當月業績加上累積業績超過 40 萬，還是只發放一次獎金，其餘的業績金額繼續累計到下一個月；如果沒超過 20 萬則沒有累積獎金，此金額將繼續累積。而使用這種方式就必須運用到 IF() 函數來限定累積獎金的發放。以下將先說明 IF() 函數的用法。

❖ IF 函數

語法：IF(Logical_test,Value_if_true,Value_if_false)

說明：以下為函數中的引數說明：

引數名稱	說明
Logical_test	此為判斷式。用來判斷測試條件是否成立。
Value_if_true	此為條件成立時，所執行的程序。
Value_if_false	此為條件不成立時，所執行的程序。

舉例：

E2 =IF(D2>=60,"合格","不合格")

	A	B	C	D	E
1	姓名	國文	英文	平均	是否合格
2	林子杰	50	49	49.5	不合格
3	王貞琇	90	80	85	合格
4	陳光輝	92	95	93.5	合格

以上圖的 E2 儲存格為例，此 E2 儲存格在 D2 儲存格（平均）大於或等於 60 分時，即會顯示「合格」二字；反之，當 D2 儲存格的數值不符合條件時，就會顯示「不合格」二字。

了解了 IF() 函數後，以下將以範例直接說明。請開啟範例檔「業績表-10.xlsx」。

範例 使用 IF() 函數計算累積獎金

Step1

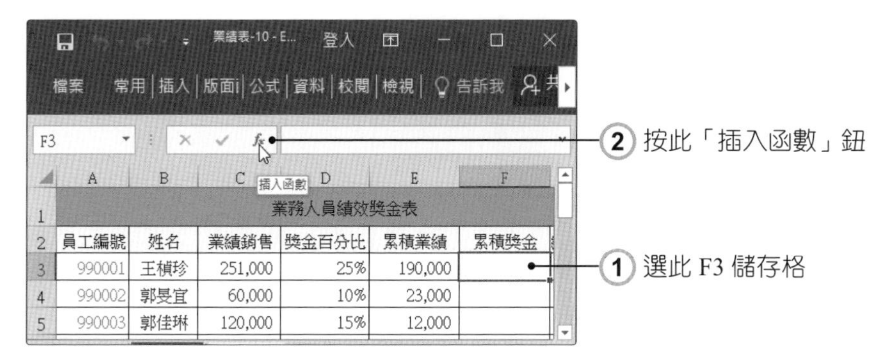

Step2

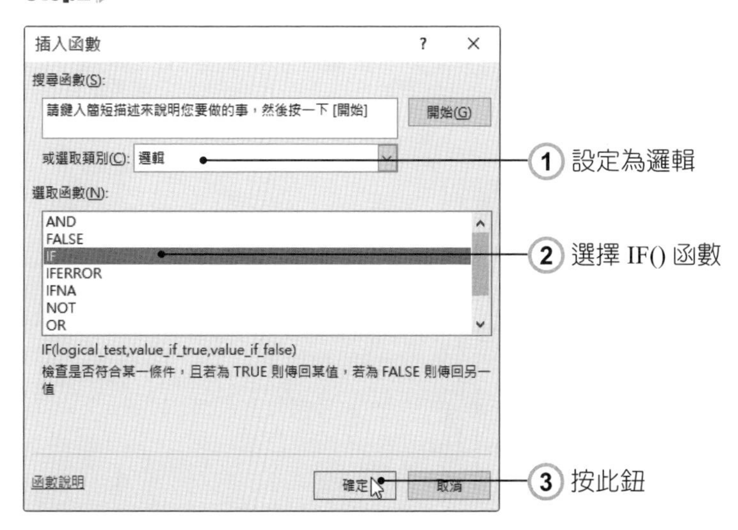

Step3

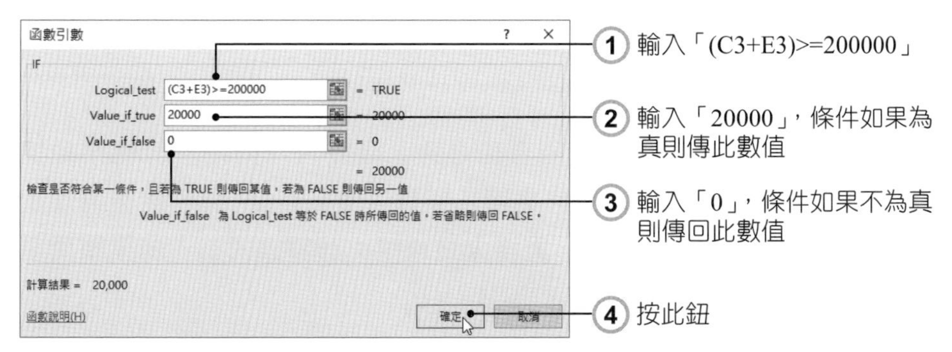

Step4

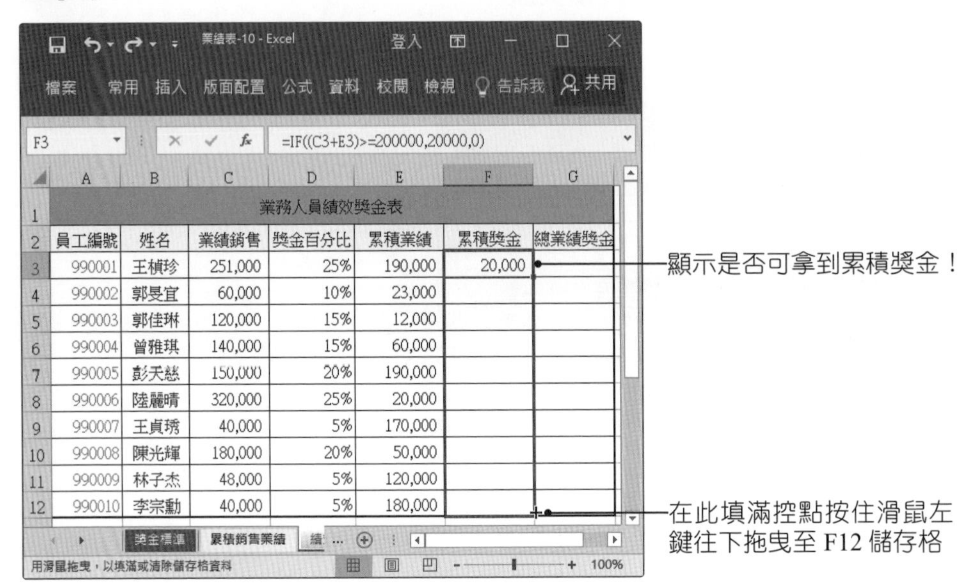

業績表-10 - Excel
F3
=IF((C3+E3)>=200000,20000,0)
顯示是否可拿到累積獎金！
在此填滿控點按住滑鼠左鍵往下拖曳至 F12 儲存格
用滑鼠拖曳，以填滿或清除儲存格資料

業務人員績效獎金表						
員工編號	姓名	業績銷售	獎金百分比	累積業績	累積獎金	總業績獎金
990001	王楨珍	251,000	25%	190,000	20,000	
990002	郭旻宜	60,000	10%	23,000		
990003	郭佳琳	120,000	15%	12,000		
990004	曾雅琪	140,000	15%	60,000		
990005	彭天慈	150,000	20%	190,000		
990006	陸麗晴	320,000	25%	20,000		
990007	王貞琇	40,000	5%	170,000		
990008	陳光輝	180,000	20%	50,000		
990009	林子杰	48,000	5%	120,000		
990010	李宗勳	40,000	5%	180,000		

Step5

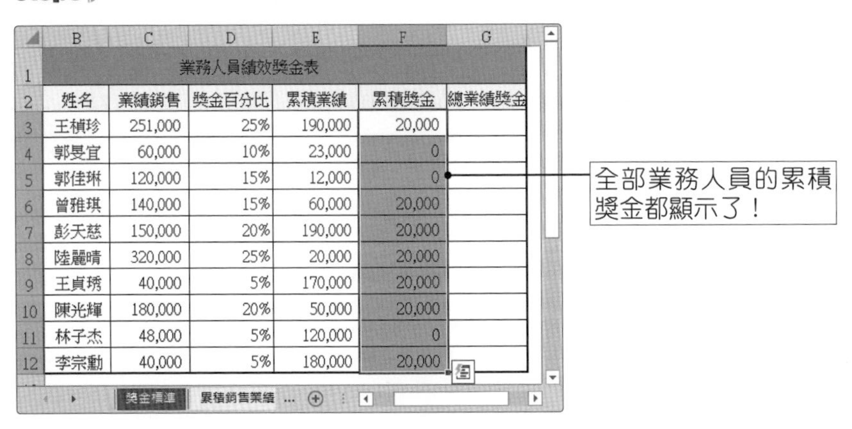

全部業務人員的累積獎金都顯示了！

業務人員績效獎金表					
姓名	業績銷售	獎金百分比	累積業績	累積獎金	總業績獎金
王楨珍	251,000	25%	190,000	20,000	
郭旻宜	60,000	10%	23,000	0	
郭佳琳	120,000	15%	12,000	0	
曾雅琪	140,000	15%	60,000	20,000	
彭天慈	150,000	20%	190,000	20,000	
陸麗晴	320,000	25%	20,000	20,000	
王貞琇	40,000	5%	170,000	20,000	
陳光輝	180,000	20%	50,000	20,000	
林子杰	48,000	5%	120,000	0	
李宗勳	40,000	5%	180,000	20,000	

8-4-7 總業績獎金的計算

知道獎金百分比及累積獎金的金額之後，終於可以開始計算總業績獎金了！「總業績獎金」是以「銷售業績」乘以「獎金百分比」，然後再加上「累積獎金」金額。以「990001」業務人員來說：計算公式為「總業績獎金=(C3*D3)+F3」。請開啟範例檔「業績表-11.xlsx」。

範例 計算總業績獎金

Step1

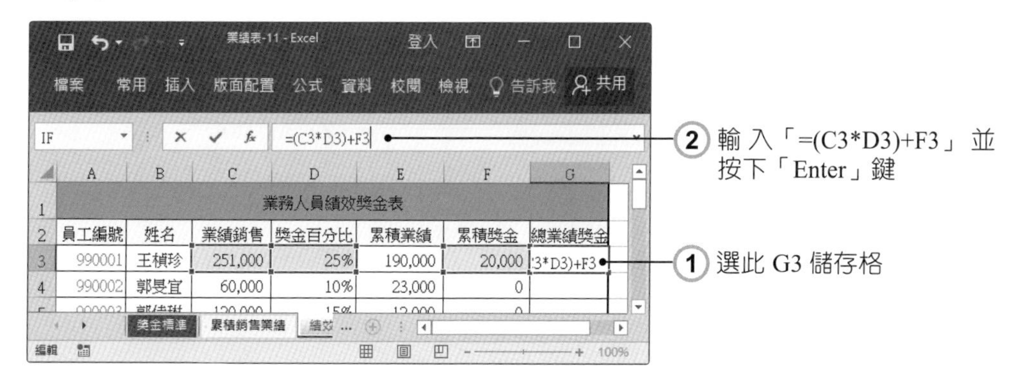

Step2

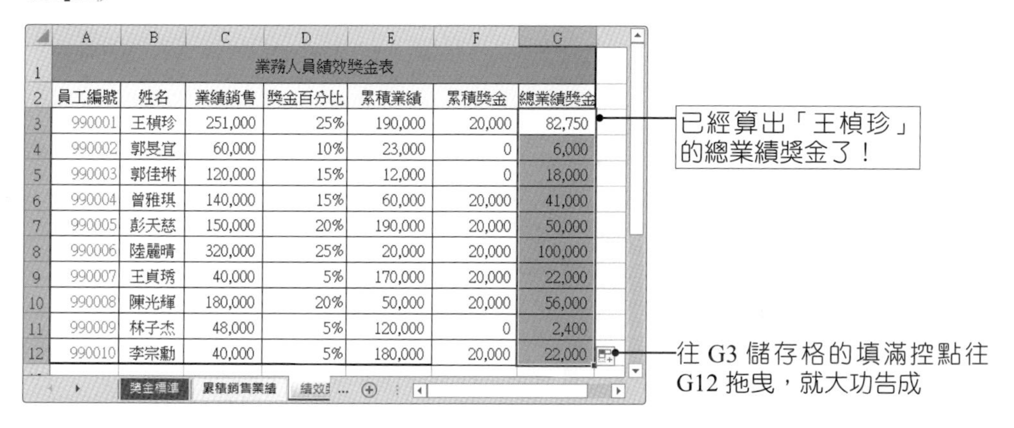

	A	B	C	D	E	F	G
1	業務人員績效獎金表						
2	員工編號	姓名	業績銷售	獎金百分比	累積業績	累積獎金	總業績獎金
3	990001	王楨珍	251,000	25%	190,000	20,000	82,750
4	990002	郭旻宜	60,000	10%	23,000	0	6,000
5	990003	郭佳琳	120,000	15%	12,000	0	18,000
6	990004	曾雅琪	140,000	15%	60,000	20,000	41,000
7	990005	彭天慈	150,000	20%	190,000	20,000	50,000
8	990006	陸麗晴	320,000	25%	20,000	20,000	100,000
9	990007	王貞琇	40,000	5%	170,000	20,000	22,000
10	990008	陳光輝	180,000	20%	50,000	20,000	56,000
11	990009	林子杰	48,000	5%	120,000	0	2,400
12	990010	李宗勳	40,000	5%	180,000	20,000	22,000

現在可以清楚的了解每一個業務人員應得的業績獎金了！只要在計算業績獎金過後，依照是否領取累積獎金，計算出每個業務人員的累計業績記在累積銷售業績工作表中，當下一個月要計算業績獎金時，只要輸入每個業務人員當月的銷售業績即可算出總業績獎金了！

8-4-8 加上註解

為了了解業務人員這個月與上一個月業績獎金是持續成長、停滯不前或逐漸下滑，可在業績獎金儲存格上加上一些註解，讓主管更容易了解此業務人員的狀況。請開啟範例檔「業績表-12.xlsx」。

範例 加上註解

Step1

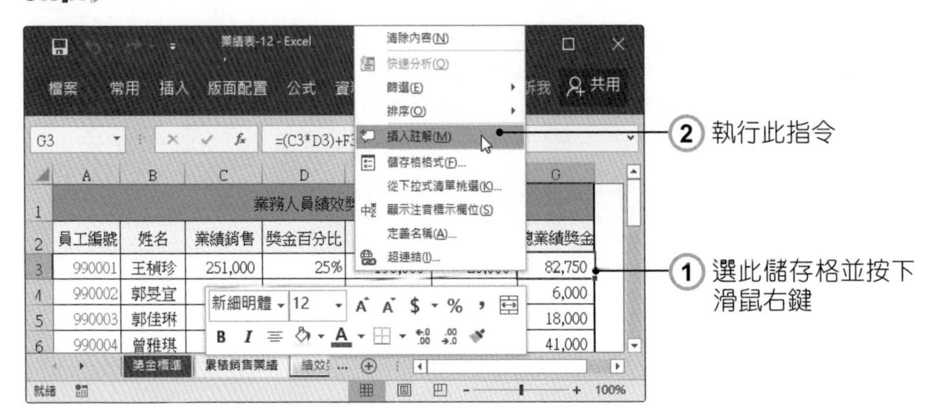

Step2

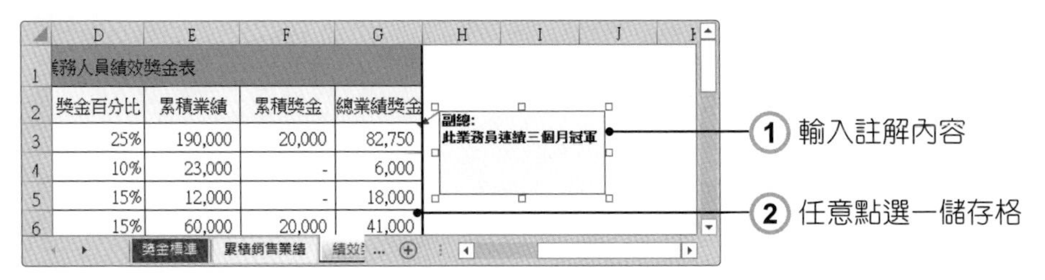

Step3

當滑鼠移至此儲存格上時，就會顯示出註解內容

有了註解，很快就可看出此業務人員之前的業績銷售成績為何了！

註解的各項功能

在加上註解之後，使用者可以依照以下各種方法來修改註解顯示方式。

■ 註解的顯示與隱藏

如果想將註解一直顯示在儲存格旁，就可在此儲存格按下滑鼠右鍵並執行「顯示 / 隱藏註解」指令即可。如果想把註解隱藏起來，只要再執行一次此指令就可以了！

■ 修改註解內容

點選儲存格，按下滑鼠右鍵並執行「編輯註解」，註解圖文框就會出現插入點，只要直接編輯文字，在編輯完註解之後，只要任意點選一儲存格即可儲存。

■ 刪除註解

當使用者想要移除註解時，只要選取欲刪除註解的儲存格並按下滑鼠右鍵，執行「刪除註解」指令即可。

實力評量

是非題

( ) 1. % 工具鈕為百分比樣式工具鈕。

( ) 2. 註解一經插入則無法隱藏。

( ) 3. 註解無法變更字型的大小及字體。

( ) 4. 小計功能可以不需自行設計公式，就可為工作表建立統計資料或加上摘要資料。

( ) 5. 篩選功能可用以過濾資料，將符合規定的清單顯示於工作表上，不符合者則隱藏起來。

選擇題

( ) 1. 下列敘述何者有誤？
A. 可同時於多個欄位設定篩選條件
B. 點選「資料／篩選」工具鈕可使每個欄位產生「自動篩選」鈕
C. 不同的欄位篩選條件採用「聯集」的方式進行
D. 以上皆非

( ) 2. 應如何消取「自動篩選」模式？
A. 再一次點選「資料」標籤的「篩選」鈕
B. 下拉自動篩選鈕並選取「取消篩選」選項
C. 點選「資料」標籤中的「小計」鈕
D. 由「資料」標籤點選「篩選」鈕中的「數字篩選」指令

( ) 3. 下列何種功能主要是用來管理工作表中不同的資料，將資料區分成不同層次以方便管理？
A. 排序　B. 小計　C. 大綱　D. 篩選

( ) 4. 建立大綱前工作表中的清單內容必須先進行何種動作？
A. 小計　B. 排序　C. 群組　D. 篩選

( ) 5. 要顯示或隱藏儲存格中的註解內容，應執行何種指令？
A. 插入註解　B. 儲存格格式　C. 顯示 / 隱藏註解　D. 排序

實作題

1. 請開啟範例檔「業績表-13.xlsx」。

	A	B	C	D	E	F	G	H
1	月份	產品代號	水果種類	銷售地區	業務人員編號	單價	數量	總金額
2	1	30369	香蕉	日本	R9001	50	32000	1600000
3	1	30587	蘋果	美國	R9030	100	56000	5600000
4	2	30369	香蕉	日本	R9001	60	54000	3240000
5	2	30587	蘋果	美國	R9030	120	25000	3000000

銷售業績

請以「表單」功能新增以下兩筆資料：

3	30880	哈密瓜	日本	R9700	90	35000
3	30369	香蕉	日本	R9001	55	12000

2. 以表單功能輸入之後，就以此表建立一個如下的樞紐分析表：

	A	B	C	D	E
3	加總 的總金額		銷售地區		
4	月份	水果種類	日本	美國	總計
5	⊟1	香蕉	1600000		1600000
6		蘋果		5600000	5600000
7	1 合計		1600000	5600000	7200000
8	⊟2	香蕉	3240000		3240000
9		蘋果		3000000	3000000
10	2 合計		3240000	3000000	6240000
11	⊟3	哈密瓜	3150000		3150000
12		香蕉	660000		660000
13	3 合計		3810000		3810000
14	總計		8650000	8600000	17250000

工作表1 銷售業績

提示：將「月份」及「水果種類」放置在樞紐分析表的「列標籤」元件中，將「銷售地區」放置在「欄標籤」元件中，並將「總金額」放置在「值」元件裡。

3. 請開啟範例檔「銷售表-3.xlsx」，如下圖，並完成下表中各人員的「獎金百分比」及「業績獎金」。

	A	B	C	D
1	業務人員績效獎金表			
2	員工編號	業績銷售	獎金百分比	業績獎金
3	50001	32000		
4	50002	60000		
5	50003	50000		
6	50004	79000		
7	50005	120000		
8	50006	220000		
9	50007	80000		
10	50008	56000		
11	50009	32000		
12	50010	10000		

	A	B	C	D	E	F
1	基本銷售業績獎金標準					
2		49999以下	50000~99999	100000~149999	150000~199999	200000以上
3	銷售業績對照	0	50000	100000	150000	200000
4	獎金比例	7%	12%	15%	17%	20%

- 在「績效獎金」工作表的「獎金百分比」欄位中，使用 HLOOKUP() 函數參照出「獎金標準」工作表的業績獎金百分比。
- 計算出「獎金百分比」後，再將「業績銷售」乘以「獎金百分比」，計算出每位員工的「業績獎金」。

筆記欄

CHAPTER

09 季節與年度人員考績評核表

學習重點

- 複製工作表資料
- 以 INDEX() 函數參照缺勤記錄
- 使用 If 判斷式設定條件
- 使用合併彙算功能計算考績平均
- 利用 RANK.EQ() 函數排出名次
- 運用 LOOKUP() 函數對照年終獎金

本章簡介

員工考績是一年以來員工表現的總整理，這關係到每位員工的年終獎金，如果計算錯誤或是計算方法錯誤，都有可能影響每位員工的權益，所以必須小心求得正確的結果。

每個公司都有計算員工績效的方式，有些公司是以「月」來區分員工考績，也有的是用「季」來計算，而求得考績的方法也不盡相同。在本章中，將以計算每一季的考績，然後彙整成為年度考績，並加以區分等級，然後依照不同的等級，再分給不同的年終獎金。

範例成果

	A	B	C	D	E	F
2	員工編號	姓名	缺勤紀錄	出勤點數	工作表現	本季考績
3	990001	張小雯	1.0	29	92	93.4
4	990002	周宜相	2.6	27.4	96	94.6
5	990003	楊林憲	3.0	27	85	86.5
6	990004	許易堅	3.0	27	91	90.7
7	990005	李向承	3.3	26.7	88	88.3
8	990006	許小為	1.3	28.7	86	88.9
9	990007	劉吟秀	3.0	27	85	86.5
10	990008	陳益浩	2.0	28	84	86.8
11	990009	林亦夫	2.5	27.5	83	85.6
12	990010	林佳玲	1.0	29	90	92
13	990011	楊治宇	1.2	28.8	91	92.5
14	990012	張全尊	2.5	27.5	92	91.9
15	990013	陳貽宏	0.0	30	60	72
16	990014	王楨珍	0.0	30	95	96.5
17	990015	陳怡雯	2.0	28	70	77

第一季考績　第二季考績　第三季考績

第一季考績表

	A	B	C	D	E	F	G	H	I	J	K
1	部門考績分數：		90								
2											
3	年度員工考績										
4	員工編號	姓名	季平均	年度考績	名次	等級	獎金		名次對照	等級	獎金
5	990001	張小雯	91	90	3	A	50,000		5	A	50000
6	990002	周宜相	91	91	2	A	50,000		10	B	40000
7	990003	楊林憲	82	87	14	C	30,000		15	C	30000
8	990004	許易堅	86	88	12	C	30,000				
9	990005	李向承	89	89	7	B	40,000				
10	990006	許小為	90	90	4	A	50,000				
11	990007	劉吟秀	87	89	10	B	40,000				
12	990008	陳益浩	89	89	9	B	40,000				
13	990009	林亦夫	84	88	13	C	30,000				
14	990010	林佳玲	89	90	5	A	50,000				
15	990011	楊治宇	89	90	6	B	40,000				
16	990012	張全尊	89	89	8	B	40,000				
17	990013	陳貽宏	86	89	11	C	30,000				
18	990014	王楨珍	94	92	1	A	50,000				
19	990015	陳怡雯	82	87	15	C	30,000				

第三季考績　第四季考績　年度考績

年度考績表

9-1 製作各季考績紀錄表

既然是以季為單位，首先要製作各季的考績紀錄表，其中包含出缺勤紀錄及工作表現等考績分數，以便日後做年度彙整。

9-1-1 複製員工基本資料

為了節省輸入員工資料的時間，可以使用複製的方式，將員工資料複製到每個工作表中。請開啟範例檔「人員考績-01.xlsx」。

範例 複製員工基本資料

Step1

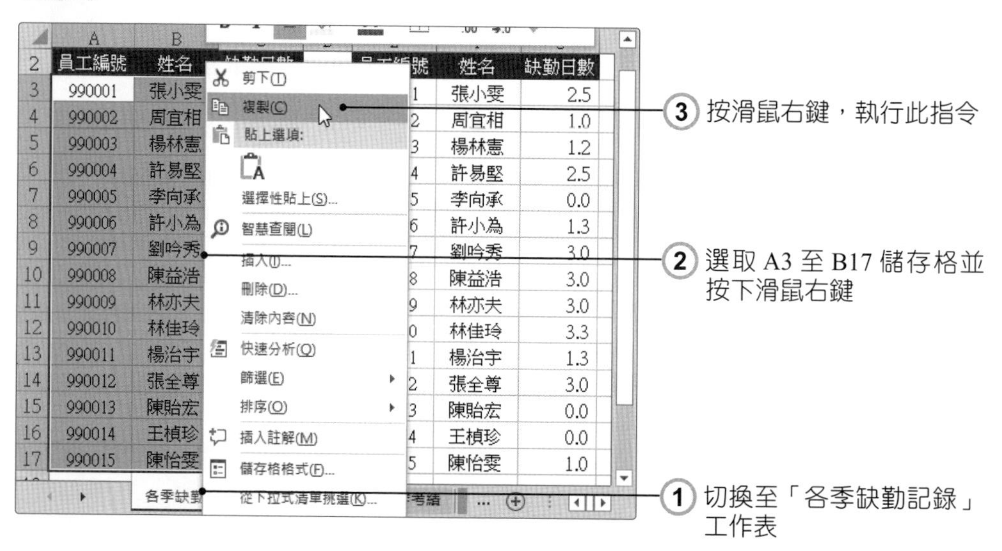
③ 按滑鼠右鍵，執行此指令
② 選取 A3 至 B17 儲存格並按下滑鼠右鍵
① 切換至「各季缺勤記錄」工作表

Step2

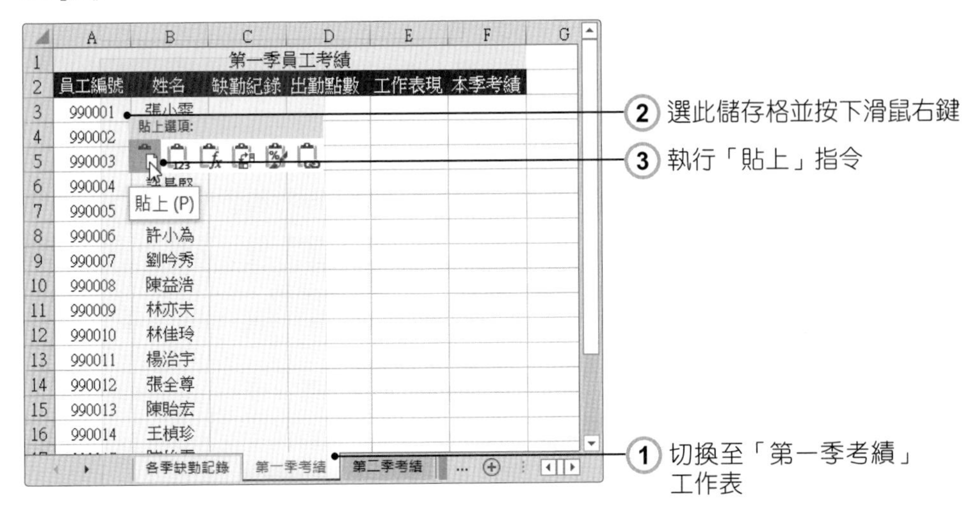

Step3

只要再切換到「第二季考績」、「第三季考績」、「第四季考績」及「年度考績」中，以相同的方法複製即可節省輸入員工基本資料的時間。

9-1-2 參照各季缺勤記錄

為了對照方便，首先將每一季的缺勤記錄統計放在「各季缺勤記錄」工作表中。而接下來就必須將每一季的員工缺勤記錄一一放到每一季考績工作表中，雖然可以用複製的方法將缺勤記錄複製到各個考績表中，但是為了下一年度統計的方便，所以用參照的方式，將各季缺勤的紀錄對照到各個考績表中，當下一次要計算考績表時，就不需要一一複製，只要修改「各季缺勤記錄」工作表中的缺勤記錄即可。在進行範例之前，先來了解所需的 INDEX() 函數。

❖ INDEX() 函數

語法：INDEX(Array,Row_num,Column_num)

說明：以下表格為 INDEX() 函數說明。

引數名稱	說明
Array	指定儲存格的範圍。
Row_num	傳回的值位於指定範圍的第幾列。
Column_num	傳回的值位於指定範圍的第幾欄。

了解 INDEX() 函數之後，以下將延續上一小節範例來進行說明。

範例 傳回缺勤記錄

Step1

Step2

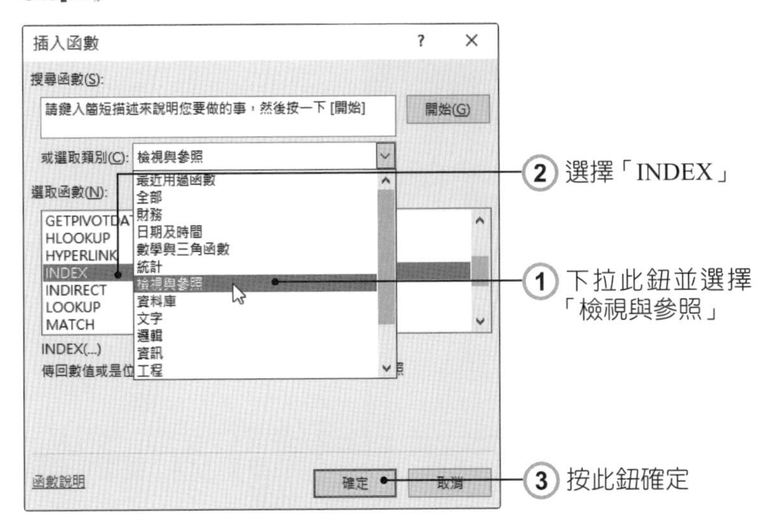

Step3

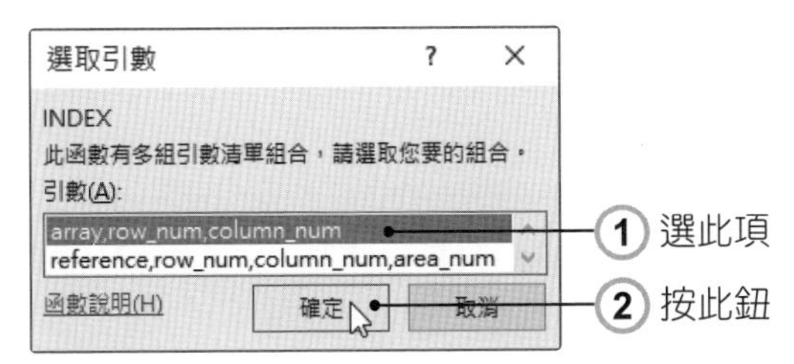

Step4

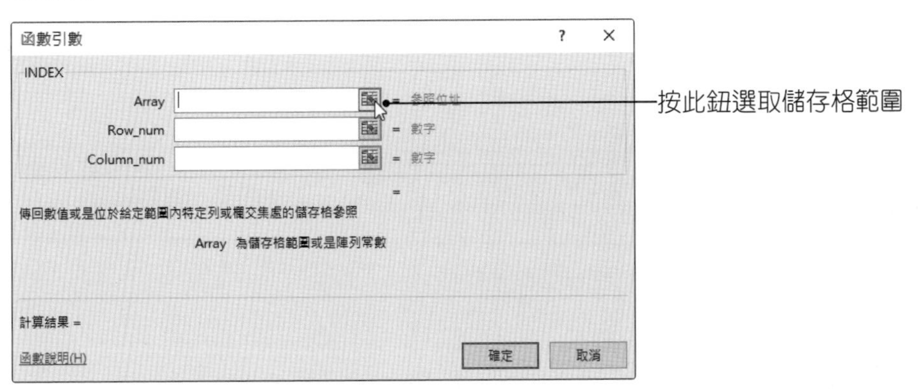

Step5

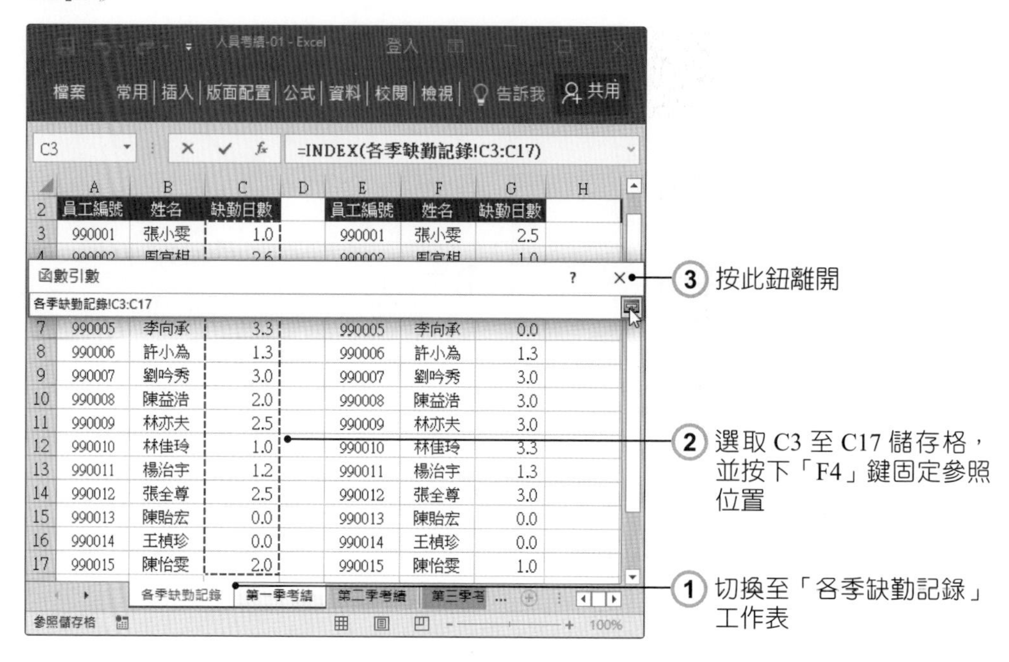

Tips 在 Excel 中，按下「F4」鍵使用來將選取的儲存格更改為「絕對參照位址」，當要以填滿控點來複製儲存格內容時，此參照位址就不會隨著變動。

Step6

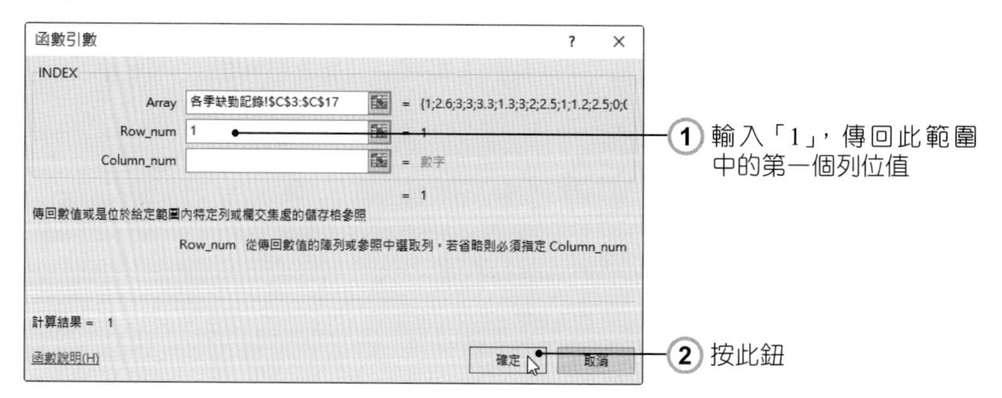

Step7

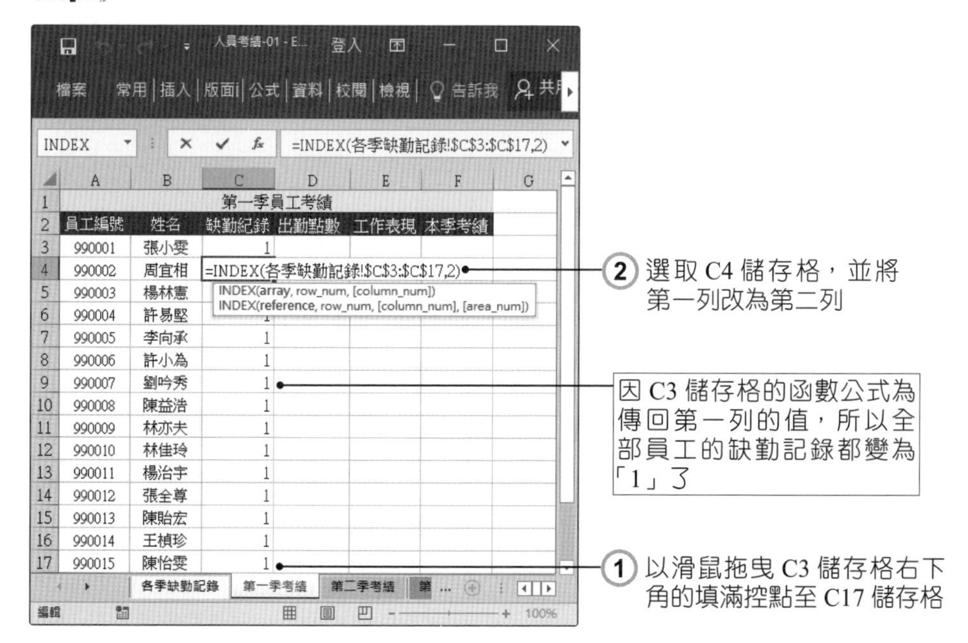

Step8

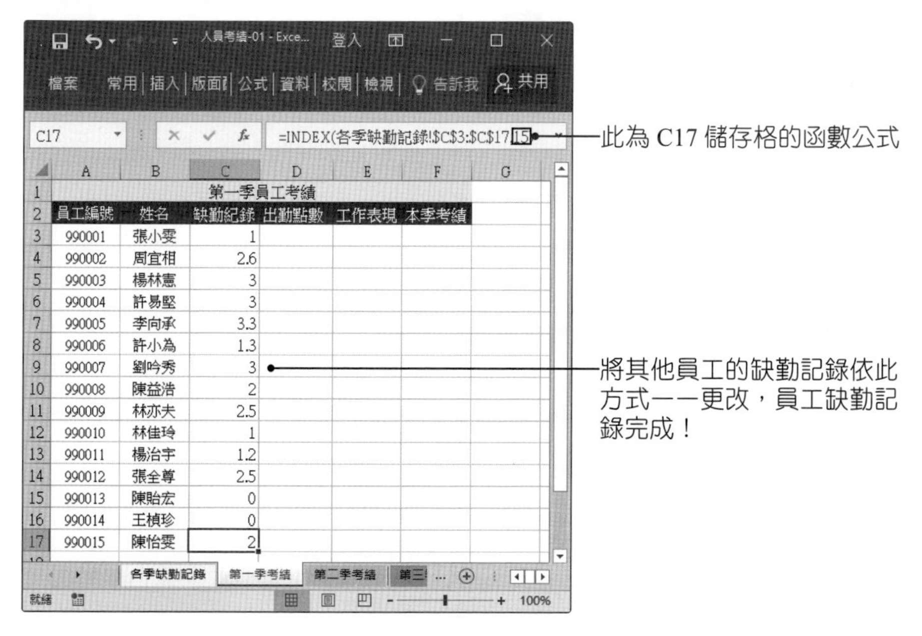

以相同的方法製作 2、3、4 季考績的缺勤記錄。

9-1-3 計算出勤點數

在此設定公司的出勤點數是以 30 點為總點數，只要將出勤點數扣去缺勤點數，就是本季的出勤點數，如果缺勤點數為「0」，則此員工就可得到「30」點的點數，如果此員工缺勤點數超過「30」點，就直接顯示「開除」二字。公式如下：

```
If((30- 缺勤記錄 )>=0, (30- 缺勤記錄 )," 開除 ")
```

以下將以範例說明。請開啟範例檔「人員考績-02.xlsx」。

範例 計算出勤點數

Step1

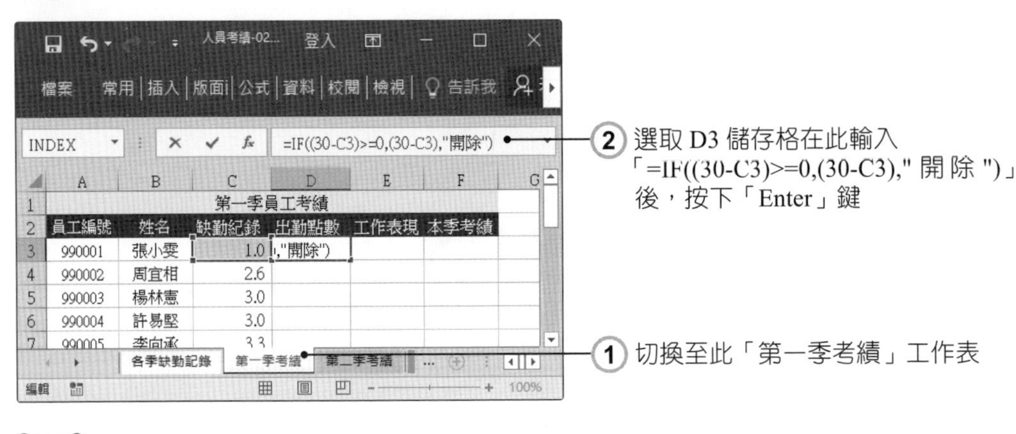
=IF((30-C3)>=0,(30-C3),"開除")
第一季員工考績
員工編號 姓名 缺勤紀錄 出勤點數 工作表現 本季考績
各季缺勤記錄 第一季考績 第二季考績
② 選取 D3 儲存格在此輸入「=IF((30-C3)>=0,(30-C3)," 開 除 ")」後，按下「Enter」鍵
① 切換至此「第一季考績」工作表

Step2

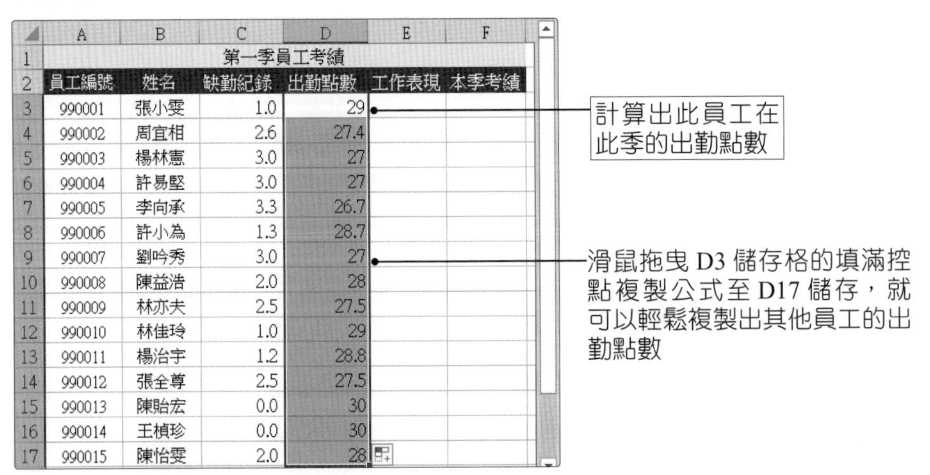
第一季員工考績
員工編號 姓名 缺勤紀錄 出勤點數 工作表現 本季考績
計算出此員工在此季的出勤點數
滑鼠拖曳 D3 儲存格的填滿控點複製公式至 D17 儲存，就可以輕鬆複製出其他員工的出勤點數

至於其他季的考績工作表，也是以相同的方法即可算出出勤點數。

9-1-4 員工季考績計算

每一位員工的工作表現分數是以「100」分來計算，在主管一一輸入每位員工的工作表現分數之後，接下來就來計算此季的員工考績分數。公司的季考績分數是以「出勤點數」加上「工作表現」，而「出勤點數」佔了總比例的「30%」，而「工作表現」則佔了「70%」。比如說某一員工的「出勤點數」為「20」、「工作表現」分數為「90」，則此員工的考績計算方式如下：

某員工季考績分數＝ 20 ＋ (90 ＊ 0.7) ＝ 83

了解計算方式之後，以下將直接以範例說明。請開啟範例檔「人員考績-03.xlsx」。

範例 季考績的計算

Step1

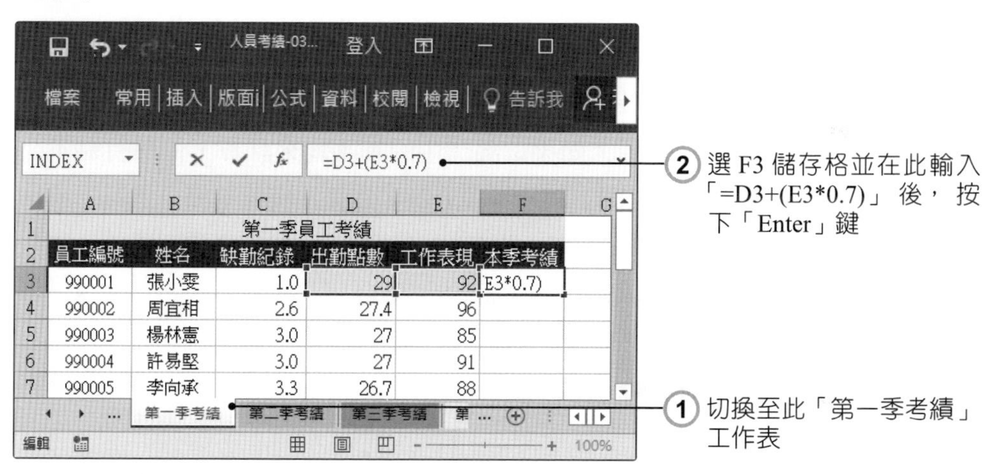

Step2

	A	B	C	D	E	F
1	第一季員工考績					
2	員工編號	姓名	缺勤紀錄	出勤點數	工作表現	本季考績
3	990001	張小雯	1.0	29	92	93.4
4	990002	周宜相	2.6	27.4	96	94.6
5	990003	楊林憲	3.0	27	85	86.5
6	990004	許易堅	3.0	27	91	90.7
7	990005	李向承	3.3	26.7	88	88.3
8	990006	許小為	1.3	28.7	86	88.9
9	990007	劉吟秀	3.0	27	85	86.5
10	990008	陳益浩	2.0	28	84	86.8
11	990009	林亦夫	2.5	27.5	83	85.6
12	990010	林佳玲	1.0	29	90	92
13	990011	楊治宇	1.2	28.8	91	92.5
14	990012	張全尊	2.5	27.5	92	91.9
15	990013	陳貽宏	0.0	30	60	72
16	990014	王楨珍	0.0	30	95	96.5
17	990015	陳怡雯	2.0	28	70	77

第一季考績 第二季考績 第三季考績

出現此員工的本季考績分數
利用填滿控點將此公式套用到別的儲存格

9-2 年度考績計算

由於年度考績分數關係著年終獎金的多寡，因此必須準確的計算出每位員工的考績分數，才不會造成年終獎金分配不公平的狀況。

因為每個部門的工作不同，如果以部門中的季平均來計算，似乎有點不公平，所以總經理會給予每個部門不同的考績分數，然後按照此考績分數及季平均分數來計算出此員工的年度考績分數。計算出員工個人的年度考績分數後，再依照比例來評判等級，不同的等級會有不同的年終獎金。

9-2-1 計算季平均分數

首先，可以用「合併彙算」的方式，來計算出員工的季平均分數。請開啟範例檔「人員考績-04.xlsx」。

範例 合併彙算計算出季平均分數

Step1

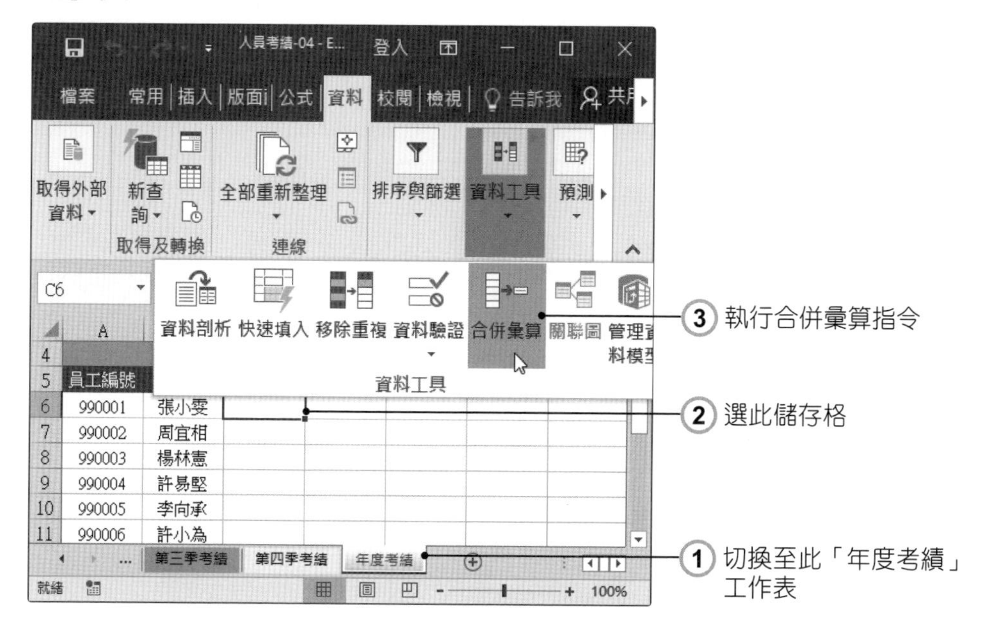

③ 執行合併彙算指令
② 選此儲存格
① 切換至此「年度考績」工作表

Step2

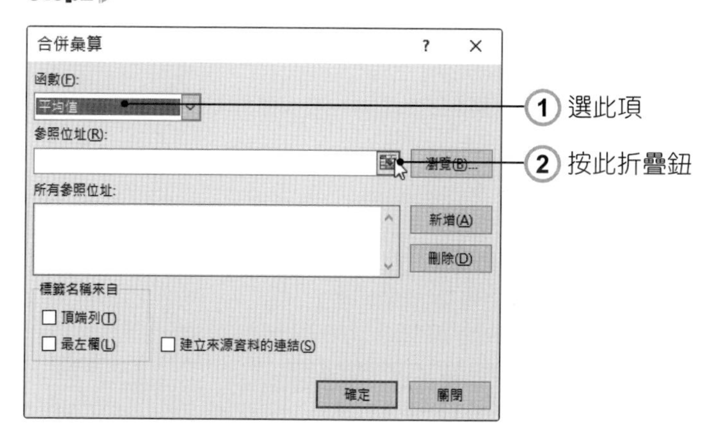

① 選此項
② 按此折疊鈕

Step3

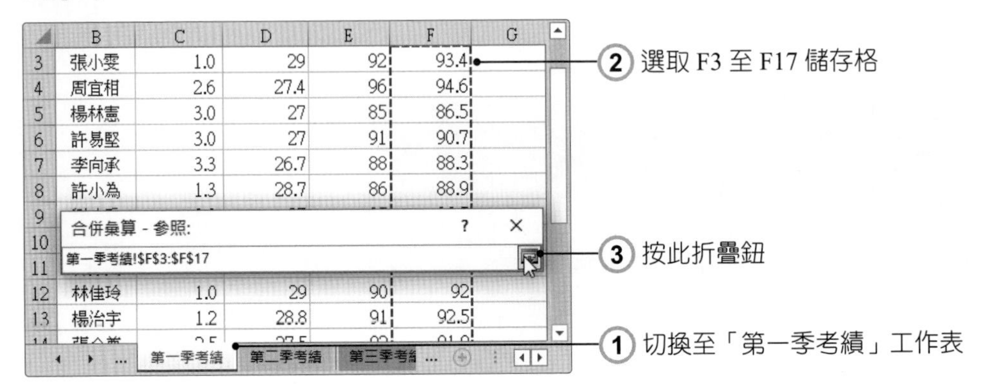

Step4

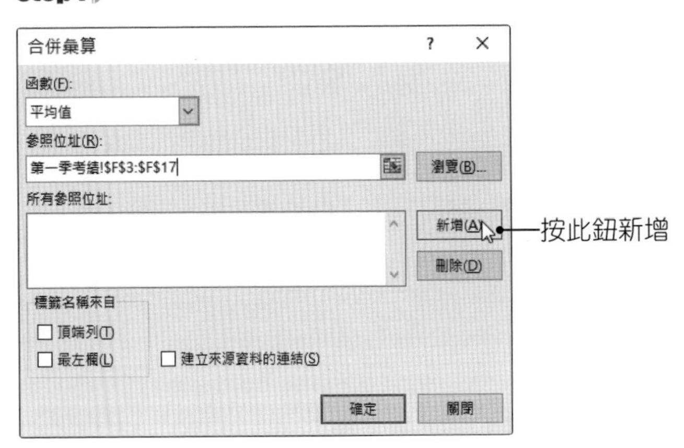

Step5

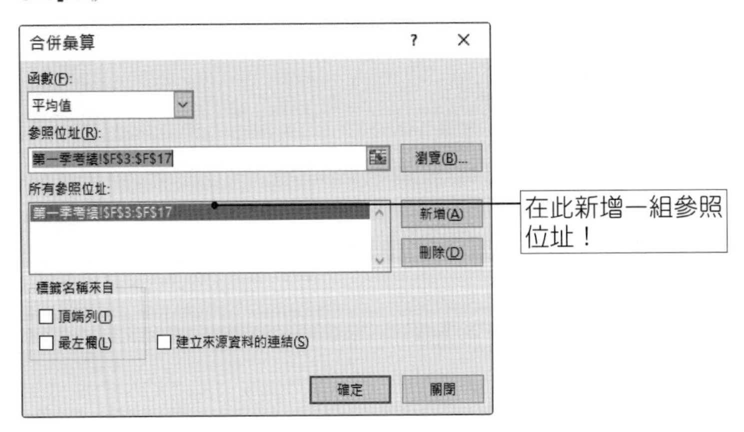

Tips 以相同的步驟將其他三季考績的季考績分數位置新增至此參照位址中。

Step6

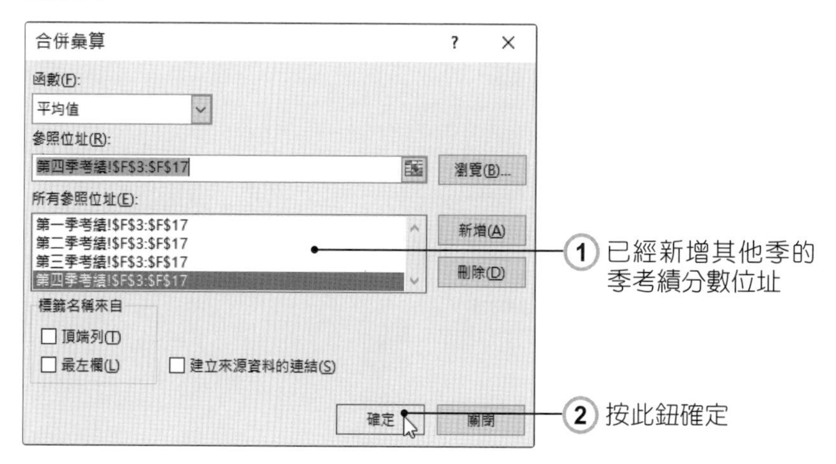

Step7

Tips 由於計算出的數值是小數點後三位，為了計算方便及工作表美觀，所以必須將小數點去除。

Step8

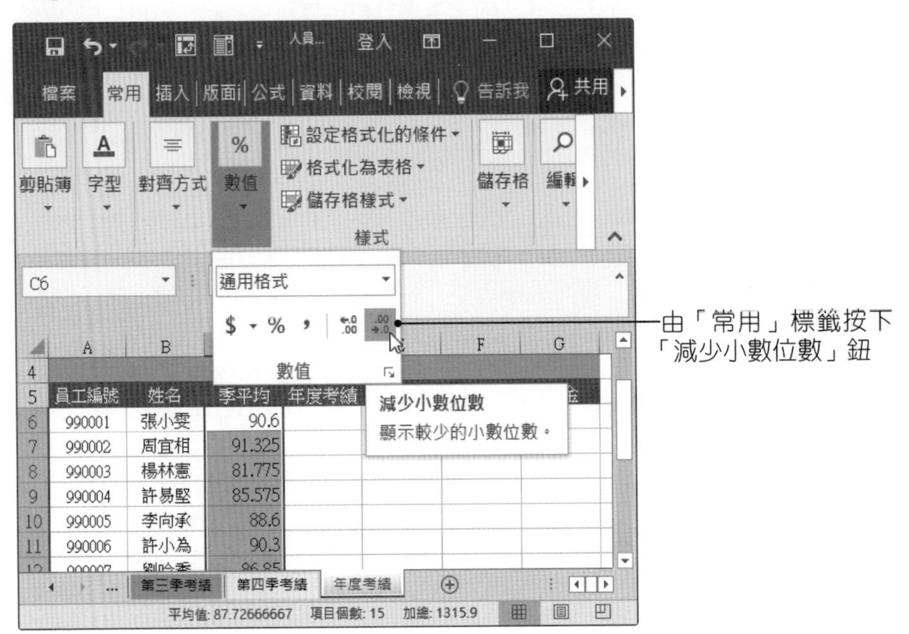

Step9

	A	B	C	D	E	F	G
4	年度員工考績						
5	員工編號	姓名	季平均	年度考績	名次	等級	獎金
6	990001	張小雯	91				
7	990002	周宜相	91				
8	990003	楊林憲	82				
9	990004	許易堅	86				
10	990005	李向承	89				
11	990006	許小為	90				
12	990007	劉吟秀	87				
13	990008	陳益浩	89				
14	990009	林亦夫	84				
15	990010	林佳玲	89				
16	990011	楊治宇	89				

9-2-2 計算年度考績分數

總經理給予此部門考績分數之後，接著就可以計算出年度考績分數了！「年度考績」分數是以「部門考績分數」佔 60%，「季平均」分數佔 40%，也就是「部門考績分數」乘上 60% 後，再加上「季平均」乘上 40% 的分數。簡單來說：該部門的考績分數為「90」，而某員工的季考績分數為「80」，因此年度考績分數就是：

(90*0.6) + (80*0.4) = 86

現在，開啟範例檔「人員考績-05.xlsx」來練習。

範例 計算年度考績分數

Step1

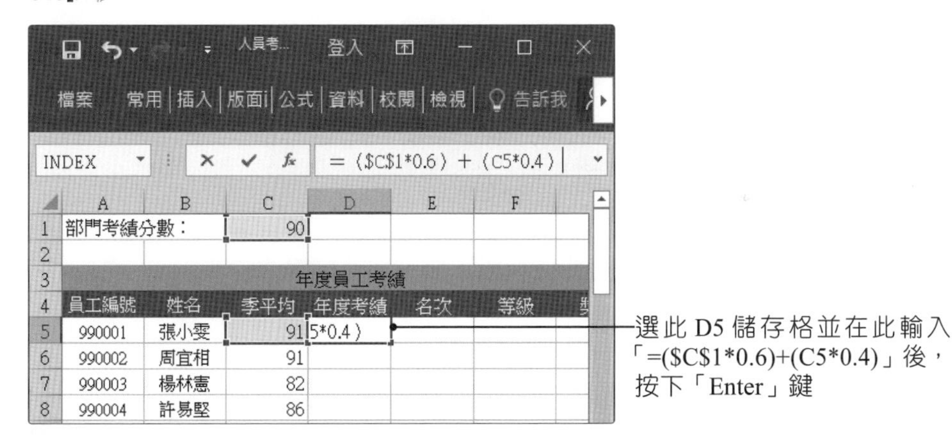

Step2

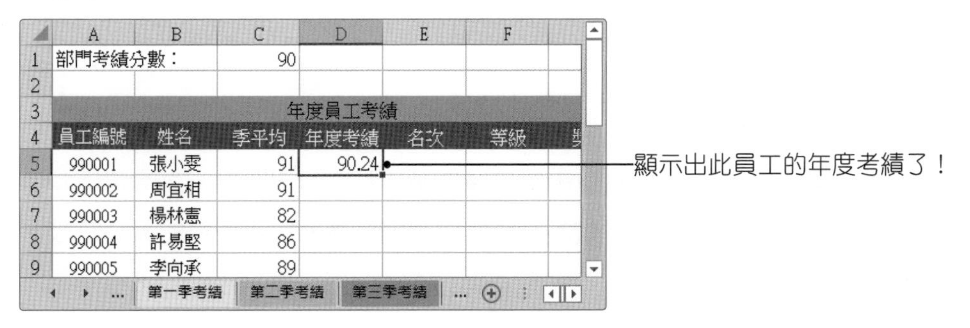

Tips 使用者可能會覺得奇怪，為什麼 D5 儲存格計算出來的值並非「90.4」而是「90.24」？因為 D5 儲存格只是運用「減少小數位數」的方法讓此儲存格看起來整齊而已，實際上此儲存格的值為「90.6」，所以在此是以「(90*0.6)+(90.6*0.4)」來計算，因此計算出來的值為「90.24」。

接下來，只要以滑鼠直接拖曳填滿控點來複製即可，結果如下圖：

	A	B	C	D	E
3	年度員工考績				
4	員工編號	姓名	季平均	年度考績	名次
5	990001	張小雯	91	90.24	
6	990002	周宜相	91	90.53	
7	990003	楊林憲	82	86.71	
8	990004	許易堅	86	88.23	
9	990005	李向承	89	89.44	
10	990006	許小為	90	90.12	
11	990007	劉吟秀	87	88.74	
12	990008	陳益浩	89	89.4	
13	990009	林亦夫	84	87.63	
14	990010	林佳玲	89	89.62	
15	990011	楊治宇	89	89.5	
16	990012	張全尊	89	89.42	
17	990013	陳貽宏	86	88.54	
18	990014	王楨珍	94	91.55	
19	990015	陳怡雯	82	86.69	

第一季考績 第二季考績

年度考績計算完畢！

為了顯示整齊，可使用「減少小數位數」鈕，將小數點去除！

9-2-3 排列部門名次

知道員工的年度考績後，當然接著就是要排列此部門員工的名次，用以排列不同的考績等級。首先認識用來排名的 RANK.EQ() 函數。

❖ RANK.EQ() 函數

語法：RANK.EQ(Number,Ref,Order)

說明：將傳回指定數字在數字清單中的排序等級，數字的大小相對於清單中其他值的大小。如果有多個數值的等級相同，則會傳回該組數值的最高等級。相關引數說明如下：

引數名稱	說明
Number	指定數字，或指定儲存格數值。
Ref	數字清單的陣列或參照的儲存格位置。陣列中的非數值會被忽略。
Order	指定數字排列順序的數字。 如果 Order 為 0（零）或被省略，陣列將當成從大到小排序來評定等級。 如果 Order 不是 0，則將陣列從小到大排序來評定等級。

初步了解 RANK.EQ() 函數後，以下將以實際範例作為練習，請延續上述範例檔。

範例 使用 RANK.EQ() 函數排名次

Step1

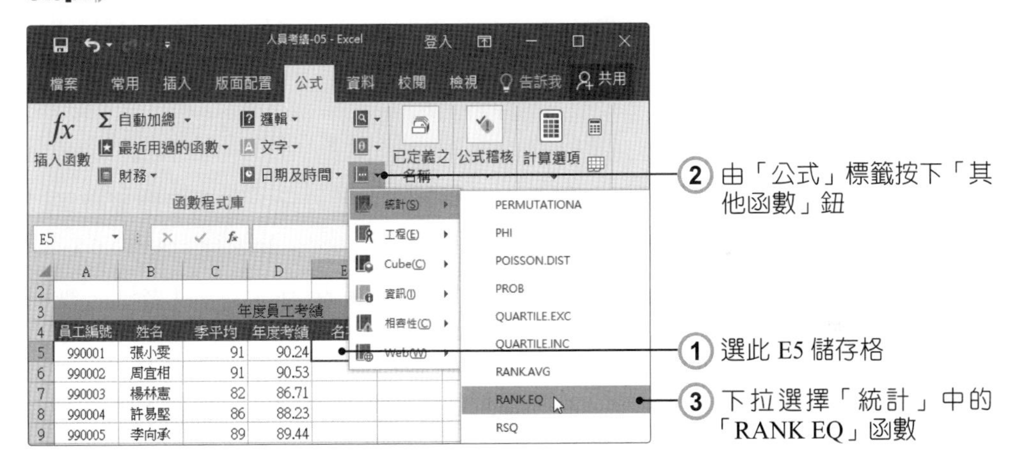

Step2

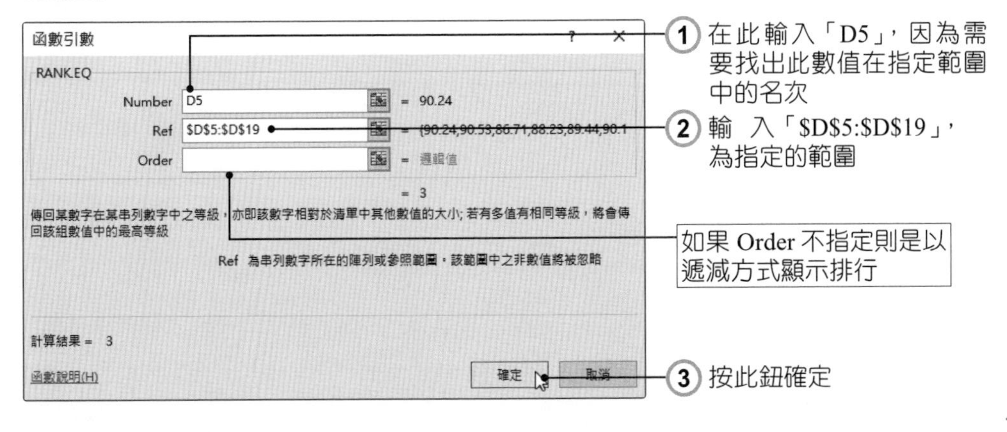

Step3

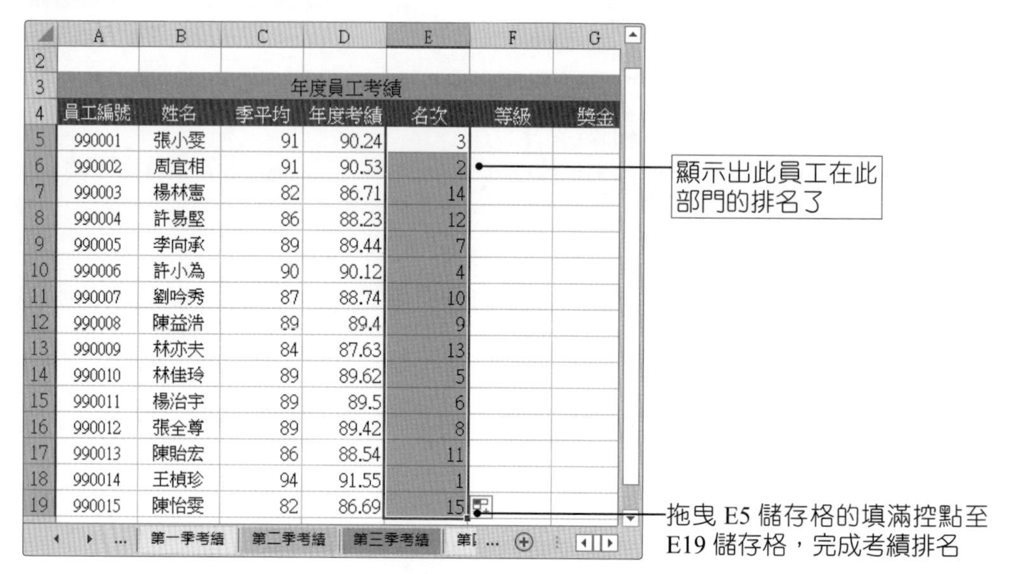

	A	B	C	D	E	F	G
2							
3	年度員工考績						
4	員工編號	姓名	季平均	年度考績	名次	等級	獎金
5	990001	張小雯	91	90.24	3		
6	990002	周宜相	91	90.53	2		
7	990003	楊林憲	82	86.71	14		
8	990004	許易堅	86	88.23	12		
9	990005	李向承	89	89.44	7		
10	990006	許小為	90	90.12	4		
11	990007	劉吟秀	87	88.74	10		
12	990008	陳益浩	89	89.4	9		
13	990009	林亦夫	84	87.63	13		
14	990010	林佳玲	89	89.62	5		
15	990011	楊治宇	89	89.5	6		
16	990012	張全尊	89	89.42	8		
17	990013	陳貽宏	86	88.54	11		
18	990014	王楨珍	94	91.55	1		
19	990015	陳怡雯	82	86.69	15		

第一季考績
第二季考績
第三季考績
顯示出此員工在此部門的排名了
拖曳 E5 儲存格的填滿控點至 E19 儲存格，完成考績排名

9-2-4 排列考績等級

計算出名次排行之後，接著就以此名次來對照考績等級。在此考績等級是以名次排行來分等級，在部門中考績名次排行 1-5 名的員工，其考績等級為「A」、排行 6-10 名的員工，其考績等級為「B」、排行 11-15 名的員工，其考績等級則為「C」。

以對照的方式，用 IF() 函數來判斷每位員工的等級為何。以員工「張小雯」為例，其名次儲存格為「E5」，使用 IF() 函數來判斷「E5」的值是否小於或等於「5」，如果成立則對照等級「A」，如不成立則判斷「E5」的值是否小於或等於「10」，如果成立則對照等級「B」，如果不成立則繼續判斷⋯。這樣就可將所有員工依照名次來排考績等級。請開啟範例檔「人員考績-06.xlsx」。

範例 使用 IF 函數排出考績等級

Step1

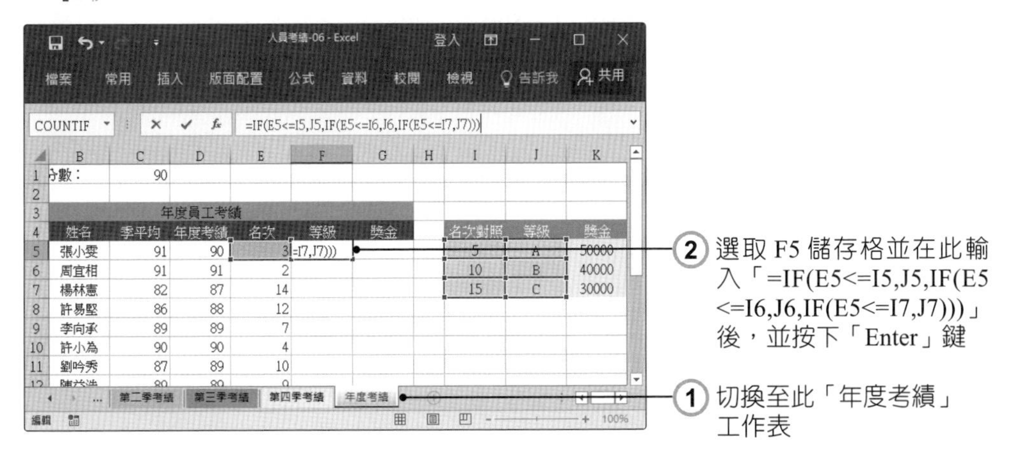

=IF(E5<=I5,J5,IF(E5<=I6,J6,IF(E5<=I7,J7)))
② 選取 F5 儲存格並在此輸入「=IF(E5<=I5,J5,IF(E5<=I6,J6,IF(E5<=I7,J7)))」後，並按下「Enter」鍵
① 切換至此「年度考績」工作表

Step2

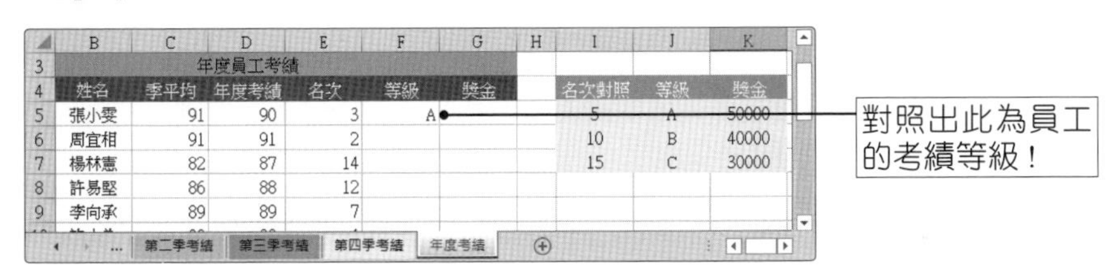

對照出此為員工的考績等級！

因為對照的等級範圍不需變動，所以使用者可按下「F4」鍵將這些不變的對照位址固定起來之後，再以滑鼠拖曳此儲存格的填滿控點將此公式複製到其他儲存格中即可，其成果如下：

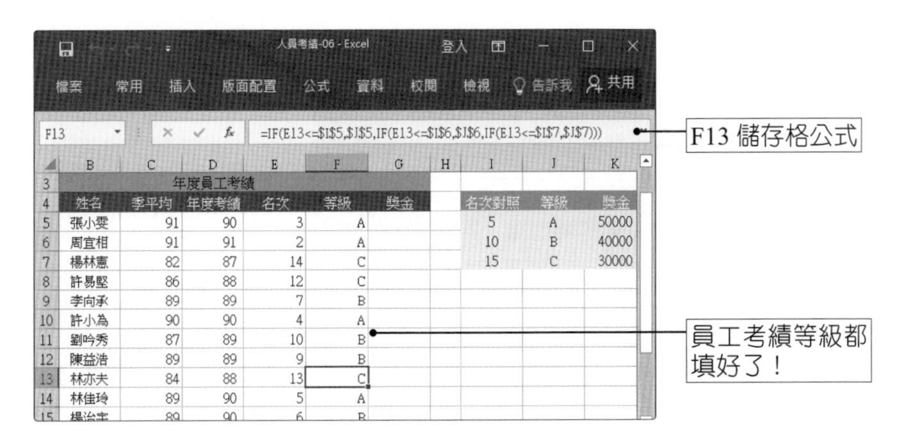

=IF(E13<=$I$5,$J$5,IF(E13<=$I$6,$J$6,IF(E13<=$I$7,$J$7)))
F13 儲存格公式
員工考績等級都填好了！

9-2-5 年終獎金發放

計算年終獎金的時刻終於到來！依據考績等級的好壞，將會發放不同金額的年終獎金。等級「A」的員工將會有「50000」元的年終獎金，等級「B」的員工將會有「40000」元的年終獎金，至於等級「C」的員工則只有「30000」元年終獎金。

在此範例中將以 LOOKUP() 函數來對照出每位員工的年終獎金，可以先來了解 LOOKUP() 函數的使用方式。

❖ LOOKUP() 函數

語法：LOOKUP(Lookup_value,Lookup_vector,Result_vector)

說明：以下表格為 LOOKUP() 函數中的引數說明：

引數名稱	說明
Lookup_value	搜尋的數值。可為數字、文字或邏輯值。
Lookup_vector	僅可包含單列或單欄的數值或文字，如果為數值則以遞增的次序排列。
Result_vector	僅可包含單列或單欄的範圍，大小需與 Lookup_vector 相同。

了解 LOOKUP() 函數之後，接下來請開啟範例檔「人員考績-07.xlsx」。

範例 以 VLOOKUP() 函數填入年終獎金金額

Step1

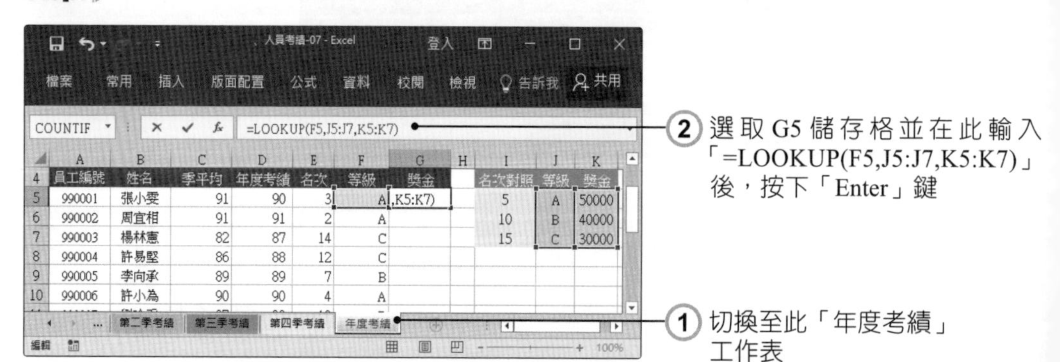
人員考績-07 - Excel
=LOOKUP(F5,J5:J7,K5:K7)
② 選取 G5 儲存格並在此輸入「=LOOKUP(F5,J5:J7,K5:K7)」後，按下「Enter」鍵
① 切換至此「年度考績」工作表

Step2

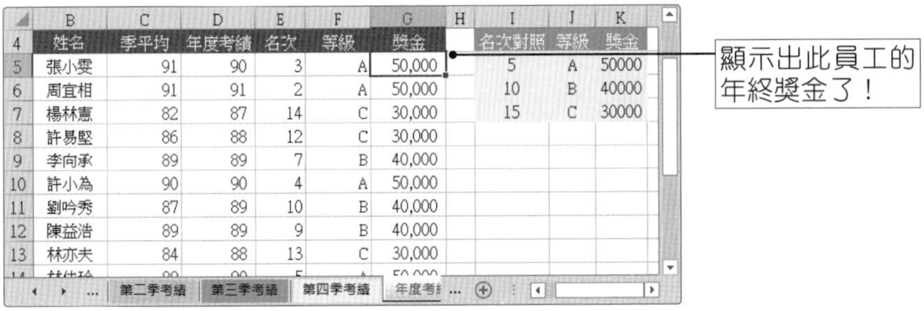

	B	C	D	E	F	G	H	I	J	K
4	姓名	季平均	年度考績	名次	等級	獎金		名次對照	等級	獎金
5	張小雯	91	90	3	A	50,000		5	A	50000
6	周宜相	91	91	2	A	50,000		10	B	40000
7	楊林憲	82	87	14	C	30,000		15	C	30000
8	許易堅	86	88	12	C	30,000				
9	李向承	89	89	7	B	40,000				
10	許小為	90	90	4	A	50,000				
11	劉吟秀	87	89	10	B	40,000				
12	陳益浩	89	89	9	B	40,000				
13	林亦夫	84	88	13	C	30,000				

第二季考績 第三季考績 第四季考績 年度考績

顯示出此員工的年終獎金了！

在 G5 儲存格中輸入的 LOOKUP() 函數，「＝LOOKUP(F5,J5:J7,K5:K7)」，意義是要在「J5:J7」中找出「F5」的值，找到時傳回「K5:K7」中的數值。為了方便填入其他員工的年終獎金金額，所以將此公式中的「J5:J7」改為「$J$5:$J$7」,「K5:K7」改為「$K$5:$K$7」，然後再將公式複製到其他儲存格即可，各位可開啟範例檔「人員考績-08.xlsx」參考最後完成的檔案。

實力評量

是非題

( ) 1. 於選取的來源資料內按下複製圖示鈕，於目的儲存格內按下貼上圖示鈕，即可完成複製 / 貼上指令。

( ) 2. INDEX() 函數的「Row_num」引數為傳回的值位於指定範圍的第幾列。

( ) 3. INDEX() 函數為統計類別函數。

( ) 4. 在 Excel 中，按下「F5」鍵是用來將選取的儲存格更改為「相對參照位址」。

( ) 5. 執行合併彙算時，已新增的參照位址無法刪除。

選擇題

( ) 1. 在 Excel 中，按下何鍵可用來將選取的儲存格更改為「絕對參照位址」？
A.F4 鍵　B.F5 鍵　C.F2 鍵　D.F11 鍵

( ) 2. LOOKUP() 函數為哪一類別函數？
A. 檢視與參照　B. 統計　C. 財務　D. 資訊

( ) 3. 下列哪一圖示鈕可減少小數位數？
A. ←.0 .00　B. .00 →.0　C. 　D.

( ) 4. 絕對參照位址的表示方法為在欄名及列號前加上下列哪一符號？
A.#　B.@　C$　D&

( ) 5. 儲存格參照位址可區分為？
A. 絕對參照位址　B. 相對參照位址
C. 混和參照位址　D. 以上皆是

( ) 6. 加總工具鈕可進行哪些運算？
A. 加總　B. 平均　C. 最大值　D. 以上皆是

( ) 7. 統計函數中不包含哪一項？
A.AVERAGE()　B.MIN()　C.PMT()　D.STDEV()

實作題

1. 請開啟範例檔「人員考績-09.xlsx」。

	A	B	C	D	E	F	G
1	10月份缺勤記錄				11月份缺勤記錄		
2	學生座號	姓名	缺勤日數		學生座號	姓名	缺勤日數
3	1	陳光輝	0.0		1	陳光輝	0.0
4	2	郭旻宜	0.0		2	郭旻宜	0.0
5	3	王楨珍	0.5		3	王楨珍	1.0
6	4	李宗勳	5.0		4	李宗勳	2.5
7	5	林麗嘉	2.0		5	林麗嘉	0.0
8	6	張小雯	1.5		6	張小雯	2.0
9	7	周宜相	3.0		7	周宜相	3.0
10	8	楊林憲	2.0		8	楊林憲	3.0
11	9	許易堅	2.5		9	許易堅	3.0
12	10	李向承	1.0		10	李向承	2.5

缺勤記錄 | 10月份表現

	A	B	C	D	E	F
1	10月份表現表					
2	學生座號	姓名	缺勤記錄	出勤點數	月考成績	月表現
3						
4						
5						
6						

缺勤記錄 | 10月份表現

將「缺勤記錄」工作表的學生座號及姓名，複製到「10 月份表現」工作表中。

2. 延續上述範例，請依序完成以下要求：

① 請在「10 月份表現」工作表的「缺勤記錄」欄位中使用 INDEX() 函數，以「缺勤記錄」工作表的 10 月份缺勤記錄為指定範圍，參照出每位學生 10 月份的缺勤記錄。

② 使用 IF() 函數，設定此月份的出勤總點數為「30」，以「出勤總點數」減去「缺勤點數」，就是這個月的「出勤點數」，如果「出勤點數」小於「0」，則在此「出勤點數」欄位中會顯示「開除」二字。

③ 隨意填入每位學生的月考成績，請依照以下方式計算出「月表現」成績：以「出勤點數」加上「月考成績」乘以「0.7」的總和。即出勤點數佔「30%」，而月考成績佔「70%」。

CHAPTER

10 人事薪資系統應用

學習重點

- 建立勞健保、薪資所得稅參考表格
- 定義範圍名稱
- 使用 IF() 函數判斷是否有全勤獎金
- 運用 VLOOKUP() 函數
- 共用活頁簿
- 追蹤修訂
- 使用 TODAY() 函數建立日期
- 以參照功能建立轉帳明細表
- 自訂類別資料
- 以表單建立下拉式選單

本章簡介

人事薪資資料表所包含的範圍很廣，對公司內部而言，是用來統計每位員工的薪資，藉由此統計表讓決策者參考員工的薪資水平及薪水支出；對外而言，此表必須統計勞保、健保、及薪資代扣稅額等等。因此對會計人員來說，不啻是一項艱辛繁瑣的工作。

為了減少會計人員的工作負擔，接下來將運用 VLOOKUP 函數、IF 判斷式及 Excel 功能把原本繁瑣的工作，轉換成自動化的報表系統，建立報表之後，再利用「共用活用簿」和「追蹤修訂」的功能讓主管審查或修正這些資料。

範例成果

伊斯爾科技股份有限公司

10月員工薪資

序號	員工編號	姓名	部門	底 薪	全勤獎金	扣：請假款	薪資總額	代扣所得稅	代扣健保費	代扣勞保費	減項小計	應付薪資	病假天	事假天	遲到mins	備註
1	ZM12046	蘇雅屏	行政部	47,000	2,000	-	$ 49,000	2,190	1,974	471	$ 4,635	**$ 44,365**				
2	ZN01049	許家誠	研發部	24,000	2,000	-	$ 26,000	-	688	328	$ 1,016	**$ 24,984**				
3	ZN02051	李育名	資訊部	22,500	2,000	-	$ 24,500	-	656	312	$ 968	**$ 23,532**				
4	ZN03059	何柏弘	行政部	24,500	2,000	-	$ 26,500	-	720	343	$ 1,063	**$ 25,437**				
5	ZN04063	林原良	研發部	44,000	-	733	$ 43,267	-	1,146	471	$ 1,617	**$ 41,650**	1.00			
6	ZN04064	林晉士	資訊部	33,000	2,000	-	$ 35,000	-	950	452	$ 1,402	**$ 33,598**				
7	ZN04066	許馨星	研發部	25,500	2,000	-	$ 27,500	-	1,080	343	$ 1,423	**$ 26,077**				
8	ZN04068	朱韋伯	研發部	30,000	2,000	-	$ 32,000	-	868	413	$ 1,281	**$ 30,719**			5	
9	ZN04073	王智淨	資訊部	23,500	2,000	-	$ 25,500	-	688	328	$ 1,016	**$ 24,484**				
10	ZN04074	孫義先	研發部	30,000	2,000	-	$ 32,000	-	1,736	413	$ 2,149	**$ 29,851**				
11	ZN04075	鄭惠欣	行政部	23,000	2,000	-	$ 25,000	-	656	312	$ 968	**$ 24,032**				
12	ZN05078	林凱利	資訊部	25,500	-	150	$ 25,350	-	688	328	$ 1,016	**$ 24,334**			15	
13	ZN05080	張亞玲	研發部	24,000	-	200	$ 23,800	-	622	294	$ 916	**$ 22,884**	0.50			
14	ZN05081	林茂雄	行政部	25,000	2,000	-	$ 27,000	-	720	343	$ 1,063	**$ 25,937**				

計算　調薪紀錄

人事薪資計算表

10-1 人事基本資料建立

一個人事薪資表中，需包含有人事薪資計算表、調薪紀錄表、健保費用扣繳表、勞保費用扣繳表及薪資所得扣繳表。以下將一一說明各個工作表的作用：

1.「人事薪資計算表」：此表的功用是彙整其他表格的資料，在此計算出每位員工的薪資狀況。

2.「調薪紀錄表」：記錄每位員工從進公司到目前為止的薪資調整狀況、扶養人數、健保人數及員工的銀行帳號等等資料。

3.「健保費用扣繳表」：列出依照薪資的不同，健保費用扣繳的明細。

4.「勞保費用扣繳表」：列出各個等級的勞保扣繳費用表。

5.「薪資所得扣繳表」：列出各個薪資等級差距的所得扣繳費用表。

為了讓使用者省去收集資料和輸入的時間，筆者已經分別將「健保費用扣繳表」、「勞保費用扣繳表」及「薪資所得扣繳表」建立在範例檔「薪資系統-01.xlsx」之中，使用者只要切換工作表即可看到這三個不同的參照表格，表格如下：

	A	B	C	D	E	F
1	每月投保金額	被保險人及眷屬負擔金額				投保單位負擔金額
2		本人	本人+1眷口	本人+2眷口	本人+3眷口	
3	0	0	0	0	0	0
4	15,800	216	432	648	864	770
5	16,500	225	450	675	900	802
6	17,400	238	476	714	952	846
7	18,300	250	500	750	1000	889
8	19,200	262	524	786	1048	933
9	20,100	274	548	822	1096	977
10	21,000	287	574	861	1148	1020
11	21,900	299	598	897	1196	1064
12	22,800	311	622	933	1244	1108
13	24,000	328	656	984	1312	1166
14	25,200	344	688	1032	1376	1225
15	26,400	360	720	1080	1440	1283
16	27,600	377	754	1131	1508	1341
17	28,800	393	786	1179	1572	1400

調薪紀錄 / Chart1 / 健保費用扣繳表 / 勞

健保費用扣繳表

	A	B	C
1	投保金額	自行給付	雇主負擔
2	0	0	0
3	14,010	182	638
4	14,400	187	655
5	15,000	195	683
6	15,600	203	710
7	16,500	215	751
8	17,400	226	792
9	18,300	238	833
10	19,200	250	874
11	20,100	261	915
12	21,000	273	956
13	21,900	285	997
14	22,800	294	1037
15	24,000	312	1092
16	25,200	328	1147

健保費用扣繳表 勞保費用扣

勞保費用扣繳表

	A	B	C	D	E	F
1				扶養人數		
2	薪資所得	無	1	2	3	4
3	0	-	-	-	-	-
4	47,501	2,060	-	-	-	-
5	48,001	2,130	-	-	-	-
6	48,501	2,190	-	-	-	-
7	49,001	2,260	-	-	-	-
8	49,501	2,320	-	-	-	-
9	50,001	2,390	-	-	-	-
10	50,501	2,450	-	-	-	-
11	51,001	2,520	-	-	-	-
12	51,501	2,580	-	-	-	-
13	52,001	2,650	-	-	-	-
14	52,501	2,710	-	-	-	-
15	53,001	2,780	-	-	-	-
16	53,501	2,840	2,040	-	-	-
17	54,001	2,910	2,110	-	-	-
18	54,501	2,970	2,170	-	-	-
19	55,001	3,040	2,240	-	-	-
20	55,501	3,100	2,300	-	-	-

薪資所得扣繳表

薪資所得扣繳表

以上這些參考表會隨時變更，使用者有興趣依現行制度製作專屬的人事薪資系統應用，可以自行到各地健保局、勞保局及國稅局查詢最新的資料，亦或者可以上網查詢這些參考表的內容，再自行依本範例的精神自行修改符合現狀或自己個人需求的工作表。有關網址如下：

■ 中央健保局：http://www.nhi.gov.tw

■ 勞工保險局：http://www.bli.gov.tw

■ 財政部高雄市國稅局：http://www.ntak.gov.tw

■ 財政部台北市國稅局：http://www.ntat.gov.tw

10-1-1 人事薪資計算表架構

人事薪資計算表彙整了其他四種工作表的資料後，才能計算出每位員工的本月薪資，因此在此人事薪資計算表中除了員工的基本資料，還需要「底薪」、「全勤」、「代扣健保費」、「代扣所得稅」、「代扣勞保費」及「應付薪資」…等欄位來計算員工的本月薪資。員工的薪資計算如下：

員工薪資＝「員工底薪」+ 全勤金額」－「代扣所得稅」－「代扣勞保費」－「代扣健保費」

■ 員工底薪－員工底薪資料是由「調薪紀錄」工作表中查得最新的底薪紀錄。

■ 全勤金額－是以「調薪紀錄」工作表中查出此員工的全勤金額，再查詢是否有請假、遲到等紀錄，若沒有這些記錄才會發給全勤金額。

■ 代扣所得稅－首先在「調薪紀錄」工作表查出員工是否有扶養人數，然後依照員工的底薪及扶養人數，對照「薪資所得扣繳表」中查詢應扣所得稅金額。

■ 代扣勞保費－依照員工的底薪薪資，對照「勞保費用扣繳表」中查詢應扣勞保費金額。

■ 代扣健保費－首先在「調薪紀錄」工作表查出員工的健保人數，然後再依照底薪及健保人數，對照「健保費用扣繳表」中查詢應扣健保費金額。

將這幾項金額計算之後，才是此員工的應得薪資。因為運算過程過於繁瑣，若運用人力來做計算，一定會錯誤連連且浪費時間，現在只要將公式設定好，Excel 就通通幫您搞定！

10-1-2　定義資料名稱

人事薪資計算表中，有許多地方需要參照到其他工作表的資料範圍，為了簡化搜尋資料時的資料範圍設定，所以先將這些儲存格範圍定義成「範圍名稱」，在函數中就可以直接以「範圍名稱」代表指定資料工作表及儲存格範圍。請開啟範例檔「薪資系統-01.xlsx」。

範例 定義儲存格範圍名稱

Step1

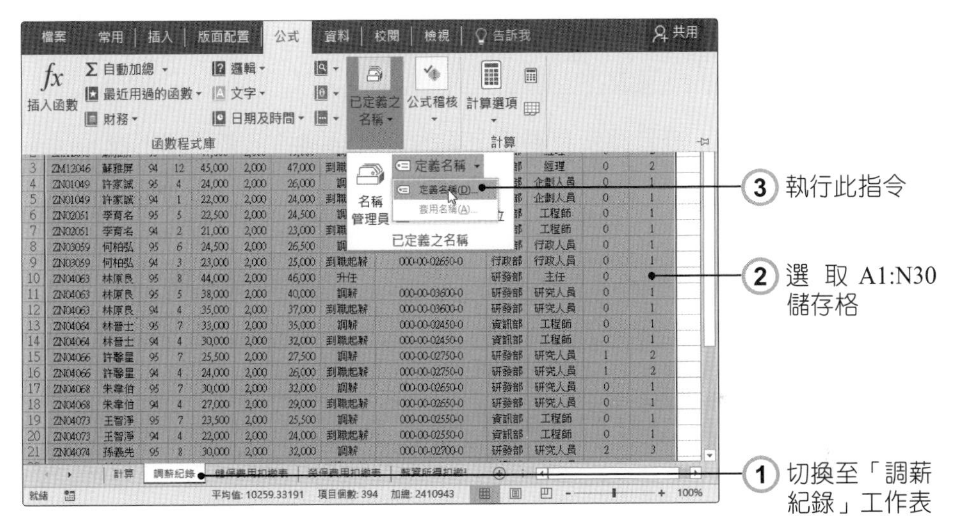

Step2

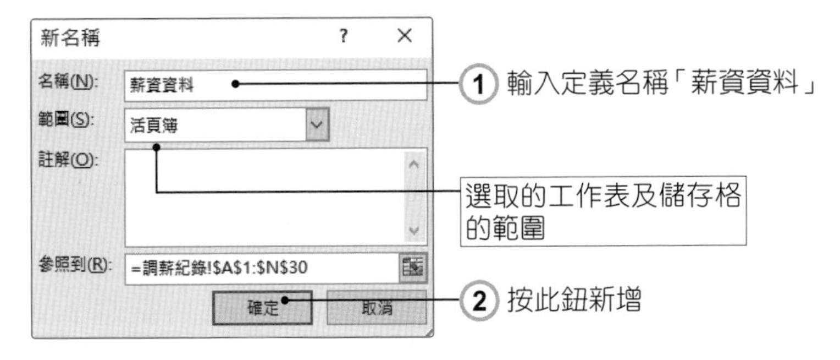

Step3

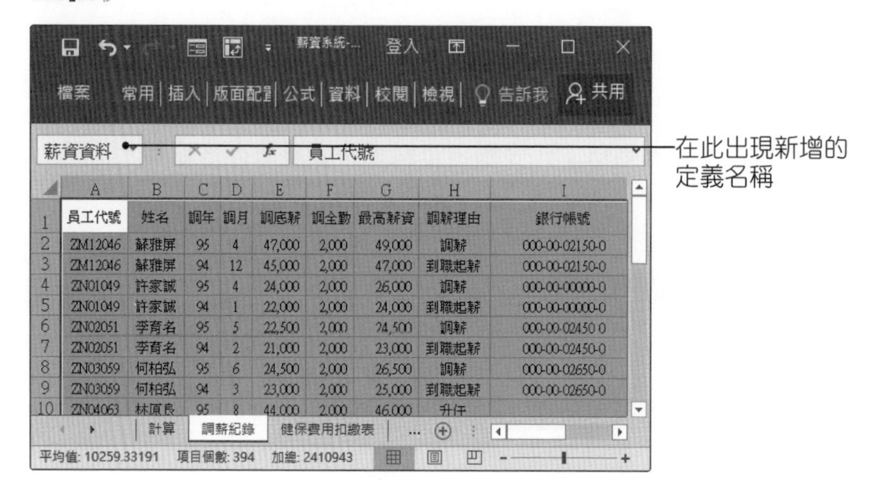

除此定義名稱之外，筆者將所有需要定義的資料範圍名稱整理如下表，請讀者自行定義：

定義名稱	範圍
薪資資料	= 調薪紀錄 !$A$1:$N$30
健保費用扣繳表	= 健保費用扣繳表 !$A$3:$F$100
勞保費用扣繳表	= 勞保費用扣繳表 !$A$2:$C$100
薪資所得扣繳表	= 薪資所得扣繳表 !$A$3:$F$100
薪資總額	= 計算 !$I$4:$I$17

10-1-3 IF() 與 VLOOKUP() 函數說明

在整個計算過程中，會一直使用到 IF() 函數及 VLOOKUP() 函數來判斷及查詢各種表格，所以在此先對這兩個函數做說明，讓使用者了解函數的使用方法。

❖ IF() 函數

語法：IF(Logical_test,Value_if_true,Value_if_false)

說明：IF() 函數可用來測試數值和公式條件，並傳回不同的結果，相關引數說明如下：

引數名稱	說明
Logical_test	此為判斷式。用來判斷測試條件是否成立。
Value_if_true	此為條件成立時，所執行的程序。
Value_if_false	此為條件不成立時，所執行的程序。

❖ VLOOKUP() 函數

語法：VLOOKUP(Lookup_value,Table_array,Col_index_num,Range_lookup)

說明：VLOOKUP() 函數可在陣列或表格中尋找其特定值的欄位，並傳回同一列的某一指定儲存格中的值，相關引數說明如下：

引數名稱	說明
Lookup_value	搜尋資料的條件依據。
Table_array	搜尋資料範圍。
Col_index_num	指定傳回範圍中符合條件的那一欄。
Range_lookup	此為邏輯值，若設為 True 或省略，則會找出部分符合的值；若設為 False，則會找出全不符合的值。

10-1-4 填入部門名稱

因為每個員工的部門名稱不盡相同，所以填寫起來相當麻煩，為了讓使用者減少填入員工部門的時間，將直接以 IF() 函數及 VLOOKUP() 函數，來查詢在調薪紀錄中的各員工所屬部門，並將資料傳回到「計算」工作表中。筆者延續上述範例進行說明。

範例 填入部門名稱

Step1

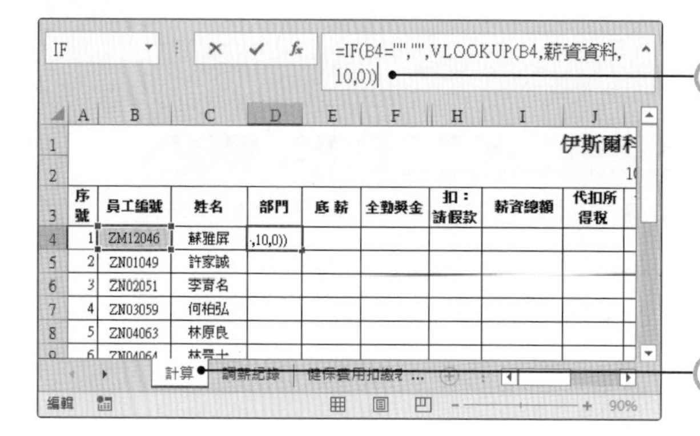

② 選取 D4 儲存格並在此輸入「=IF(B4="","",VLOOKUP(B4,薪資資料,10,0))」後，按下「Enter」鍵

① 切換至此「計算」工作表

Step2

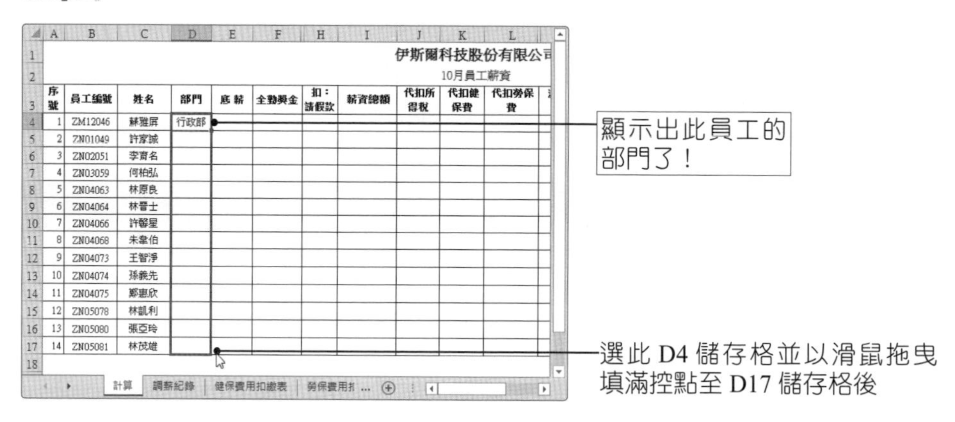

顯示出此員工的部門了！

選此 D4 儲存格並以滑鼠拖曳填滿控點至 D17 儲存格後

Step3

放開滑鼠所有員工的部門資料都填入了！

上述範例中運用到「IF(B4="","",VLOOKUP(B4, 薪資資料 ,10,0))」公式，在此公式中「B4=""」代表搜尋的資料，假如「B4=""」(B4= 空白）成立，將在儲存格中輸入「""」，若不是「""」，則將執行「VLOOKUP(B4, 薪資資料 ,10,0)」。此函數表示將到薪資資料定義名稱範圍中，去搜尋等於 B4 儲存格中的相同資料，並將此筆資料的第 10 欄資料傳回。

10-1-5　計算員工底薪

在調薪紀錄中，有每位員工最新的底薪資料，所以在「計算」工作表中的底薪欄位中，只要參照到調薪紀錄工作表中的底薪資料即可。以下將延續上述範例來進行說明。

範例 計算出每位員工底薪

Step1

選取 E4 儲存格並在此輸入公式「=ROUND(VLOOKUP(B4, 薪資資料 ,5,0),0)」後，按下「Enter」鍵

Step2

Step3

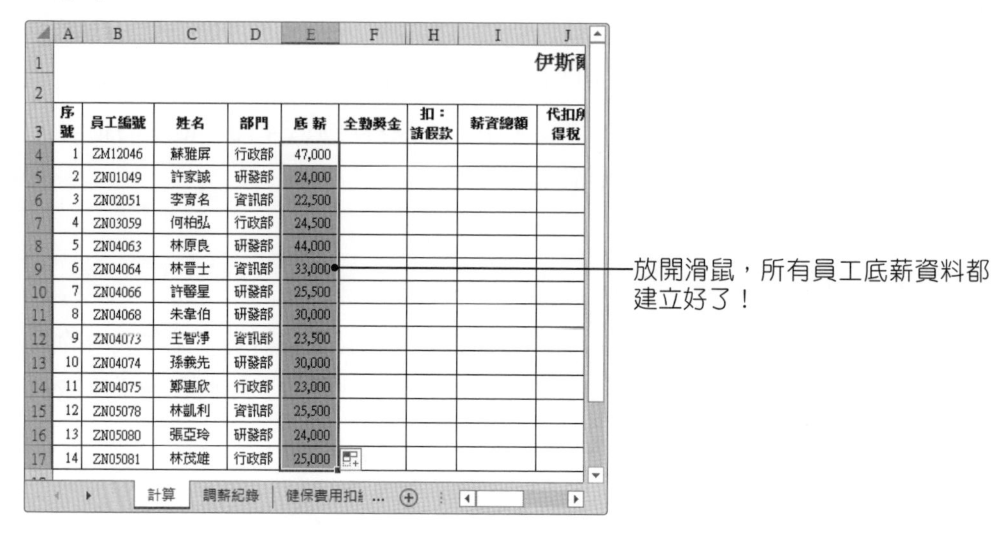

序號	員工編號	姓名	部門	底薪	全勤獎金	扣：請假款	薪資總額	代扣所得稅
1	ZM12046	蘇雅屏	行政部	47,000				
2	ZN01049	許家誠	研發部	24,000				
3	ZN02051	李育名	資訊部	22,500				
4	ZN03059	何柏弘	行政部	24,500				
5	ZN04063	林原良	研發部	44,000				
6	ZN04064	林晉士	資訊部	33,000				
7	ZN04066	許馨星	研發部	25,500				
8	ZN04068	朱韋伯	研發部	30,000				
9	ZN04073	王智淨	資訊部	23,500				
10	ZN04074	孫義先	研發部	30,000				
11	ZN04075	鄭惠欣	行政部	23,000				
12	ZN05078	林凱利	資訊部	25,500				
13	ZN05080	張亞玲	研發部	24,000				
14	ZN05081	林茂雄	行政部	25,000				

上述範例中，所使用的函數為「=ROUND(VLOOKUP(B4, 薪資資料 ,5,0),0)」，其中 ROUND() 函數是用來將所得之值四捨五入的，而「VLOOKUP(B4, 薪資資料 ,5,0)」則表示此 B4 儲存格為搜尋目標，在「薪資資料」定義名稱範圍中來尋找，並傳回第 5 欄的資料。

Tips 每當要改變調薪紀錄時，使用者必須將最新的資料放在此員工的最上列資料，或者執行「資料／排序」工具鈕，並將「調年」放在第一層級、「調月」放在第二層級、「員工代號」放在第三鍵以遞減的方式來排序，確保將最新的資料放在最上列，這樣才能正確搜尋並傳回員工最近的底薪資料。

10-1-6　計算全勤獎金

全勤獎金就是為了鼓勵員工不要請假或遲到，但為了講究人性化管理，每個月員工遲到分鐘總數不超過 5 分鐘，就不扣全勤獎金。如果員工在這個月中都沒有請假或遲到超過 5 分鐘，就可領取這筆獎金。在計算過程中，需要使用 IF() 函數來判斷員工是否曾經請過假或遲到超過 5 分鐘。請開啟範例檔「薪資系統-02.xlsx」。

範例 使用 IF() 函數判斷全勤獎金

Step1

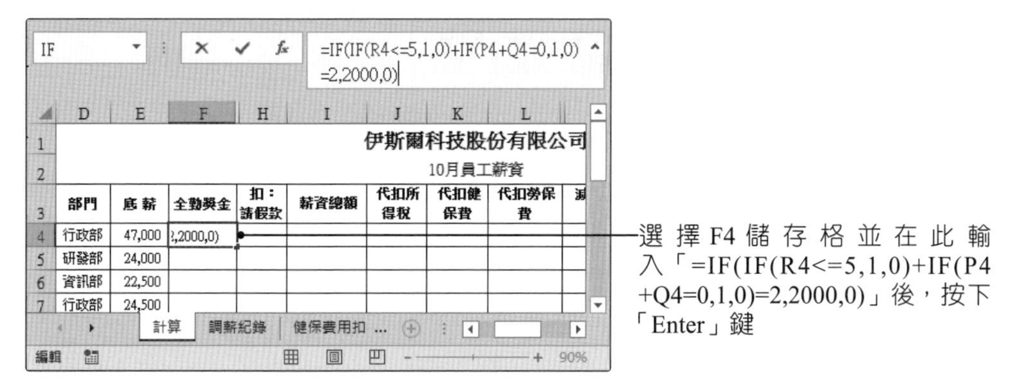

Step2

Step3

伊斯爾科技股份有限

10月員工薪資

	D	E	F	H	I	J	K	L
3	部門	底薪	全勤獎金	扣：請假款	薪資總額	代扣所得稅	代扣健保費	代扣勞費
4	行政部	47,000	2,000					
5	研發部	24,000	2,000					
6	資訊部	22,500	2,000					
7	行政部	24,500	2,000					
8	研發部	44,000	-					
9	資訊部	33,000	2,000					
10	研發部	25,500	2,000					
11	研發部	30,000	2,000					
12	資訊部	23,500	2,000					
13	研發部	30,000	2,000					
14	行政部	23,000	2,000					
15	資訊部	25,500	-					
16	研發部	24,000	-					
17	行政部	25,000	2,000					

計算
調薪紀錄
健保費 ...
放開滑鼠顯示出這個月的全勤獎金紀錄

上述範例中，所使用的函數為「=IF(IF(R4<=5,1,0) + IF(P4+Q4=0,1,0) = 2,2000,0)」，在這公式中總共有 3 個 IF() 函數，最外圍的 IF() 函數是用來判斷其中兩個 IF() 函數所產生的結果數值和是否等於「2」，若條件符合則在此儲存格顯示「2000」，否則將顯示為「0」；而內部兩個「IF」函數，一個是判斷此員工是否遲到不超過 5 分鐘，若不超過 5 分鐘則顯示為「1」，否則顯示為「0」；另一個是用來判斷是否請過病假或事假，若沒有請過假則顯示為「1」，否則顯示為「0」。

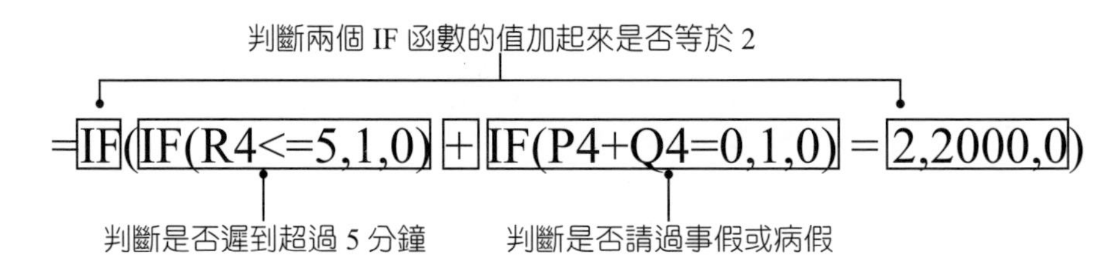

判斷兩個 IF 函數的值加起來是否等於 2
=IF(IF(R4<=5,1,0) + IF(P4+Q4=0,1,0) = 2,2000,0)
判斷是否遲到超過 5 分鐘
判斷是否請過事假或病假

10-1-7　扣請假款計算

若有人請病假、請事假以及遲到，都會被扣請假款。遲到不超過 10 分鐘就不用扣遲到費用，超過 10 分鐘，則每分鐘要扣 10 元；請事假則是以底薪除以 30 天，然後再乘上事假天數，就是此月的請事假扣款額；請病假則是事假的一半扣款，公式如下：

(底薪 /30)*(病假 /2+ 事假)+(遲到超過 10 分鐘 *10)

了解請假或遲到的扣款方式之後，以下將延續上述範例進行說明。

範例　扣請假款的計算

Step1

IF　=ROUND(VLOOKUP(B4,薪資資料,5,0)/30*(P4/2+Q4)+IF(R4>10,R4*10,0),0)

	D	E	F	H	I	J	K	L	N
1					伊斯爾科技股份有限公司				
2					10月員工薪資				
3	部門	底薪	全勤獎金	扣：請假款	薪資總額	代扣所得稅	代扣健保費	代扣勞保費	減項小計
4	行政部	47,000	2,000	),0),0)					
5	研發部	24,000	2,000						
6	資訊部	22,500	2,000						
7	行政部	24,500	2,000						
8	研發部	44,000	-						
9	資訊部	33,000	2,000						
10	研發部	25,500	2,000						
11	研發部	30,000	2,000						

選取 H4 儲存格並在此輸入公式「=ROUND(VLOOKUP(B4, 薪資資料 ,5,0)/30*(P4/2+Q4)+IF(R4>10,R4*10,0),0)」後，按下「Enter」鍵

Step2

	D	E	F	H	I	J	K	L	N
1					伊斯爾科技股份有限公司				
2					10月員工薪資				
3	部門	底薪	全勤獎金	扣：請假款	薪資總額	代扣所得稅	代扣健保費	代扣勞保費	減項小計
4	行政部	47,000	2,000	-					
5	研發部	24,000	2,000						
6	資訊部	22,500	2,000						
7	行政部	24,500	2,000						
8	研發部	44,000	-						
9	資訊部	33,000	2,000						
10	研發部	25,500	2,000						
11	研發部	30,000	2,000						
12	資訊部	23,500	2,000						
13	研發部	30,000	2,000						
14	行政部	23,000	2,000						

計算　調薪紀錄　健保費用扣繳表 ...

以滑鼠拖曳 H4 儲存格的填滿控點至 H17 儲存格後

Step3

	D	E	F	H	I	J	K
1						伊斯爾科技股	
2						10月員工	
3	部門	底薪	全勤獎金	扣：請假款	薪資總額	代扣所得稅	代扣健保費
4	行政部	47,000	2,000	-			
5	研發部	24,000	2,000	-			
6	資訊部	22,500	2,000	-			
7	行政部	24,500	2,000	-			
8	研發部	44,000	-	733			
9	資訊部	33,000	2,000	-			
10	研發部	25,500	2,000	-			
11	研發部	30,000	2,000	-			
12	資訊部	23,500	2,000	-			
13	研發部	30,000	2,000	-			

計算
調薪紀錄
放開滑鼠，顯示出每位員工應扣的金額！

上述範例中，所使用的函數為「=ROUND(VLOOKUP(B4, 薪資資料 ,5,0)/30 *(P4/2+Q4)+IF(R4>10,R4*10,0) ,0)」，在最外圍的 ROUND 函數是用來將算出來的結果四捨五入，而 VLOOKUP 函數在「薪資資料」定義名稱範圍中搜尋此員工編號的資料，找到此筆資料後傳回第 5 欄的員工底薪資料。接下來將此筆資料除以 30，並乘上（病假 /2+ 事假）的數值，加上用 IF 函數求出遲到是否超過 10 分鐘，若超過則每分鐘扣 10 元，若沒有超過 10 分鐘則以「0」計算。所有函數計算出來的結果就是這個月的扣請假款金額了！

10-1-8 計算薪資總額

計算出員工的底薪、全勤獎金及請假扣款之後，就可以算出這個月公司給員工的薪資總額。薪資總額的計算很簡單，就是「底薪」加上「全勤獎金」，然後再減去「扣請假款」，就是這個月公司需要付給員工的薪資總額了！以下將延續上述範例進行說明。

範例 計算薪資總額並變化格式

Step1

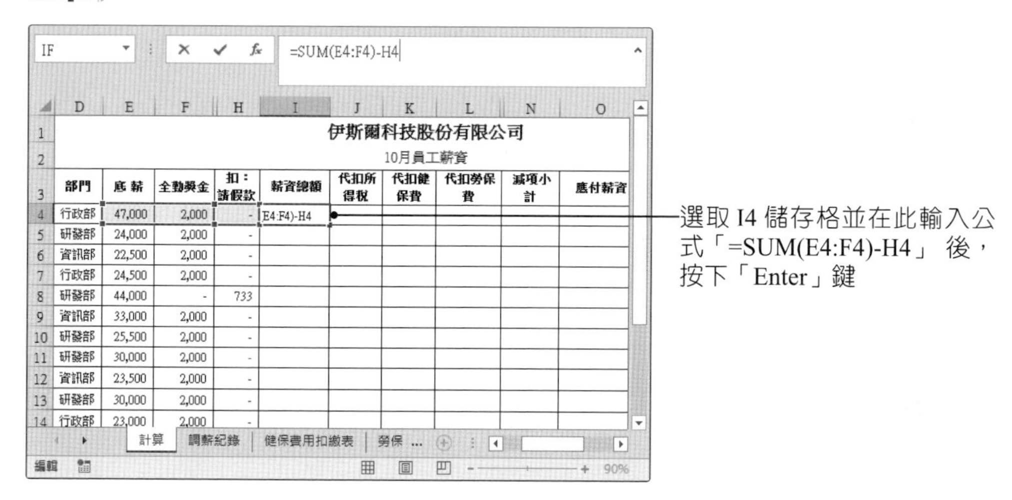

選取 I4 儲存格並在此輸入公式「=SUM(E4:F4)-H4」後，按下「Enter」鍵

Step2

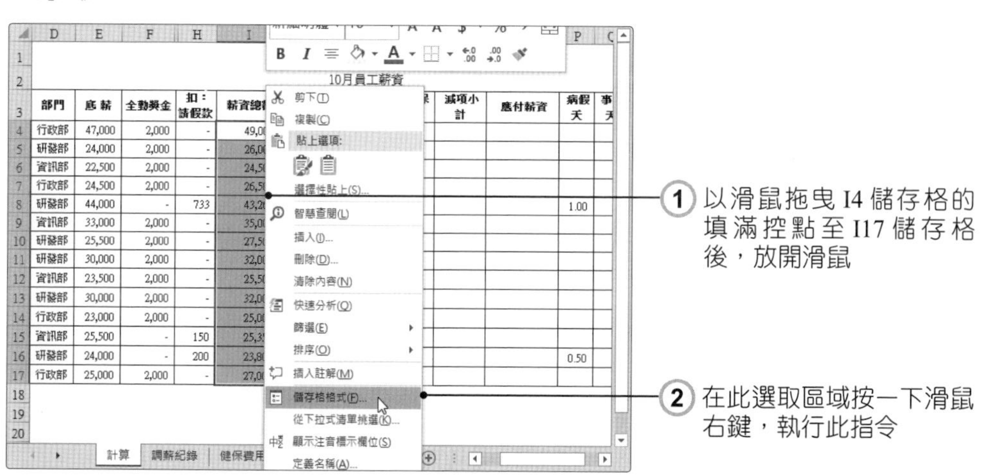

① 以滑鼠拖曳 I4 儲存格的填滿控點至 I17 儲存格後，放開滑鼠

② 在此選取區域按一下滑鼠右鍵，執行此指令

Step3

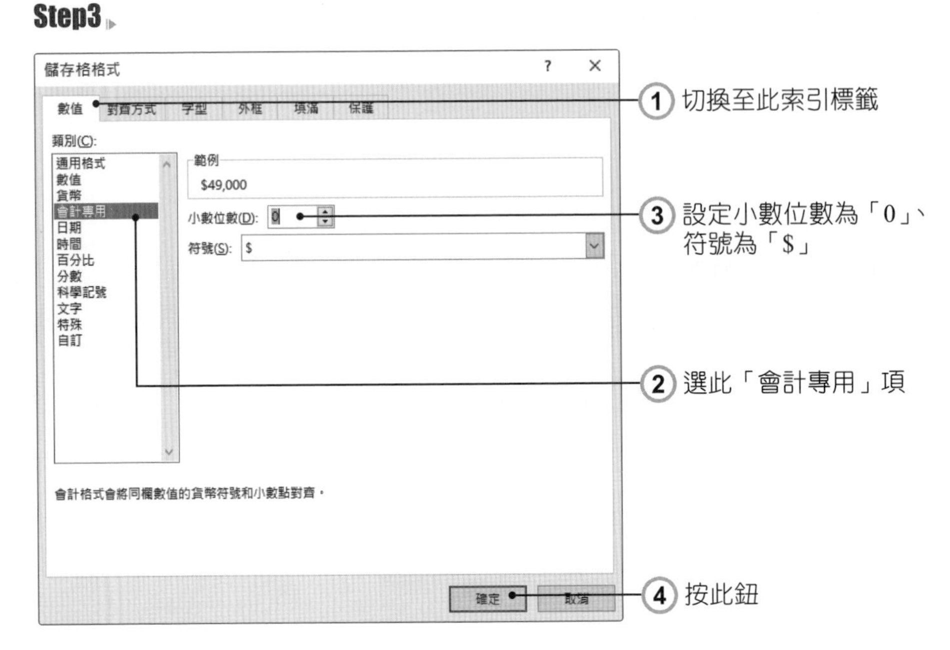

Step4

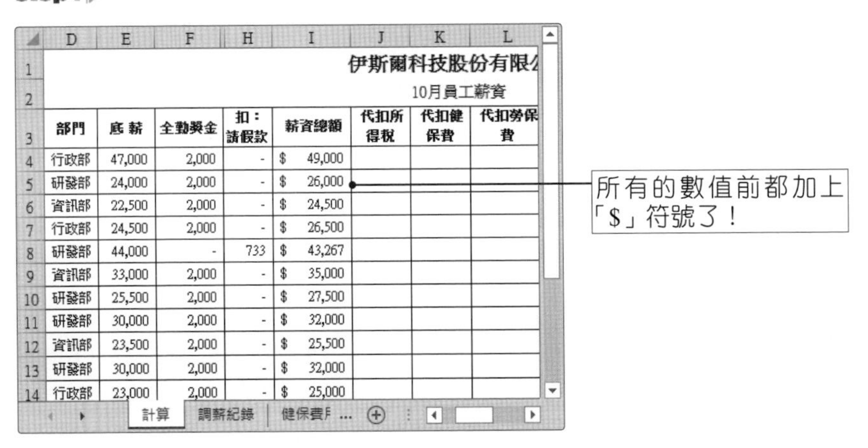

伊斯爾科技股份有限公

10月員工薪資

	D	E	F	H	I	J	K	L
3	部門	底 薪	全勤獎金	扣：請假款	薪資總額	代扣所得稅	代扣健保費	代扣勞保費
4	行政部	47,000	2,000	-	$ 49,000			
5	研發部	24,000	2,000	-	$ 26,000			
6	資訊部	22,500	2,000	-	$ 24,500			
7	行政部	24,500	2,000	-	$ 26,500			
8	研發部	44,000	-	733	$ 43,267			
9	資訊部	33,000	2,000	-	$ 35,000			
10	研發部	25,500	2,000	-	$ 27,500			
11	研發部	30,000	2,000	-	$ 32,000			
12	資訊部	23,500	2,000	-	$ 25,500			
13	研發部	30,000	2,000	-	$ 32,000			
14	行政部	23,000	2,000	-	$ 25,000			

將此欄位加上「$」金錢符號，會使這項「薪資總額」更為凸顯、清楚。雖然我們已經算出「薪資總額」，但「薪資總額」只是對公司內部而言的款項，對外還需計算出「代扣所得稅」、「代扣健保費」及「代扣勞保費」，才是員工真正的薪資所得。所以，緊接著將介紹這些款項的計算方式。

10-1-9 代扣所得稅計算

所得稅款之扣繳方式，是依照員工的薪資總額和員工的扶養人口，去對照薪資所得扣繳表中的扣繳標準。所以我們將依照這個方式，使用 VLOOKUP() 函數來查出員工應扣所得稅額。請開啟範例檔「薪資系統-03.xlsx」。

範例 計算代扣所得稅之金額

Step1

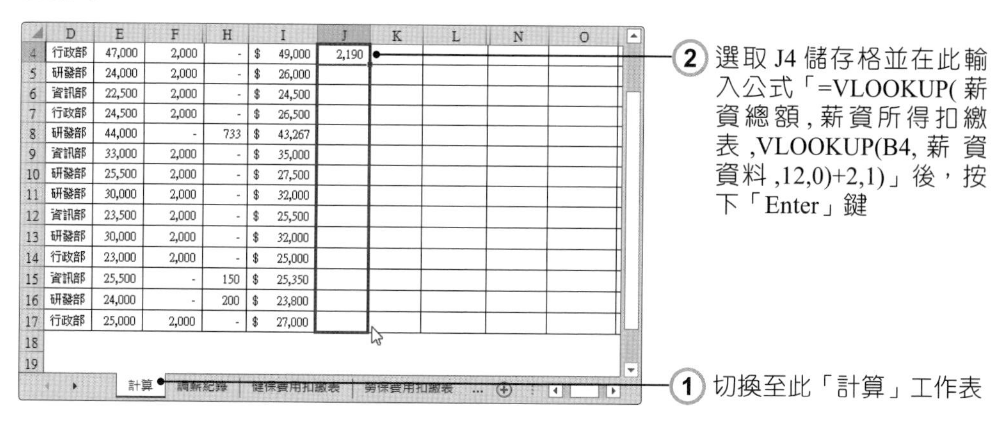

2 選取 J4 儲存格並在此輸入公式「=VLOOKUP(薪資總額 , 薪資所得扣繳表 ,VLOOKUP(B4, 薪資資料 ,12,0)+2,1)」後，按下「Enter」鍵
1 切換至此「計算」工作表

Step2

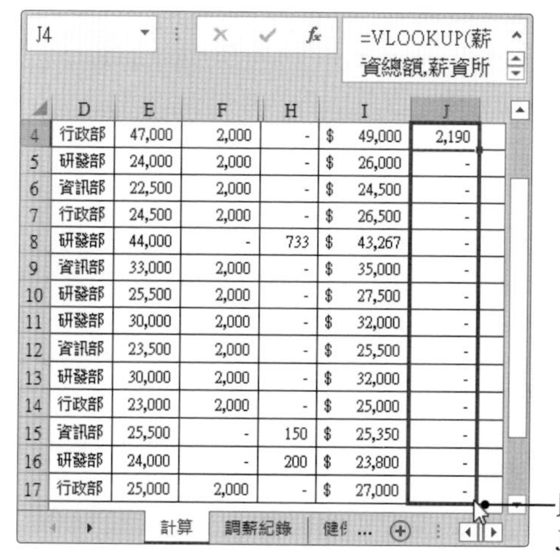

以滑鼠拖曳 J4 儲存格的填滿控點至 J17 儲存格後，放開滑鼠即可

上述範例中，所使用的函數為「=VLOOKUP(薪資總額 , 薪資所得扣繳表 ,VLOOKUP(B4, 薪資資料 ,12,0)+2,1)」，外部的 VLOOKUP() 函數是以「薪資總額」為搜尋目標，在指定的「薪資所得扣繳表」範圍中搜尋相對應的「VLOOKUP(B4, 薪資資料 ,12,0) ＋ 2」的欄位資料，並將此欄位資料傳回。至於「VLOOKUP(B4, 薪資資料 ,12,0)」是以「B4」為搜尋目標，在「薪資資料」定義範圍中找出相對應的第 12 欄的扶養人數資料並將此資料傳回。至於為什麼要在此 VLOOKUP() 函數後加上「2」，這是因為外部的 VLOOKUP() 函數，以此為傳回資料的欄位，再加上「2」才是所得稅扣繳金額欄位。

搜尋薪資所得時，會以大於實際薪資總額的前一列資料為標準列

	A	B	C	D	E	F
1				扶養人數		
2	薪資所得	無	1	2	3	4
3	0	-	-	-	-	-
4	47,501	2,060	-	-	-	-
5	48,001	2,130	-	-	-	-
6	48,501	2,190	-	-	-	-
7	49,001	2,260	-	-	-	-
8	49,501	2,320	-	-	-	-
9	50,001	2,390	-	-	-	-
10	50,501	2,450	-	-	-	-
11	51,001	2,520	-	-	-	-
12	51,501	2,580	-	-	-	-

健保費用扣繳表 / 勞保費用扣繳表 / 薪資所得扣繳

例如實際薪資總額為「49000」，則會以「48501」為標準列，而不以「49001」為標準列

扶養人數為「0」，則會以第（扶養人數+2）欄，也就是將 B 欄的資料傳回

計算出所得稅扣款後，使用者可能會覺得奇怪，似乎很少人需要繳交所得稅扣款，這並不是計算錯誤，而是稅法實行規則上代扣金額超過「2,000」元才符合實際效益，換算之下薪資總額在「47,501」元之上才需扣繳。

10-1-10 代扣健保費之計算

每個員工每月除了需要繳交本身健保費之外，員工還可幫家人負擔健保費用，最多可以幫 3 個人負擔，依照員工薪資總額及健保人數而繳交不同金額的健保費用。以下將延續上述範例來進行說明。

範例 代扣健保費之計算

Step1

IF　=VLOOKUP(薪資總額,健保費用扣繳表,VLOOKUP(B4,薪資資料,13,0)+2)

	D	E	F	H	I	J	K	L	N	O
4	行政部	47,000	2,000	-	$ 49,000	2,190	,3,0)+2)			
5	研發部	24,000	2,000	-	$ 26,000	-				
6	資訊部	22,500	2,000	-	$ 24,500	-				
7	行政部	24,500	2,000	-	$ 26,500	-				
8	研發部	44,000	-	733	$ 43,267	-				
9	資訊部	33,000	2,000	-	$ 35,000	-				
10	研發部	25,500	2,000	-	$ 27,500	-				
11	研發部	30,000	2,000	-	$ 32,000	-				
12	資訊部	23,500	2,000	-	$ 25,500	-				
13	研發部	30,000	2,000	-	$ 32,000	-				
14	行政部	23,000	2,000	-	$ 25,000	-				
15	資訊部	25,500	-	150	$ 25,350	-				
16	研發部	24,000	-	200	$ 23,800	-				
17	行政部	25,000	2,000	-	$ 27,000	-				
18										
19										

計算 | 調薪紀錄 | 健保費用扣繳表 | 勞保費用扣繳表 ...

選取 K4 儲存格並在此輸入「=VLOOKUP(薪資總額 , 健保費用扣繳表 ,VLOOKUP(B4, 薪資資料 ,13,0)+2)」後，按下「Enter」鍵

Step2

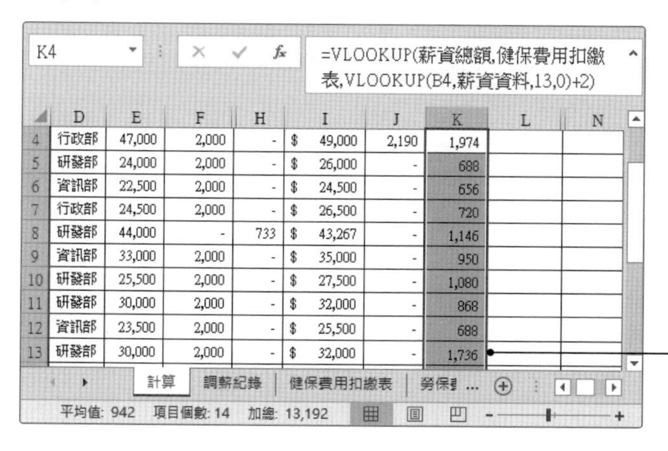

K4　=VLOOKUP(薪資總額,健保費用扣繳表,VLOOKUP(B4,薪資資料,13,0)+2)

	D	E	F	H	I	J	K	L	N
4	行政部	47,000	2,000	-	$ 49,000	2,190	1,974		
5	研發部	24,000	2,000	-	$ 26,000	-	688		
6	資訊部	22,500	2,000	-	$ 24,500	-	656		
7	行政部	24,500	2,000	-	$ 26,500	-	720		
8	研發部	44,000	-	733	$ 43,267	-	1,146		
9	資訊部	33,000	2,000	-	$ 35,000	-	950		
10	研發部	25,500	2,000	-	$ 27,500	-	1,080		
11	研發部	30,000	2,000	-	$ 32,000	-	868		
12	資訊部	23,500	2,000	-	$ 25,500	-	688		
13	研發部	30,000	2,000	-	$ 32,000	-	1,736		

計算 | 調薪紀錄 | 健保費用扣繳表 | 勞保費 ...

平均值: 942　項目個數: 14　加總: 13,192

以滑鼠拖曳 K4 儲存格的填滿控點至 K17 儲存格後，放開滑鼠即可

上述範例中，所使用的公式為「=VLOOKUP(薪資總額 , 健保費用扣繳表 ,VLOOKUP(B4, 薪資資料 ,13,0)+2)」，外部的 VLOOKUP() 函數是以「薪資總額」為搜尋目標，在指定的「健保費用扣繳表」範圍中搜尋相對應的第「VLOOKUP(B4, 薪資資料 ,13,0) ＋ 2」的欄位資料，並將此欄位資料傳回。至於「VLOOKUP(B4, 薪資資料 ,13,0)」是以「B4」為搜尋目標，在「薪資資料」定義範圍中找出相對應的第 13 欄的健保人數資料並將此資料傳回，至於為什麼

要在此 VLOOKUP() 函數後加上「2」，道理與上小節「代扣所得稅」中相同。使用者請記得搜尋健保費用扣繳表時，會以大於薪資總額的前一列為標準列。

10-1-11 代扣勞保費計算

相較於所得稅及健保費之扣繳計算，代扣勞保費計算就簡單多了，不必考慮扶養人數或健保人數，只要直接以 VLOOKUP() 函數查出與薪資總額相對應的資料即可。以下將延續上述的範例來進行說明。

範例 代扣勞保費之計算

Step1

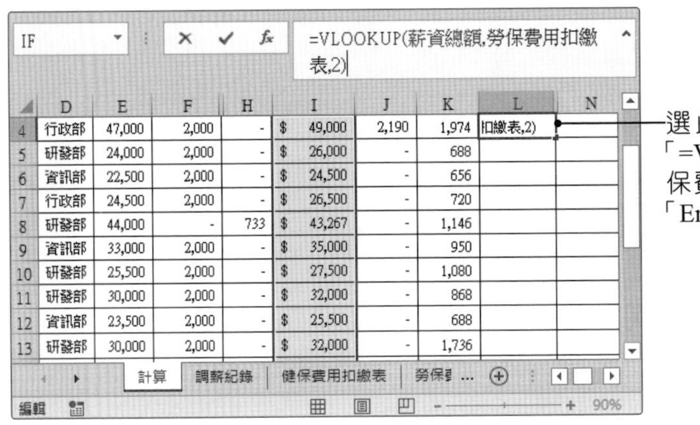

	D	E	F	H	I	J	K	L	N
4	行政部	47,000	2,000	-	$ 49,000	2,190	1,974	扣繳表,2)	
5	研發部	24,000	2,000	-	$ 26,000	-	688		
6	資訊部	22,500	2,000	-	$ 24,500	-	656		
7	行政部	24,500	2,000	-	$ 26,500	-	720		
8	研發部	44,000	-	733	$ 43,267	-	1,146		
9	資訊部	33,000	2,000	-	$ 35,000	-	950		
10	研發部	25,500	2,000	-	$ 27,500	-	1,080		
11	研發部	30,000	2,000	-	$ 32,000	-	868		
12	資訊部	23,500	2,000	-	$ 25,500	-	688		
13	研發部	30,000	2,000	-	$ 32,000	-	1,736		

選此 L4 儲存格並在此輸入「=VLOOKUP(薪資總額 , 勞保費用扣繳表 ,2)」後，按下「Enter」鍵

Step2

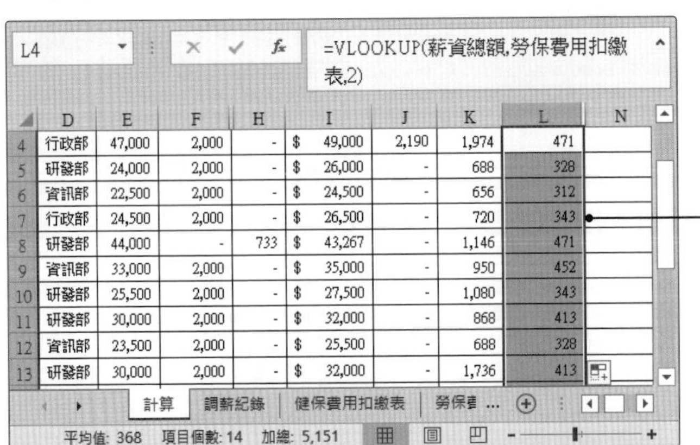

	D	E	F	H	I	J	K	L	N
4	行政部	47,000	2,000	-	$ 49,000	2,190	1,974	471	
5	研發部	24,000	2,000	-	$ 26,000	-	688	328	
6	資訊部	22,500	2,000	-	$ 24,500	-	656	312	
7	行政部	24,500	2,000	-	$ 26,500	-	720	343	
8	研發部	44,000	-	733	$ 43,267	-	1,146	471	
9	資訊部	33,000	2,000	-	$ 35,000	-	950	452	
10	研發部	25,500	2,000	-	$ 27,500	-	1,080	343	
11	研發部	30,000	2,000	-	$ 32,000	-	868	413	
12	資訊部	23,500	2,000	-	$ 25,500	-	688	328	
13	研發部	30,000	2,000	-	$ 32,000	-	1,736	413	

以滑鼠拖曳 L4 儲存格的填滿控點至 L17 儲存格後，放開滑鼠即可

上述範例中，所使用的公式為「=VLOOKUP(薪資總額 , 勞保費用扣繳表 ,2)」，就是以「薪資總額」為搜尋目標，在「勞保費用扣繳表」定義名稱範圍中，以大於薪資總額的前一列為標準列，然後傳回此標準列的第 2 欄資料即可。

10-1-12　減項小計與應付薪資之計算

終於要進入此薪資計算表的最後階段了！「減項小計」就是將「薪資所得扣款」、「健保費用扣款」及「勞保費用扣款」這三項小計起來，最後再以「薪資總額」減去「減項小計」，結果就是「應付薪資」了！為了凸顯「減項小計」及「應付金額」的欄位資料，首先將此兩欄選取起來並將儲存格格式改為加上「$」符號的數值，然後再開始計算。請開啟範例檔「薪資系統-04.xlsx」。

範例 減項小計與應付薪資之計算

Step1

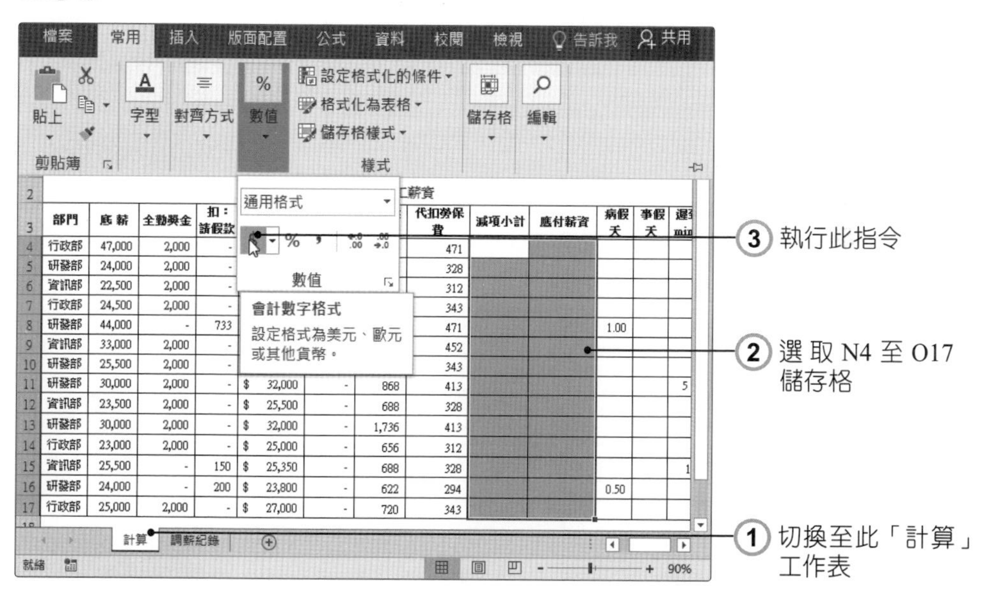

Step2

=SUM(J4:L4)
伊斯爾科技股份有限公司
10月員工薪資
選取 N4 儲存格並在此輸入公式「=SUM(J4:L4)」後，按下「Enter」鍵

Step3

=I4-N4
伊斯爾科技股份有限公司
10月員工薪資
選取 O4 儲存格並在此輸入「=I4-N4」後，按下「Enter」鍵
顯示出減項小計金額

Step4

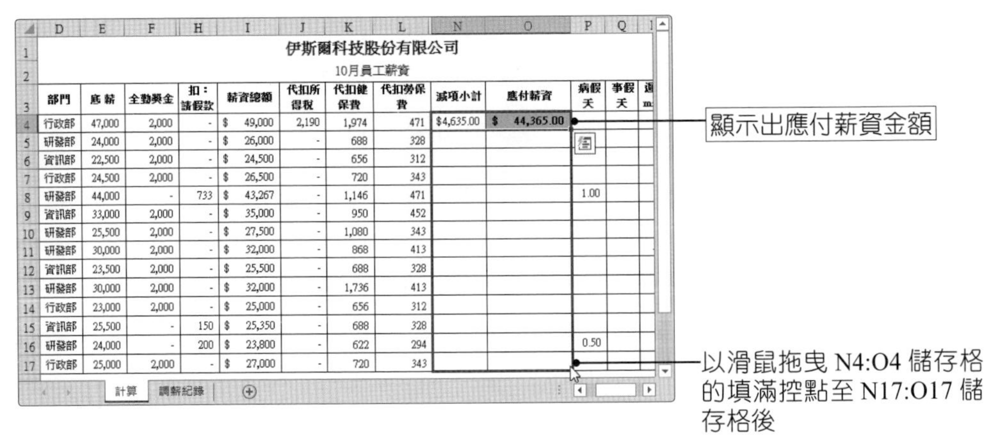

伊斯爾科技股份有限公司
10月員工薪資
顯示出應付薪資金額
以滑鼠拖曳 N4:O4 儲存格的填滿控點至 N17:O17 儲存格後

Step5

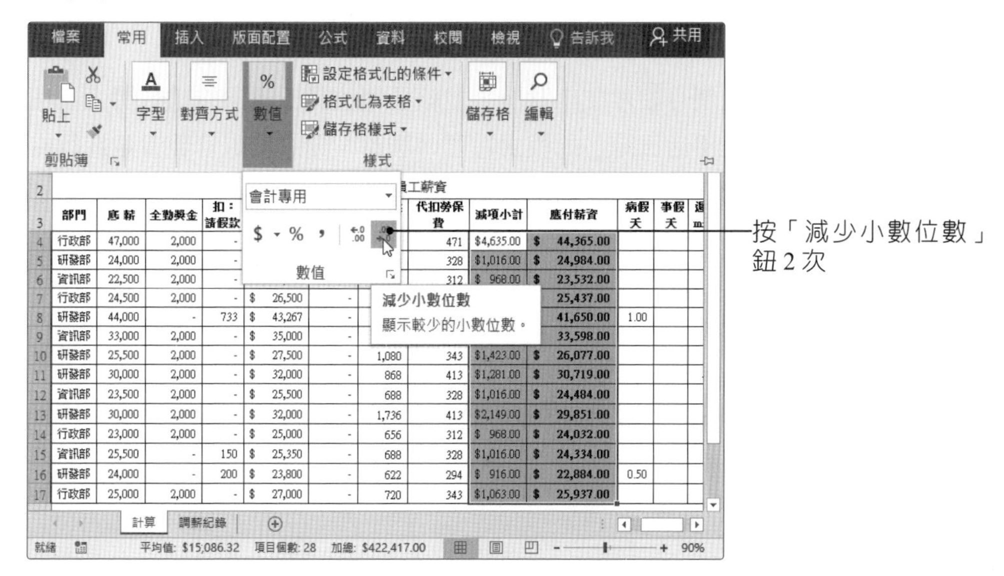

按「減少小數位數」鈕 2 次

Step6

伊斯爾科技股份有限公司

10月員工薪資

部門	底薪	全勤獎金	扣：請假款	薪資總額	代扣所得稅	代扣健保費	代扣勞保費	減項小計	應付薪資
行政部	47,000	2,000	-	$ 49,000	2,190	1,974	471	$ 4,635	$ 44,365
研發部	24,000	2,000	-	$ 26,000	-	688	328	$ 1,016	$ 24,984
資訊部	22,500	2,000	-	$ 24,500	-	656	312	$ 968	$ 23,532
行政部	24,500	2,000	-	$ 26,500	-	720	343	$ 1,063	$ 25,437
研發部	44,000	-	733	$ 43,267	-	1,146	471	$ 1,617	$ 41,650
資訊部	33,000	2,000	-	$ 35,000	-	950	452	$ 1,402	$ 33,598
研發部	25,500	2,000	-	$ 27,500	-	1,080	343	$ 1,423	$ 26,077
研發部	30,000	2,000	-	$ 32,000	-	868	413	$ 1,281	$ 30,719
資訊部	23,500	2,000	-	$ 25,500	-	688	328	$ 1,016	$ 24,484
研發部	30,000	2,000	-	$ 32,000	-	1,736	413	$ 2,149	$ 29,851
行政部	23,000	2,000	-	$ 25,000	-	656	312	$ 968	$ 24,032
資訊部	25,500	-	150	$ 25,350	-	688	328	$ 1,016	$ 24,334
研發部	24,000	-	200	$ 23,800	-	622	294	$ 916	$ 22,884
行政部	25,000	2,000	-	$ 27,000	-	720	343	$ 1,063	$ 25,937

員工薪資表完成

大功告成！整個薪資計算統計表，都已經設定完成，雖然有一些繁瑣，但是日後只要更改一些變動資料，如請假、遲到或是底薪調整等等資料，就可輕鬆計算出每位員工的應付薪資了！

10-2 共用活頁簿

為了讓主管了解這個月薪水支出狀況，並給予每位員工不同的績效獎金，在此我們將工作表以「共用活頁簿」的模式在區域網路中開放給主管觀看並進行修改，以節省在各個主管中傳閱且修改薪資資料的時間。

10-2-1 保護活頁簿

在開始使用共用活頁簿之前，必須先將活頁簿做好保護措施，以避免主管一時不慎將工作表整個刪除，而造成會計人員的困擾。請開啟範例檔「薪資系統-05.xlsx」。

範例 保護活頁簿

Step1

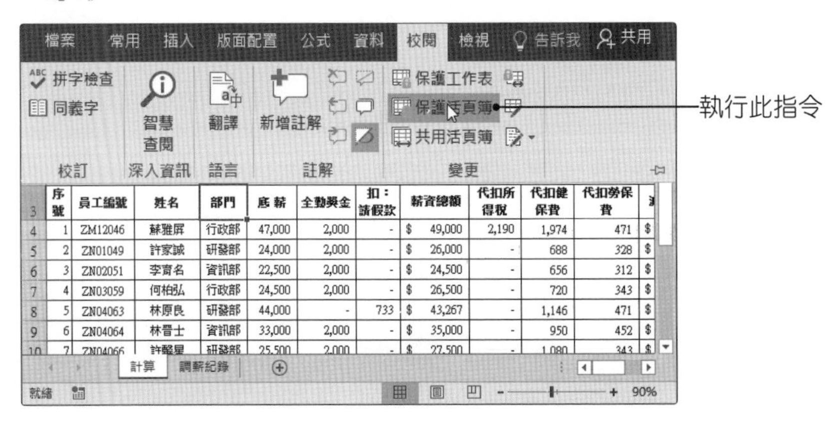

Step2

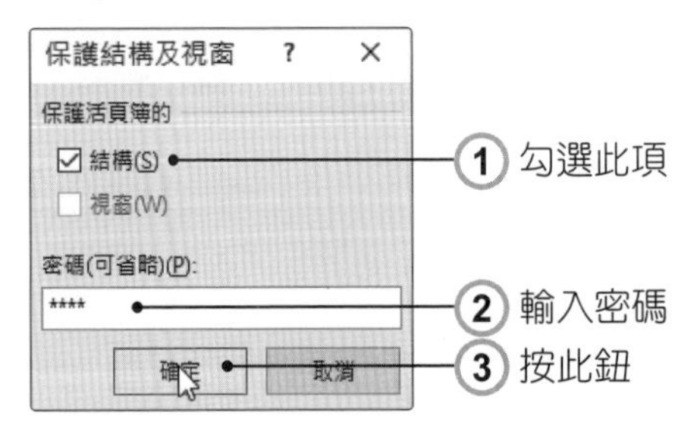

Step3

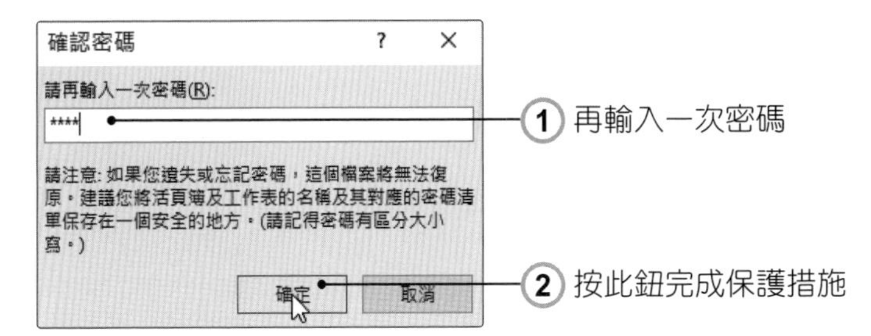

保護此活頁簿的設定完成！此活頁簿必須要有密碼才能取消保護，而在保護狀態下，此活頁簿就無法執行刪除工作表、插入或刪除儲存格、合併儲存格、修改索引標籤色彩、重新命名等等功能。若要取消保護活頁簿功能，只要執行「校閱／保護活頁簿」指令，並輸入之前設定的密碼方可取消保護。

10-2-2　啟用共用活頁簿功能

在區域網路內，要讓別人在同一時間內，一起編輯同一個活頁簿，當然就要將此活頁簿設定為「共用」。讀者必須將此範例先儲存於自己的硬碟中，才能執行「共用活頁簿」的功能，因為在光碟片中的檔案都是「唯讀」狀態，所以不能共用。以下將延續上述範例來進行說明。

範例 啟用共用活頁簿

Step1

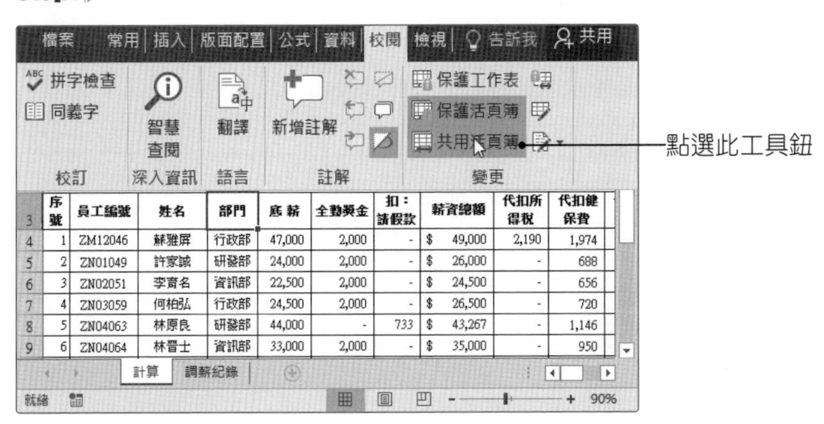

Step2

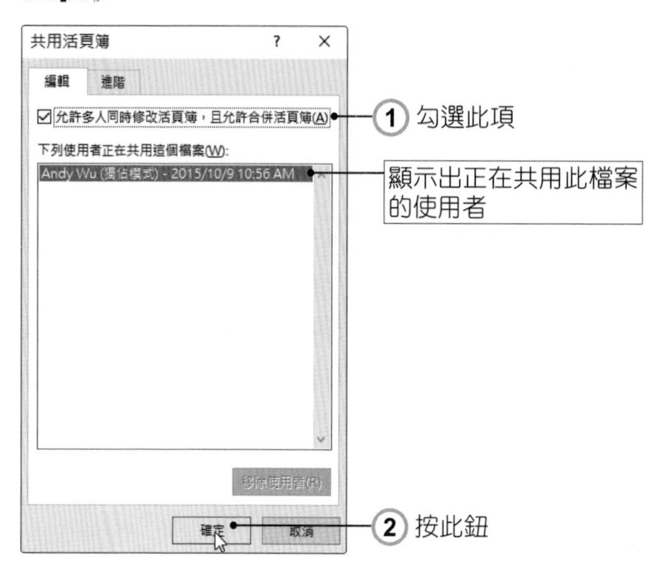

Step3

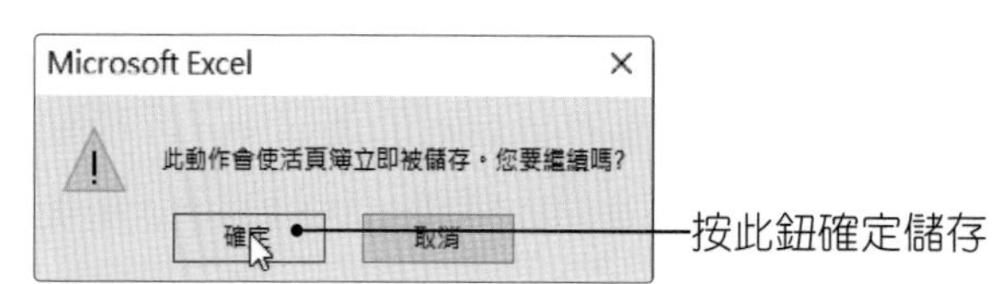

Step4

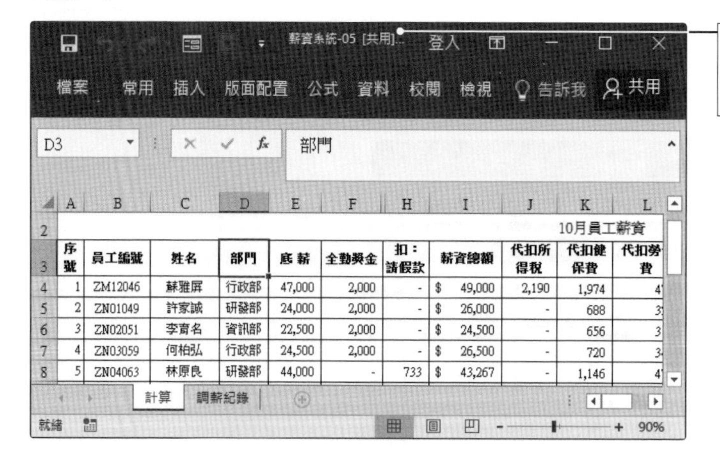

10-2-3　分享活頁簿之資源

雖然現在已經可以共用此薪資資料活頁簿，但是必須將此共用活頁簿存放在可以分享的資料夾中，這樣才能使主管在區域網路上取得這份活頁簿檔案。

範例 分享活頁簿之資料夾

Step1

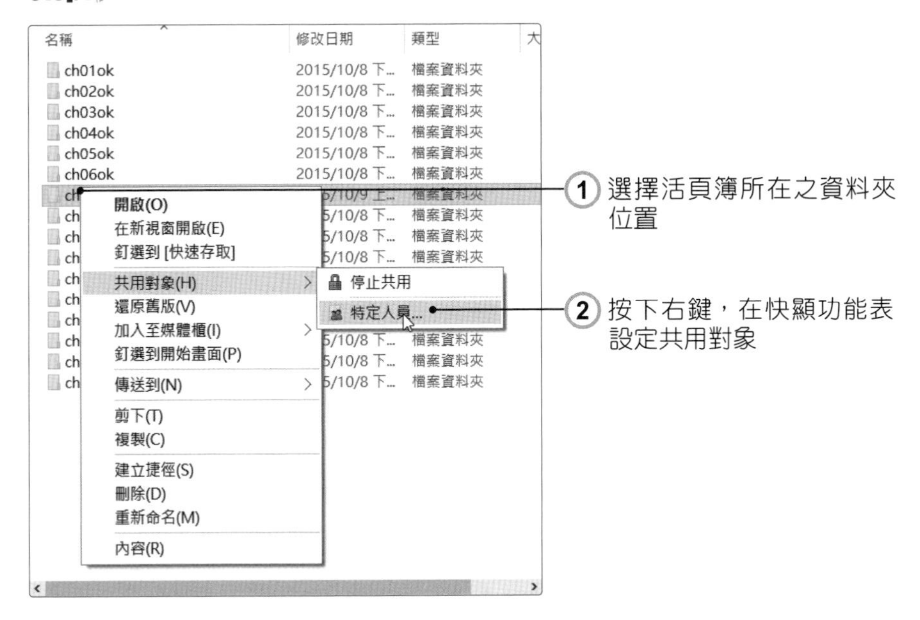

Step2

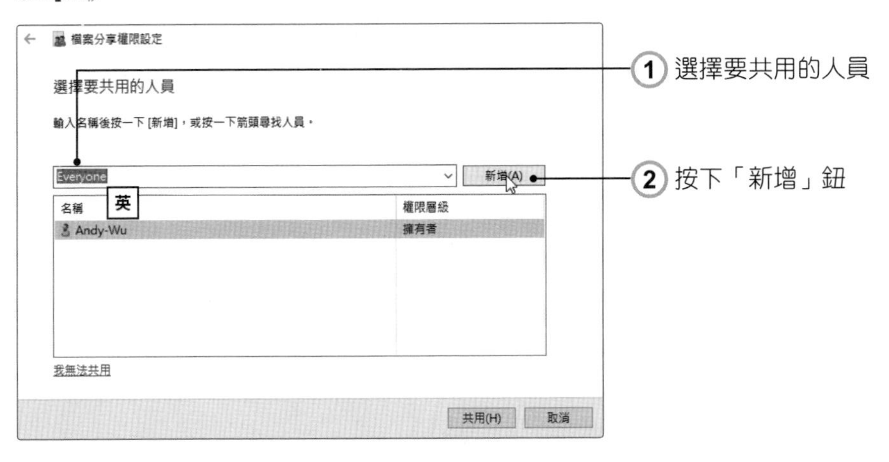

Step3

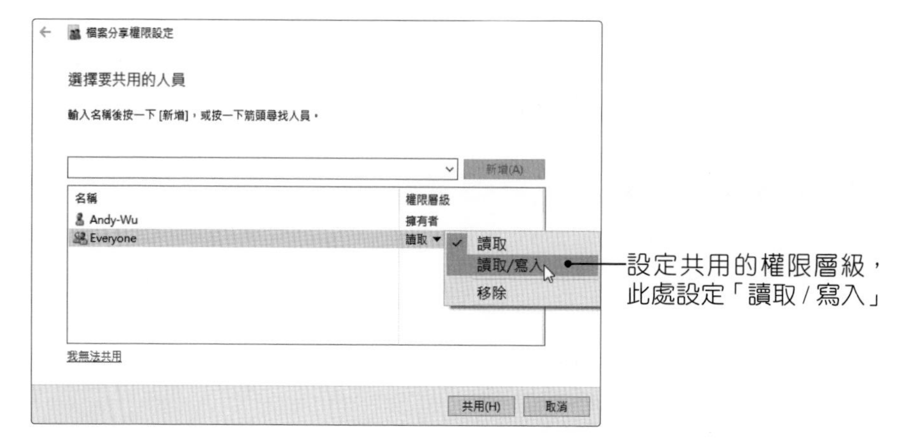

Step4

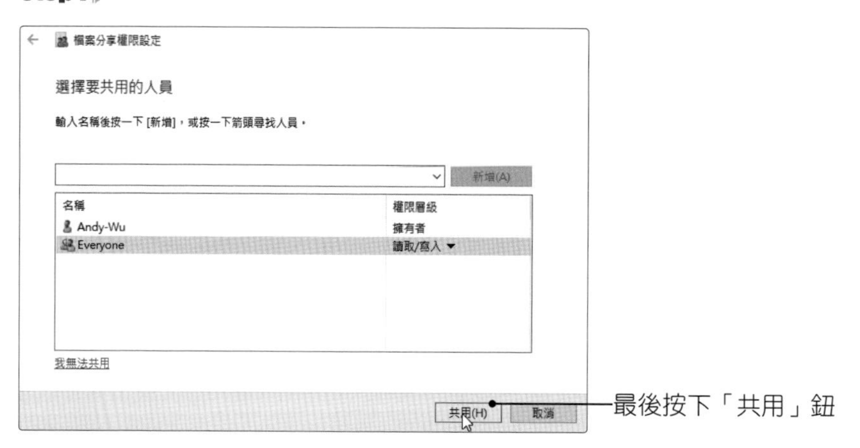

Step5

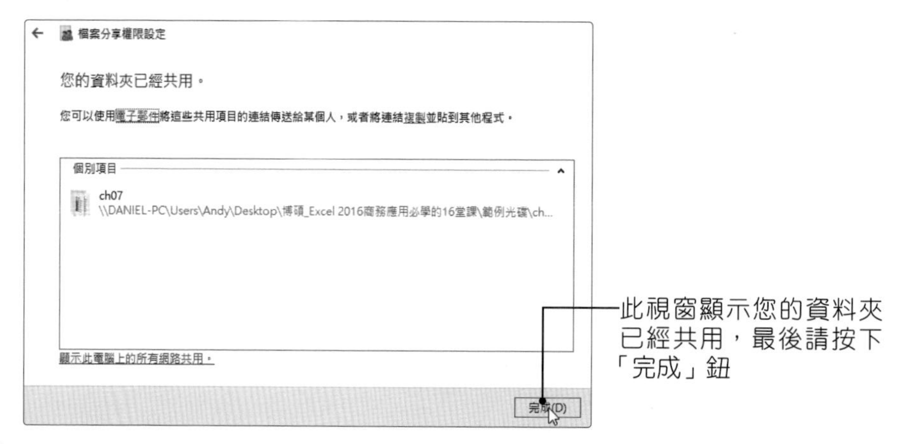

10-2-4 檢視共用人員

當薪資資料活頁簿被共用後，使用者如果想知道現在有哪些人正在共用此活頁簿時，只要將此活頁簿檔案打開並執行「校閱／共用活頁簿」指令，就可在「編輯」索引標籤頁中，看到使用此檔案的人員名稱，如右圖：

當發現有員工亂開啟此檔案時，直接選取使用者名稱並按下「移除使用者」鈕，即可將此使用者移除且將此使用者修訂的資料一起刪除。

學習園地

共用活頁簿的特性

當活頁簿被設定成共用狀態後，此活頁簿就有一些地方與一般活頁簿不同，說明如下：

■ 活頁簿限制

活頁簿共用後，依然可以新增工作表、刪除一整欄或一整列的儲存格、或者插入儲存格，但是不可使用刪除整個工作表、合併儲存格及套用格式化等功能。

■ 記錄修訂

當此活頁簿被修訂之後，Excel 會將修訂動作記錄下來，但不是所有的修訂都會被記錄下來，例如：在活頁簿中進行格式化動作，就不會被記錄下來。

■ 保留修訂記錄

此活頁簿的所有者，可以設定此共用活頁簿要保留修訂紀錄的狀態。

10-2-5 取消活頁簿之共用

當主管修訂資料後，使用者就可將此活頁簿之共用功能取消，避免別的員工隨意修改此薪資資料。若要取消「共用」，使用者只要再次執行「校閱／共用活頁簿」指令，並切換至「編輯」索引標籤頁，取消共用功能即可。

範例 取消活頁簿之共用

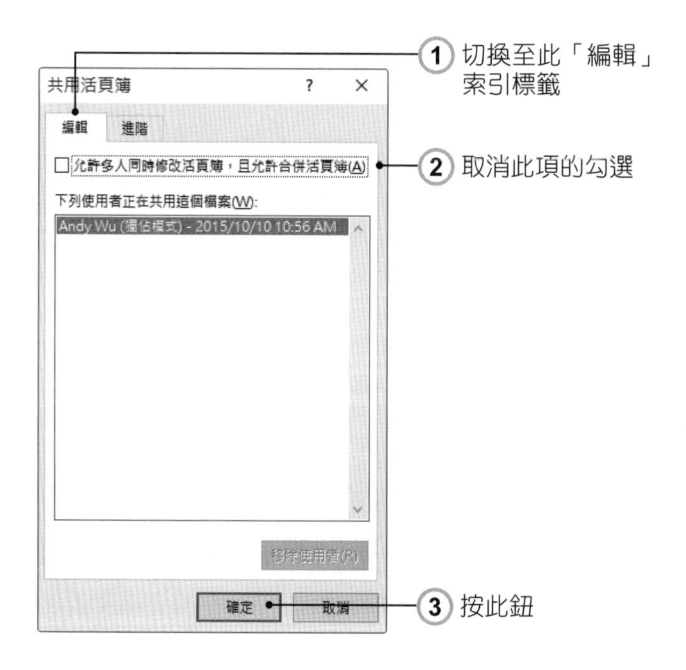

請注意！當共用狀態取消後，曾經修訂的記錄也會同時被刪除。

10-3 追蹤修訂

雖然其他使用者可以修改此共用活頁簿之內容，但此活頁簿的所有者還是可以使用「追蹤修訂」功能來選擇要保留修訂或是拒絕修訂，讓活頁簿所有者可以完全控制修訂記錄。

10-3-1 標示共用活頁簿之修訂處

「追蹤修訂」功能，可標示出哪些人曾經對此共用活頁簿進行過修訂、什麼時候修訂過及修訂內容。當使用者知道已經有主管修訂過此共用活頁簿時，就可利用「追蹤修訂」功能來標示主管所修訂的地方。以下將延續上述範例來進行說明。

範例 標示修訂處

Step1

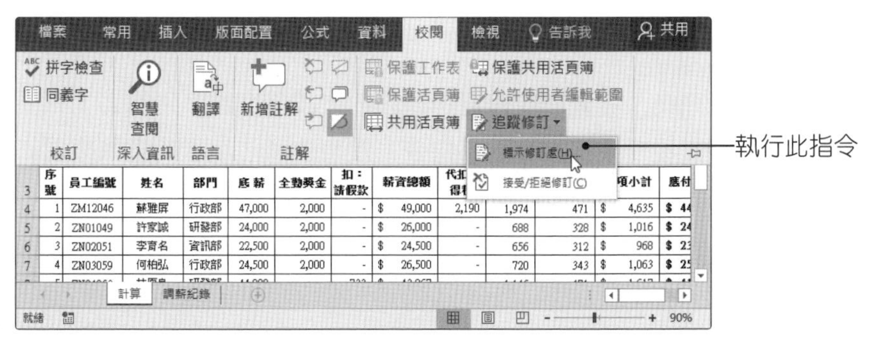

Step2

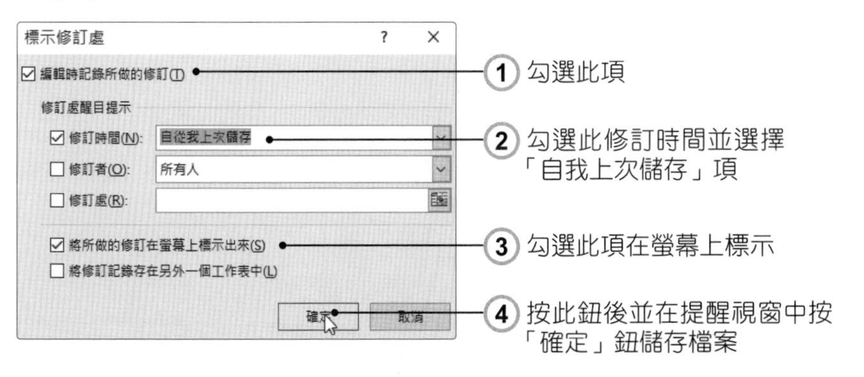

Step3

將滑鼠指標移至修訂地方時，就會顯示出修訂者、修訂時間及修訂內容

除了將修訂資料顯示在螢幕上之外，使用者還可設定將修訂資料儲存於工作表中，只要在上述範例的第 2 步驟，勾選「將修訂記錄存在另外一個工作表中」項並按下「確定」鈕，就會將所有修訂記錄存在 Excel 新建的「歷程記錄」工作表中，請使用者切換至「歷程記錄」工作表中觀看修訂記錄，這些修訂記錄都必須在修訂者儲存檔案後，才能看到修訂的資料，若修訂者沒有存檔，則無法在螢幕上或工作表中，看到修訂記錄。

10-3-2 接受或拒絕修訂

看過所有的修訂記錄後，發覺有些修訂是錯誤的，該怎麼辦？別擔心，只要執行「工具／追蹤修訂／接受或拒絕修訂」指令，就可依照使用者的需求來判斷是否要接受或拒絕修訂的內容。以下將延續上述範例來進行說明。

範例 接受或拒絕修訂

Step1

執行此指令

Step2

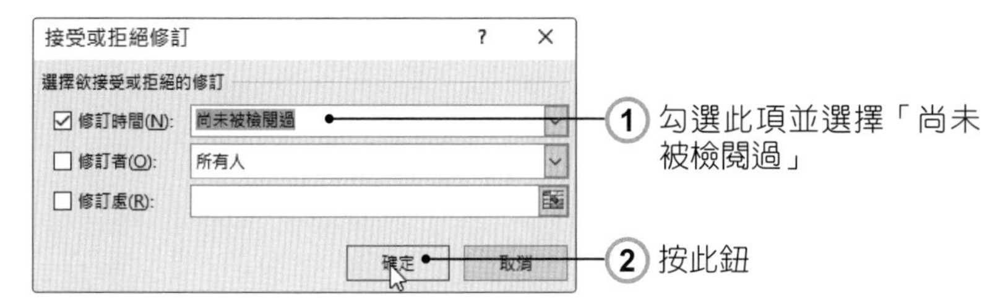

Step3

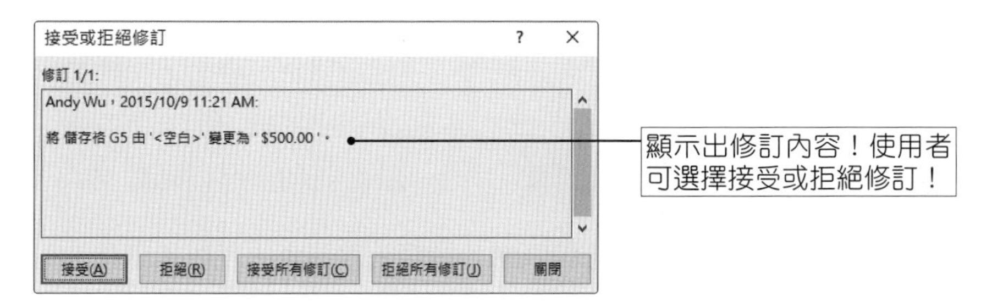

在步驟 3 中，除了「關閉」鈕之外，有四種不同的按鈕，其意義為：

- 「接受」鈕：表示接受此筆修訂資料，將會保留此筆修訂資料。
- 「拒絕」鈕：表示不接受此筆修訂資料，此修訂記錄則會被取消。
- 「接受所有修訂」鈕：會將所有的修訂記錄保留下來，並自動關閉此修訂記錄對話視窗。
- 「拒絕所有修訂」鈕：會將所有的修訂紀錄取消，並自動關閉此修訂記錄對話視窗。

若按下「接受」鈕或「拒絕」鈕，將會一筆一筆讓使用者選擇修訂記錄，直到所有修訂記錄處理完畢為止。

10-3-3 解決修訂衝突

當主管對此薪資資料活頁簿進行修訂並儲存檔案的同時，使用者也正好對相同的儲存格進行修訂並且存檔時，該怎麼辦？要如何解決這兩種不同資料的修訂衝突呢？ Excel 已經幫使用者想好解決之道了，請執行「校閱／共用活頁簿」指令，並切換至「進階」索引標籤頁，就可在「當有衝突發生時」設定選項中來設定，衝突時的解決方式，如下圖：

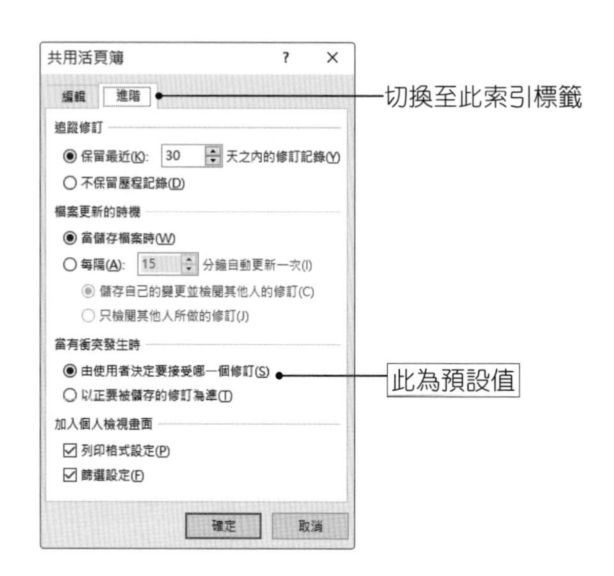

若使用者選擇「以正要被儲存的修訂為準」選項，就不會出現任何訊息，直接以正在儲存的修訂為主。

10-4 轉帳明細表建立

現在金融轉帳安全又方便，大部分公司都會以轉帳的方式來發放每位員工的薪資，因此會計人員必須將所有員工的銀行帳號、公司帳號、轉帳日期、及員工薪資金額製作成一張轉帳明細表給銀行，銀行才能依照此明細資料從公司帳號中一一轉出薪水匯入所有員工的戶頭。所以在這一小節中將教您如何製作轉帳明細表。

10-4-1 使用 TODAY() 函數建立日期

製作轉帳明細表的第一步驟就是要建立「日期」,「日期」對轉帳明細表來說也是一項重要的設定，因為填寫的「日期」不正確，有可能會造成銀行人員的困擾，且每次要填寫轉帳明細表時，就要修改一次日期，也是一件挺麻煩的事。所以，以下直接以 TODAY() 函數來建立「日期」，使轉帳明細表會自動隨著電腦系統的日期而改變。請開啟範例檔「薪資列印-01.xlsx」。

範例 以 TODAY() 函數建立「日期」

Step1

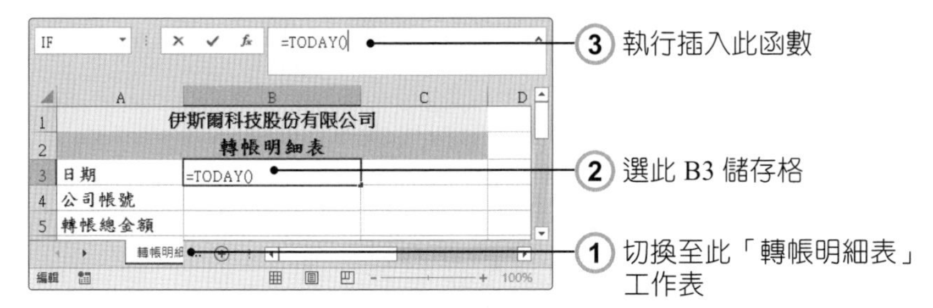

Step2

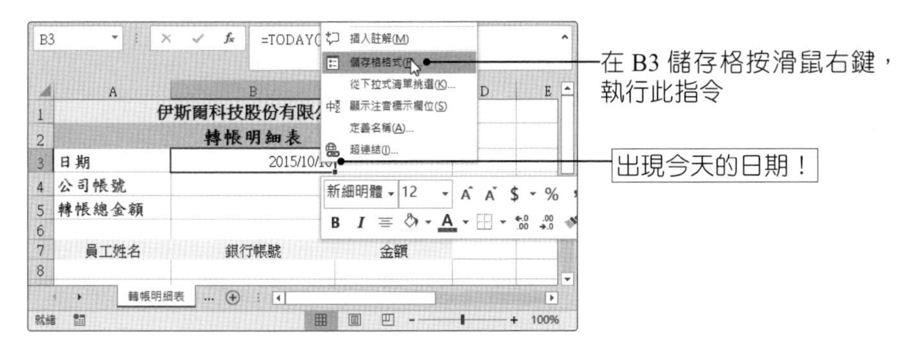

Step3

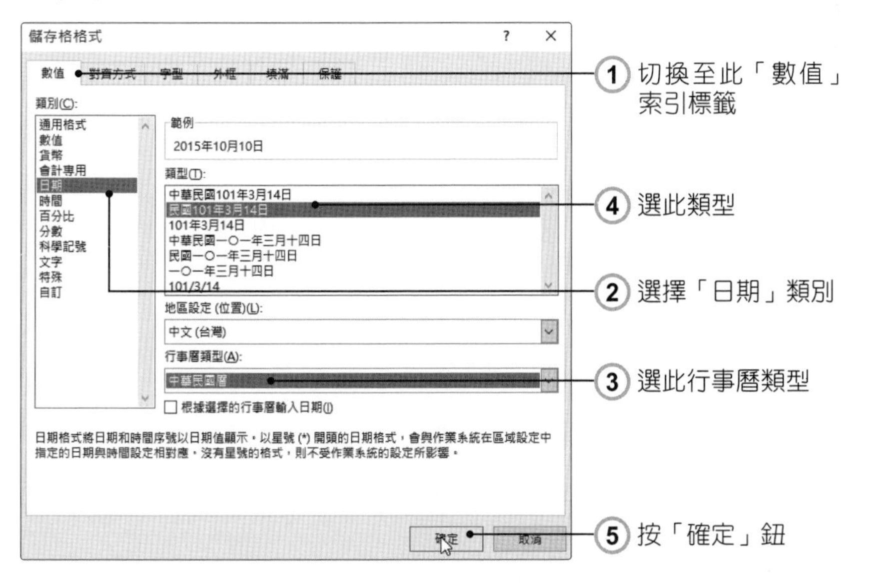

Step4

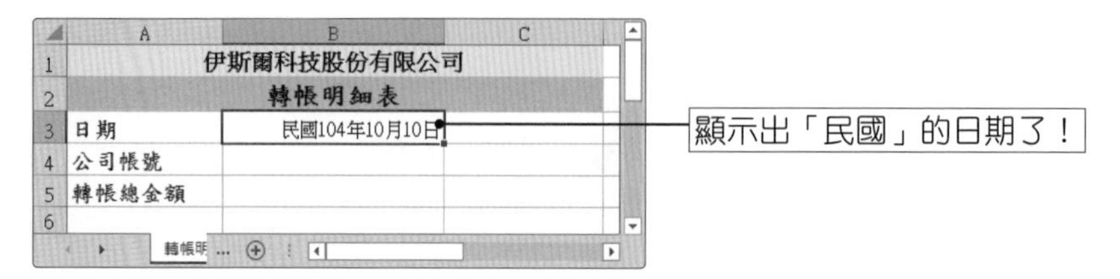

10-4-2 參照員工姓名、帳號及薪資金額

為了避免資料填寫錯誤，所以底下將使用參照的方式來建立員工姓名、帳號及薪資金額等資料，讓會計人員不必每次都要一直切換工作表，來對照員工的各項資料。以下將延續上述範例來進行說明。

範例 使用參照功能

Step1

Step2

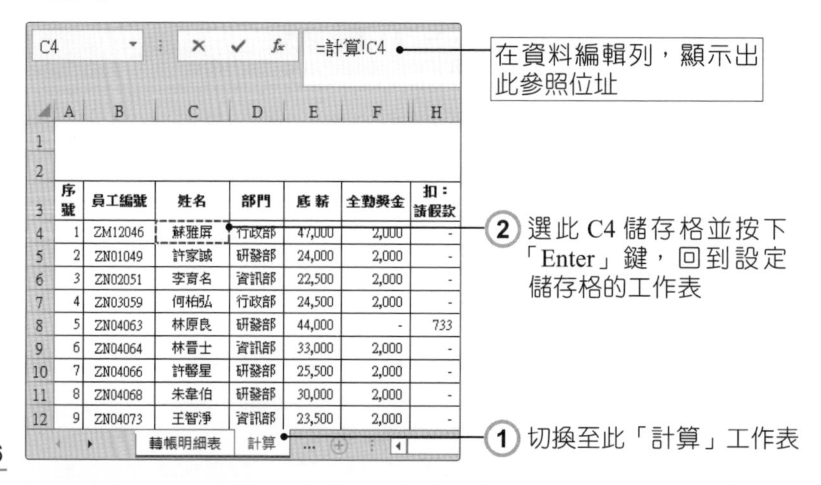

Step3

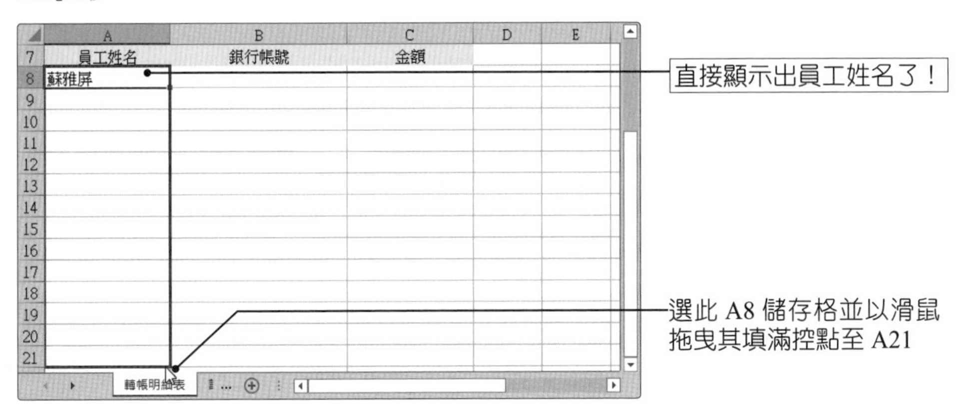

Step4

而帳號及薪資金額也是依照此種參照方法即可輕易填入所有的薪資資料。

10-4-3 自訂類別資料

當使用者以此方式參照完所有資料後，是否發覺到銀行帳號的數字只能以數值狀態顯示，而不能正確顯示帳號資料，因為 Excel 中並沒有可以正確顯示銀行帳號的格式，所以我們需要自己來自訂類別資料。在建立自訂類別資料前，先來了解一下格式符號所代表的意義：

符號	代表意義
#	顯示數值格式的有效位數。當資料內容小數點右方的位數多於 # 的位數，會將多餘的位數以四捨五入的方式捨去。但如果為小數點左方則會完全顯示。
0	是另一種顯示數值格式有效位數的方法，與「#」的用法相同。但當資料內容位數不足時會有補零的動作。
,	顯示千分位的分隔符號。
下底線 (_)	跳過下一個格式符號。
?	與「0」用法類似，為了將小數點對齊，不足位數將以空白補齊。
*	重複此符號的下一個字元，直到填滿儲存格為止。
""	在儲存格中顯示雙引號中的文字。
@	將儲存格中的資料視為文字型態。
[紅色]	設定此儲存格中的文字顏色。
/、空格、$、+、-	直接顯示的符號。

了解符號代表的意義之後，就直接來自訂銀行帳號的格式吧！請開啟範例檔「薪資列印-02.xlsx」。

範例 自訂類別資料

Step1

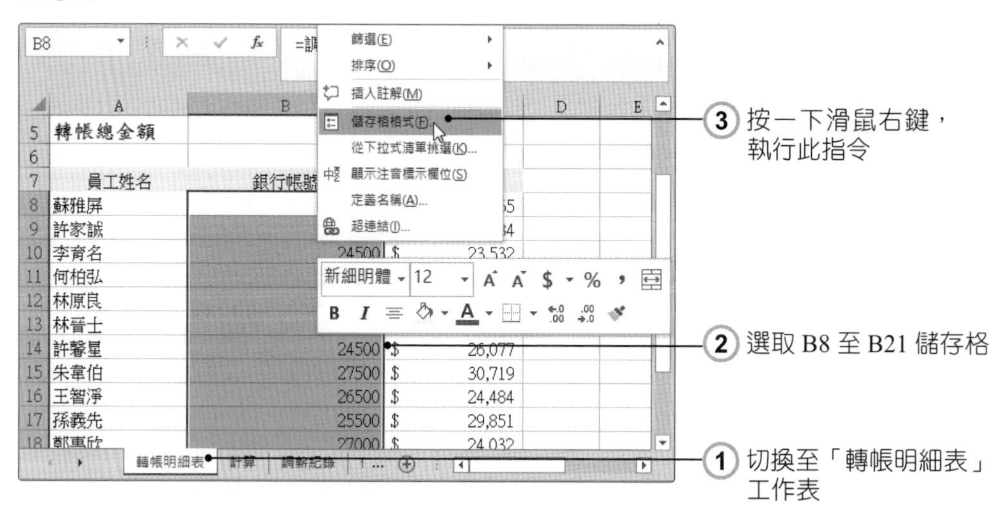
③ 按一下滑鼠右鍵，執行此指令
② 選取 B8 至 B21 儲存格
① 切換至「轉帳明細表」工作表

Step2

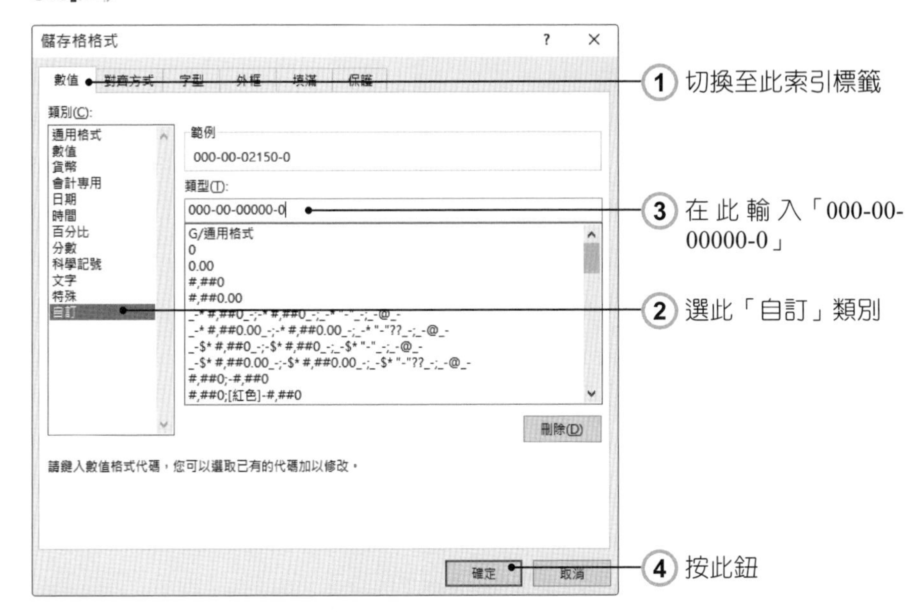

Step3

	A	B	C
7	員工姓名	銀行帳號	金額
8	蘇雅屏	000-00-02150-0	$ 44,365
9	許家誠	000-00-09876-0	$ 24,984
10	李育名	000-00-02450-0	$ 23,532
11	何柏弘	000-00-02650-0	$ 25,437
12	林原良	000-00-03600-0	$ 41,650
13	林晉士	000-00-03600-0	$ 33,598
14	許馨星	000-00-02450-0	$ 26,077
15	朱韋伯	000-00-02750-0	$ 30,719
16	王智淨	000-00-02650-0	$ 24,484
17	孫義先	000-00-02550-0	$ 29,851
18	鄭惠欣	000-00-02700-0	$ 24,032
19	林凱利	000-00-02050-0	$ 24,334
20	張亞玲	000-00-02750-0	$ 22,884

10-4-4 計算轉帳總金額

當參照完所有員工的薪資到轉帳明細表之後，直接在 B5 儲存格中輸入「=SUM(C8:C21)」，將員工薪資加總就是轉帳的總金額了！如下圖：

B5 = SUM(C8:C21)

	A	B	C
1	伊斯爾科技股份有限公司		
2	轉帳明細表		
3	日期	民國104年10月10日	
4	公司帳號	258-16-98760-1	
5	轉帳總金額	$ 401,884	
6			
7	員工姓名	銀行帳號	金額
8	蘇雅屏	000-00-02150-0	$ 44,365
9	許家誠	000-00-09876-0	$ 24,984
10	李育名	000-00-02450-0	$ 23,532
11	何柏弘	000-00-02650-0	$ 25,437
12	林原良	000-00-03600-0	$ 41,650

轉帳明細表 | 計算

選此 B5 儲存格並在此輸入「= SUM(C8:C21)」後，按下「Enter」鍵，就會顯示出轉帳總金額了！

10-5 員工個人薪資明細表

除了要製作轉帳明細表給銀行，還需要建立員工的薪資明細表，讓員工了解這個月的薪資狀況，但是如果公司規模過大，員工人數超過上千人，一個一個分別建立每位員工的薪資明細表似乎太累人了。所以，底下將教您如何使用表單功能，以及使用公式來建立一個方便查詢的薪資明細表。下圖為已經設定好的薪資明細表格式：

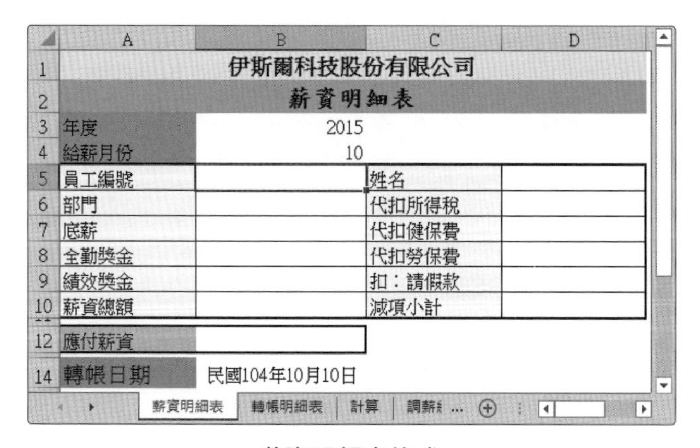

	A	B	C	D
1	伊斯爾科技股份有限公司			
2	薪資明細表			
3	年度	2015		
4	給薪月份	10		
5	員工編號		姓名	
6	部門		代扣所得稅	
7	底薪		代扣健保費	
8	全勤獎金		代扣勞保費	
9	績效獎金		扣：請假款	
10	薪資總額		減項小計	
12	應付薪資			
14	轉帳日期	民國104年10月10日		

薪資明細表 | 轉帳明細表 | 計算 | 調薪...

薪資明細表格式

10-5-1 以表單建立下拉式選單

如果使用人力去搜尋員工資料，未免太過繁瑣及浪費時間了！所以我們將利用表單功能建立下拉式選單，來直接選取員工編號資料。請開啟範例檔「薪資列印-03.xlsx」，並請用滑鼠按一下「檔案」功能表，接著請依照底下範例的操作過程，建立員工編號的下拉式選單。

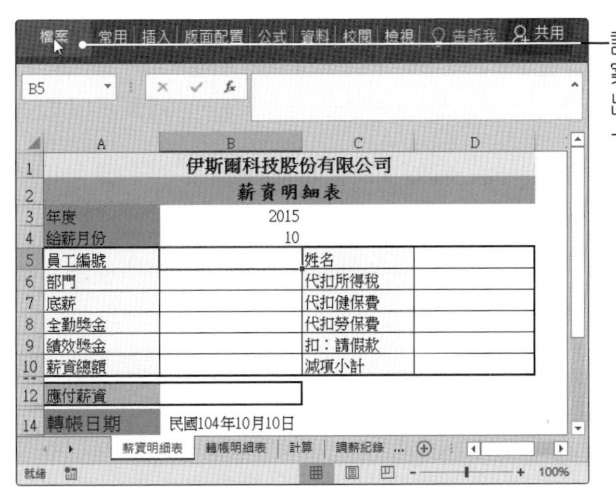

請用滑鼠按一下「檔案」功能表，接著會出現如底下範例的第一個畫面外觀。

範例 建立員工編號的下拉式選單

Step1

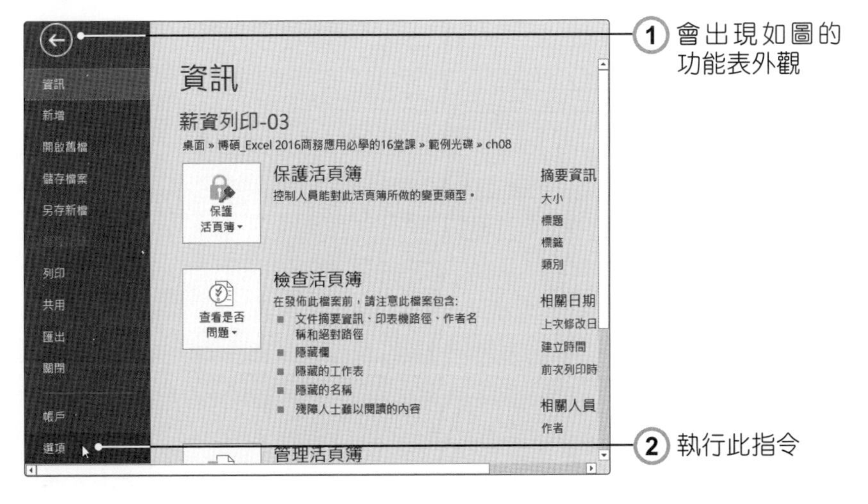

① 會出現如圖的功能表外觀

② 執行此指令

Step2

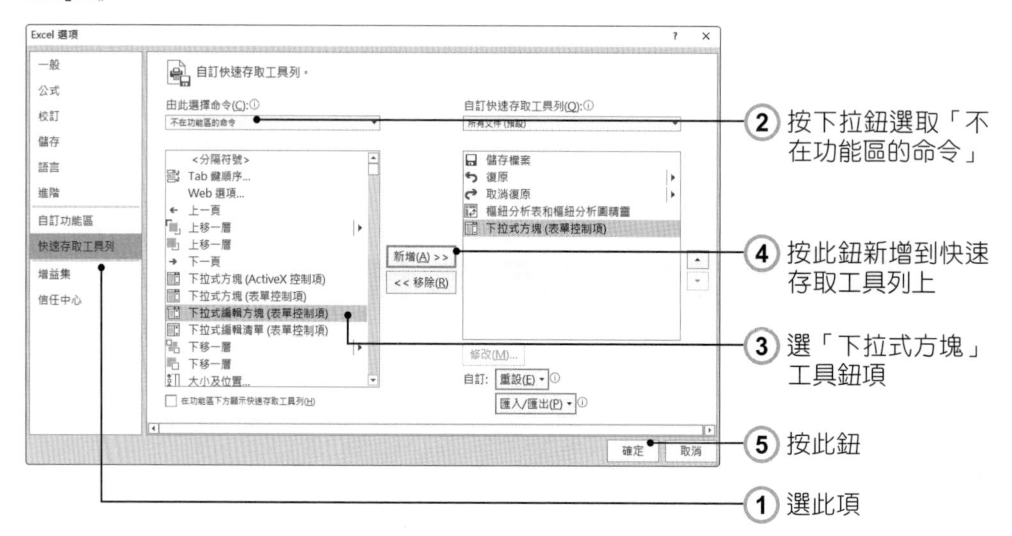
Excel 選項
一般
公式
校訂
儲存
語言
進階
自訂功能區
快速存取工具列
增益集
信任中心
自訂快速存取工具列。
由此選擇命令(C):
不在功能區的命令
自訂快速存取工具列(Q):
<分隔符號>
Tab 鍵順序...
Web 選項...
上一頁
上移一層
下一頁
下拉式方塊 (ActiveX 控制項)
下拉式方塊 (表單控制項)
下拉式編輯方塊 (表單控制項)
下拉式編輯清單 (表單控制項)
下移一層
大小及位置...
儲存檔案
復原
取消復原
樞紐分析表和樞紐分析圖精靈
下拉式方塊 (表單控制項)
新增(A) >>
<< 移除(R)
修改(M)...
自訂:
重設(E)
匯入/匯出(P)
確定
取消
2 按下拉鈕選取「不在功能區的命令」
4 按此鈕新增到快速存取工具列上
3 選「下拉式方塊」工具鈕項
5 按此鈕
1 選此項

Step3

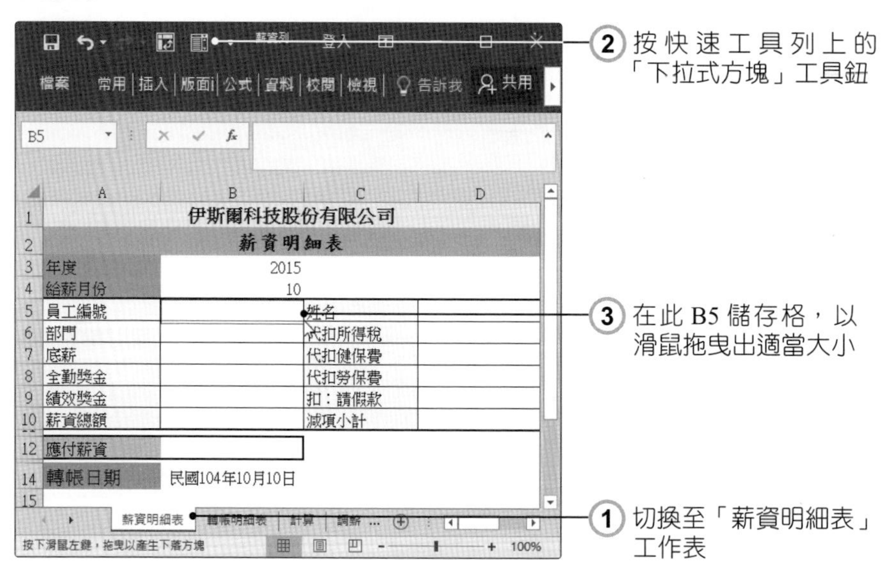
檔案 常用 插入 版面 公式 資料 校閱 檢視 告訴我 共用
B5
伊斯爾科技股份有限公司
薪資明細表
年度 2015
給薪月份 10
員工編號 姓名
部門 代扣所得稅
底薪 代扣健保費
全勤獎金 代扣勞保費
績效獎金 扣：請假款
薪資總額 減項小計
應付薪資
轉帳日期 民國104年10月10日
薪資明細表
計算
按下滑鼠左鍵，拖曳以產生下拉方塊
100%
2 按快速工具列上的「下拉式方塊」工具鈕
3 在此 B5 儲存格，以滑鼠拖曳出適當大小
1 切換至「薪資明細表」工作表

Step4

Step5

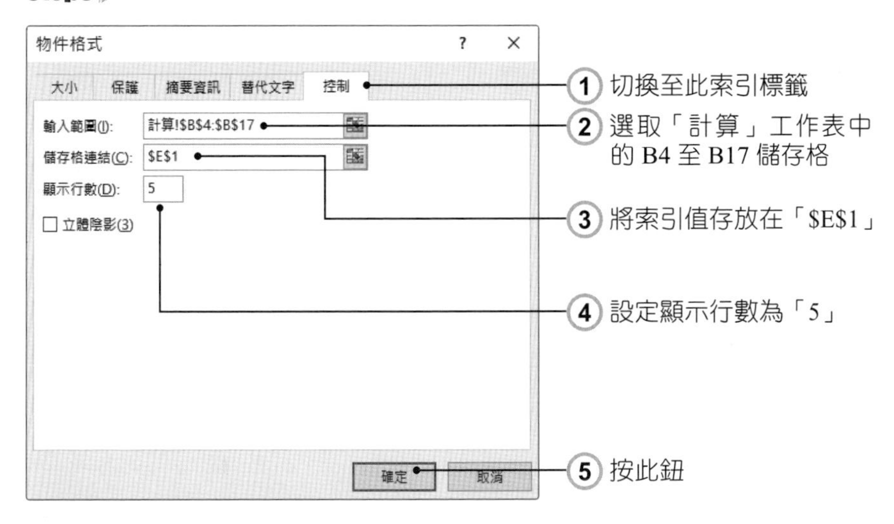

Step6

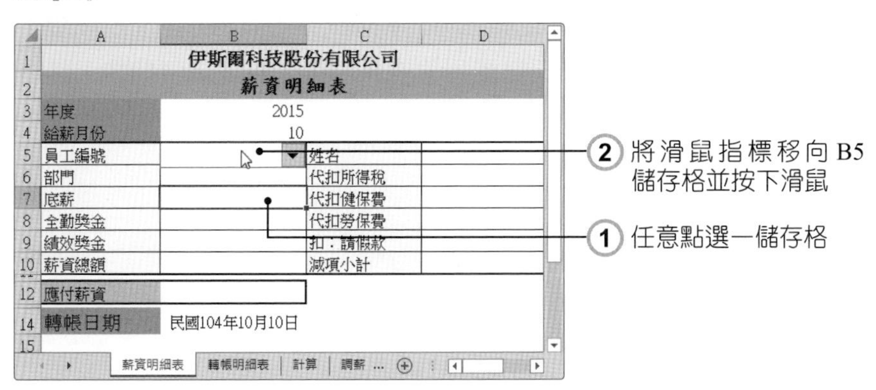

Step7

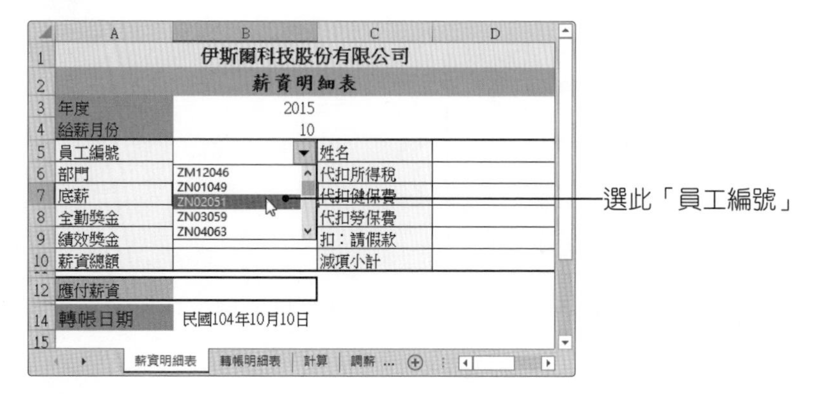
選此「員工編號」

Step8

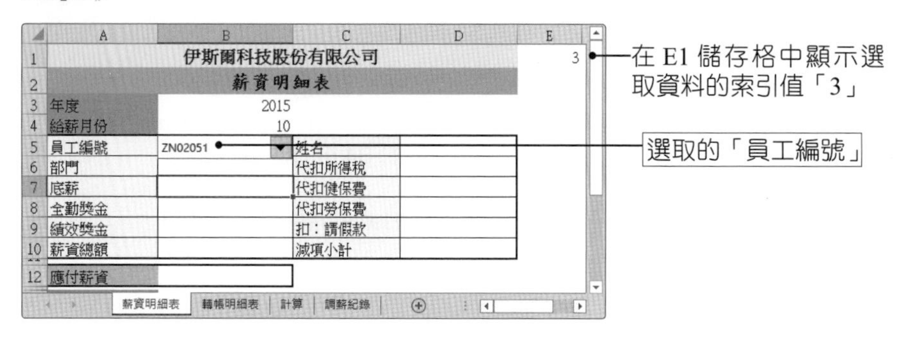
在 E1 儲存格中顯示選取資料的索引值「3」
選取的「員工編號」

不需填入任何編號，只要以滑鼠點選適當的員工編號是不是方便多了！不僅省去輸入的時間，亦可減少輸入錯誤的困擾！

10-5-2 設定其他欄位格式

由於薪資明細表中的其他欄位都已經在「計算」工作表設定好了，所以接下來，只要使用 INDEX() 函數一一參照出欄位的資料即可。接下來將延續上述範例來進行說明。

範例 以 INDEX() 函數設定其他欄位

Step1

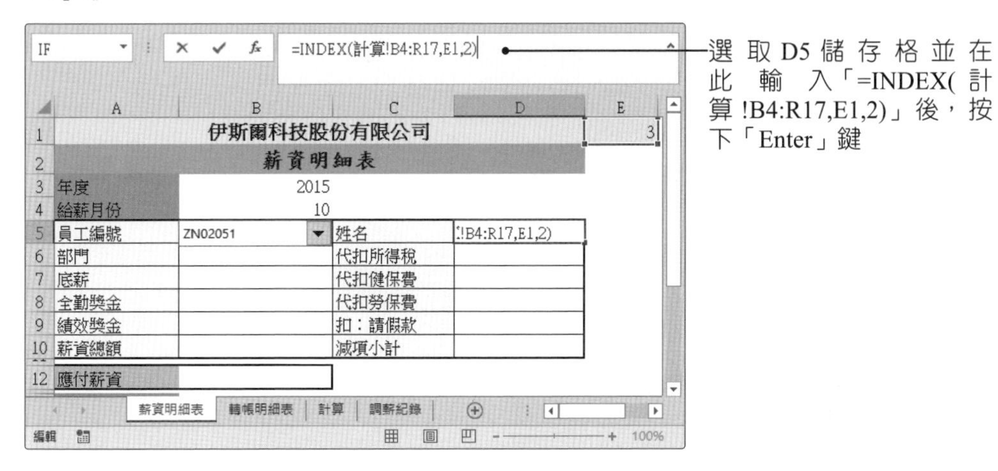

Step2

在此範例中，輸入的函數為「=INDEX(計算 !B4:R17,E1,2)」，第一個引數是指定的資料範圍、第二個引數為選取員工編號後產生在 E1 儲存格的索引值，至於第三個引數則是傳回此指定範圍的第 2 欄資料，也就是「姓名」。接下來只要在其他儲存格中套用此公式即可，如下表格：

儲存格位置	公式
B6	=INDEX(計算 !B4:R17,E1,3)
B7	=INDEX(計算 !B4:R17,E1,4)
B8	=INDEX(計算 !B4:R17,E1,5)

儲存格位置	公式
B9	=INDEX(計算 !B4:R17,E1,6)
D6	=INDEX(計算 !B4:R17,E1,9)
D7	=INDEX(計算 !B4:R17,E1,10)
D8	=INDEX(計算 !B4:R17,E1,11)
D9	=INDEX(計算 !B4:R17,E1,7)
B10	=B7+B8+B9-D9
D10	=SUM(D6:D8)
B12	=B10-D10

接著請開啟範例檔「薪資列印-04.xlsx」，讓我們來看看設定好的薪資明細表：

Step1

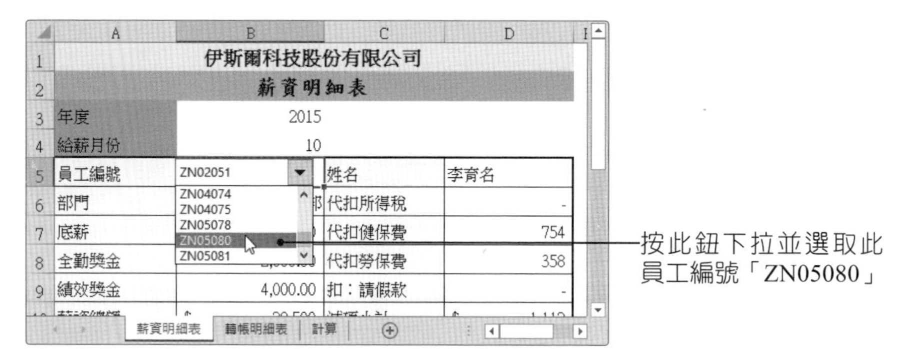

Step2

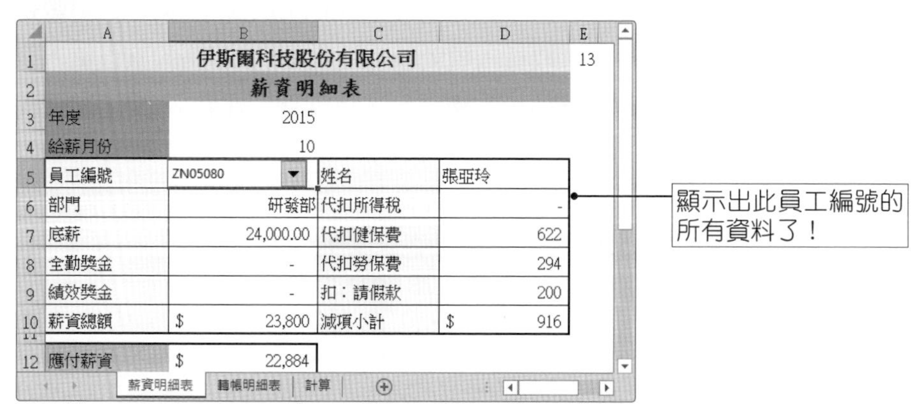

只要以滑鼠點選員工編號之後，就會顯示出此員工編號的所有資料，相信此方法絕對會比以人工填入的工作效率快上好幾十倍！

10-6 列印人事薪資報表

人事薪資所有的報表都製作完成後，除了可在螢幕前欣賞之外，當然還要將這些報表一一列印下來！在這一小節，就來學習如何列印的各種技巧，讓使用者不僅知道如何列印，更能漂亮的印出自己的「嘔心瀝血」之作！

列印前，除了要注意印表機電源是否開啟之外，還必須檢查電腦與印表機之連線，確定一切都沒問題後，就可執行「檔案／列印」指令來列印工作表了！請開啟範例檔「薪資列印-04.xlsx」，並切換到「計算」工作表。

範例 基本列印程序

Step1

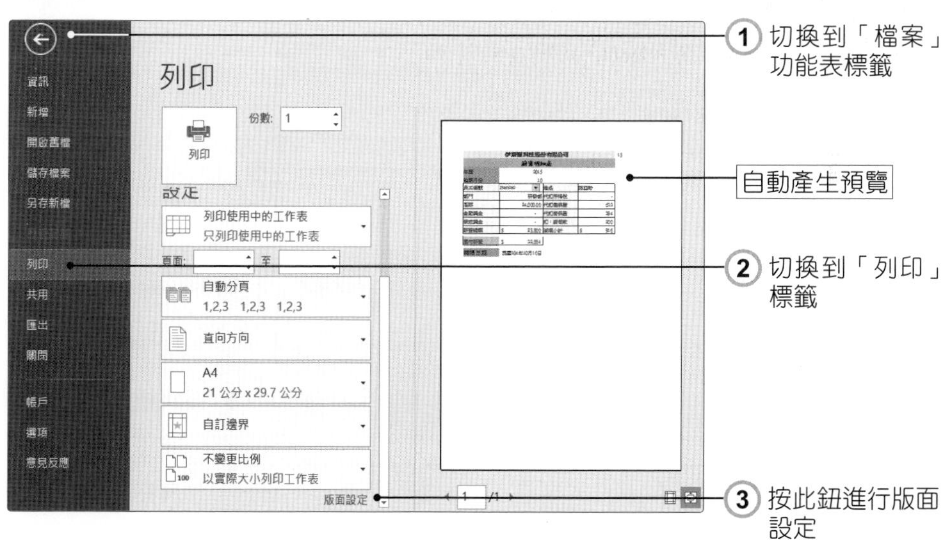

Step2

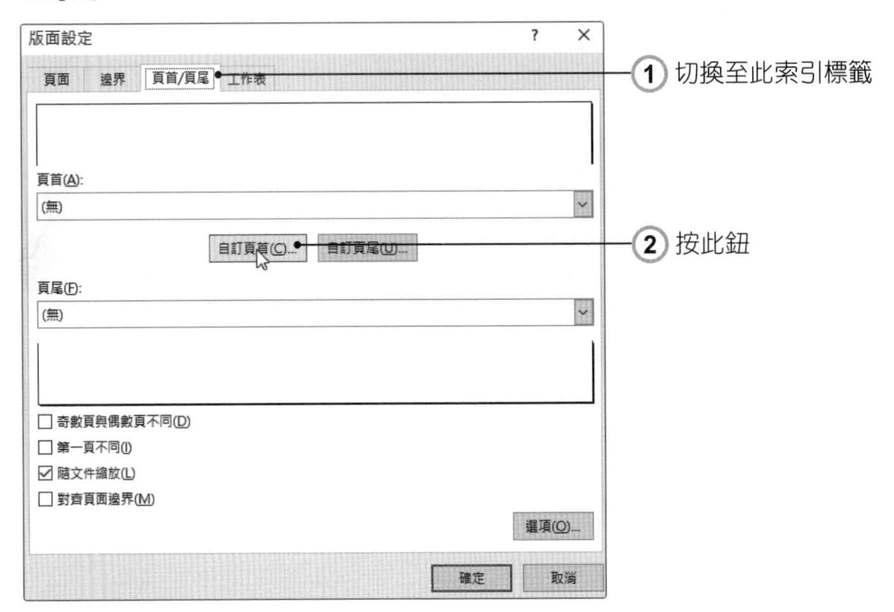
版面設定
頁面
邊界
頁首/頁尾
工作表
頁首(A):
(無)
自訂頁首(C)...
自訂頁尾(U)...
頁尾(F):
(無)
奇數頁與偶數頁不同(D)
第一頁不同(I)
隨文件縮放(L)
對齊頁面邊界(M)
選項(O)...
確定
取消
1 切換至此索引標籤
2 按此鈕

Step3

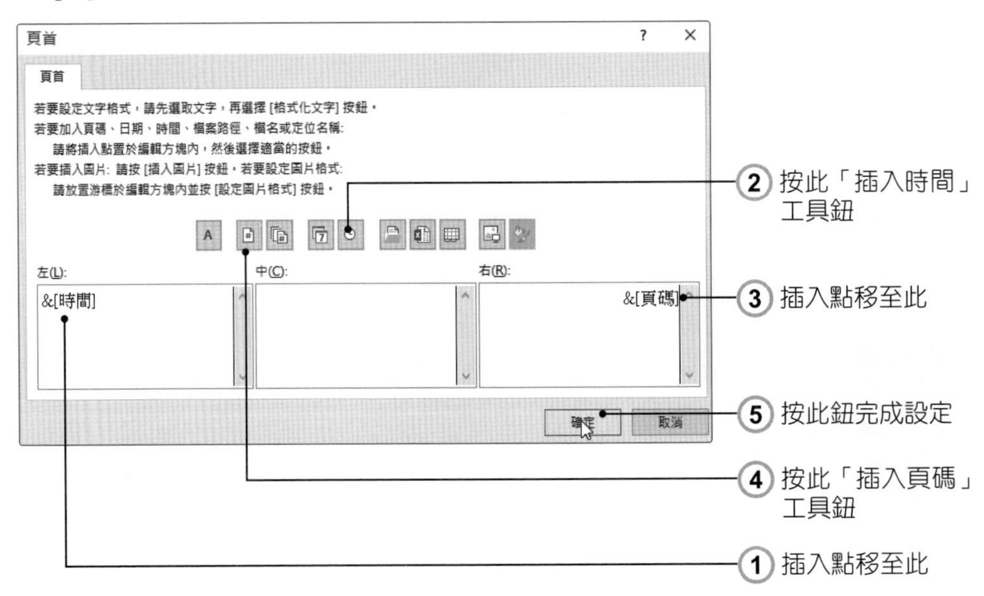
頁首
若要設定文字格式，請先選取文字，再選擇 [格式化文字] 按鈕。
若要加入頁碼、日期、時間、檔案路徑、檔名或定位名稱:
請將插入點置於編輯方塊內，然後選擇適當的按鈕。
若要插入圖片: 請按 [插入圖片] 按鈕。若要設定圖片格式:
請放置游標於編輯方塊內並按 [設定圖片格式] 按鈕。
左(L):
&[時間]
中(C):
右(R):
&[頁碼]
確定
取消
2 按此「插入時間」工具鈕
3 插入點移至此
5 按此鈕完成設定
4 按此「插入頁碼」工具鈕
1 插入點移至此

Step4

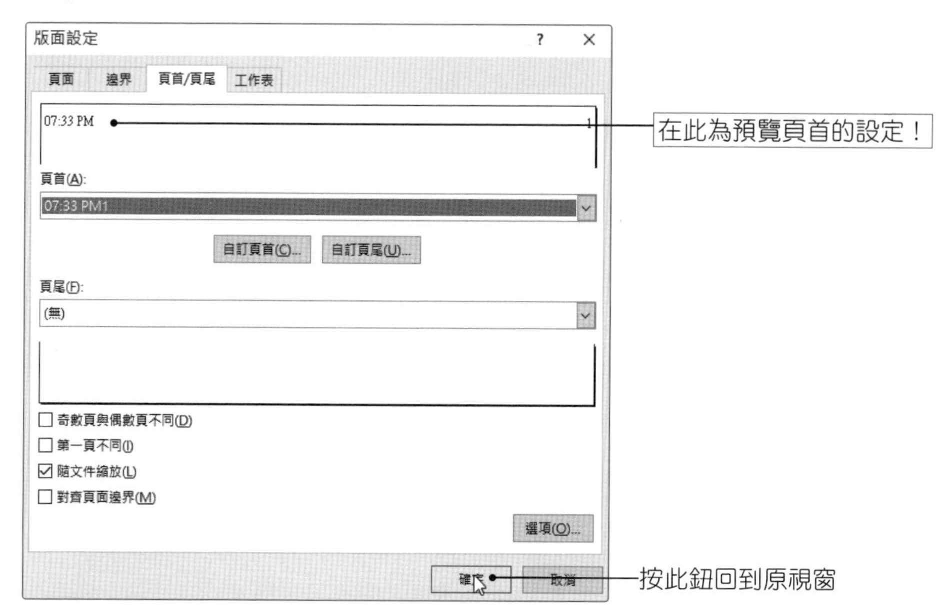
版面設定
頁面
邊界
頁首/頁尾
工作表
07:33 PM
頁首(A):
07:33 PM1
自訂頁首(C)...
自訂頁尾(U)...
頁尾(F):
(無)
奇數頁與偶數頁不同(D)
第一頁不同(I)
隨文件縮放(L)
對齊頁面邊界(M)
選項(O)...
確定
取消
在此為預覽頁首的設定！
按此鈕回到原視窗

Step5

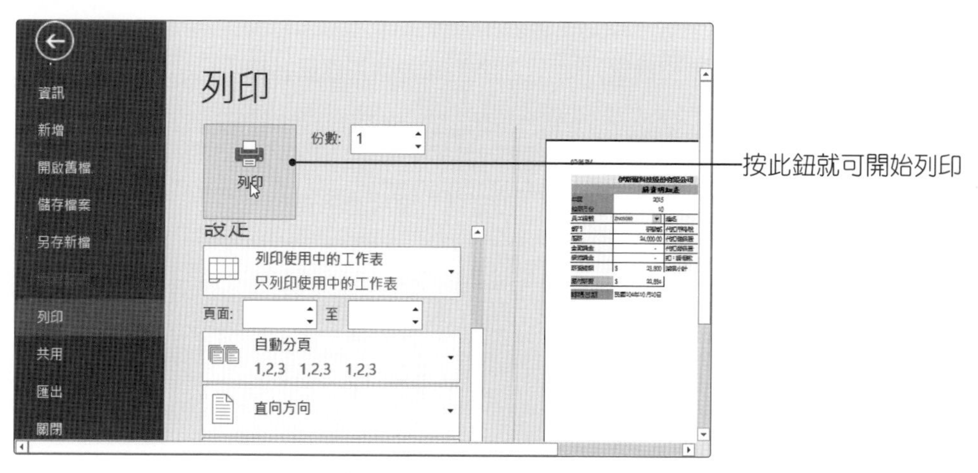
資訊
新增
開啟舊檔
儲存檔案
另存新檔
列印
共用
匯出
關閉
列印
份數: 1
列印
設定
列印使用中的工作表
只列印使用中的工作表
頁面:
至
自動分頁
1,2,3 1,2,3 1,2,3
直向方向
按此鈕就可開始列印

頁首的設定按鈕功能

以下將列出在頁首設定中的所有按鈕功能，說明如下：

工具鈕	名稱	說明
	字型	開啟「字型」對話視窗，設定字型格式。
	頁碼	加入頁碼。
	總頁數	加入總頁數。
	日期	加入列印當天日期。
	時間	加入列印時間。
	檔案路徑	加入此檔案的路徑及名稱。
	檔名	加上此活頁簿檔案名稱。
	索引標籤	加入列印的索引標籤名稱。
	插入圖片	插入選取的圖片。
	設定圖片格式	設定插入圖片的格式。

實力評量

是非題

( ) 1. 執行「校閱／共用工作區」指令，可進行共用活頁簿的設定。

( ) 2. 定義範圍名稱是為了簡化搜尋資料時的資料範圍設定。

( ) 3. ROUND() 函數主是用來依所指定的位數將數字四捨五入。

( ) 4. ROUND() 函數為統計類別函數。

( ) 5. 已設定為共用的活頁簿，尚須將此共用活頁簿存放在可以分享的資料夾中，這樣才能在區域網路上共同取得這份活頁簿檔案。

( ) 6. 使用 TODAY() 函數所建立的日期無法改變其格式的類型。

( ) 7. 建立自訂類別資料時，@代表將儲存格中的資料視為數值型態。

( ) 8. 執行「下拉式方塊」物件之控制項格式指令，也同樣可設定作用儲存格的範圍。

( ) 9. 於預覽列印設定框裡也同樣可設定頁首與頁尾。

選擇題

( ) 1. 下列何種資料格式無法顯示貨幣符號？

A. 貨幣　B. 數值　C. 會計專用　D. 以上皆可

( ) 2. 下列何者是共用活頁簿時所限制的動作？

A. 資料排序　B. 合併儲存格　C. 變更儲存格內容　D. 新增工作表

( ) 3. 下列何者非追蹤修訂的方式？

A. 將修訂記錄儲存成另一個檔案

B. 將所做修訂標示在螢幕上

C. 逐一檢閱所有使用者所做的修訂

D. 將修訂記錄儲存在另一個工作表

( ) 4. 資料衝突時是因為發生何種狀況？

A. 其他的使用者刪除了修訂記錄

B. 其他的使用者變更了工作表格式

C. 有兩個或個以上的使用者在相同的儲存格填入不同的資料

D. 以上皆是

(　) 5. 共用活頁簿的修訂記錄會因何種原因被刪除？
A. 發生資料衝突時　B. 取消活頁簿的共用
C. 不正常關機　D. 解除活頁簿的保護

(　) 6. 使用追蹤修功能時，可檢視哪些修訂記錄？
A. 修訂者　B. 修訂時間　C. 修訂處　D. 上皆是

(　) 7. 當資料發生衝突時，除了可以由使用者決定接受哪個修訂外，還有何種解決方法？
A. 以正要被儲存的修訂為準　B. 以先前儲存的修訂為準
C. 以活頁簿擁有者的修訂為準　D. 以上皆非

(　) 8. 下列何者並非保護共用活頁簿的功能？
A. 保護活頁的共用狀態
B. 避免檔案感染巨集病毒
C. 保護活頁簿的修訂記錄
D. 避免其他使用者將修訂記錄設為不保留

(　) 9. 下列於建立自訂類別資料時，各符號所對應的意義何者為非？
A.「#」- 顯示數值格式的有效位數
B.「,」- 顯示千分位的分隔符號
C.「*」- 重覆此符號的下一個字元，直到填滿儲存格為止
D.「""」- 在儲存格中顯示雙引號中的數值

(　) 10. [按鈕圖示] 此為頁首設定的哪一按鈕功能？
A. 插入總頁數　B. 插入日期　C. 插入時間　D. 插入計時器

實作題

1. 請開啟範例檔「薪資系統-06.xlsx」，首先幫威力科技公司建立定義範圍名稱，定義名稱及範圍如下所示：

定義名稱	範圍
健保費用扣繳表	= 健保費用扣繳表 !$A$3:$F$100
勞保費用扣繳表	= 勞保費用扣繳表 !$A$2:$C$100
薪資所得扣繳表	= 薪資所得扣繳表 !$A$3:$F$100
薪資計算表	= 薪資計算 !$A$3:$S$17

定義名稱	範圍
薪資資料	= 調薪紀錄 !$A$1:$M$30
薪資總額	= 薪資計算 !$I$4:$I$17

2. 請延續上述範例，幫威力科技公司執行以下計算：
   請在薪資計算工作表中，求出每位員工的底薪、全勤獎金、扣請假款為何？
   請求出每位員工的代扣所得稅、代扣健保費、代扣勞保費的金額為何？
   最後求出薪資總額、減項小計及應付薪資的金額。
   （提示：① 遲到未滿 5 分鐘，沒請事、病假者，發予全勤獎金
   ② 遲到 10 分鐘以上，每分鐘扣 10 元）
3. 請開啟範例檔「薪資列印-07.xlsx」，幫巨強公司建立起一個轉帳明細表，如下圖：

① 使用 TODAY() 函數並將儲存格格式轉變為西元年格式。

② 使用參照方式將「調薪紀錄」工作表中的銀行帳號及「薪資計算」工作表中的應付薪 資，來建立轉帳明細表。

③ 最後利用加總將所有人的應付薪資計算後，填入轉帳總金額的儲存格中。

4. 延續上述範例，建立起一個員工薪資明細表，如下圖：

	A	B	C	D	E
1		巨強股份有限公司			8
2		薪資明細表			
3	年度	2015			
4	給薪月份	10			
5	員工姓名	朱子量	員工編號	AB04068	
6	部門	資訊部	代扣所得稅	0	
7	底薪	32000	代扣健保費	990	
8	全勤獎金	2000	代扣勞保費	471	
9	績效獎金	2500	扣：請假款	0	
10	薪資總額	36500	減項小計	1461	
11					
12	應付薪資	35039			
13					
14	轉帳日期	2015年10月11日			

此薪資明細表需要以表單方式建立起「員工姓名」的下拉式選單，只要在此下拉式選單中點選某員工姓名，此員工的所有資料就會出現在此表格之中。

（提示：使用參照方式）

筆記欄

CHAPTER

11 投資理財私房專案規劃

學習重點

- 單變數、雙變數運算列表使用
- 利用 PV() 函數試算投資成本
- 利用 NPV() 函數試算保險淨現值
- 定期定額基金試算
- 利用 XNPV() 函數評估投資方案

本章簡介

在 Excel 所提供的「財務」類別函數中，有相當多功能實用的函數，加上一些如「藍本分析」、「變數運算列表」…等工具，可以幫助各位計算存款本利和、利息、評估投資成本…等工作，同時對個人理財方面也有著相當大的幫助。在本章中，將介紹數個生活上常見的投資、理財範例，讓各位輕輕鬆鬆用 Excel 成為理財大師，從此不必再拿一本筆記簿、一台計算機辛苦地規劃投資理財計畫。

範例成果

	A	B	C	D	E	F	G	H
1	定期定額基金投資計畫							
2	日期	投資金額	基金淨值	購買單位	累積單位	累積成本	獲利金額	報酬率
3	2016/7/1	$5,000	25	200.00	200.00	$5,000		
4	2016/8/1	$5,000	25.68	194.70	394.70	$10,000	$136.00	1.36%
5	2016/9/1	$5,000	24.65	202.84	597.54	$15,000	-$270.55	-1.80%
6	2016/10/1	$5,000	23.01	217.30	814.84	$20,000	-$1,250.52	-6.25%
7	2016/11/1	$5,000	24.5	204.08	1018.92	$25,000	-$36.40	-0.15%
8	2016/12/1	$5,000	25.02	199.84	1218.76	$30,000	$493.44	1.64%
9	2017/1/1	$5,000	25.9	193.05	1411.81	$35,000	$1,565.95	4.47%
10	2017/2/1	$5,000	26	192.31	1604.12	$40,000	$1,707.13	4.27%
11	2017/3/1	$5,000	25.6	195.31	1799.43	$45,000	$1,065.48	2.37%
12	2017/4/1	$5,000	25.1	199.20	1998.64	$50,000	$165.76	0.33%
13	2017/5/1	$5,000	24.5	204.08	2202.72	$55,000	-$1,033.42	-1.88%
14	2017/6/1	$5,000	24.9	200.80	2403.52	$60,000	-$152.33	-0.25%

工作表1

定期定額基金試算

11-1　定期存款方案比較

金融公司的「定期存款」業務（簡稱「定存」）是相當普遍的營業項目。只要事先儲存入一筆固定的金額，並且依照與銀行約定的利率，在合約期滿後即能領回本利和，在利率方面通常也較「活期存款」為高。

假設泓宇目前有一筆 10 萬元的現金，打算規劃 2 年期的定期存款，他收集了目前市面上主要銀行的兩年期定存利率，如下表所示：

銀行名稱	年利率（%）
復邦銀行	2.5
信託銀行	2.8
台欣銀行	2.65
精誠銀行	2.95
合庫銀行	3.2

接下來，試算看看這筆錢分別存入這些銀行，兩年後各可以回收多少錢？

11-1-1　建立定期存款公式

計算「定期存款」的本利和並不需要特別的函數來完成，只要建立如下的公式即可：

本利和＝本金 ×(1+ 年利率)

但現在需要同時比較多家銀行在兩年後的本利和，而且它們具有不同的利率水準，因此「不適合」使用上述公式逐一算出各銀行兩年後的給付金額，然後再加以比較；對於此專案，使用「單變數運算列表」的功能來進行試算評估則較為妥當。

11-1-2　單變數運算列表

「單變數運算列表」乃是指公式內僅有一個變數，只要輸入此變數即能改變公式最後的結果並輸出。

在上面的這個案例中，「存款 10 萬元」及「兩年的合約」可以視為固定的常數，而各家銀行不同的「利率」則可以視為「變數」。因此，只要控制「利率」這項變數，便能夠計算出各銀行在合約到期後所給付的本利和。

接下來，請開啟範例檔「投資理財-01.xlsx」，並跟著下面範例操作。

範例 單變數運算列表

Step1

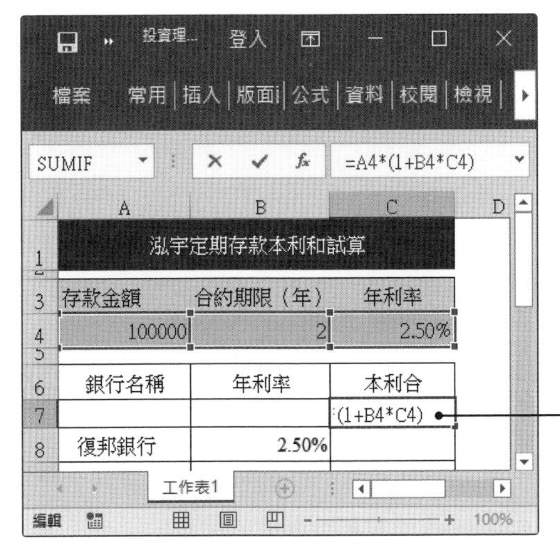

點選 C7 儲存格，並輸入定期存款的計算公式「=A4*(1+B4*C4)」後按 Enter 鍵

Tips 在建立運算列表前，必須先挑選一份合約來建立「對應公式」，如此 Excel 才能知道公式該如何計算。

Step2

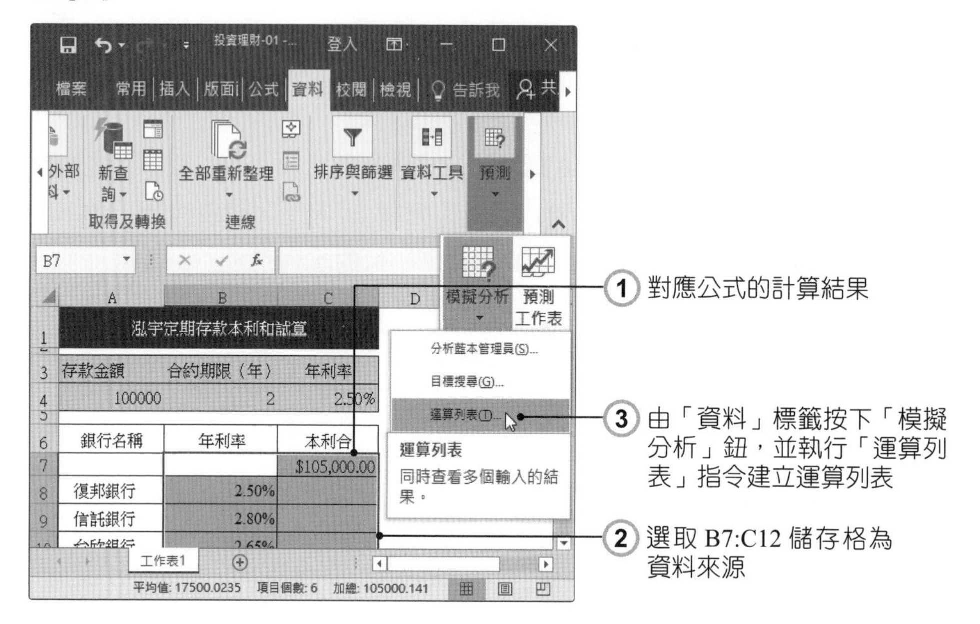

1 對應公式的計算結果
3 由「資料」標籤按下「模擬分析」鈕，並執行「運算列表」指令建立運算列表
2 選取 B7:C12 儲存格為資料來源

Step3

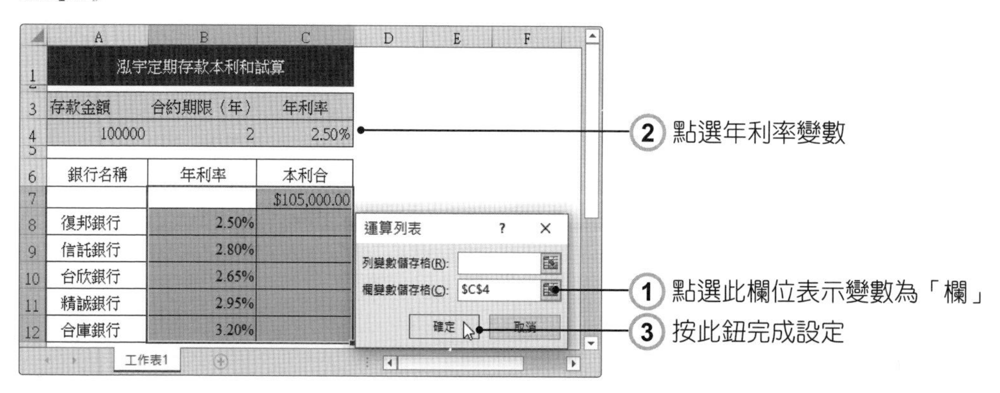

Tips 由於「年利率」變數是放置於「欄」儲存格中，所以在「欄變數儲存格」欄位中輸入變數位址。

Step4

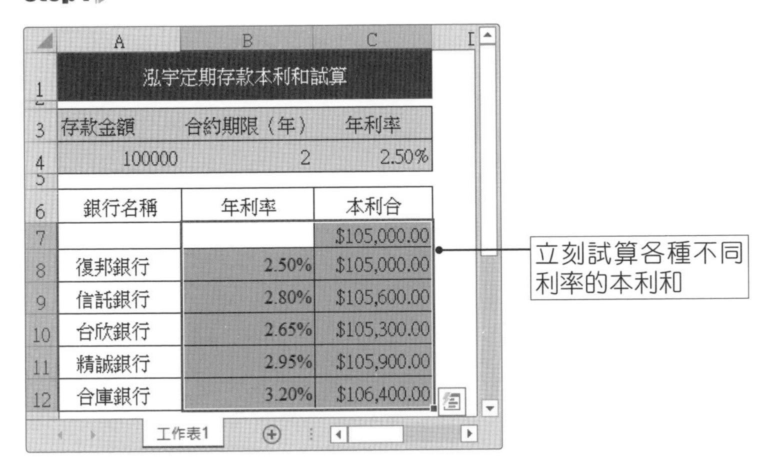

泓宇定期存款本利和試算		
存款金額	合約期限（年）	年利率
100000	2	2.50%

銀行名稱	年利率	本利合
		$105,000.00
復邦銀行	2.50%	$105,000.00
信託銀行	2.80%	$105,600.00
台欣銀行	2.65%	$105,300.00
精誠銀行	2.95%	$105,900.00
合庫銀行	3.20%	$106,400.00

當建立變數運算列表時，如果變數以「欄」為儲存格位置，則對應公式儲存格 (C7) 必須位於運算結果區 (A8:C12) 的上方；相同地，如果變數以「列」為儲存格位置，則對應公式儲存格必須位於運算結果區的左方。

執行運算列表後，如果各位單獨刪除運算結果區 (C8:C12) 中的某一儲存格內容，則會出現如下圖示的提醒視窗，它不允許各位進行單獨的修改：

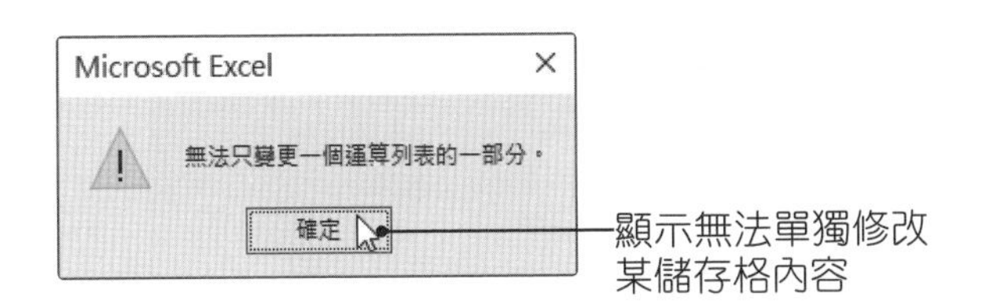

對於運算結果區的儲存格內容，Excel 僅允許各位選取範圍 (C8:C12)，並按下「Delete」鍵將所有內容清除。

11-1-3　雙變數運算列表

上小節中僅談到使用一個「年利率」的變數來產生運算列表，實際上也可同時採用兩個變數來產生運算列表。例如，除了「年利率」變數外，假設「本金」的部分可能是 5 萬、10 萬或 15 萬…等，便可以交叉分析出，在不同「本金」及「利率」的兩組變數下，上述的案例將會產生哪些新的資訊供參考及評估。

動手的時候到了，現在請開啟範例檔「投資理財-02.xlsx」，並參照下面的範例。

範例 雙變數運算列表應用

Step1

② 選取 B7 儲存格並輸入公式「=A4*(1+B4*C4)」如圖示

① 筆者已經將各種不同本金的變數輸入於列中

Step2

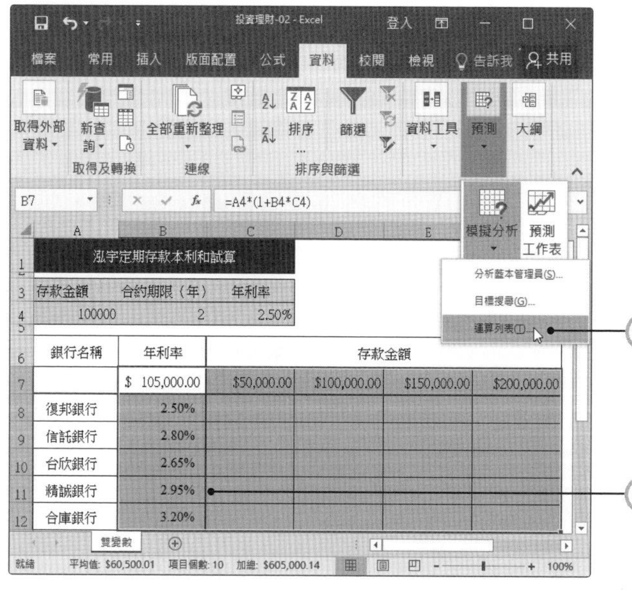

② 由「資料」標籤按下「模擬分析」鈕，並執行「運算列表」指令建立運算列表

① 選取 B7:F12 儲存格為範圍

Step3

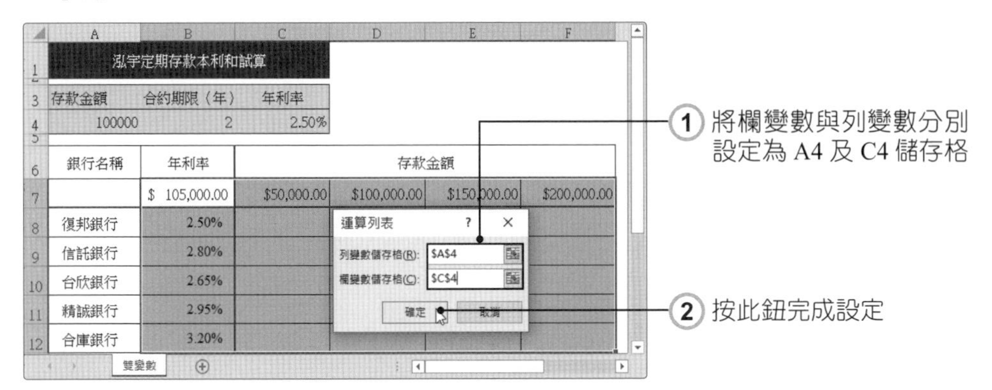

Step4

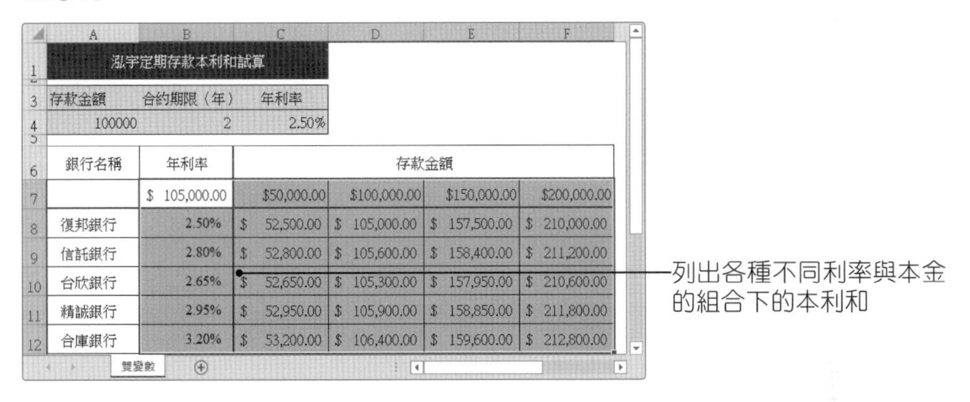

利用雙變數運算列表，可以很快的試算出在不同的組合下將會產生何種結果，對各種方案的評估也會較為完整。

有關於「對應公式」（B7 儲存格）的位置問題，可以在步驟 4 中看得更加清楚，此對應公式必須位於「欄變數的上方，列變數的左方」，否則無法產生運算列表。

11-2 試算投資成本與 PV() 函數說明

金融或保險公司經常推出一系列的儲蓄投資專案，事先繳交一筆較大數額的存款後，可以逐年領回固定的金額，讓各位的生活更有保障。雖然這樣的投資具有儲蓄及保障的功能，如果不仔細比較實在難以判斷是否符合投資報酬率？或者划不划算？因此，本節中將試算此類型的金融商品，評估投資成本是否獲得最大利益，作為投資與否的參考。

假設奕宏工作數年後存了一些錢，後續生涯規劃想要回到學校進修四年，因此準備參加「台欣」銀行的「進修基金儲蓄投資計畫」專案，來讓未來四年內即使毫無收入，也能夠安心唸書。此專案計畫需繳交 40 萬元，未來的 4 年內每年可領回 11 萬元作為基本的生活費用，預定年利率為 4%。現在來評估這種金融商品是否值得投資。

11-2-1 PV() 函數說明

想要評估上述的投資方案是否可行，必須利用 PV() 函數。使用 PV() 函數可以計算出某項投資的年金現值，而此年金現值則是未來各期年金現值的總和。接下來，先來看此函數的相關說明：

語法：PV(Rate,Nper,Pmt,Fv,Type)

說明：相關的引數說明如下表所示：

引數名稱	說明
Rate	各期的利率。
Nper	總付款期數。
Pmt	各期應該給予（或取得）的固定金額。通常 Pmt 包含本金及利息，如果忽略此引數，則必須要有 Fv 引數。
Fv	為最後一次付款完成後，所能獲得的現金餘額（年金終值）。如果忽略此引數，則預設為「0」，並且需有 Pmt 引數。
Type	為「 0」或「1 」的邏輯值，用以判斷付款日為期初 (1) 或期末 (0)。忽略此引數，則預設為「0」。

11-2-2 計算投資成本

現在就來幫奕宏計算此項的投資是否有利，請開啟範例檔「投資理財-03.xlsx」，並跟著下面的範例來執行。

範例 投資成本評估

Step1

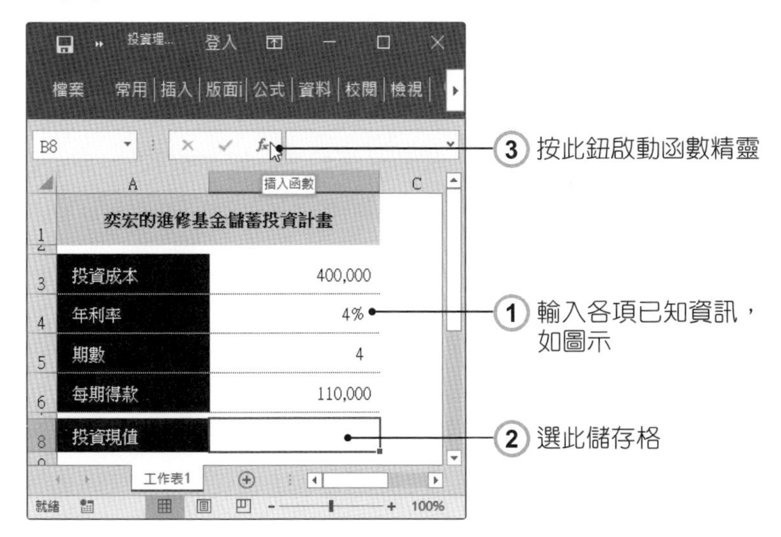

Step2

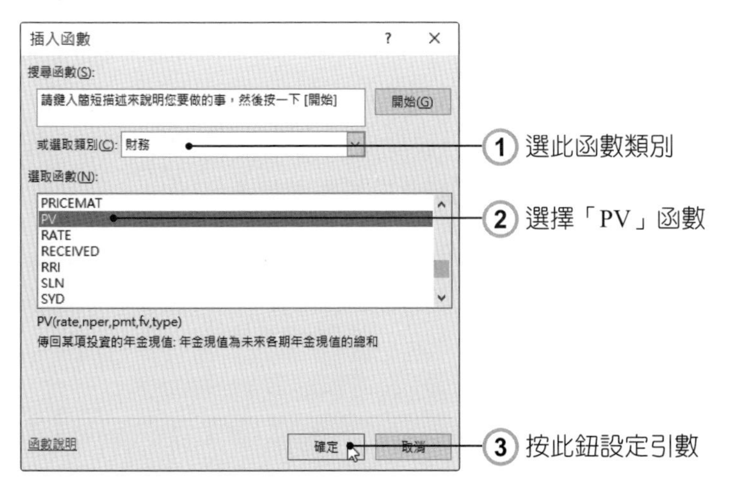

Step3

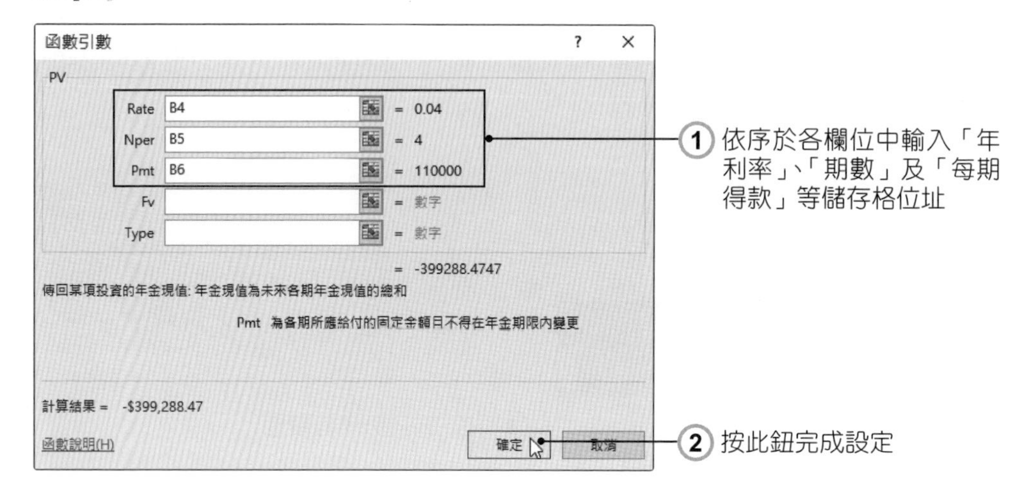

Step4

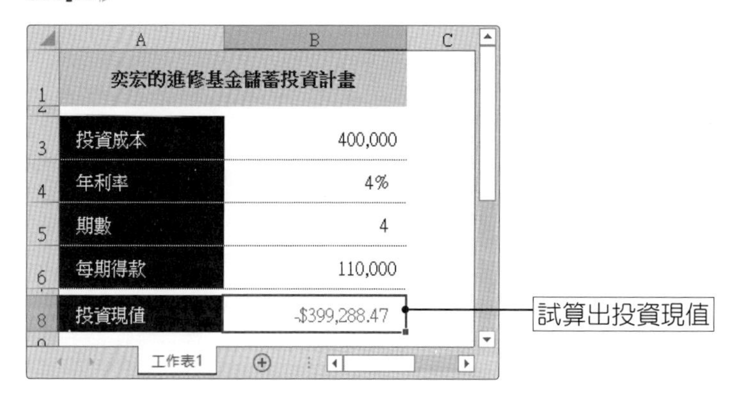

經由上面步驟的試算，可以發現此投資計畫的年金現值只有 399,288.47 元，還不及所投資的 40 萬元；也就是說，其實只要投資 399,288.47 元就可享有同樣的投資報酬率，不需花費到 40 萬元。因此判斷此投資方案並不可行。

雖然上述的投資專案看似不可行，但如果在 A8 儲存格公式中設定「type」引數，將它設定為「1」後，各位便會發現一個有趣的現象－「此投資專案變成可行了」。

Step1

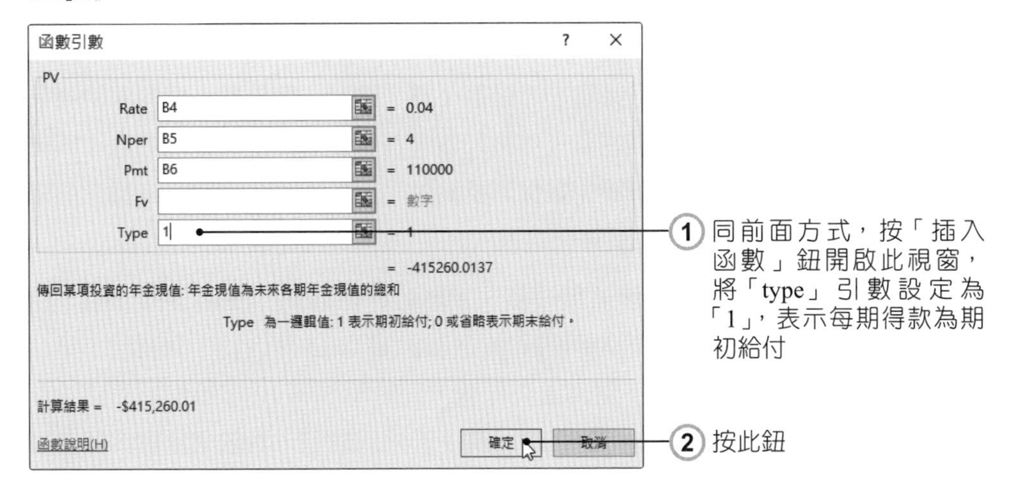

Step2

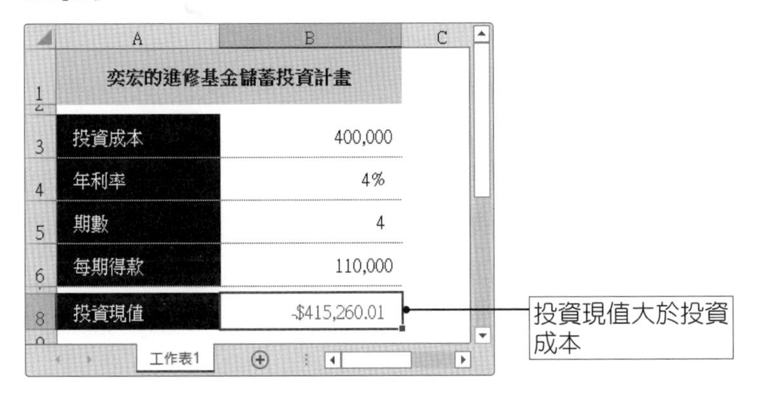

也就是說，此專案如果能將每期的給付方式由「期末給付」更改為「期初給付」，那就表示此投資專案是可獲利的。了解其中的差異後，便可與金融商品公司協商或變更現行的作法，以便得到更多的獲利。

11-3 計算保險淨值與 NPV() 函數

「保險」商品通常具有「保障」、「儲蓄」及「投資」等特性，好的保險商品除了可以讓各位將投資的金錢在若干年後回收，並且還有一定金額的利息，同時在契約時間內還享有一些醫療等相關保障及給付。對於這些「保險」商品，同樣可以藉由 Excel 強大的功能來試算一番！

假設泓宇想為自己買一個兼具投資、保障的保險商品，在朋友的介紹下她接觸了「欣光人壽」的「投資型保險計畫」。該計畫為 15 年合約，只要前 5 年每年繳交 3 萬元的保費，從此不需再繳交保費，同時第 5 ～ 10 年每年可領回 2 萬元的紅利，第 11 ～ 15 年則每年可領回 2 萬 3 千元的紅利。看起來此專案似乎蠻誘人的，但還需考慮通貨膨脹的因素，也就是「年度折扣率」(這幾年平均值約 5%)。現在就來試算此保險計畫是否值得購買。

11-3-1 NPV() 函數說明

上述有關保險商品的試算，可以使用 NPV() 函數。該函數可以透過年度通貨膨脹比例（或稱年度折扣率），以及未來各期所支出及收入的金額，進行該方案的淨現值計算。NPV() 函數相關的說明如下：

語法：NPV(Rate,Value1,Value2,…)

說明：各引數所代表的意義如下表所示：

引數名稱	說明
Rate	通貨膨脹比例或年度折扣率。
Value1,Value2,…	未來各期的現金支出及收入，最多可以使用 29 筆記錄。

11-3-2 計算保險淨現值

現在來計算此保險商品是否有獲利的空間，請開啟範例檔「投資理財-04.xlsx」並跟隨下面的範例實作。

範例 保險淨現值計算

Step1

Step2

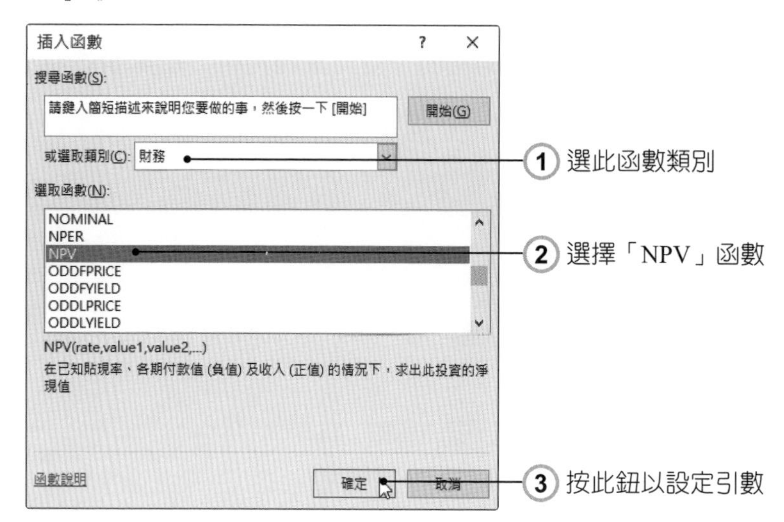
插入函數
搜尋函數(S):
請鍵入簡短描述來說明您要做的事，然後按一下 [開始]
開始(G)
或選取類別(C): 財務
選取函數(N):
NOMINAL
NPER
NPV
ODDFPRICE
ODDFYIELD
ODDLPRICE
ODDLYIELD
NPV(rate,value1,value2,...)
在已知貼現率、各期付款值 (負值) 及收入 (正值) 的情況下，求出此投資的淨現值
函數說明
確定
取消
1 選此函數類別
2 選擇「NPV」函數
3 按此鈕以設定引數

Step3

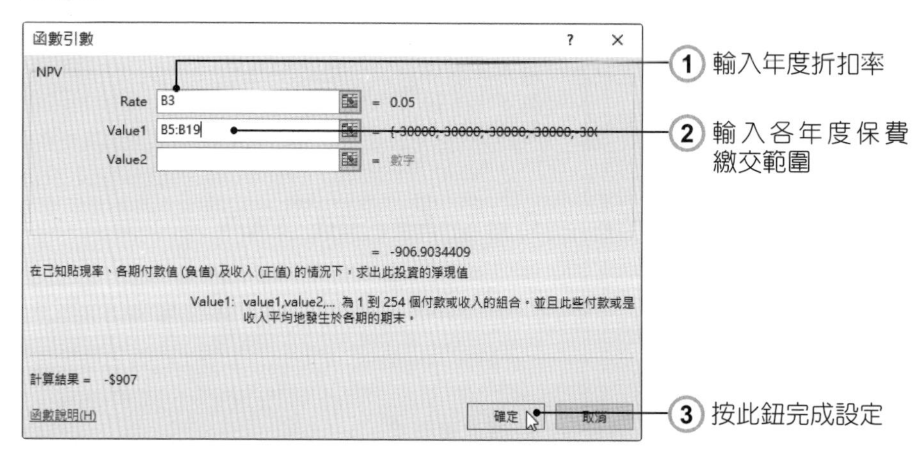
函數引數
NPV
Rate B3 = 0.05
Value1 B5:B19
Value2 = 數字
= -906.9034409
在已知貼現率、各期付款值 (負值) 及收入 (正值) 的情況下，求出此投資的淨現值
Value1: value1,value2,... 為 1 到 254 個付款或收入的組合，並且此些付款或是收入平均地發生於各期的期末。
計算結果 = -$907
函數說明(H)
確定
取消
1 輸入年度折扣率
2 輸入各年度保費繳交範圍
3 按此鈕完成設定

Step4

	A	B
1	欣光投資型保險計畫	
2		
3	年度折扣率	5%
4	保費年度	保費金額
5	第1年	-$30,000
6	第2年	-$30,000
7	第3年	-$30,000
8	第4年	-$30,000
9	第5年	-$30,000
10	第6年	$20,000
11	第7年	$20,000
12	第8年	$20,000
13	第9年	$20,000
14	第10年	$20,000
15	第11年	$23,000
16	第12年	$23,000
17	第13年	$23,000
18	第14年	$23,000
19	第15年	$23,000
20		
21	保險現淨值	-$907

經過試算後，此份保單的淨現值為「-906.90 元」，如果單純以「理財」或「投資」的角度來看，此份保單並不是最佳的選擇。但是保險通常還會附帶有「醫療保障」，當生病或住院時可能還會獲得一些補貼或給付，因此也是值得考慮的方案。

11-4 投資方案評估與 XNPV() 函數

通常投資專案不見得是一開始就參與，而且專案進行期間還會有資金的流動，一時之間也難以評估是否值得加入投資。因此不妨等到專案已經進行一段時間且經過評估後，再決定是否加入投資的行列。此種方法的好處是可以利用專案在這段時間內所投入的資金，以及所獲得的營收，作為評估專案截至目前是處於獲利或虧損的狀態，如此在投資上則更加有保障。

假設恩語的朋友三個月前開了一家飾品店，日前邀請恩語入股成為該店的股東，因此恩語向這位朋友要了此店面這三個月年來的營業收支狀況，如下表所示：

日期	收入	支出	備註
2016/9/1		120000	開店相關費用
2016/9/30	130000		9 月份營收額
2016/10/5		65000	人事管銷費用
2016/10/15		20000	進貨
2016/10/31	150000		10 月份營收額
2016/11/5		65000	人事管銷費用
2016/11/15		250000	進貨
2016/11/30	200000		11 月份營收額

除了上述營收及支出的明細外，恩語的朋友還主動提供了「現金流動折價率 8%」的參考數據，以作為評估之用。有了上述的資訊，接下來就來評估此投資方案到底值不值得投資。

11-4-1 XNPV() 函數說明

要計算這種不定期投入或支出資金的投資方案，可以使用「XNPV()」函數。XNPV() 函數可以依據方案投資期間內不定期的收入與支出情形，並透過現金流動折價率的參考因數，以計算出該方案的現淨值。先來看此函數的相關說明：

語法：XNPV(Rate,Values,Dates)

說明：該函數可以傳回現金流量表的淨現值，且該現金流量不須是定期性的。相關引數請參考下表說明：

引數名稱	說明
Rate	現金流動折價率。
Value	支出或收入資金的流動金額。
Dates	支出或收入資金的流動日期。

Tips 上述「value」及「dates」引數的資料範圍必須是相對應的，否則無法計算。

11-4-2 計算投資方案淨現值

了解恩詰的需求及 XNPV() 函數後，接下來請開啟範例檔「投資理財-05.xlsx」，並參考下面的範例來操作。

範例 計算投資方案淨現值

Step1

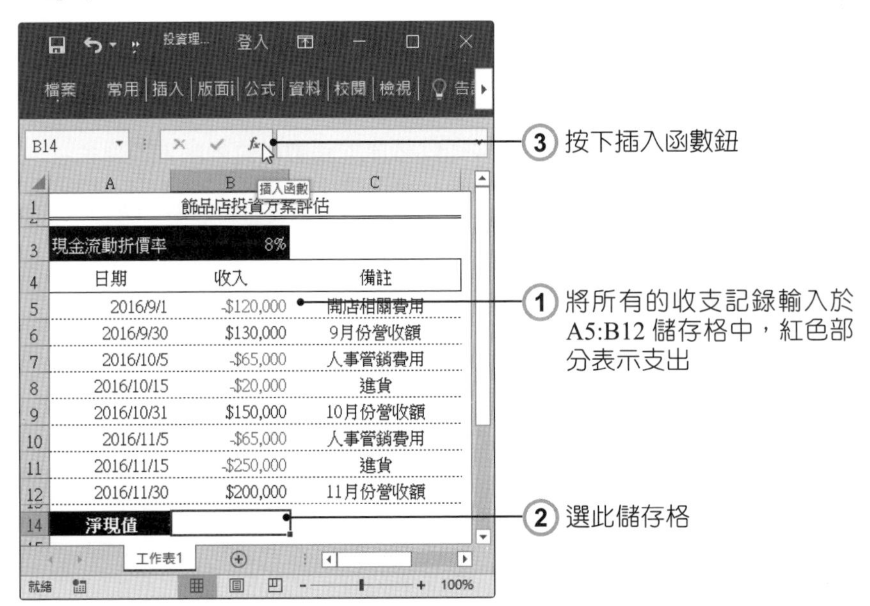

Step2

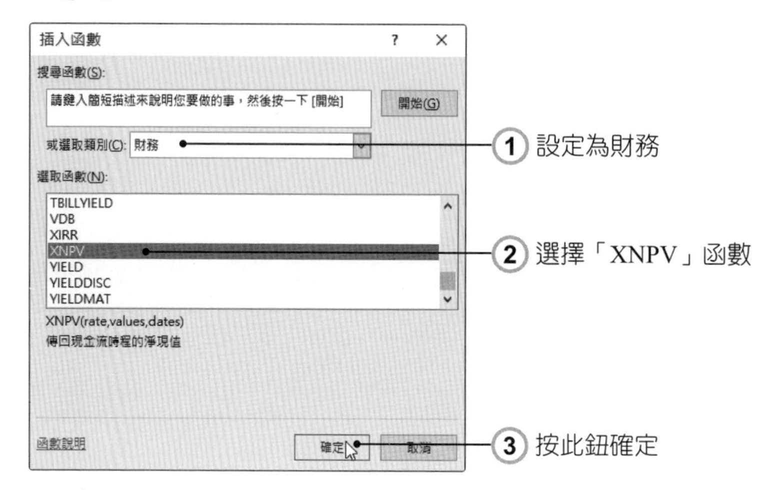

Step3

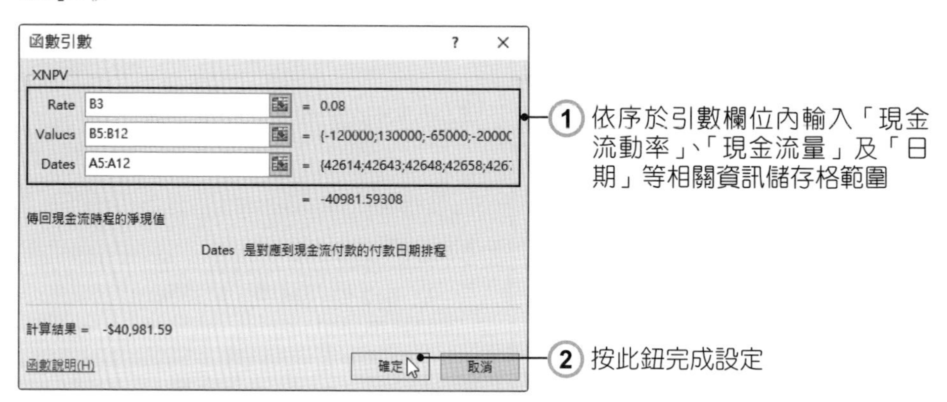

Step4

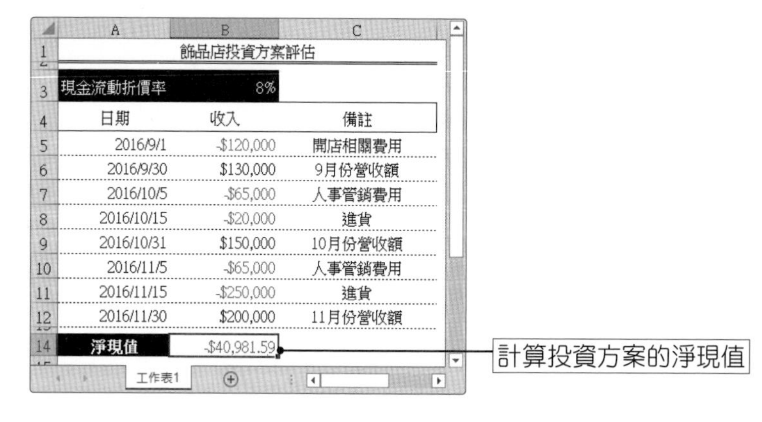

	A	B	C
1	飾品店投資方案評估		
3	現金流動折價率	8%	
4	日期	收入	備註
5	2016/9/1	-$120,000	開店相關費用
6	2016/9/30	$130,000	9月份營收額
7	2016/10/5	-$65,000	人事管銷費用
8	2016/10/15	-$20,000	進貨
9	2016/10/31	$150,000	10月份營收額
10	2016/11/5	-$65,000	人事管銷費用
11	2016/11/15	-$250,000	進貨
12	2016/11/30	$200,000	11月份營收額
14	淨現值	-$40,981.59	

從上面的範例中，可以看到此投資方案的淨現值是呈現「負數」的狀態，也就是說，目前此投資方案在帳面上仍然處於虧損的狀態，暫時不適合進行投資。不過由於上面個案僅經營三個月，就長期投資的角度來看也不能早下定論，還必須考量其發展潛力及大經濟環境等因素。事實上，此個案在現實的經濟環境中，仍然屬於不錯的投資標的。利用 XNPV() 函數來評估某項投資方案，所搜集的現金流動記錄時間越長、金額越詳實，則評估出來的數據會越準確，但千萬要注意到這些數據的「真實性」，以免因為不正確的評估數據而導致投資受損（近期時常有所謂「壞帳」風波產生）。

11-5 共同基金績效試算

「共同基金」是最近幾年來較為熱門的投資管道，它是由專業的證券投資信託公司合法募集眾人的資金，由基金經理人將資金投資運用在指定的金融工具上，例如股票、債券或是貨幣市場工具等，並且將其獲利平均分配給購買基金的投資人。此種投資方式不但可分享全球投資機會，而且投資獲利免稅，當買出基金時也僅收取一些手續費（約 1.5%），因此可以達到分散風險、專業管理與節稅等多項好處。至於「定期定額」的意思，就是在每個月固定的時間投入固定的資金來購買該基金，就好像是「定期存款」一樣。

11-5-1 共同基金利潤試算

燕子想要將每個月的薪資固定提撥 5,000 元來作為理財投資，但對股票的操作不熟悉且沒有多餘的時間去觀察行情，對於民間的「互助會」在一片「倒風」下又小生怕怕！燕子決定要購買「定期定額共同基金」來作為理財投資。

雖然共同基金有專家幫忙操盤，但也不一定「穩賺不賠」，所以還是要幫燕子用 Excel 建立一些相關資訊，以了解所投資的共同基金到底有無利潤？

請開啟一空白的活頁簿，並建立以下的欄位，或是開啟範例檔「投資理財-06.xlsx」跟著下面操作步驟。

範例 定期定額基金試算

Step1

工作表中各標題欄位所代表的意義如下：

日期	購買基金的日期。如果是購買「定期定額」類型的基金，即是每月的固定繳款日（本例中以每月 1 日為繳款日）。
投資金額	購買基金的金額，本例中設定為每月固定 5,000 元。
基金淨值	基金購買當日由基金公司公佈的淨值，基金的淨值會隨著時間而有所上下波動並產生獲利或虧損。
購買單位	該次購買基金的單位數量，即「投資金額／基金淨值」。
累積單位	目前累積已購買的基金單位數量。
累積成本	目前累積投入購買基金的總金額。
獲利金額	基金淨值的變化並扣除成本後所獲得的利潤或虧損。
報酬率	投資報酬率，即「獲利金額／累積成本」。

Step2

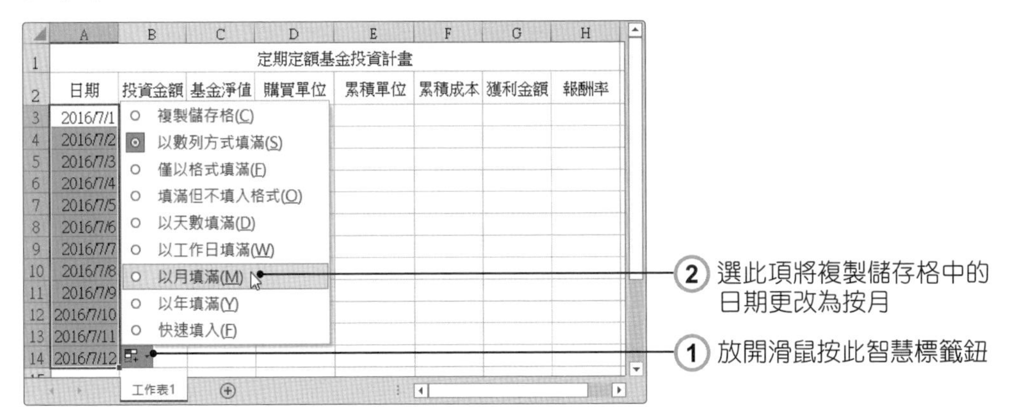

Step3

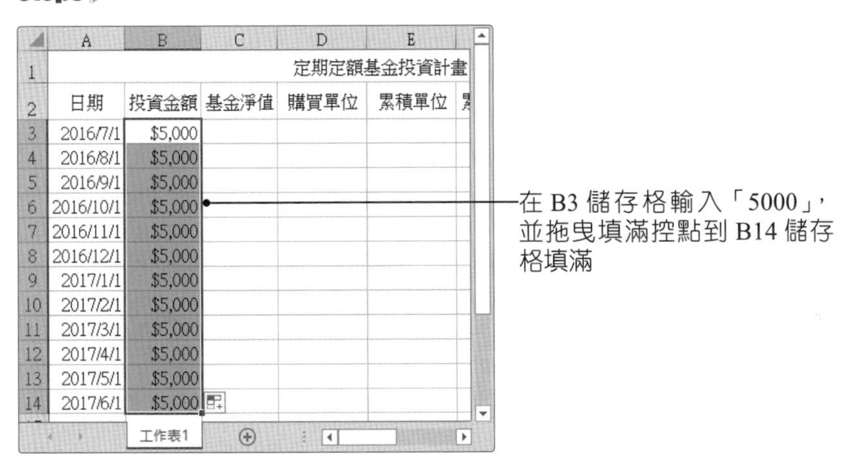

Step4

Step5

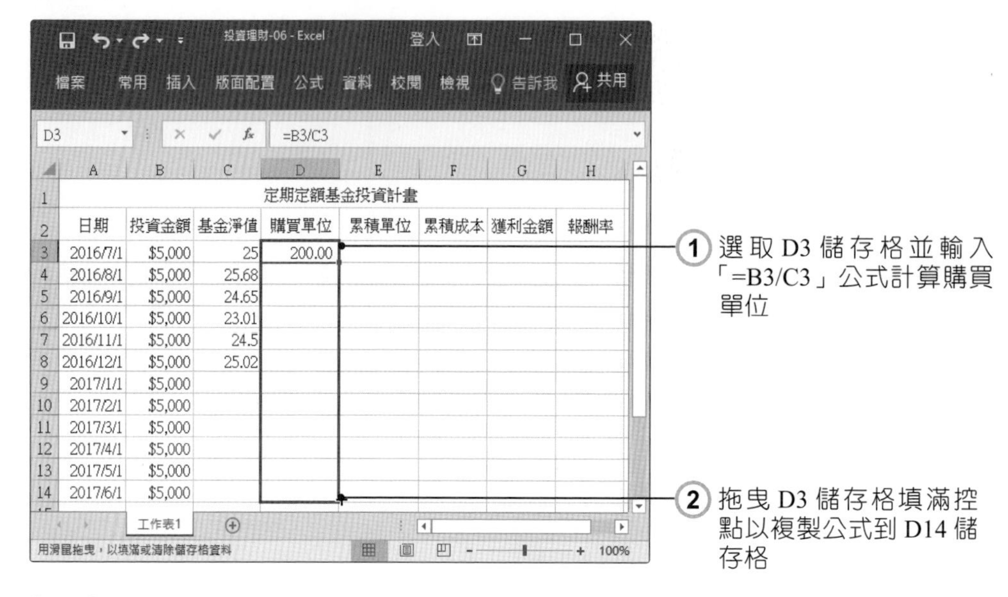
投資理財-06 - Excel
登入
檔案 常用 插入 版面配置 公式 資料 校閱 檢視 告訴我 共用
D3
=B3/C3
定期定額基金投資計畫
日期 投資金額 基金淨值 購買單位 累積單位 累積成本 獲利金額 報酬率
2016/7/1 $5,000 25 200.00
2016/8/1 $5,000 25.68
2016/9/1 $5,000 24.65
2016/10/1 $5,000 23.01
2016/11/1 $5,000 24.5
2016/12/1 $5,000 25.02
2017/1/1 $5,000
2017/2/1 $5,000
2017/3/1 $5,000
2017/4/1 $5,000
2017/5/1 $5,000
2017/6/1 $5,000
工作表1
用滑鼠拖曳，以填滿或清除儲存格資料
100%
1 選取 D3 儲存格並輸入「=B3/C3」公式計算購買單位
2 拖曳 D3 儲存格填滿控點以複製公式到 D14 儲存格

Step6

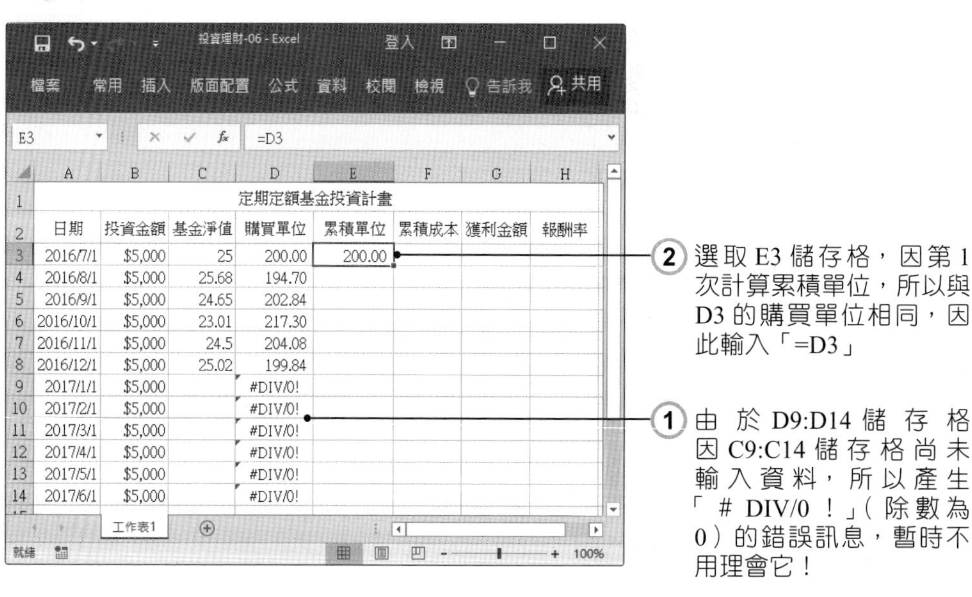
投資理財-06 - Excel
登入
檔案 常用 插入 版面配置 公式 資料 校閱 檢視 告訴我 共用
E3
=D3
定期定額基金投資計畫
日期 投資金額 基金淨值 購買單位 累積單位 累積成本 獲利金額 報酬率
2016/7/1 $5,000 25 200.00 200.00
2016/8/1 $5,000 25.68 194.70
2016/9/1 $5,000 24.65 202.84
2016/10/1 $5,000 23.01 217.30
2016/11/1 $5,000 24.5 204.08
2016/12/1 $5,000 25.02 199.84
2017/1/1 $5,000 #DIV/0!
2017/2/1 $5,000 #DIV/0!
2017/3/1 $5,000 #DIV/0!
2017/4/1 $5,000 #DIV/0!
2017/5/1 $5,000 #DIV/0!
2017/6/1 $5,000 #DIV/0!
工作表1
就緒
100%
2 選取 E3 儲存格，因第 1 次計算累積單位，所以與 D3 的購買單位相同，因此輸入「=D3」
1 由於 D9:D14 儲存格因 C9:C14 儲存格尚未輸入資料，所以產生「# DIV/0 ！」(除數為 0) 的錯誤訊息，暫時不用理會它！

Step7

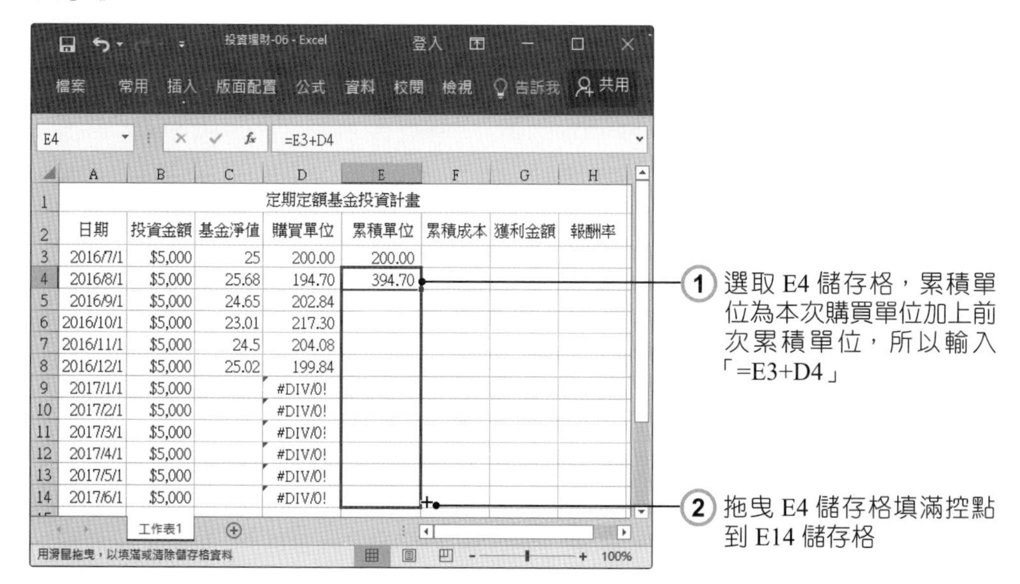

	A	B	C	D	E	F	G	H
1	定期定額基金投資計畫							
2	日期	投資金額	基金淨值	購買單位	累積單位	累積成本	獲利金額	報酬率
3	2016/7/1	$5,000	25	200.00	200.00			
4	2016/8/1	$5,000	25.68	194.70	394.70			
5	2016/9/1	$5,000	24.65	202.84				
6	2016/10/1	$5,000	23.01	217.30				
7	2016/11/1	$5,000	24.5	204.08				
8	2016/12/1	$5,000	25.02	199.84				
9	2017/1/1	$5,000		#DIV/0!				
10	2017/2/1	$5,000		#DIV/0!				
11	2017/3/1	$5,000		#DIV/0!				
12	2017/4/1	$5,000		#DIV/0!				
13	2017/5/1	$5,000		#DIV/0!				
14	2017/6/1	$5,000		#DIV/0!				

① 選取 E4 儲存格，累積單位為本次購買單位加上前次累積單位，所以輸入「=E3+D4」

② 拖曳 E4 儲存格填滿控點到 E14 儲存格

Step8

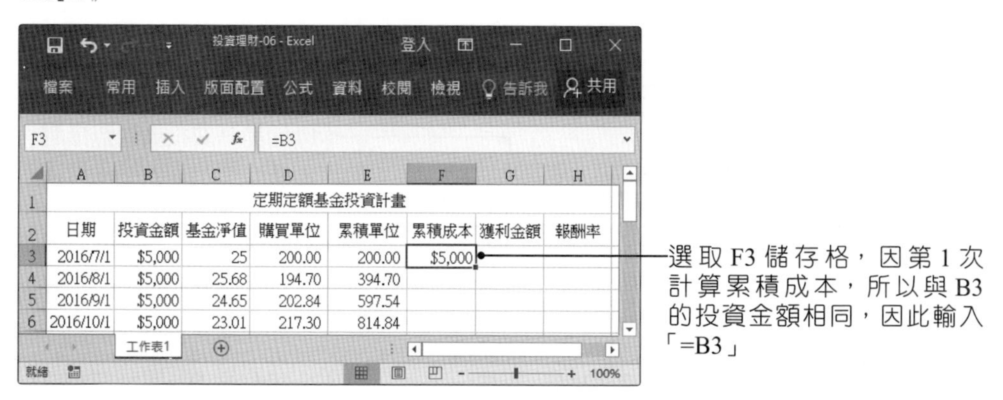

	A	B	C	D	E	F	G	H
1	定期定額基金投資計畫							
2	日期	投資金額	基金淨值	購買單位	累積單位	累積成本	獲利金額	報酬率
3	2016/7/1	$5,000	25	200.00	200.00	$5,000		
4	2016/8/1	$5,000	25.68	194.70	394.70			
5	2016/9/1	$5,000	24.65	202.84	597.54			
6	2016/10/1	$5,000	23.01	217.30	814.84			

選取 F3 儲存格，因第 1 次計算累積成本，所以與 B3 的投資金額相同，因此輸入「=B3」

Step9

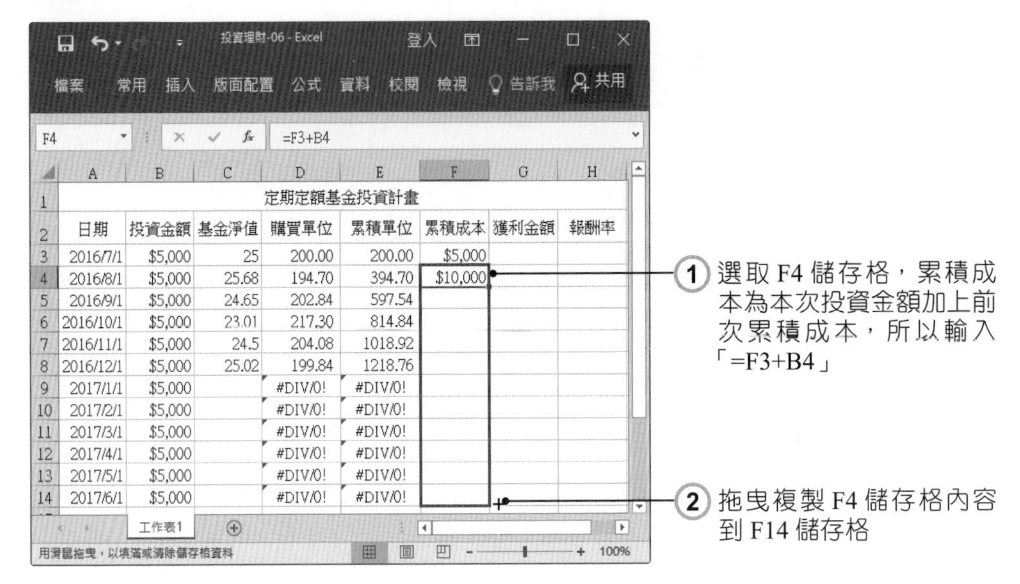

Step10

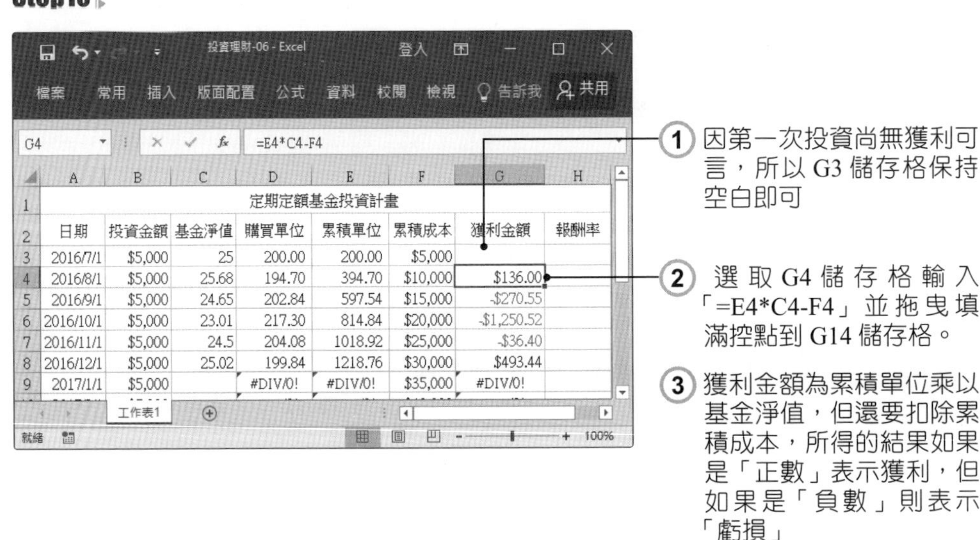

Tips G4 儲存格顯示「獲利 136 元」，主要是由於基金淨值由 2016/7/1 的 25 元，上漲至 2016/8/1 的 25.68 元所致，但相對地，在 8 月份所購買的基金單位也相對變少了。至於 9 到 11 月份出現虧損，主要為基金淨值下滑所致。

Step11

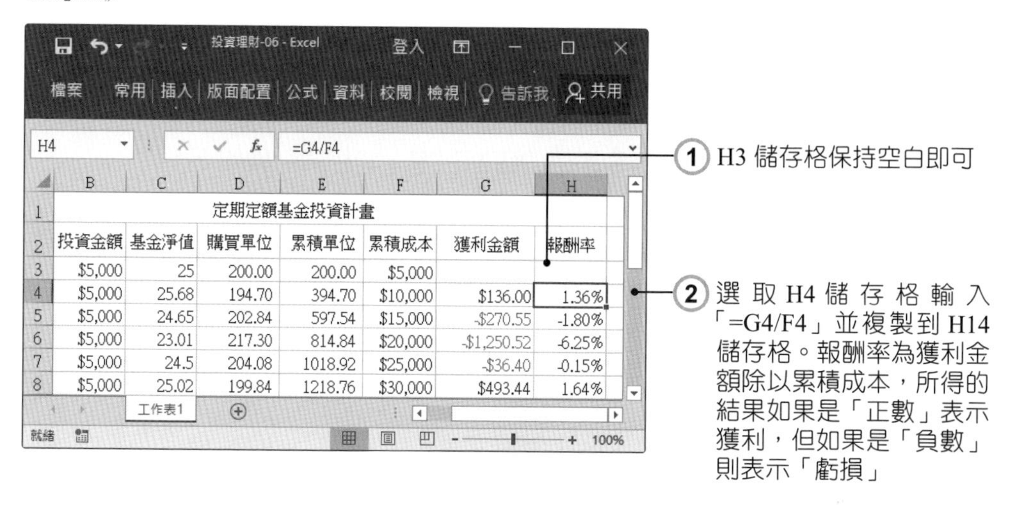

	B	C	D	E	F	G	H
1	定期定額基金投資計畫						
2	投資金額	基金淨值	購買單位	累積單位	累積成本	獲利金額	報酬率
3	$5,000	25	200.00	200.00	$5,000		
4	$5,000	25.68	194.70	394.70	$10,000	$136.00	1.36%
5	$5,000	24.65	202.84	597.54	$15,000	-$270.55	-1.80%
6	$5,000	23.01	217.30	814.84	$20,000	-$1,250.52	-6.25%
7	$5,000	24.5	204.08	1018.92	$25,000	-$36.40	-0.15%
8	$5,000	25.02	199.84	1218.76	$30,000	$493.44	1.64%

投資理財-06 - Excel
H4
=G4/F4
工作表1
1 H3 儲存格保持空白即可
2 選取 H4 儲存格輸入「=G4/F4」並複製到 H14 儲存格。報酬率為獲利金額除以累積成本，所得的結果如果是「正數」表示獲利，但如果是「負數」則表示「虧損」

Tips 報酬率儲存格中的資料格式最好設定為「百分比」類型，如果為一般數值或通用類型，則會產生如「0.0136」的內容，在閱讀上較難以了解其含意。

此工作表建立後，日後只要每個月 1 日在「基金淨值」欄位中輸入當日的基金淨值數目，後面欄位的分析資料會自動計算出來，提供各位參考。筆者已將上面範例檔的結果儲存為「投資理財-07.xlsx」，讀者可以直接開啟使用。日後如果各位想繼續投資本基金，只要選取「A14:H14」儲存格範圍，並複製到下方的工作表中，即能將公式與格式內容一併複製。

Tips 如果中斷投資基金，只要在「投資金額」欄（B 欄）內輸入「0」即可，一樣可以繼續觀察手上擁有的基金價值情形及相關資訊。

11-5-2 RATE() 函數說明

計算共同基金的利率會使用 RATE() 函數，此函數的相關說明如下：

語法：RATE(Nper,Pmt,Pv,Fv,Type,Guess)

說明：RATE() 函數可以傳回年金淨值的每期利率，其相關引數如下：

引數名稱	說明
Nper	總付款或投資期數。
Pmt	為各期所應給付（或所能取得）的固定金額，一般來說包含了本金及利息。
Pv	未來各期年金現值的總和。
Fv	為最後一次付款或投資完成後，所能獲得的現金餘額（年金終值）。如果忽略此引數，則預設為「0」。
Type	為「0」或「1」的邏輯值，用以判斷付款日為期初 (1) 或期末 (0)。忽略此引數，則預設為「0」。
Guess	對期利率的猜測數，省略此引數即可。

11-5-3 共同基金月／年利率試算

投資共同基金一段時間後或是準備贖回（賣出）前，可以試算投資這段時間內它的月利率或年利率如何，如此可比較同樣的存款金額是放在定期存款較為優惠，還是投資共同基金獲利較大。

接下來，請開啟範例檔「投資理財-08.xlsx」，試算當共同基金投資一年後所換算的利率。

範例 共同基金月／年利率試算

Step1

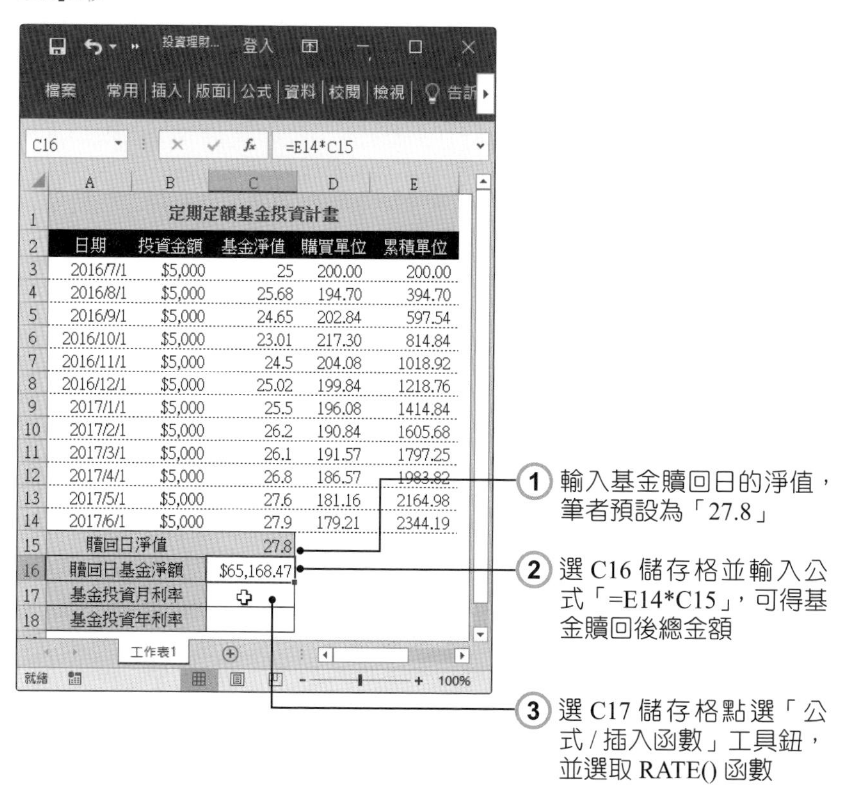

Step2

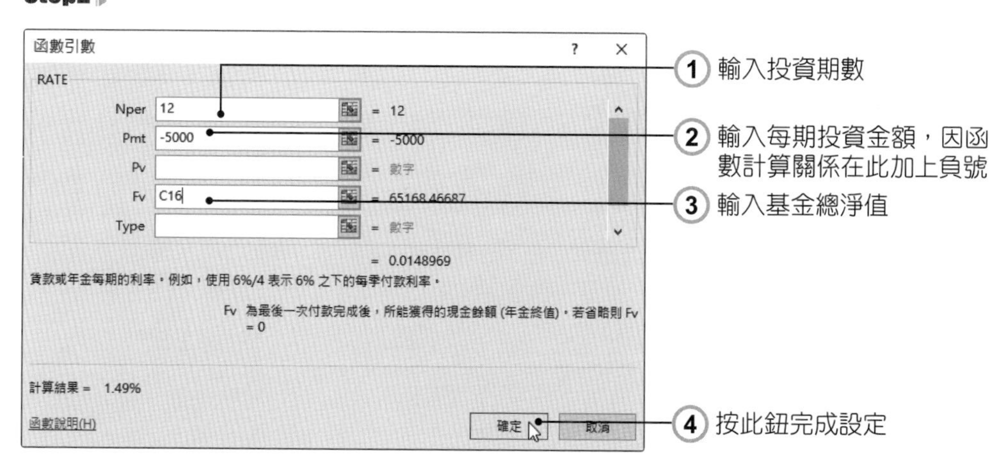

Step3

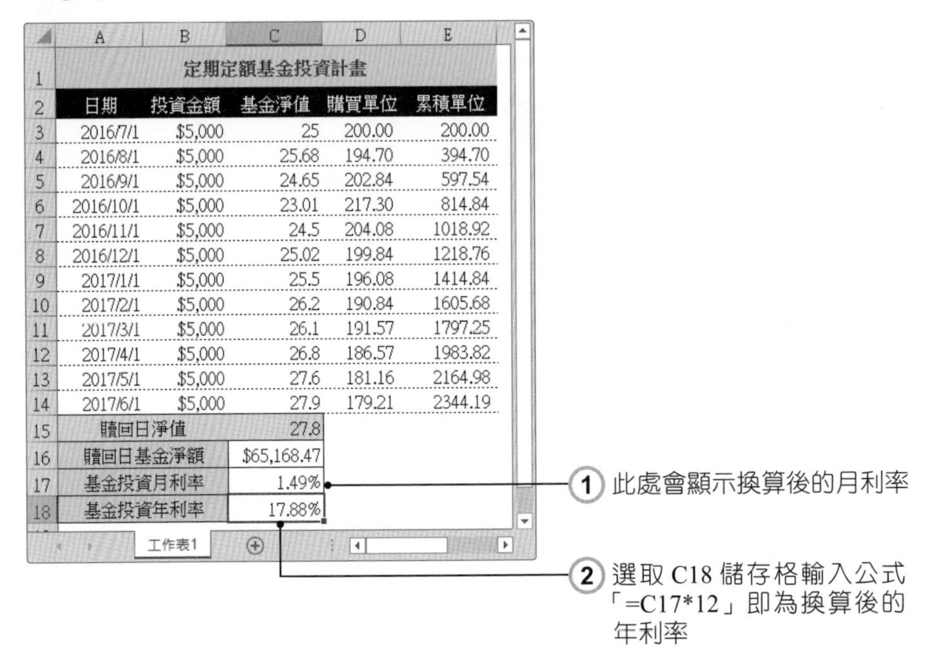

	A	B	C	D	E
1	定期定額基金投資計畫				
2	日期	投資金額	基金淨值	購買單位	累積單位
3	2016/7/1	$5,000	25	200.00	200.00
4	2016/8/1	$5,000	25.68	194.70	394.70
5	2016/9/1	$5,000	24.65	202.84	597.54
6	2016/10/1	$5,000	23.01	217.30	814.84
7	2016/11/1	$5,000	24.5	204.08	1018.92
8	2016/12/1	$5,000	25.02	199.84	1218.76
9	2017/1/1	$5,000	25.5	196.08	1414.84
10	2017/2/1	$5,000	26.2	190.84	1605.68
11	2017/3/1	$5,000	26.1	191.57	1797.25
12	2017/4/1	$5,000	26.8	186.57	1983.82
13	2017/5/1	$5,000	27.6	181.16	2164.98
14	2017/6/1	$5,000	27.9	179.21	2344.19
15	贖回日淨值		27.8		
16	贖回日基金淨額		$65,168.47		
17	基金投資月利率		1.49%		
18	基金投資年利率		17.88%		

工作表1
1 此處會顯示換算後的月利率
2 選取 C18 儲存格輸入公式「=C17*12」即為換算後的年利率

利用上述方法可以得到投資基金所換算的月利率及年利率，因此可以比較與定期存款利率的差別，進而選擇一個較有利的投資管道。不過就投資風險上來說，基金的風險較定期存款為大（可能會下跌），投資時也要注意此事項。

本節範例僅示範基金的計算公式，對於其他如手續費、中途售出基金單位、海外基金匯率換算…等問題暫且忽略，讀者可以根據實際的需求來修改上述的工作表內容。

實力評量

是非題

(　) 1. FV() 函數的引數 pv 是指現淨值或分期付款的目前總額。

(　) 2. NPV() 函數可透過年度通貨緊縮比例，以及未來各期所支出及收入的金額，進行該方案的淨現值計算。

(　) 3.「單變數運算列表」乃是指公式內僅有一個變數，只要輸入此變數即能改變公式最後的結果並輸出。

(　) 4. 雙變數運算列表其所對應的公式必須位於「欄變數的右方，列變數的左方」，否則無法產生運算列表。

(　) 5. 選取儲存格後，於名稱方塊內輸入名稱一樣具有定義名稱的功能。

選擇題

(　) 1. 當要計算零存整付定期存款的報酬總額時，應使用何函數？

A.PMT()　　B.FV()　　C.PV()　　D.SUM()

(　) 2. 下列關於 PV() 函數的敘述何者有誤？

A. 用以計算出某項投資的年金現值，而此年金現值則是未來各期年金現值的總和

B. 為財務類別函數

C. 引數 pv 為各期應該給予（或取得）的固定金額

D. 引數為 (Rate,Nper,Pmt,Fv,Type)

(　) 3. 下列關於 NPV() 函數的敘述何者有誤？

A. 屬財務類別函數

B. 引數為 (Rate,Value1,Value2,⋯)

C. 引數 rae 是指通貨緊縮比例或年度折扣率

D. value1,value2.. 引數未來各期的現金支出及收入，最多可以使用 29 筆記錄

(　) 4. 下列關於 PMT() 函數的敘述何者有誤？

A. 用以計算當貸款金額非固定的條件下，每期必須償還的貸款金額

B. 屬財務類別函數

C. 其引數為 (Rate,Nper,Pv,Fv,Type)

D. 引數 rate 是指各期的利率

(　) 5. 下列關於分析藍本的敘述何者有誤？

A. 可同時建立多個藍本資料

B. 分析藍本對話框內的註解欄會顯示所插入的註解文字

C. 可與其他檔案或工作表的分析藍本合併

D. 可建立分析藍本摘要報告

(　) 6. 下列關於 XNPV() 函數的敘述何者有誤？

A. 可以傳回現金流量表的淨現值，且該現金流量必須是定期性的

B. 其引數為 (Rate,Values,Dates)

C. 引數 value 與 date 的資料範圍必須相對應

D. 非 Excel 預設安裝的函數

(　) 7. 下列關於 RATE() 函數的敘述何者有誤？

A. 其引數為 (Nper,Pmt,Pv,Fv,Type,Guess)

B. 引數 nper 是指總付款或投資期數

C. 引數 fv 為第一次付款或投資完成後，所能獲得的現金餘額

D.guess 引數可省略

▶ 實作題

1. 「欣光保險」推出一保險專案，只要各位事先繳交 50 萬元（年初），在爾後的五年內每年可領回 11 萬元（每年年底）。如果以目前的定存利率 2.5%來計算，請評估此專案是否符合投資成本。

   提示：使用 PV() 函數

2. 小承目前年齡為 34 歲，他購買了一份 20 年期的保險。該保險只要在前 20 年內每年繳交保費 3 萬元，20 年期滿後即無須再繳款，並且每年可以領回 25,000 元，一直領到死亡為止。如果以目前國民平均壽命 75 歲，以及 7.5%的年度折扣率來計算，請問此保險的淨值為何？

   提示：使用 NPV() 函數

3. 請使用「雙變數運算列表」功能，針對範例檔「投資理財-09.xlsx」中各銀行的存款利率與存款額度組合，分別計算出各種組合的本利和。

PART 3 PowerPoint 簡報設計

CHAPTER 12

新進員工職前教育說明會

學習重點

- 使用 PowerPoint 作簡報的好處
- 簡報成功要素
- 簡報設計步驟
- 在簡報中加入多媒體元素
- 投影片版面配置
- 文字輸入與編輯
- 插入美工圖案
- 檔案儲存與開啟
- 新增、刪除投影片
- 項目符號及編號應用
- 填滿色彩應用
- 投影片播放

本章簡介

各位要完成一場專業的簡報說明會，除了要學習如何使用 PowerPoint 軟體來製作簡報外，還有很多的相關知識必須學習，諸如：美術方面的圖文編排、多媒體效果的展現與互動處理、演說技巧、自信表現…等，才能讓簡報說明會，能完美的呈現在聽眾面前。本章將針對簡報的認識規劃、設計步驟、設計技巧、事前準備工作、專業形象塑造等，成功簡報的各項要件作一番說明。另外，在本章的範例裡，將學習如何利用 PowerPoint 的基本功能，製作出看起來美觀又大方的新進員工職前教育訓練。

範例成果

新進員工職前教育訓練

公司：

誠文文化圖書出版股份有限公司

介紹者：

訓練課程-練文鈺

人際關係平衡-莊樹山

培訓目標

1. 提高員工的工作能力與績效
2. 強化員工的專業知識
3. 培養員工具積極負責的態度
4. 培養員工接受新挑戰與新工作能力
5. 導引員工的工作理念與價值觀
6. 學習人際關係的平衡

訓練課程概要

新進員工訓練：

熟悉基本操作技巧並加速適應公司文化與環境，同時著重職前訓練、品質提升訓練、電腦技能訓練、以及語言訓練。

監督階層訓練：

培養專業技能與解決問題的能力，訓練課程包括專業技能訓練、自我激勵訓練、人員管理訓練、以及語言訓練。

經營階層訓練：

培養擬定中長期營運計畫、整合資源、協調經營運作等能力，同時學習跨部門溝通管理訓練、團隊管理訓練、策略計畫、以及時間管理。

人際關係的平衡

- 站在對方立場設想，將心比心，並且用溫暖、尊重、了解的方式去溝通。
- 了解溝通的障礙並且盡可能去突破。首先得要有與人溝通的意願，以一顆開放的心靈傾聽，勿立下價值判斷，最好以對方的立場和觀點去設想。
- 當一位好的聽眾，用心去傾聽對方的想法與感受，然後要坦誠地告訴對方，我們聽到了什麼？有什麼樣的感受和想法？
- 加強對自己的了解，知道自己會說出什麼樣的話，也是能與他人維繫良好人際關係的技巧之一。
- 要善於處理自己的情緒，不要讓不好的情緒影響了周邊的人。

遵守以上的幾個要點，相信大家都能成為職場上人際關係控管的佼佼者！

12-1 簡報的認識與規劃

「簡報」在現今的社會普遍被使用，它意味著演講者必須面對聽眾，將想要表達的思想與創意，忠實地傳達給聽眾知道，同時又必須掌握聽眾的反應，設身處地以聽眾的立場做考量，使他們能產生興趣，進而獲得利益。因此簡報已被運用到各種場合上，舉凡在商場上、職場上、學術上、生活上，都可以看到簡報的使用。

使用 PowerPoint 做簡報是大部分人的選擇，這是因為 PowerPoint 擁有以下的各項優點：

12-1-1 簡報成功的要素

很多人初次做簡報，由於沒有經驗，又容易緊張，因而犯下簡報的大忌。在這裡提出幾項大忌供各位參考，想想自己會不會犯了這些錯誤：

- 製作簡報內容的同時，首先問自己是否有想要了解的興趣。例如，簡介公司時，馬上就攤開公司的組織架構，然後詳述各部門沿革，這樣的簡報會吸引聽眾注意嗎？想想看，如果是您，您想要聽到哪些資訊？
- 簡報一開始，未能讓聽眾先了解簡報的摘要，或是未能開宗明義的說明簡報能給聽眾帶來的好處，無法引起聽眾的興趣。
- 未能預先了解聽眾的知識水平，並針對該類型的聽眾準備資料，因而無法引起聽眾的興趣。
- 簡報資料太過繁雜，未先經過刪除萃取，導致文字過多，密密麻麻的文字不易消化。
- 未經排演練習就貿然開始簡報，因而關燈之後，就一邊播放簡報，一邊照本宣科，逐字唸完簡報資料，導致聽眾聽得無趣而昏沉想睡。

以上所列出的，便是初次簡報者容易犯的毛病。有鑑於此，這裡提出幾項要點，提供給讀者們做為參考，以便讓簡報能完美的展現：

12-1-2 簡報設計步驟

製作一份簡報，為了達到事半功倍的效果，通常都有一定的設計流程，若能照著如下的流程進行，就能讓簡報效果達到一定的水準。

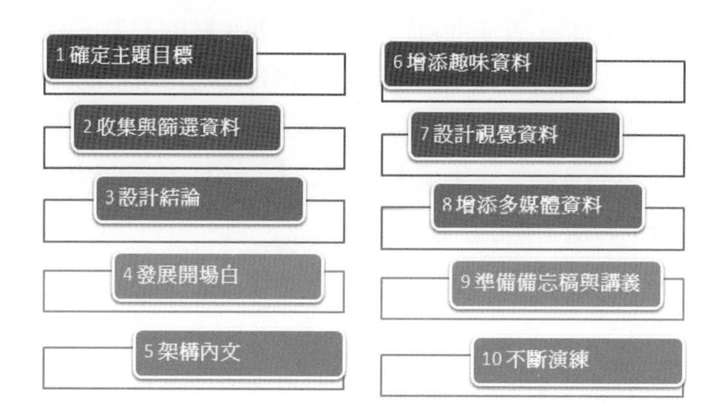

確定主題目標

簡報的目的不外乎使聽取簡報的人，能夠了解某些真相、認同某些論點、或是採取某些行動，因此在主題方面必須非常的明確。特別要注意的是，簡報的主題一定要迎合聽眾的需求，最好能事先確定聽取簡報者的身分、背景、以及他們的需求。

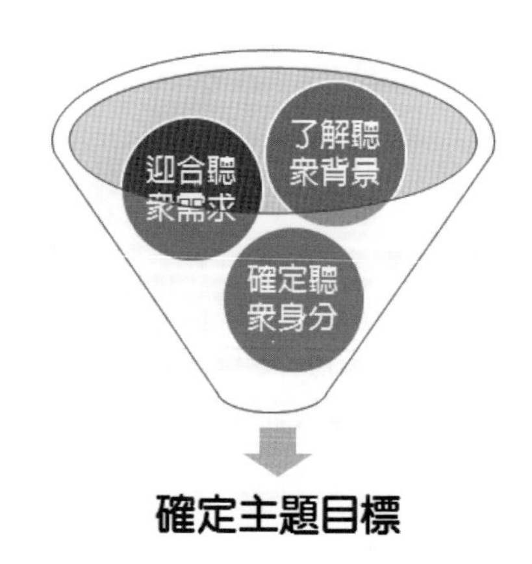

收集與篩選資料

主題確定之後，接下來就必須確實地收集相關情報資料，如：環境分析、競爭情況、市場反應、支持的論點、問題的分析歸納、解決的方針…等，透過相關資料的收集、分析與歸納，才能產生強而有力的論點或解決方案。

設計結論

分析情報資料之後，必須先做出結論。因為聽眾最在意的是演講者可以帶給他們什麼好處。有確切的結論，演講者就可以根據結論來發展演講的內容。

發展開場白

開場白與結尾都是簡報最重要的時段，在開場時，演講者必須明白點出簡報主題的重要性。同時將結論的優點及其可能帶給客戶的利益做個說明，讓聽眾有興趣繼續聽你的解說。

架構內文

針對所設計的結論，透過合邏輯的、有條理的、有組織的方式來架構內文，不斷地重複、強調，以加深聽眾對結論的認同。

增添趣味資料

當您透過比較、列舉、或理論支持…等各種方式強化簡報的結論後，為了避免簡報過於枯燥無味，可以考慮添加一些趣味性的資料，如：實例、歷史典故或有趣笑話…等，來幫助整場簡報的氣氛。但是添加的趣味資料必須能夠切合主題，或是強化結論才行。尤其是在聽眾聽的昏昏欲睡時，提及這些有趣的資料，就能輕鬆將他們的注意力拉回。

設計視覺資料

視覺資料有助於激發聽眾的興趣和思考力。對於投影片中較抽象的概念，或不易理解的理論，都可以考慮使用圖像來輔助說明，尤其是和數據有關的資料，利用圖表來說明，更能加深聽眾的印象。而條列式的比較項目也可以考慮以表格的方式呈現，如此一來，不但能使聽眾易於同意你的意見，也較容易讓人信服你的專業能力。

增添多媒體資料

簡報中如果能加入一些與簡報相關的視訊影片、動畫，或是能增加效果的背景音樂、換片動畫與按鈕特效，就能讓簡報更有聲有色。

準備備忘稿與講義

為了避免因緊張或臨時的忘詞所造成的冷場，可以為自己準備備忘稿，將重點或關鍵字標示出來，當忘詞時可以提醒自己，讓整個簡報的過程更順暢。另外，也可以將簡報的內容列印成講義，供與會者參考或記錄時使用。

不斷演練

簡報內容都製作完成後，最後的工作就是不斷的演練再演練，透過反覆的練習，讓簡報能完美呈現。當然還必須包括各種突發狀況的模擬或處理，如：聽眾的提問、或是硬體設備無法使用時，該如何完成簡報說明…等演練，多一分事前的模擬，就能讓您更加臨危不亂。

12-1-3　增添動畫與轉場效果

動畫和轉場效果雖然不是簡報所必備的要件，但是卻能輕鬆為簡報加分。在影片方面，從「插入」標籤中選擇「多媒體」，就可以從檔案插入視訊檔或影片檔。

如果各位有現成的動畫或視訊可以使用，也可以考慮將這些多媒體項目新增至 PowerPoint 簡報中，以便為商務文件增添更多的視覺效果。另外，當您介紹完某張投影片內容，打算進入下一張投影片時，可以適時透過投影片的「轉場」功能來加入換片特效，好讓聽眾的注意力再次回到投影片上。

除了投影片的切換效果外，PowerPoint 還提供各式各樣的標題與內文的動畫配置，由「動畫」標籤按下「新增動畫」鈕，就能輕鬆加強簡報的動態效果。

12-1-4 超連結使用技巧

在做簡報說明時，不單是從頭到尾放映投影片，您可以將文字連結到指定的投影片、網站、檔案或電子郵件，此外，還能透過圖片或動作按鈕來設定連結。

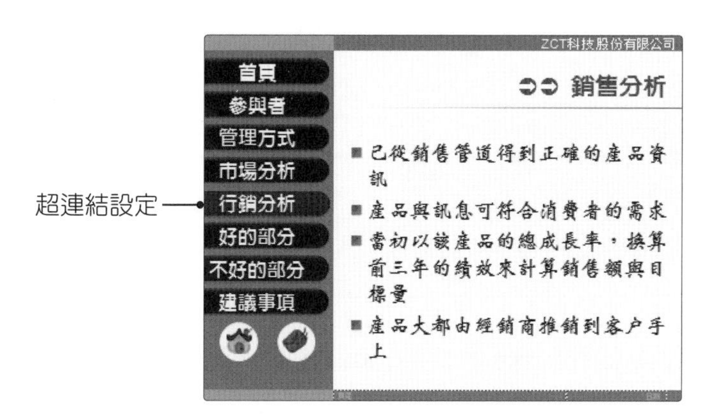

12-1-5 完美簡報演出

想讓簡報能完美的演出，事前的演練與時間的掌控非常重要，只有不斷的模擬演練，才能讓簡報的演出臻至完美。

事前模擬演練

要讓自己在演講或簡報的場合不會緊張怯場，經驗的累積是相當重要的，只要多經歷幾次類似的演講場合，就會慢慢習慣在不認識的聽眾前演說。如果您是第一次上台做簡報，那就必須不斷地自我心理建設和模擬練習。

輔助資料的準備

為了讓簡報的演出更完美，可以考慮使用 Microsoft Office Word 為聽眾準備講義，使他們更能了解簡報的內容。

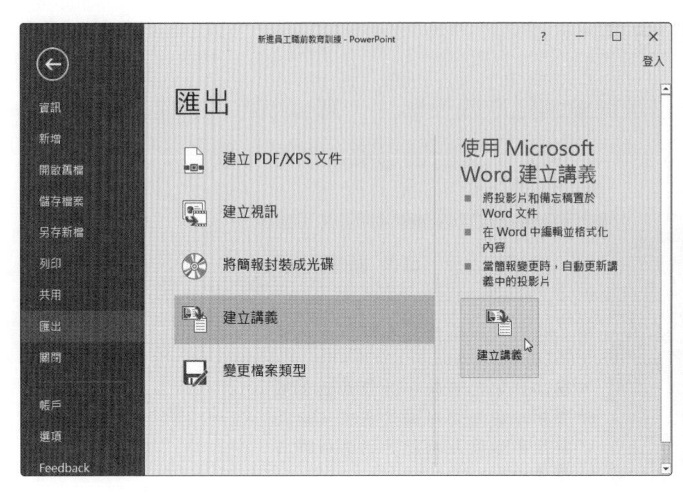

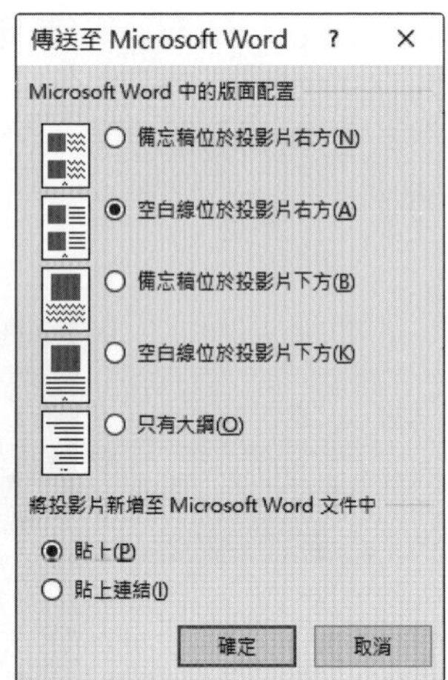

您也可以將自己要解說的內容製作成備忘稿，然後將備忘稿列印出來，以備緊張忘詞時可以偷瞄一下。

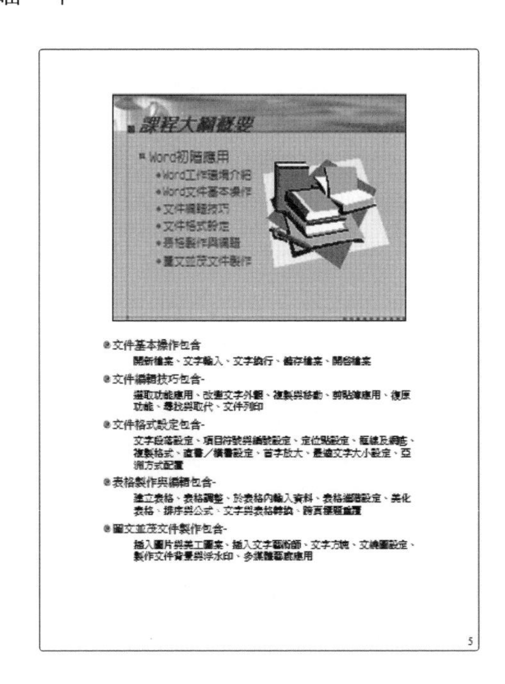

- 文件基本操作包含
  開新檔案、文字輸入、文字換行、儲存檔案、開啟檔案
- 文件編輯技巧包含-
  選取功能應用、改變文字外觀、複製與移動、剪貼簿應用、復原功能、尋找與取代、文件列印
- 文件格式設定包含-
  文字段落設定、項目符號與編號設定、定位點設定、框線及網底、複製格式、直書／橫書設定、首字放大、最適文字大小設定、亞洲方式配置
- 表格製作與編輯包含-
  建立表格、表格調整、於表格內輸入資料、表格選取設定、美化表格、排序與公式、文字與表格轉換、跨頁標題重複
- 圖文並茂文件製作包含-
  插入圖片與美工圖案、插入文字藝術師、文字方塊、文繞圖設定、製作文件背景與浮水印、多媒體藝廊應用

5

如果害怕自己的電腦臨時出狀況，最好多備份一份檔案，之後再利用封裝光碟就可以輕鬆將檔案複製備份到光碟中，或是考慮將檔案轉換成網頁形式，以備不時之需。若能考慮各種輔助資料的準備，就能讓突發狀況的發生減到最低。

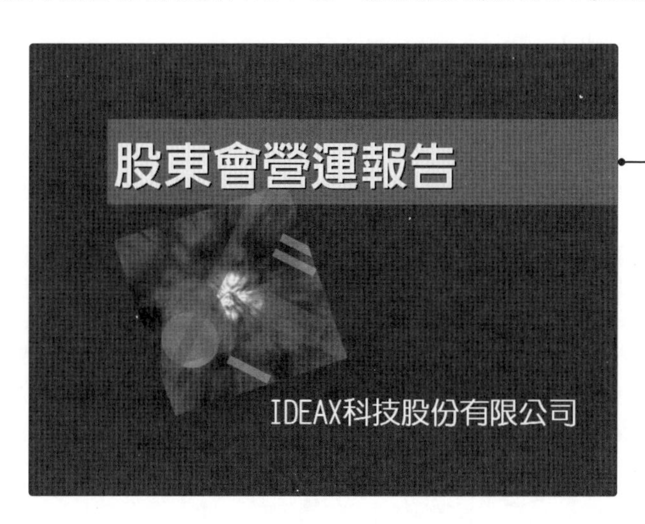
股東會營運報告
IDEAX科技股份有限公司

封裝光碟後，光碟片放到光碟機中，稍待片刻，簡報就會自動開始播放

上台完美演出

一場成功的簡報，無非是讓台下的聽眾，對於演講者的專業能力產生信服，進而採取某些行動。因此專業形象的建立和塑造，可以透過演講者的服裝、表情、說話談吐、和肢體語言來表現出來。

在服裝穿著方面，以簡單大方為原則，要穿得端莊優雅，不要過於奇裝異服，顏色也不要太突兀，且以中性色調或較中庸的方式比較得宜。在表情部份要面帶微笑，因為笑容是拉近彼此距離的最快捷徑。

演講時，注意音量的大小、語調的高低強弱、速度的快慢…等變化。若想達到平順自然、又有韻律的變化，就必須要熟悉簡報內容。走動時要抬頭挺胸，坐在位子上的時候，也應挺直背部，肩膀往後，不要隨便玩弄手中的物品，也不要過多的手勢，並隨時注意多數聽眾的反應。

開場時，記得告知聽眾整個簡報的進行方式、簡報重點、以及預定休息的時間，也必須預留演說時間最後的百分之二十，用來再度強調簡報的各項重點，同時讓聽眾可以發問，以便讓聽眾順利抓取簡報的關鍵點，進而達到簡報的目的。

把握以上的重點，相信您的簡報演說，一定可以獲得大多數人的肯定與讚美。

12-2 簡報文字的輸入與編輯

啟動 PowerPoint 軟體時，即會有預設的版面配置畫面，然而並非所有種類的報告都適用此種版面配置的方式，此時，就可使用 PowerPoint 版面配置的功能來更改其配置樣式。

Step1

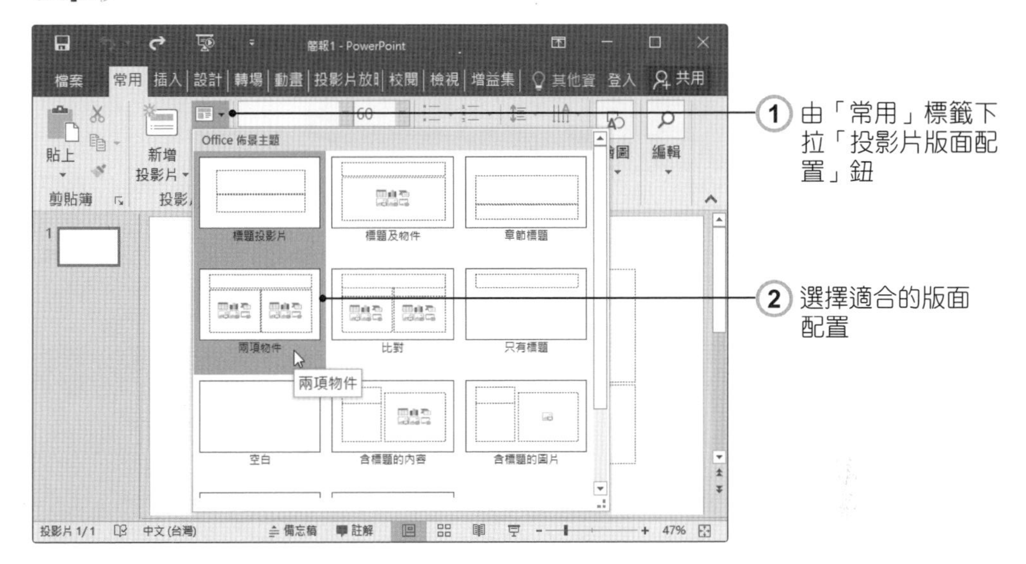

Step2

文字可說是簡報內最主要的元件之一，現在我們要來學習如何於投影片內輸入文字並加以編輯。

12-2-1 文字輸入

Step1

Step2

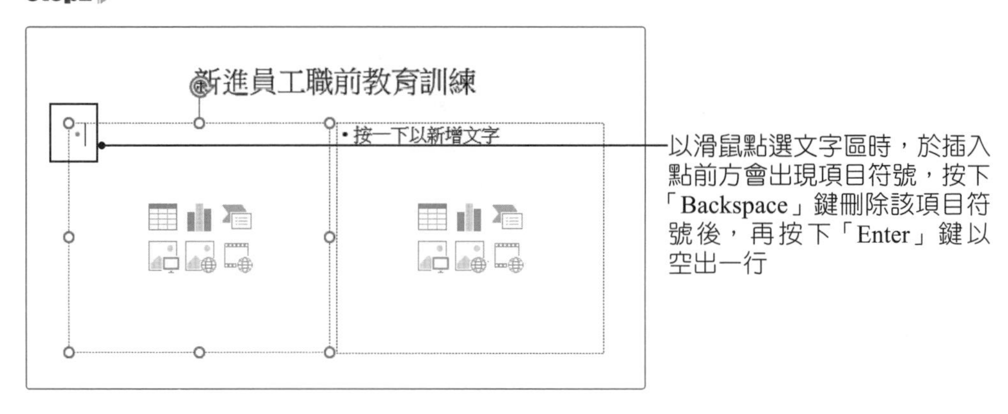

新進員工職前教育訓練
• 按一下以新增文字
以滑鼠點選文字區時，於插入點前方會出現項目符號，按下「Backspace」鍵刪除該項目符號後，再按下「Enter」鍵以空出一行

Step3

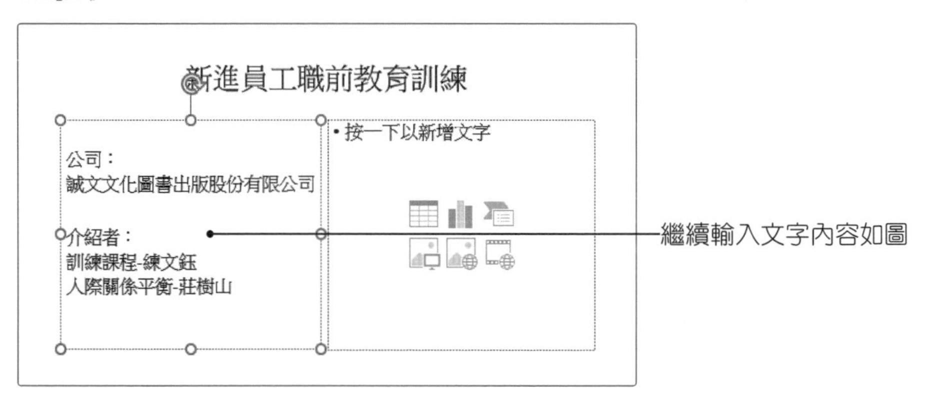

12-2-2 文字編輯

如果單單只是黑色的文字加上白色的背景，會讓整張投影片顯得死氣沉沉，此時不妨替文字加上色彩並改變配置方式，即可馬上讓此張投影片活潑起來哦！

Step1

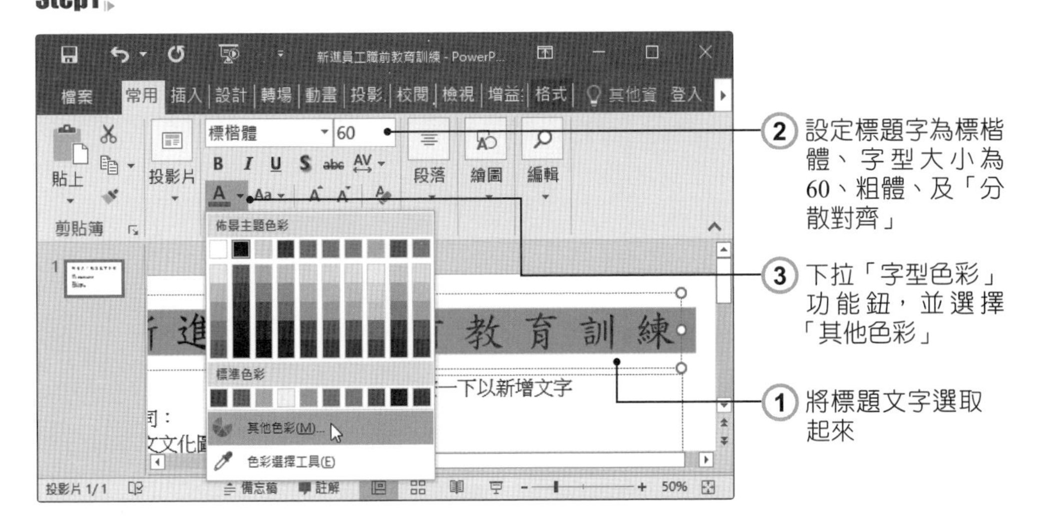

2 設定標題字為標楷體、字型大小為60、粗體、及「分散對齊」
3 下拉「字型色彩」功能鈕，並選擇「其他色彩」
1 將標題文字選取起來

Step2

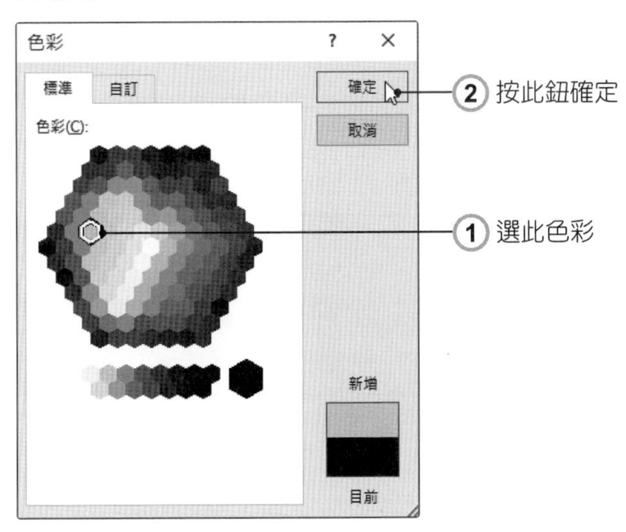

Step3

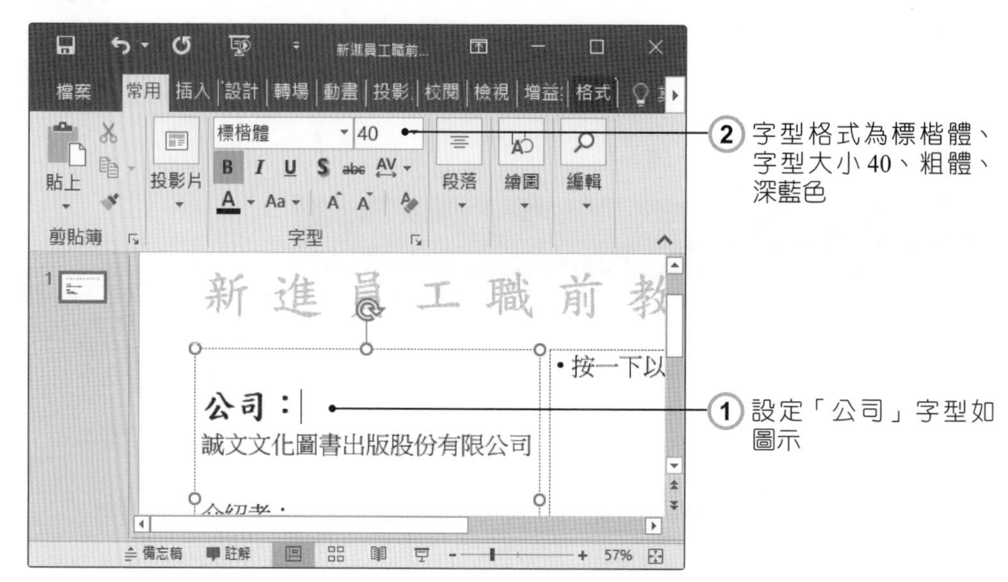

Step4

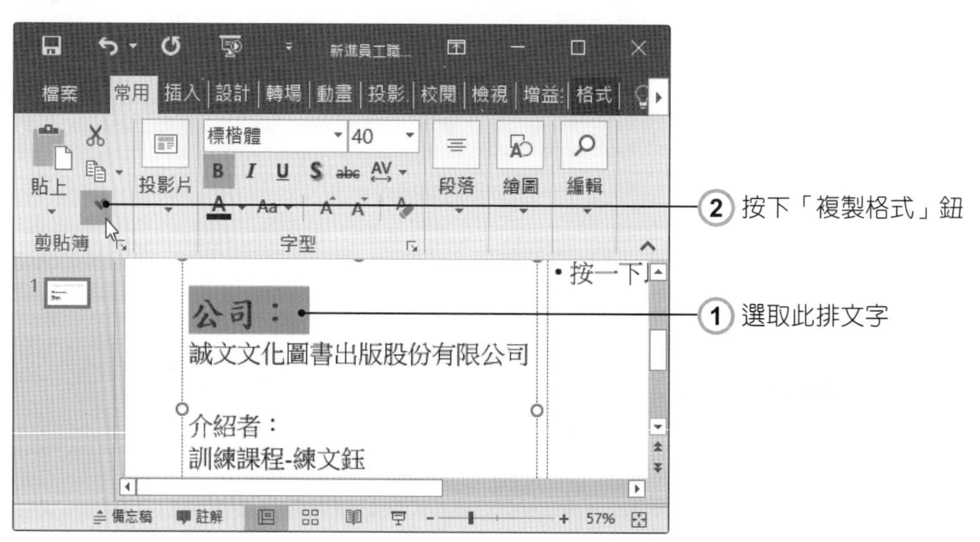

Tips 因公司名稱與介紹者需設定相同的字型格式，因此可使用「複製格式」功能。

Step5

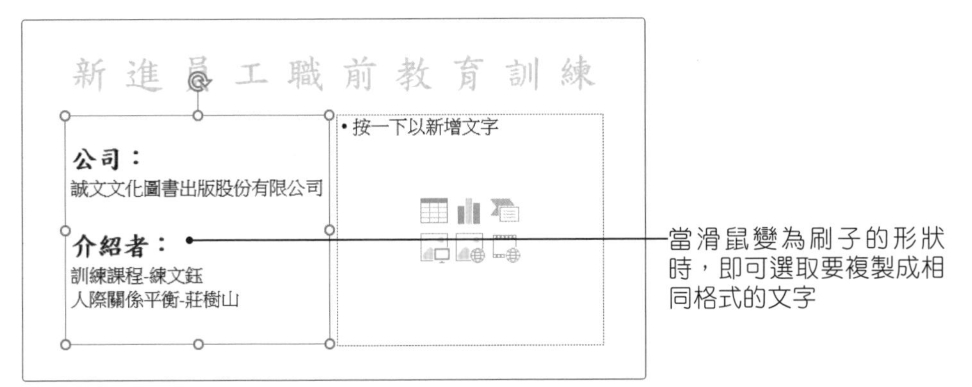

Step6

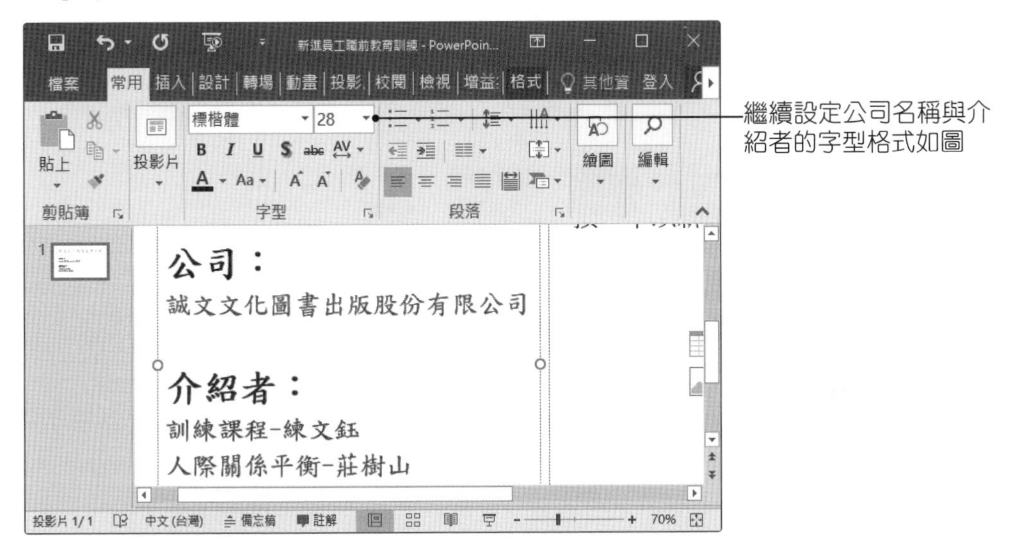

字型格式設定完成後，看起來是不是比較有生氣了！

12-3 插入美工圖案

完成了文字部分，為讓整體畫面看起來更為活潑，請繼續插入與此報告相關的圖案。

Step1

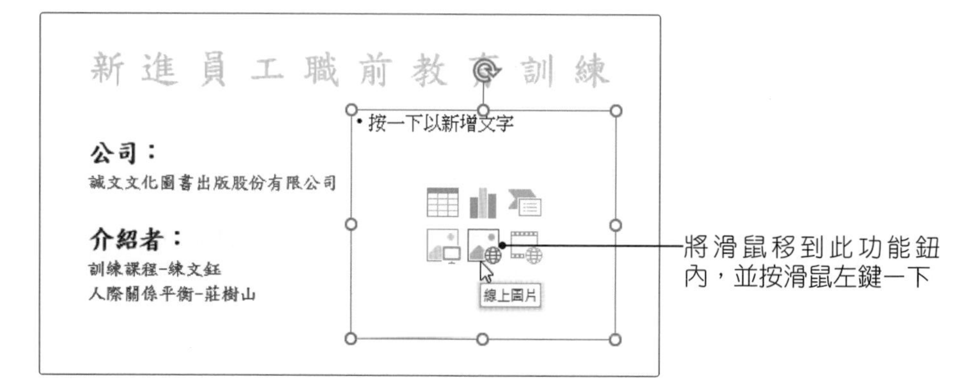

Step2

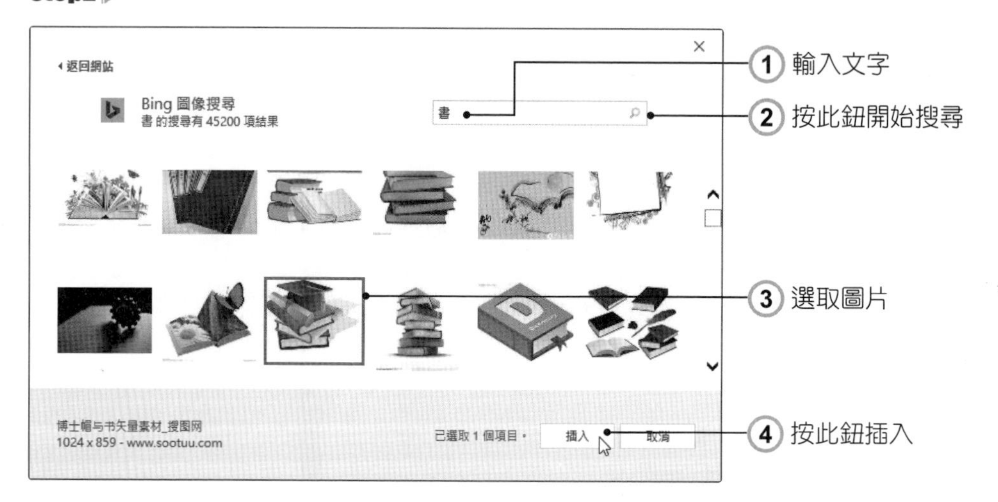

Step3

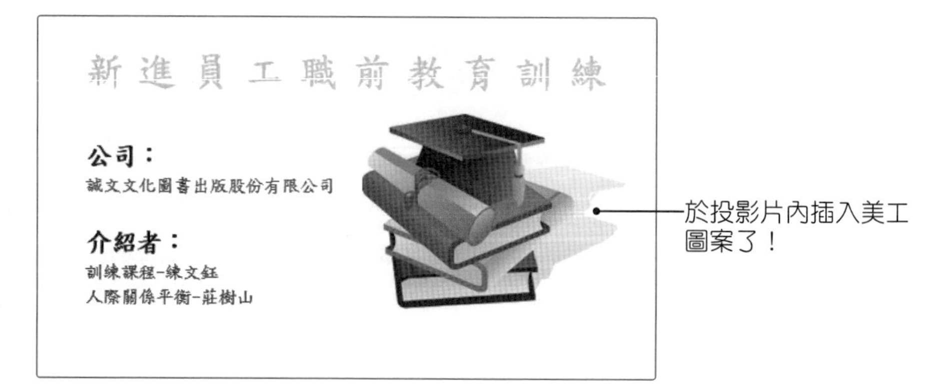

12-4 新增／刪除投影片

完成了第一張投影片，接下來就要繼續進行第二張投影片的製作。

12-4-1 新增投影片

Step1

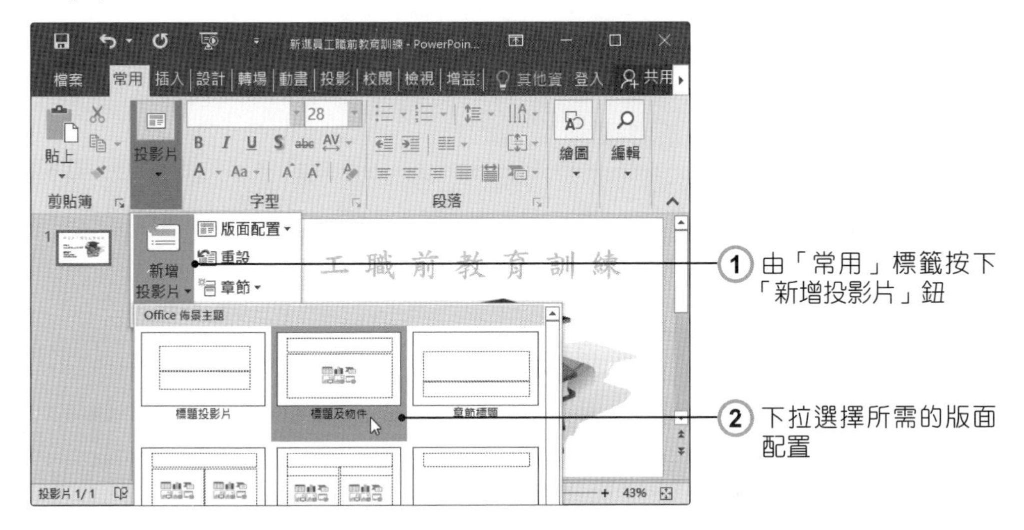

Step2

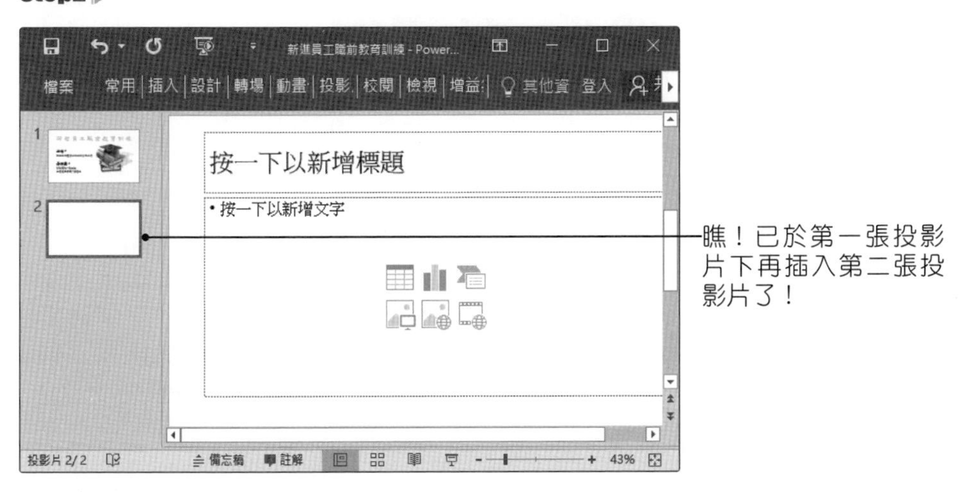

請讀者依此步驟繼續插入另外三張投影片。

12-4-2 刪除投影片

算算本章範例總共只有四張簡報內容而已，那不就多增一張投影片了嗎？沒關係，這樣才能學習如何刪除投影片啊！請跟著筆者執行下面的動作，即可將多出來的投影片予以刪除。

Step1

Step2

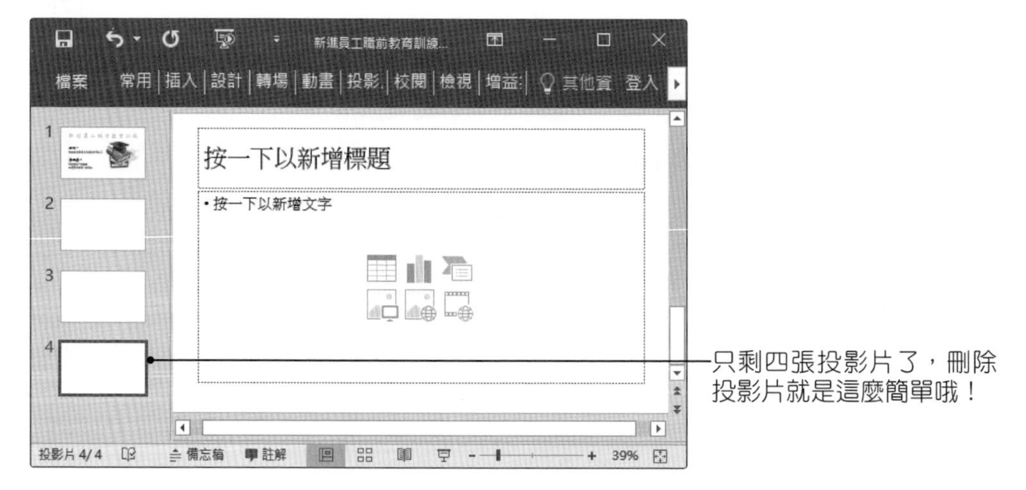

12-5 項目符號及編號使用

在本章範例的文字輸入區內，PowerPoint 會預設小圓點的項目符號，當輸入文字並更改文字的色彩時，這些小圓點也會隨著更改顏色。此節裡，我們即將學習如何將這些小圓點更改為其他樣式或數字，並改變顏色，使其與後方文字的色彩有所差別。

12-5-1 將項目符號更改為數字編號

Step1

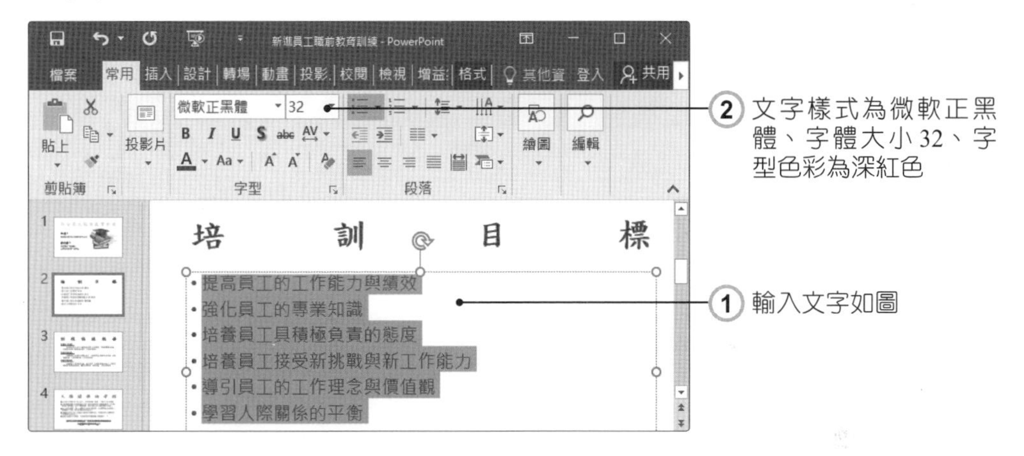
新進員工職前教育訓練 - PowerPoint
培 訓 目 標
提高員工的工作能力與績效
強化員工的專業知識
培養員工具積極負責的態度
培養員工接受新挑戰與新工作能力
導引員工的工作理念與價值觀
學習人際關係的平衡
2 文字樣式為微軟正黑體、字體大小 32、字型色彩為深紅色
1 輸入文字如圖

Step2

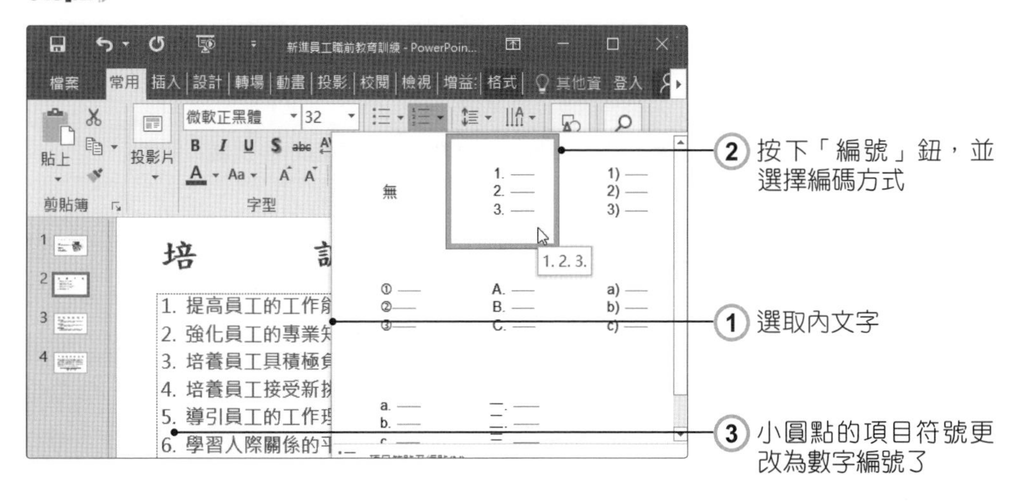
新進員工職前教育訓練 - PowerPoin...
無
1. 2. 3.
1) 2) 3)
A. B. C.
a) b) c)
1. 提高員工的工作能
2. 強化員工的專業知
3. 培養員工具積極負
4. 培養員工接受新挑
5. 導引員工的工作理
6. 學習人際關係的平
2 按下「編號」鈕，並選擇編碼方式
1 選取內文字
3 小圓點的項目符號更改為數字編號了

12-5-2 更改數字編號顏色

Step1

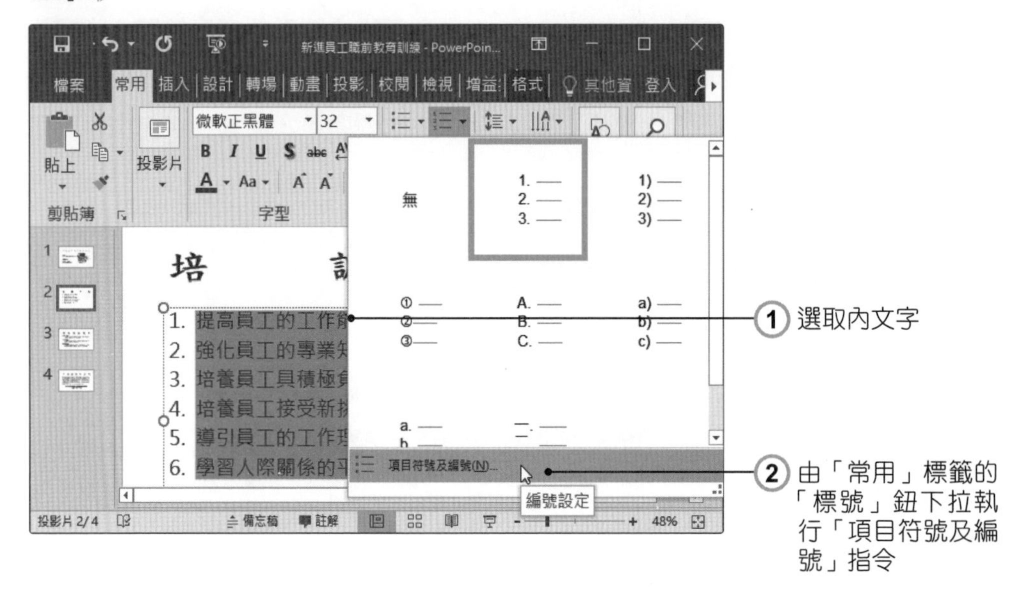

Step2

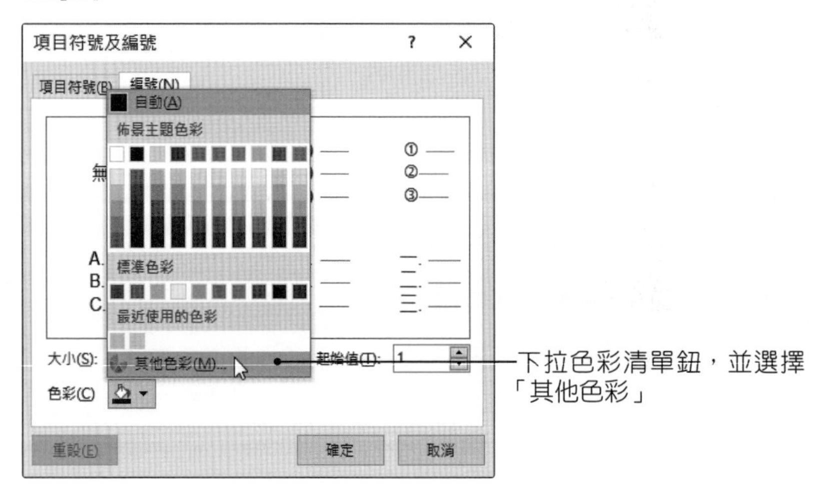

Step3

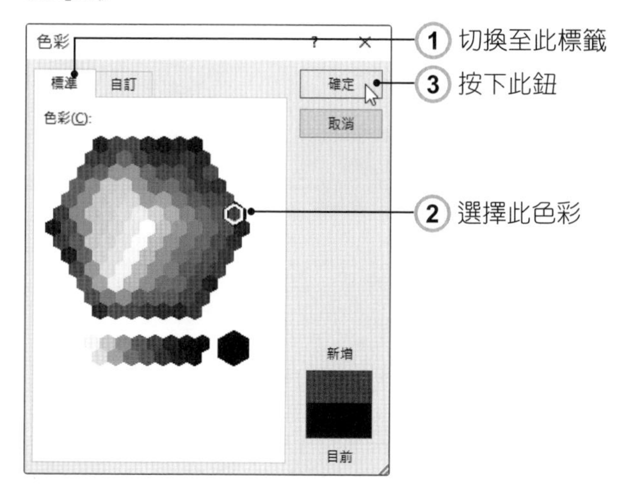

Step4

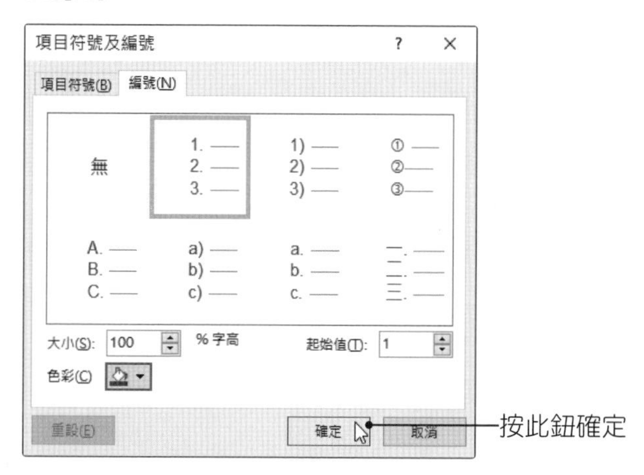

Step5

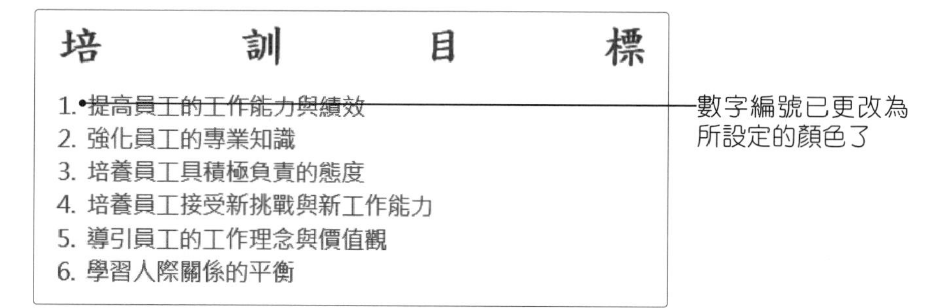

培訓目標
1. 提高員工的工作能力與績效
2. 強化員工的專業知識
3. 培養員工具積極負責的態度
4. 培養員工接受新挑戰與新工作能力
5. 導引員工的工作理念與價值觀
6. 學習人際關係的平衡
數字編號已更改為所設定的顏色了

第二張投影片的文字部分已經完成了，但整體看起來還是有種空洞的感覺。既然如此，在這裡也可比照前面小節的方式來插入線上圖片。

Step1

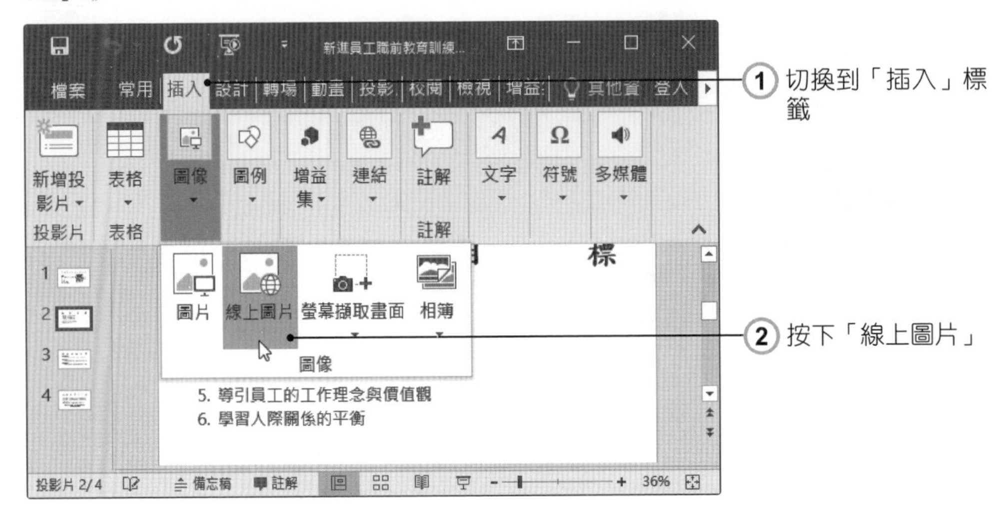

Step2

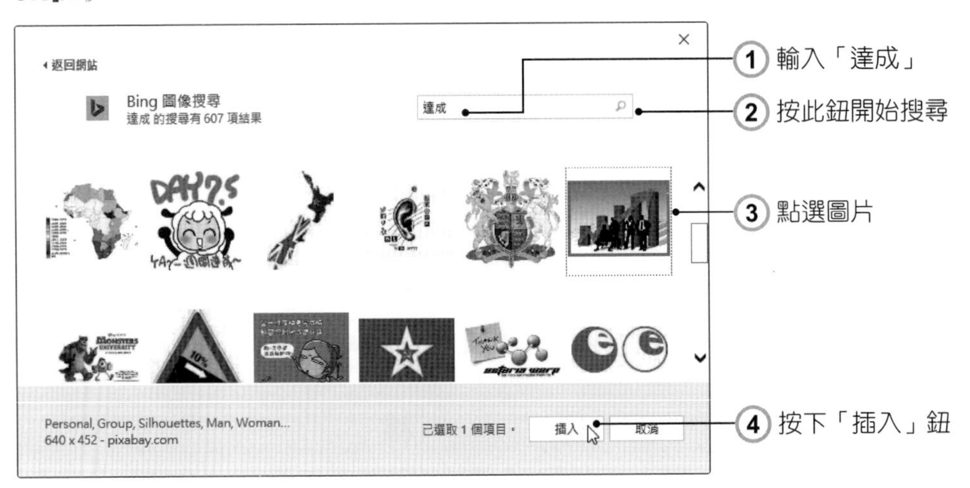

Step3

培　訓　目　標

1. 提高員工的工作能力與績效
2. 強化員工的專業知識
3. 培養員工具積極負責的態度
4. 培養員工接受新挑戰與新工作能力
5. 導引員工的工作理念與價值觀
6. 學習人際關係的平衡

完成第二張投影片

接下來請切換至第三張投影片，運用編輯文字的技巧，輸入文字內容與格式如下圖：

訓　練　課　程　概　要

新進員工訓練：

熟悉基本操作技巧並加速適應公司文化與環境，同時著重職前訓練、品質提升訓練、電腦技能訓練、以及語言訓練。

監督階層訓練：

培養專業技能與解決問題的能力，訓練課程包括專業技能訓練、自我激勵訓練、人員管理訓練、以及語言訓練。

經營階層訓練：

培養擬定中長期營運計畫、整合資源、協調經營運作等能力，同時學習跨部門溝通管理訓練、團隊管理訓練、策略計畫、以及時間管理。

12-5-3　更改項目符號圖示

既然項目符號可以改為數字編號，還可改變顏色，那要將預設的小圓點項目符號更改為其他的符號樣式自然也難不倒 PowerPoint。

Step1

- 站在對方立場設想，將心比心，並且用溫暖、尊重、了解的方式去溝通。
- 了解溝通的障礙並且盡可能去突破。首先得要有與人溝通的意願，以一顆開放的心靈傾聽，勿立下價值判斷，最好以對方的立場和觀點去設想。
- 當一位好的聽眾，用心去傾聽對方的想法與感受，然後要坦誠地告訴對方，我們聽到了什麼？有什麼樣的感受和想法？
- 加強對自己的了解，知道自己會說出什麼樣的話，也是能與他人維繫良好人際關係的技巧之一。
- 要善於處理自己的情緒，不要讓不好的情緒影響了周遭的人。

遵守以上的幾個要點，相信大家都能成為職場上人際關係控管的佼佼者！

切換至第四張投影片，輸入文字，並編輯其格式如圖

Step2

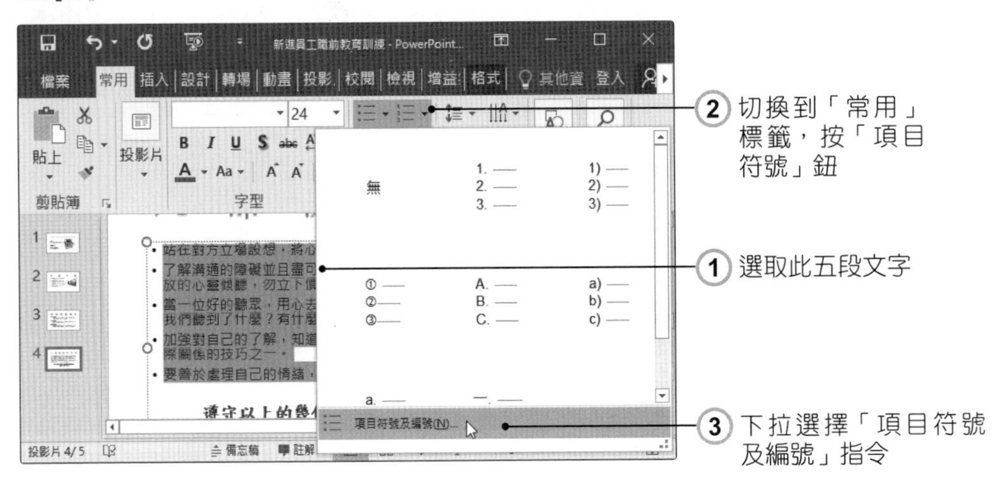

2 切換到「常用」標籤，按「項目符號」鈕

1 選取此五段文字

3 下拉選擇「項目符號及編號」指令

Step3

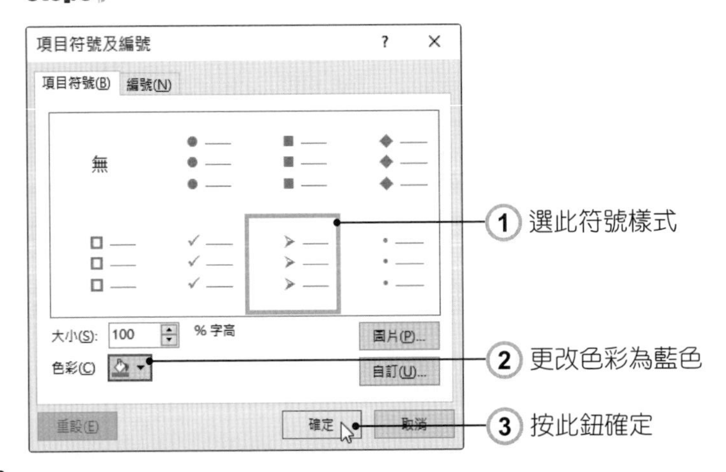

1 選此符號樣式

2 更改色彩為藍色

3 按此鈕確定

Step4

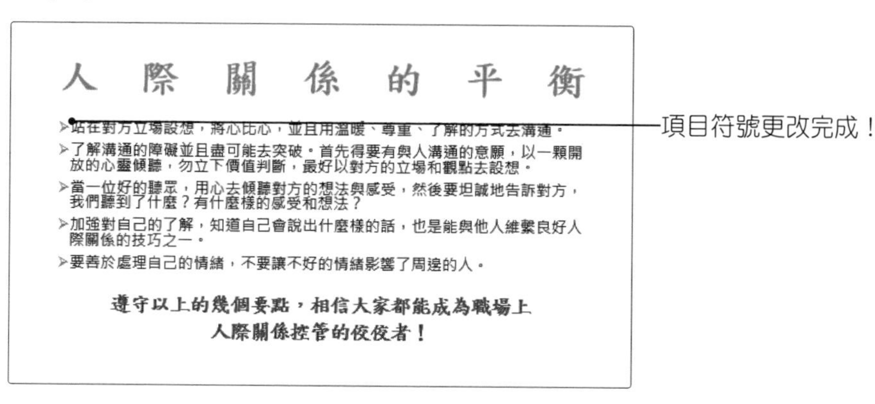

12-6 填滿色彩應用

即使文字色彩已經非常豐富，但空白的背景還是會讓簡報的整體感覺顯得較為單調。如果讀者們也有相同的感覺，就動手彩繪一下文字方塊的顏色吧！

因在第一張投影片裡，其美工圖案有擴散背景的功效，所以筆者僅針對第二、三、四張投影片做文字方塊填色的更換。

Step1

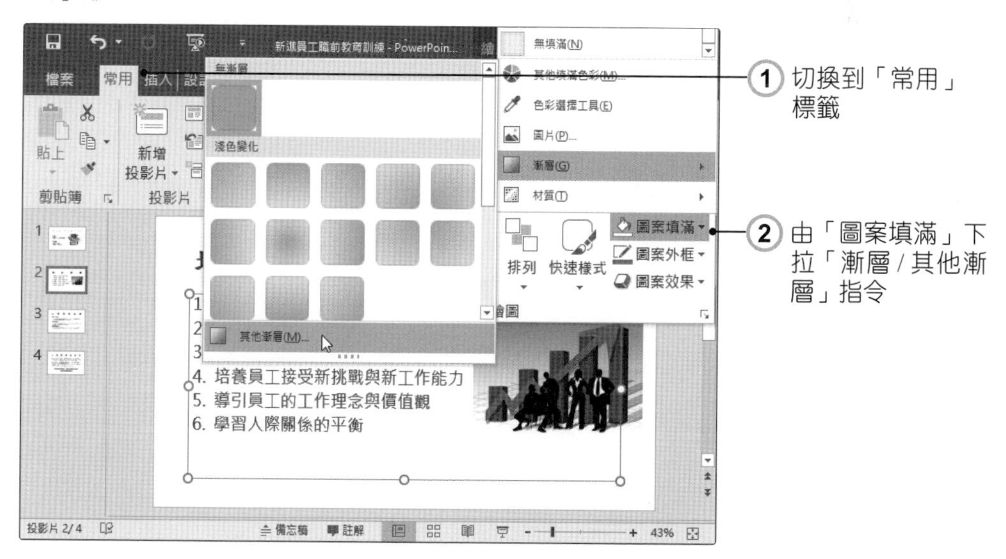

Step2

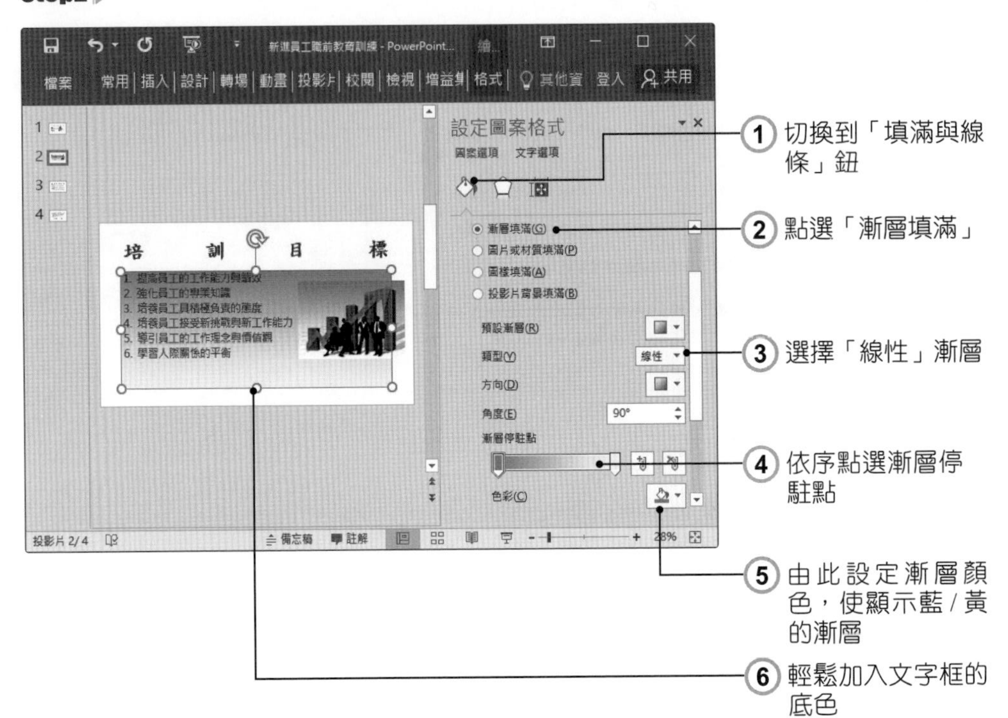

只要將文字方塊換個顏色，就可以為簡報大大的加分了！請依此方法，將第三、四張投影片的文字方塊分別更改成不同的漸層色彩，讓整體簡報看起來更加舒服。

12-7 投影片播放

製作投影片最令人興奮的時刻莫過於此了，現在準備瞧瞧如何播放自己製作出來的簡報。

Step1

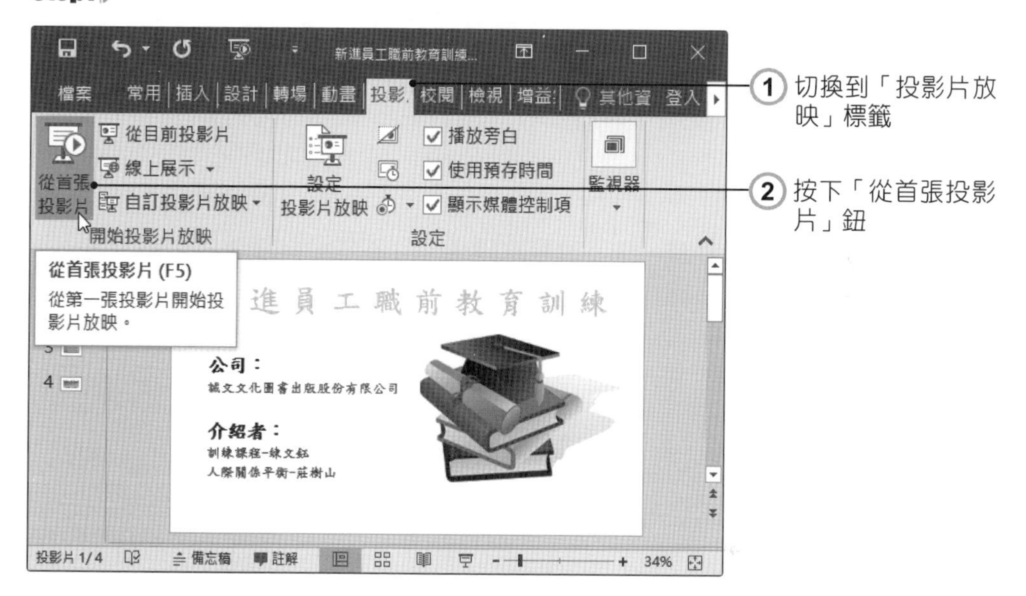

Step2

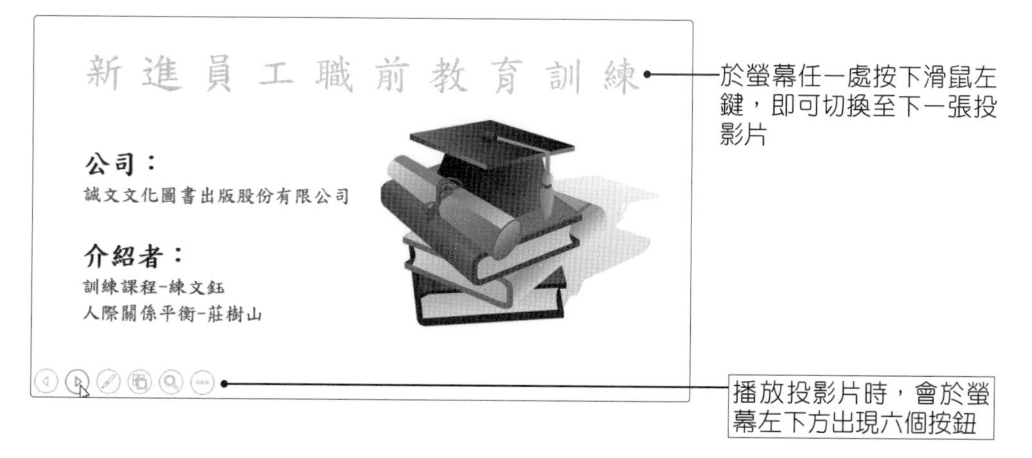

Step3

培 訓 目 標
1. 提高員工的工作能力與績效
2. 強化員工的專業知識
3. 培養員工具積極負責的態度
4. 培養員工接受新挑戰與新工作能力
5. 導引員工的工作理念與價值觀
6. 學習人際關係的平衡
切換至第二張投影片了

播至最後一張投影片時，按下滑鼠左鍵或 ▷ 鈕即會於全黑的螢幕上方出現 放映結束，按一下即可離開。，若此時再按一下滑鼠左鍵，即會自動回到 PowerPoint 編輯視窗內。

實力評量

是非題

(　) 1. 簡報的開場與結尾，通常是簡報最重要的地方。

(　) 2. 透過「從大綱插入投影片」功能，可以將 doc 或 txt 文件載入到簡報中。

(　) 3. 要表達創意概念或組織結構，可以使用「SmartArt 圖形」功能。

(　) 4. 簡報封裝成光碟後，電腦中不需要有 PowerPoint 程式，簡報也能自動播放。

(　) 5. 想將簡報發佈成講義，可將透過 Word 程式來處理。

(　) 6. 新版的版面配置，共包含 11 種不同的版面配置方式。

(　) 7. 要刪除多餘的投影片，可由「插入」標籤執行「刪除」指令。

(　) 8. 投影片內預設的項目符號可更改為數字、符號或圖片的型態。

選擇題

(　) 1. 在 PowerPoint 中要插入圖案式的項目符號，必須從何處作設定？
A. 由「插入」標籤　B. 由「常用」標籤
C. 由「格式」標籤　D. 由「設計」標籤

(　) 2. 對於簡報設計步驟的說明，下面何者的順序有誤？
A. 先確定主題，再收集資料
B. 先準備備忘稿和講義，再架構簡報內容
C. 先設計結論，再架構內容
D. 先增添多媒體資料後，再不斷演練

(　) 3. 使用記事本編寫大綱時，可以使用哪個按鍵控制文字的升降階？
A.Tab 鍵　B.Ctrl 鍵　C.Shift 鍵　D.Alt 鍵

(　) 4. 上台簡報時，下列何者的說明不正確？
A. 手勢要多，才能吸引聽眾注意　B. 結束前要預留時間做重點強調
C. 要面帶微笑　D. 服裝穿著以簡單大方為原則

(　) 5. 下列何者不是 PowerPoint 所提供的版面配置？
A. 標題投影片　B. 兩項物件　C. 圖表投影片　D. 比對

(　) 6. 功能鈕為何種工具的圖示？
A. 複製　B. 填色　C. 貼上　D. 複製格式

(　) 7. 下列何者不是儲存檔案的方法？
A. 按下 鈕
B. 按「Ctrl」+「O」鍵
C. 由「檔案」標籤下拉執行「儲存檔案」指令
D. 由「檔案」標籤下拉執行「另存新檔」指令

實作題

1. 請依下列提示完成「新年快樂」卡片。

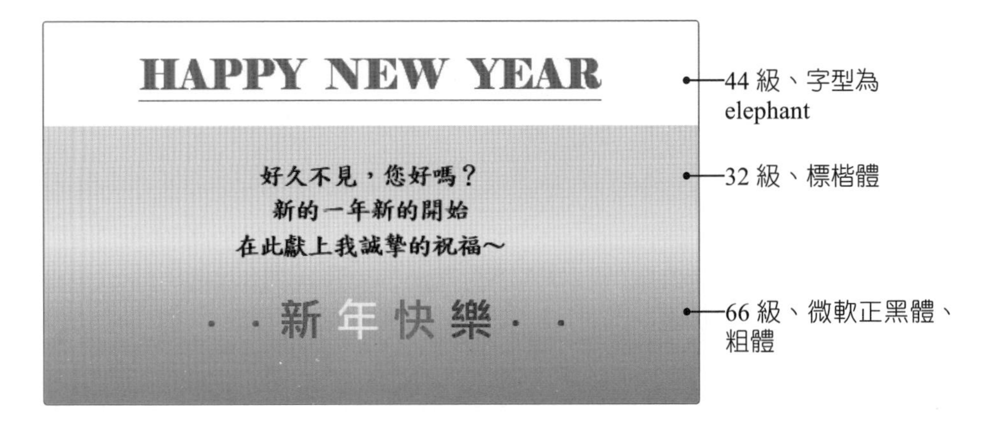

提示：
① 版面配置為「標題投影片」
② 副標題文字方塊大小高度調整至主標題下，寬度與整張投影片同寬
③ 副標題文字方塊使用「圖案填滿」功能，設定金色到紫色的漸層色彩。

2. 請依下列提示完成「自我介紹」簡報。

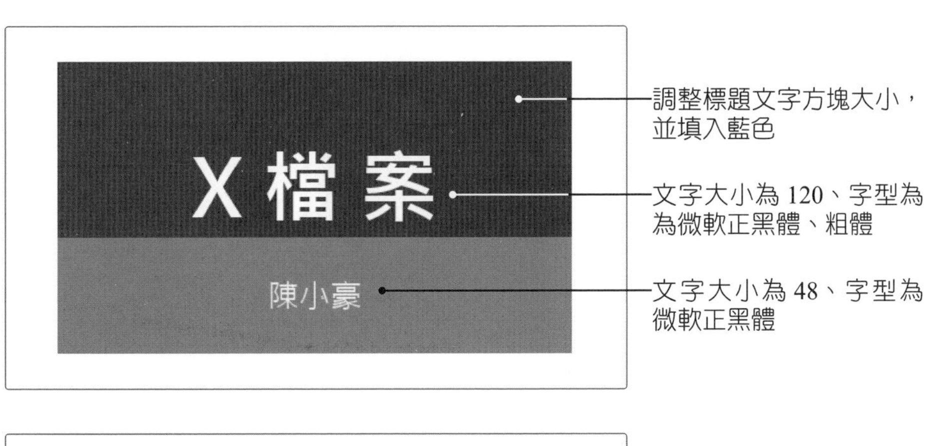

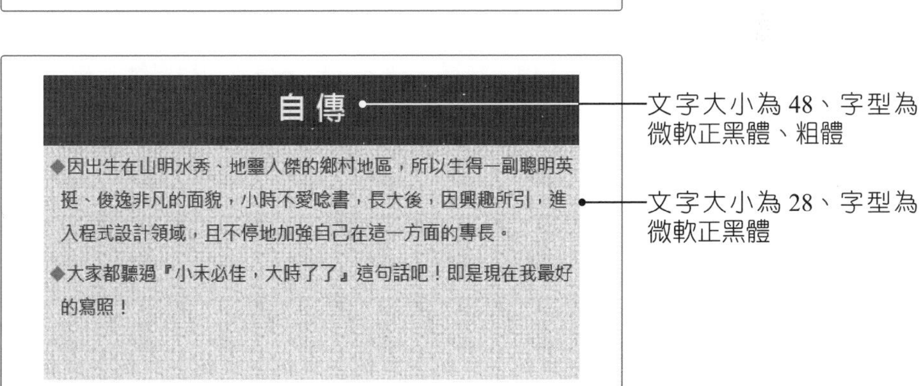

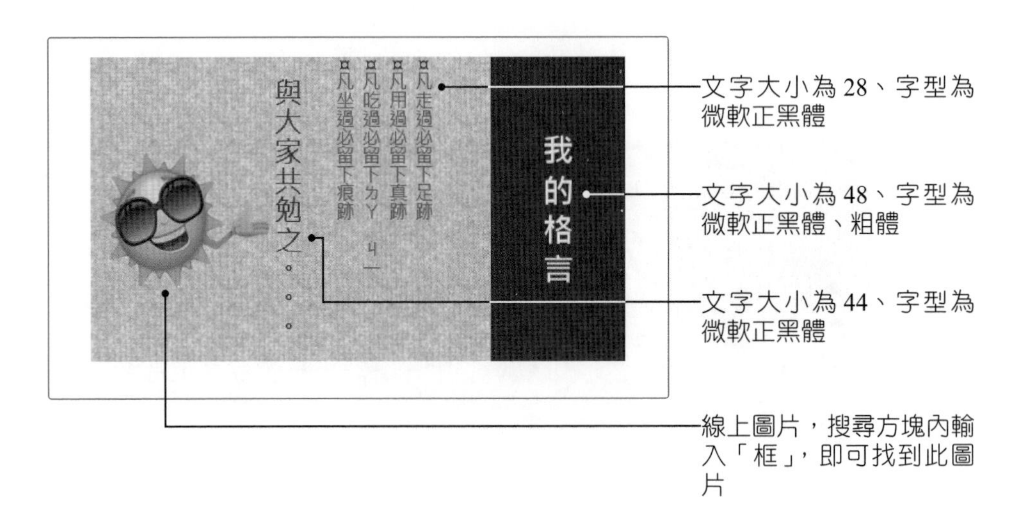
我的格言
¤凡走過必留下足跡
¤凡用過必留下真跡
¤凡吃過必留下ㄌㄚˋ ㄐㄧ
¤凡坐過必留下痕跡
與大家共勉之。。。
文字大小為 28、字型為微軟正黑體
文字大小為 48、字型為微軟正黑體、粗體
文字大小為 44、字型為微軟正黑體
線上圖片，搜尋方塊內輸入「框」，即可找到此圖片

提示：

① 第一張投影片版面配置為「標題投影片」，第二張投影片版面配置為「標題及物件」，第三張為「標題及物件」，第四張為「直排標題及文字」。

② 更改第二張項目符號，按下「項目符號」鈕，下拉選擇「項目符號及編號」，選擇樣式後，設定項目符號的色彩。內文文字方塊填滿色彩，可由「圖案填滿」鈕下拉選擇「材質」中的「藍色面紙」。

③ 第三張投影片的內文文字方塊填滿色彩，可由「圖案填滿」鈕下拉選擇「材質」中的「新聞紙」。

④ 第四張投影片的內文文字方塊填滿色彩，可由「圖案填滿」鈕下拉選擇「材質」中的「花束底紋」。按下「項目符號」鈕，下拉選擇「項目符號及編號」，再按下「自訂」鈕，設定字型為「一般文字」，即可找到該圖形，接著再更改其顏色即可，圖片部份可切換到「格式」標籤，按下移除背景鈕，即可去除白框。

筆記欄

CHAPTER

13 旅遊產品簡報

學習重點

- 於投影片內插入文字藝術師
- 文字藝術師樣式的修改
- 投影片中插入文字方塊
- 插入圖案式項目符號
- 表格設定
- 手繪表格
- 儲存格的合併與對齊
- 聲效的投影片
- 從檔案加入聲音
- 連續播放音樂並隱藏音檔圖示
- 跨投影片播放

本章簡介

在本章的範例裡，將模擬旅行社利用具備聲光效果的簡報，來介紹所推出的旅遊產品。

範例成果

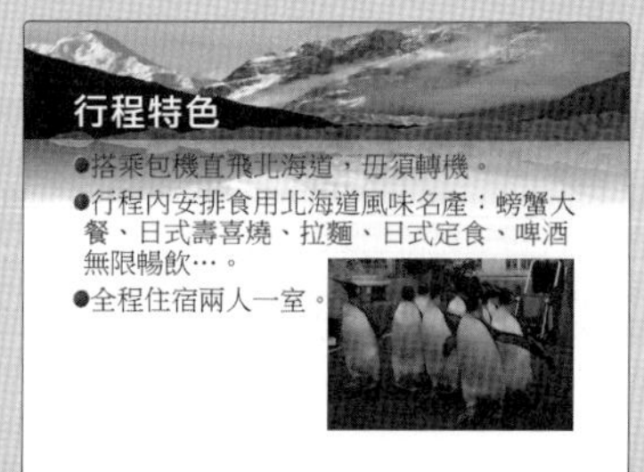

行程介紹
第一天
台北（桃園機場）－北海道（函館空港）－五陵城廓－女子修道院－函館山纜車

行程介紹
第二天
函館－大、小沼國立公園－海洋公園尼克斯－昭和新山（北海道地標）－可愛熊牧場－洞爺湖溫泉

行程介紹
第三天
洞爺湖－羊蹄山、名水公園－小樽運河、硝子工藝館、音樂鐘博物館－札幌市區觀光－狸小路、拉麵街

行程介紹
第四天
札幌－大倉山奧林匹克滑雪跳台－北海道神宮－石屋製果－北海道開拓村－美瑛之丘－大雪山白金溫泉

行程介紹
第五天
白金溫泉－雪的美術館－男山造酒廠－旭川空港－台北

費用一覽表
團費 服務費
大人 30,000 1,250
小孩 26,000 1,250

出團日期
2014/11
一 二 三 四 五 六 日
1 2 3 4
5 6 7 8 9 10 11
12 13 14 15 16 17 18
19 20 21 22 23 24 25
26 27 28 29 30

出團日期
2014/12
一 二 三 四 五 六 日
1 2
3 4 5 6 7 8 9
10 11 12 13 14 15 16
17 18 19 20 21 22 23
24 25 26 27 28 29 30

13-1 網站下載設計範本

首先開啟 PowerPoint 程式，我們要由微軟網站下載適合旅遊主題的設計範本。

Step1

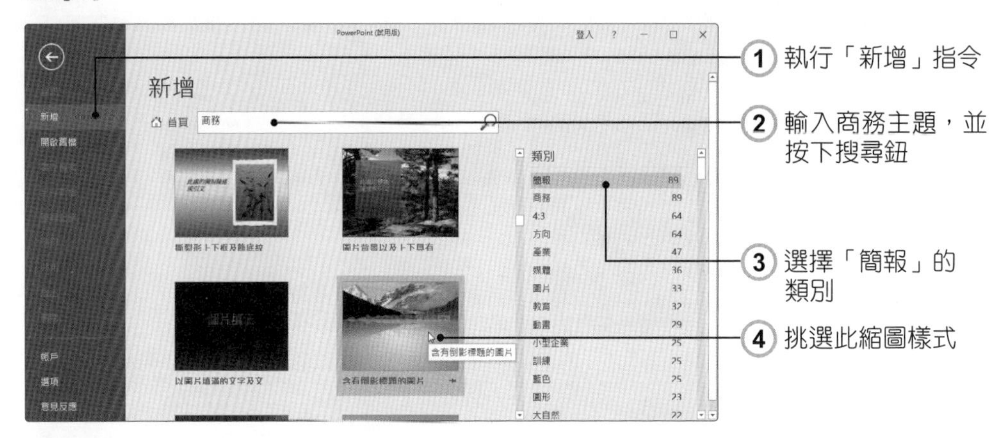

Step2

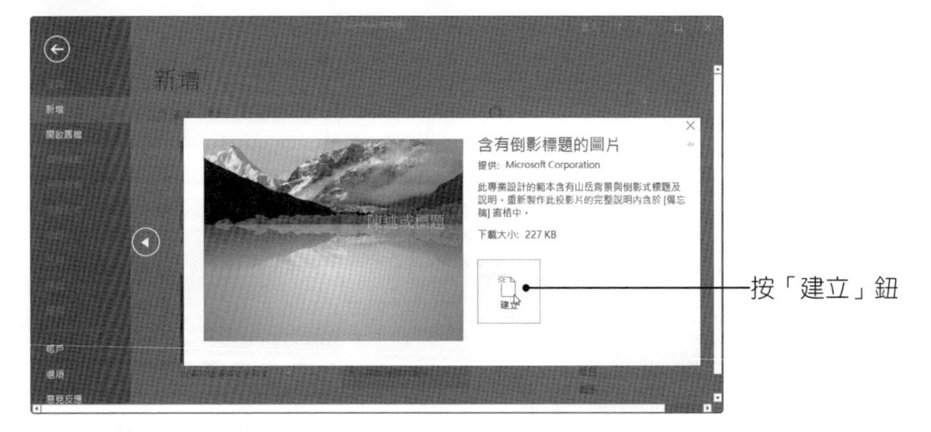

Step3

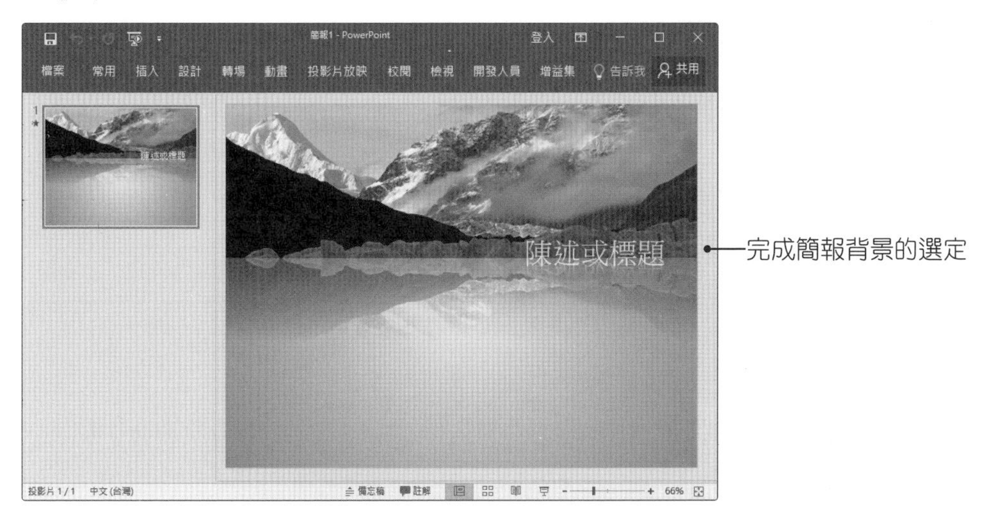

13-2 文字藝術師的插入與編輯

完成範本的套用後，接下來將學得如何插入文字藝術師，並加以編輯。

Step1

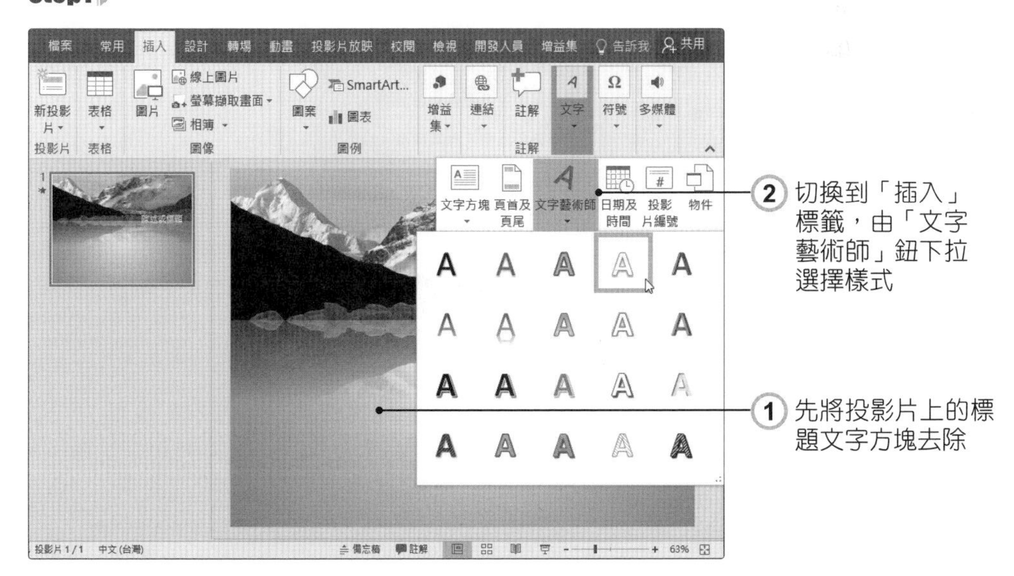

Step2

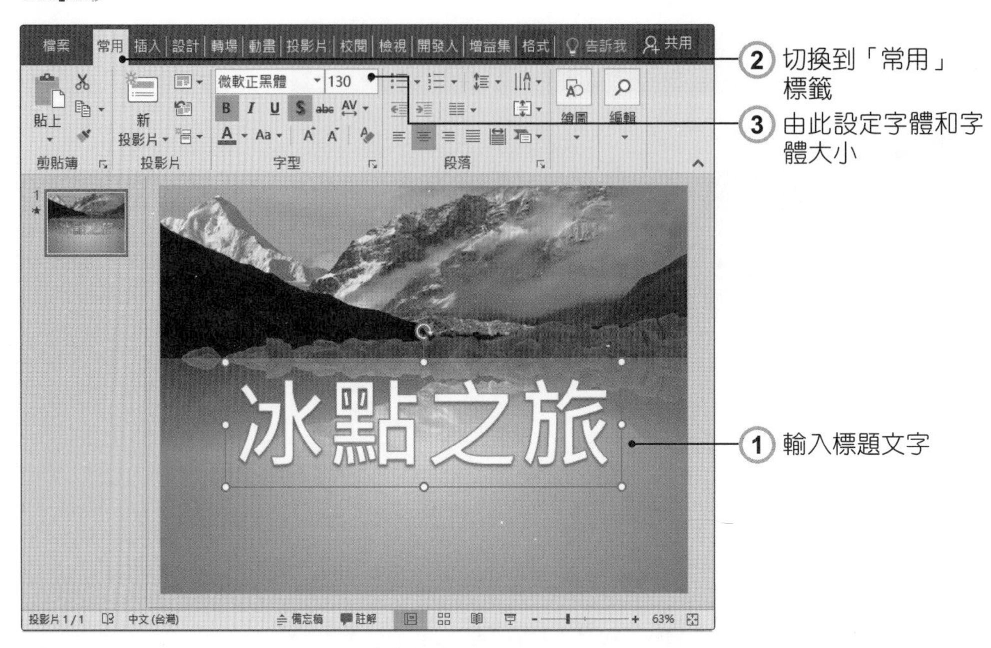

2 切換到「常用」標籤
3 由此設定字體和字體大小
1 輸入標題文字
冰點之旅

Step3

1 切換到「格式」標籤
2 由「文字外框」下拉，可以改變文字的框線色彩
冰點

Step4

文字藝術師插入完成

13-3 文字藝術師樣式的修改

加入文字藝術師的文字後，使用者隨時可以調整文字的效果。不管是陰影、反射、光暈、浮凸、立體旋轉、或是各種的變形變化，只要透過滑鼠輕輕點選範本縮圖，文字效果馬上就能顯現在眼前。

Step1

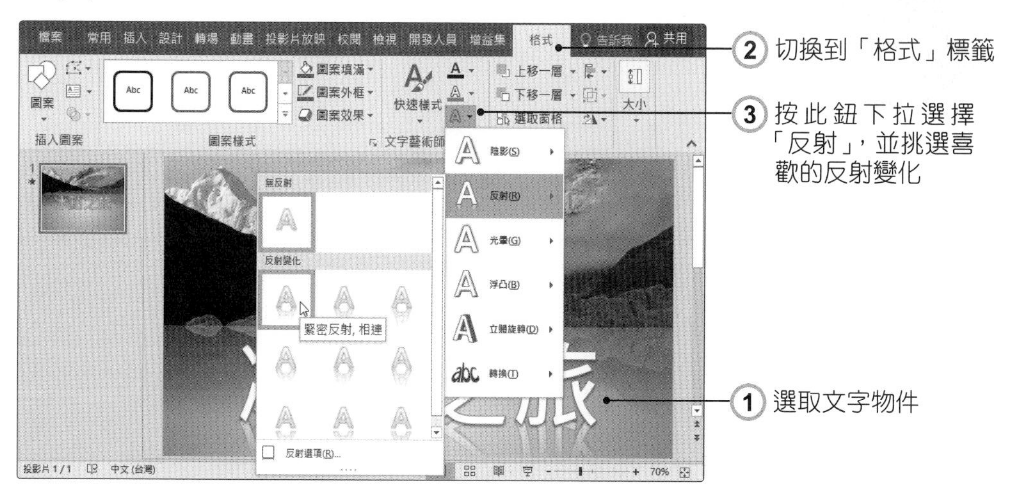

Step2

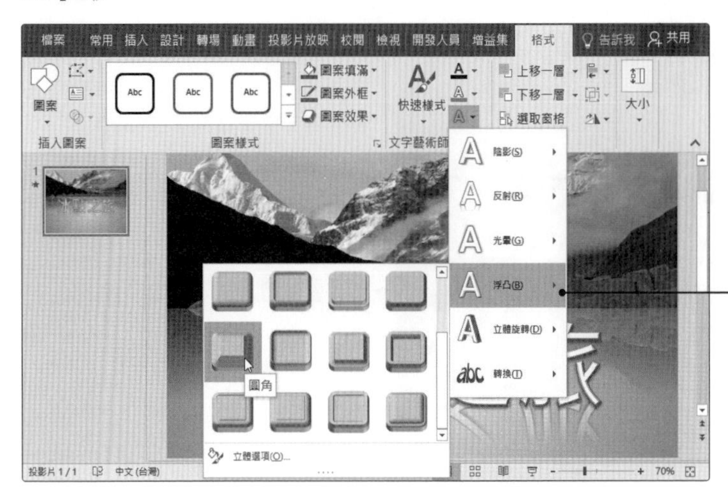

下拉選擇「浮凸」，並選擇浮凸的縮圖樣式

Step3

完成文字藝術師文字的效果修改

13-4 投影片中插入文字方塊

在 PowerPoint 內，除了版面配置所設定的文字方塊外，也允許使用者另外加入文字方塊，而此兩者的差別在於套用預設版面配置時，PowerPoint 已幫你設定好輸入文字的格式，而自行插入的文字方塊則要另外設定。

Step1

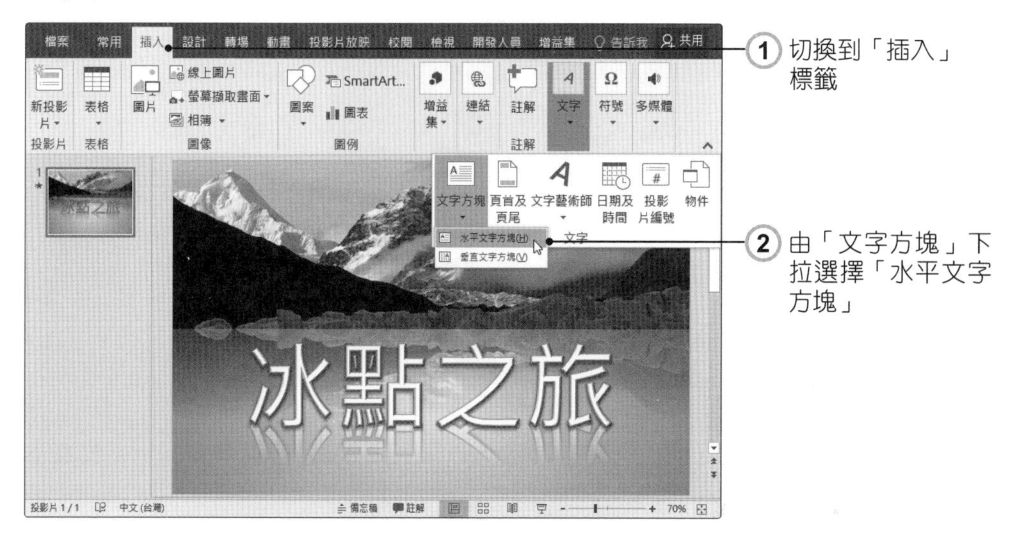

Step2

Step3

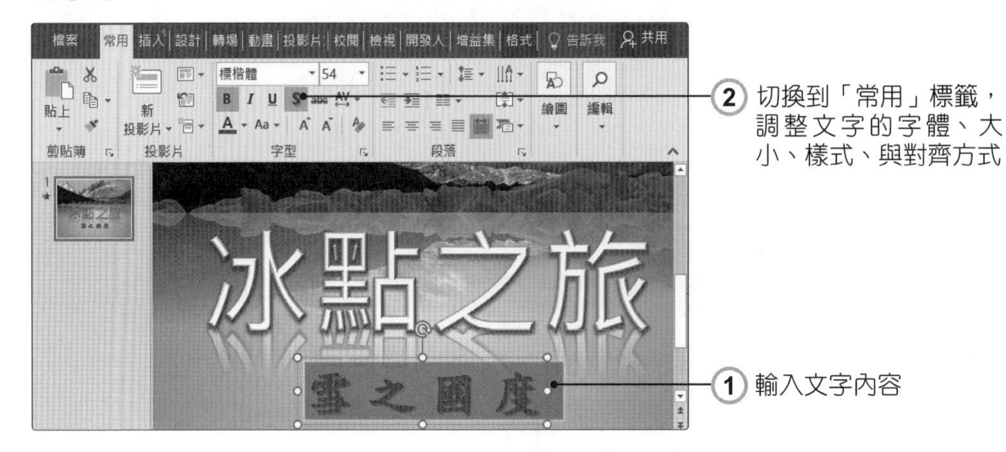

② 切換到「常用」標籤，調整文字的字體、大小、樣式、與對齊方式

① 輸入文字內容

Step4

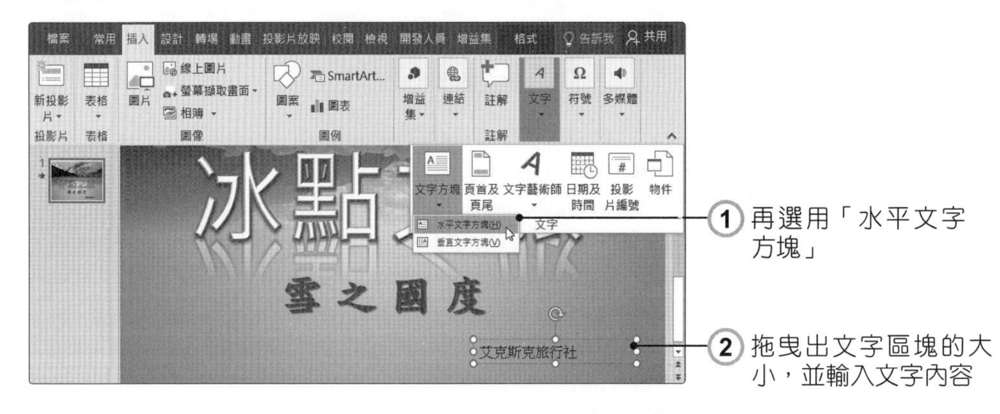

① 再選用「水平文字方塊」

② 拖曳出文字區塊的大小，並輸入文字內容

Step5

切換到「常用」標籤，為文字設定字體、大小，並加入粗體、陰影效果及分散對齊

Logo 與名稱同為公司的象徵，接下來將學習如何於公司名稱前插入該公司的 logo 圖。

Step1

Step2

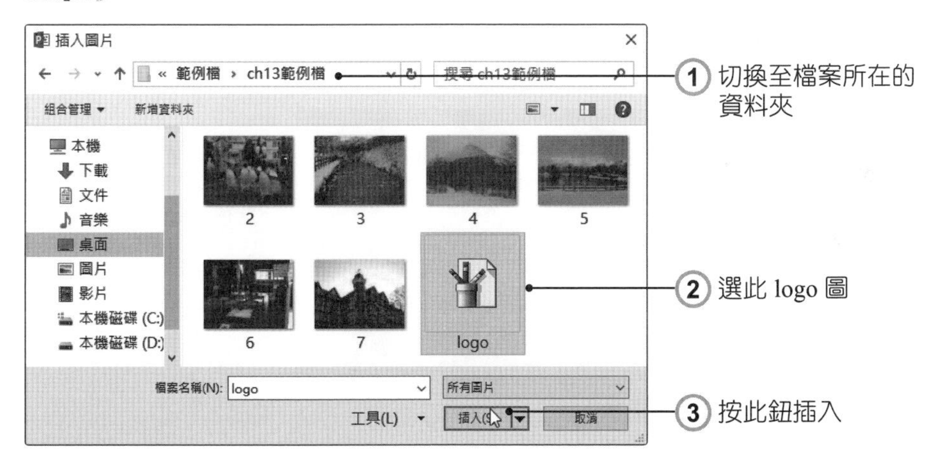

Step3

編輯區內插入圖片，調整圖片大小，並移動其位置

完成標題投影片的設計後，接下來要開始製作第二張投影片。由於前面下載的範本只有單一張的投影片標題，因此這裡將透過「複製投影片」的方式來新增第二張投影片，並將版面效果如下的修改。

Step1

Step2

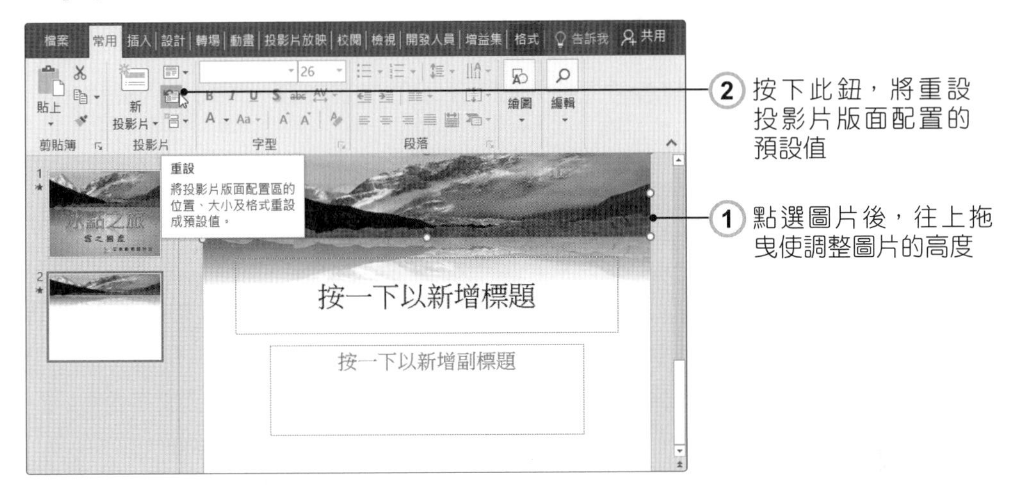

② 按下此鈕，將重設投影片版面配置的預設值

① 點選圖片後，往上拖曳使調整圖片的高度

Step3

切換到「設計」標籤，並套用此佈景主題

Step4

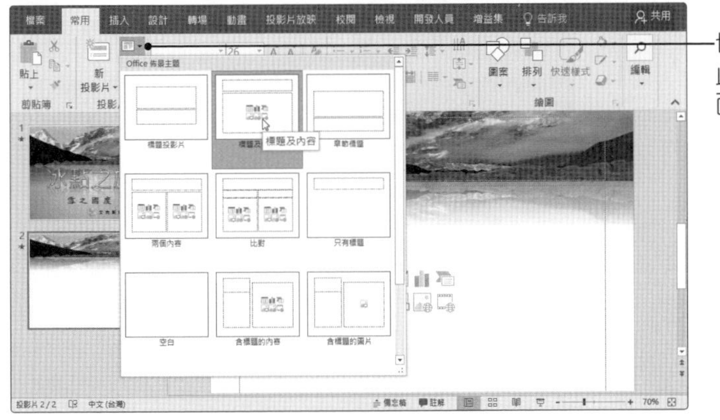

切換回「常用」標籤，由此下拉即可改選所需的版面配置

13-5 圖片的剪裁

在第二張投影片中，請各位先輸入如下所示的文字內容，同時插入圖片。

Step1

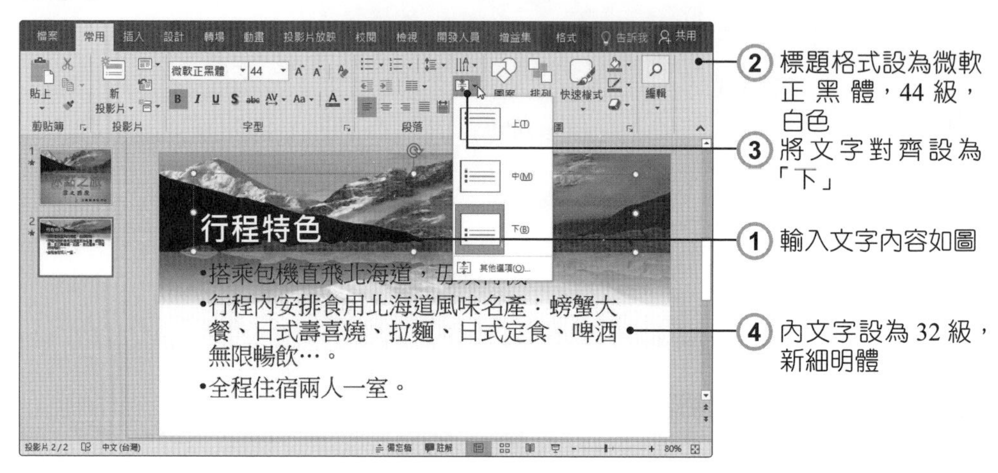

Step2

Step3

① 切換到「格式」標籤

② 按下「裁剪」鈕，並選擇「裁剪」指令

Step4

分別裁剪圖片高度與寬度如圖示

Step5

按一下圖片以外的區域，即可完成剪裁動作，裁剪後自行調整圖片大小與位置

使用「裁剪工具」剪裁圖片時，圖片消失掉的部分，只是隱藏起來而已，而不是真的被刪除。當圖片於裁剪後，發現裁剪錯誤，只要再利用裁剪工具將圖片往裁剪的反方向拖曳，即能顯示圖片被隱藏的部分。

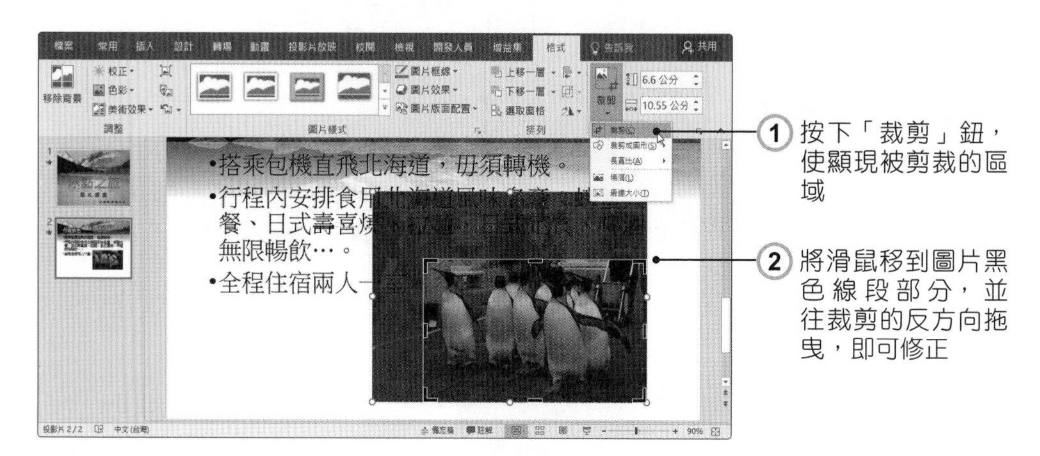

•搭乘包機直飛北海道，毋須轉機。
1 按下「裁剪」鈕，使顯現被剪裁的區域
2 將滑鼠移到圖片黑色線段部分，並往裁剪的反方向拖曳，即可修正

13-6 插入圖案式項目符號

在項目符號方面，PowerPoint 也能插入圖片式的項目符號。其設定方式如下。

Step1

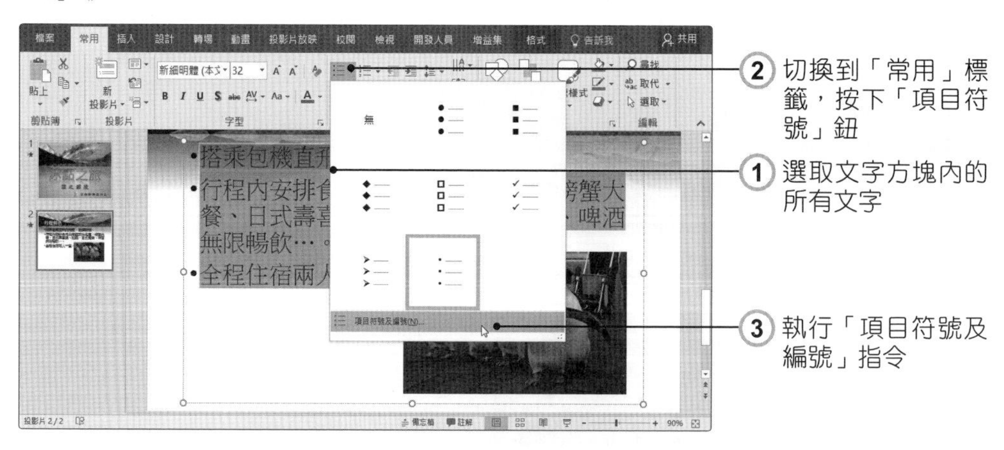

2 切換到「常用」標籤，按下「項目符號」鈕
1 選取文字方塊內的所有文字
3 執行「項目符號及編號」指令

Step2

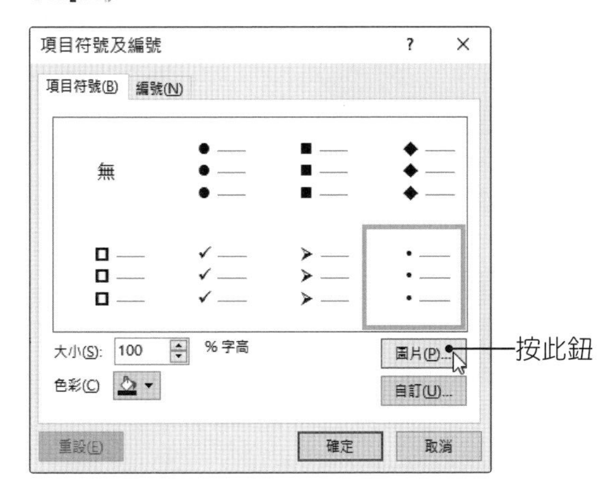

Step3

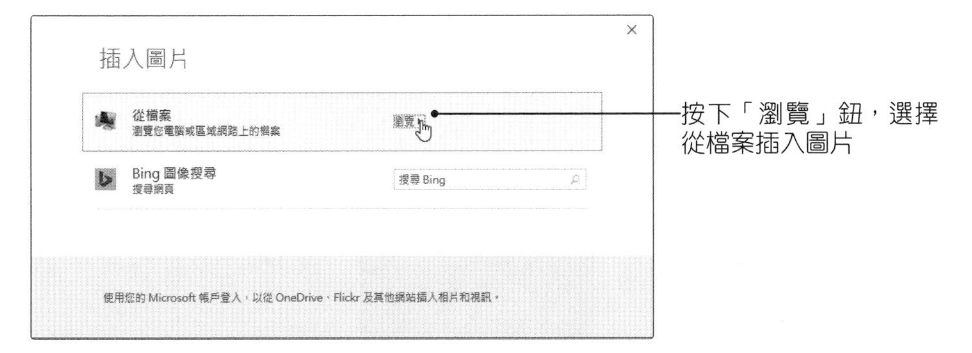

Step4

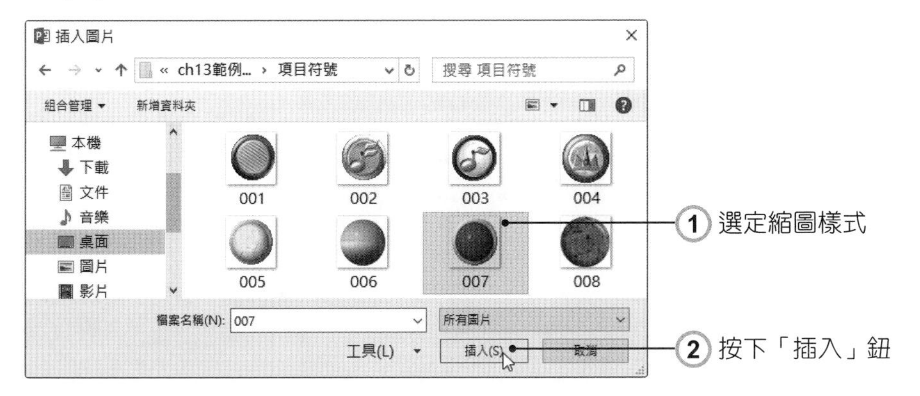

Step5

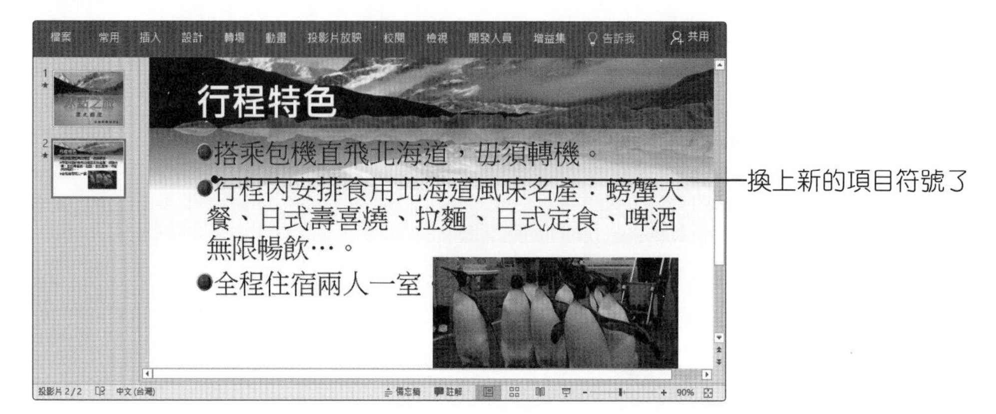

完成了第二張投影片，請讀者們繼續製作介紹行程的投影片。

Step1

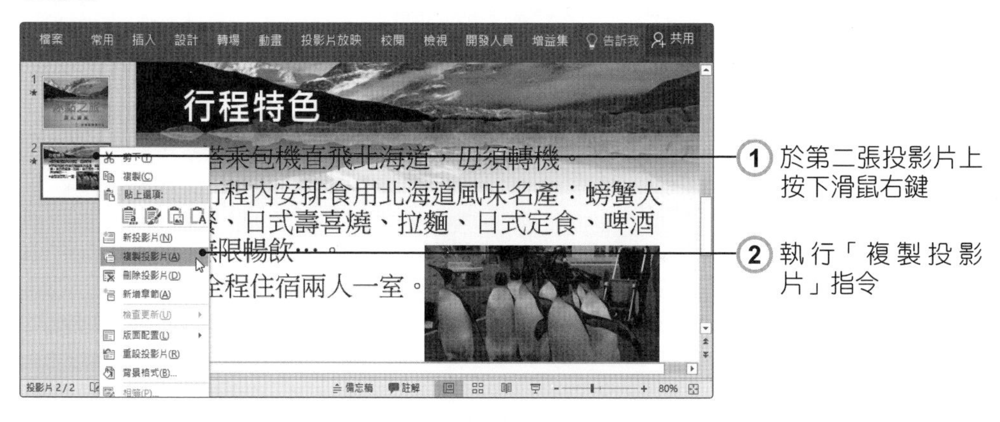

Step2

Step3

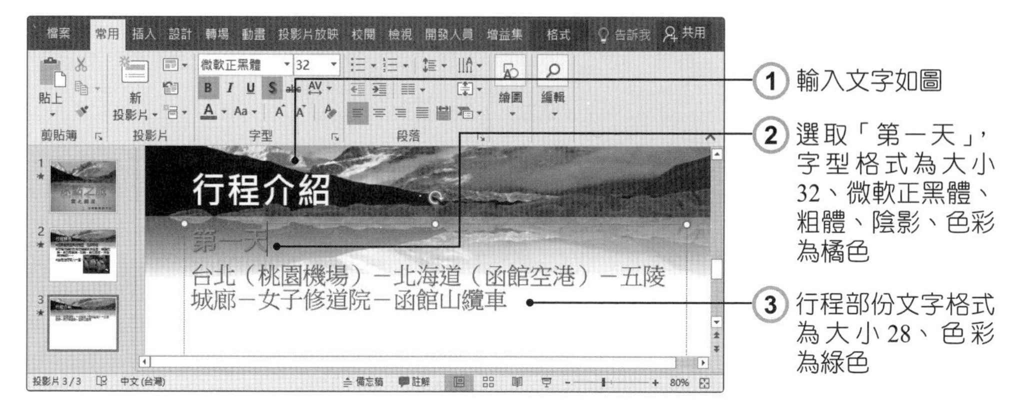

Step4

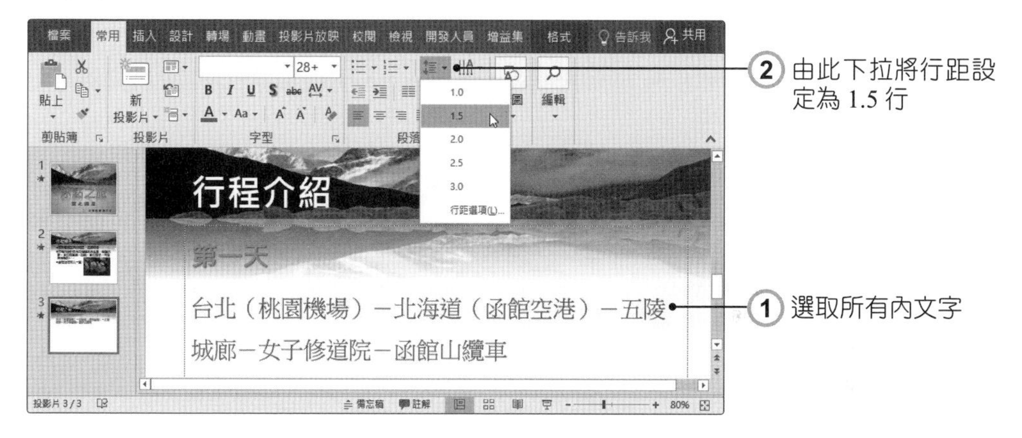

Step5

Step6

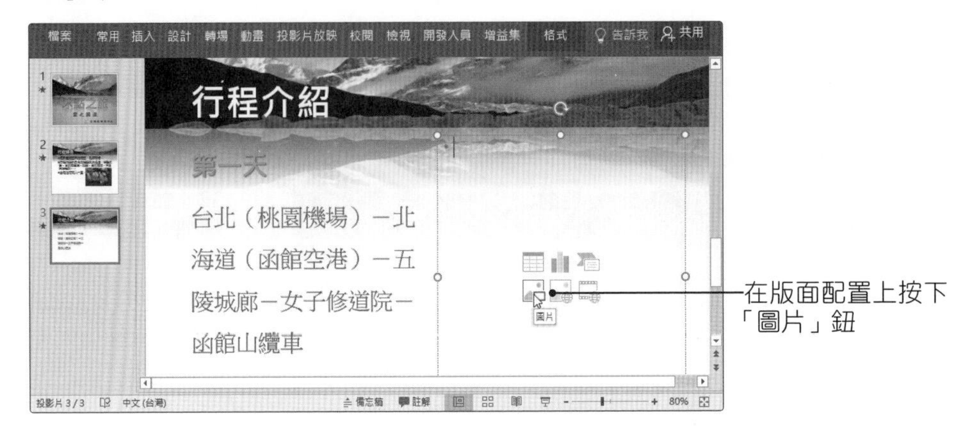

Step7

Step8

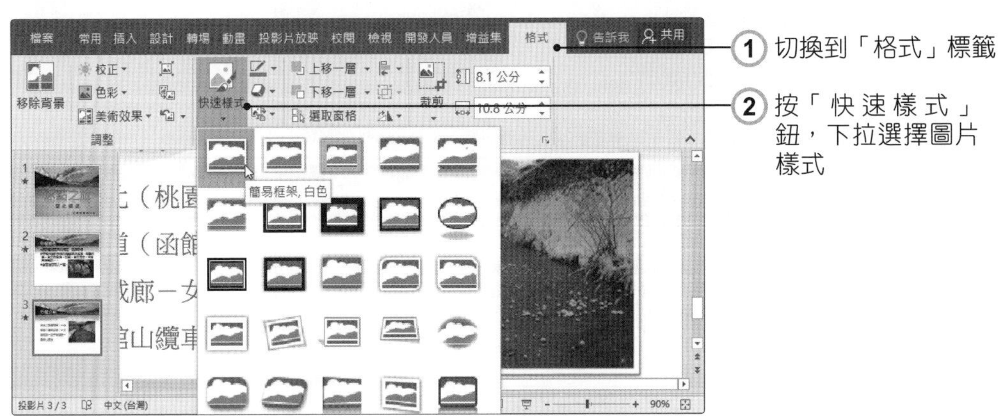

Step9

接下來其餘行程的介紹工作就交給讀者們，運用上述的步驟完成行程的介紹。如下圖示。

第二天行程介紹與圖片

第三天行程介紹與圖片

第四天行程介紹與圖片

第五天行程介紹與圖片

13-7 表格設定

行程介紹部分完成後，緊接著的便是費用與出團日期的介紹囉！請延續上面的範例。

Step1

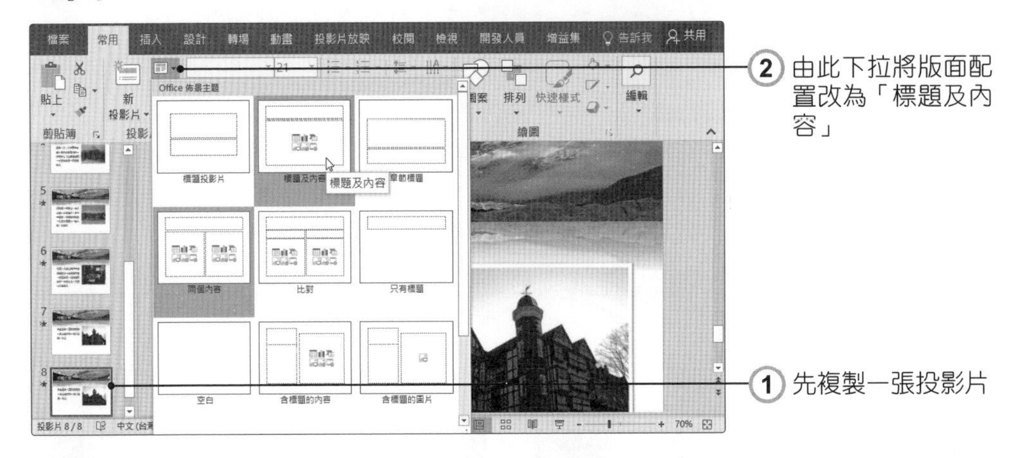

Step2

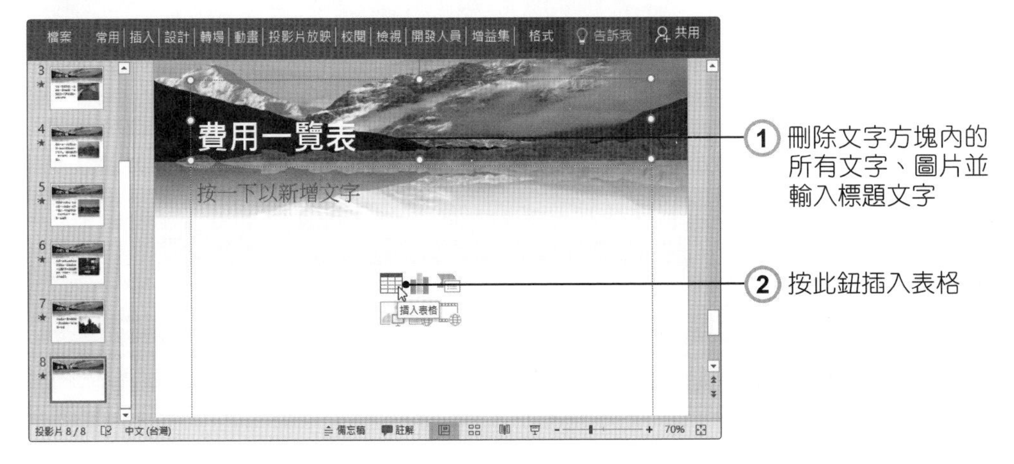

Step3

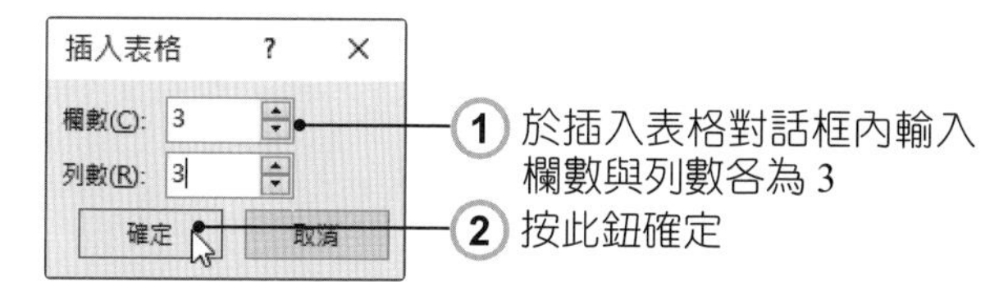

Step4

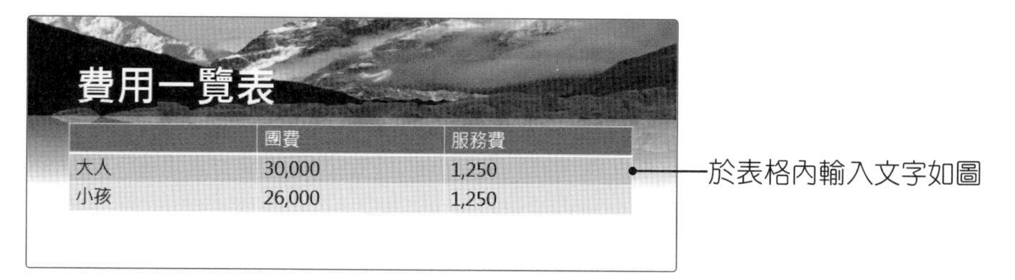

Step5

Step6

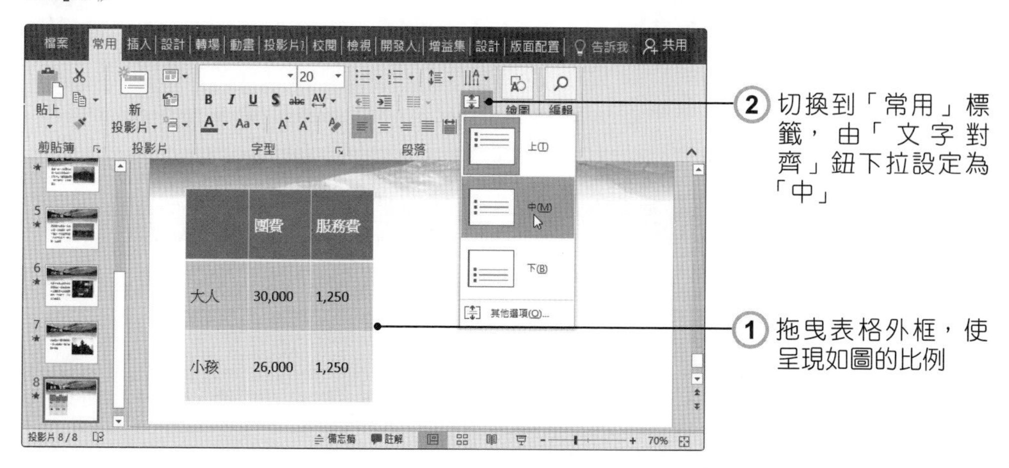

Step7

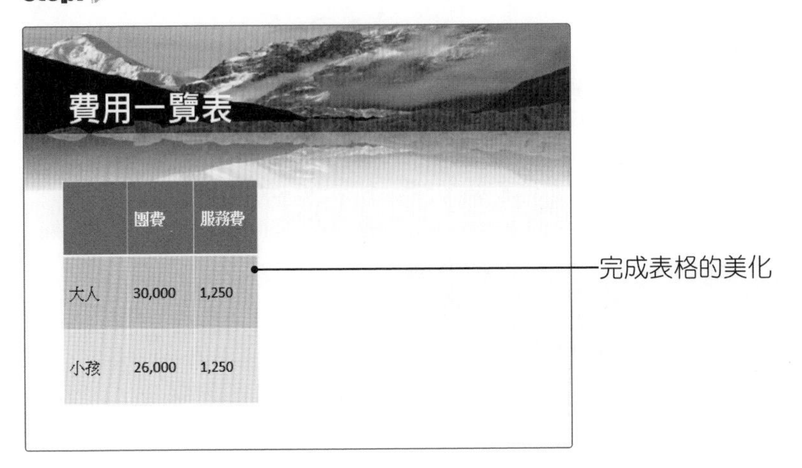

13-7-1 手繪表格

表格大致完成後，如果希望左上角加入斜線，可以透過「手繪表格」的方式來加入。

Step1

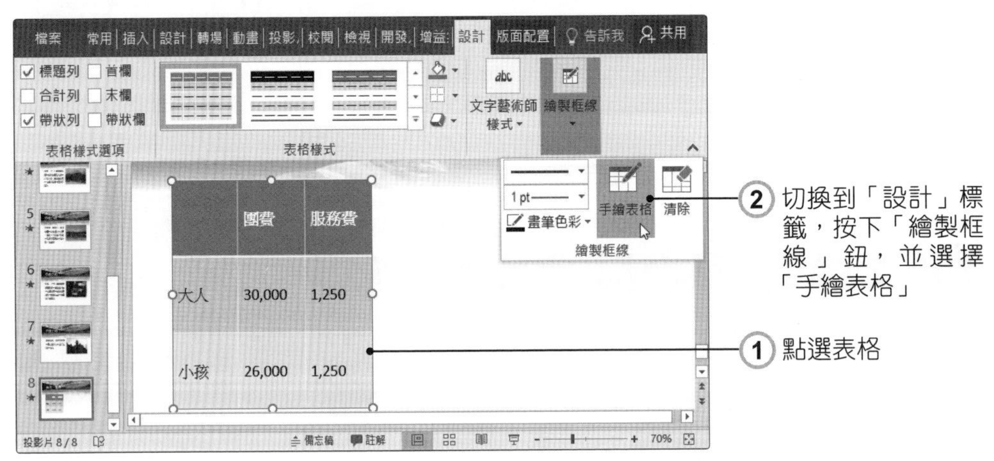

Step2

再由「繪製框線」鈕下拉，選擇畫筆色彩的顏色為藍色

Step3

於此儲存格劃上表格對角線

Step4

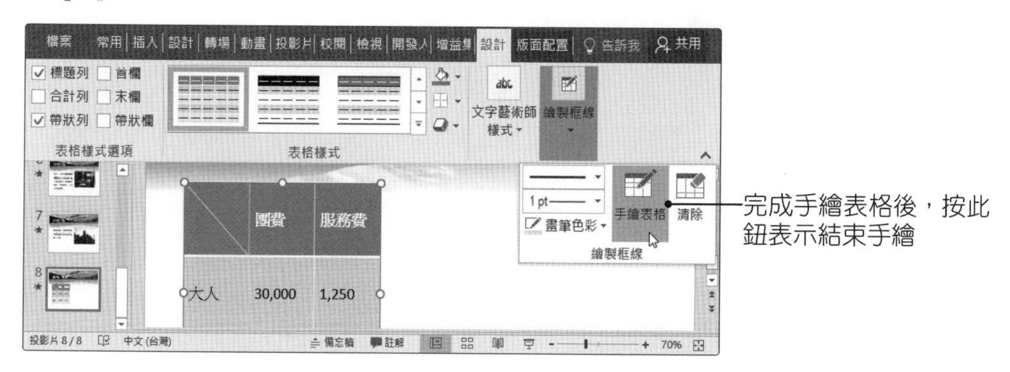

完成手繪表格後，按此鈕表示結束手繪

插入表格的投影片仍顯單調，此時不妨再插入與此次旅遊相關的插圖來加強簡報的可看性。

Step1

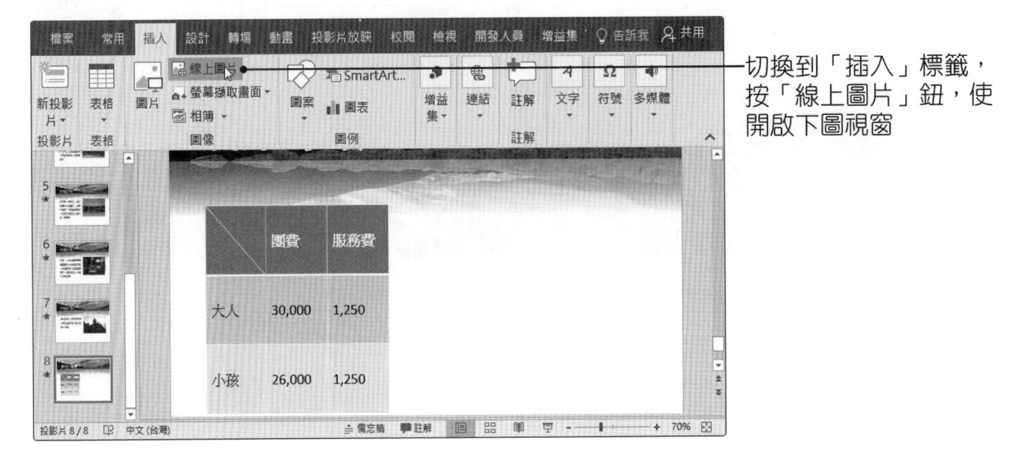

切換到「插入」標籤，按「線上圖片」鈕，使開啟下圖視窗

Step2

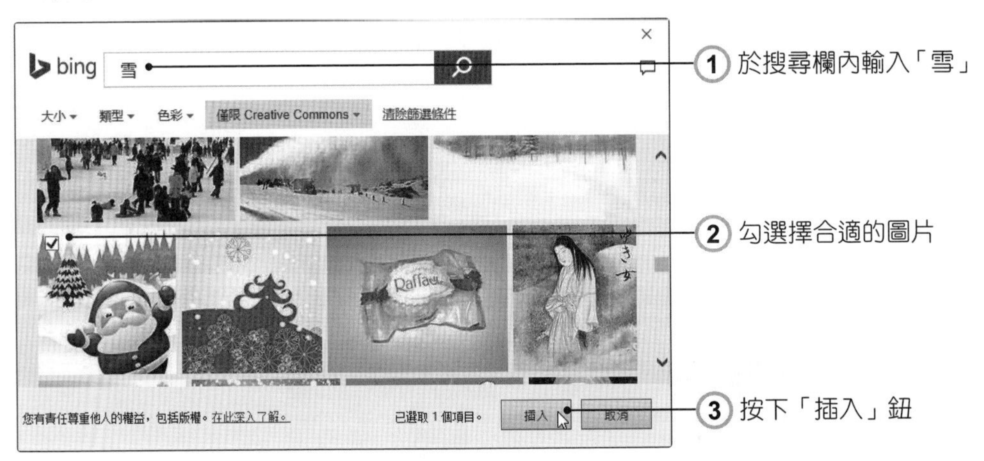

1 於搜尋欄內輸入「雪」
2 勾選擇合適的圖片
3 按下「插入」鈕

Step3

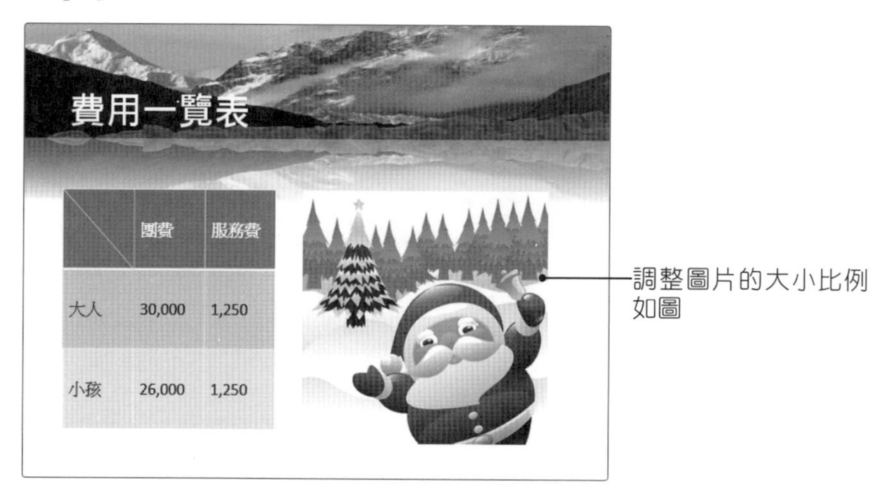

13-7-2 儲存格的合併與對齊

接下來，我們透過儲存格的合併與對齊，還繼續完成出團日期表的製作。

Step1

Step2

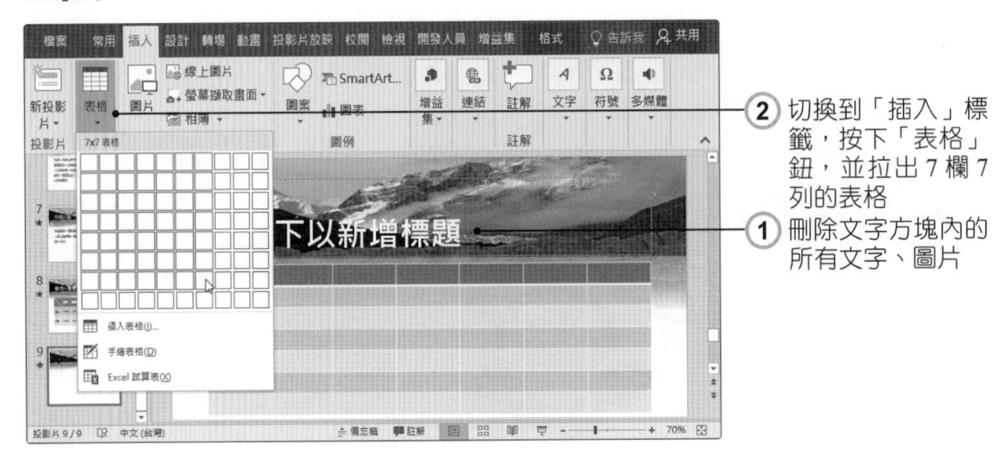

② 切換到「插入」標籤，按下「表格」鈕，並拉出 7 欄 7 列的表格
① 刪除文字方塊內的所有文字、圖片

Step3

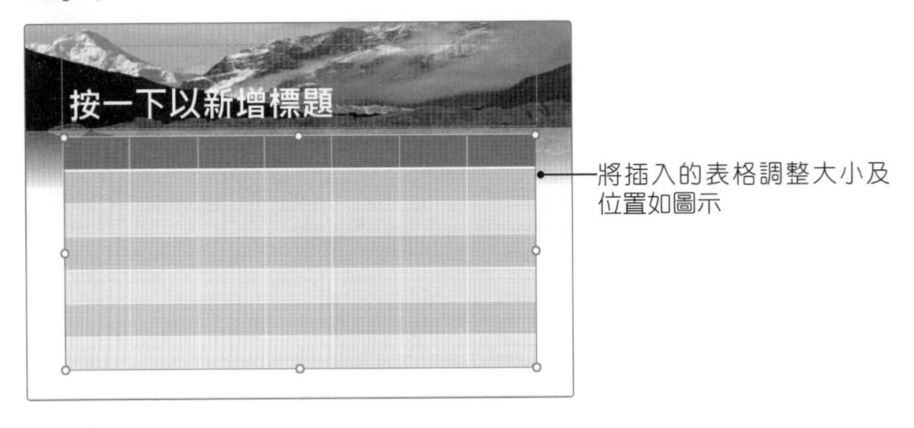

將插入的表格調整大小及位置如圖示

Step4

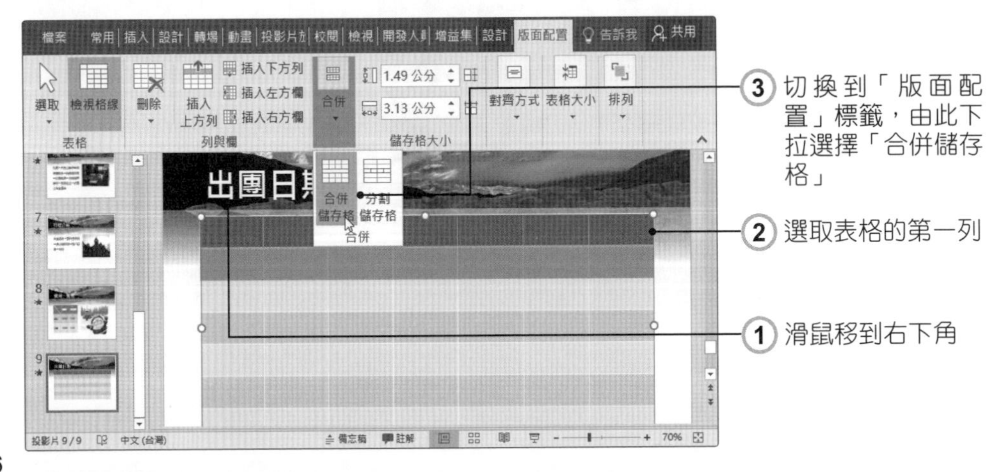

② 選取表格的第一列
① 滑鼠移到右下角

Step5

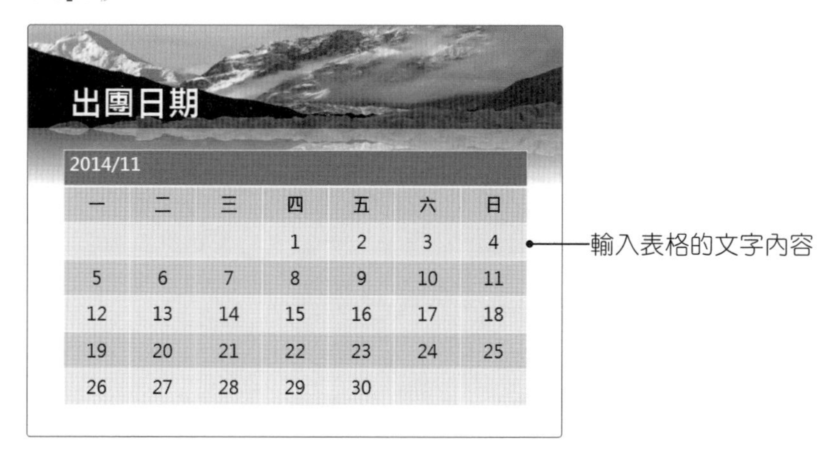

輸入表格的文字內容

Step6

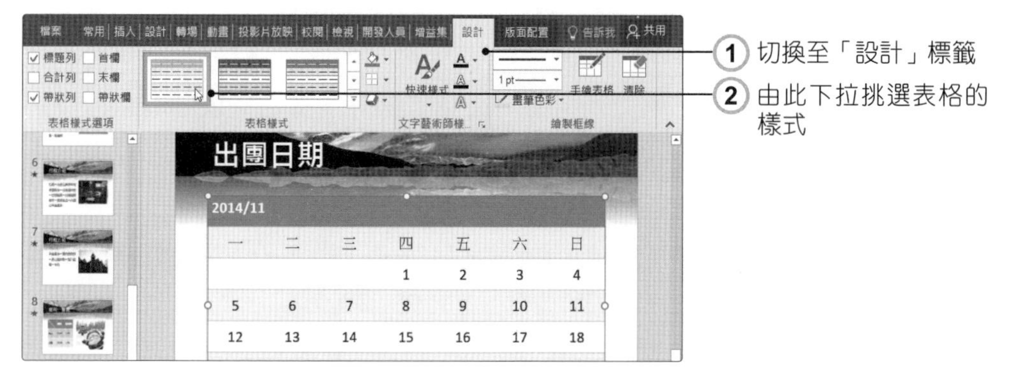

① 切換至「設計」標籤

② 由此下拉挑選表格的樣式

Step7

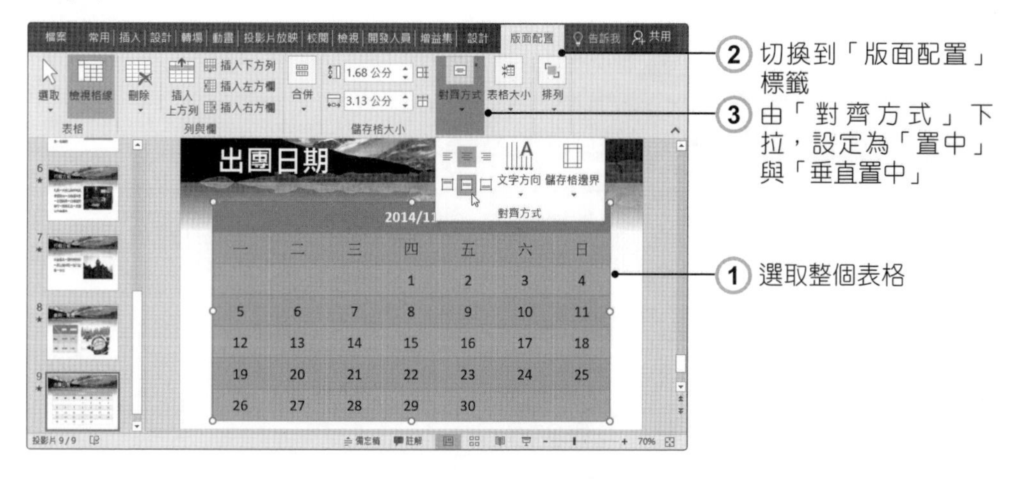

② 切換到「版面配置」標籤

③ 由「對齊方式」下拉，設定為「置中」與「垂直置中」

① 選取整個表格

Step8

Step9

Step10

13-8　製作含聲效的投影片

在本章範例裡，除了學習如何插入動態圖片外，還要學習如何於投影片內製作含有聲音效果的簡報！

13-8-1　從檔案插入聲音

假如各位有聲音檔，可將持有的音樂檔案，諸如：aif、au、wav、mp3、midi 等加入投影片中一起播放，想必可將簡報點綴得有聲有色！

Step1

切換到「插入」標籤，按下「音訊」鈕，並選擇「我個人電腦上的音訊」

Step2

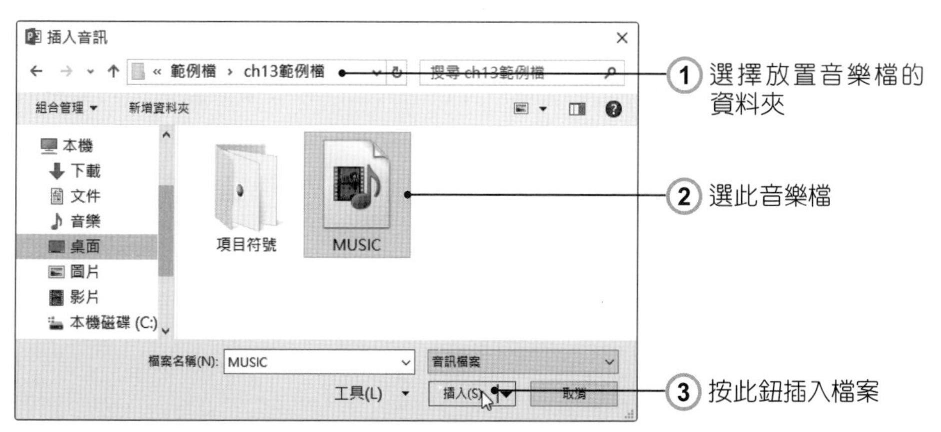

Step3

① 切換到「播放」標籤，由此下拉選擇「自動」鈕
② 按此鈕進入播放畫面，即可聽到音樂播放

Step4

冰點之旅
雪之國度
艾克斯克旅行社
進入播放畫面後，音樂即會自動播放，並顯示音檔圖示

對於插入的聲音檔，若插入的檔案大小超過 100KB 時，PowerPoint 會以檔案連結的方式插入音檔，而不是直接內嵌於簡報檔案中。所以若有上述情形發生，建議將音樂檔存放在與簡報同樣的資料夾內，且不要隨便更改所連結的音樂檔位置，當簡報播放是使用其他電腦時，將整個放置簡報檔案與音樂檔的資料夾一併複製過去，如此一來才能順利播放音樂哦！

了解插入聲音的基本設定後，接下來將再詳細介紹音效的進階設定，讓各位在簡報音樂設定上更如魚得水！

13-8-2　連續播放音樂並隱藏音檔圖示

當選取的音樂播放長度較短，於介紹簡報的同時，首頁的介紹才講到一半，音樂卻突然停止了，豈不奇怪？且在畫面正中間出現一個喇叭圖形似乎也不太合適。以下即為解決此兩種問題的方法！

Step1

Step2

瞧！音檔圖示消失了，且音樂會重覆播放，直到切換至下一張投影片

在此要提醒各位，於設定隱藏音檔圖示前，必須確認聲音播放設定為「自動」播放，而不是「按一下時播放」！若設定為「按一下時播放」，又設定於播放時隱藏聲音圖示，那麼在播放投影片時，可是會因為找不到音檔圖示而無法播放音樂。

13-8-3 跨投影片播放

做到這，不知讀者們是否發現了一個問題，當進入播放投影片畫面時，如果切換到下一張投影片時，聲音效果就停止了。如果希望聲音能夠跨越投影片播放，成為背景音樂的效果，可以透過以下的方式來設定。

再進入投影片播放畫面時，讀者們即可發現，當按下滑鼠左鍵或切換至下一張投影片時，聲音效果仍持續播放著，直到簡報結束為止。

實力評量

是非題

( ) 1. 加入文字藝術師文字後，還可以從「格式」標籤個別調整文字的效果。

( ) 2. 使用「裁剪工具」鈕裁剪圖片後，剪掉的部分將永遠消失。

( ) 3. 在投影片上，可以任意加入水平文字方塊或垂直文字方塊。

( ) 4. 於投影片內插入聲音的檔案時，預設為檔案大小超過 100 KB 時，會以內嵌的方式於投影片內加入聲音。

選擇題

( ) 1. 下列對於「文字藝術師」的說明何者有誤？
A. 按 鈕可以插入文字藝術師文字
B. 由「插入」標籤可以插入文字藝術師
C. 由「格式」標籤可以調整文字藝術師樣式
D. 按 鈕可以設定文字效果

( ) 2. 要插入圖案式的項目符號，必須從何處作設定？
A. 由「插入」標籤　B. 由「常用」標籤
C. 由「格式」標籤　D. 由「設計」標籤

( ) 3. 簡報內插入音檔的方法不包括下列何者？
A. 從多媒體藝廊插入聲音
B. 從檔案插入聲音
C. 錄音

( ) 4. 下列關於簡報內音檔的敘述何者有誤？
A. 可設定音檔於簡報放映時，為自動或手動播放
B. 音檔圖示無法隱藏
C. 可跨投影片播放音樂
D. 可設定循環播放音檔

(　　) 5. 在投影片中可輸入哪些類型文字？

A. 預留位置的文字（版面配置區中的文字）

B. 快取圖案的文字（快取圖案內輸入文字）

C. 文字方塊中的文字（於水平或垂直文字方塊內輸入文字）

D. 以上皆可

▶ 實作題

1. 請利用「新增」功能，搜尋與下載微軟網站上「抽象設計 / 重新著色及朦朧霧面效果範本」，並依下列提示完成「賞鳥手冊」簡報。

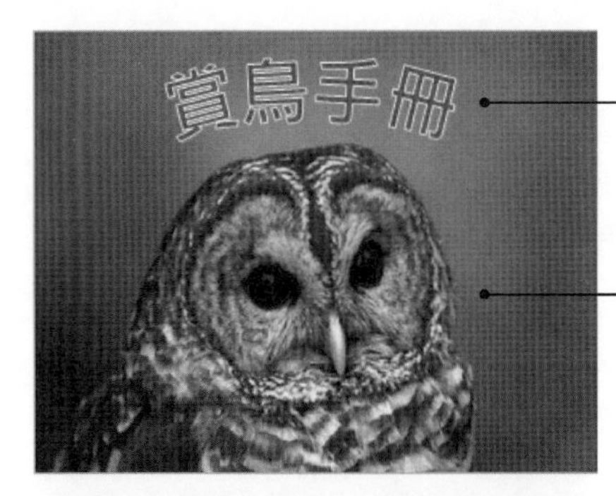

插入文字藝術師，由「格式」標籤加入「文字效果 / 轉換 / 追蹤路徑」的效果

插入圖檔「封面.jpg」，並調整圖片大小

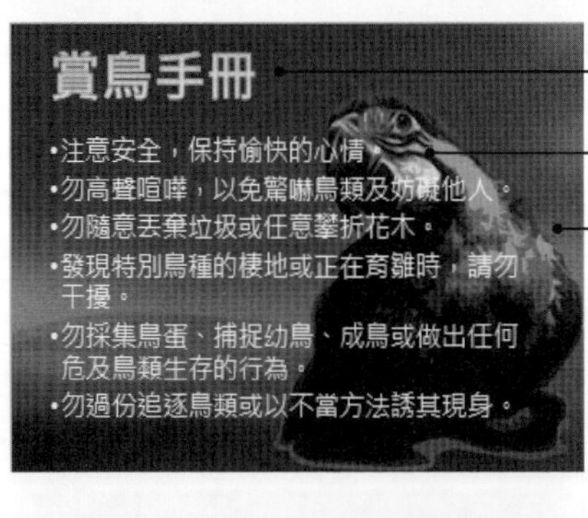

文字大小 66、字型為微軟正黑體、粗體

文字大小 32、字型為微軟正黑體

插入提供的「鳥 1.wmf」圖檔

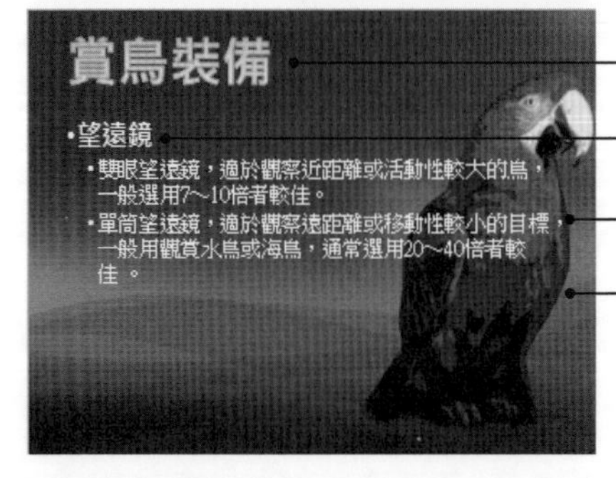

文字大小 66、字型為微軟正黑體、粗體

文字大小 32、字型為微軟正黑體、粗體

文字大小 26、字型為新細明體

插入所提供的「鳥 2.wmf」圖檔

文字大小 66、字型為微軟正黑體、粗體

文字大小 32、字型為微軟正黑體、粗體

文字大小 26、字型為新細明體

插入提供的「鳥 3.wmf」圖檔

文字大小 66、字型為微軟正黑體、粗體

文字大小 32、字型為微軟正黑體、粗體

文字大小 26、字型為新細明體

插入提供的「鳥 4.wmf」圖檔

文字大小 66、字型為微軟正黑體、粗體

文字大小 32、字型為微軟正黑體、粗體

文字大小 26、字型為新細明體

插入提供的「鳥 5.jpg」到「鳥 8.jpg」圖檔

CHAPTER

14 商品市場分析簡報

學習重點

- 自訂佈景主題色彩配置
- 向量圖案重新組合
- 插入圓形圖表
- 套用預設的動畫路徑
- 自訂動畫移動路徑
- 編輯動畫移動路徑
- 在檢視模式下瀏覽動畫
- 放映時不加動畫

本章簡介

完整的市場分析報告，有助於擬定商品的行銷策略計劃。根據市場分析報告所提供的訊息，可做出較為客觀且低風險的行銷策劃。本章即將以此為例，製作別具特色的動畫簡報。

範例成果

通路型態

主要區分為：直銷、中信局、經銷

- 直銷：主要為個人需求
- 中信局：公家機關、學校…等
- 經銷：電器行、AV…等

通路分配

直銷： 15%

中信局： 35%

經銷： 50%

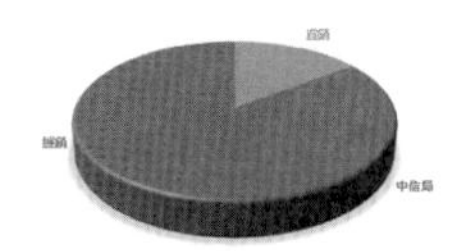

消費型態

據統計，全台約有50%的人有買過投影機，其中40%以上的人是為了擁有家庭劇院而購買，有30%以上的人則是為了工作上的需求

價格

依商品獲利優劣區分為：

- 初級品：已架一段時間，或功能較為低等的產品（利潤約為10%以下）
- 中等品中等品：符合一般家庭劇院需求者，各銷售點必備產品（利潤約為15~35%）
- 高級品：最新產品，且功能完備，並以高利潤吸引店家銷售推薦（利潤50~100%）

廣告宣傳

新品上市時，需有較大規模、較集中密集的宣傳活動，以提高各銷售通路推銷的意願，並提高產品的曝光率

廣告媒體上宜以電視、雜誌、報紙…等宣傳媒體做為媒介

14-1 自訂佈景主題色彩配置

當各位套用某一部景主題時，內部文字、標題文字、填滿色彩…等，皆會套用該佈景主題的預設格式，若內部色彩不合意時，隨時可將上述內容一一做更改。但除此之外，還有另一個更為快速有效率的方法哦！請讀者們開新檔案，並執行下列步驟：

Step1

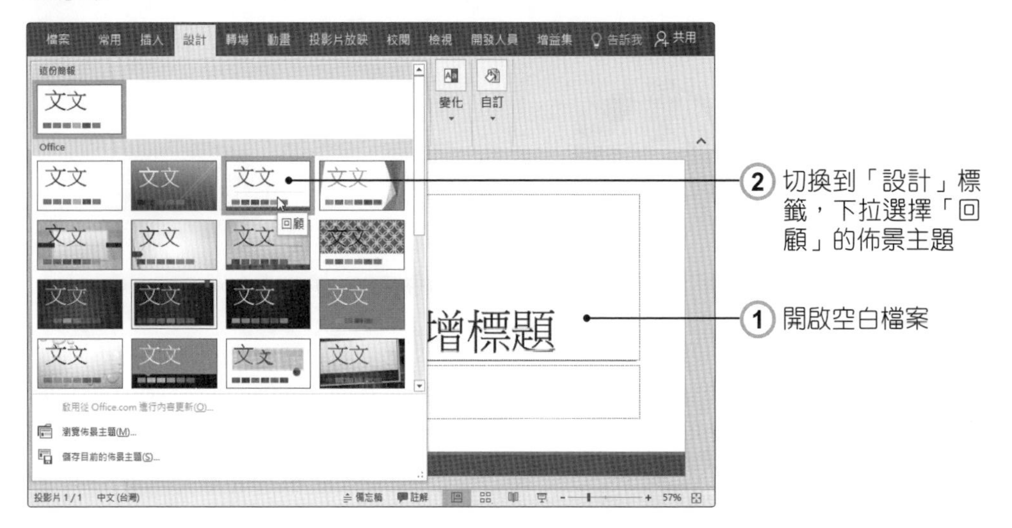

② 切換到「設計」標籤，下拉選擇「回顧」的佈景主題
① 開啟空白檔案

Step2

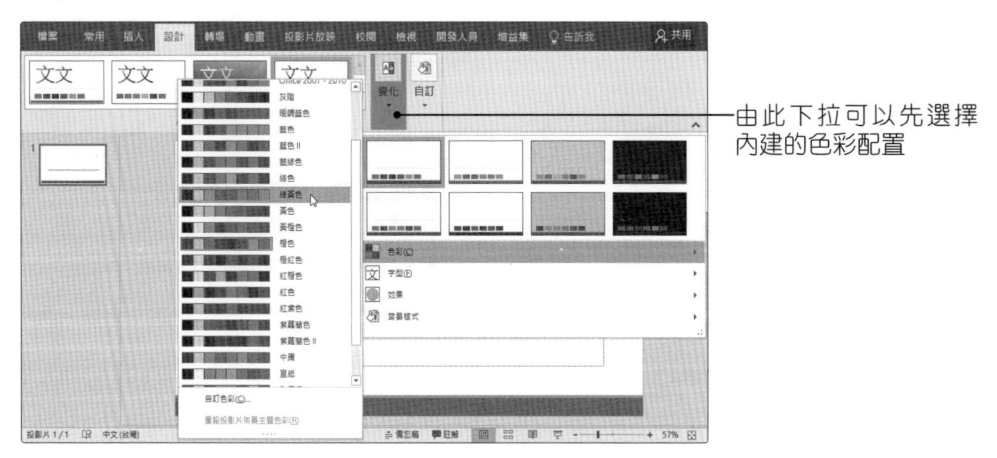

由此下拉可以先選擇內建的色彩配置

Step3

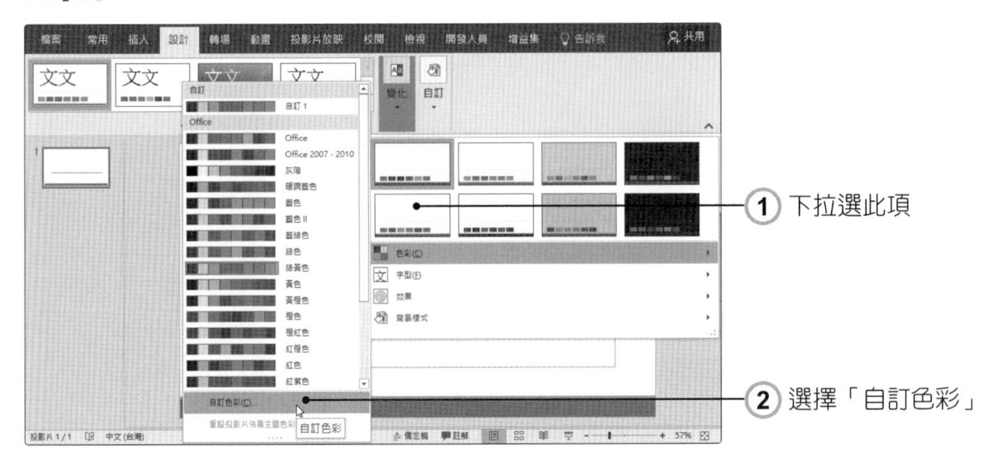

1 下拉選此項
2 選擇「自訂色彩」

Step4

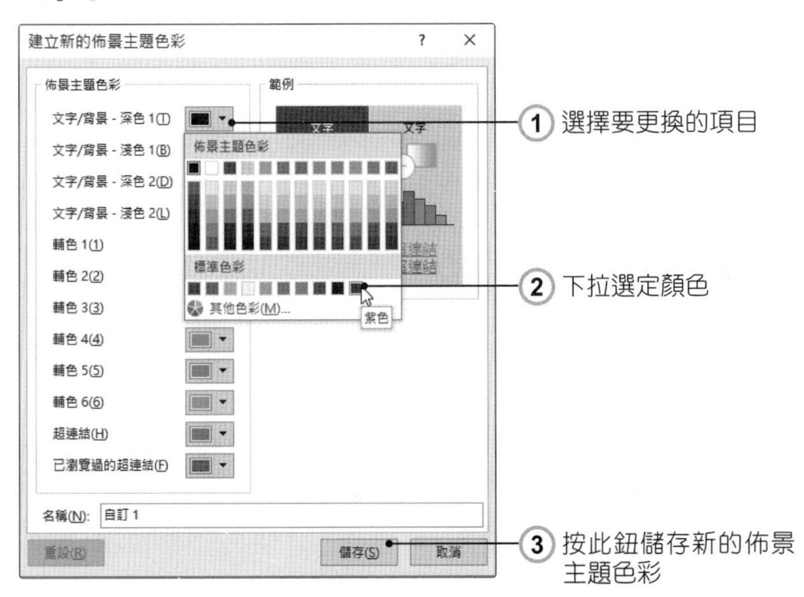

建立新的佈景主題色彩
佈景主題色彩
範例
文字/背景 - 深色 1(T)
文字/背景 - 淺色 1(B)
文字/背景 - 深色 2(D)
文字/背景 - 淺色 2(L)
輔色 1(1)
輔色 2(2)
輔色 3(3)
輔色 4(4)
輔色 5(5)
輔色 6(6)
超連結(H)
已瀏覽過的超連結(F)
標準色彩
其他色彩(M)...
紫色
名稱(N): 自訂 1
重設(R)
儲存(S)
取消
1 選擇要更換的項目
2 下拉選定顏色
3 按此鈕儲存新的佈景主題色彩

Step5

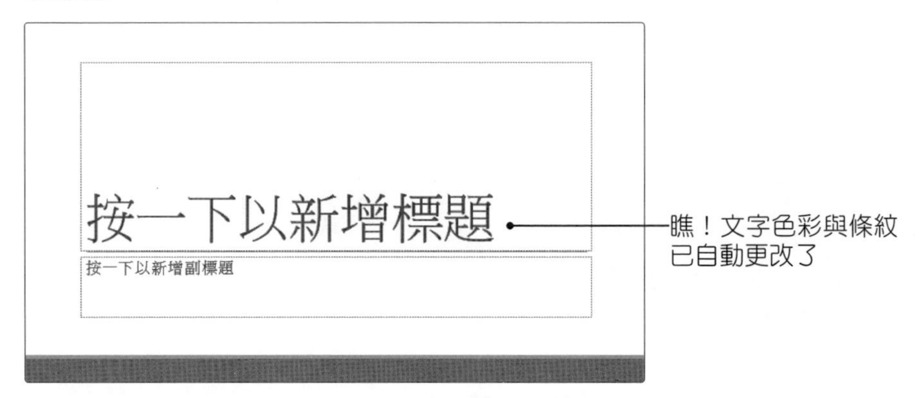

接下來請讀者們一一完成各簡報內容。

第一張投影片

Step1

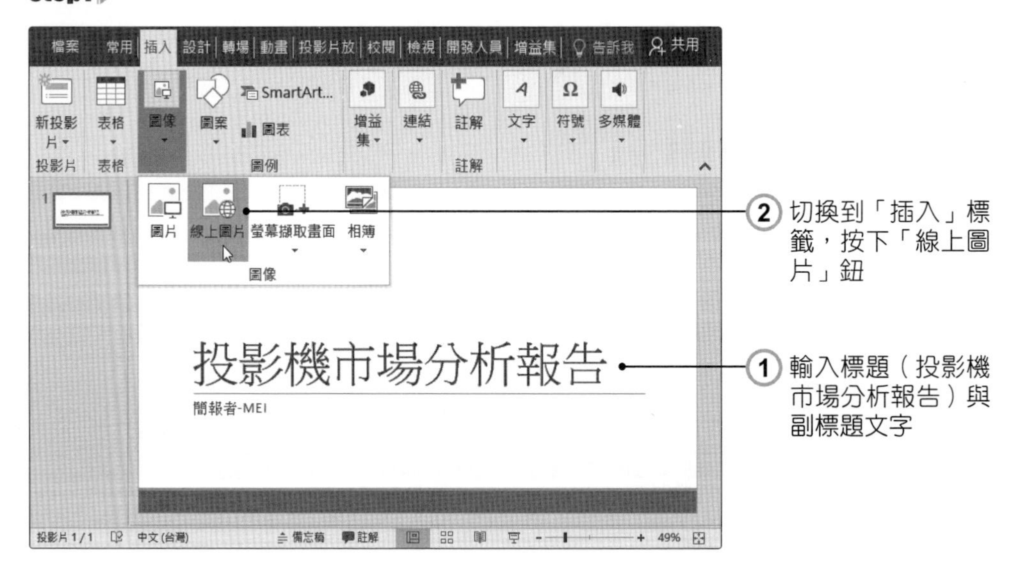

Step2

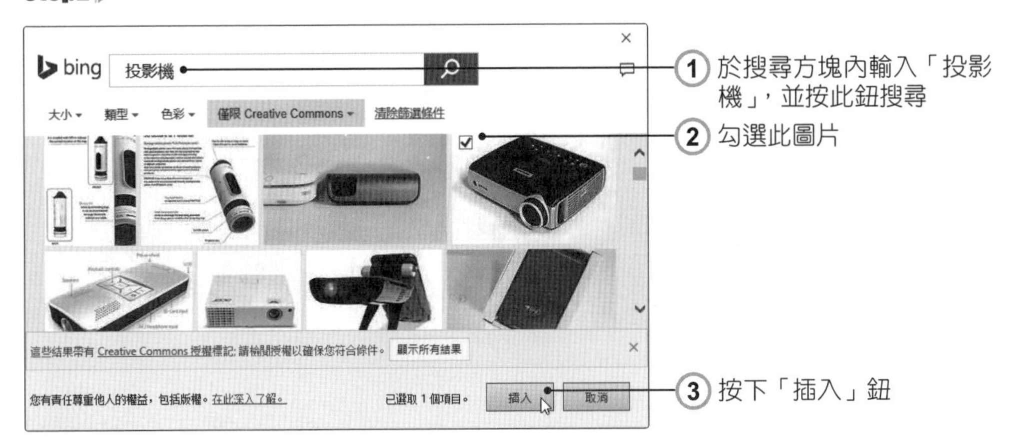

Step3

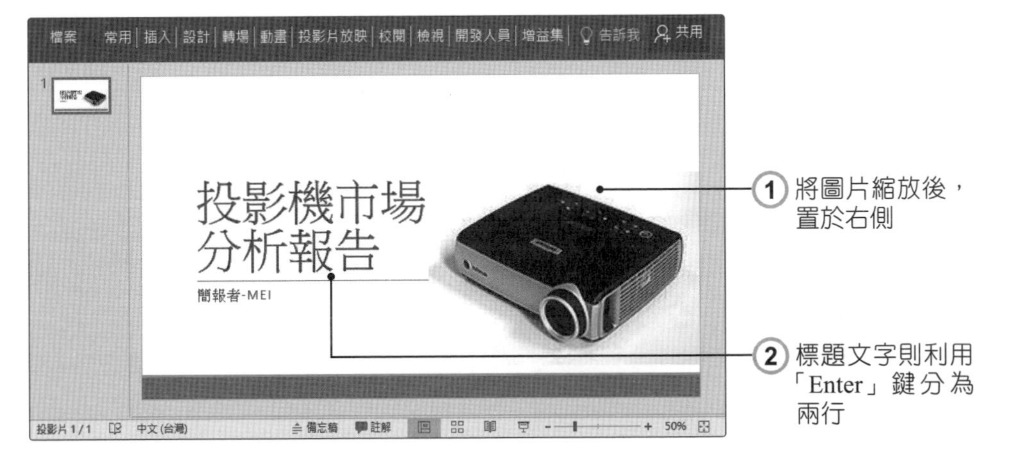

14-2 向量圖案重新組合

插入的插圖如果是向量式的圖案，像是 *.emf 或是 *.wmf 等格式，除了可更改圖案內部的填色，尚可將圖案重新組合，讓圖案變得更符合需求！

第二張投影片

Step1

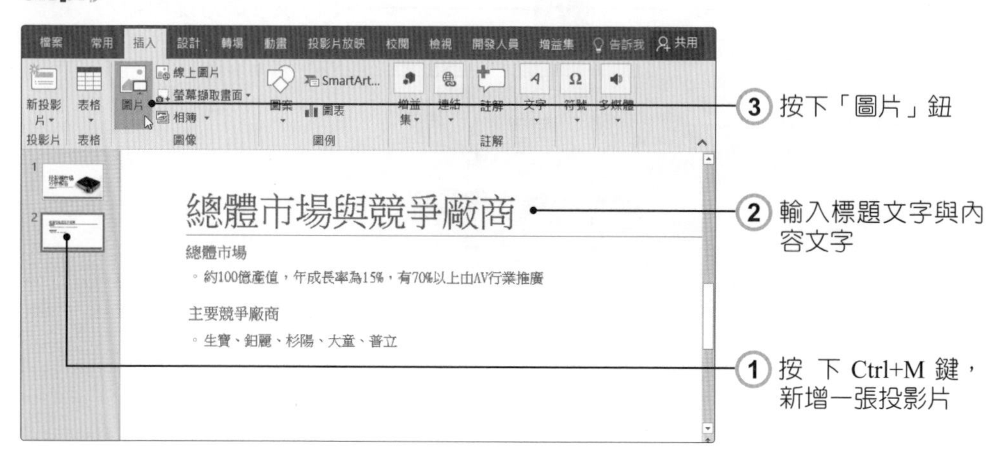

Step2

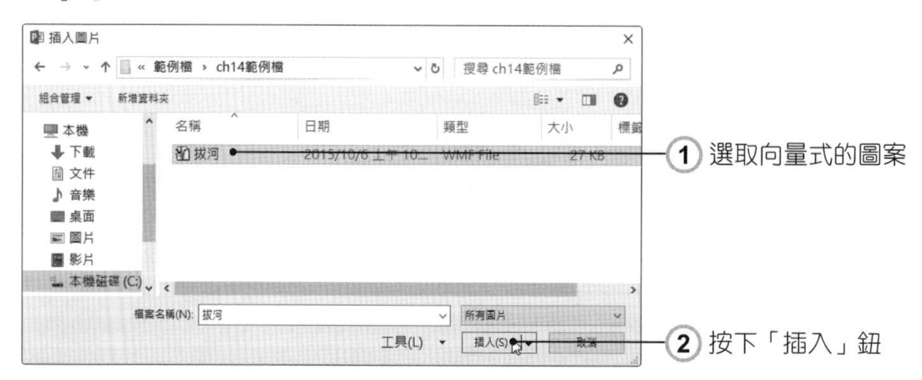

Step3

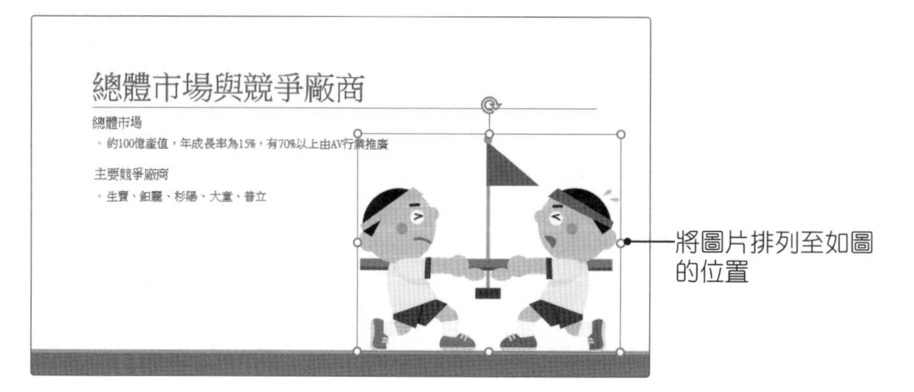

Step4

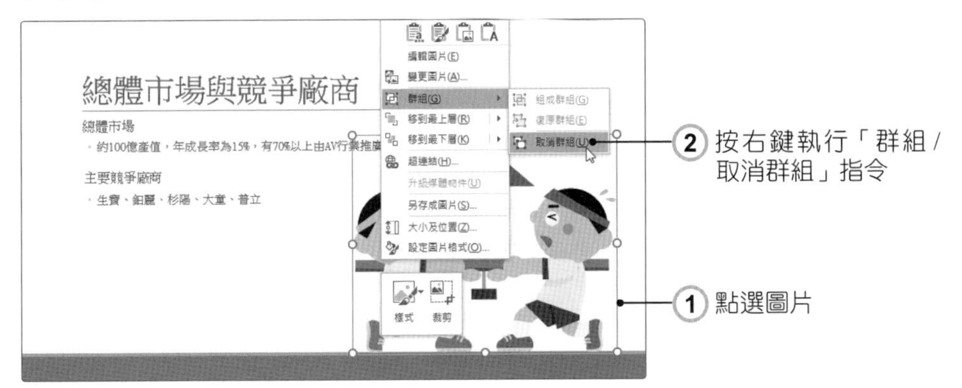

Step5

Step6

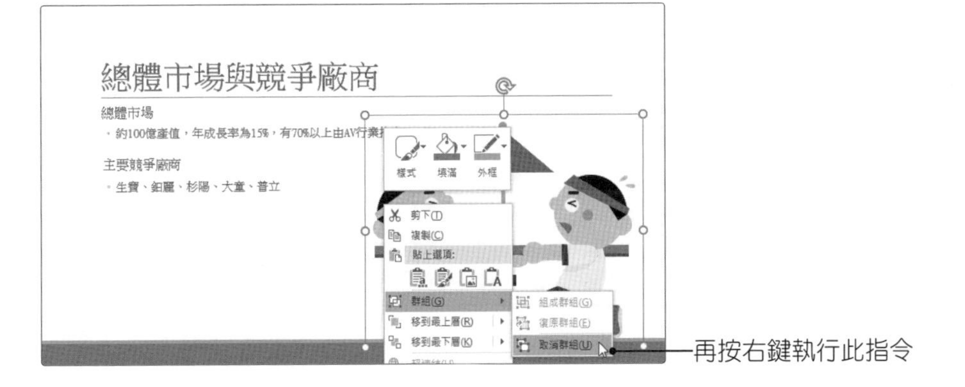

Step7

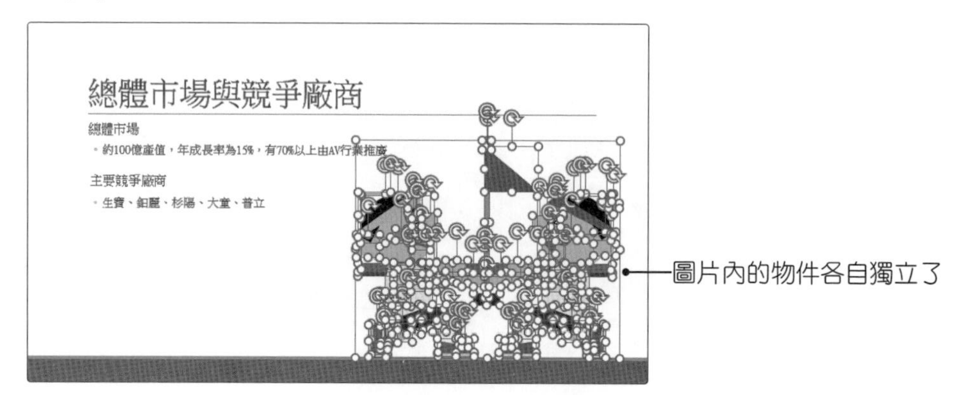

哇！圖片分得這麼細，要再編輯豈不是很難？事實上各位可以用點選的方式來刪除不要的部分，或是針對想要改變的部份做變更，最後以拖曳滑鼠的方式做選取的動作，再將其群組起來就可以了。

Step1

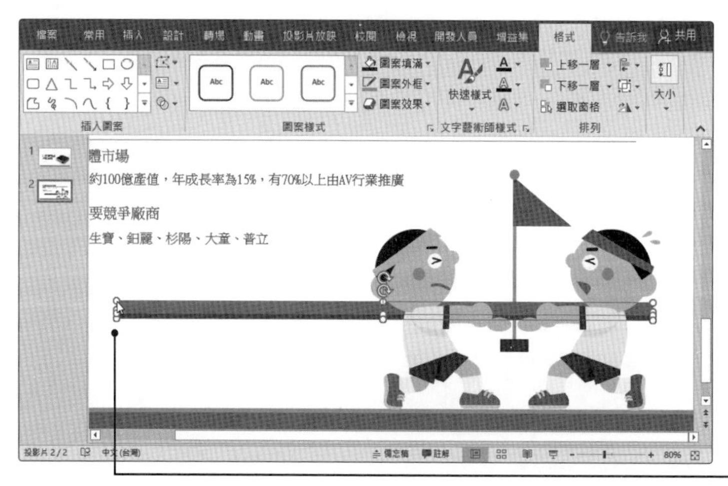

Step2

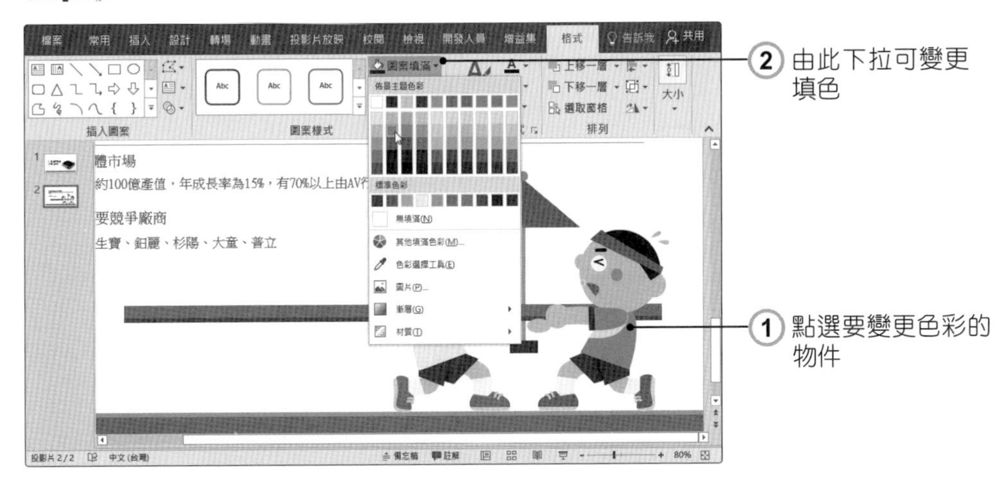

① 點選要變更色彩的物件

② 由此下拉可變更填色

Step3

① 同上方式完成物件變更或加入物件，再以拖曳方式選取所有的插圖物件

② 按右鍵執行「群組 / 組成群組」指令

Step4

完成美工圖案變更修改

第三張投影片

第三張投影片請同上方式加入文字內容與「通路.emf」圖案。

14-3 插入圓形圖表

在第四張投影片部分，我們除了變更版面配置外，還要加入立體的圓形圖表。

第四張投影片

Step1

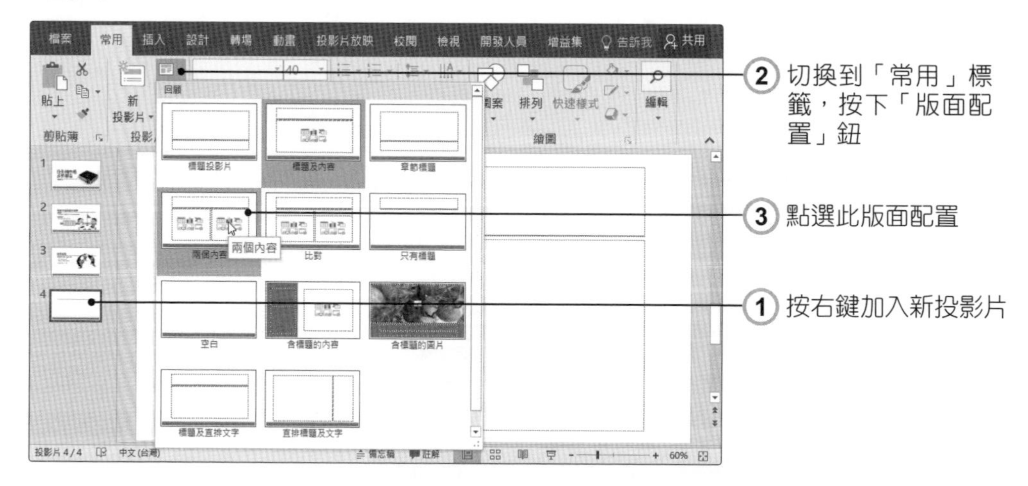

Step2

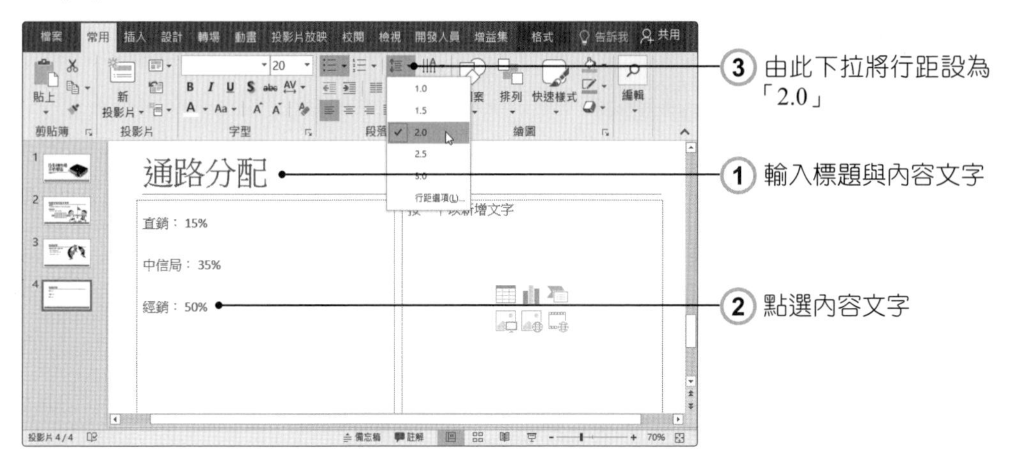

③ 由此下拉將行距設為「2.0」
① 輸入標題與內容文字
② 點選內容文字
通路分配
直銷：15%
中信局：35%
經銷：50%

Step3

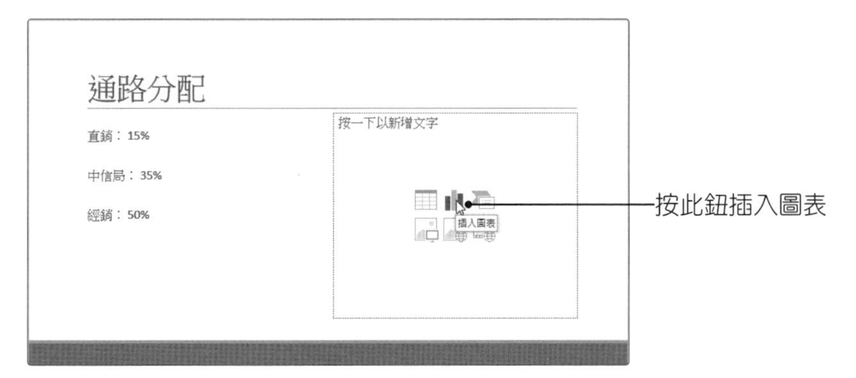

通路分配
直銷：15%
中信局：35%
經銷：50%
按一下以新增文字
插入圖表
按此鈕插入圖表

Step4

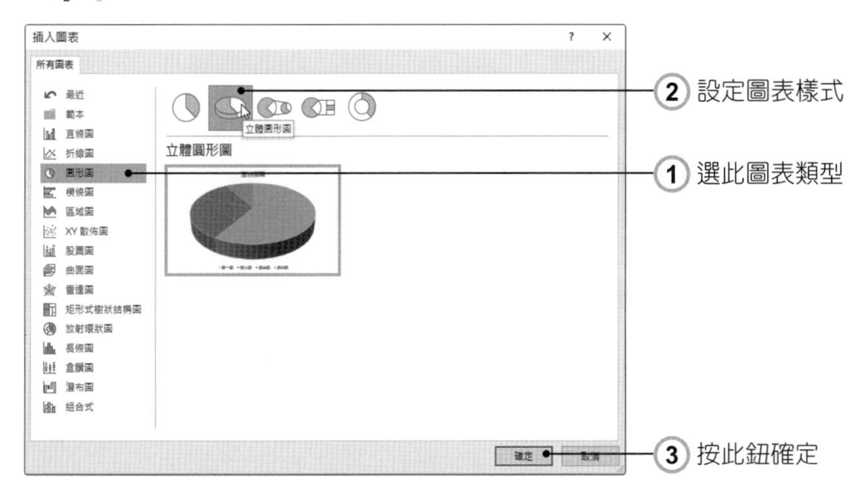

插入圖表
所有圖表
立體圓形圖
② 設定圖表樣式
① 選此圖表類型
③ 按此鈕確定

Step5

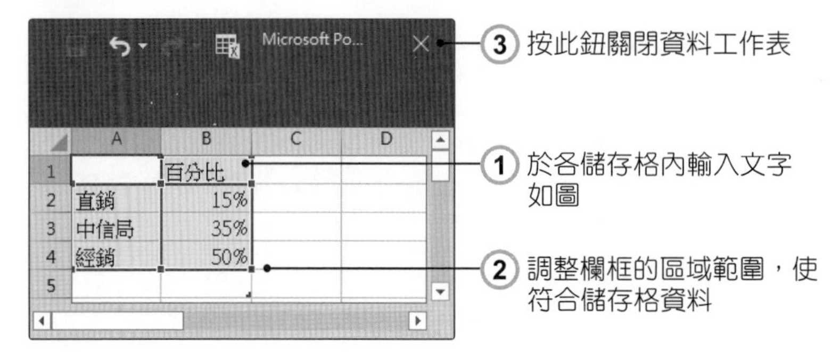

Step6

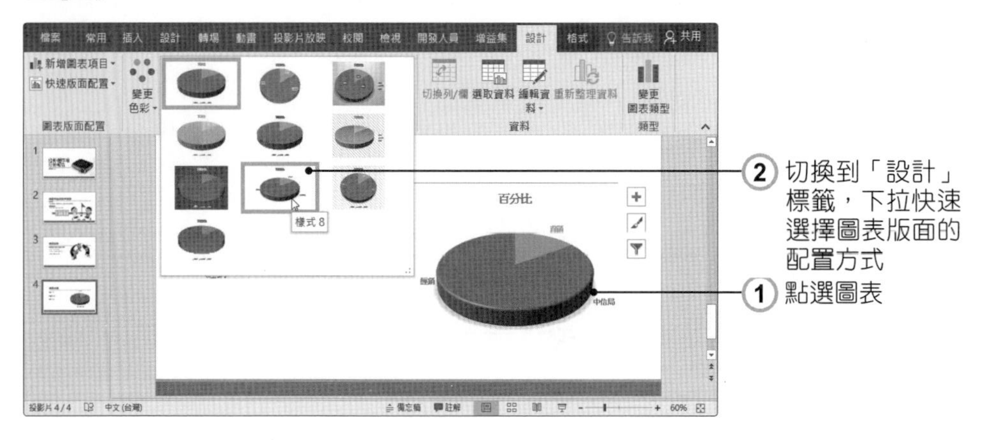

Step7

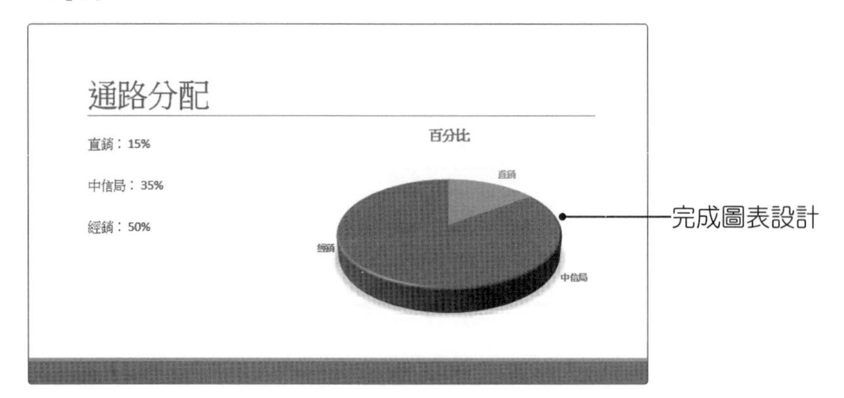

接下來請依照前面介紹的技巧，依序完成第五張至第七張投影片文字與插圖編排，使顯現如下：

第五張投影片

第六張投影片

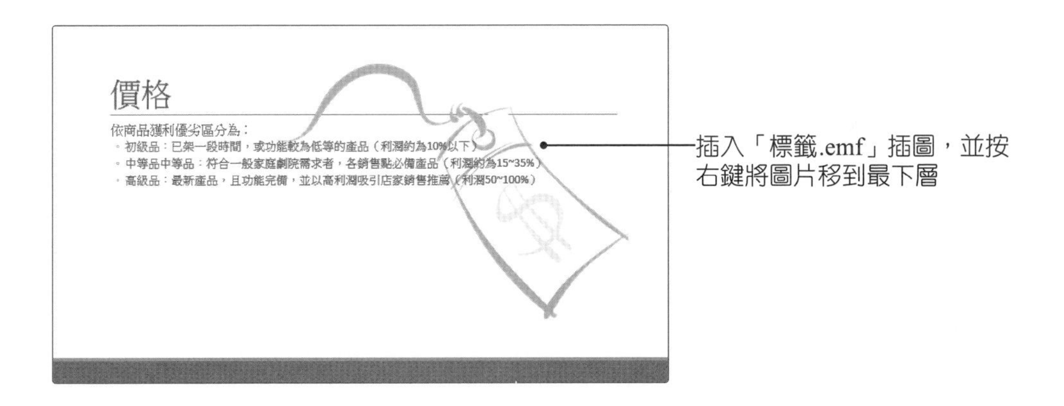

第七張投影片

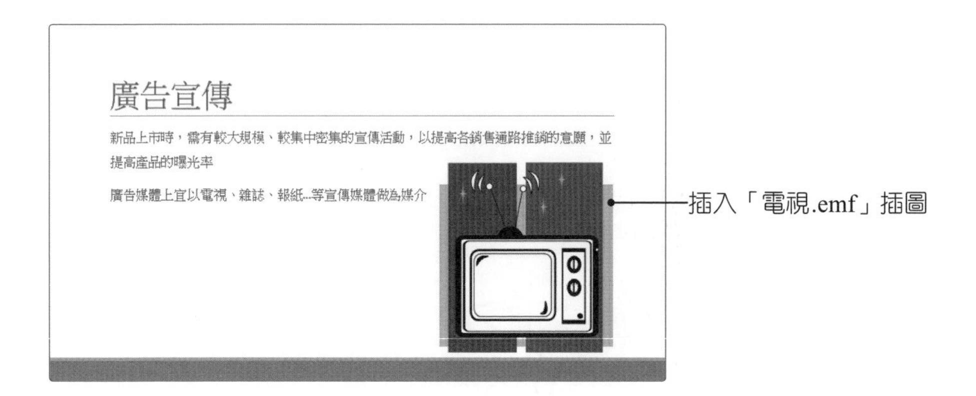

14-4 影片路徑

在動畫設定裡，除了套用預設的動畫路徑外，尚可自定動畫路徑，增加簡報動畫的豐富性。請延續上面範例，讓筆者一一為您介紹各動畫路徑的用法：

14-4-1 套用預設的動畫路徑

Step1

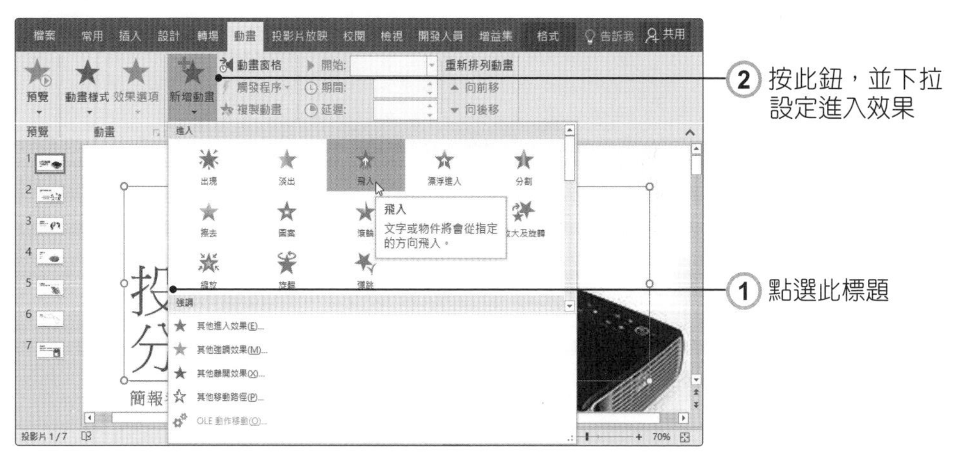

Step2

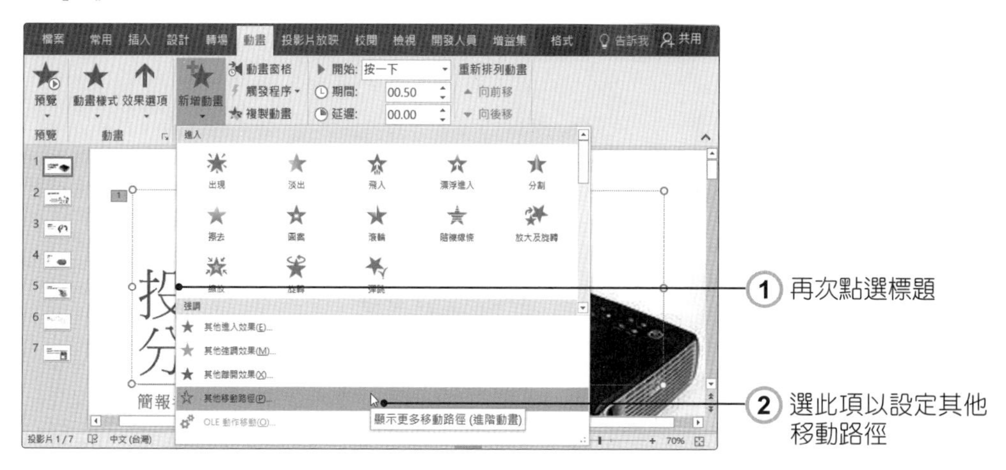

① 再次點選標題
② 選此項以設定其他移動路徑
其他移動路徑(P)...
顯示更多移動路徑 (進階動畫)

Step3

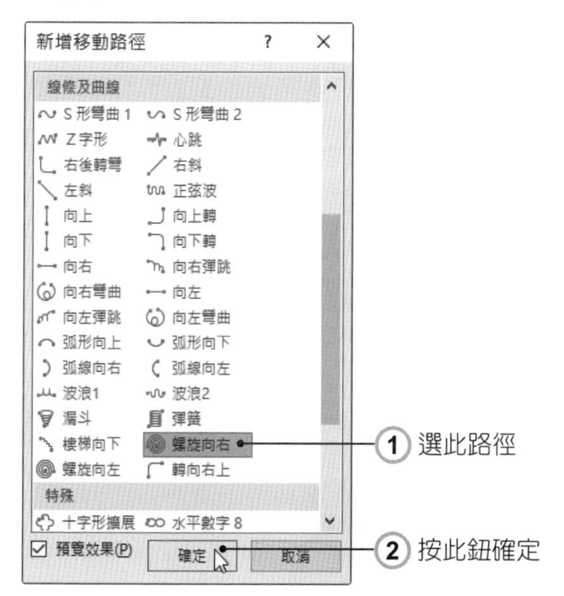

新增移動路徑
線條及曲線
S 形彎曲 1
S 形彎曲 2
Z 字形
心跳
右後轉彎
右斜
左斜
正弦波
向上
向上轉
向下
向下轉
向右
向右彈跳
向右彎曲
向左
向左彈跳
向左彎曲
弧形向上
弧形向下
弧線向右
弧線向左
波浪1
波浪2
漏斗
彈簧
樓梯向下
螺旋向右
螺旋向左
轉向右上
特殊
十字形擴展
水平數字 8
預覽效果(P)
確定
取消
① 選此路徑
② 按此鈕確定

Step4

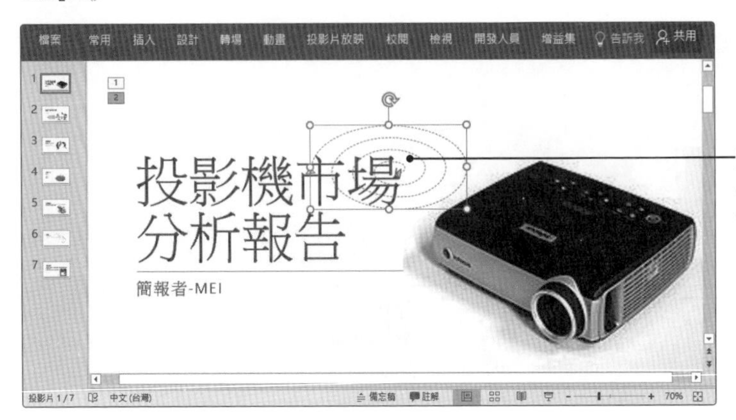

投影機市場
分析報告
簡報者-MEI
完成後，於標題中心點出現了所選路徑（路徑位置可自行調整）

在影片路徑的預設路徑類型中，共分成三種型態，分別為「基本」、「線條及曲線」與「特殊」。這些路徑雖然皆為預設的樣式，但也都可根據您的需求加以編輯。基本與特殊路徑皆可於執行動畫後再將物件回歸於原點，而線條則否。因此，當您套用的路徑是屬於後者時（如上例），即會於路徑的兩個端點出現箭號的形狀，綠色箭號代表起始點，而紅色箭號與直線標記（紅色箭號頂點）則代表終止點，反之，若使用的為前者，則會有如下的情況：

Step1

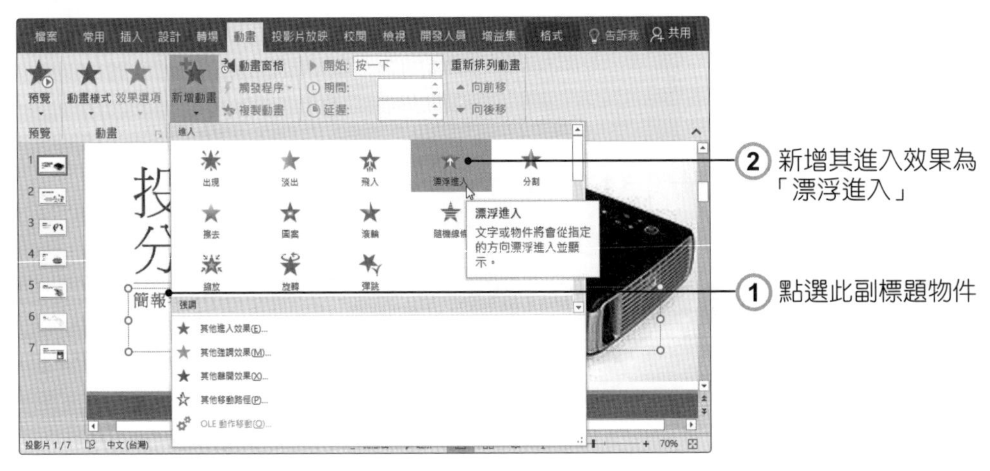

Step2

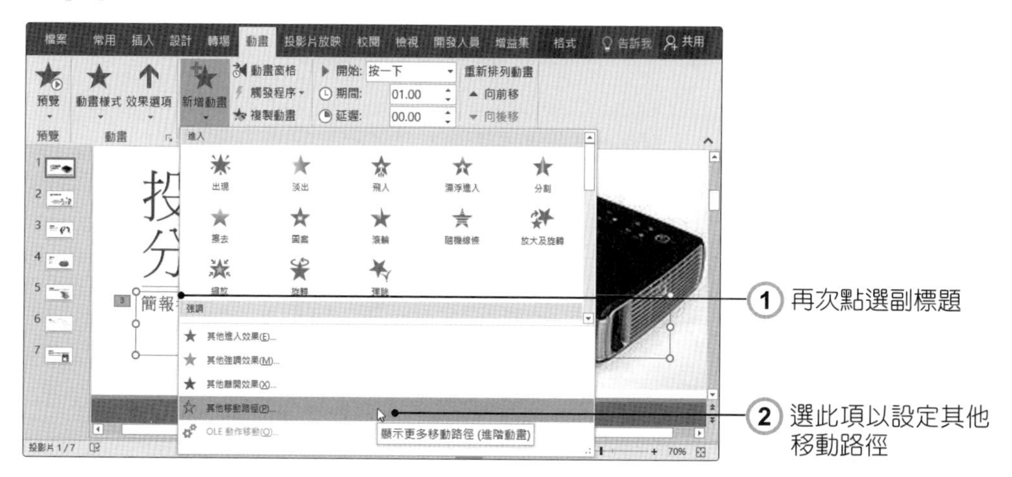

檔案 常用 插入 設計 轉場 動畫 投影片放映 校閱 檢視 開發人員 增益集 格式 告訴我 共用
預覽
動畫樣式 效果選項
新增動畫
動畫窗格
觸發程序
複製動畫
開始: 按一下
期間: 01.00
延遲: 00.00
重新排列動畫
向前移
向後移
進入
出現 淡出 飛入 漂浮進入 分割
擦去 圖案 滾輪 隨機線條 放大及旋轉
縮放 旋轉 彈跳
強調
其他進入效果(E)...
其他強調效果(M)...
其他離開效果(X)...
其他移動路徑(P)...
OLE 動作動詞(O)...
顯示更多移動路徑 (進階動畫)
投影片 1/7
70%
1 再次點選副標題
2 選此項以設定其他移動路徑

Step3

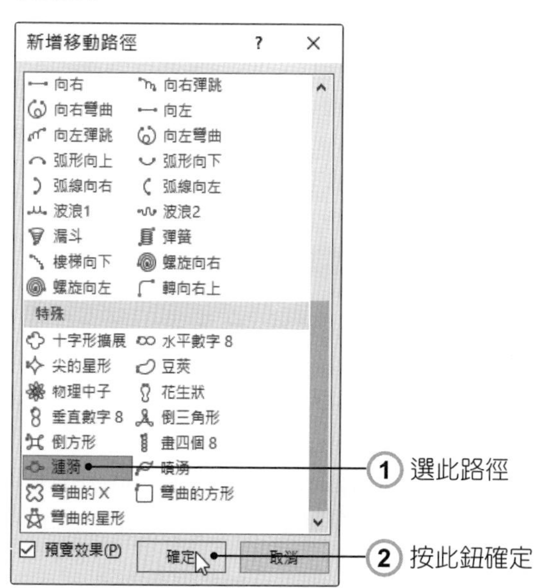

新增移動路徑
向右 向右彈跳
向右彎曲 向左
向左彈跳 向左彎曲
弧形向上 弧形向下
弧線向右 弧線向左
波浪1 波浪2
漏斗 彈簧
樓梯向下 螺旋向右
螺旋向左 轉向右上
特殊
十字形擴展 水平數字 8
尖的星形 豆莢
物理中子 花生狀
垂直數字 8 倒三角形
倒方形 畫四個 8
濾網 噴湧
彎曲的 X 彎曲的方形
彎曲的星形
預覽效果(P)
確定
取消
1 選此路徑
2 按此鈕確定

Step4

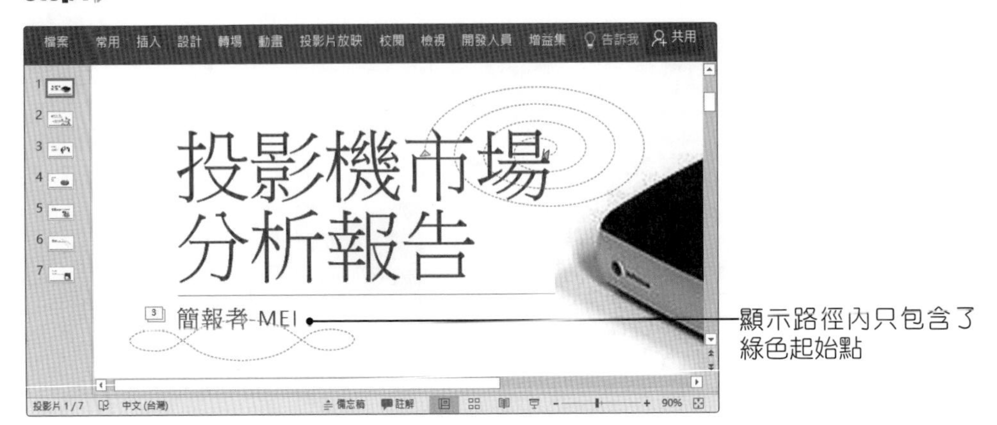

14-4-2 繪製動畫移動路徑

繪製動畫路徑比起預設的動畫路徑可說是更為有彈性，但於繪製時必須對準物件中心點（儘量對準物件中心，起始點即會自動瞄準物件中心點），否則物件的移動位置會先跳至路徑的起始點再運作。

Step1

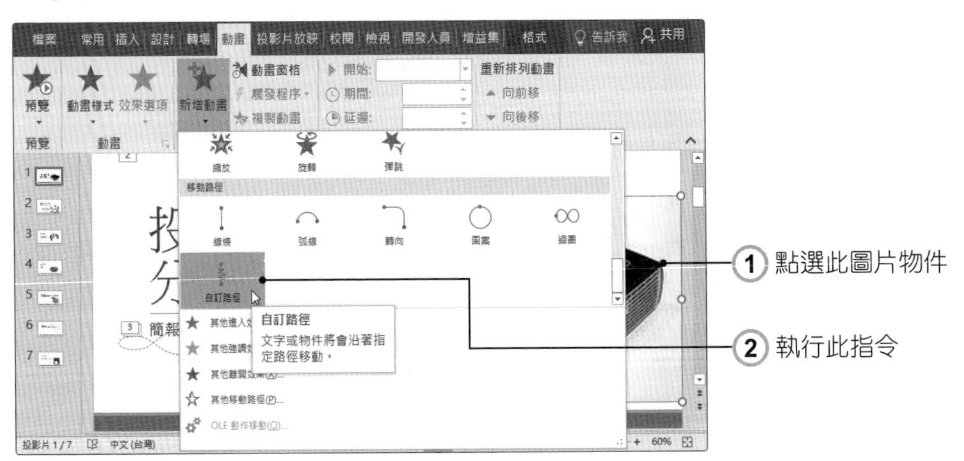

Step2

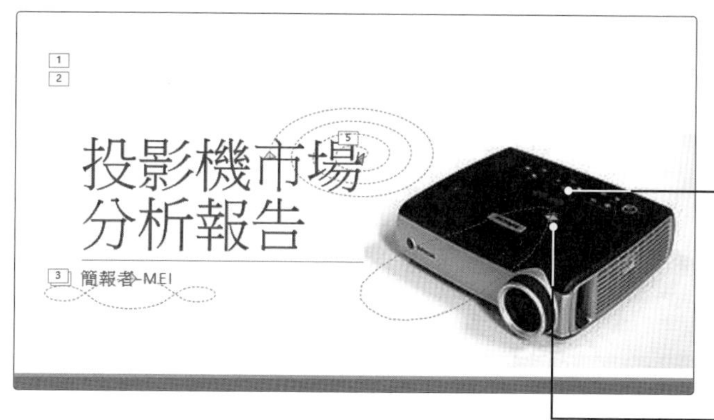

當游標變為鉛筆形狀時，以此處為中心點，任意繪製不規則路徑

將終點與起始點繪製在同一點上，使物件移動後再回到原點，瞧！自訂移動路徑完成

完成上述動作後，請將各動畫的開始方式皆設定為「接續前動畫」。

將所設定動畫的開始方式皆設為接續前動畫

14-4-3 編輯動畫效果選項

請延續上例，切換至第二張投影片繼續下面的執行步驟，以了解編輯動畫效果的選項：

Step1

③ 設定其開始方式為「接續前動畫」
② 新增其動畫效果為「進入／飛入」
① 點選此標題
總體市場與競爭廠商
普大杉鉬生
立童陽麗寶

Step2

③ 設定其開始方式為「接續前動畫」
② 新增其動畫效果為「進入／飛入」
① 點選此文字方塊
總體市場與競爭廠商
普大杉鉬生
立童陽麗寶

Step3

檔案
常用
插入
設計
轉場
動畫
投影片放映
校閱
檢視
開發人員
增益集
格式
告訴我
共用
預覽
動畫樣式
效果選項
新增動畫
動畫窗格
觸發程序
複製動畫
開始:
接續前動畫
期間:
延遲:
重新排列動畫
向前移
向後移
進入
出現
淡出
飛入
漂浮進入
分割
擦去
圖案
滾輪
隨機線條
放大及旋轉
縮放
旋轉
彈跳
強調
其他進入效果(E)...
其他強調效果(M)...
其他離開效果(X)...
其他移動路徑(P)...
OLE 動作移動(O)...
顯示更多移動路徑 (進階動畫)
投影片 2/7
備忘稿
註解
58%
1 點選圖形
2 下拉選擇「其他移動路徑」

Step4

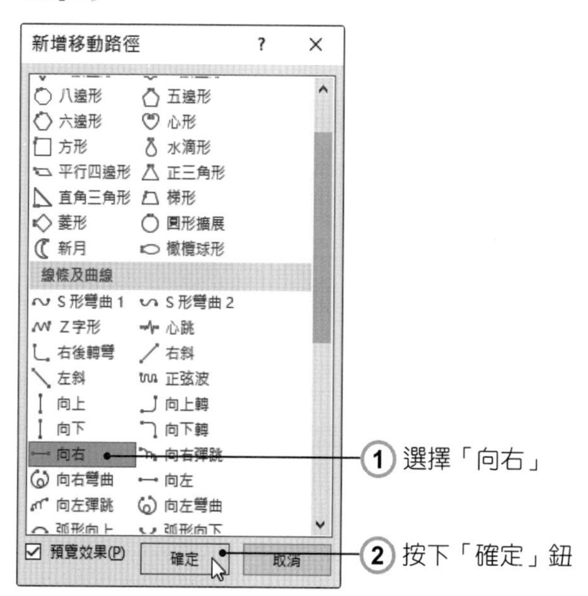

新增移動路徑
八邊形
五邊形
六邊形
心形
方形
水滴形
平行四邊形
正三角形
直角三角形
梯形
菱形
圓形擴展
新月
橄欖球形
線條及曲線
S 形彎曲 1
S 形彎曲 2
Z 字形
心跳
右後轉彎
右斜
左斜
正弦波
向上
向上轉
向下
向下轉
向右
向右彈跳
向右彎曲
向左
向左彈跳
向左彎曲
弧形向上
弧形向下
預覽效果(P)
確定
取消
1 選擇「向右」
2 按下「確定」鈕

Step5

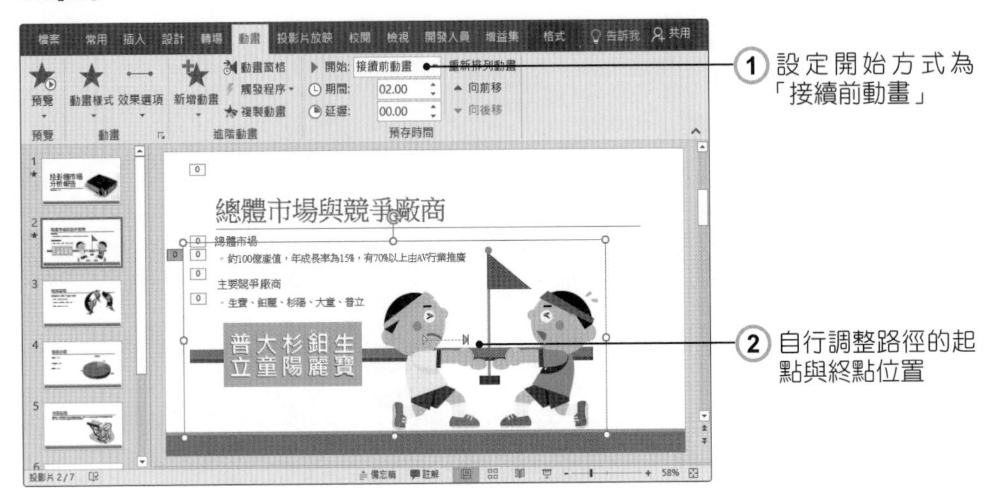

① 設定開始方式為「接續前動畫」
② 自行調整路徑的起點與終點位置
總體市場與競爭廠商

了解動畫新增的方式及編修技巧後，接著請自行發揮創意，依序為其他五張投影片加入動畫的設定。

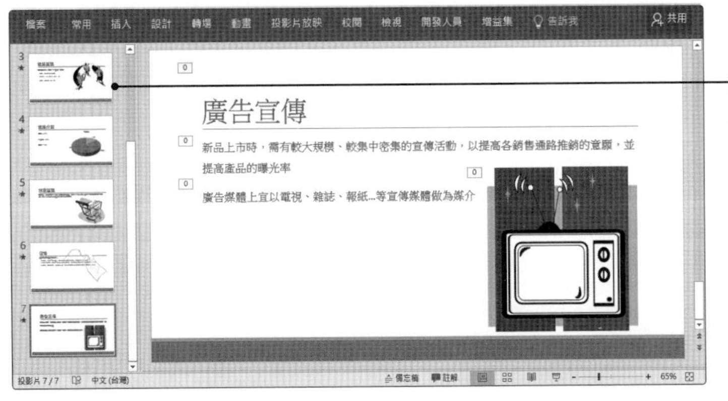

請依序完成 3-7 張投影片的動畫設定
廣告宣傳

14-5 在檢視模式下瀏覽動畫

觀賞簡報動畫除了可在編輯區、放映模式下觀看外，另外在檢視模式下也可瀏覽投影片動畫哦！請讀者們延續上面的範例，繼續下面的執行步驟！

Step1

Step2

14-6 放映時不加動畫

當辛苦製作完成且加上精彩動畫的簡報，卻被覺得太過花俏時，我們可以更改 PowerPoint 的放映方式，取消動畫播放即可，而不需移除動畫效果。

Step1

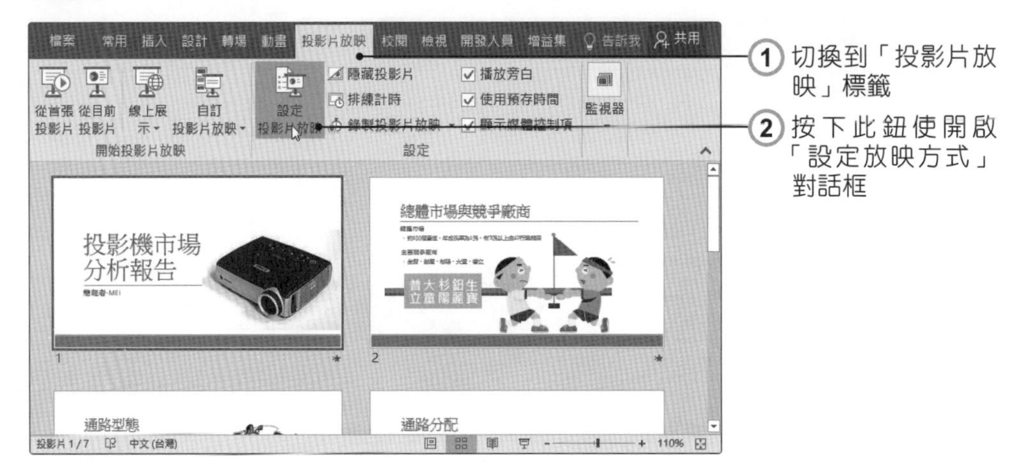

Step2

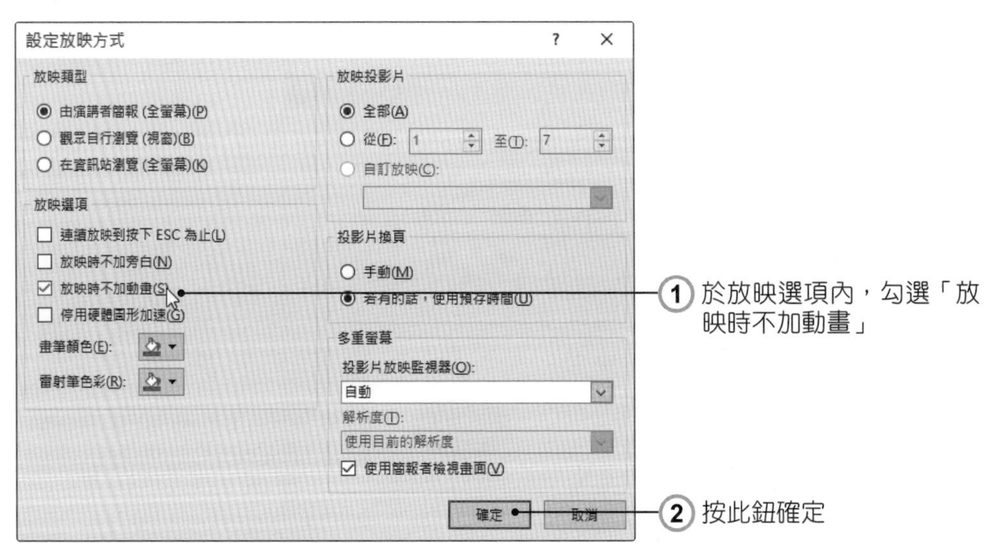

實力評量

是非題

( ) 1. 佈景主題的色彩配置除了預設樣式外，還可自訂色彩配置樣式。

( ) 2. 以色塊處理的向量圖案，大多數都可以重新做組合。

( ) 3. 投影片縮圖最大的顯示比例為 150%。

( ) 4. 設置動畫效果時，可設定物件進入或結束的效果。

( ) 5. 繪製動畫移動路徑時，儘量對準物件中心，起始點即會自動瞄準物件中心點。

選擇題

( ) 1. 下列何者不是編輯佈景主題色彩配置內可更改的選項？

A. 文字 / 背景　　B. 超連結

C. 已瀏覽過的超連結　　D. 以上皆非

( ) 2. 哪一種圖片檔可執行圖案重組？

A.WMF 影像檔　　B.GIF 影像檔　　C.JPG 影像檔　　D.BMP 影像檔

( ) 3. 下列何者不是動畫新增的類型？

A. 進入效果　　B. 離開效果　　C. 強調效果　　D. 移動方向

▶ 實作題

1. 請依下列提示，完成「回家的感覺」溫馨卡片。

   完成檔案：回家的感覺 OK.PPTX

回家的感覺...真好
字型大小為 44、微軟正黑體
插入「太陽.png」插圖
拖曳二個心形圖案如圖
插入「母親.emf」插圖
拖曳出與編輯區同大小的紅色矩形

提示：

① 設定紅色矩形動畫為「進入－隨機線條－接續前動畫」。
② 設定紅色心形動畫為「進入－縮放－接續前動畫」。
③ 設定粉紅色心形動畫為「進入－縮放－與前動畫同時」。
④ 設定全家福照片動畫為「進入－淡出－與前動畫同時」，並設定其延遲時間為 1 秒。
⑤ 設定紅色心形動畫為「強調－脈衝－接續前動畫」。
⑥ 設定粉紅色心形動畫為「強調－脈衝－接續前動畫」。
⑦ 設定太陽動畫為「進入－出現－接續前動畫」，再設定「移動路徑－圖案－接續前動畫」。
⑧ 設定標題動畫為「進入－彈跳－接續前動畫」。

筆記欄

CHAPTER

15 策略聯盟合作計劃

學習重點

- 從大綱插入投影片
- 投影片母片修正
- 動作按鈕與動作設定
- 將簡報儲存成 PowerPoint 播放檔
- 將投影片儲存成圖片

本章簡介

「策略聯盟」主要是由不同的公司企業，為了共同的目標，共同投入資源，相互連結彼此某一部份的事業而成的一種合作關係。此種合作關係，主要是基於降低成本與提高效益的原則，藉由彼此不同的專長與資源，來減少公司成本的支出，並共同分散風險。因此，此合作關係的最終受惠者必須是雙方，每一方都需提供它方所沒有的資源。在本章的範例裡，即以便利商店與貨運公司的策略聯盟為主，搭配 PowerPoint 的部份功能來完成此一實際範例。

範例成果

策略聯盟計劃
愛樂便利事業股份有限公司（簡稱甲方）
東方快遞股份有限公司（簡稱乙方）

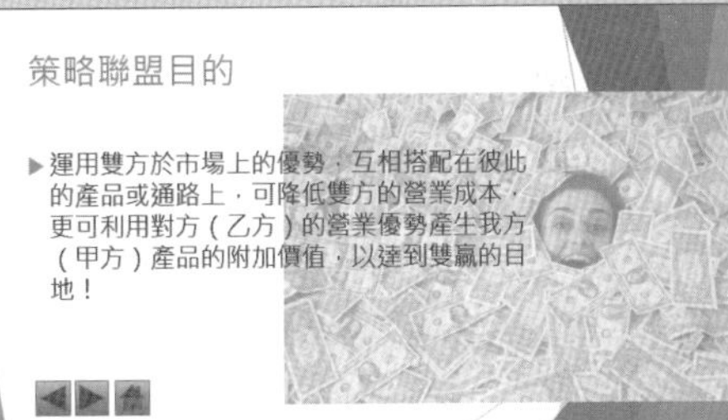
策略聯盟目的
▶運用雙方於市場上的優勢，互相搭配在彼此的產品或通路上，可降低雙方的營業成本，更可利用對方（乙方）的營業優勢產生我方（甲方）產品的附加價值，以達到雙贏的目地！

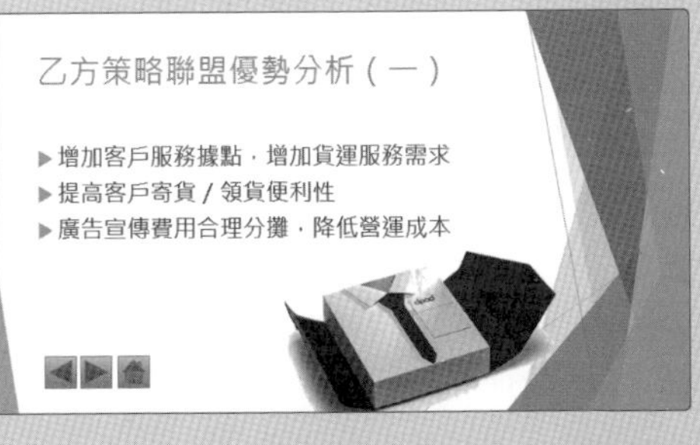
乙方策略聯盟優勢分析（一）
▶增加客戶服務據點，增加貨運服務需求
▶提高客戶寄貨 / 領貨便利性
▶廣告宣傳費用合理分攤，降低營運成本

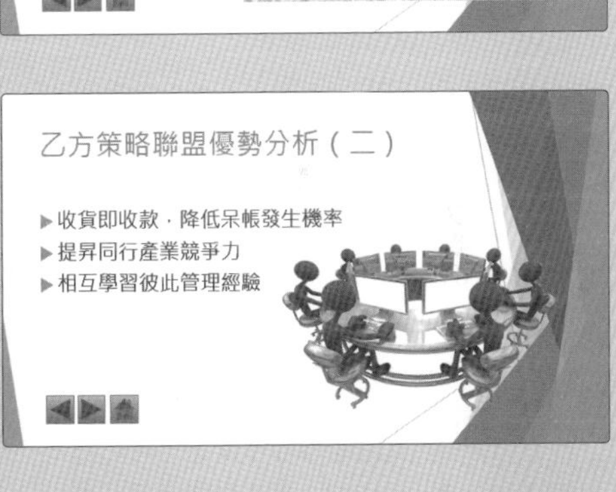
乙方策略聯盟優勢分析（二）
▶收貨即收款，降低呆帳發生機率
▶提昇同行產業競爭力
▶相互學習彼此管理經驗

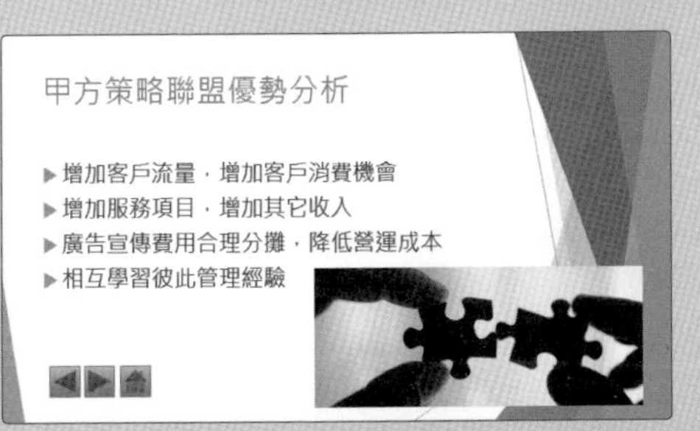
甲方策略聯盟優勢分析
▶增加客戶流量，增加客戶消費機會
▶增加服務項目，增加其它收入
▶廣告宣傳費用合理分攤，降低營運成本
▶相互學習彼此管理經驗

客戶策略聯盟優勢分析
▶增加寄貨的便利性
▶提高於各地領貨的便利性

15-1 從大綱插入投影片

當您已擁有某一主題的大綱文字資料時，不論其格式為 *.doc、*.rtf 或 *.txt…等檔案類型，皆可直接將其轉成投影片的大綱，而不需再額外輸入這些文字。本章範例裡提供了「策略聯盟計劃 .doc」文件檔，供您實際操作演練。請開啟簡報新檔，並開始下列的執行動作：

Step1

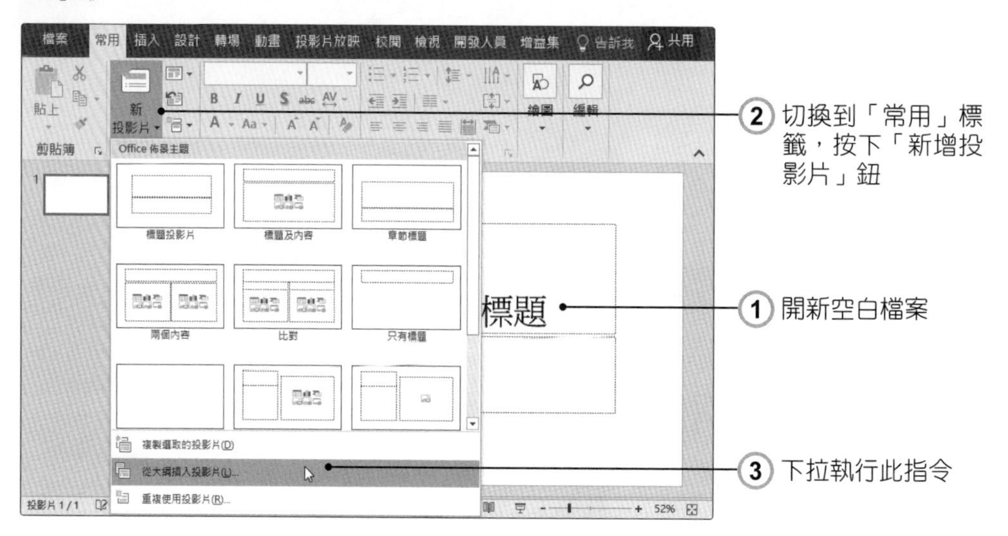

Step2

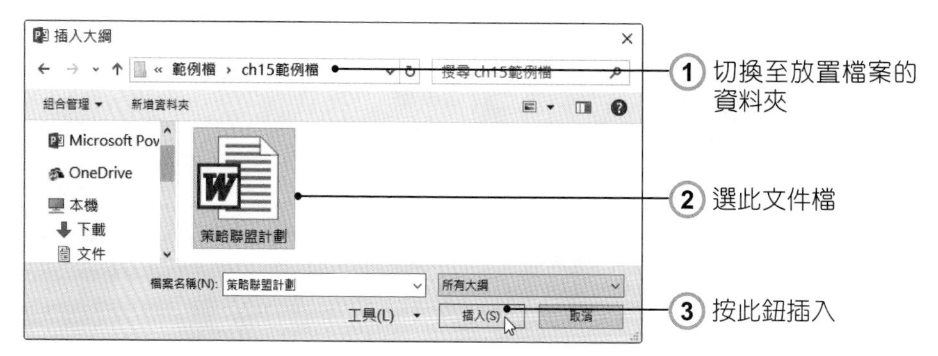

Step3

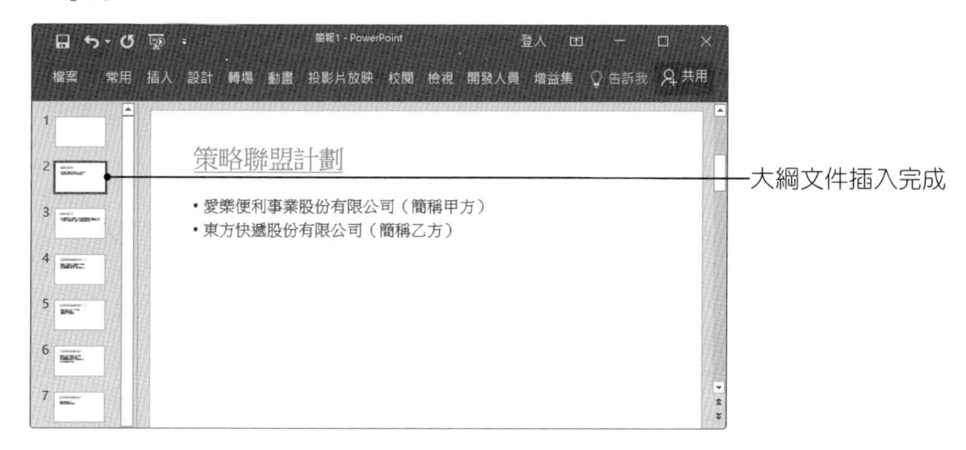

插入大綱後，再將此簡報套上合適的佈景主題，整個簡報就完成了一半囉！

Step1

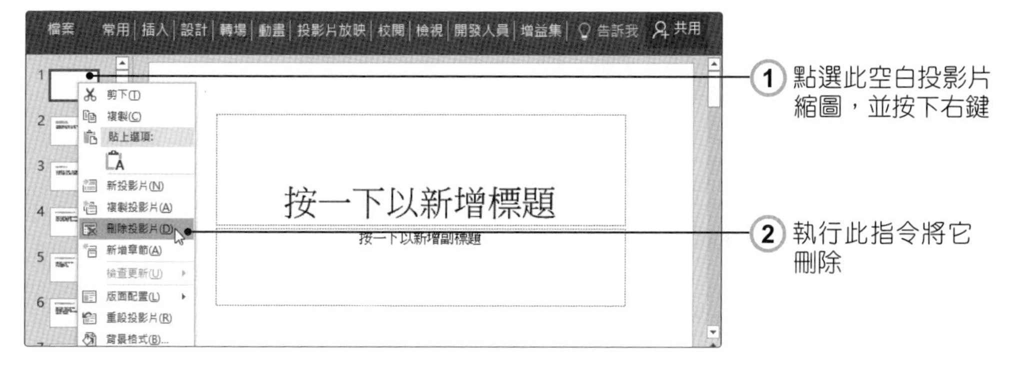

Step2

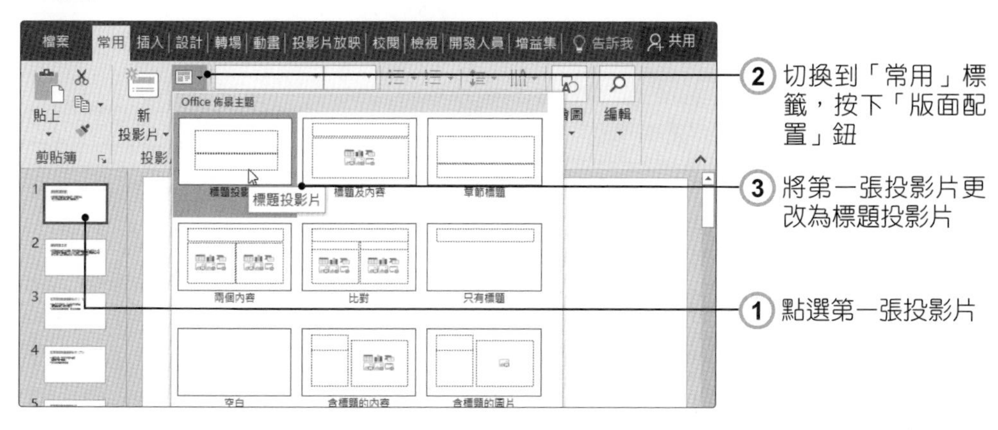

Step3

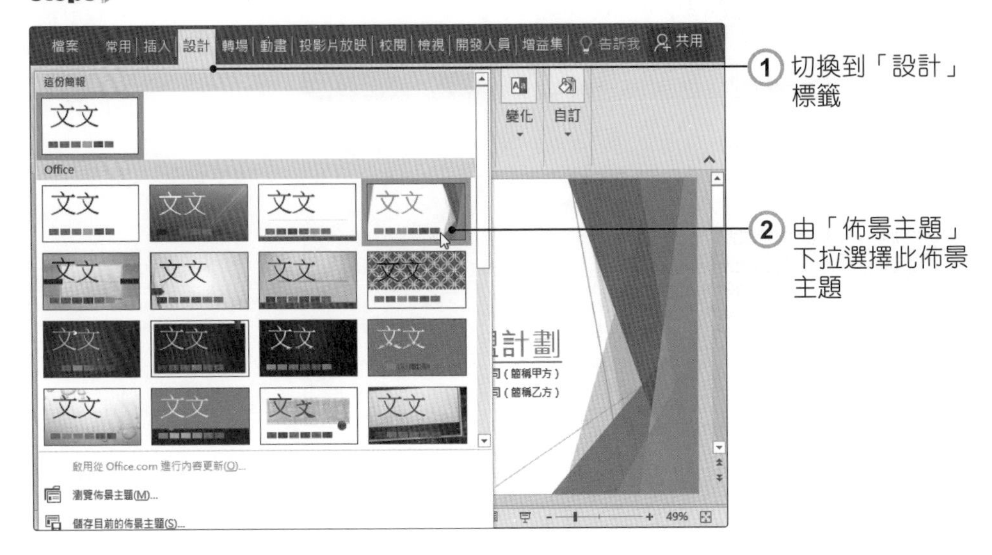
檔案
常用
插入
設計
轉場
動畫
投影片放映
校閱
檢視
開發人員
增益集
告訴我
共用
這份簡報
Office
變化
自訂
啟用從 Office.com 進行內容更新(O)...
瀏覽佈景主題(M)...
儲存目前的佈景主題(S)...
49%
1 切換到「設計」標籤
2 由「佈景主題」下拉選擇此佈景主題

Step4

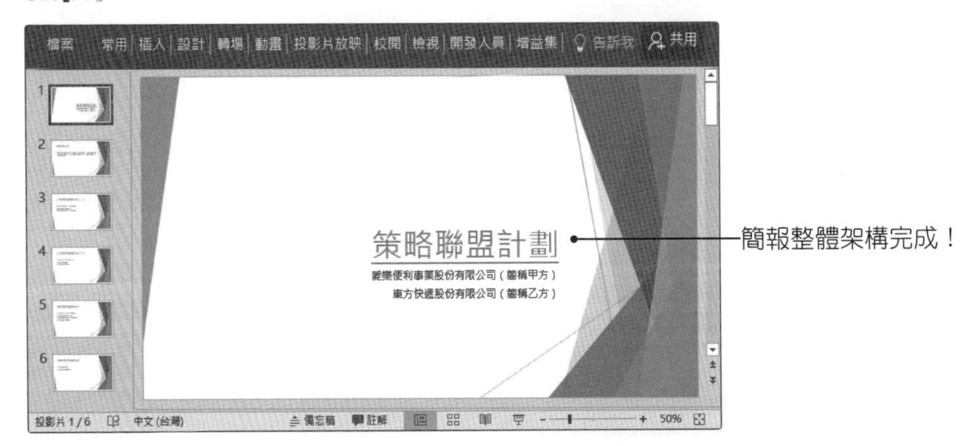
檔案
常用
插入
設計
轉場
動畫
投影片放映
校閱
檢視
開發人員
增益集
告訴我
共用
策略聯盟計劃
愛樂便利事業股份有限公司（簡稱甲方）
東方快遞股份有限公司（簡稱乙方）
投影片 1/6
中文(台灣)
備忘稿
註解
50%
簡報整體架構完成！

15-2 投影片母片修正

在套用佈景主題後，如果各位覺得文字過小，想要放大文字，不妨透過「投影片母片」的方式來修正。

Step1

① 切換到「檢視」標籤
② 按下「投影片母片」鈕
策略聯盟計劃
愛樂便利事業股份有限公司（簡稱甲方）
東方快遞股份有限公司（簡稱乙方）

Step2

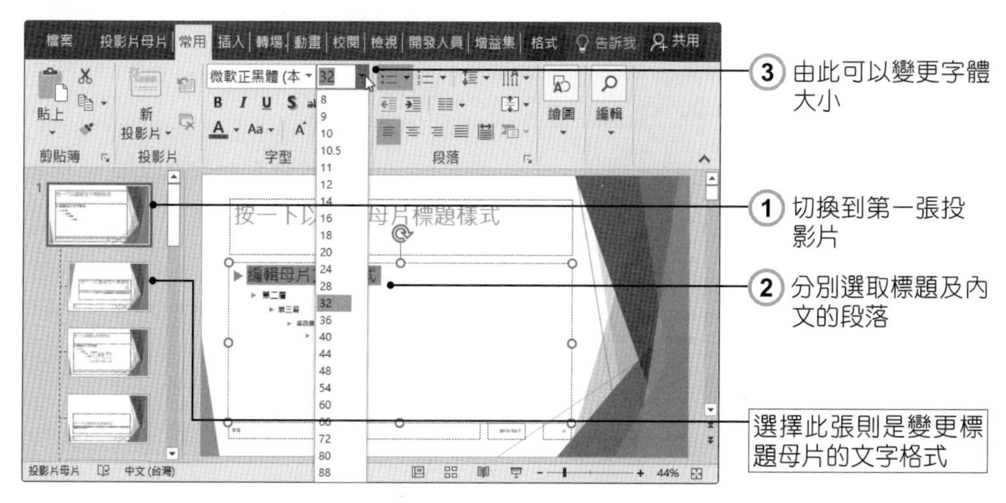

③ 由此可以變更字體大小
① 切換到第一張投影片
② 分別選取標題及內文的段落
選擇此張則是變更標題母片的文字格式

Step3

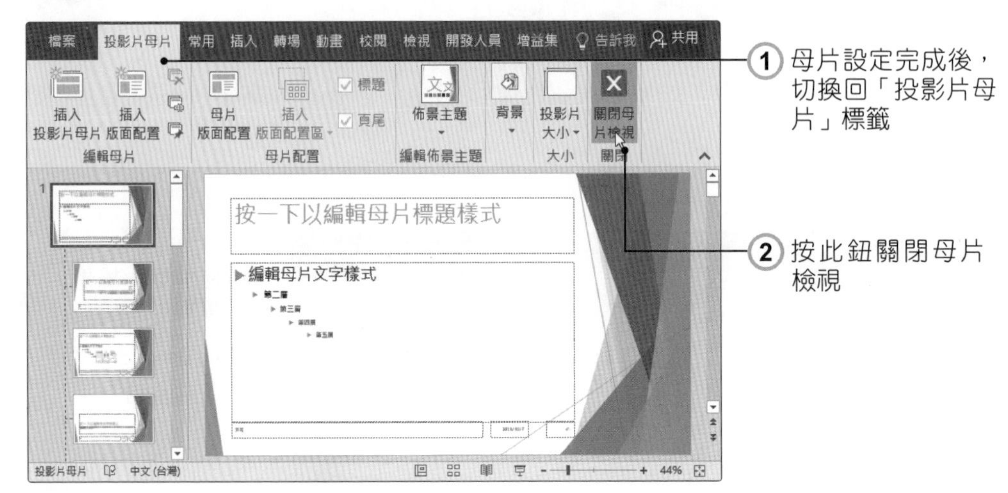

Step4

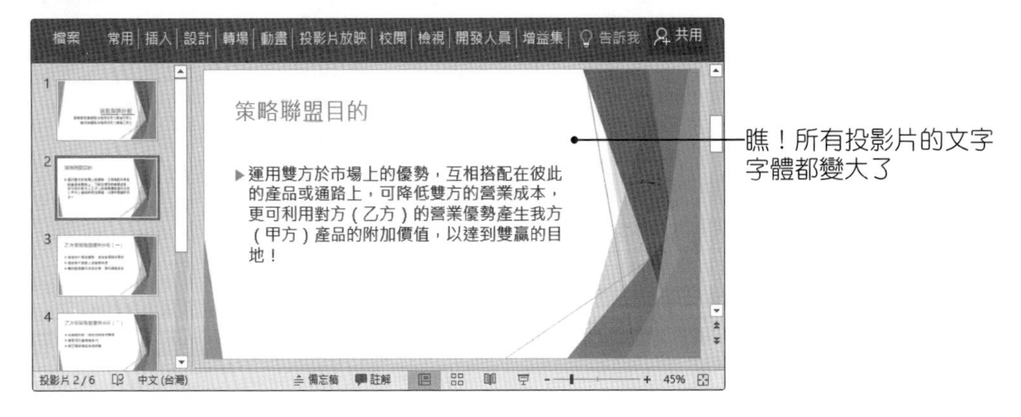

接下來我們依序為投影片加入插圖，使投影片變得更豐富美觀些。請各位利用「插入」標籤的「線上圖片」功能來搜尋相關的插圖，並由「格式」標籤做圖片的調整。

第二張投影片

▶ 運用雙方於市場上的優勢，互相搭配在彼此的產品或通路上，可降低雙方的營業成本，更可利用對方（乙方）的營業優勢產生我方（甲方）產品的附加價值，以達到雙贏的目地！

由「插入」標籤按下「線上圖片」鈕，輸入搜尋文字「獲利」使插入此圖，由「格式」標籤變更圖片色彩後，按右鍵將圖片移到最下層

第三張投影片

乙方策略聯盟優勢分析（一）

▶ 增加客戶服務據點，增加貨運服務需求
▶ 提高客戶寄貨 / 領貨便利性
▶ 廣告宣傳費用合理分攤，降低營運成本

按下「線上圖片」鈕，輸入搜尋文字「包裹」使插入此圖，由「格式」標籤按下「色彩」鈕，將白色背景設為透明色彩，按右鍵將圖片移到最下層

第四張投影片

乙方策略聯盟優勢分析（二）

▶ 收貨即收款，降低呆帳發生機率
▶ 提昇同行產業競爭力
▶ 相互學習彼此管理經驗

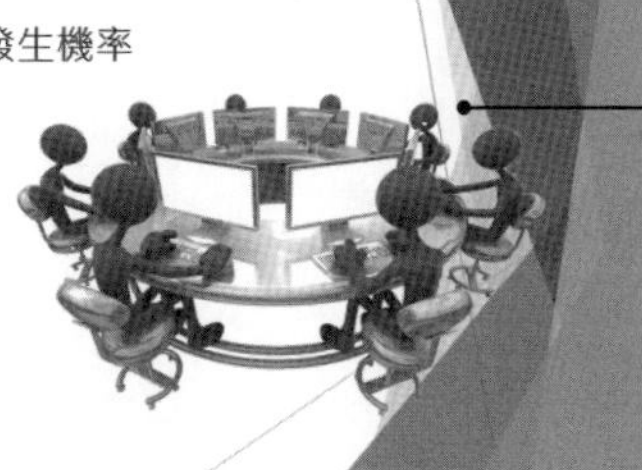

按下「線上圖片」鈕，輸入搜尋文字「合作」使插入此圖，由「格式」標籤按下「色彩」鈕，將白色背景設為透明色彩

第五張投影片

甲方策略聯盟優勢分析

- 增加客戶流量，增加客戶消費機會
- 增加服務項目，增加其它收入
- 廣告宣傳費用合理分攤，降低營運成本
- 相互學習彼此管理經驗

按下「線上圖片」鈕，輸入搜尋文字「策略聯盟」使插入此圖

第六張投影片

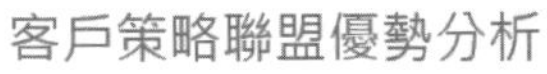

- 增加寄貨的便利性
- 提高於各地領貨的便利性

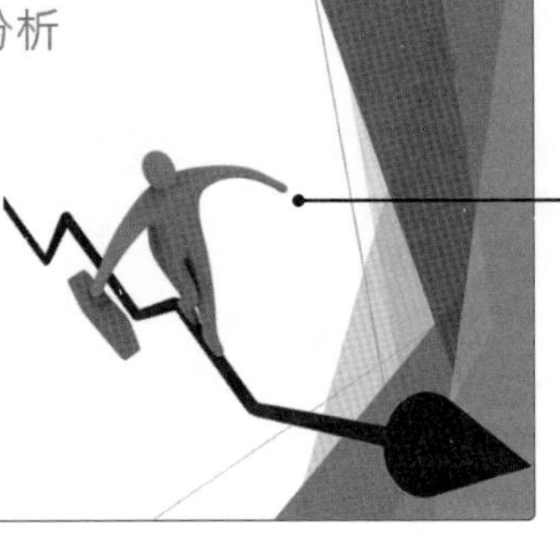

按下「線上圖片」鈕，輸入搜尋文字「優勢」使插入此圖

15-3 動作按鈕與動作設定

在簡報放映模式內，若要切換投影片，可按下滑鼠左鍵或位於視窗下方的切換鈕，除了此兩種選擇外，PowerPoint 還提供了另一種選擇哦！請讀者們延續上面的範例，一起來瞧瞧此項新選擇的用法！

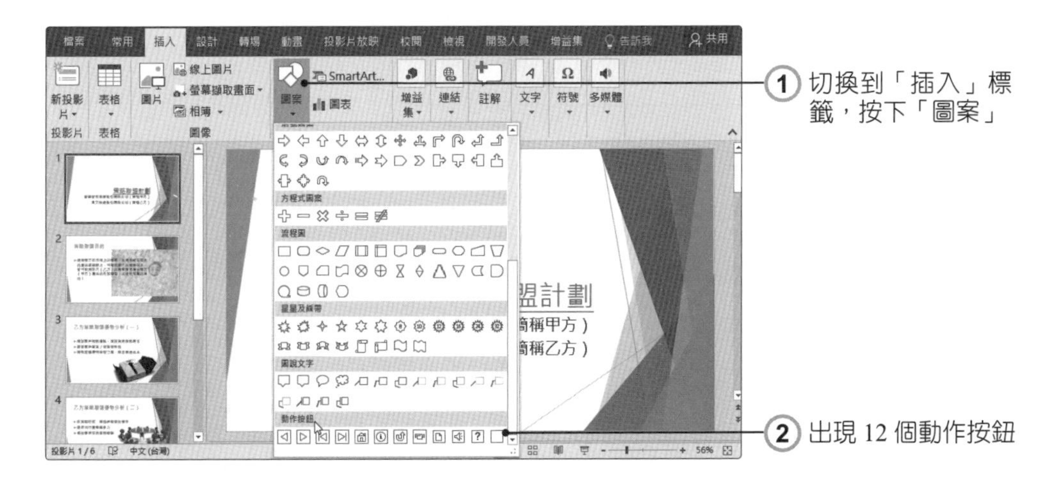

① 切換到「插入」標籤，按下「圖案」
② 出現 12 個動作按鈕

此十二個動作按鈕皆有其各自所代表的按鈕功能（除了自訂按鈕外），讀者們可視自己的需求使用。現在我們即針對此項簡報，挑選幾個較為實用的按鈕來設定其功能。

Step1

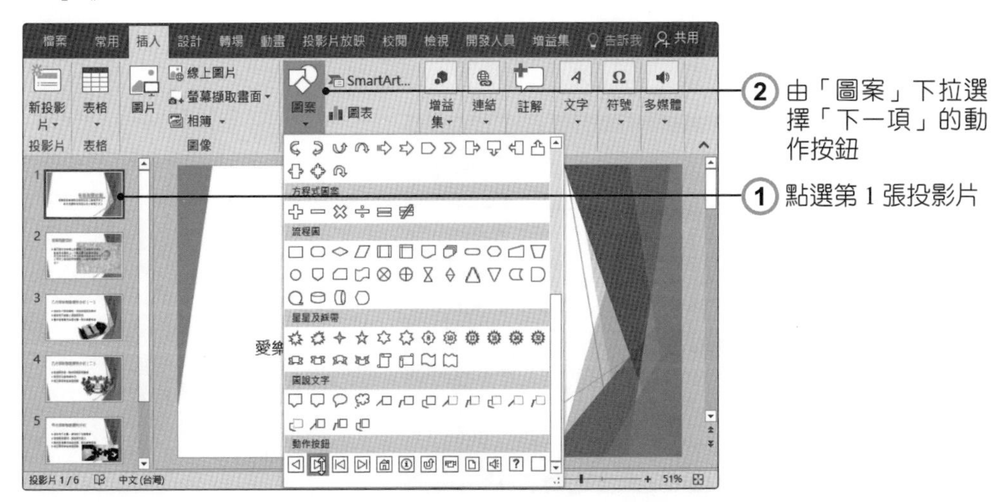

② 由「圖案」下拉選擇「下一項」的動作按鈕
① 點選第 1 張投影片

Step2

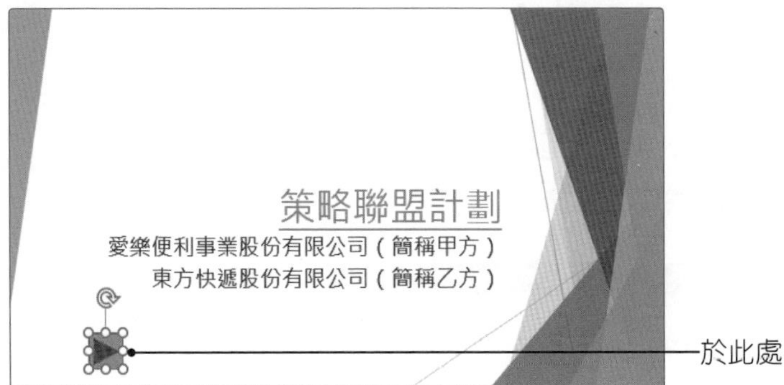

於此處拖曳該按鈕大小

Step3

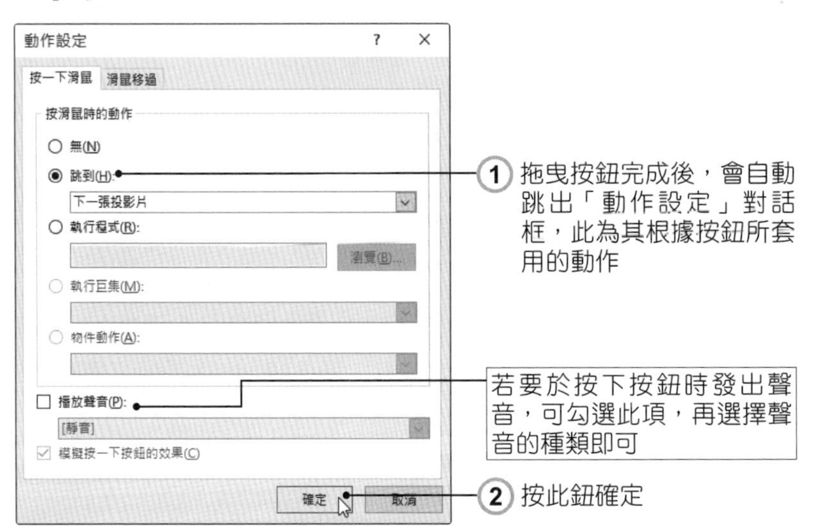

Step4

播放投影片時，將滑鼠移到按鈕處，游標會變為手指形狀，此時請按一下滑鼠左鍵

Step5

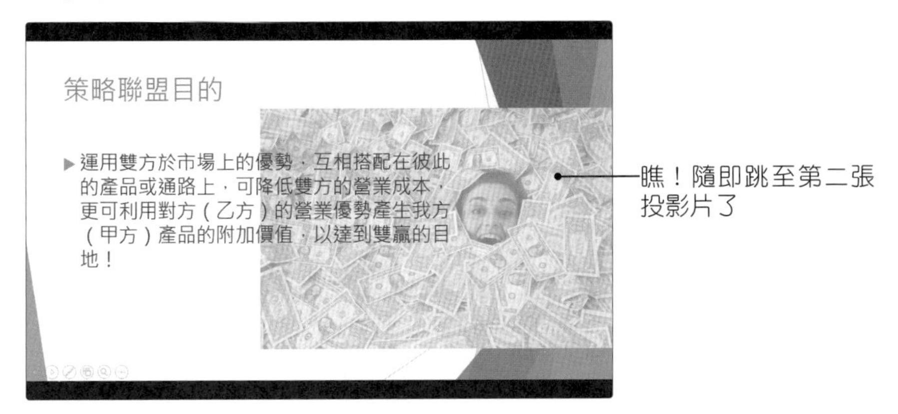

既然此動作按鈕也位於「圖案」內，就表示它也像一般快取圖案一樣，可旋轉、變更色彩與放大縮小。就讓我們來為此按鈕換個醒目一點的顏色吧！

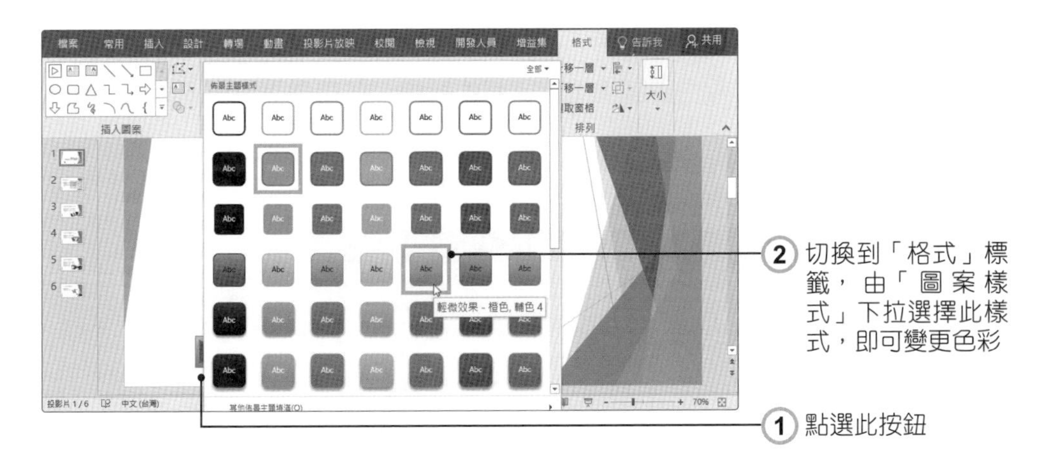

接下來就請在第 2 張投影片內插入「上一項」、「下一項」與「首頁」的按鈕。

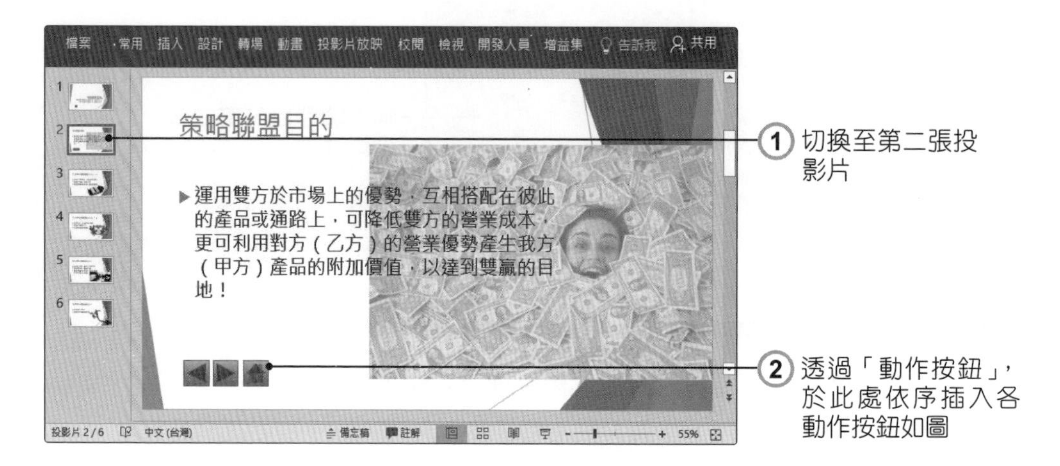

策略聯盟目的
運用雙方於市場上的優勢，互相搭配在彼此的產品或通路上，可降低雙方的營業成本，更可利用對方（乙方）的營業優勢產生我方（甲方）產品的附加價值，以達到雙贏的目地！
① 切換至第二張投影片
② 透過「動作按鈕」，於此處依序插入各動作按鈕如圖

完成上述動作後，讀者可利用「複製」與「貼上」功能，將此三個動作按鈕複製到 3 至 6 張的投影片內，減少重覆編輯的麻煩，並稍微更改第 6 張的動作按鈕。

Step1

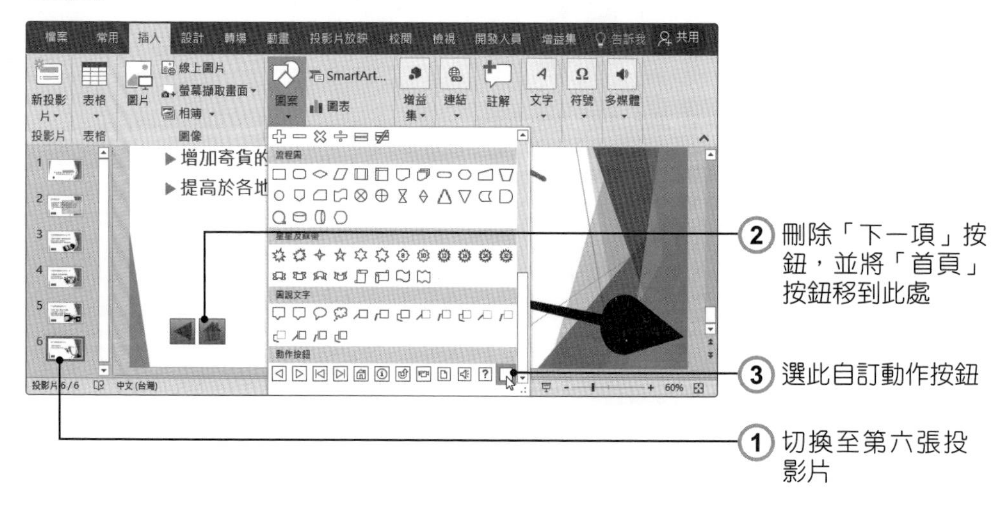

② 刪除「下一項」按鈕，並將「首頁」按鈕移到此處
③ 選此自訂動作按鈕
① 切換至第六張投影片

Step2

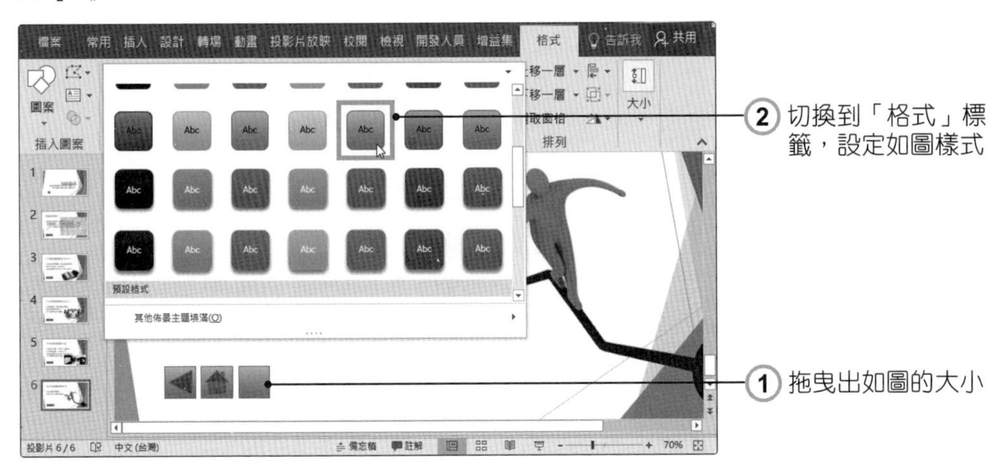

格式
預設格式
其他佈景主題填滿(O)
2 切換到「格式」標籤，設定如圖樣式
1 拖曳出如圖的大小

Step3

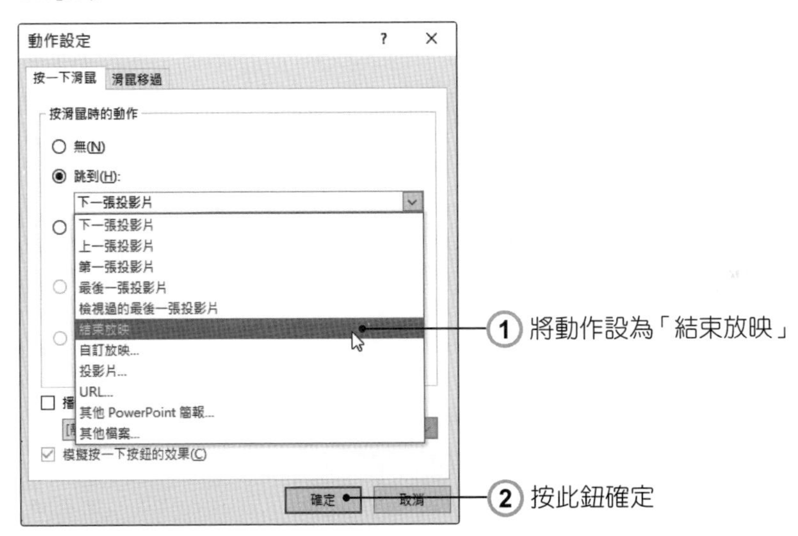

動作設定
按一下滑鼠
滑鼠移過
按滑鼠時的動作
無(N)
跳到(H):
下一張投影片
下一張投影片
上一張投影片
第一張投影片
最後一張投影片
檢視過的最後一張投影片
結束放映
自訂放映...
投影片...
URL...
其他 PowerPoint 簡報...
其他檔案...
模擬按一下按鈕的效果(C)
確定
取消
1 將動作設為「結束放映」
2 按此鈕確定

Step4

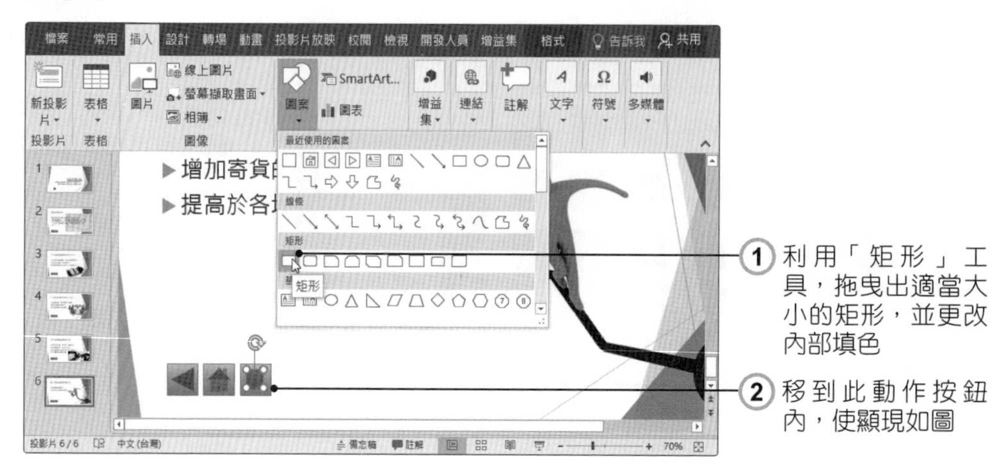

① 利用「矩形」工具，拖曳出適當大小的矩形，並更改內部填色
② 移到此動作按鈕內，使顯現如圖

若完成動作按鈕後，又想更改其設定，可按右鍵執行「編輯超連結」指令，進入「動作設定」對話框內進行編輯即可。

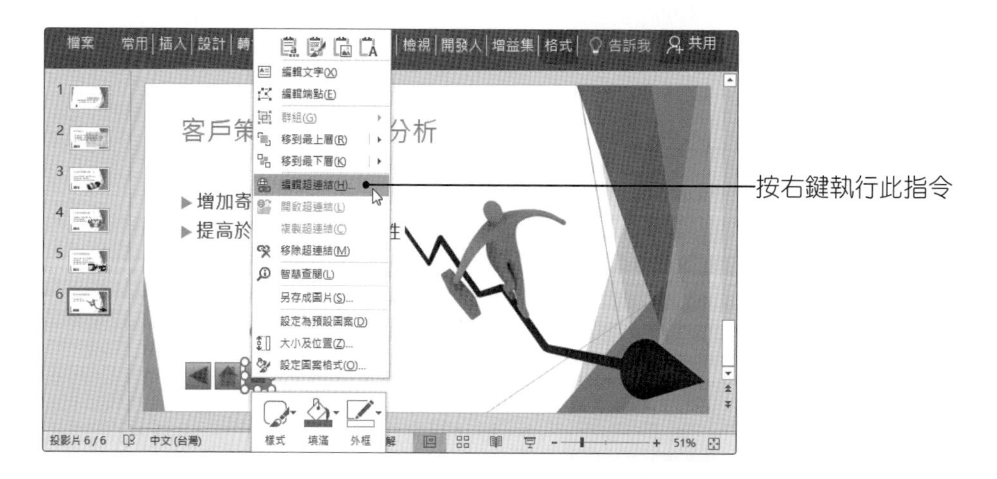

15-4 將簡報儲存成 PowerPoint 播放檔

將簡報儲存成 PowerPoint 播放檔的方便性在於，一來可避免簡報被不當的修改編輯，二來當要播放簡報的電腦內並無安裝 PowerPoint 時，同樣可播放此簡報。請讀者們延續上面的範例，繼續執行下面的動作：

Step1

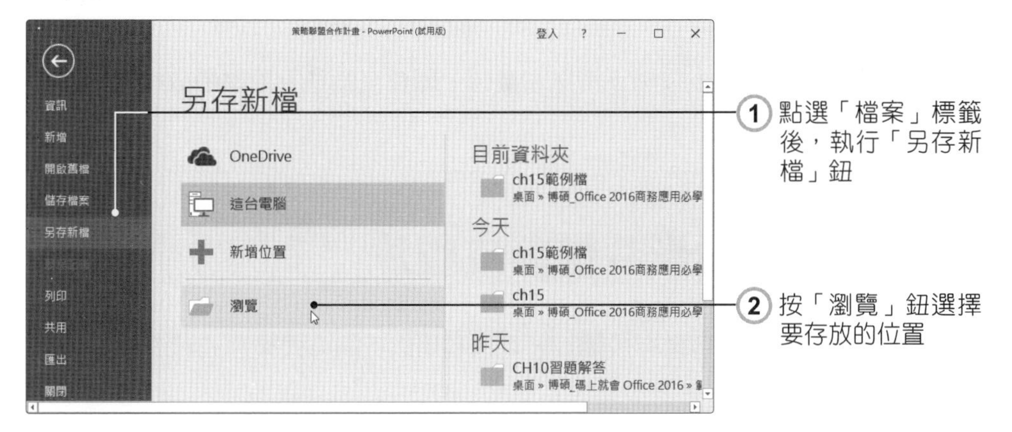

Step2

Step3

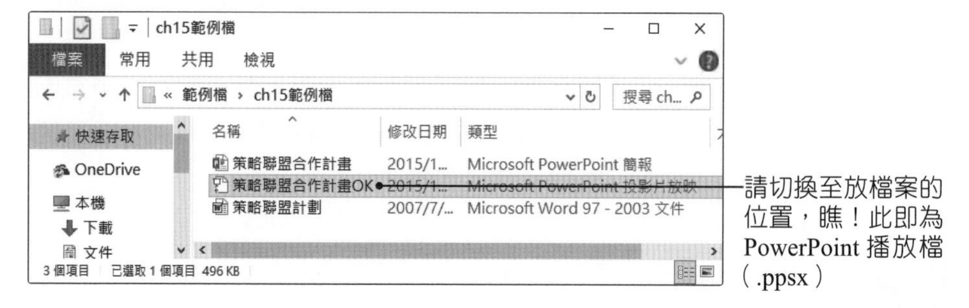

當於投影片播放檔上按兩下滑鼠左鍵時，即會自動進入簡報播放模式，而不會啟動 PowerPoint 程式。

15-5 將投影片儲存成圖片

如果想將投影片內容儲存成圖片，可以利用以下的方式來達成喔！

Step1

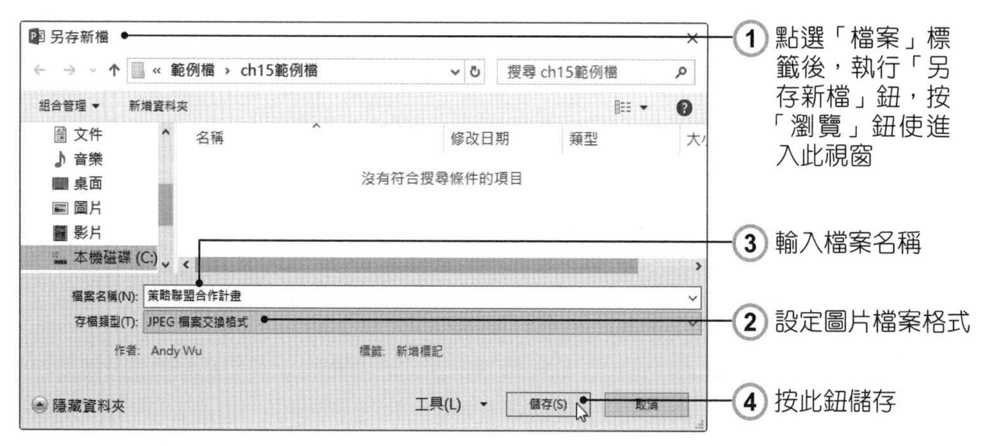

Step2

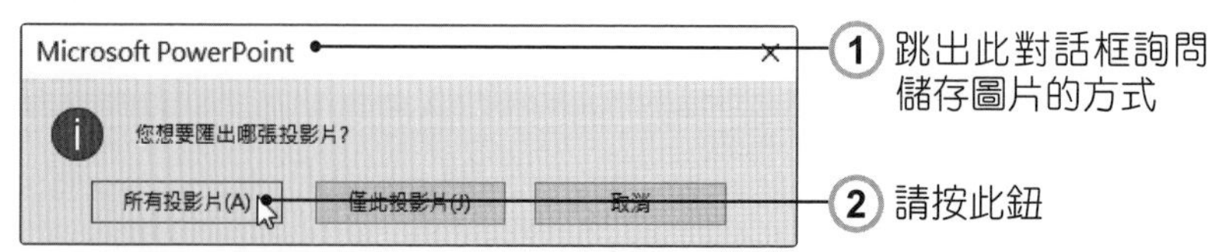

Step3

儲存後會跳出此對話框，告知儲存簡報圖片的位置，請按「確定」鈕離開

Step4

瞧！出現一個放置簡報圖片的資料夾，內為本範例的 6 張簡報圖片哦！

實力評量

是非題

(　) 1. 從大綱插入投影片可免除重覆輸入投影片文字的步驟。

(　) 2. PowerPoint 所提供的動作按鈕共有 15 個。

(　) 3. 若完成動作按鈕後，又想更改其設定，可按右鍵執行「編輯超連結」指令，進入「動作設定」對話框內進行編輯即可。

(　) 4. 簡報儲存成 PowerPoint 播放檔後，其檔案格式為 .pptx。

選擇題

(　) 1. 下列關於動作按鈕的設定何者有誤？
A. 由「插入」標籤按下「圖案」鈕，即可選擇動作按鈕
B. 由「插入」標籤按下 鈕也可以插入動作按鈕
C. 動作按鈕可以更改其填色
D. 動作按鈕可調整其大小

(　) 2. 下列何者為動作按鈕的自訂類型圖示？
A. □　B. 　C. 　D. ?

(　) 3. 將簡報儲存成播放檔的優點不包括下列何者？
A. 讓簡報固定以投影片放映簡報開啟的類型
B. 當要播放簡報的電腦內並無安裝 PowerPoint 時，同樣可播放此簡報
C. 可方便自己做編輯
D. 可避免簡報被他人不當的修改編輯

(　) 4. 有關簡報存檔的敘述，何者有誤？
A. 可儲存成簡報設計範本　B. 可儲存成 JPG 檔案交換格式
C. 可儲存成 PSD 圖形交換格式　D. 可儲存成 PowerPoint 播放檔

(　) 5. 將簡報儲存成 JPG 檔案交換格式時，會出現哪些情況？下列何者為非？
A. 可選擇匯出每一張投影片
B. 可選擇匯出目前的投影片
C. 儲存檔案後，會跳出對話框告知存檔的位置
D. 儲存檔案後，會將所有圖片集中於一個公事包內

(　) 6. 下列何者不是執行「從大綱插入投影片」功能時，PowerPoint 可接受的檔案類型？
A.*.doc 檔　B.*.xls 檔　C.*.rtf 檔　D.*.txt 檔

實作題

1. 請利用「從大綱插入投影片」功能，將「中國文學 - 神話選寓言選.doc」匯入到簡報中，並套用「有機」的佈景主題。
完成檔案：中國文學.pptx

提示：
由「常用」標籤的「新增投影片」中，使用「從大綱插入投影片」功能，插入「中國文學 - 神話選寓言選.doc」，並套用「有機」的佈景主題。

2. 請依下列提示，完成「中國文學 2」簡報，同時將完成的簡報儲存為簡報檔、簡報播放檔與 JPG 檔案交換格式檔。

插入圖案「龍.emf」

複製圖案後，由「格式」標籤做水平翻轉，再置於右側

神話選

- 夸父逐日
- 夸父與日逐走，入日。渴，欲得飲，飲於河、渭；河、渭不足，北飲大澤。未至，道渴而死。棄其杖，化為鄧林。

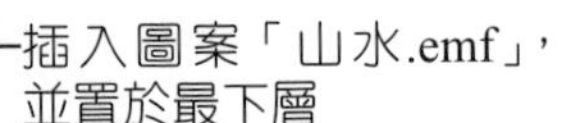

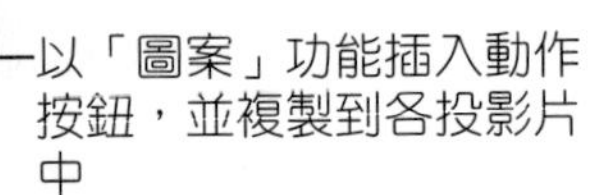

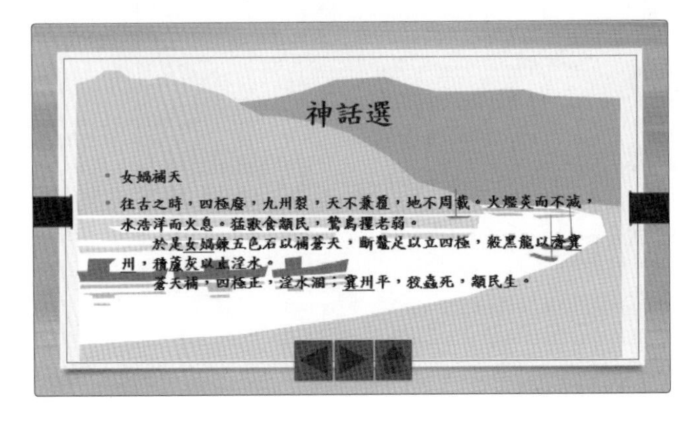

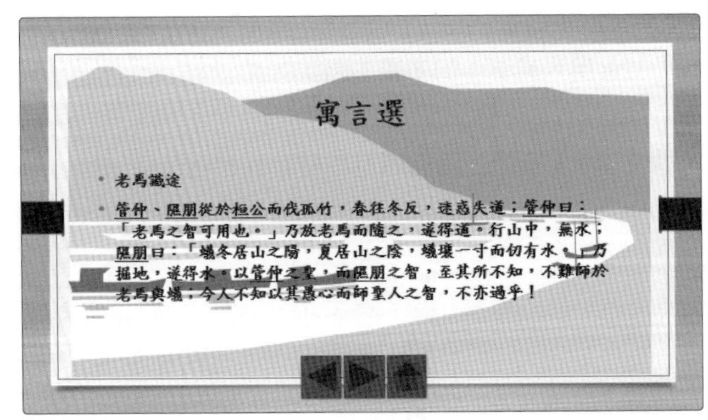

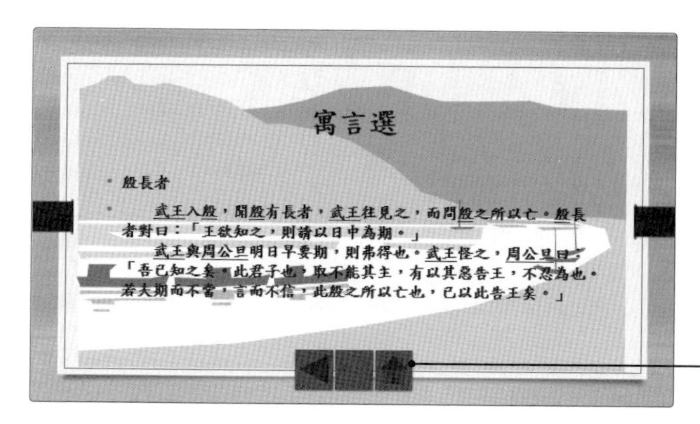

提示：

由「常用」標籤執行「另存新檔」指令，再依指定格式做選擇。

CHAPTER

16 股東會營運報告

學習重點

- 插入與編輯組織圖表
- 插入 Excel 物件
- 編輯連結物件或內嵌物件
- 隱藏投影片
- 更改摘要資訊
- 安全性設定
- 封裝簡報

本章簡介

本章範例裡，我們將以製作公司行號年度營運報告為主，學習各項 PowerPoint 內較為高階的運用技巧，除了設定簡報安全、插入其他軟體物件與封裝簡報…外，還將學習在製作完成的簡報上加入密碼，讓簡報增加一層保護。

範例成果

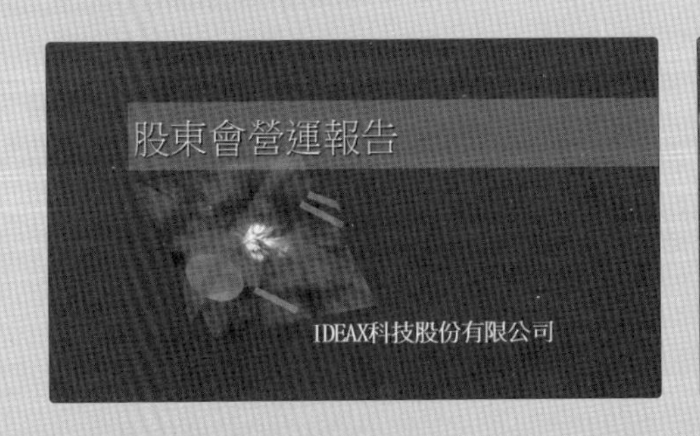

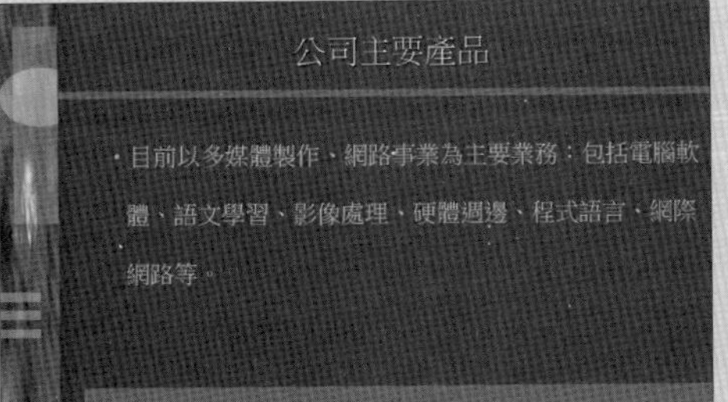

公司主要產品
目前以多媒體製作、網路事業為主要業務：包括電腦軟體、語文學習、影像處理、硬體週邊、程式語言、網際網路等。

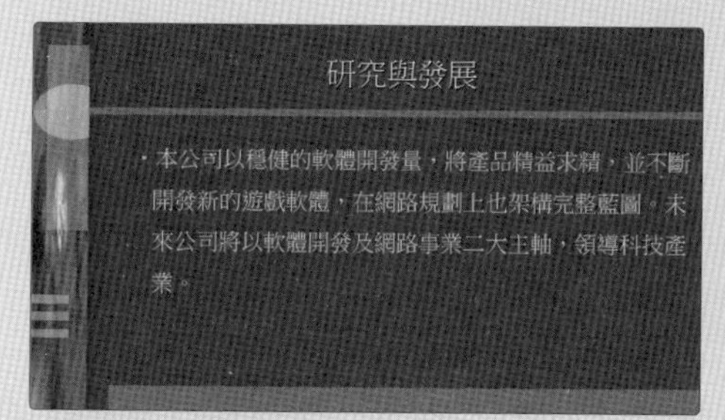

研究與發展
本公司以穩健的軟體開發量，將產品精益求精，並不斷開發新的遊戲軟體，在網路規劃上也架構完整藍圖。未來公司將以軟體開發及網路事業二大主軸，領導科技產業。

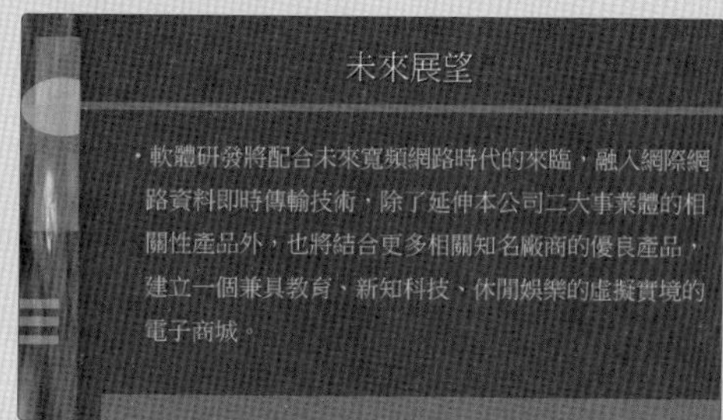

未來展望
軟體研發將配合未來寬頻網路時代的來臨，融入網際網路資料即時傳輸技術，除了延伸本公司二大事業體的相關性產品外，也將結合更多相關知名廠商的優良產品，建立一個兼具教育、新知科技、休閒娛樂的虛擬實境的電子商城。

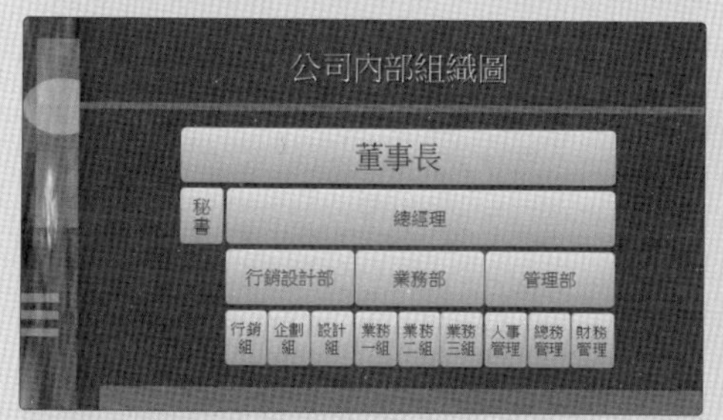

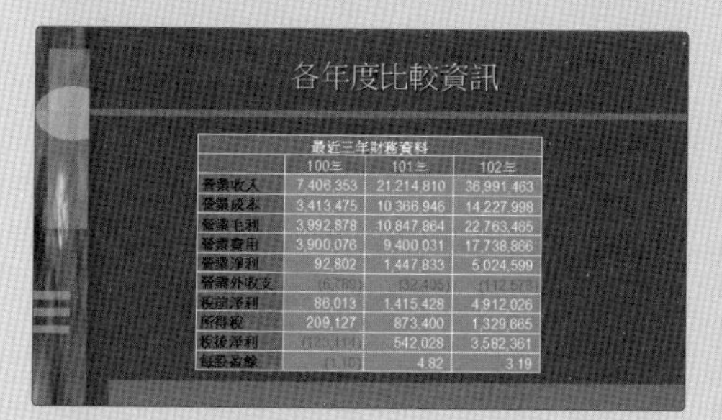

103年營收預測

年度 項目	預估營業盈餘 103年
營業收入	90,940,000
營業成本	35,388,100
營業毛利	55,551,900
營業費用	12,798,918
稅前淨利	42,752,982
稅前EPS	6.36
預估所得稅	10,921,180
稅後淨利	31,831,802
稅後EPS	4.73

在開始各項功能運用前，我們先來執行簡報內較為基礎的文字輸入與編輯動作。請讀者們開啟範例檔「股東會營運報告.pptx」，並執行下面的動作：

Step1

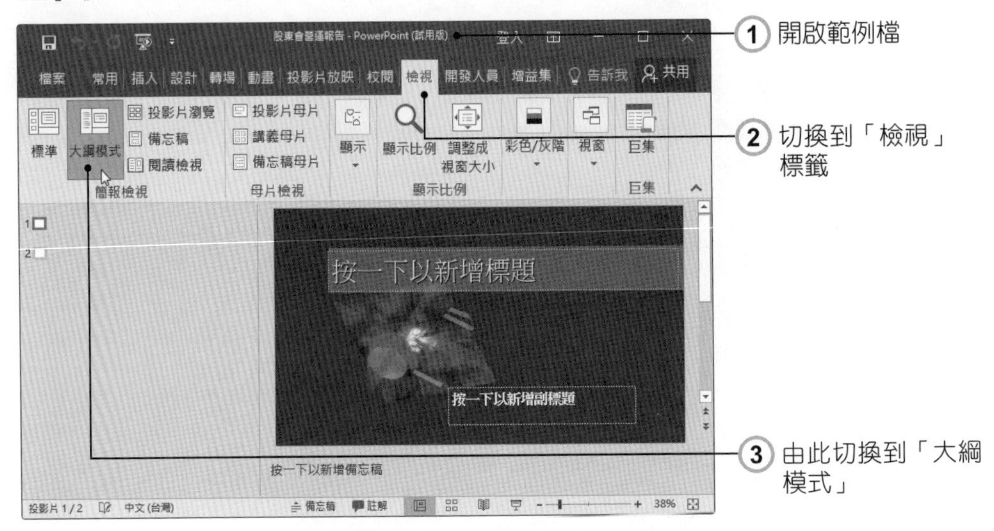

Step2

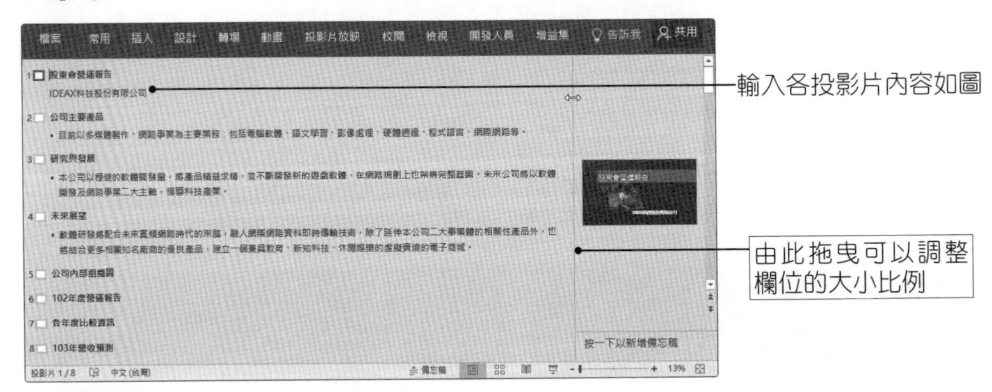

Step3

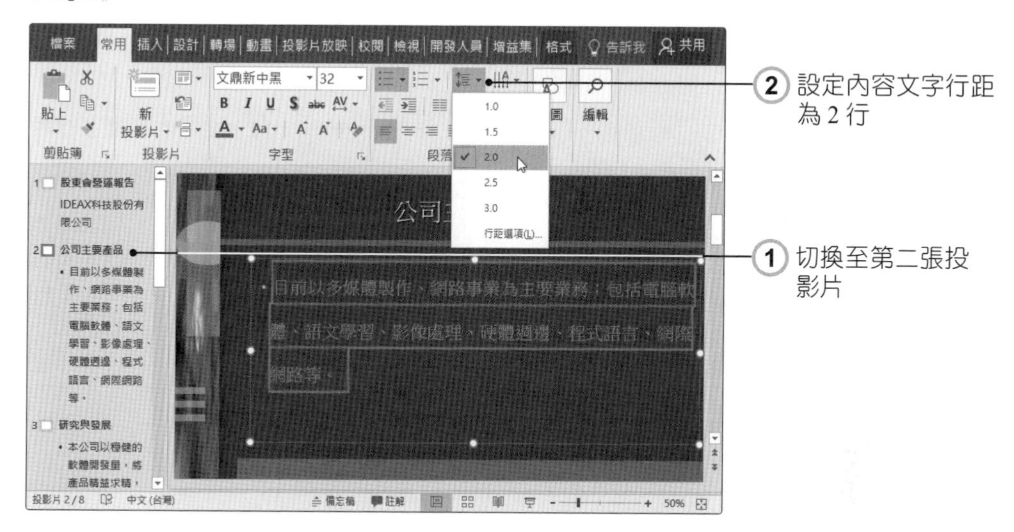

② 設定內容文字行距為 2 行
① 切換至第二張投影片

Step4

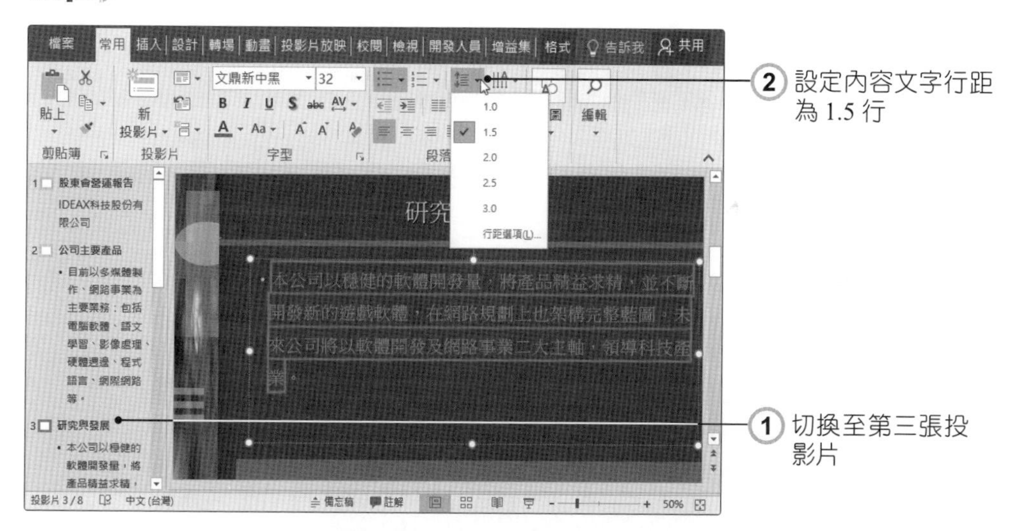

② 設定內容文字行距為 1.5 行
① 切換至第三張投影片

Step5

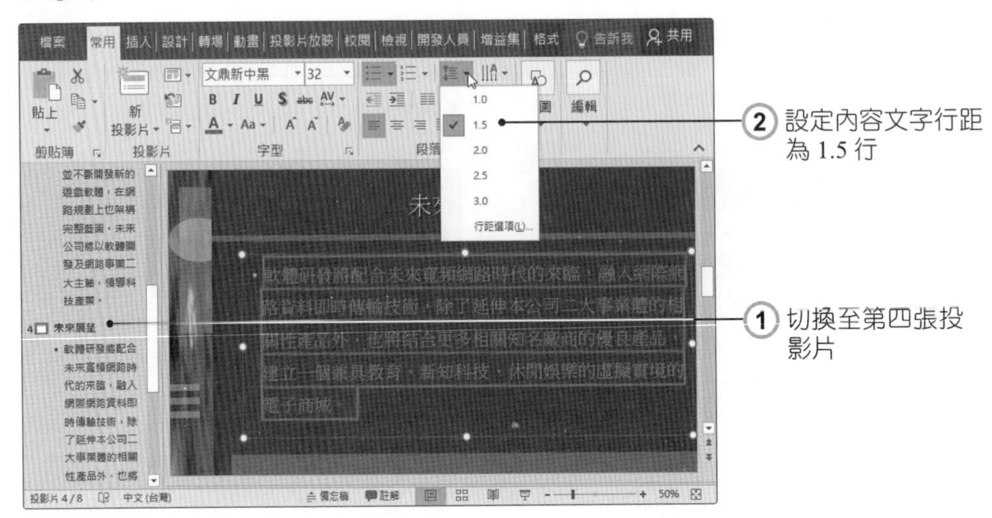

16-1 插入與編輯組織圖表

完成上述基本工作後，現在來學習如何製作一張美觀的組織圖。請延續上面的範例。

Step1

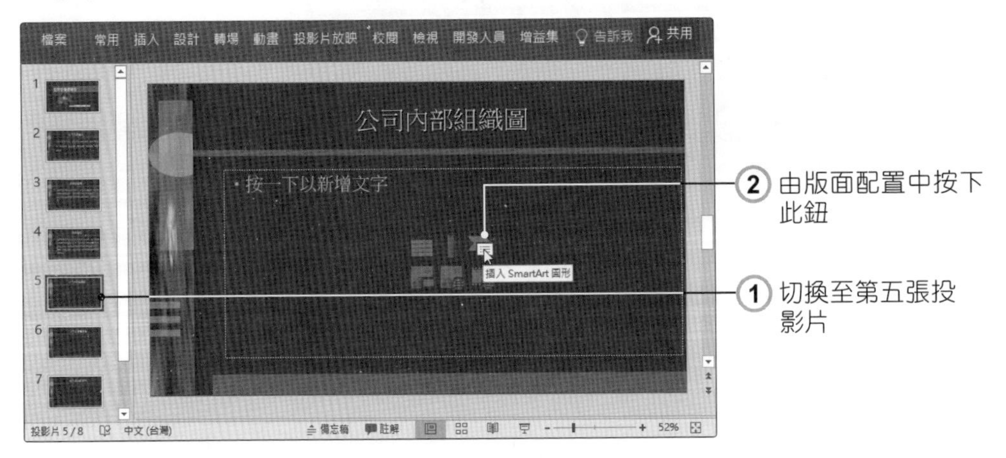

Step2

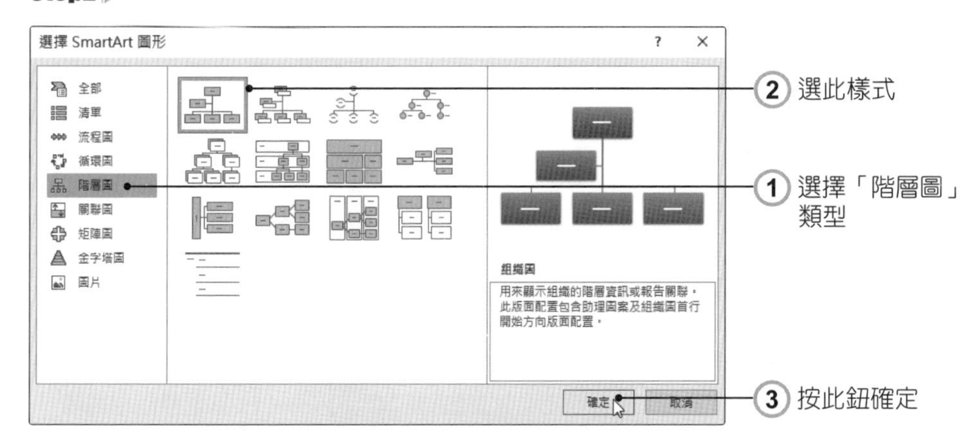

Step3

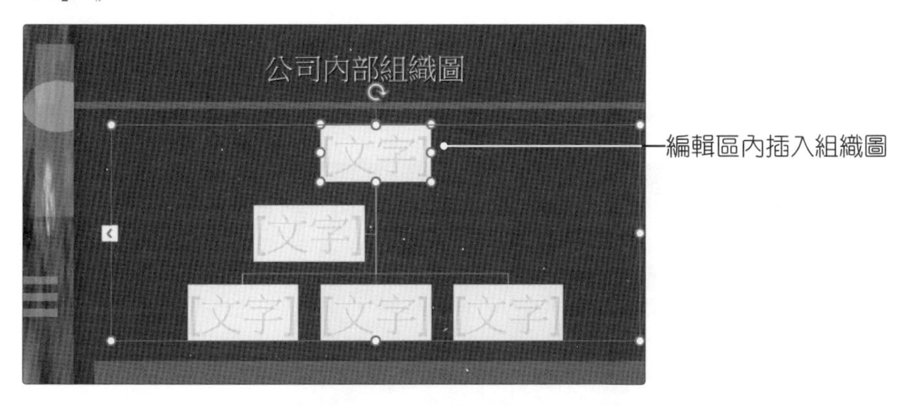

插入的組織圖顏色似乎顯得太過刺眼了點，不過在這方面可以不用一個個的動手更改，PowerPoint 就提供了多種圖表的設計樣式供您作選擇，讓您一次搞定整個組織圖的配色問題或樣式！

Step1

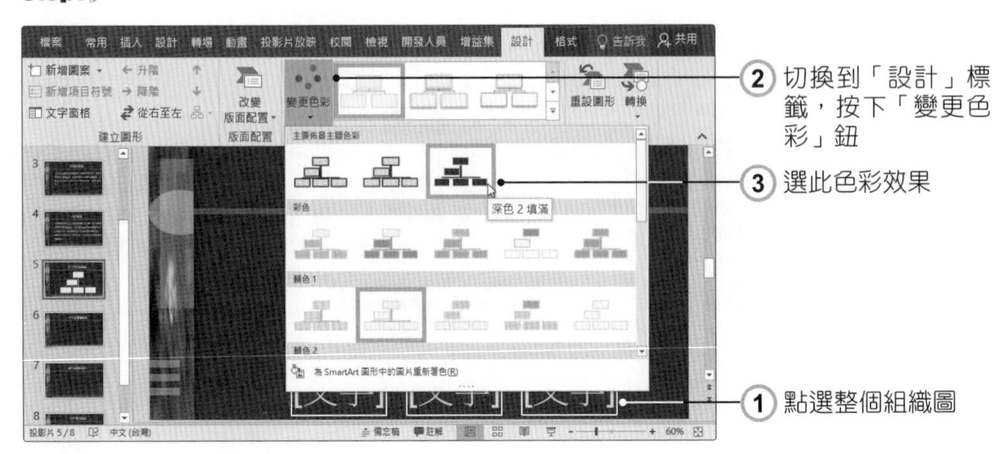
② 切換到「設計」標籤，按下「變更色彩」鈕
③ 選此色彩效果
① 點選整個組織圖
深色 2 填滿

Step2

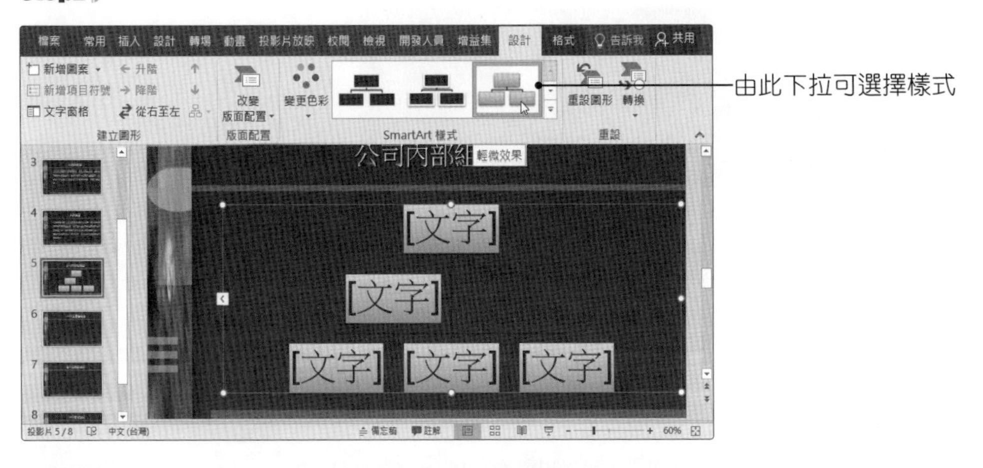
由此下拉可選擇樣式
輕微效果
SmartArt 樣式
[文字]
[文字]
[文字] [文字] [文字]

Step3

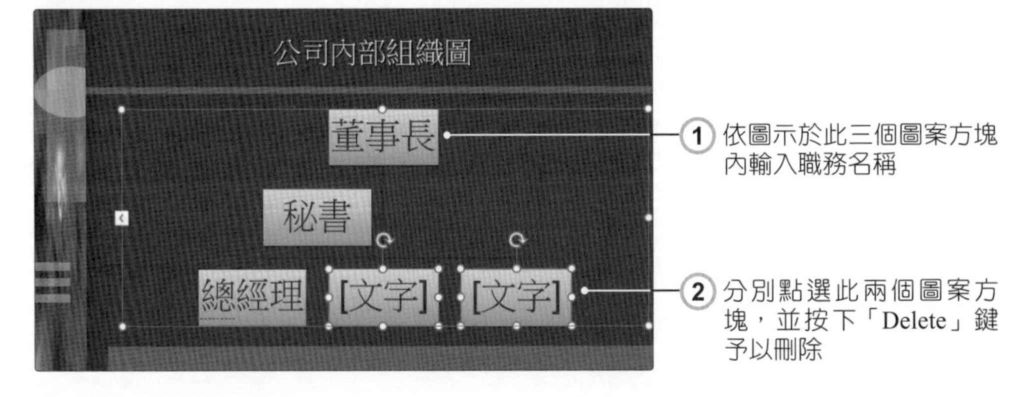
公司內部組織圖
董事長
秘書
總經理
[文字]
[文字]
① 依圖示於此三個圖案方塊內輸入職務名稱
② 分別點選此兩個圖案方塊，並按下「Delete」鍵予以刪除

Step4

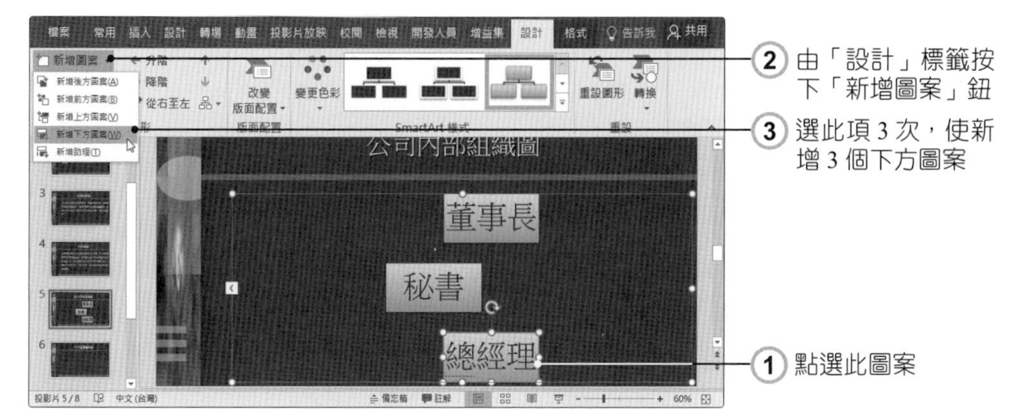

Step5

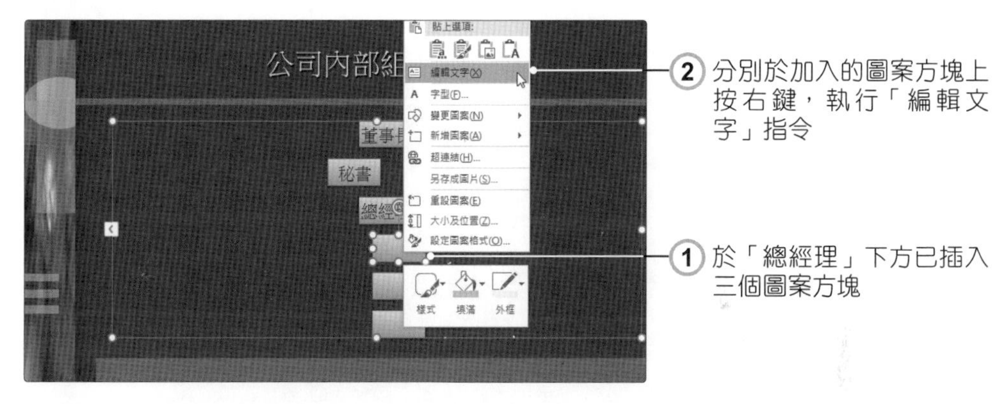

公司內部組
董事長
秘書
編輯文字(X)
② 分別於加入的圖案方塊上按右鍵，執行「編輯文字」指令
① 於「總經理」下方已插入三個圖案方塊

Step6

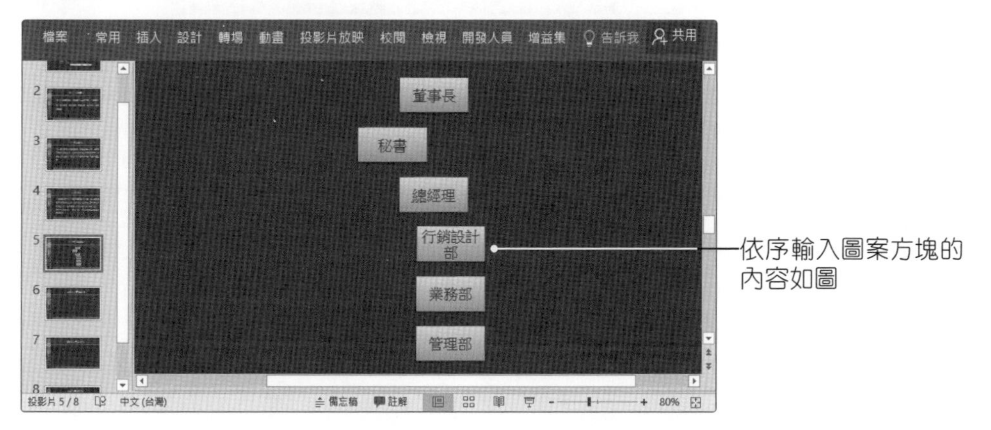

Step7

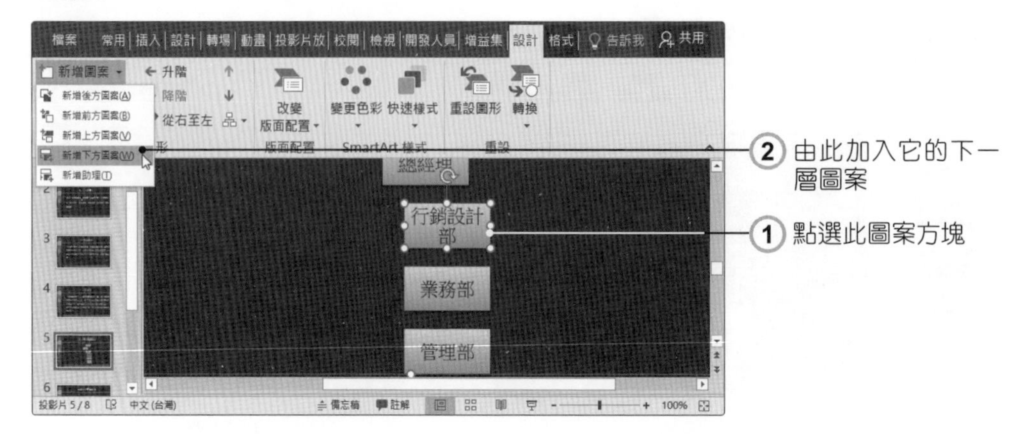

依上述製作層級組織的方法，完成如下組織圖：

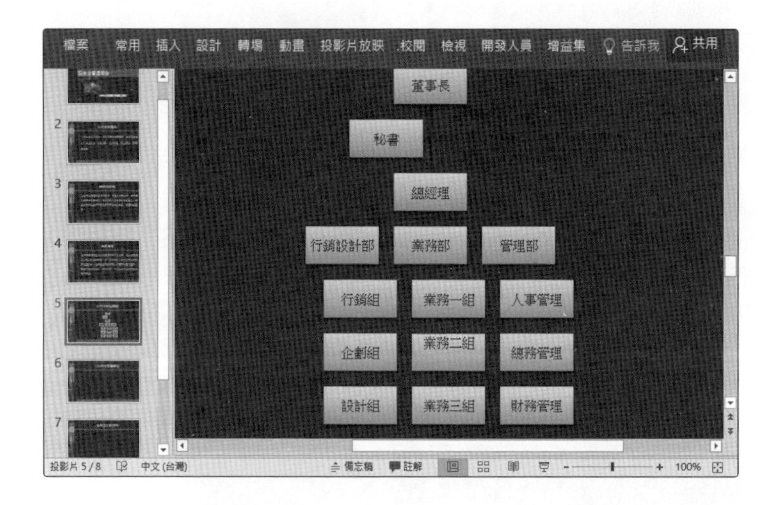

完成上圖後，如果不喜歡原來的組織圖排列方式，各位不需重頭開始製作，只要透過以下的方式，就可以快速修改版面配置。

Step1

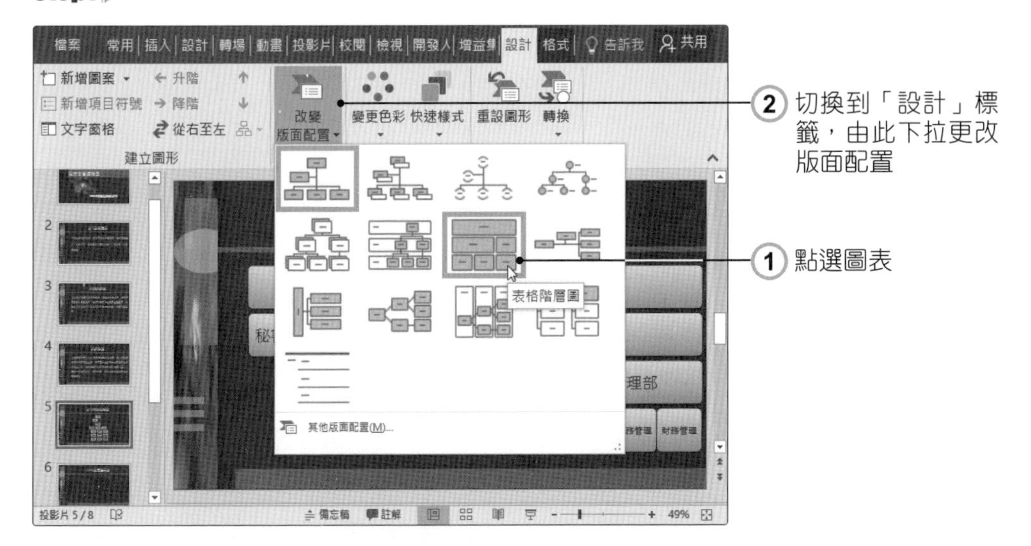

Step2

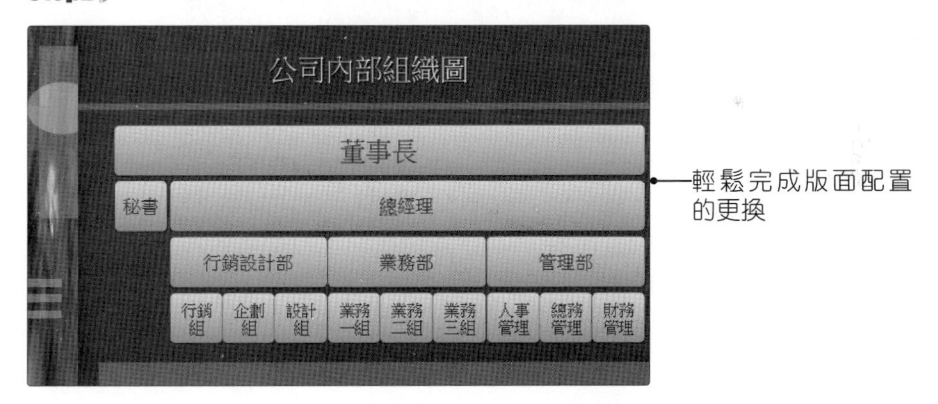

16-2 插入 Excel 物件

在 PowerPoint 內除了可插入 PowerPoint 的內部物件外，尚可插入其他 Word、Excel 等軟體的物件哦！在此一小節內，我們即以插入 Excel 表格物件為例，了解插入其他軟體物件的方法！請延續上面的範例，完成下方的動作。

Step1

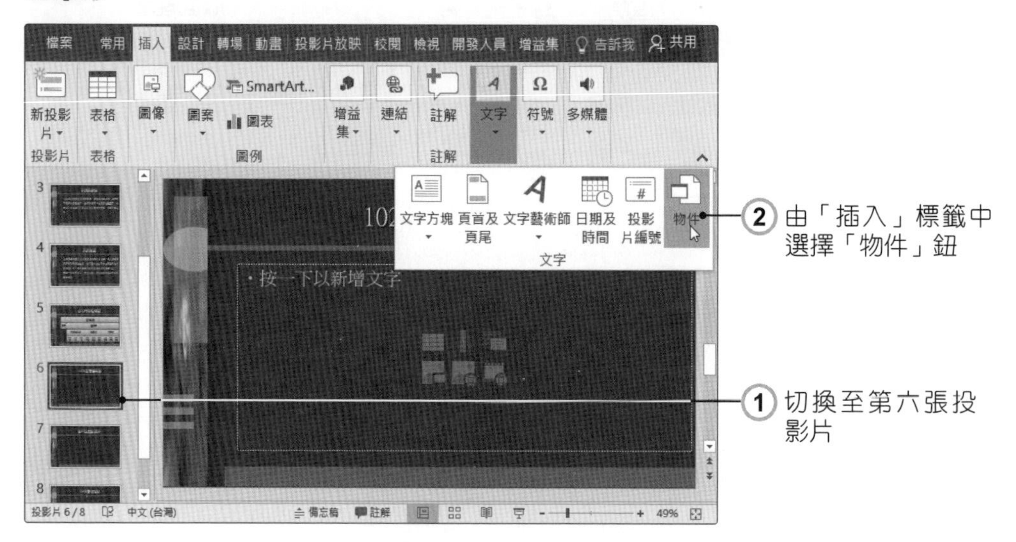

Step2

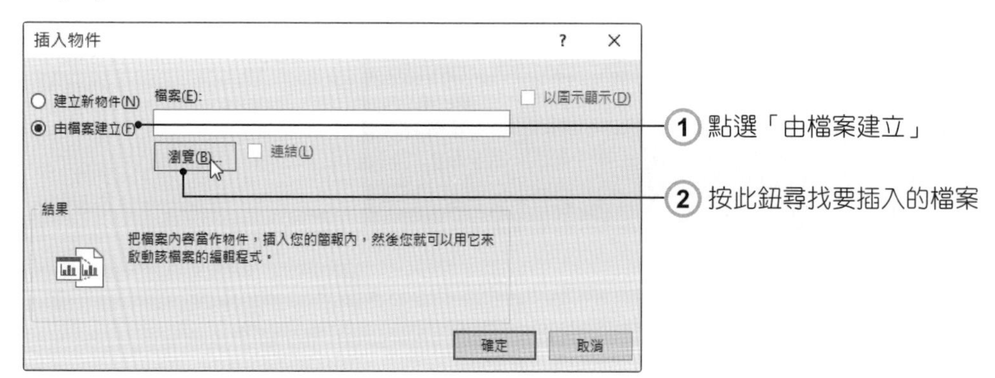

Step3

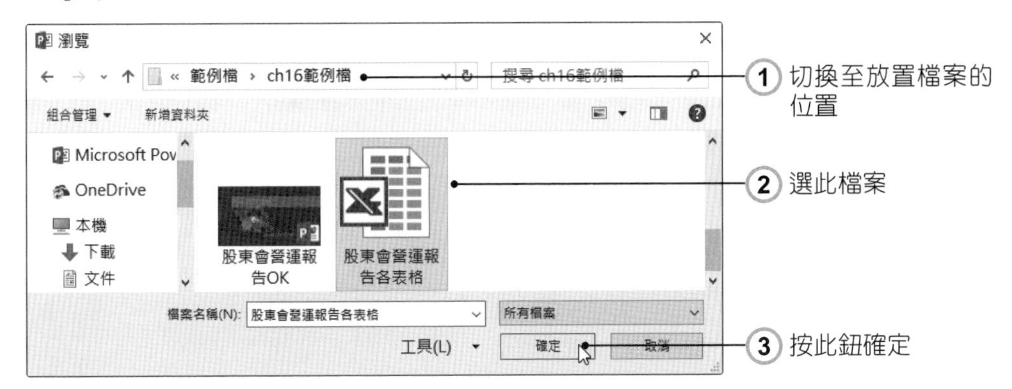

Step4

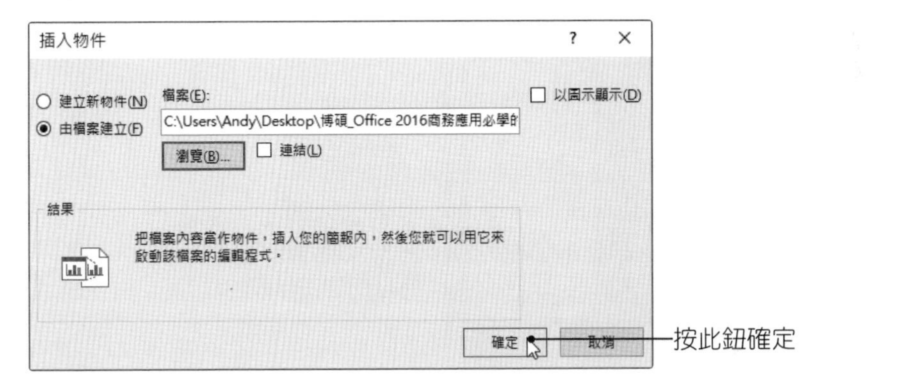

Step5

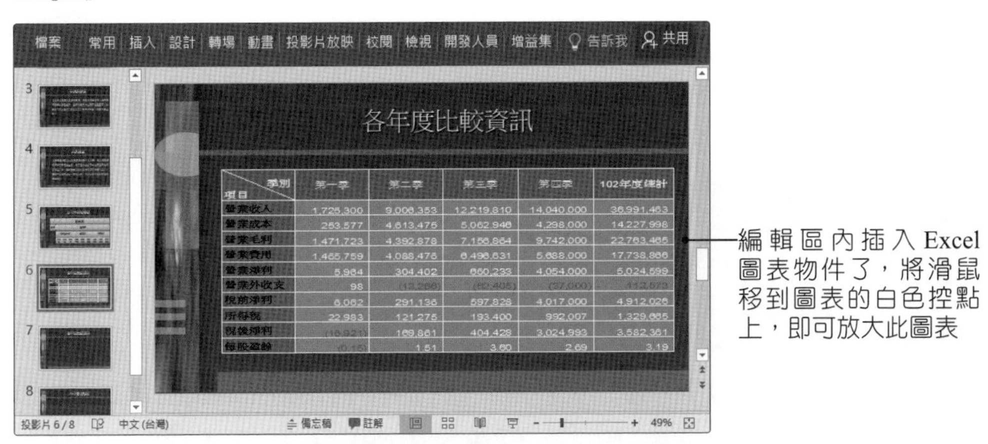

16-3 編輯連結物件或內嵌物件

了解如何插入 Excel 物件後，接下來要學習如何編輯插入的物件。當我們所附上的 Excel 文件，如果所要使用的物件只有一個，且只有一張工作表，就可依照前面小節的方式來插入 Excel 物件，但若要插入的物件分散在同一個 Excel 檔內的多個工作表內時，那麼請先將工作表切換到「各年比較資訊」工作表內，再重覆執行一次插入 Excel 物件的動作就可以了。

Step1

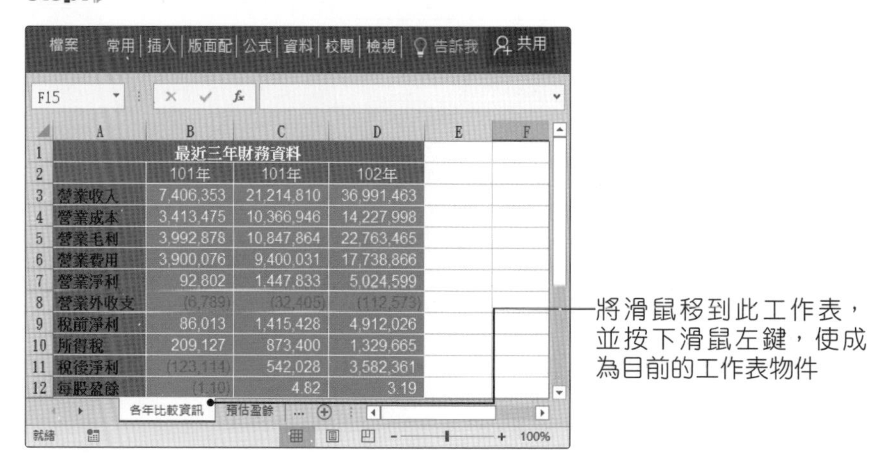

Step2

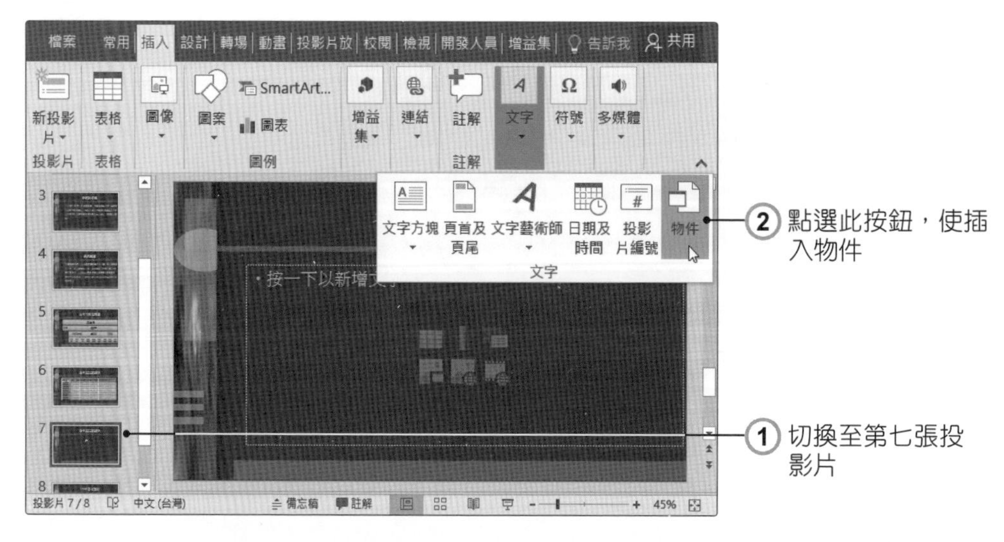

Step3

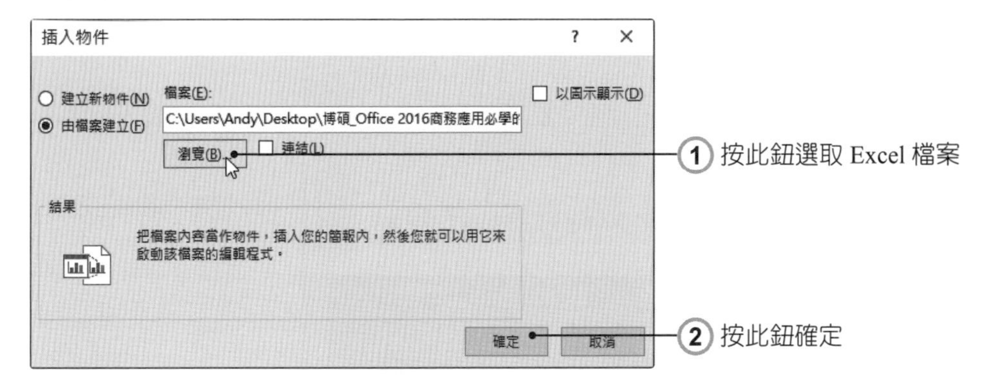

Step4

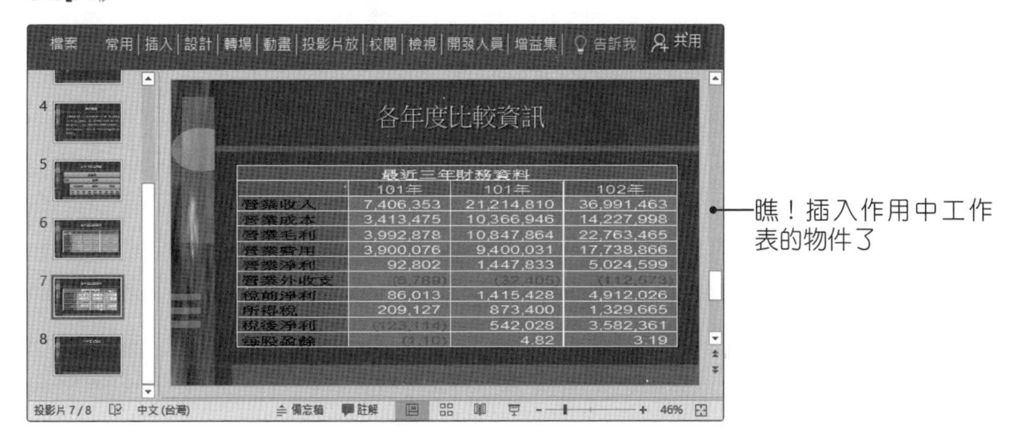

上述插入的圖表物件皆屬內嵌方式，當修改圖表資料時，並不會影響原先檔案的內容。在插入物件上，還能以檔案連結的方式來插入物件，當您於物件上按兩下滑鼠左鍵時，隨即啟動該物件的製作軟體，在修改物件內容的同時，於PowerPoint 內的物件也會同步修改，各位可視需要選擇以內嵌（如上述第六張與第七張投影片插入物件的方法）或連結（第八張投影片插入物件的方法，詳如下述）的方式來插入物件。請先將 Excel 檔案切換到「預估盈餘」的工作表上。

Step1

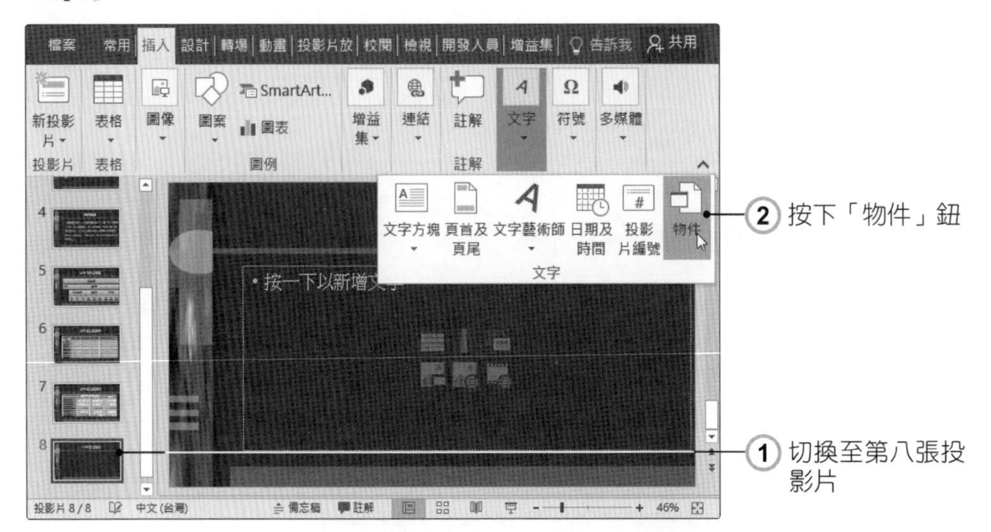

Step2

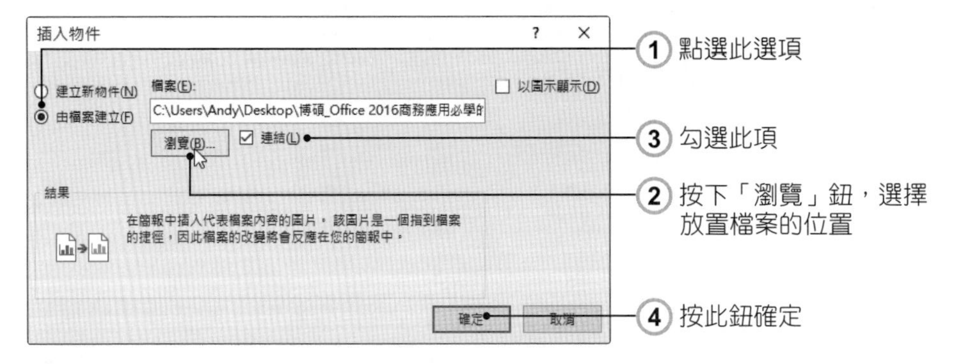

2 按下「瀏覽」鈕，選擇放置檔案的位置
4 按此鈕確定

Step3

103年營收預測
插入表格物件後，於物件上按兩下滑鼠左鍵，即可開啟 Excel 軟體來編輯

當您將上述結果存檔後，下次再開啟此一檔案時，隨即會跳出如右視窗，詢問您是否要更新連結，若於這段時間內有更改 Excel 物件檔案的內容，則按下「更新連結」時，即可將物件換上最新的訊息內容，若不更新則按下「取消」即可。

為避免讀者在開啟範例結果檔有上述的情形發生，筆者將第八張投影片以內嵌的方式插入物件，讀者們可開啟參考。

16-4 隱藏投影片

完成一連串的投影片製作時，卻希望某張投影片於播放時不要顯示出來，此時即可利用投影片的隱藏功能，於簡報放映時隱藏該投影片。請讀者們延續上面的範例進行。

Step1

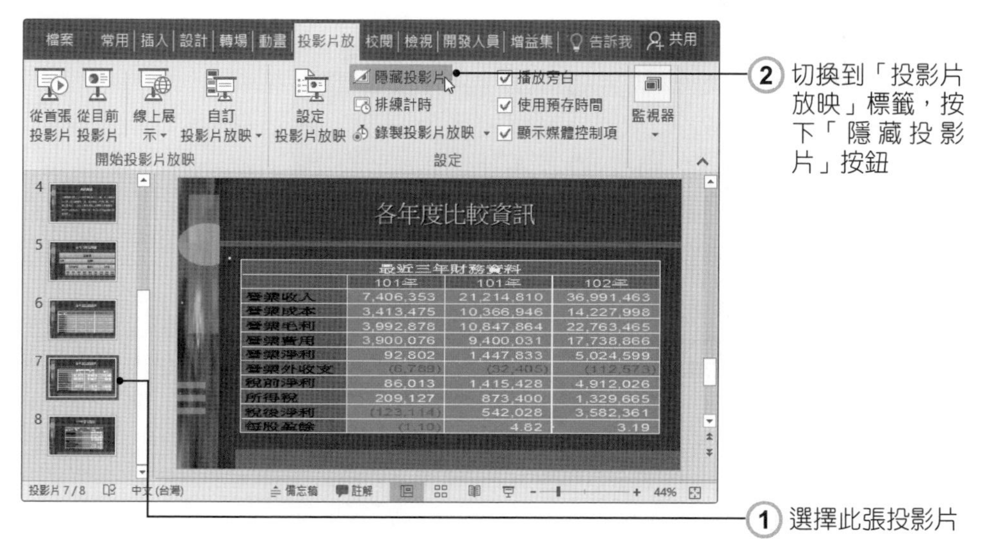

Step2

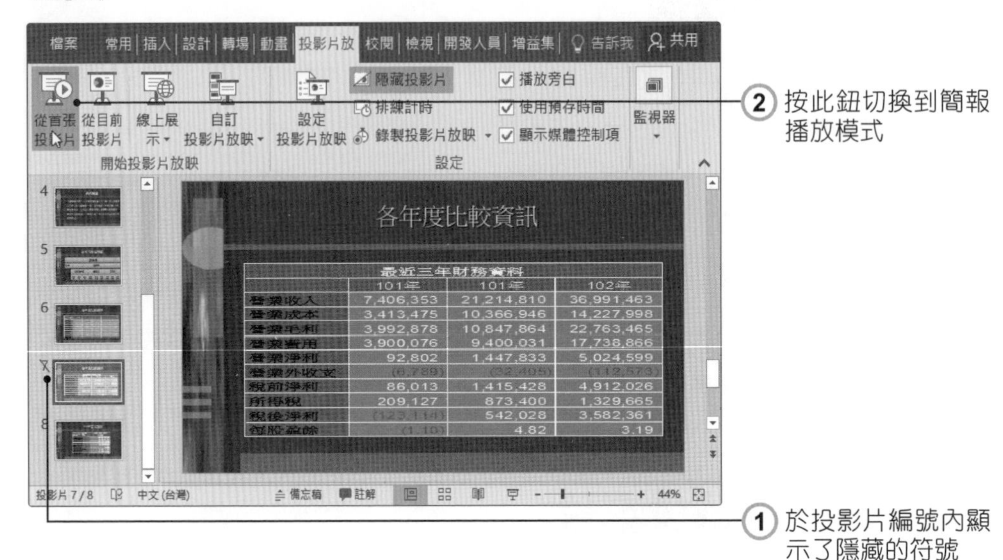

②按此鈕切換到簡報播放模式

①於投影片編號內顯示了隱藏的符號

Step3

在簡報播放時，設定隱藏的投影片不會播放出來。若有需要顯示該隱藏的投影片，可於左下角按下此鈕

Step4

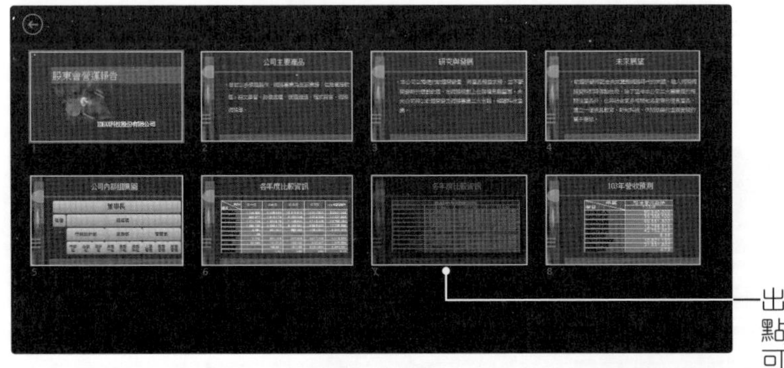

出現瀏覽視窗時，直接點選被隱藏的投影片就可以了

若要取消隱藏，只要在「投影片放映」標籤中再次按一下「隱藏投影片」鈕就可以。

16-5 更改摘要資訊

在 PowerPoint 預設下，當您將簡報存檔時，會連同作者資訊、檔案製作日期、檔案類型…等一併儲存在檔案內，而這些要顯示的資訊，也可視需求加以更改：

Step1

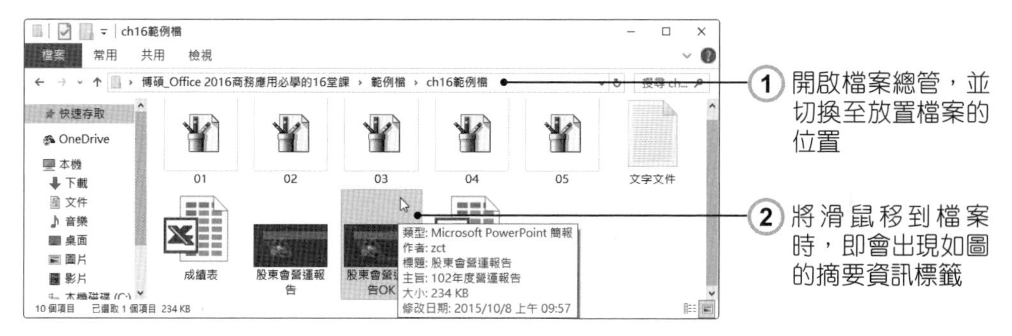

Step2

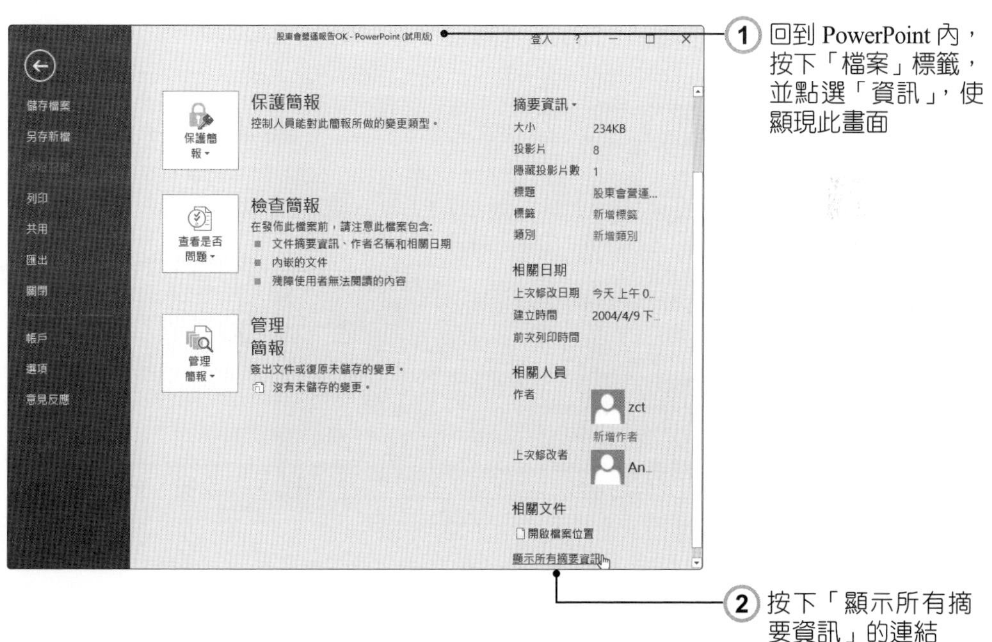

Step3

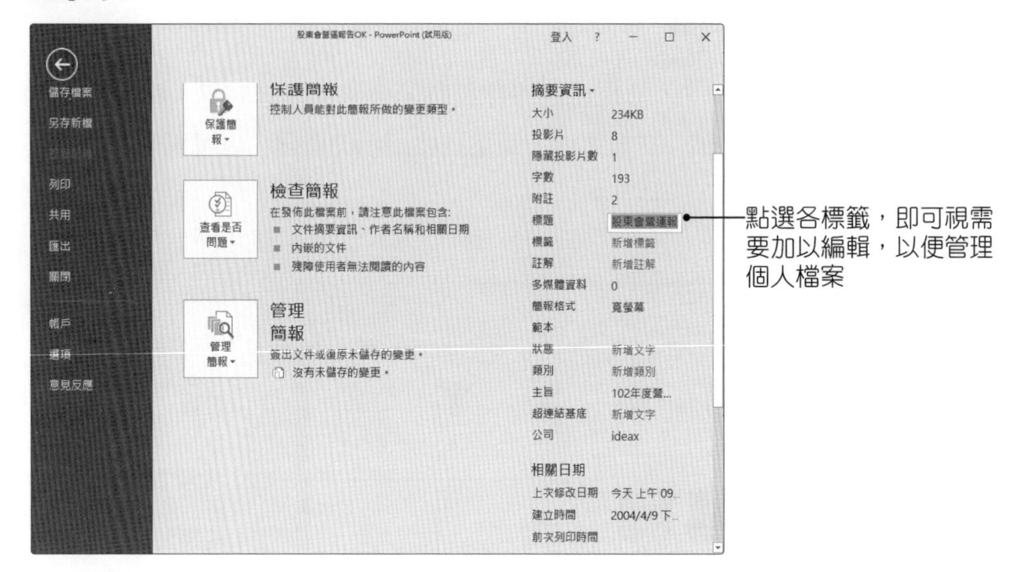

另外，各位若按下「摘要資訊」鈕，並選擇「進階摘要資訊」指令，將可在「摘要資訊」的方塊中輸入標題、主旨、作者、公司…等相關資訊。

Step1

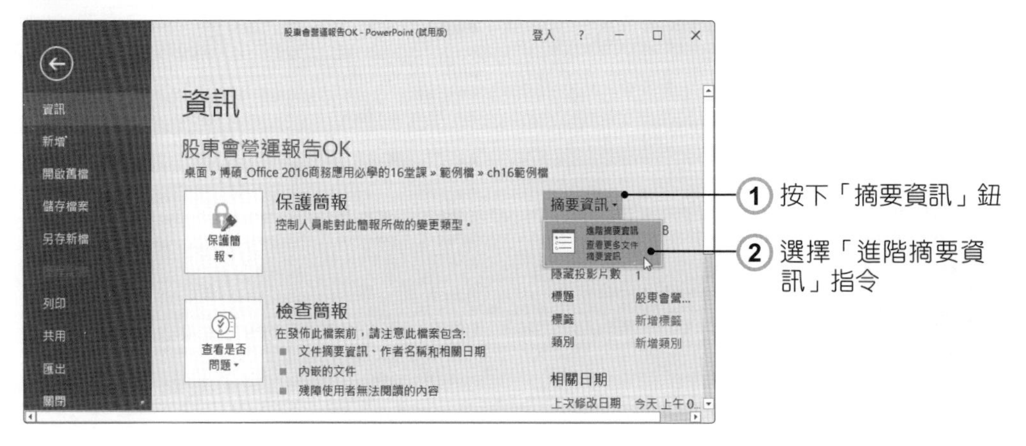

Step2

16-6 安全性設定

為了加強簡報檔案的安全性，避免任意遭到他人開啟或篡改，可將簡報設定開啟或防寫的密碼。

Step1

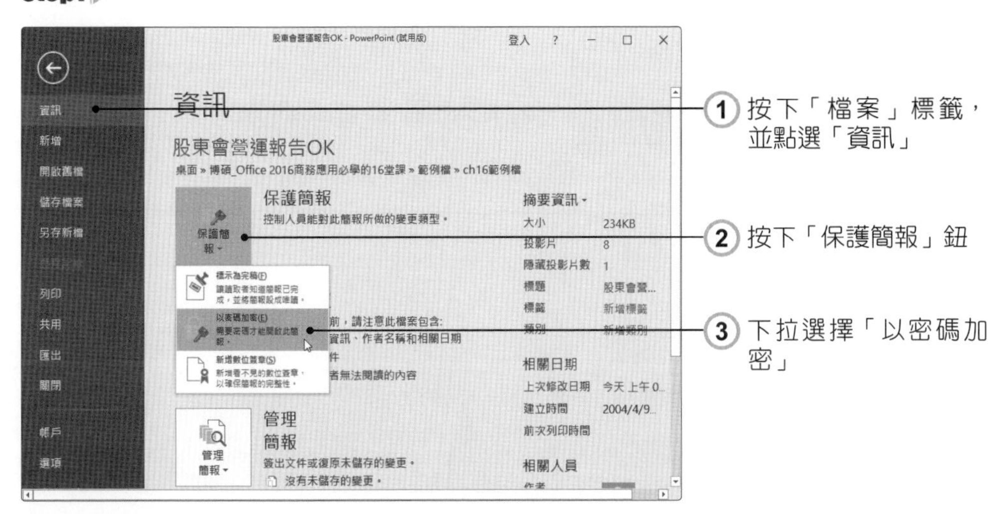

Step2

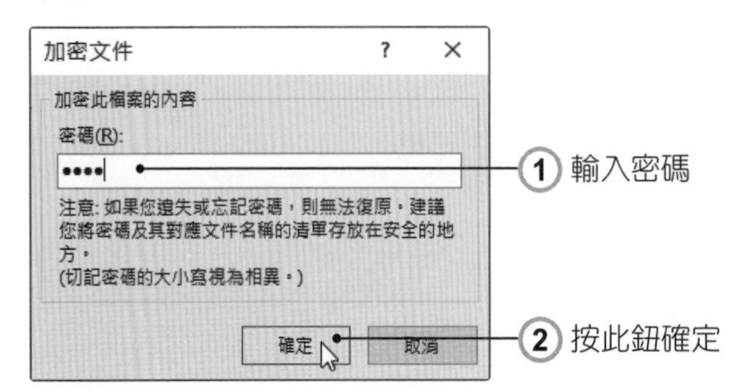

Step3

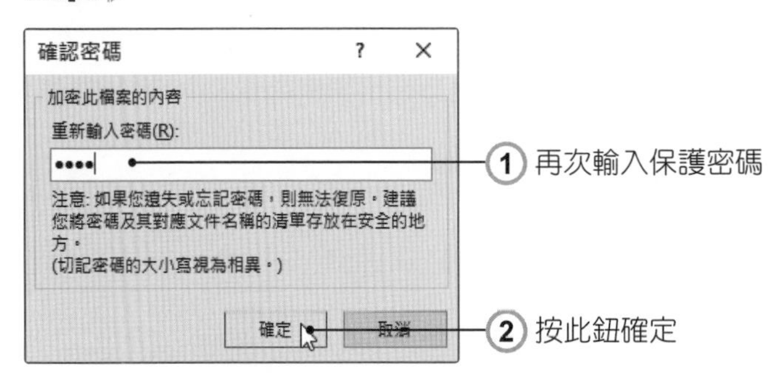

完成上述動作後，請讀者們將此檔案儲存並關閉，接著再重新開啟此一檔案，即會出現如下畫面：

Step1

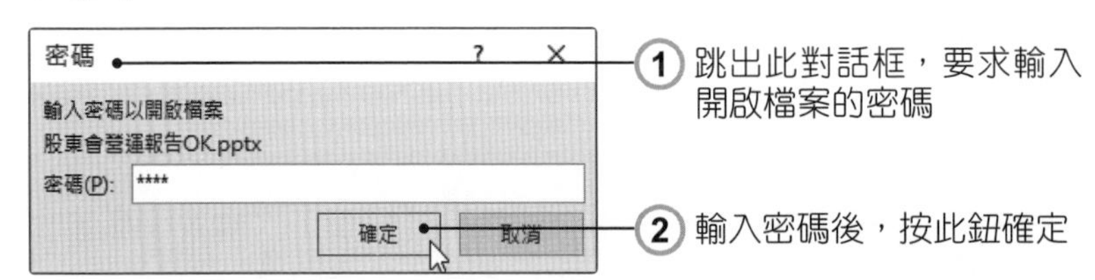

Step2

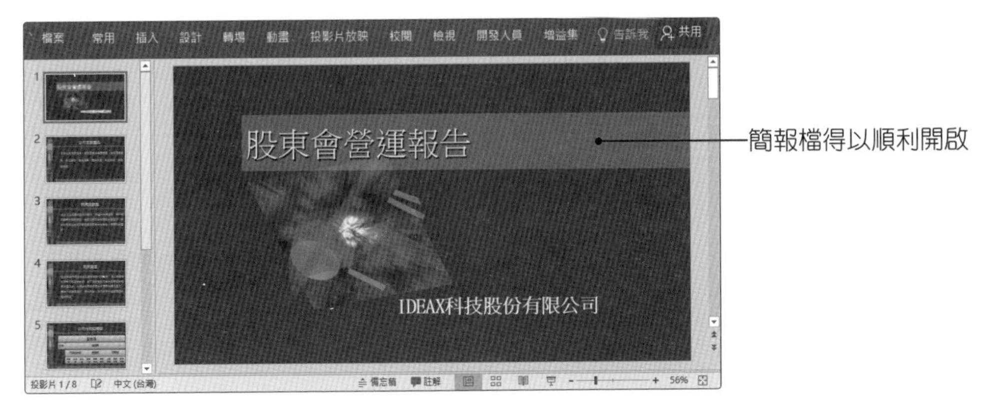

要開啟一個設置密碼的檔案並修改，需經過重重的密碼認證，有此雙重保護後，相信您的簡報檔案就不會成為被窺覬的對象了！

16-7 封裝簡報

封裝簡報功能主要是將所有與簡報有連結的檔案，一併複製到光碟、磁片或隨身碟上，確保簡報即使在其他電腦上也能順利播放。首先，請確定燒錄機內已放入空白光碟，且可正常運作。

Step1

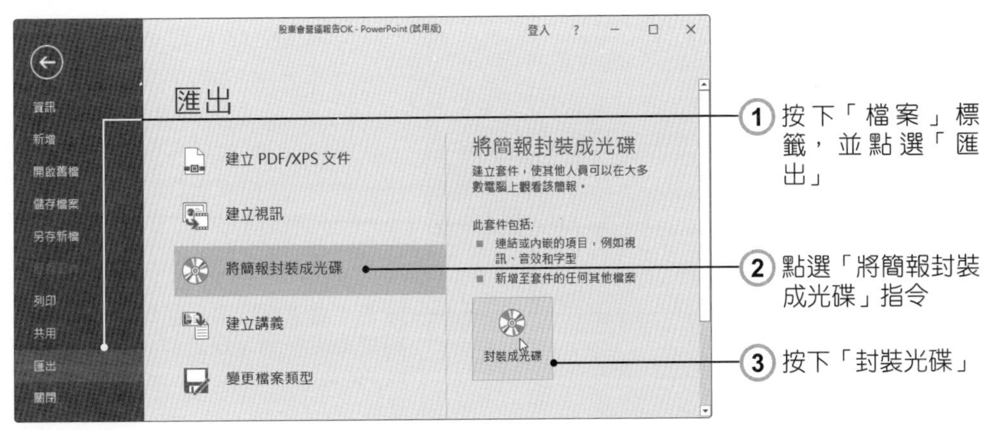

Step2

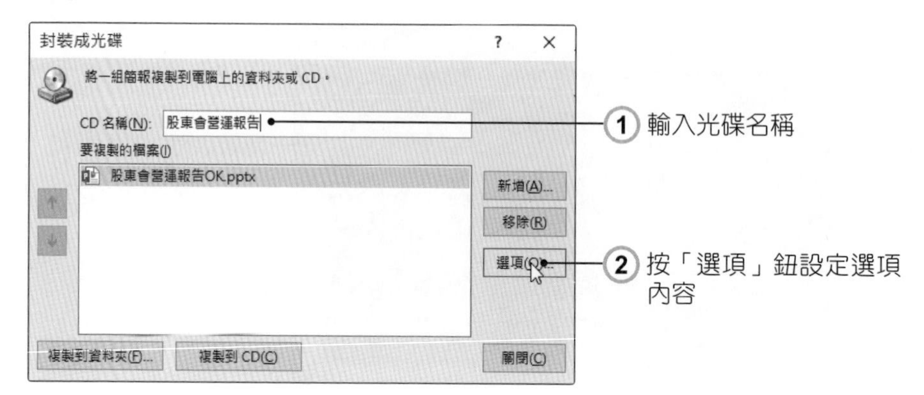

Step3

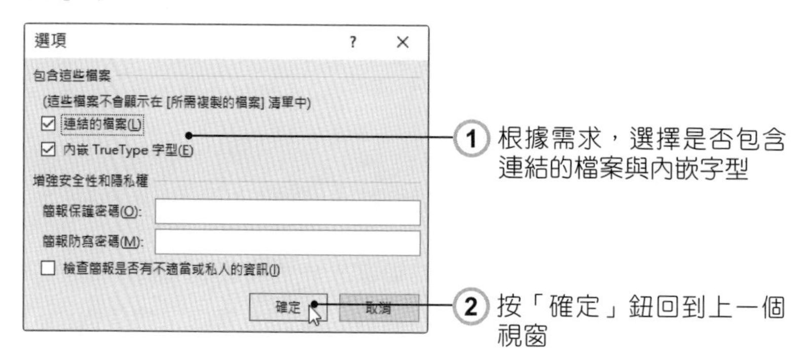

Step4

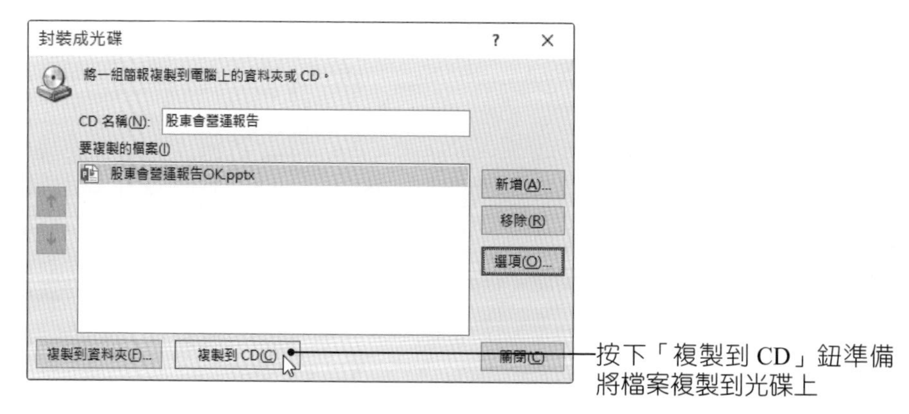

Step5

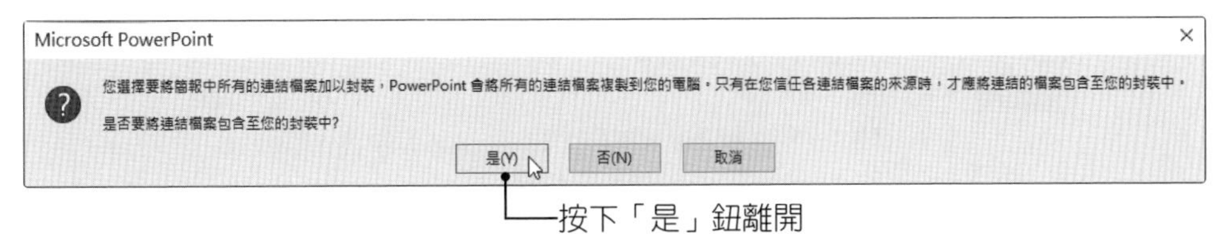

Step6

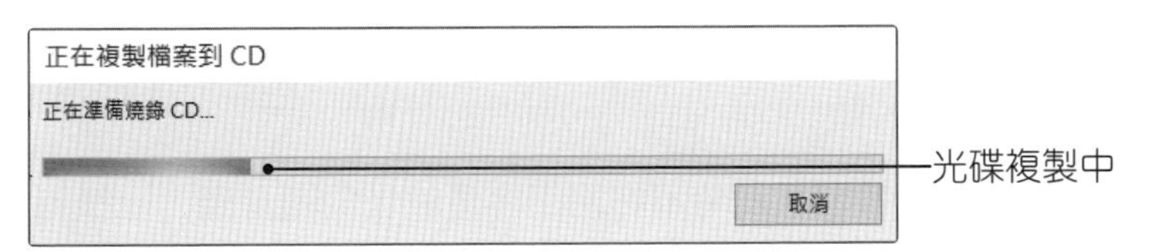

Step7

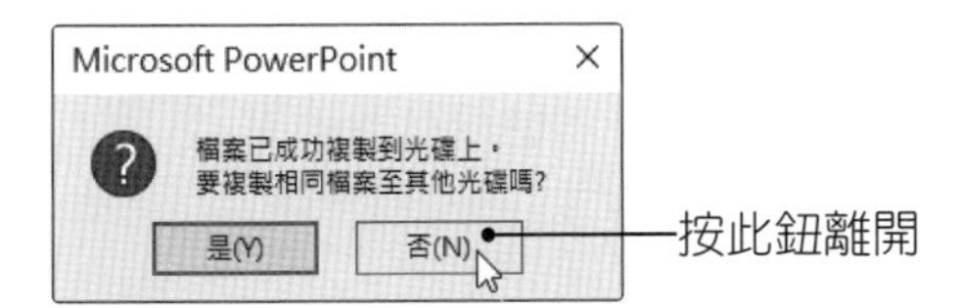

Step8

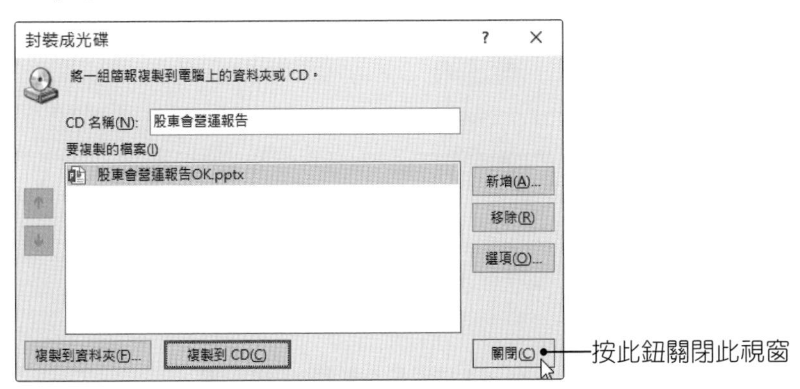

重新放入光碟片到光碟機中，即可看到光碟片所包含的內容了。

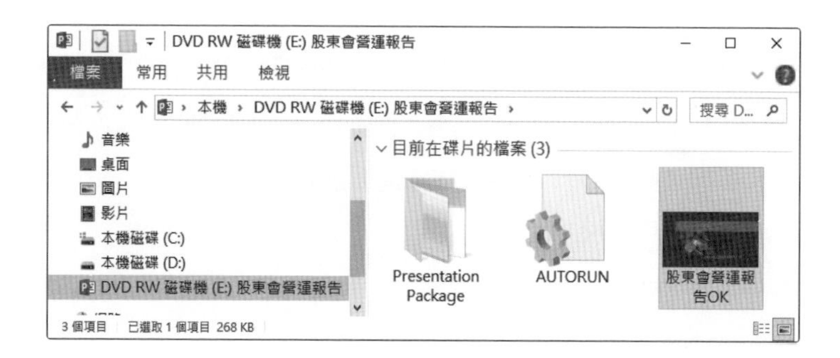

若無燒錄機的人怎麼封裝簡報呢？此時不妨使用容量較大的隨身碟，一樣可達到上述封裝簡報的功能哦！

Step1

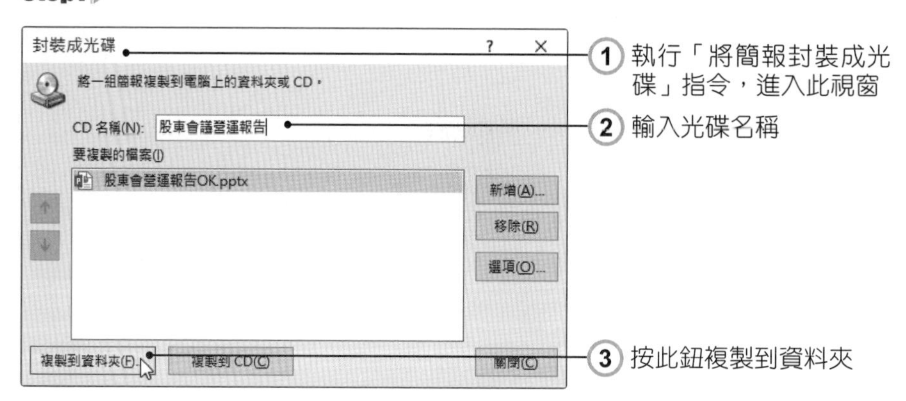

Step2

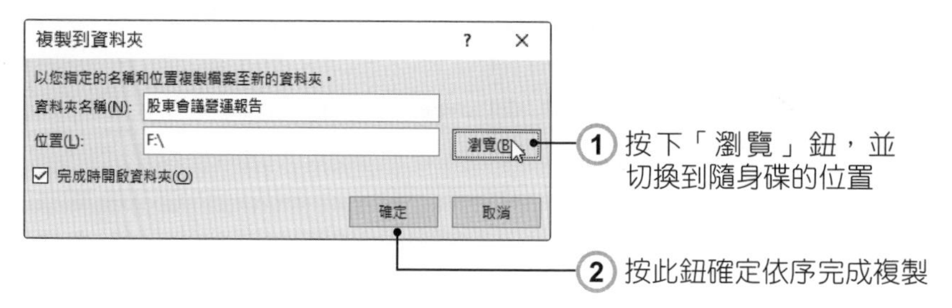

實力評量

是非題

( ) 1. 要插入組織圖，必須從「插入」標籤按下 圖表 鈕。

( ) 2. SmartArt 圖形中所提供的階層圖樣式共有七種。

( ) 3. 插入階層圖後，要新增圖案可從「插入」標籤按下「新增圖案」鈕。

( ) 4. 在簡報安全性的設定上，可設定檔案保護密碼。

( ) 5. 使用「將簡報封裝成光碟」指令，可直接將簡報檔燒錄到 CD 片中。

選擇題

( ) 1. 下列何者不是 SmartArt 功能所提供的圖表效果？
A. 階層圖　B. 清單　C. 流程圖　D.Excel 圖表

( ) 2. 使用 SmartArt 功能後，若要插入新的圖案必須透過哪個標籤作新增？
A.「插入」標籤　B.「格式」標籤　C.「設計」標籤　D.「常用」標籤

( ) 3. 關於簡報內插入物件的描述，下列何者有誤？
A. 可設定內嵌插入物件
B. 可設定連結插入物件
C. 內嵌物件於編輯時，會啟動物件製作的軟體來進行編輯
D. 當物件以連結方式插入簡報內時，當下次再開啟插入物件的檔案時，會詢問是否更新連結

( ) 4. 關於摘要資訊的敘述何者有誤？
A. 可包含主旨與標題
B. 由「檔案」標籤執行「資訊」指令，即可編輯摘要資訊
C. 於「進階摘要資訊」中，可設定公司的資訊
D. 若未設定摘要資訊的內容，該檔案仍會顯示簡報主旨與簡報標題

( ) 5. 在封裝光碟時，下列何者無法做到？
A. 可設定內嵌字型　B. 可設定連結檔案
C. 可加入保護密碼　D. 可封裝於磁碟片中

▶ 實作題

1. 請利用「小水滴」的簡報範本，並依下列提示完成「我們這一班」簡報。

   完成檔案：我們這一班 OK.pptx

文字大小為 66、字型為微軟正黑體、粗體、深藍色字

從「插入」標籤插入 01、02、03 等插圖

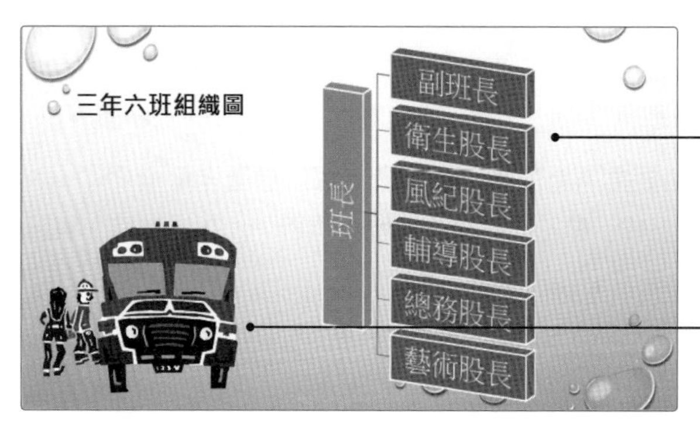

插入階層圖後，由「設計」標籤更換成如圖的版面效果，並變更 SmartArt 樣式與色彩

從「插入」標籤插入 04 插圖

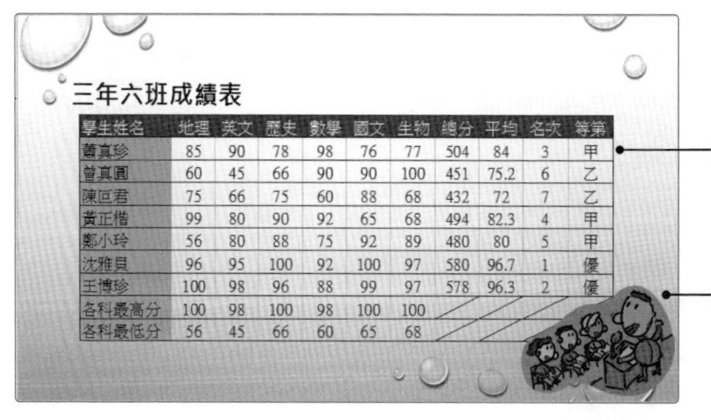

學生姓名	地理	英文	歷史	數學	國文	生物	總分	平均	名次	等第
蕭真珍	85	90	78	98	76	77	504	84	3	甲
曾真圓	60	45	66	90	90	100	451	75.2	6	乙
陳叵君	75	66	75	60	88	68	432	72	7	乙
黃正楷	99	80	90	92	65	68	494	82.3	4	甲
鄭小玲	56	80	88	75	92	89	480	80	5	甲
沈雅貝	96	95	100	92	100	97	580	96.7	1	優
王博珍	100	98	96	88	99	97	578	96.3	2	優
各科最高分	100	98	100	98	100	100				
各科最低分	56	45	66	60	65	68				

以內嵌方式插入此 Excel 圖表

從「插入」標籤插入 05 插圖

提示：

① 套用「小水滴」的佈景主題。

② 第三張投影片插入「成績表.xls」的 Excel 圖表。

讀者回函

讀 者 回 函

GIVE US A PIECE OF YOUR MIND

感謝您購買本公司出版的書，您的意見對我們非常重要！由於您寶貴的建議，我們才得以不斷地推陳出新，繼續出版更實用、精緻的圖書。因此，請填妥下列資料(也可直接貼上名片)，寄回本公司(免貼郵票)，您將不定期收到最新的圖書資料！

購買書號： **書名：**

姓　　名：________________

職　　業：□上班族 □教師 □學生 □工程師 □其它

學　　歷：□研究所 □大學 □專科 □高中職 □其它

年　　齡：□10~20 □20~30 □30~40 □40~50 □50~

單　　位：________________ 部門科系：________________

職　　稱：________________ 聯絡電話：________________

電子郵件：________________

通訊住址：□□□ ________________

____

您從何處購買此書：

□書局 ________ □電腦店 ________ □展覽 ________ □其他 ________

您覺得本書的品質：

內容方面：	□很好	□好	□尚可	□差
排版方面：	□很好	□好	□尚可	□差
印刷方面：	□很好	□好	□尚可	□差
紙張方面：	□很好	□好	□尚可	□差

您最喜歡本書的地方：________________

您最不喜歡本書的地方：________________

假如請您對本書評分，您會給(0~100分)：________ 分

您最希望我們出版那些電腦書籍：

請將您對本書的意見告訴我們：

您有寫作的點子嗎？□無 □有 專長領域：________________

歡迎您加入博碩文化的行列哦！

✂請沿虛線剪下寄回本公司

Give Us a Piece Of Your Mind

博碩文化網站 http://www.drmaster.com.tw

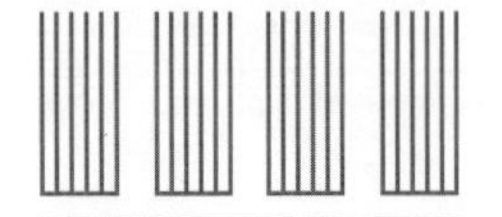

廣　告　回　函
台灣北區郵政管理局登記證
北台字第 4 6 4 7 號
印刷品・免貼郵票

221

博碩文化股份有限公司 產品部

新北市汐止區新台五路一段112號10樓A棟

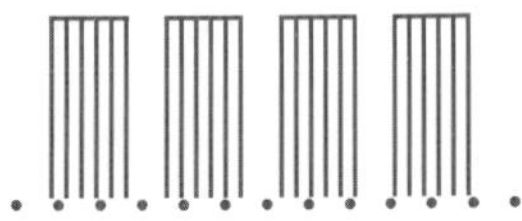

如何購買博碩書籍

全省書局

請至全省各大書局、連鎖書店、電腦書專賣店直接選購。

（書店地圖可至博碩文化網站查詢，若遇書店架上缺書，可向書店申請代訂）

信用卡及劃撥訂單（優惠折扣 85 折，未滿 1,000 元請加運費 80 元）

請於劃撥單備註欄註明欲購之書名、數量、金額、運費，劃撥至

帳號：17484299 戶名：博碩文化股份有限公司，並將收據及

訂購人連絡方式傳真至(02) 26962867 。

線上訂購

請連線至「博碩文化網站 http://www.drmaster.com.tw」，於網站上查詢

優惠折扣訊息並訂購即可。